中国国家标准汇编

2006年修订-10

中国标准出版社　编

中国标准出版社
北　京

图书在版编目（CIP）数据

中国国家标准汇编：2006年修订.10/中国标准出版社编.—北京：中国标准出版社，2007

ISBN 978-7-5066-4605-5

Ⅰ.中…　Ⅱ.中…　Ⅲ.国家标准-汇编-中国-2006　Ⅳ.T-652.1

中国版本图书馆CIP数据核字（2007）第104998号

中国标准出版社出版发行
北京复兴门外三里河北街16号
邮政编码:100045
网址 www.spc.net.cn
电话:68523946　68517548
中国标准出版社秦皇岛印刷厂印刷
各地新华书店经销

*

开本 880×1230　1/16　印张 43.25　字数 1 278 千字
2007年8月第一版　2007年8月第一次印刷

*

定价 180.00 元

ISBN 978-7-5066-4605-5

9 787506 646055 >

出 版 说 明

1.《中国国家标准汇编》是一部大型综合性国家标准全集，自1983年起，按国家标准顺序号以精装本、平装本两种装帧形式陆续分册汇编出版。《汇编》在一定程度上反映了我国建国以来标准化事业发展的基本情况和主要成就，是各级标准化管理机构，工矿企事业单位，农林牧副渔系统，科研、设计、教学等部门必不可少的工具书。

2. 由于标准的动态性，每年有相当数量的国家标准被修订，这些国家标准的修订信息无法在已出版的《汇编》中得到反映。为此，自1995年起，新增出版在上一年度被修订的国家标准的汇编本。

3. 修订的国家标准汇编本的正书名、版本形式、装帧形式与《中国国家标准汇编》相同，视篇幅分设若干册，但不占总的分册号，仅在封面和书脊上注明“2006年修订-1，-2，-3，……”等字样，作为对《中国国家标准汇编》的补充。读者配套购买则可收齐前一年新制定和修订的全部国家标准。

4. 修订的国家标准汇编本的各分册中的标准，仍按顺序号由小到大排列(不连续)；如有遗漏的，均在当年最后一分册中补齐。

5. 2006年度发布的修订国家标准分27册出版。本分册为“2006年修订-10”，收入新修订的国家标准61项。

中国标准出版社

2007年6月

出 版 说 明

[illegible]

[illegible]

[illegible]

[illegible]

[illegible]

中国标准出版社

[illegible]

目　录

ICS 03.220.30
S 90

中华人民共和国国家标准

GB/T 7178.2—2006
代替 GB/T 7178.2—1996

铁路调车作业 第2部分:准备作业

The operating for railway shunting—
Part 2: Preparing operation

2006-08-22 发布 2007-01-01 实施

中华人民共和国国家质量监督检验检疫总局
中国国家标准化管理委员会 发布

前　言

GB/T 7178《铁路调车作业》原为 9 个部分，本次修订增加了第 10 部分，共分为 10 个部分：

——第 1 部分：基本规定；

——第 2 部分：准备作业；

——第 3 部分：半自动化驼峰作业；

——第 4 部分：简易驼峰作业；

——第 5 部分：平面牵出线作业；

——第 6 部分：编组列车作业；

——第 7 部分：列车摘挂作业；

——第 8 部分：取送车辆作业；

——第 9 部分：停留车作业；

——第 10 部分：自动化驼峰作业。

本部分为 GB/T 7178 的第 2 部分，本部分代替 GB/T 7178.2—1996《铁路调车作业标准　铁路调车准备作业标准》。

本标准与 GB/T 7178—1996 相比主要变化如下：

——范围中增加了合资铁路；

——“核对车列”改为“确认正确”；

——“风管”改为“制动软管”；

——“缓行器”改为“减速器”；

——“手闸”改为“手制动机”；

——“电气集中”改为“集中连锁”；

——“简易放风制动阀”改为“简易紧急制动阀”；

——增加了第 10 部分：自动化驼峰作业。

本部分与 GB/T 7178.2—1996 相比主要变化如下：

——对较远的制动组及扳道组，允许用无线电台传达计划；

——精简了第 3 章中一、2(2)作业分工的作业步骤；

——调整了第 3 章中三、1(2)检查线路作业内容。

本部分由铁道部标准计量研究所提出并归口。

本部分起草单位：铁道部运输局。

本部分主要起草人：张鑫、张镇豪、徐纯洁、葛建华、胡国培、胡金仲。

本部分所代替标准的历次版本发布情况为：

——GB/T 7178.2—1987、GB/T 7178.2—1996。

铁路调车作业
第 2 部分:准备作业

1 范围

GB/T 7178 的本部分规定了铁路调车准备作业的程序、项目、内容、作业人员、技术要求等。

本部分适用于国家铁路、合资铁路、地方铁路、专用铁道的调车准备作业。

2 铁路调车准备作业程序图(见图 1)

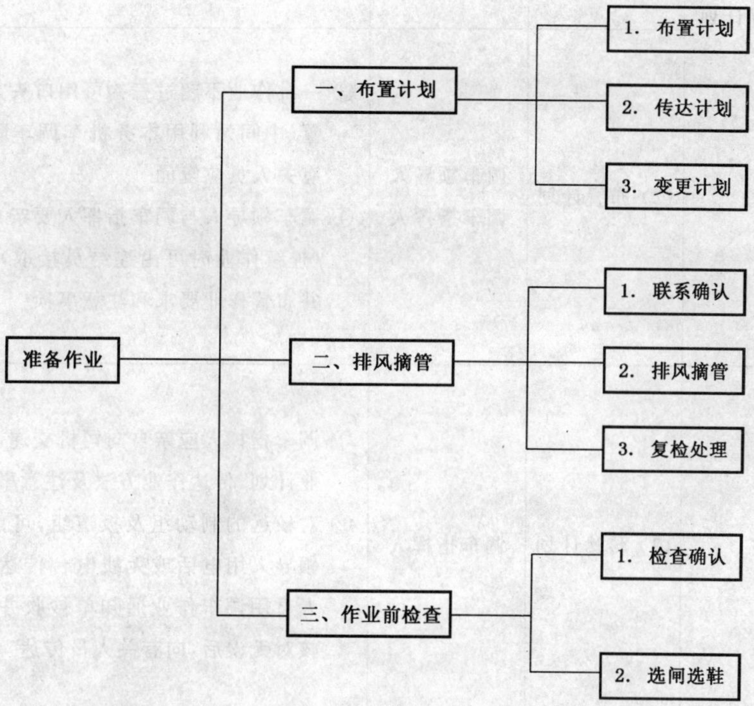

图 1 铁路调车准备作业程序图

3 铁路调车准备作业(见表1)

表 1

作业程序			岗位作业		说明事项
程序	项目	内容	作业人员	技术要求	
一、布置计划	1. 布置计划	(1) 计划编制	调车领导人	① 应正确及时地编制、布置调车作业计划。布置调车作业计划，应使用调车作业通知单。中间站利用本务机车调车，应使用附有示意图的调车作业通知单 ② 调车作业通知单按各企业规定格式符号及要求填写	由于设备原因或作业条件限制，亲自交接计划确有困难时，交接计划办法，由《站细》规定
		(2) 布置计划	调车领导人 调车指挥人	③ 一批作业不超过三钩可用口头方式布置(中间站利用本务机车调车除外)，有关人员应复诵 ④ 调车领导人与调车指挥人要亲自交接(连续作业时可由连结员接取)计划，并布置作业要求和注意事项	
	2. 传达计划	(1) 传达计划	调车指挥人	① 调车指挥人应亲自向司机交递调车作业计划，传达作业方法及注意事项 ② 对较远的制动组及扳道组，可由调车领导人用电话或无线电台传达，指定人员用调车作业通知单抄收并复诵，核对无误后，向有关人员传达	
		(2) 作业分工	调车指挥人 调车人员	③ 向调车组人员传达计划时(连续作业、向其他有关人员传达计划有困难时，可指派连结员进行)，要明确分工，布置重点注意事项，并及时听取复诵 ④ 接受调车作业计划后，按计划分工，立即上岗，做好准备及检查	

表 1（续）

作业程序		岗位作业			说明事项
程序	项目	内容	作业人员	技术要求	
一、布置计划	3. 变更计划	(1) 变更限制	调车领导人	① 变更计划（指一张调车作业通知单）不超过三钩时，可以口头方式传达（中间站利用本务机车调车除外），有关人员应复诵。仅变更作业方法或辆数时，不受口头传达三钩的限制，但调车指挥人应向有关人员传达清楚 ② 变更股道时，应停车传达。驼峰解散车辆，变更钩数、辆数、股道时，可不通知司机，但变更为下峰作业或向禁溜线送车前，应通知司机 ③ 作业中变更计划，影响编组顺序、股道停车顺序和车数时，要取得调车领导人的同意；变更正线、到发线的调车作业计划时，应事先取得车站（场）值班员同意	
		(2) 变更后报告	调车指挥人	④ 岔线、段管线、货物线内的调车作业计划与实际情况不符时，可自行制定计划，并传达清楚。作业完了及时向调车领导人汇报	
二、排风摘管	1. 联系确认	(1) 联系	排风制动员	① 作业前要与调车领导人联系，了解列车到达情况和解体顺序，做到车次、股道、时间、钩序（或组号）清楚，多人作业时，做好分工	
		(2) 确认	排风制动员	② 列车到达后，确认列检到达试风完毕，方可开始排风	无列检作业的列车除外
		(3) 防护	排风制动员	③ 排风摘管，应做好防护。 排风作业在列车解体前完成	

表 1(续)

作业程序		岗位作业			说明事项
程序	项目	内容	作业人员	技术要求	
二、排风摘管	2. 排风摘管	(1) 排风	排风制动员	① 缓缓打开折角塞门,放出主制动软管的风。排净副风缸里的余风。做到风排净、不漏排、不抱闸	
		(2) 摘管	排风制动员	② 根据调车作业计划或车号员的开口通知单(或粉笔标记)正确摘管	
	3. 复检处理	(1) 检查	排风制动员	① 检查禁止通过驼峰、不宜使用铁鞋制动的车辆,报告调车长或调车领导人 ② 排风摘管后,逐辆复检,发现问题及时处理	制动员检查有困难时,由《站细》规定检查办法
		(2) 处理	调车指挥人	③ 根据报告或指示,在调车作业通知单上注明制动机制动、禁止溜放或禁止过峰车的钩序,并向有关人员传达清楚	
三、作业前检查	1. 检查确认	(1) 检查工具备品	调车人员	① 检查无线调车灯显设备、手信号灯(旗)、安全带、号角、口笛、防溜器具、铁鞋叉子、提钩摘管器、胶圈、简易紧急制动阀等	车站未规定使用的工具、备品除外
		(2) 检查线路	连结员 制动员	② 检查线路上有无障碍物,防护信号是否撤除,大门开启状态,调车组扳动的道岔是否良好及开通位置,线路两旁及站台上堆放货物距离是否符合规定,不符合规定要求时,不允许进行调车作业	
		(3) 检查车辆	连结员 制动员	③ 核对现车、注意事项,检查停留车位置、连挂状态,有无压鞋、手制动机是否松开,调整好钩位	

表 1（续）

作业程序			岗位作业		说明事项
程序	项目	内容	作业人员	技术要求	
三、作业前检查	2. 选闸选鞋	(1) 选闸	连结员 制动员	① 使用手制动机制动时，要提前检查闸链、闸杆、闸盘、闸台等是否完好。按照选前不选后，选重不选空，选高不选低，选大不选小，选标型不选杂型，选双不选单的要求进行选闸，使用折叠式制动机，应事先做好准备	
		(2) 选鞋	制动员	② 使用铁鞋制动时，应准备足够且符合标准的铁鞋	

ICS 03.220.30
S 90

中华人民共和国国家标准

GB/T 7178.3—2006
代替 GB/T 7178.3—1996

铁路调车作业
第3部分:半自动化驼峰作业

The operating for railway shunting—
Part 3:Operating for the mechanized hump

2006-08-22 发布　　　　　　2007-01-01 实施

中华人民共和国国家质量监督检验检疫总局
中国国家标准化管理委员会　发布

前言

GB/T 7178《铁路调车作业》原为9个部分，本次修订增加了第10部分，共分为10个部分：

——第1部分：基本规定；

——第2部分：准备作业；

——第3部分：半自动化驼峰作业；

——第4部分：简易驼峰作业；

——第5部分：平面牵出线作业；

——第6部分：编组列车作业；

——第7部分：列车摘挂作业；

——第8部分：取送车辆作业；

——第9部分：停留车作业；

——第10部分：自动化驼峰作业。

本部分为GB/T 7178的第3部分，本部分代替GB/T 7178.3—1996《铁路调车作业标准　铁路调车机械（半自动）化驼峰作业标准》。

本标准与GB/T 7178—1996相比主要变化如下：

——范围中增加了合资铁路；

——"核对车列"改为"确认正确"；

——"风管"改为"制动软管"；

——"缓行器"改为"减速器"；

——"手闸"改为"手制动机"；

——"电气集中"改为"集中连锁"；

——"简易放风制动阀"改为"简易紧急制动阀"；

——增加了第10部分：自动化驼峰作业。

本部分与GB/T 7178.3—1996相比主要变化如下：

——取消了"脱鞋制动"和"铁鞋制动"作业；

——取消了解散车列中"用广播（或无线电台）"的内容；

——增加了第3章中二、1(1)联系预推的作业步骤；

——调整了第3章中四、1准备进路的作业内容。

本部分由铁道部标准计量研究所提出并归口。

本部分起草单位：铁道部运输局。

本部分主要起草人：张立军、吴宝仁、陈勇、马一农、彭工、赵春雷。

本部分所代替标准的历次版本发布情况为：

——GB/T 7178.3—1987、GB/T 7178.3—1996。

铁路调车作业
第3部分：半自动化驼峰作业

1 范围

GB/T 7178的本部分规定了铁路调车半自动化驼峰作业的程序、项目、内容、作业人员、技术要求等。

本部分适用于国家铁路、合资铁路、地方铁路、专用铁道半自动化驼峰解体列车及下峰技术作业。

2 铁路调车半自动化驼峰作业程序图(见图1)

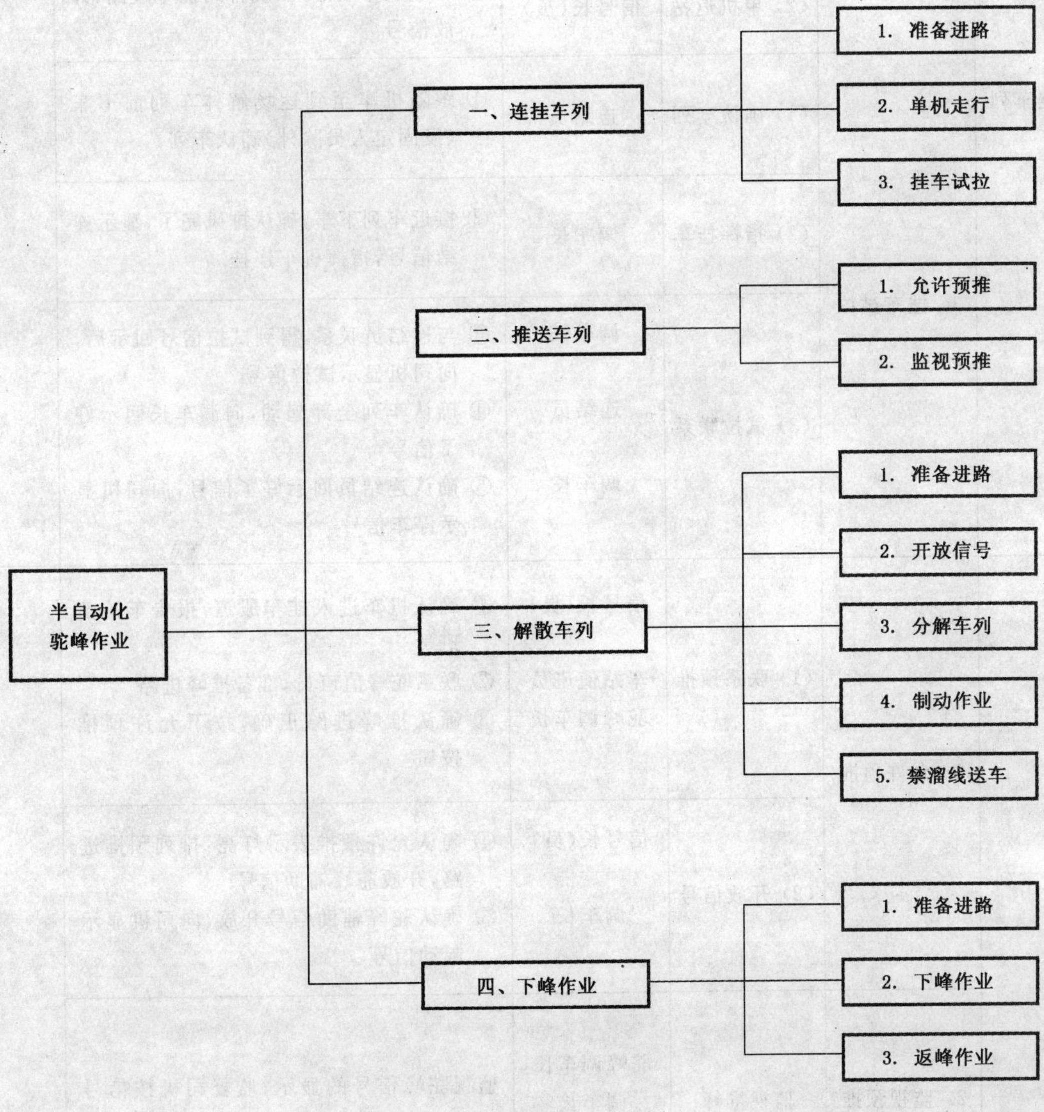

图1 铁路调车半自动化驼峰作业程序图

3　铁路调车半自动化驼峰作业(见表1)

表 1

作业程序			岗位作业		说明事项
程序	项目	内容	作业人员	技术要求	
一、连挂车列	1. 准备进路	(1) 联系经路	驼峰调车长	① 根据计划要求，与到达场值班员联系挂车股道、车次及经路	设有两条及其以上推峰线车站应讲明推峰线别(能从设备上确认的，联系办法由《站细》规定)
		(2) 准备进路	信号长(员)	② 根据计划和车站值班员指示，正确排列进路、开放信号	
	2. 单机走行	(1) 指示动车	调车长	① 确认信号开放，向司机显示起动信号	
		(2) 单机返岔	信号长(员)	② 确认机车动态，正确排列挂车进路，开放信号	
	3. 挂车试拉	(1) 确认车列	连结员	① 跟随机车至到达场解体车列前下车(设固定人员除外)确认车列	
		(2) 指挥挂车	调车长	② 接近车列下车，确认排风完了，显示连结信号，指挥机车连挂	
		(3) 试拉联系	调车长	③ 与连结员联系，得到试拉信号回示后，向司机显示试拉信号	
			连结员	④ 确认车列全部起动，向调车长回示好了信号	
			调车长	⑤ 确认连结员回示好了信号，向司机显示停车信号	
二、推送车列	1. 允许预推	(1) 联系预推	信号长(员)	① 确认机车进入挂车股道，报告车站值班员	
			车站值班员	② 联系驼峰值班员，准备推峰进路	
			驼峰调车长	③ 确认推峰进路正确，按下允许预推按钮	
		(2) 开放信号	信号长(员)	④ 确认允许预推表示灯亮，排列预推进路，开放驼峰辅助信号	
			调车长	⑤ 确认驼峰辅助信号开放，向司机显示起动信号	
	2. 监视预推	监视推峰	驼峰调车长 调车长 连结员	监视驼峰信号的显示，监督司机按信号显示准确掌握推峰速度	

表 1（续）

作业程序			岗位作业		说明事项
程序	项目	内容	作业人员	技术要求	
三、解散车列	1. 准备进路	(1) 核对计划	驼峰调车长	① 车列压上接近表示后，与有关人员核对计划，布置峰尾防溜及重点注意事项	内容由《站细》规定
		(2-1) 储存自动进路	驼峰调车长	② 将道岔手柄置于中间位置 ③ 按下自动按钮，确认自动表示灯点亮 ④ 根据计划钩序，正确储存进路命令 ⑤ 按压进路检查按钮，逐钩检查储存进路 ⑥ 按计划钩序与有关人员核对	根据作业要求确定储存自动进路、半自动进路或办理手动进路的作业方法
		(2-2) 储存半自动进路	驼峰调车长 作业员 驼峰调车长	② 将道岔手柄置于中间位置 ③ 按下半自动按钮，确认半自动表示灯点亮 ④ 按下第一钩序股道储存按钮，正确储存进路命令	
		(2-3) 办理手动进路	作业员	② 根据驼峰调车长指示，将道岔手柄置于计划第一钩序进路所需位置 ③ 确认道岔手柄位置正确后，向驼峰调车长汇报	
	2. 开放信号	开放信号	驼峰调车长	① 确认计划正确、进路准备妥当 ② 开放驼峰主体信号，指示司机推峰	

表 1（续）

作业程序		岗位作业			说明事项
程序	项目	内容	作业人员	技术要求	
三、解散车列	3. 分解车列	(1) 指挥推峰	驼峰调车长	① 根据停留车位置、车组走行性能、难易行线、气候条件及峰上作业等情况，正确及时操纵驼峰信号，掌握好推峰速度，并执行逐钩抹消制度 ② 密切注视提钩和调速制动情况，根据车组特点，随时向有关人员通报 ③ 根据车组溜放情况和有关人员报告，及时发出指令，遇危及安全的紧急情况，应立即关闭驼峰信号机，先停车后处理，未得到有关人员处理完了的回示，不允许开放信号	其他需要注意的事项由各站自定
		(2) 监视推峰	调车长	④ 监视驼峰信号的显示，监督司机按信号显示准确掌握推峰速度	
		(3) 提钩作业	连结员	⑤ 按作业计划准确掌握提钩时机，正确提钩，做到一确认（信号显示、摘钩车数、大组车摘钩车号、推峰速度、车组走行）；二检查（制动软管、提钩杆、抱闸车、长轴距车及禁止溜放和过峰车辆）；三提钩（掌握提钩时机，不错不漏） ⑥ 遇有提钩车号不符、危及安全时，应立即报告驼峰调车长处理，来不及时应迅速按下切断器再行报告 ⑦ 遇有漏摘制动软管或没有提钩链的车辆，使用提钩摘管器进行摘管、提钩	未使用提钩摘管器的均应停车处理。对“长轴距”（换算长度 1.6）车辆应重点掌握
		(4) 进路处理	驼峰调车长	⑧ 使用自动储存进路，在溜放过程中，需将一钩分为两钩时，确认第一钩命令发出后，按下增加按钮，再按下第二钩进路按钮。需将两钩合并为一钩时，按下溜放取消按钮，将被合并的钩序进路取消。计划变更需重排进路时，按下清零按钮，清除储存器中剩余的储存进路，根据计划按下所需股道按钮	

表 1（续）

作业程序			岗位作业		说明事项
程序	项目	内容	作业人员	技术要求	
三、解散车列	3. 分解车列	(4) 进路处理	驼峰调车长	⑨ 使用半自动储存进路，根据计划钩序，确认前钩命令发出后，按下后一钩进路按钮，正确储存进路命令 ⑩ 办理手动进路，根据计划钩序，确认前钩车已出清分岐道岔轨道电路后，逐钩操纵道岔手柄	
三、解散车列	4. 制动作业	减速器制动	作业员	① 按规定使用间隔位制动减速器，随时确认按钮缓解状态，执行逐钩抹消制度 ② 根据溜放车组、空重、停留车位置、气候条件等情况，监视车组走行，正确调速，保证溜放车组间隔距离 ③ 按规定掌握好出口速度，做到不追尾、不途停 ④ 发现车辆夹停、堵门，设备故障等情况，及时报告驼峰调车长，危及安全立即按下切断信号按钮，关闭驼峰信号，停车处理	需手制动机制动时，按有关规定执行
三、解散车列	5. 禁溜线送车	(1) 指挥送车	驼峰调车长	① 根据调车作业计划和连结员的报告，掌握作业进度，及时关闭驼峰信号，停止推峰 ② 机车车辆停妥后，开通禁溜线的道岔，确认开放信号，将车辆送入禁溜线，关闭信号	
三、解散车列	5. 禁溜线送车	(1) 指挥送车	调车长	③ 确认信号显示状态，监视机车车辆运行	
三、解散车列	5. 禁溜线送车	(1) 指挥送车	连结员	④ 提前检查确认禁溜线线路及车辆。对送入禁溜线的车辆，先防溜后提钩	
三、解散车列	5. 禁溜线送车	(2) 联系返峰	驼峰调车长	⑤ 确认送车完了，开放信号，继续解散作业	

表 1（续）

作业程序			岗位作业		说明事项
程序	项目	内容	作业人员	技术要求	
四、下峰作业	1. 准备进路	（1）下峰联系	驼峰值班员	① 根据计划或作业需要，向有关人员布置下峰作业计划 ② 按下手动按钮，正确排列手动进路	
		（2）准备进路	驼峰调车长	③ 输入整理开始命令，确认减速器已缓解，进路信号正确	
	2. 下峰作业	（1）检查线路	连结员 制动员	① 提前检查线路、车辆，当调车长确认停留车位置有困难时，应派人显示停留车位置信号。末端车辆距警冲标较近时，应做好防护	
		（2）指示下峰	调车长 连结员	② 确认下峰信号，向司机显示起动信号，指挥机车下峰 ③ 推送车列下峰时，在车列前瞭望，正确及时显示信号	
		（3）连挂车辆	调车长 调车长 连结员 调车长 连结员 制动员	④ 单机挂车时，接近车列下车，向司机显示连结信号，指挥机车挂车 ⑤ 推进挂车时，车列前部应有人瞭望，正确及时显示十、五、三车距离信号 ⑥ 连续连挂时，可不停车连挂，要确认连挂状态，车组间距超过 10 车时，应顿钩或试拉。末端车辆距警冲标较近时，应采取安全措施	
		（4）确认摘车	调车长	⑦ 将车列送到适当地点停车，确认连结员好了信号后，向司机显示起动信号	
	3. 返峰作业	（1）准备进路	驼峰调车长	① 确认返峰进路空闲，正确排列进路	
		（2）开放信号	驼峰调车长	② 确认进路表示灯正确，开放调车信号，机车带车需越过推峰线进入到达场道岔区时，要得到到达场车站值班员同意后，开放驼峰后退信号	
		（3）返峰停车	驼峰调车长	③ 确认机车车辆越过驼峰信号后，关闭驼峰后退信号	

ICS 03.220.30
S 90

GB

中华人民共和国国家标准

GB/T 7178.4—2006
代替 GB/T 7178.4—1996

铁路调车作业 第4部分：简易驼峰作业

The operating for railway shunting—
Part 4：Operating for the simple hump

2006-08-22 发布　　　　2007-01-01 实施

中华人民共和国国家质量监督检验检疫总局
中国国家标准化管理委员会　发布

前言

GB/T 7178《铁路调车作业》原为 9 个部分，本次修订增加了第 10 部分，共分为 10 个部分：

——第 1 部分：基本规定；

——第 2 部分：准备作业；

——第 3 部分：半自动化驼峰作业；

——第 4 部分：简易驼峰作业；

——第 5 部分：平面牵出线作业；

——第 6 部分：编组列车作业；

——第 7 部分：列车摘挂作业；

——第 8 部分：取送车辆作业；

——第 9 部分：停留车作业；

——第 10 部分：自动化驼峰作业。

本部分为 GB/T 7178 的第 4 部分，本部分代替 GB/T 7178.4—1996《铁路调车作业标准　铁路调车简易驼峰作业标准》。

本标准与 GB/T 7178—1996 相比主要变化如下：

——范围中增加了合资铁路；

——"核对车列"改为"确认正确"；

——"风管"改为"制动软管"；

——"缓行器"改为"减速器"；

——"手闸"改为"手制动机"；

——"电气集中"改为"集中连锁"；

——"简易放风制动阀"改为"简易紧急制动阀"；

——增加了第 10 部分：自动化驼峰作业。

本部分与 GB/T 7178.4—1996 相比主要变化如下：

——调整了第 3 章中三、1(1)联系解散的作业内容；

——"车列运行时"改为"车列牵出时"。

本部分由铁道部标准计量研究所提出并归口。

本部分起草单位：铁道部运输局。

本部分主要起草人：马一农、吴宝仁、陈业林、赵占魁、徐海波、胡金仲。

本部分所代替标准的历次版本发布情况为：

——GB/T 7178.4—1987、GB/T 7178.4—1996。

铁路调车作业
第4部分:简易驼峰作业

1 范围

GB/T 7178的本部分规定了铁路调车简易驼峰作业的程序、项目、内容、作业人员、技术要求等。

本部分适用于国家铁路、合资铁路、地方铁路、专用铁道简易驼峰解体列车及下峰技术作业。

2 铁路调车简易驼峰作业程序图(见图1)

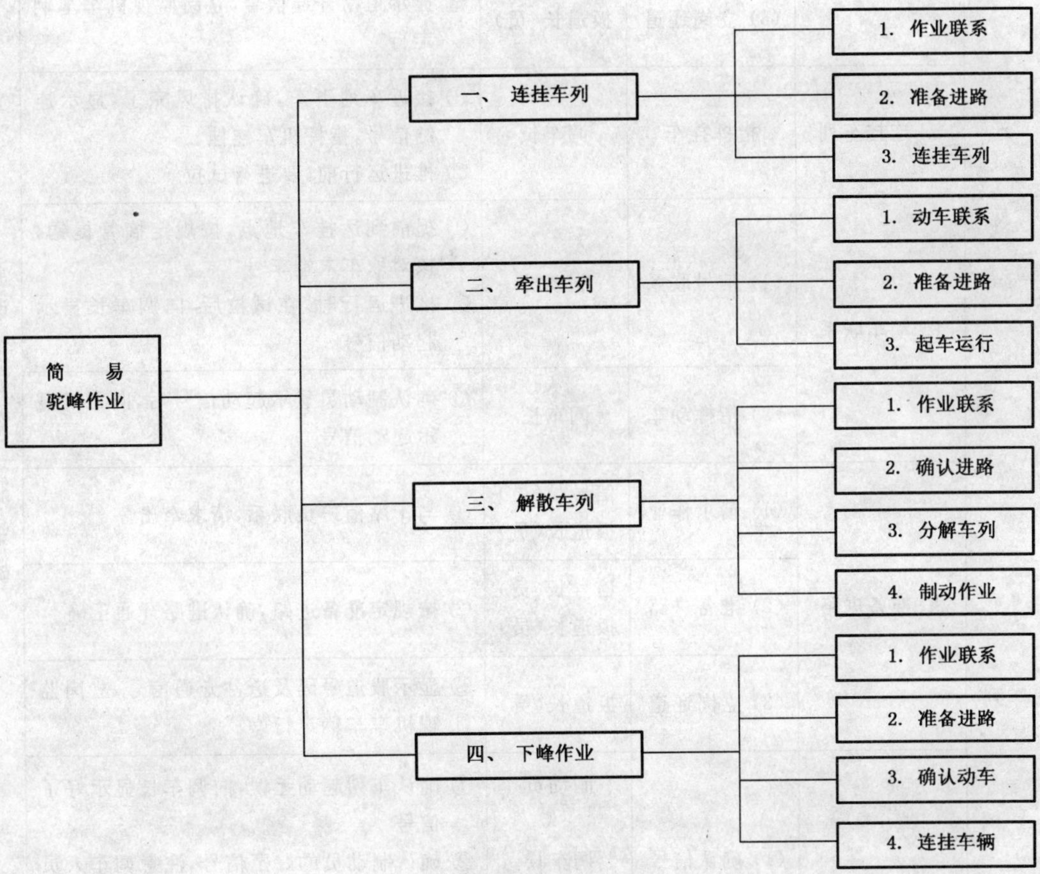

图1 铁路调车简易驼峰作业程序图

3 铁路调车简易驼峰作业(见表1)

表 1

作业程序		岗位作业			说明事项
程序	项目	内容	作业人员	技术要求	
一、连挂车列	1. 作业联系	(1) 作业联系	调车长	① 根据计划要求,向制动长了解作业准备情况,通知司机开始作业	
		(2) 指挥动车	调车长	② 显示起动信号,指挥司机动车	
	2. 准备进路	(1) 请求挂车	扳道长(员) 作业员	① 按计划要求,在正线、到发线上调车时,要经过车站值班员的准许	
		(2) 准备进路	扳道长(员) 信号长(员)	② 按规定准备进路,确认进路开通正确	
		(3) 立岗还道	扳道长(员)	③ 显示道岔开通信号,立岗监视机车车辆走行	
	3. 连挂车列	指挥挂车	调车长	① 接近车列下车,确认排风完了,显示连结信号,指挥机车连挂 ② 推进运行前,要进行试拉	
二、牵出车列	1. 动车联系	(1) 信号联系	制动员	① 提前到达挂车地点,按规定摘管提钩,核对取车末端车号 ② 推进运行时,在试拉后,向调车长显示起动信号	遇特殊情况后,连结员不能确认牵出车列最后一辆车号时,由调车长负责确认
		(2) 指挥动车	调车长	③ 确认制动员显示起动信号后,向司机显示起动信号	
	2. 准备进路	(1) 请求作业	信号长(员) 扳道长(员)	① 与车站值班员联系,请求牵出	
		(2) 准备进路	信号长(员) 扳道长(员)	② 按规定准备进路,确认进路开通正确	
		(3) 立岗还道	扳道长(员)	③ 显示股道号码及道岔开通信号,立岗监视机车车辆走行	
	3. 起车运行	(1) 确认信号	制动员	① 确认车列起动无误,向调车长显示好了信号	
			调车长	② 确认制动员的好了信号,注意调车人员上车及安全等情况,向司机显示好了信号	
		(2) 核对确认	连结员	③ 车列牵出时,按计划查对车数,核对提钩处风管摘开、无抱闸车及牵出车列最后一辆车号正确	
		(3) 指挥停车	调车长	④ 根据作业计划确认车列停车所需位置,指示司机停车	

表 1(续)

作业程序			岗位作业		说明事项
程序	项目	内容	作业人员	技术要求	
三、解散车列	1. 作业联系	(1) 联系解散	调车长	① 通知各作业点解体车次、股道,防溜措施及重点注意事项,听取制动长准备好了的报告	其他需要注意的事项由各站自定
		(2) 报告上岗	制动长	② 确认制动员上岗后,向调车长报告准备好了	
			制动长(员)	③ 手制动机制动,试闸良好后向调车长或连结员显示好了信号	
			连结员	④ 检查核对车组无误,确认制动员试闸好了信号后,向调车长报告或显示好了信号	
	2. 确认进路	(1) 准备进路	扳道长(员)	① 按计划正确及时准备进路,除集中联锁设备外,第一钩执行要道还道制度,显示股道号码及道岔开通信号	
			作业员	② 使用驼峰集中设备的,提前储存进路,复检正确后,开放允许推峰信号	
		(2) 对道确认	调车长	③ 非集中区确认扳道长(员)第一钩道岔开通信号,集中区确认允许推峰信号开放后,开放驼峰信号	
	3. 分解车列	(1) 掌握解散	调车长	① 根据停留车位置、气候条件、车组大小、空重、车辆走行状态、难易行线等情况,掌握推峰速度,保证溜放车组速度均匀,间隔适当 ② 随时交待重点注意事项,发现异常情况,果断处理	
		(2) 提钩作业	连结员	③ 按计划查对车数,大组车核对车号,随时确认驼峰信号机或调车长手信号的显示状态。根据车组大小、车辆走行性能、气候条件、难易行线、间隔距离、禁溜车等情况,正确提钩,发现异常情况,及时报告或采取停车措施 ④ 遇有漏摘制动软管或没有提钩链的车辆使用提钩摘管器进行摘管、提钩	
		(3) 扳道作业	扳道长(员)	⑤ 按计划正确及时扳道,立岗监视溜放车组走行 ⑥ 做到溜放车组间隔不足规定距离不扳;未过联动道岔不扳;有压标车或有侧面冲突的可能时不扳 ⑦ 发现异常情况,果断采取措施处理	

表 1(续)

作业程序			岗位作业		说明事项
程序	项目	内容	作业人员	技术要求	
三、解散车列	4. 制动作业	(1) 减速器制动	作业员	① 按规定正确使用减速器，随时确认按钮缓解状态 ② 根据解散车组、空重、停留车位置、气候条件等情况，监视车组走行，正确调速，保证溜放车组间隔距离 ③ 按规定掌握好出口速度，做到不追尾、不途停、不堵门 ④ 发现车辆途停、堵门、设备故障等情况，及时报告驼峰调车长或采取措施，果断处理	其他需要注意的事项由各站自定
		(2) 脱鞋制动	脱鞋制动长(员)	① 根据计划，掌握关键、重点股道、人员技术、停留车位置、气候条件，监视各股道车组走行，认真观速观距，正确调速 ② 发生危及行车安全时，及时采取措施或向制动人员报警 ③ 一批作业完了，及时将铁鞋归位、摆齐	
		(3) 铁鞋制动	制动员 制动长(员) 调车长	① 根据计划钩序、辆数、空重、难易行线、停留车位置、车辆运行、气候条件，采用相应的下鞋方法。但单个车辆应一车三鞋单轨双基本，小组车应下基本鞋 ② 选择适宜地点，准备足够数量且符合标准的铁鞋，遇天气不良或钢轨有油渍、盐、碱、冰、雪、霜等情况时，撒好沙子，正确观速观距，准确安放铁鞋，做到安全连挂或车组间天窗不大于 4 m ③ 一批作业完了，及时撤除铁鞋，归位、摆齐 ④ 压鞋时，应按《站细》规定处理。根据作业进度或在一批作业完了及时安排取出	
		(4) 手制动机制动	制动员	① 使用手制动机时，抓牢站稳，按规定使用安全带，进行试闸 ② 试好闸后，向连结员显示试闸良好信号 ③ 正确观速观距，观前顾后，均衡调速，稳妥连挂 ④ 多人制动一车组，以第一位制动员为主，其他制动员听从第一位制动员指挥 ⑤ 制动完了，松开手制动机	

表 1(续)

作业程序			岗位作业		说明事项
程序	项目	内容	作业人员	技术要求	
四、下峰作业	1. 作业联系	联系下峰	调车长	① 根据计划要求，与有关人员联系调车机车下峰作业 ② 需越区作业时，同时通知联系越区	
	2. 准备进路	(1) 准备进路	扳道长(员) 作业员	① 按规定准备进路，确认进路开通正确	
		(2) 立岗还道	扳道长(员)	② 得到调车人员或司机的要道信号后，显示股道号码及道岔开通信号，立岗监视机车车辆走行	
	3. 确认动车	确认动车	调车长	确认道岔开通信号或调车信号开放(单机或牵引除外)，向司机显示起动信号	
	4. 连挂车辆	(1) 检查线路	制动员	① 检查线路、车辆停留、货物装载、调整好钩位	
		(2) 推送车辆	调车长 制动长(员) 调车长 制动员 连结员	② 推送车辆要先试拉。车列前部应有人进行瞭望，及时显示信号。确认停留车位置困难时，派人显示停留车位置信号 ③ 应位于易于瞭望前方，又能使司机看见所显示信号的位置 ④ 中转信号人员，位置适当，正确及时一致地中转信号	
		(3) 连挂车辆	调车长 调车长 连结员 制动员	⑤ 连挂车辆正确，及时显示十、五、三车距离信号(单机除外)。并听取司机鸣笛回示，没有回示立即显示停车信号 ⑥ 连续连挂时，可不停车连挂，要确认连挂状态，车组间距超过 10 车时，应顿钩或试拉。末端车辆距警冲标较近时，应采取安全措施 ⑦ 推进或牵出车辆前，按规定确认车列挂妥	

ICS 03.220.30
S 90

GB

中华人民共和国国家标准

GB/T 7178.5—2006
代替 GB/T 7178.5—1996

铁路调车作业 第5部分：平面牵出线作业

The operating for railway shunting—Part 5: Operating for the shunting neck

2006-08-22 发布

2007-01-01 实施

中华人民共和国国家质量监督检验检疫总局
中国国家标准化管理委员会 发布

前　言

GB/T 7178《铁路调车作业》原为9个部分，本次修订增加了第10部分，共分为10个部分：

——第1部分：基本规定；

——第2部分：准备作业；

——第3部分：半自动化驼峰作业；

——第4部分：简易驼峰作业；

——第5部分：平面牵出线作业；

——第6部分：编组列车作业；

——第7部分：列车摘挂作业；

——第8部分：取送车辆作业；

——第9部分：停留车作业；

——第10部分：自动化驼峰作业。

本部分为GB/T 7178的第5部分，本部分代替GB/T 7178.5—1996《铁路调车作业标准　铁路调车平面牵出线作业标准》。

本标准与GB/T 7178—1996相比主要变化如下：

——范围中增加了合资铁路；

——“核对车列”改为“确认正确”；

——“风管”改为“制动软管”；

——“缓行器”改为“减速器”；

——“手闸”改为“手制动机”；

——“电气集中”改为“集中连锁”；

——“简易放风制动阀”改为“简易紧急制动阀”；

——增加了第10部分：自动化驼峰作业。

本部分与GB/T 7178.5—1996相比主要变化如下：

——“手闸制动”改为“手制动机制动”，并调整了作业内容。

本部分由铁道部标准计量研究所提出并归口。

本部分起草单位：铁道部运输局。

本部分主要起草人：王长重、徐纯洁、张岐正、梁衍民、赵春雷。

本部分所代替标准的历次版本发布情况为：

——GB/T 7178.5—1987、GB/T 7178.5—1996。

铁路调车作业
第5部分：平面牵出线作业

1 范围

GB/T 7178的本部分规定了铁路调车平面牵出线作业的程序、项目、内容、作业人员、技术要求等。

本部分适用于国家铁路、合资铁路、地方铁路、专用铁道的平面牵出线解体列车及摘挂整场技术作业。

2 铁路调车平面牵出线作业程序图(见图1)

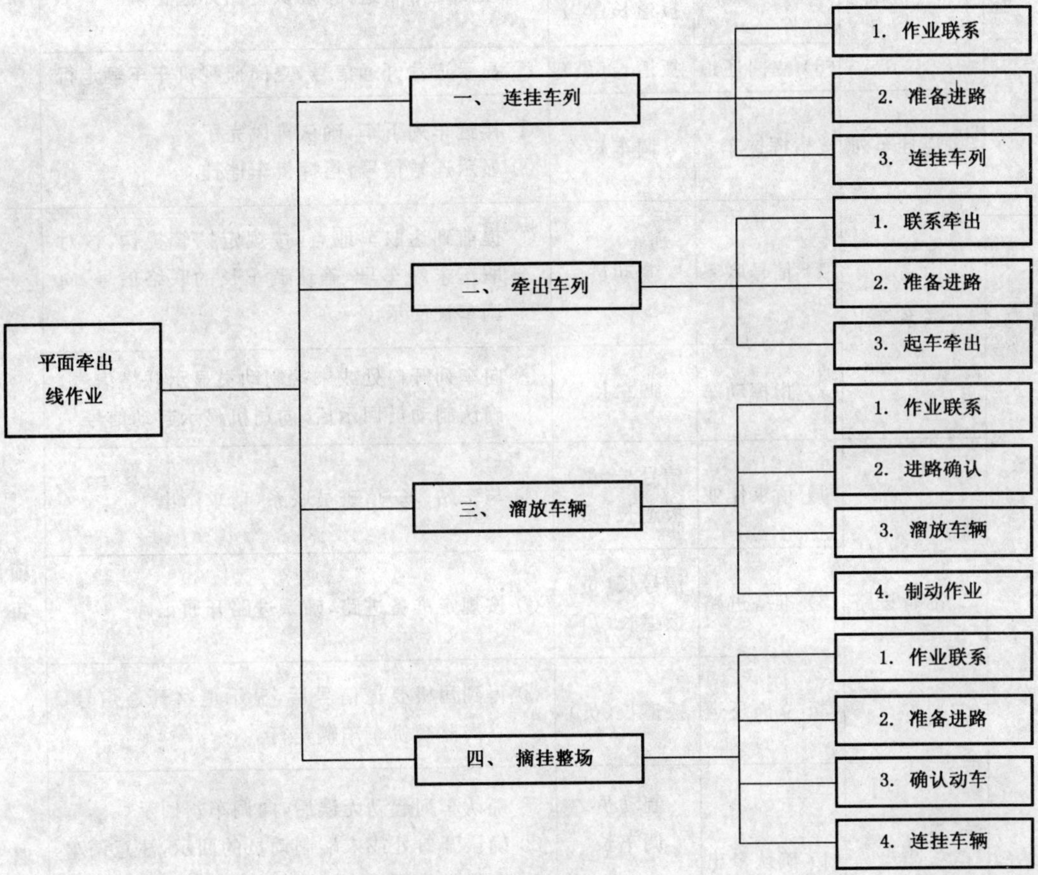

图1 铁路调车平面牵出线作业程序图

3 铁路调车平面牵出线作业(见表 1)

表 1

作业程序			岗位作业		说明事项
程序	项目	内容	作业人员	技术要求	
一、连挂车列	1. 作业联系	(1) 布置联系	调车长	① 根据计划要求,了解作业准备情况,通知司机开始作业	
		(2) 指挥动车	调车长	② 显示起动信号,指挥司机动车	
	2. 准备进路	(1) 请求挂车	信号长(员) 扳道长(员)	① 按计划要求,在正线、到发线上调车时,要经过车站(场)值班员的准许	
		(2) 准备进路	信号长(员) 扳道长(员)	② 按规定准备进路,确认进路开通正确	
		(3) 立岗还道	扳道长(员)	③ 显示道岔开通信号,立岗监视机车车辆走行	
	3. 连挂车列	指挥挂车	调车长	① 接近车列下车,确认排风完了 ② 显示连结信号,指挥机车连挂	
二、牵出车列	1. 联系牵出	(1) 信号联系	制动员	① 提前到达取车地点,按规定摘管提钩,核对取车末端车号,确认调车长的联络信号,向调车长回示	
		(2) 指挥动车	调车长	② 向车列开口处或末端制动员显示联络信号,确认制动员回示后,向司机显示起动信号	
	2. 准备进路	(1) 请求作业	信号长(员) 扳道长(员)	① 与车站(场)值班员联系,请求牵出	项目 2 与项目 1 平行作业
		(2) 准备进路	信号长(员) 扳道长(员)	② 按规定准备进路,确认进路开通正确	
		(3) 立岗还道	扳道长(员)	③ 得到司机要道信号后,显示道岔开通信号,立岗监视机车车辆走行	
	3. 起车牵出	(1) 确认牵出	制动员 调车长	① 确认车列起动无误后,向调车长回示 ② 确认开口处或末端制动员的回示,注意调车人员上车及安全等情况向司机回示好了信号	遇特殊情况,连结员不能确认牵出车列最后一辆车号时,由调车长负责确认
		(2) 核对确认	连结员	③ 车列牵出,按计划查车数,核对提钩处制动软管摘开、无抱闸车及牵出车列最后一辆车号正确	
		(3) 指挥停车	调车长	④ 根据作业计划,确认车列停车所需位置,指示司机停车	

表 1（续）

作业程序			岗位作业		说明事项
程序	项目	内容	作业人员	技术要求	
三、溜放车辆	1. 作业联系	(1) 联系溜放	调车长	① 听取有关人员准备好了的报告，按计划指示开始溜放	溜放车组间隔距离由《站细》规定
		(2) 汇报上岗	制动长 制动员	② 向调车长报告准备好了 ③ 手制动机制动，试闸良好后，向调车长或连结员报告试闸良好	
			连结员	④ 检查核对车组无误，确认制动员试闸好了信号，向调车长报告	
	2. 进路确认	(1) 准备进路	信号长（员） 扳道长（员）	① 按规定准备进路，确认进路开通正确 ② 连续溜放第一钩执行要道还道制度（集中联锁设备除外）	
		(2) 对道确认	调车长	③ 非集中区确认扳道长（员）道岔开通信号；集中区确认调车信号开放，指示开始作业	
	3. 溜放车辆	(1) 掌握溜放	调车长	① 开放（或显示溜放）信号。根据停留车位置、气候条件、车组大小、空重、车辆走行状态、难易行线等情况，掌握溜放速度，保证溜放车组速度均匀，间隔适当 ② 发现异常情况，果断处理	
		(2) 提钩作业	连结员	③ 按计划核对车数、车号，随时确认调车长信号或调车信号机显示状态，根据车组大小、走行性能、气候条件、难易行线、间隔距离、禁溜车等情况，正确提钩，发现异常情况，及时报告或采取停车措施	
		(3) 扳道作业	信号长（员） 扳道长（员）	④ 按计划准备进路，监视溜放车组走行 ⑤ 做到溜放车组间隔不足规定距离不扳；未过联动道岔不扳；有压标车或有侧面冲突的可能时不扳 ⑥ 发现异常情况，果断采取措施处理	
	4. 制动作业	(1) 手制动机制动	制动员	① 手制动机制动时，抓牢站稳，按规定使用安全带，进行试闸 ② 试好闸后，向连结员报告试闸良好 ③ 正确观速观距，观前顾后，均衡调速，稳妥连挂 ④ 多人制动一车组，以第一位制动员为主，其他制动员听从第一位制动员指挥 ⑤ 制动完了，松开手制动机	
		(2) 脱鞋制动	制动长（员）	① 根据计划，掌握关键、重点股道、人员技术、停留车位置、气候条件，监视各股道车组走行，认真观速观距，正确调速 ② 发生危及行车安全情况时，及时采取措施或向制动人员报警 ③ 一批作业完了，及时将铁鞋归位、摆齐	

表 1（续）

作业程序			岗位作业		说明事项
程序	项目	内容	作业人员	技术要求	
三、溜放车辆	4. 制动作业	(3) 铁鞋制动	制动员	① 根据计划钩序、辆数、空重、难易行线、停留车位置、车辆走行、气候条件，采用相应的下鞋方法。但单个车辆应一车三鞋单轨双基本，小组车应下基本鞋 ② 选择适宜地点，准备足够数量且符合标准的铁鞋，遇天气不良或钢轨有油渍、盐、碱、冰、雪、霜等情况时，撒好沙子，正确观速观距，准确安放铁鞋，做到安全连挂或车组间天窗不大于 4 m ③ 一批作业完了，及时撤除铁鞋，归位、摆齐	
			调车长	④ 压鞋时，应按《站细》规定处理。根据作业进度，或在一批作业完了，及时安排取出	
四、摘挂整场	1. 作业联系	作业联系	调车长	① 根据计划要求，通知有关人员做好摘挂车整场准备 ② 需越区作业时，同时通知联系越区	
	2. 准备进路	(1) 准备进路	信号长(员) 扳道长(员)	① 按规定准备进路，确认进路开通正确	
		(2) 立岗还道	扳道长(员)	② 得到调车人员或司机的要道信号后，显示股道号码、道岔开通信号，立岗监视机车车辆走行	
	3. 确认动车	确认动车	调车长	① 推进运行时，确认扳道长(员)股道号码及道岔开通信号，集中区确认调车信号，瞭望进路，指挥运行 ② 单机或牵引运行时，向司机显示起动信号，指示动车	
	4. 连挂车辆	(1) 检查线路	制动员	① 检查线路、车辆停留、货物装载，调整钩位	
		(2) 推送车辆	调车长 制动员	② 推送车辆先要试拉，车列前部应有人进行瞭望，及时显示信号。 确认停留车位置困难时，应派人显示停留车位置	
			调车长	③ 应位于易于瞭望前方，又能使司机看见所显示信号的位置	③④适用于使用手信号调车作业
			连结员 制动员	④ 中转信号人员位置适当，正确及时一致地中转信号	
		(3) 连挂车辆	调车长 连结员 制动员	⑤ 连挂车辆正确，及时显示十、五、三车距离信号(单机除外)，并听取司机鸣笛回示，没有回示，立即显示停车信号 ⑥ 连续连挂时，可不停车连挂，要确认连挂状态，车组间距超过 10 车时，应试拉或顿钩。末端车辆距警冲标较近时，应采取安全措施 ⑦ 推送或牵出车辆前，按规定确认车列挂妥	

ICS 03.220.30
S 90

中华人民共和国国家标准

GB/T 7178.6—2006
代替 GB/T 7178.6—1996

铁路调车作业 第6部分:编组列车作业

The operating for railway shunting—Part 6:Operating for sorting trains

2006-08-22 发布

2007-01-01 实施

中华人民共和国国家质量监督检验检疫总局
中国国家标准化管理委员会 发布

前　言

GB/T 7178《铁路调车作业》原为9个部分，本次修订增加了第10部分，共分为10个部分：

——第1部分：基本规定；

——第2部分：准备作业；

——第3部分：半自动化驼峰作业；

——第4部分：简易驼峰作业；

——第5部分：平面牵出线作业；

——第6部分：编组列车作业；

——第7部分：列车摘挂作业；

——第8部分：取送车辆作业；

——第9部分：停留车作业；

——第10部分：自动化驼峰作业。

本部分为GB/T 7178的第6部分，本部分代替GB/T 7178.6—1996《铁路调车作业标准　铁路调车编组列车作业标准》。

本标准与GB/T 7178—1996相比主要变化如下：

——范围中增加了合资铁路；

——"核对车列"改为"确认正确"；

——"风管"改为"制动软管"；

——"缓行器"改为"减速器"；

——"手闸"改为"手制动机"；

——"电气集中"改为"集中连锁"；

——"简易放风制动阀"改为"简易紧急制动阀"；

——增加了第10部分：自动化驼峰作业。

本部分与GB/T 7178.6—1996相比主要变化如下：

——在第3章中一、2(1)准备进路中增加了集中区操作要求；

——"铁鞋"改为"防溜措施"；

——第3章中二、2(2)信号显示，增加了单机连挂车辆作业、进入车挡作业前信号防护以及对停留车辆采取防溜措施的规定；

——对联系转出作业进行了调整。

本部分由铁道部标准计量研究所提出并归口。

本部分起草单位：铁道部运输局。

本部分主要起草人：张岐正、张宇、陈业林、武林贵、陈建增、赵春雷。

本部分所代替标准的历次版本发布情况为：

——GB/T 7178.6—1987、GB/T 7178.6—1996。

铁路调车作业
第 6 部分:编组列车作业

1 范围

GB/T 7178 的本部分规定了铁路调车编组列车作业的程序、项目、内容、作业人员、技术要求等。

本部分适用于国家铁路、合资铁路、地方铁路、专用铁道编组列车技术作业。

2 铁路调车编组列车作业程序图(见图 1)

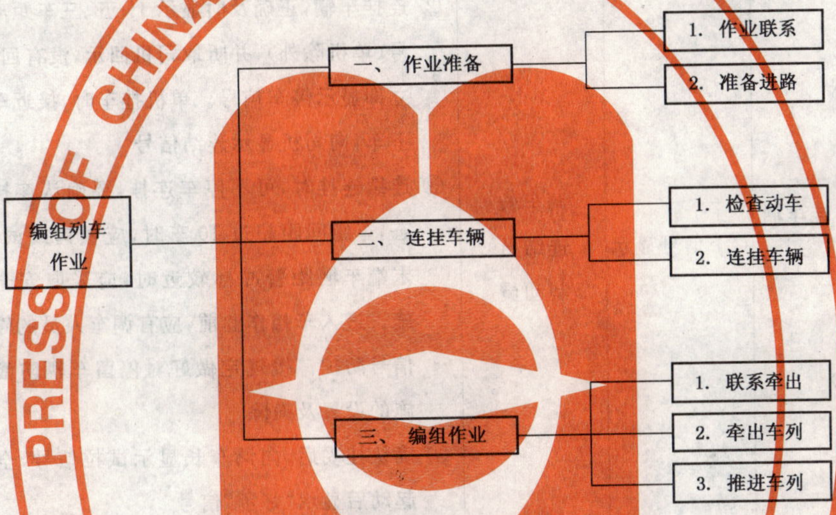

图 1 铁路调车编组列车作业程序图

3 铁路调车编组列车作业标准(见表 1)

表 1

作业程序			岗位作业		说明事项
程序	项目	内容	作业人员	技术要求	
一、作业准备	1. 作业联系	(1) 联系编车	调车区长	① 根据计划要求,与有关人员联系编车	
		(2) 联系进路	扳道长(员) 调车长 调车区长	② 按计划要求,在正线、到发线上调车时,要经过车站值班员的准许 ③ 需越区作业时,通知联系越区	
	2. 准备进路	(1) 准备进路	扳道长(员) 信号员 作业员	① 按规定排列进路、开放调车信号,确认进路开通正确	
		(2) 立岗还道	扳道长(员)	② 得到调车人员或司机的要道信号后,显示股道号码、道岔开通信号,立岗监视机车车辆走行	

表 1（续）

<table>
<tr><th colspan="3">作业程序</th><th colspan="2">岗位作业</th><th rowspan="2">说明事项</th></tr>
<tr><th>程序</th><th>项目</th><th>内容</th><th>作业人员</th><th>技术要求</th></tr>
<tr><td rowspan="4">二、连挂车辆</td><td rowspan="2">1. 检查动车</td><td>(1) 挂车检查</td><td>连结员
制动员</td><td>① 挂车前检查线路、防溜措施、停留车辆、关门车、货物装载等，调整好钩位</td><td></td></tr>
<tr><td>(2) 指挥动车</td><td>调车长</td><td>② 确认道岔开通信号或调车信号(单机或牵引时除外)，向司机显示起动信号</td><td></td></tr>
<tr><td rowspan="2">2. 连挂车辆</td><td>(1) 选分车组</td><td>调车人员</td><td>① 按计划要求分解及编组车组</td><td></td></tr>
<tr><td>(2) 信号显示</td><td>调车长
连结员
制动员</td><td>② 连挂车辆，正确及时显示十、五、三车距离信号(单机除外)，并听取司机回示，没有回示，立即显示停车信号。单机挂车时，接近车列下车，向司机显示连结信号
③ 连续连挂时，可不停车连挂，要确认连挂状态，车组间距超过 10 车时，应顿钩或试拉。末端车辆距警冲标较近时，应采取安全措施。进入车挡作业前，应有调车人员的停车信号防护。按规定做好对停留车辆防溜措施的设置及撤除
④ 确认挂妥后，向调车长显示试拉信号，全部起动后显示“好了”信号</td><td></td></tr>
<tr><td rowspan="4">三、编组作业</td><td rowspan="2">1. 联系牵出</td><td>(1) 联系转线</td><td>扳道长(员)
信号员
作业员
调车区长</td><td>① 按规定准备进路，确认进路开通正确。需越区作业时，通知联系越区。需转场作业时，应征得他场值班员同意</td><td></td></tr>
<tr><td>(2) 信号联系</td><td>调车长</td><td>② 确认制动员的起动信号，向司机显示起动信号，指挥机车牵出</td><td></td></tr>
<tr><td rowspan="2">2. 牵出车列</td><td>(1) 监视走行</td><td>调车长

扳道长
信号员</td><td>① 牵出车列起动后，确认制动员好了信号，注意调车人员上车及安全等情况，向司机显示好了信号
② 进路准备妥当后，立岗监视机车车辆走行</td><td></td></tr>
<tr><td>(2) 指挥停车</td><td>调车长
制动员</td><td>③ 确认车列牵至所需位置，指示司机停车</td><td></td></tr>
</table>

表 1（续）

作业程序			岗位作业		说明事项
程序	项目	内容	作业人员	技术要求	
三、编组作业	3. 推进车列	(1) 确认进路	连结员 制动员	① 非集中区确认扳道长(员)道岔开通信号；集中区确认调车信号开放，按作业要求显示信号	③④适用于使用手信号调车作业
		(2) 推进运行	连结员 制动员 调车长 连结员 制动员 调车长 连结员 制动员	② 推进车列，车列前部应有人进行瞭望，及时显示信号。确认停留车位置有困难时，派人显示停留车位置信号 ③ 应位于易于瞭望前方，又能使司机看见所显示信号的位置 ④ 中转信号人员，位置适当，正确及时一致地中转信号 ⑤ 连挂车辆，正确及时显示十、五、三车距离信号，并听取司机回示，没有回示，立即显示停车信号 ⑥ 编组车列，确认车列挂妥后应进行试拉。根据需要，将车列停放在适当或《站细》规定的位置，按规定采取防溜措施后摘钩	
		(3) 编成复检	连结员 制动员	⑦ 按规定复检编成车列 ⑧ 列车编成后，向调车领导人报告	

ICS 03.220.30
S 90

中华人民共和国国家标准

GB/T 7178.7—2006
代替 GB/T 7178.7—1996

铁路调车作业 第7部分：列车摘挂作业

The operating for railway shunting—
Part 7: Operating for the train detaching and attaching

2006-08-22 发布 2007-01-01 实施

中华人民共和国国家质量监督检验检疫总局
中国国家标准化管理委员会 发布

前　言

GB/T 7178《铁路调车作业》原为9个部分，本次修订增加了第10部分，共分为10个部分：

——第1部分：基本规定；

——第2部分：准备作业；

——第3部分：半自动化驼峰作业；

——第4部分：简易驼峰作业；

——第5部分：平面牵出线作业；

——第6部分：编组列车作业；

——第7部分：列车摘挂作业；

——第8部分：取送车辆作业；

——第9部分：停留车作业；

——第10部分：自动化驼峰作业。

本部分为GB/T 7178的第7部分，本部分代替GB/T 7178.7—1996《铁路调车作业标准　铁路调车列车摘挂作业标准》。

本标准与GB/T 7178—1996相比主要变化如下：

——范围中增加了合资铁路；

——“核对车列”改为“确认正确”；

——“风管”改为“制动软管”；

——“缓行器”改为“减速器”；

——“手闸”改为“手制动机”；

——“电气集中”改为“集中连锁”；

——“简易放风制动阀”改为“简易紧急制动阀”；

——增加了第10部分：自动化驼峰作业。

本部分与GB/T 7178.7—1996相比主要变化如下：

——作业程序三“摘挂确报”改为“摘挂报告”，并取消了“确保传递”作业；

——调整了第3章中二、1(2)要道还道的作业内容；

——增加了第3章中二、4(3)连挂车辆的作业内容。

本部分由铁道部标准计量研究所提出并归口。

本部分起草单位：铁道部运输局。

本部分主要起草人：徐海波、张鑫、张镇豪、张岐正、彭工、胡金仲。

本部分所代替标准的历次版本发布情况为：

——GB/T 7178.7—1987、GB/T 7178.7—1996。

铁路调车作业
第7部分：列车摘挂作业

1 范围

GB/T 7178的本部分规定了铁路调车列车摘挂作业的程序、项目、内容、作业人员、技术要求等。

本部分适用于国家铁路、合资铁路、地方铁路、专用铁道列车摘挂技术作业。

2 规范性引用文件

下列文件中的条款通过GB/T 7178的本部分的引用而成为本部分的条款。凡是注日期的引用文件，其随后所有的修改单(不包括勘误的内容)或修订版均不适用于本部分，然而，鼓励根据本部分达成协议的各方研究是否可使用这些文件的最新版本。凡是不注日期的引用文件，其最新版本适用于本部分。

GB/T 7178.1—2006　铁路调车作业　第1部分：基本规定

3 铁路调车列车摘挂作业程序图(见图1)

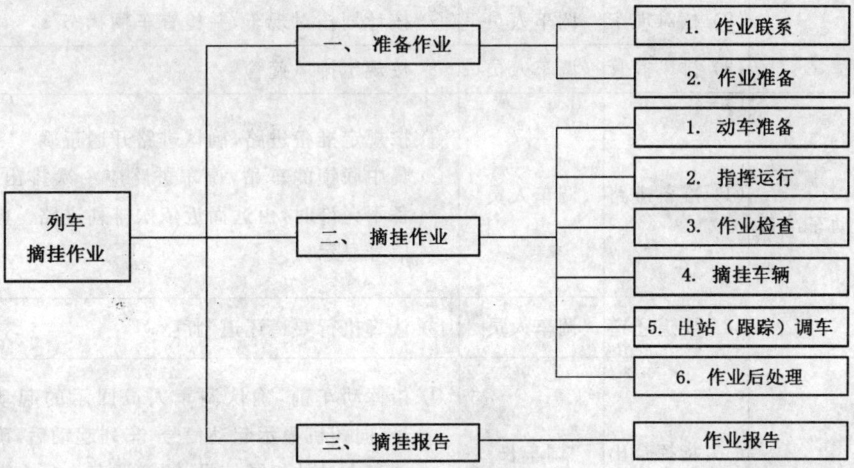

图1　铁路调车列车摘挂作业程序图

4 铁路调车列车摘挂作业(见表1)

表1

作业程序			岗位作业		说明事项
程序	项目	内容	作业人员	技术要求	
一、准备作业	1. 作业联系	(1) 抄、收确报	车站值班员(车站调度员)	① 根据列车运行计划，与列车调度员联系，了解摘车的位置、车数、货物品名及收货人，空车了解车种、吨位 ② 将车站待挂车辆报告列车调度员，确定挂车车次、位置、作业时间	

表 1（续）

作业程序			岗位作业		说明事项
程序	项目	内容	作业人员	技术要求	
一、准备作业	1. 作业联系	(2) 联系取送	车站值班员（车站调度员或调车区长）	③ 与货运人员联系，商定摘车地点，确定装卸作业时间。待挂车辆要掌握装卸进度 ④ 指示货运人员做好取送车准备	
	2. 作业准备	(1) 计划传达	车站（助理）值班员（调车区长）	① 中间站作业时，在办理列车闭塞（预告）后，通知调车作业人员做好准备工作 ② 编组（区段）站，列车成组摘挂或临时甩车，需本务机车作业时，由车站值班员通知助理值班员联系、指挥调车作业并按规定联系进路	无调车长的车站，调车长的工作由车站值班员、助理值班员担当（下同）
			调车长	③ 向调车指挥人传达计划及注意事项 ④ 做好作业分工及安全预想，提前上岗 ⑤ 亲自向司机递交调车作业通知单，传达作业注意事项和作业方法。中间站向司机递交便携式无线调车灯显设备 ⑥ 检查作业人员上岗情况	
		(2) 核对现车	调车人员	⑦ 按计划核对现车，并检查车辆状态	
		(3) 排风摘管	调车人员	⑧ 按规定排风摘管	
二、摘挂作业	1. 动车准备	(1) 准备进路	调车人员	① 按规定准备进路，确认进路开通正确 ② 集中联锁的车站，调车进路应一次排出；设备不允许时，由远而近依次排列进路。监视信号显示	
		(2) 要道还道	调车人员	③ 认真执行要道还道制度	
	2. 指挥运行	(1) 指挥牵出	调车长	① 指挥动车前，确认调车人员回示的起动信号；向司机显示起动信号，车列起动后，确认调车人员的好了信号，注意调车人员上车及安全等情况，向司机显示好了信号	已事先有人检查除外，有协议的按协议执行
		(2) 指挥推进	调车长	② 推送车辆要先试拉。车列前部应有人进行瞭望，及时显示信号。确认停留车位置困难时，派人显示停留车位置信号 ③ 应位于易于瞭望前方，又能使司机看见所显示信号的位置	③④适用于手信号作业
			调车人员	④ 中转信号人员，位置适当，正确及时一致地中转信号	
		(3) 返岔要求	调车人员	⑤ 当车辆越过联动道岔需返岔时，调车人员应向扳道长（员）显示过岔的好了信号	

表 1（续）

作业程序		岗位作业			说明事项
程序	项目	内容	作业人员	技术要求	
二、摘挂作业	3. 作业检查	(1) 检查线路	调车人员	① 进入专用线道岔或装卸地点前应一度停车，亲自或派人检查线路、道岔、停留车等后，方准进入	
		(2) 确认通风	调车人员	② 按规定连结制动软管。使用简易紧急制动阀时，确认通风良好	
	4. 摘挂车辆	(1) 摘车防溜	调车人员	① 摘车时，应在车辆停妥后，按规定做好防溜措施再提钩	
		(2) 挂车防溜	调车人员	② 挂车时，挂妥后，再撤出防溜措施	
		(3) 连挂车辆	调车人员	③ 连挂车辆正确，及时显示十、五、三车距离信号（单机除外）。并听取司机鸣笛回示，没有回示立即显示停车信号 ④ 连续连挂时，可不停车连挂，要确认连挂状态，车组间距超过 10 车时，应顿钩或试拉。末端车辆距警冲标较近时，应采取安全措施 ⑤ 摘挂列车挂妥后，应进行试拉	
	5. 出站（跟踪）调车	(1) 请求出站	车站值班员	① 向列车调度员报告出站调车的作业方法、时间 ② 按 GB/T 7178.1—2006 中 5.5.9、5.5.10 的规定，取得列车调度员的口头准许或调度命令，并与邻站办理越出站界或跟踪出站调车手续 ③ 通知邻站出站调车时间，填记行车日志（另起一行） ④ 两端站揭挂区间占用表示牌	承认邻站出站调车，在行车日志亦应另起一行
		(2) 填发通知书	车站值班员 调车长	⑤ 按规定正确填记出站（跟踪）调车通知书，核对无误后交给调车长并通知有关人员 ⑥ 认真核对，无误后方准交给司机进行作业	调车机车距运转室较远时，可指派扳道员填写及收回
		(3) 出站（跟踪）调车	车站值班员 调车长	⑦ 通知扳道长（员）出站（跟踪）调车的注意事项 ⑧ 作业完了后收回出站（跟踪）调车通知书，交车站值班员注销	不准办理跟踪调车的车站由《行规》规定
		(4) 开通区间	车站值班员	⑨ 向列车调度员报告作业完了 ⑩ 出站调车完毕（双线区间正方向除外），与邻站办理开通区间手续，开通区间；跟踪调车完毕，通知邻站作业完了时间，两站均在行车日志记事栏记入跟踪作业完了时间 ⑪ 撤除区间占用表示牌	

表 1（续）

作业程序			岗位作业		说明事项
程序	项目	内容	作业人员	技术要求	
二、摘挂作业	6. 作业后处理	(1) 道岔恢复定位	调车人员	① 作业完了后，应及时将道岔恢复定位，并向车站值班员报告	集中联锁操纵的道岔（引向安全线、避难线的除外），可不保持定位
		(2) 调车结束报告	调车长	② 取回便携式无线调车灯显设备 ③ 将车辆停留及防溜措施等事项报告车站值班员	
三、摘挂报告	作业报告	向列车调度员报告	车站值班员	① 填记行车揭示板 ② 作业后向列车调度员报告	

ICS 03.220.30
S 90

中华人民共和国国家标准

GB/T 7178.8—2006
代替 GB/T 7178.8—1996

铁路调车作业 第8部分：取送车辆作业

**The operating for railway shunting—
Part 8: Operating for taking out and placing in wagons**

2006-08-22 发布　　2007-01-01 实施

中华人民共和国国家质量监督检验检疫总局
中国国家标准化管理委员会　发布

前　言

GB/T 7178《铁路调车作业》原为 9 个部分，本次修订增加了第 10 部分，共分为 10 个部分：

——第 1 部分：基本规定；

——第 2 部分：准备作业；

——第 3 部分：半自动化驼峰作业；

——第 4 部分：简易驼峰作业；

——第 5 部分：平面牵出线作业；

——第 6 部分：编组列车作业；

——第 7 部分：列车摘挂作业；

——第 8 部分：取送车辆作业；

——第 9 部分：停留车作业；

——第 10 部分：自动化驼峰作业。

本部分为 GB/T 7178 的第 8 部分，本部分代替 GB/T 7178.8—1996《铁路调车作业标准　铁路调车取送车辆作业标准》。

本标准与 GB/T 7178—1996 相比主要变化如下：

——范围中增加了合资铁路；

——“核对车列”改为“确认正确”；

——“风管”改为“制动软管”；

——“缓行器”改为“减速器”；

——“手闸”改为“手制动机”；

——“电气集中”改为“集中连锁”；

——“简易放风制动阀”改为“简易紧急制动阀”；

——增加了第 10 部分：自动化驼峰作业。

本部分与 GB/T 7178.8—1996 相比主要变化如下：

——调整第 3 章中一、2 运行的作业内容；

——调整了程序一说明事项栏内容。

本部分由铁道部标准计量研究所提出并归口。

本部分起草单位：铁道部运输局。

本部分主要起草人：彭工、武林贵、胡国培、王长重、徐海波、赵春雷。

本部分所代替标准的历次版本发布情况为：

——GB/T 7178.8—1987、GB/T 7178.8—1996。

铁路调车作业
第 8 部分：取送车辆作业

1 范围

GB/T 7178 的本部分规定了铁路调车取送车辆作业的程序、项目、内容、作业人员、技术要求等。

本部分适用于国家铁路、合资铁路、地方铁路、专用铁道的车站取送车辆技术作业。

2 铁路调车取送车辆作业程序图(见图 1)

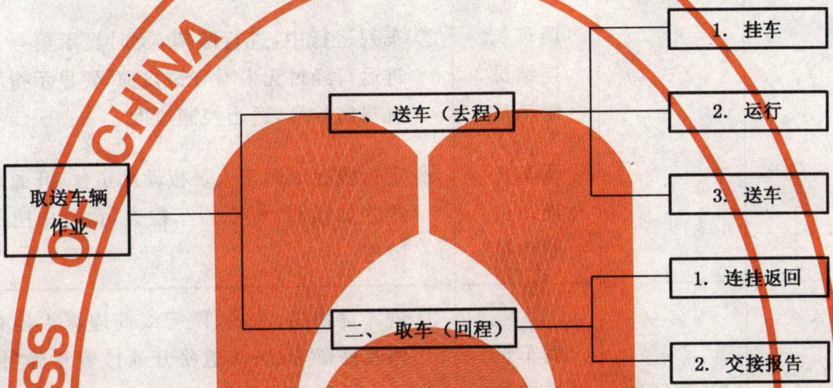

图 1 铁路调车取送车辆作业程序图

3 铁路调车取送车辆作业(见表 1)

表 1

作业程序			岗位作业		说明事项
程序	项目	内容	作业人员	技术要求	
一、送车(去程)	1. 挂车	(1) 挑选车组	调车人员	① 按作业计划要求，挑选车组	
		(2) 连挂车辆	调车长 连结员 制动员	② 显示连结信号，指示挂车 ③ 挂妥后，撤除防溜措施；对遗留车辆应先采取防溜措施，再摘开车钩 ④ 向调车长显示试拉信号，确认末位车辆起动后，向调车长显示好了信号	
		(3) 接管试风	调车长 连结员 制动员	⑤ 按规定连结制动软管并试风。使用简易紧急制动阀时，应确认通风良好	连结制动软管数量由《站细》规定
	2. 运行	(1) 要道动车	连结员 制动员	① 车列前部瞭望人员，应执行要道还道制度，得到扳道员道岔开通信号或确认调车信号开放正确后，向调车长显示起动信号	
			调车长	② 确认连结员(制动员)显示起动信号后，向司机显示起动信号	

表 1（续）

作业程序			岗位作业		说明事项
程序	项目	内容	作业人员	技术要求	
一、送车（去程）	2. 运行	(2) 起车运行	连结员 制动员	③ 确认车列起动无误，向调车长显示好了信号	
			调车长	④ 确认连结员（制动员）的好了信号，注意调车人员上车及安全等情况，向司机显示好了信号	
				⑤ 应位于易于瞭望前方，又能使司机看见所显示信号的位置	⑤、⑥适用于使用手信号调车时
			连结员 制动员	⑥ 中转信号人员，位置适当，正确及时一致地中转信号	
			调车长 连结员 制动员	⑦ 车列运行中，进行瞭望，及时显示信号。推进运行经过无人看守道口前，要显示指示司机鸣笛信号，适当控制速度	
			调车长 连结员 制动员	⑧ 走行线上由调车人员扳动的道岔，开通走行线并加锁时，可不停车检查，运行中应加强瞭望	
	3. 送车	(1) 检查确认	调车长 连结员 制动员	① 进入货物线、岔线、段管线前应派人检查线路及停留车，确认道岔开通位置正确（由调车人员扳动的道岔），货物装载无异状，车门关闭，装卸停止，防护信号及装卸机具已撤除，车下无障碍	
		(2) 摘车防溜	调车长 连结员 制动员	② 按作业计划及货运人员的要求，对好货位，拉好挡。按规定采取防溜措施	
二、取车（回程）	1. 连挂返回	(1) 连挂	调车人员	① 按“程序一项目 1 挂车和项目 2 运行”的岗位作业标准执行	停车后起动困难时，不停车进入站内的办法，由《站细》规定
		(2) 要道	调车人员	② 由货物线、岔线、段管线返回时，应确认扳道人员的道岔开通信号或调车信号开放正确后，进入指定的股道	
	2. 交接报告	(1) 交接	调车人员	① 规定由调车人员交递货运票据时，应认真负责交清货运票据	
		(2) 报告	调车长 连结员 制动员	②每次作业完毕，应将计划变更的情况、停留车位置及防溜措施等，一并向调车领导人报告清楚	

ICS 03.220.30
S 90

GB

中华人民共和国国家标准

GB/T 7178.9—2006
代替 GB/T 7178.9—1996

铁路调车作业
第9部分:停留车作业

**The operating for railway shunting—
Part 9: Operating for standing wagons**

2006-08-22 发布　　2007-01-01 实施

中华人民共和国国家质量监督检验检疫总局
中国国家标准化管理委员会　发布

前　言

GB/T 7178《铁路调车作业》原为9个部分，本次修订增加了第10部分，共分为10个部分：

——第1部分：基本规定；
——第2部分：准备作业；
——第3部分：半自动化驼峰作业；
——第4部分：简易驼峰作业；
——第5部分：平面牵出线作业；
——第6部分：编组列车作业；
——第7部分：列车摘挂作业；
——第8部分：取送车辆作业；
——第9部分：停留车作业；
——第10部分：自动化驼峰作业。

本部分为GB/T 7178的第9部分，本部分代替GB/T 7178.9—1996《铁路调车作业标准　铁路调车停留车作业标准》。

本标准与GB/T 7178—1996相比主要变化如下：

——范围中增加了合资铁路；
——“核对车列”改为“确认正确”；
——“风管”改为“制动软管”；
——“缓行器”改为“减速器”；
——“手闸”改为“手制动机”；
——“电气集中”改为“集中连锁”；
——“简易放风制动阀”改为“简易紧急制动阀”；
——增加了第10部分：自动化驼峰作业。

本部分与GB/T 7178.9—1996相比主要变化如下：

——程序二防溜措施增加了对防溜紧固器使用要求；
——程序二增加了防溜器具符号及标示要求；
——程序三增加了“在电气化区段，接触网未停电的线路上，对棚车、敞车类的车辆，禁止手推调车”。

本部分由铁道部标准计量研究所提出并归口。

本部分起草单位：铁道部运输局。

本部分主要起草人：徐纯洁、单云辉、张鑫、武林贵、赵建平、赵春雷。

本部分所代替标准的历次版本发布情况为：

——GB/T 7178.9—1987、GB/T 7178.9—1996。

铁路调车作业
第9部分:停留车作业

1 范围

GB/T 7178的本部分规定了铁路调车停留车作业的程序、项目、内容、作业人员、技术要求等。

本部分适用于国家铁路、合资铁路、地方铁路、专用铁道停留车作业。

2 符号

防溜器具符号规定如下:

拧紧手制动机——⊗;

放置铁鞋(止轮器)——◺1或◿2;

放置防溜枕木——‖;

防溜紧固器——$。

3 铁路调车停留车作业程序图(见图1)

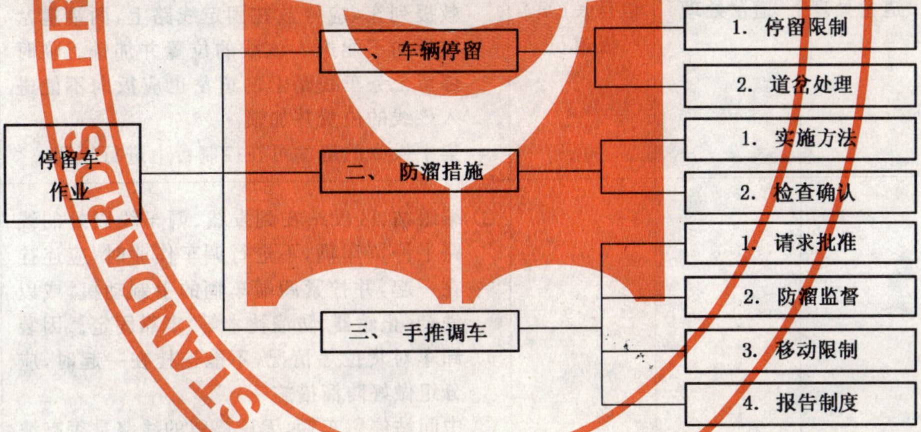

图1 铁路调车停留车作业程序图

4 铁路调车停留车作业(见表1)

表1

作业程序			岗位作业		说明事项
程序	项目	内容	作业人员	技术要求	
一、车辆停留	1. 停留限制	停留限制	调车人员	① 机车车辆应停在线路的警冲标内方。调车作业中,车辆临时停在调车线警冲标外方时,一批作业完了后,应立即送入警冲标内方。因特殊情况需在警冲标外方进行装卸作业时,应经车站值班员、调车区长准许,在不影响列车到发及调车作业的情况下方可进行,装卸完了后,应立即送入警冲标内方 ② 安全线、避难线、机车固定走行线上不允许停留机车车辆,正线上不允许停留车辆。到发线上停留车辆时,应经车站值班员准许,在中间站上应取得列车调度员的准许方可占用 ③ 牵出线、渡线、道岔联动区及轨道衡上不允许停留车辆。必须停留时,由《站细》规定	编组(区段)站按《站细》规定
	2. 道岔处理	道岔处理	车站值班员 信号长(员) 扳道员	① 中间站到发线停留车辆时,两端道岔扳向不能进入该线的位置并加锁(设有轨道电路的线路及到发线兼货物线停留车辆时除外) ② 装载爆炸品、压缩气体、液化气体的车辆及救援列车,应停放在固定线路上,两端道岔应扳向不能进入该线的位置并加锁。临时停留公务车线路上的道岔也应扳向不能进入该线的位置并加锁。 集中操纵的道岔可在控制台上进行锁闭	
二、防溜措施	1. 实施方法	防溜方法	调车人员	① 编组站、区段站在到发线、调车线以外的线路上停留车辆,不进行调车作业时,应连挂在一起,并拧紧两端车辆的手制动机,或以铁鞋(止轮器、防溜枕木等)牢靠固定。因装卸车对货位等情况,不能连挂在一起时,应分组做好防溜措施 ② 中间站停留车辆,无论停留的线路是否有坡道,均应连挂在一起,拧紧两端车辆的手制动机,并以铁鞋(止轮器、防溜枕木等)牢靠固定。因装卸车对货位等情况,不能连挂在一起时,应分组做好防溜措施 ③ 电气化区段或手制动机闸链损坏时,可用防溜紧固器进行放溜 ④ 超过6‰坡道的线路上停留车辆时,应连挂机车。不能连挂机车时,由车站制定安全措施报上级单位批准后,纳入《站细》 ⑤ 编组站和区段站到发线、调车线是否要防溜以及作业量较大中间站执行上述规定有困难时,由上级单位规定	拧紧手制动机的数量在《站细》中规定

表 1（续）

作业程序		岗位作业			说明事项
程序	项目	内容	作业人员	技术要求	
二、防溜措施	2. 检查确认	(1) 接班检查	有关人员	① 对站内停留车辆的防溜措施，接班时应检查确认，并实行对口交接	拧紧手制动机的数量在《站细》中规定
		(2) 防溜报告	调车人员	② 对停留车进行防溜后，在一批作业结束时报告调车长（编组场、编发场除外）	
		(3) 揭示防溜	调车长	③ 揭示防溜措施时，用下列符号标明停留车的防护措施： 拧紧手制动机——⊗； 放置铁鞋（止轮器）——△1 或 △2； 放置防溜枕木——‖； 使用防溜紧固器——$	
三、手推调车	1. 请求批准	(1) 办理手续	有关人员	① 手推调车应办理请求手续，得到车站值班员或调车领导人的准许后，按规定进行手推调车	是否登记由《行规》或《站细》规定
		(2) 计划下达	车站值班员 调车领导人	② 将手推调车作业计划（时间、经路和辆数）传达给有关人员 ③ 必要时通知扳道长（员）防护	
	2. 防溜监督	(1) 制动防溜	制动人员	① 由胜任的制动人员负责制动，并提前试好手制动机	货物线内能胜任手制动机的制动人员由车站指定，并经车站考试公布
		(2) 监督检查	调车长 货运人员	② 在正线、到发线或在衔接正线、到发线而无隔开设备的线路手推调车时，由调车长（无调车长的车站为助理值班员或车站值班员）负责监督或进行手制动机制动 ③ 在装卸线内移动车辆时，由货运人员监督、检查	
	3. 移动限制	(1) 辆数限制	车站值班员 （货运人员）	① 每批移动不允许超过一辆重车或两辆空车	
		(2) 速度限制	胜任人员	② 移动速度不允许超过 3 km/h	
		(3) 特殊限制	车站值班员 （货运人员）	③ 手推调车，手制动机应良好 ④ 在超过 2.5‰ 坡度的线路上；遇暴风雨雪车辆有溜走可能或夜间无照明；接发列车时，无隔开设备的线路上；以及装载爆炸品、压缩气体、液化气体的车辆，均不允许手推调车 ⑤ 电气化区段，在接触网未停电的线路上，对棚车、敞车类的车辆，不允许手推调车	在超过 2.5‰ 坡度的线路上，确需手推调车时，由铁路局（企业）批准

表 1（续）

作业程序			岗位作业		说明事项
程序	项目	内容	作业人员	技术要求	
三、手推调车	4. 报告制度	(1) 汇报制度	有关人员	① 手推调车完了后，应及时将车辆停留位置、防溜措施等情况报告调车领导人	
		(2) 揭示防溜	车站值班员 调车长	② 揭示防溜措施时，用下列符号标明停留车的防溜措施： 拧紧手制动机——⊗； 放置铁鞋(止轮器)——△1或△2； 放置防溜枕木——‖； 使用防溜紧固器——$	

ICS 03.220.30
S 90

中华人民共和国国家标准

GB/T 7178.10—2006

铁路调车作业
第10部分：自动化驼峰作业

The operating for railway shunting—
Part 10: Operating for the auto-hump

2006-08-22 发布　　　　2007-01-01 实施

中华人民共和国国家质量监督检验检疫总局
中国国家标准化管理委员会　发布

前　言

GB/T 7178《铁路调车作业》原为 9 个部分，本次修订增加了第 10 部分，共分为 10 个部分：

——第 1 部分：基本规定；

——第 2 部分：准备作业；

——第 3 部分：半自动化驼峰作业；

——第 4 部分：简易驼峰作业；

——第 5 部分：平面牵出线作业；

——第 6 部分：编组列车作业；

——第 7 部分：列车摘挂作业；

——第 8 部分：取送车辆作业；

——第 9 部分：停留车作业；

——第 10 部分：自动化驼峰作业。

本部分为 GB/T 7178 的第 10 部分。

本部分由铁道部标准计量研究所提出并归口。

本部分起草单位：铁道部运输局。

本部分主要起草人：吴宝仁、王长重、马一农、陈勇、单云辉、胡金仲。

本部分为首次发布。

铁路调车作业
第10部分:自动化驼峰作业

1 范围

GB/T 7178的本部分规定了铁路调车自动化驼峰作业的程序、项目、内容、作业人员、技术要求等。

本部分适用于国家铁路、合资铁路、地方铁路、专用铁道自动化驼峰解体列车及下峰技术作业。

2 铁路调车自动化驼峰作业程序图(见图1)

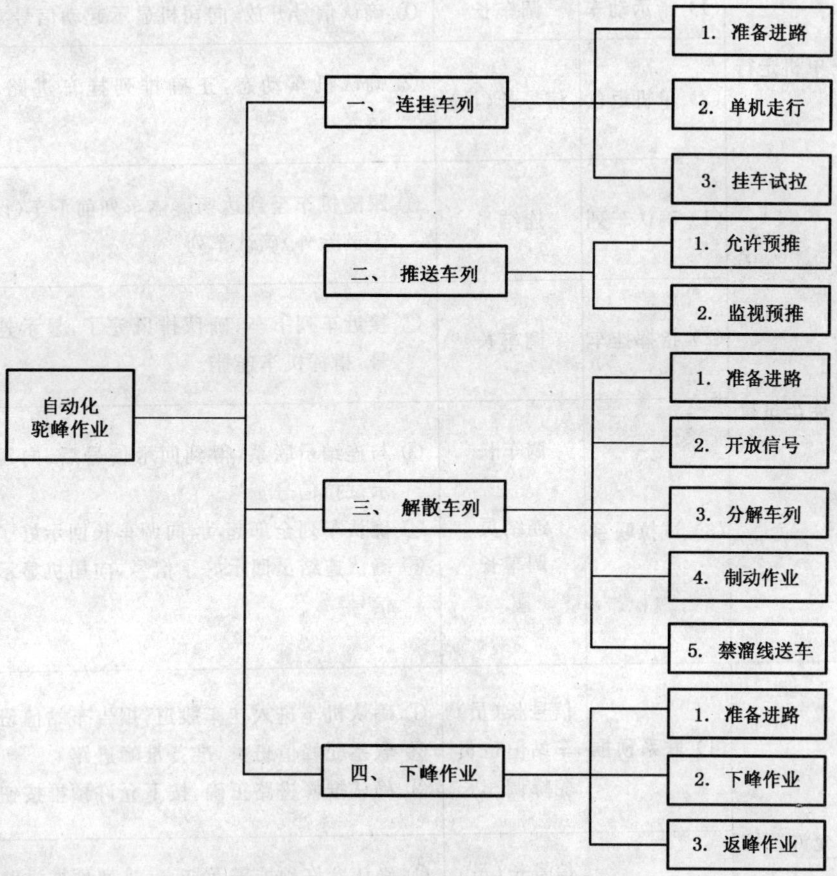

图1 铁路调车自动化驼峰作业程序图

3 铁路调车自动化驼峰作业(见表1)

表 1

作业程序			岗位作业		说明事项
程序	项目	内容	作业人员	技术要求	
一、连挂车列	1. 准备进路	(1) 联系经路	驼峰值班员	① 根据计划要求,与到达场值班员联系挂车股道,车次及经路	设有两条及以上推峰线的车站应讲明推峰线别(能从设备上确认的,联系办法由《站细》规定)
		(2) 准备进路	信号长(员)	② 根据计划和车站值班员指示,正确排列进路,开放信号	
	2. 单机走行	(1) 指示动车	调车长	① 确认信号开放,向司机显示起动信号	
		(2) 单机返岔	信号长(员)	② 确认机车动态,正确排列挂车进路,开放信号	
	3. 挂车试拉	(1) 确认车列	连结员	① 跟随机车至到达场解体车列前下车(设固定人员除外)确认车列	
		(2) 指挥挂车	调车长	② 接近车列下车,确认排风完了,显示连结信号,指挥机车连挂	
		(3) 试拉联系	调车长	③ 与连结员联系,得到回示信号后,向司机显示试拉信号	
			连结员	④ 确认车列全部起动,向调车长回示好了信号	
			调车长	⑤ 确认连结员回示好了信号,向司机显示停车信号	
二、推送车列	1. 允许预推	(1) 联系预推	信号长(员)	① 确认机车进入挂车股道,报告车站值班员	
			车站值班员	② 联系驼峰值班员,准备推峰进路	
			驼峰调车长	③ 确认推峰进路正确,按下允许预推按钮	
		(2) 开放信号	信号长(员)	④ 确认允许预推表示灯亮,排列预推进路开放驼峰辅助信号	
			调车长	⑤ 确认驼峰辅助信号开放,向司机显示起动信号	
	2. 监视预推	监视推峰	驼峰调车长	① 从设备上监视预推,发现异常及时处理	
			调车长 连结员	② 确认驼峰辅助信号显示状态	

表 1（续）

作业程序		岗位作业			说明事项
程序	项目	内容	作业人员	技术要求	
三、解散车列	1. 准备进路	(1) 输入计划	驼峰调车长	① 通过计算机终端输入调车作业通知单至驼峰自动控制系统并储存	车站运营管理信息系统与驼峰自动控制系统联机时，调车作业通知单可自动输入，内容由《站细》规定
		(2) 核对计划	驼峰调车长	② 调出储存的调车作业通知单并进行核对和修正 ③ 车列压上接近表示后，核对计划 ④ 布置峰尾防溜及重点注意事项	
		(3) 办理自动进路	驼峰调车长	⑤ 应及时封锁因作业需要或设备故障的股道 ⑥ 将各溜放进路上的道岔置于自动位置(被封锁的道岔除外)，将与迂回线有关的道岔置于安全位置 ⑦ 确认进路显示器，调速显示器控制台设备表示正常	
	2. 开放信号	开放信号	驼峰调车长	① 通知各作业点准备作业，输入溜放开始命令 ② 操作和确认设备进入溜放自动控制状态，开放驼峰信号，指示司机推峰	其他需要注意的事项由各站自定。 对“长轴距”(换算长度 1.6)车辆应重点掌握
	3. 分解车列	(1) 指挥推峰	驼峰调车长	① 根据停留车位置、气候条件、难易行线、车组去向及大小车组间隔、车组走行性能、峰上作业等情况，及调速显示器上报警栏内的显示内容、进路显示器的显示内容，正确及时操纵驼峰信号，掌握好推峰速度，认真监视溜放窗口 ② 注意提钩和调速制动情况 ③ 根据车组溜放情况和作业员报告，随时向有关人员发出指令，遇有危及安全的紧急情况，应立即关闭驼峰信号机，先停车后处理，未得到有关人员处理完了的回示，不允许开放信号	
		(2) 监视推峰	调车长	④ 监视驼峰信号的显示，监督司机按信号显示准确掌握推峰速度	
		(3) 提钩作业	连结员	⑤ 按作业计划准确掌握提钩时机，正确提钩，做到一确认(信号显示、摘钩车数、大组车摘钩车号、推峰速度、车组走行)；二检查(制动软管、提钩杆、抱闸车、长轴距车及禁止溜放和过峰车辆)；三提钩(掌握提钩时机，不错不漏) ⑥ 遇有提钩车号不符、危及安全时，应立即报告驼峰调车长处理，来不及时应迅速按下切断器再行报告 ⑦ 遇有漏摘制动软管或没有提钩链的车辆，使用提钩摘管器进行摘管、提钩	

表 1（续）

作业程序			岗位作业		说明事项
程序	项目	内容	作业人员	技术要求	
三、解散车列	3. 分解车列	(4) 进路处理	驼峰调车长	⑧ 当发现进路显示出现命令错误，无命令，多命令时应作相应处理。遇设备异常应关闭驼峰信号并通知有关部门处理 ⑨ 解体过程中，根据需要可对未曾溜放的勾车计划进行各种修改	其他需要注意的事项由各站自定。 对"长轴距"（换算长度1.6）车辆应重点掌握
			作业员	⑩ 当勾车在三部位减速器上或三部位前停车时，应注意监视	
			驼峰调车长	⑪ 当发生道岔中途返回时，该道岔被"软封"在返回的位置。应立即关闭驼峰主体信号，指示停车，通知有关人员进行处理后，办理道岔恢复 当出现报警时，应采取相应处理措施	
	4. 制动作业	减速器制动	驼峰调车长 作业员	① 自动溜放时，减速器处于自动控制状态，应按规定正确使用，并执行逐勾抹消制度 ② 根据停留车位置、气候条件、难易行线、车组去向及大小、走行性能等情况随时监视各部位的入口速度、出口速度。当溜放车组出现危及安全情况时，应立即按下切断信号按钮，关闭驼峰信号 ③ 解体作业中随时监视控制台、进路显示器、调速显示器上的各种显示状态及溜放车组走行状态，发现车辆夹停、途停、堵门，设备故障等情况，及时报告驼峰调车长，危及安全时立即按下切断信号按钮，关闭驼峰信号，停车处理	
	5. 禁溜线送车	(1) 指挥送车	驼峰调车长 调车长 连结员	① 根据调车作业计划和连结员的报告，掌握作业进度，及时关闭驼峰信号，停止推峰 ② 机车车辆停妥后，开通禁溜线的道岔，确认开放信号，将车辆送入禁溜线，关闭信号 ③ 确认信号显示状态，监视机车车辆运行 ④ 提前检查确认禁溜线线路及车辆。对送入禁溜线的车辆。先防溜后提钩	
		(2) 联系返峰	驼峰调车长	⑤ 确认送车完了，开放信号，继续解散作业	
四、下峰作业	1. 准备进路	(1) 下峰联系	驼峰值班员	① 根据计划或作业需要，向有关人员布置下峰作业计划	
		(2) 准备进路	驼峰调车长	② 输入整理开始命令，确认减速器已缓解，进路信号正确	

表 1（续）

作业程序			岗位作业		说明事项
程序	项目	内容	作业人员	技术要求	
四、下峰作业	2. 下峰作业	(1) 检查线路	连结员 制动员	① 提前检查线路、车辆，当调车长确认停留车位置有困难时，应派人显示停留车位置信号。末端车辆距警冲标较近时，应做好防护	
		(2)指示下峰	调车长 连结员	② 确认下峰信号，向司机显示起动信号，指挥机车下峰 ③ 推送车列下峰时，在车列前瞭望，正确及时显示信号	
		(3)连挂车辆	调车长 调车长 连结员 调车长 连结员 制动员	④ 单机挂车时，接近车列下车，向司机显示连结信号，指挥机车挂车 ⑤ 推进挂车时，车列前部应有人瞭望，正确及时显示十、五、三车距离信号 ⑥ 连续连挂时，可不停车连挂，要确认连挂状态，车组间距超过 10 车时，应顿钩或试拉。末端车辆距警冲标较近时，应采取安全措施	
		(4) 确认摘车	调车长	⑦ 将车列送到适当地点停车，确认连结员好了信号后，向司机显示起动信号	
	3. 返峰作业	(1) 准备进路	驼峰调车长	① 确认返峰进路空闲，正确排列进路	
		(2) 开放信号	驼峰调车长	② 确认进路表示灯正确，开放调车信号，机车带车需越过推峰线进入到达场道岔区时，要得到到达场车站值班员同意后，开放驼峰后退信号	
		(3)返峰停车	驼峰调车长	③ 确认机车车辆越过驼峰信号后，关闭驼峰后退信号	

ICS 65.060.80
B 90

中华人民共和国国家标准

GB/T 7227—2006
代替 GB/T 7227—1999

林业机械　图形符号

Forestry machinery—Graphical symbols

2006-07-12 发布　　2006-12-01 实施

中华人民共和国国家质量监督检验检疫总局
中国国家标准化管理委员会　发布

前　言

本标准是对 GB/T 7227—1999《林业机械图形符号》的修订，保留了绝大部分林业机械图形符号，删除了原 4.57 和 4.58 猎枪的内容。

本标准从实施之日起，代替 GB/T 7227—1999。

本标准的附录 A 是规范性附录，附录 B 是资料性附录。

本标准由国家林业局提出。

本标准由全国林业机械标准化技术委员会归口。

本标准负责起草单位：国家林业局哈尔滨林业机械研究所。

本标准参加起草单位：南京林业大学、东北林业大学。

本标准主要起草人：马志远、郑加强、周宏平、许凌云、孙嘉燕。

本标准所代替标准的历次版本发布情况为：

——GB/T 7227—1987，GB/T 7227—1999。

林业机械　图形符号

1　范围

本标准规定了林业机械中的营林机械和木材生产机械部分典型和常用工作零部件及整机的图形符号。

本标准适用于林业机械的生产、科研、教学和学术交流中各种简图的绘制(如配置简图、结构简图、机动图、工艺流程图、系统图等)。

2　规范性引用文件

下列文件中的条款通过本标准的引用而成为本标准的条款。凡是注日期的引用文件,其随后所有的修改单(不包括勘误的内容)或修订版均不适用于本标准,然而,鼓励根据本标准达成协议的各方研究是否可使用这些文件的最新版本。凡是不注日期的引用文件,其最新版本适用于本标准。

GB/T 4327　消防技术文件用消防设备　图形符号

GB/T 4458.1　机械制图　图样画法视图

GB/T 4460　机械制图　机构运动简图符号

3　总则

3.1　本标准的目的是为了统一林业机械图形符号的表达形式,以使林业机械专业人员易于识别和绘制。

3.2　本标准规定的图形符号仅简要地表达对象的外形、结构特点或工作原理。

3.3　本标准规定的图形符号是从对象的不同方向绘制的,不要求各图形轮廓完全对应,图形数量可按需要确定。

3.4　本标准所制定的图形符号对尺寸未作规定,使用时应按实际需要选用适当比例。

3.5　若从整机或其部件侧面去表示其图形符号时,本标准规定行驶方向是从右往左,使用时可按实际需要确定方向。

3.6　本标准规定的图形符号的方位可按需要变动。

3.7　林业机械中的部分零部件及整机与农业机械、消防设施相同时,本标准规定采用 GB/T 4327 中的相应符号。

3.8　本标准线型表达对象见附录 A 中表 A.1。

4　营林机械图形符号

营林机械图形符号见表 1。

表 1　营林机械图形符号

编　号	符　　号	名　称	说　明
4.1	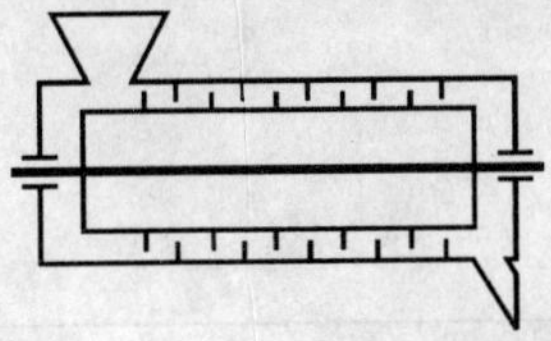	卧式除翅机	以部件形式代表整机

表 1（续）

编号	符号	名称	说明
4.2	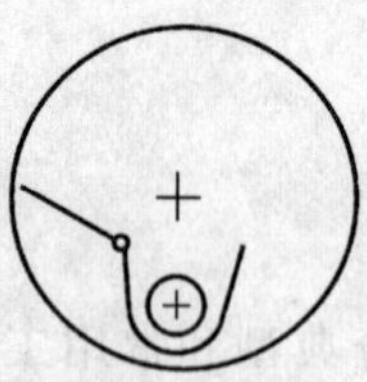	选种筒	以部件形式代表整机
4.3	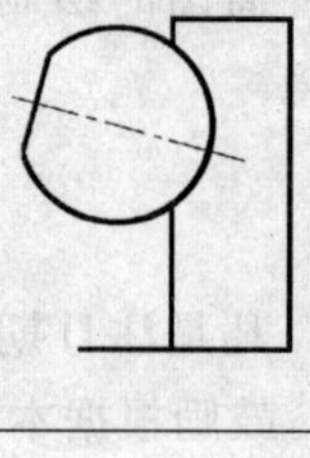	林木种子裹丸机	以部件形式代表整机
4.4	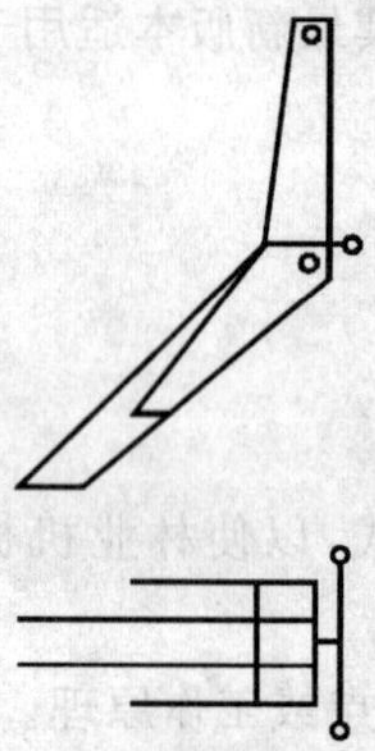	拔根齿	
4.5	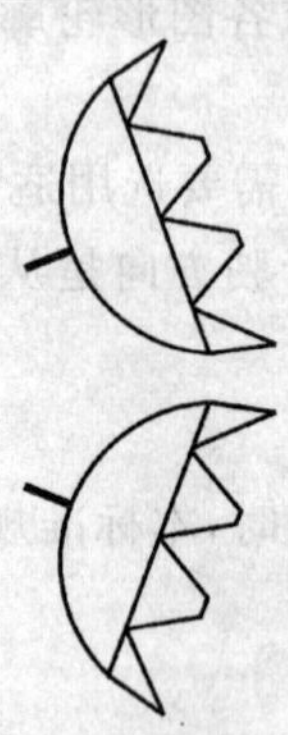	球齿式地被物清除器	以部件形式代表整机
4.6	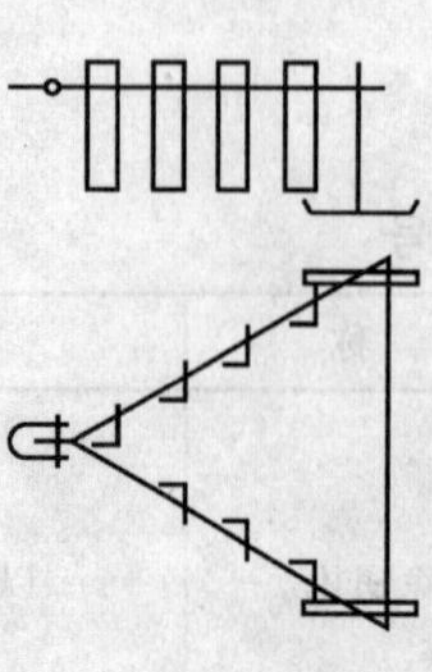	齿形梳根松土耙	

表 1（续）

编　号	符　　号	名　称	说　明
4.7	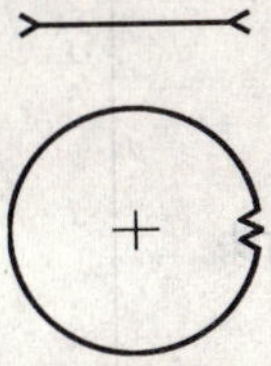	圆锯片	
4.8	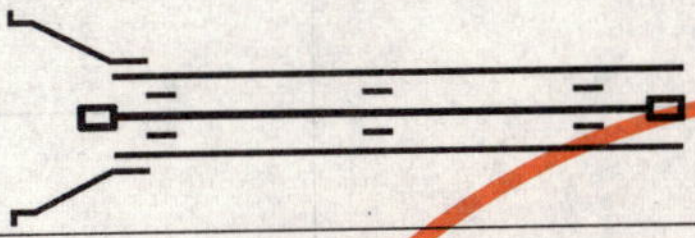	割灌机硬轴传动组件	
4.9		割灌机软轴传动组件	
4.10		林用双壁犁	以部件形式代表整机
4.11		单头螺旋钻头	通用
4.12		螺旋齿钻头	
4.13	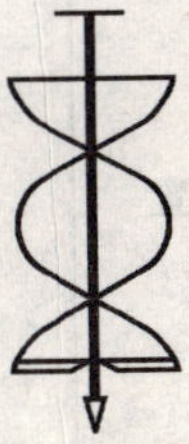	多头螺旋钻头	

表 1（续）

编　号	符　　号	名　称	说　明
4.14	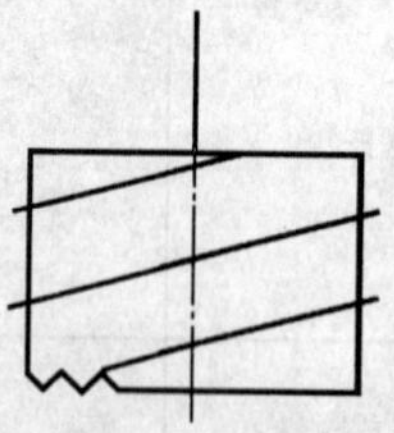	筒式挖坑钻头	
4.15	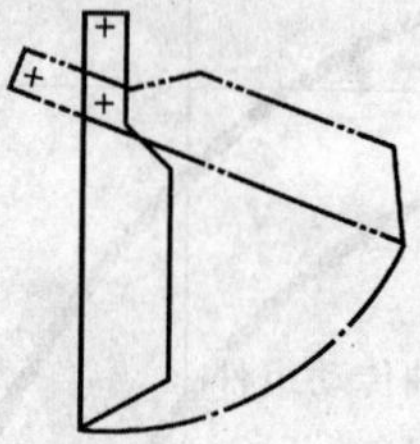	选择式开沟器	
4.16	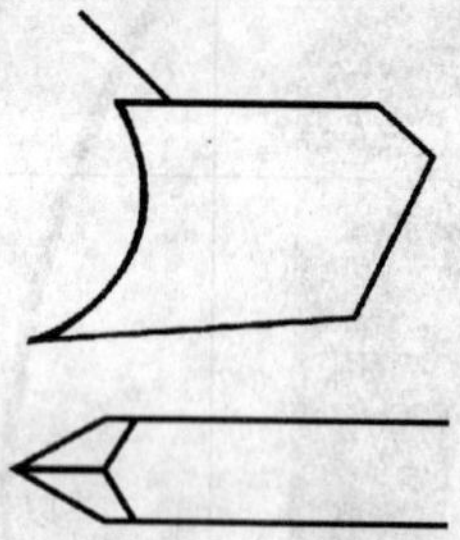	锚式箱形开沟器	
4.17	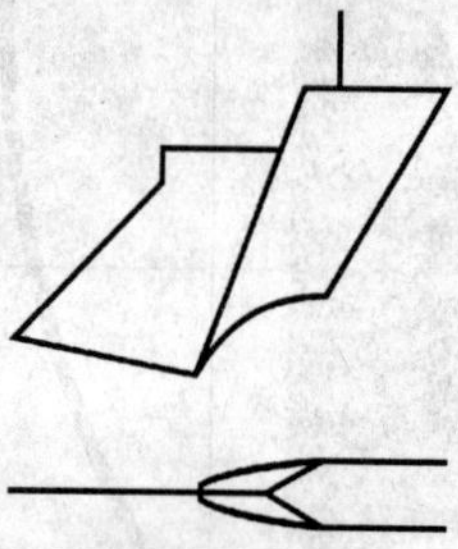	插条机窄刀式开沟器	
4.18	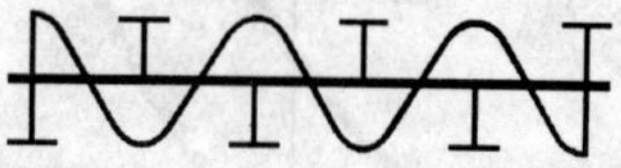	螺旋式反坡梯田修筑器	
4.19	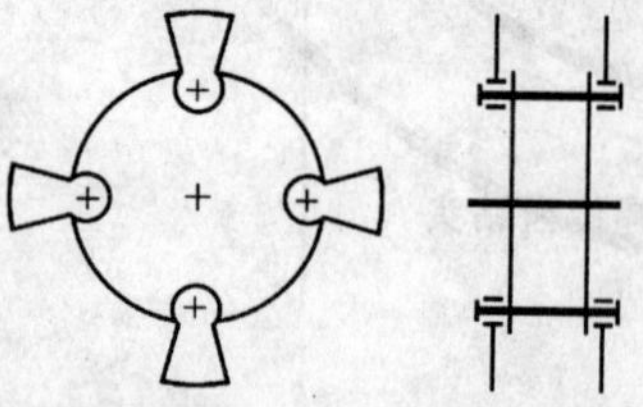	甩锤式松土器	
4.20	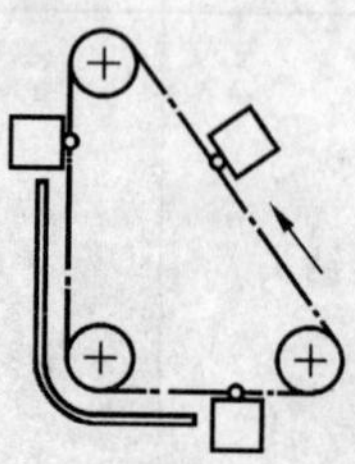	链条式植苗装置	

表 1（续）

编　号	符　号	名　称	说　明
4.21	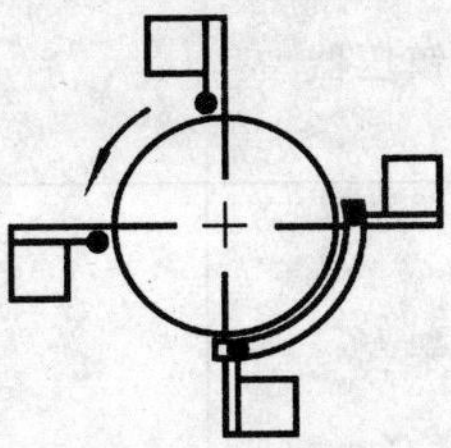	转杆式植苗装置	
4.22	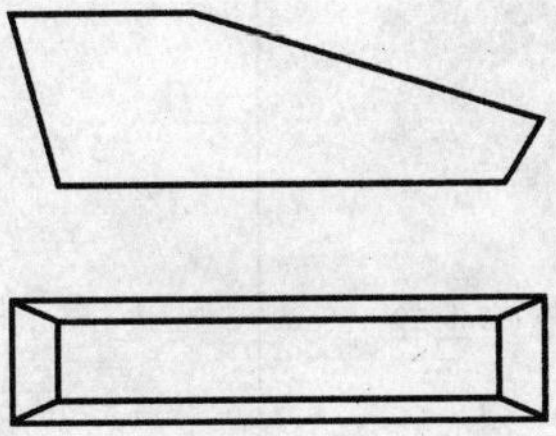	小苗苗箱	
4.23	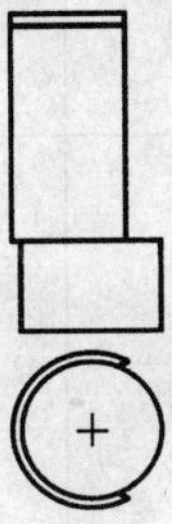	大苗苗箱	
4.24	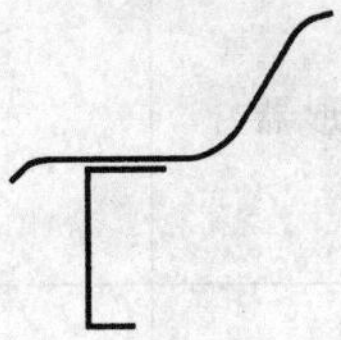	座位	林业通用
4.25	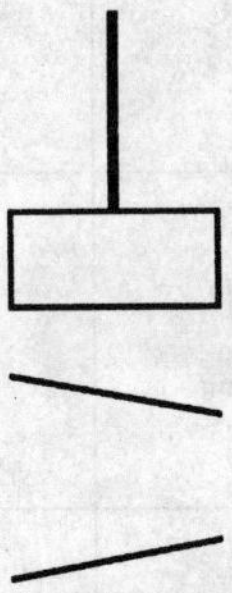	覆土板	
4.26		圆锥形镇压器	

表 1（续）

编　号	符　　号	名　　称	说　　明
4.27		圆柱形镇压器	
4.28	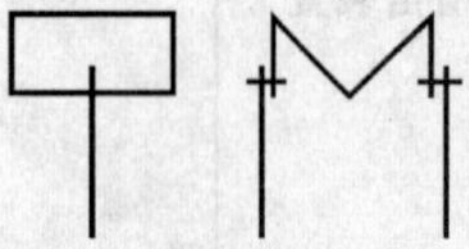	苗架	
4.29	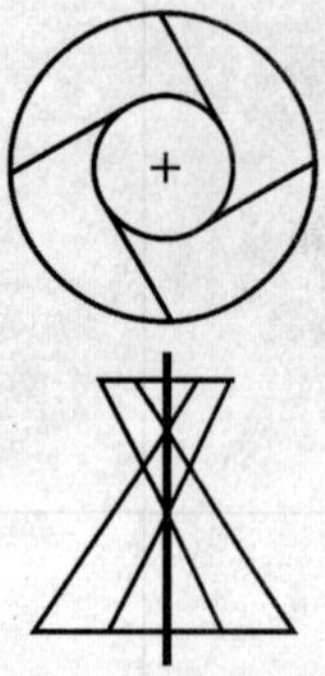	起苗碎土轮	
4.30	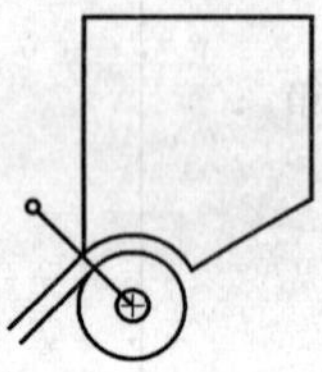	覆砂机构	
4.31	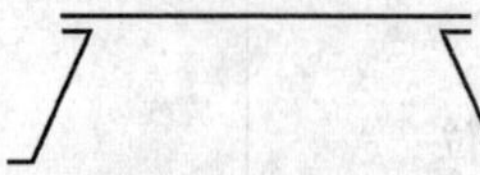	筑床机整形器	
4.32	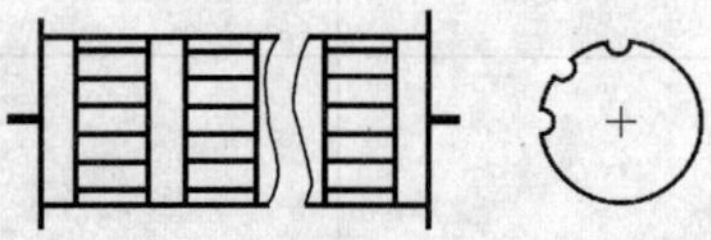	床播排种磙	
4.33	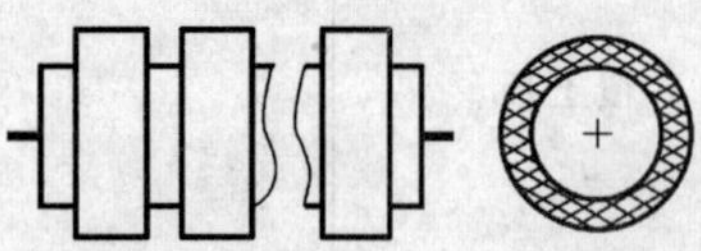	床作播种机 滚压式开沟器	
4.34	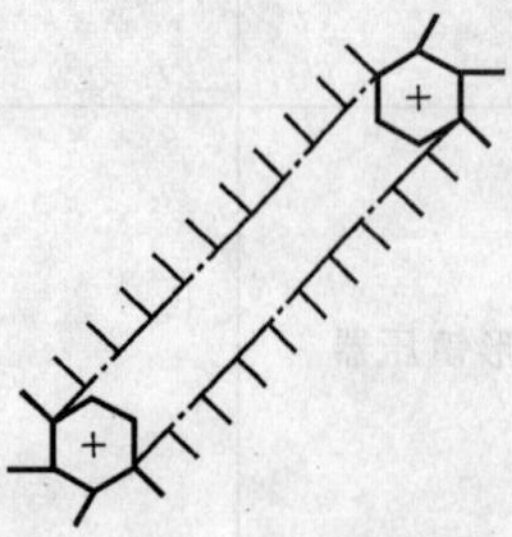	插条机板链式输条器	

表 1（续）

编　号	符　　　号	名　　称	说　　明
4.35		插条机导条管	
4.36		垄式侧向起苗机	以部件形式代表整机
4.37		床式起苗机	以部件形式代表整机
4.38		育苗容器	
4.39	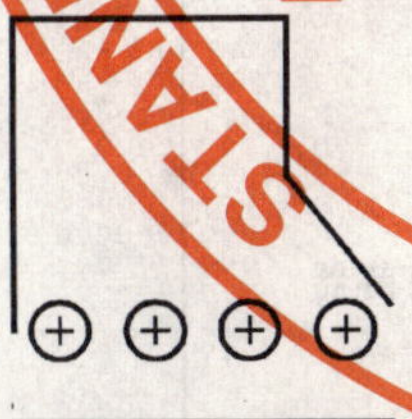	容器育苗填土、振动装置	
4.40	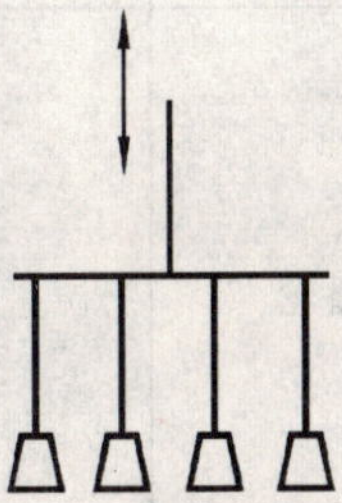	容器土夯实器	

表 1（续）

编 号	符 号	名 称	说 明
4.41	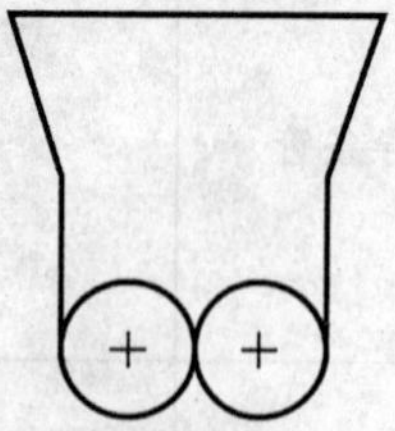	容器定量覆土装置	
4.42	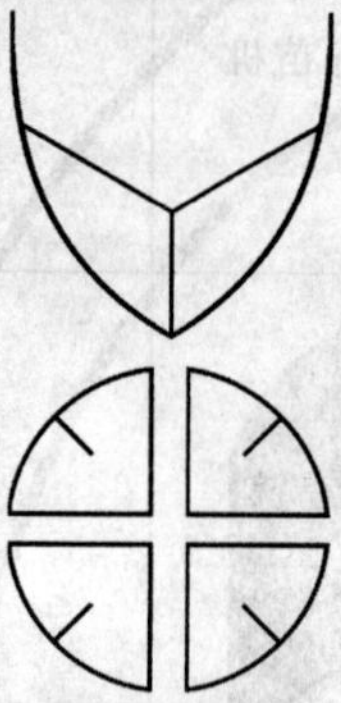	大苗移植铲	以部件形式代表整机
4.43	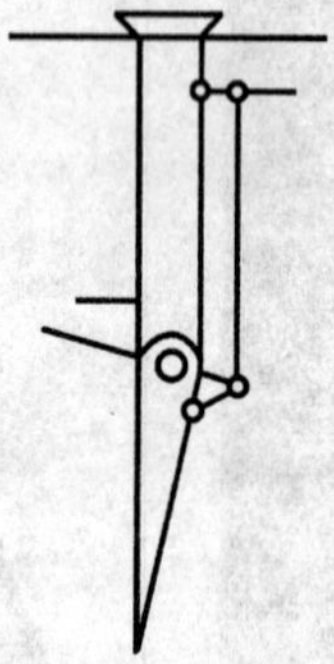	鸭嘴式植苗器	
4.44	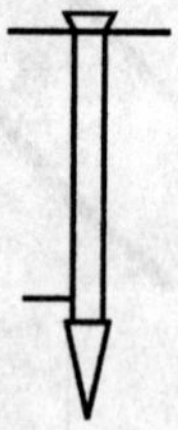	楔式植苗器	
4.45	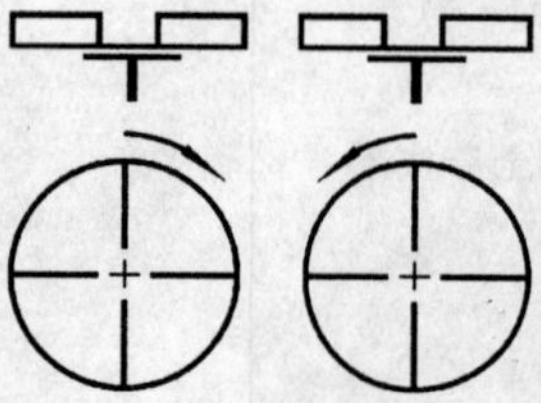	肥料撒播轮	

表 1（续）

编　号	符　　号	名　称	说　明
4.46	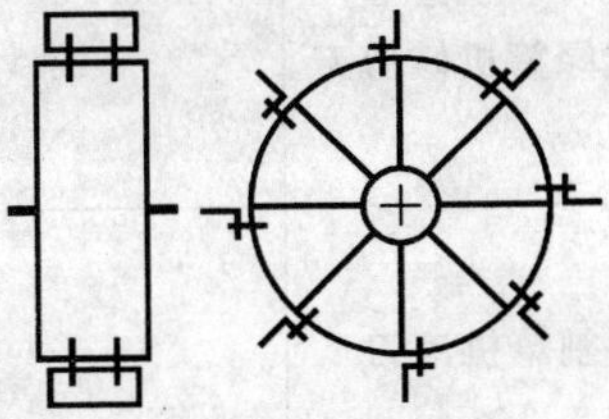	爪式行走轮	
4.47	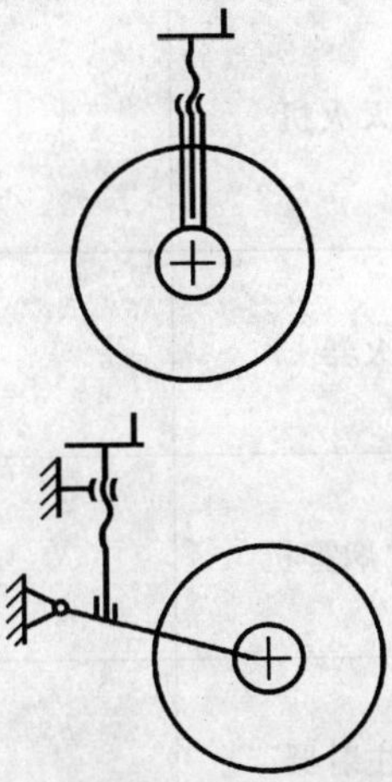	限深轮	根据机具具体结构 选用其中某一方式
4.48	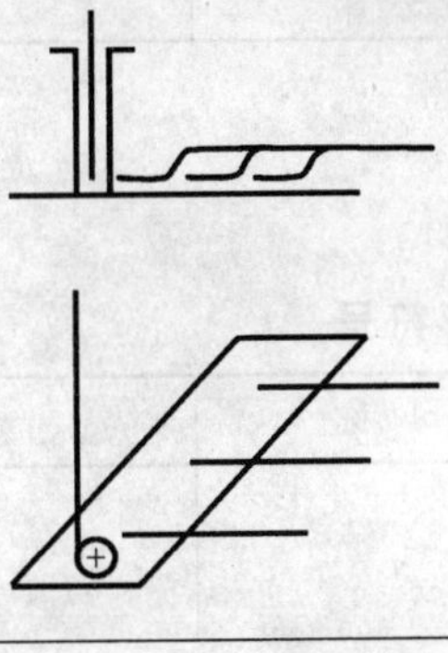	单翼式株间除草装置	
4.49	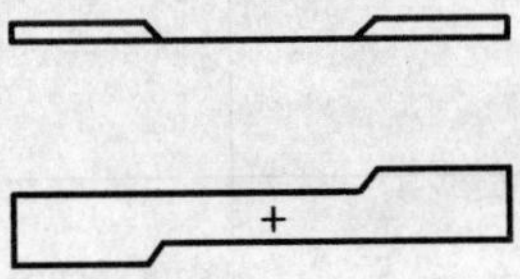	草坪割草机旋刀	
4.50	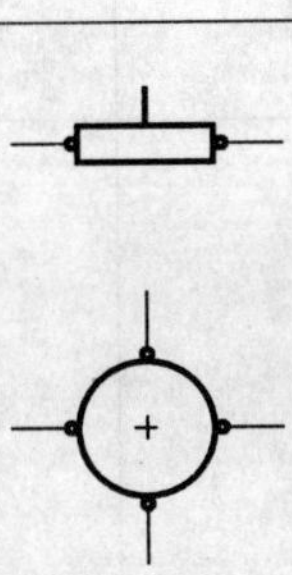	草坪割草机甩刀	

表 1（续）

编　号	符　　号	名　称	说　明
4.51		往复式绿篱机修剪刀	
4.52	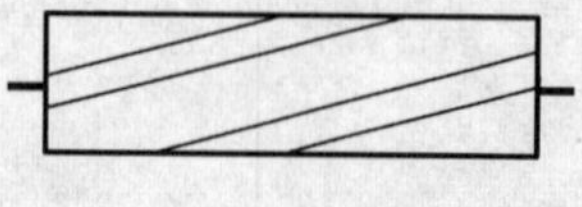	草坪割草机滚刀	
4.53	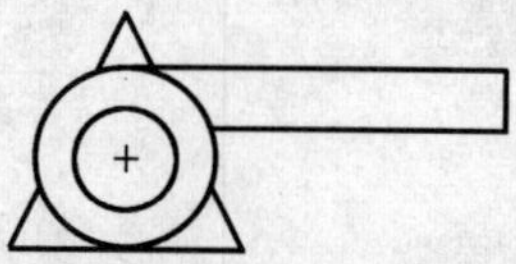	风力灭火机	
4.54	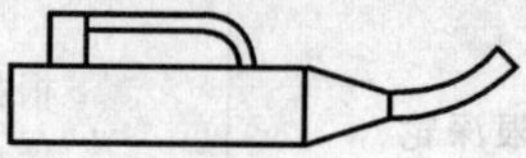	点火器	
4.55	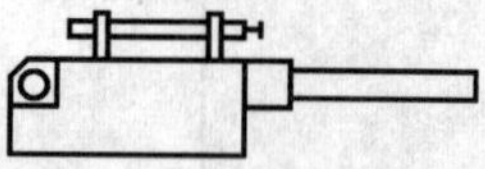	便携式烟雾机	
4.56	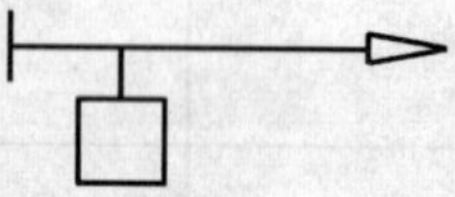	树干注射器	

5　木材生产机械图形符号

木材生产机械图形符号见表 2。

表 2　木材生产机械图形符号

编　号	符　　号	名　称	说　明
5.1	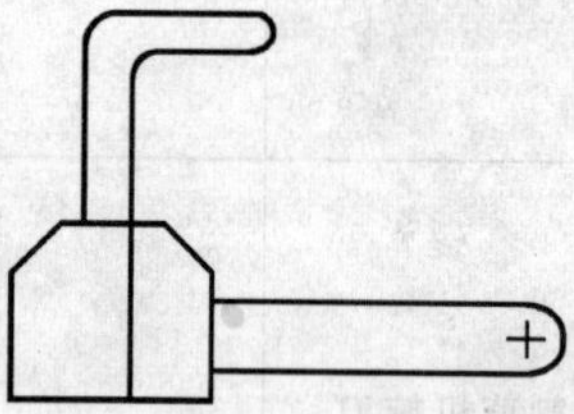	高把油锯	
5.2	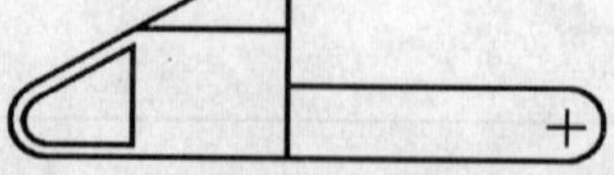	短把油锯	
5.3	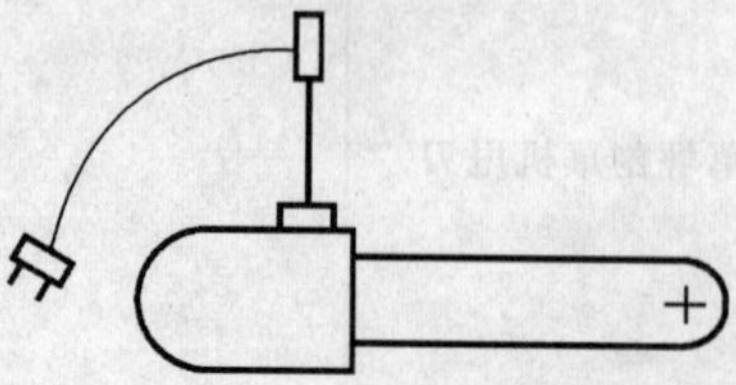	电链锯	

表 2（续）

编　号	符　　号	名　　称	说　　明
5.4		球面式伐木剪	
5.5		平面式伐木剪	
5.6	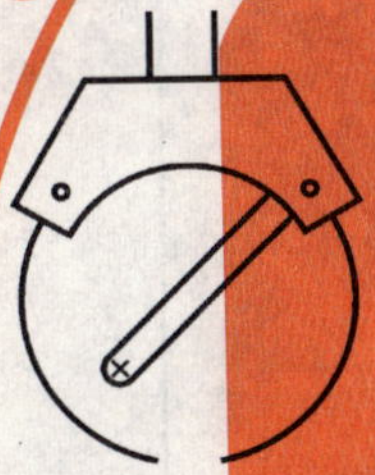	链锯式锯截伐木头	
5.7	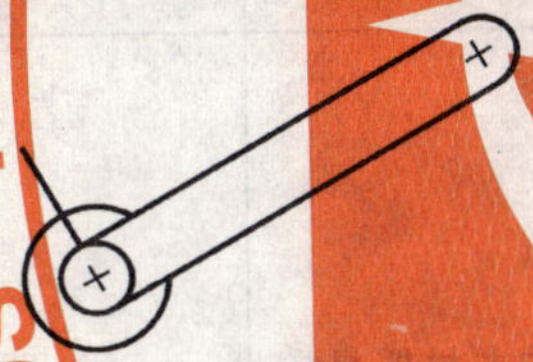	造材链锯	
5.8		门式圆锯	
5.9	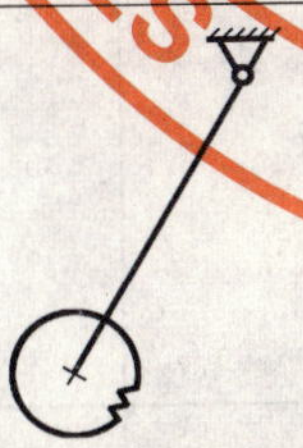	吊截圆锯	
5.10	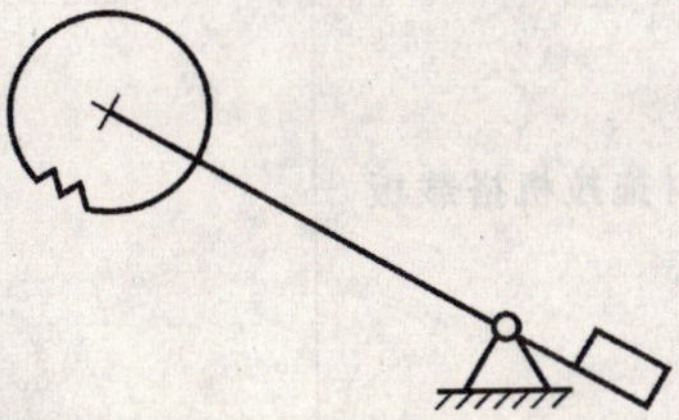	平衡圆锯	

表 2（续）

编号	符号	名称	说明
5.11	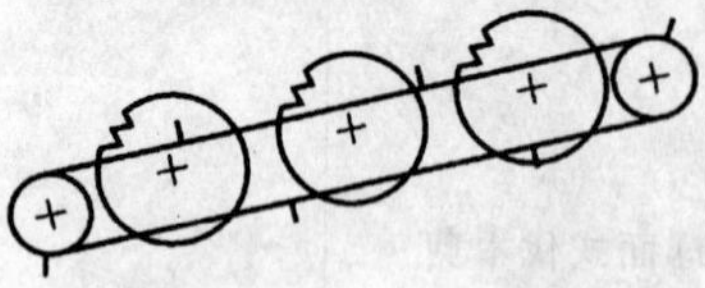	多圆锯片造材机	
5.12	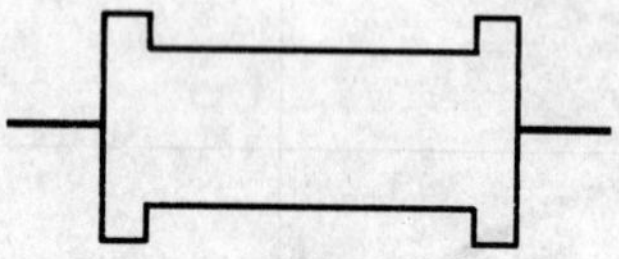	缠绕卷筒	
5.13		摩擦卷筒	
5.14	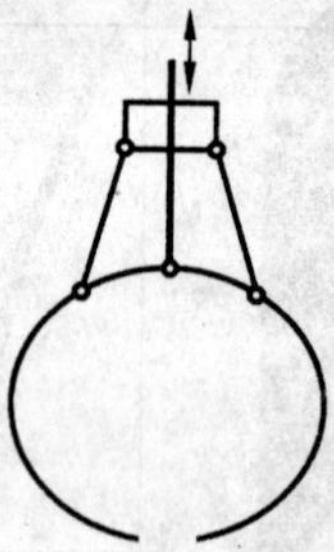	木材抓具	
5.15	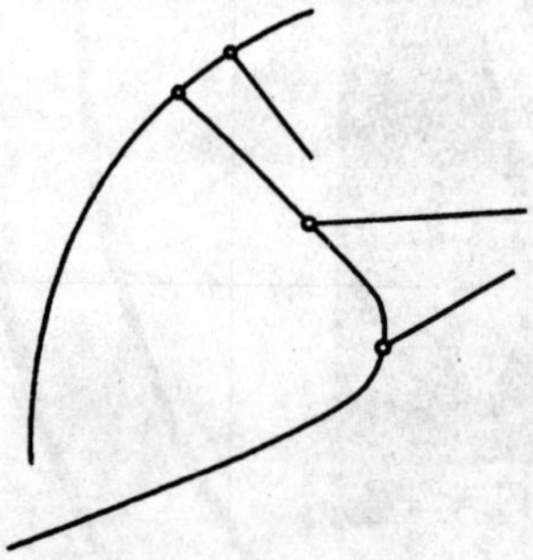	颚爪式木材抓具	
5.16	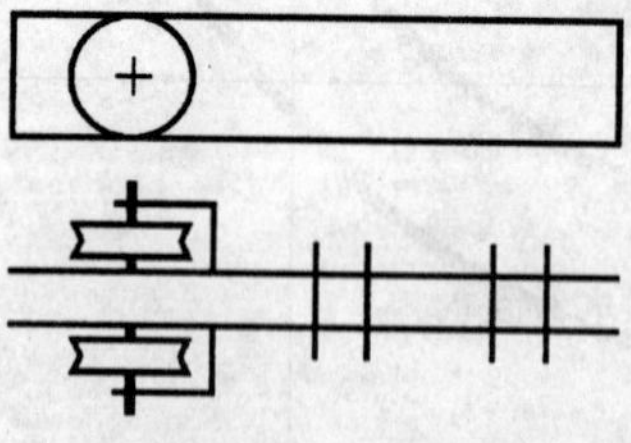	绳夹板	
5.17	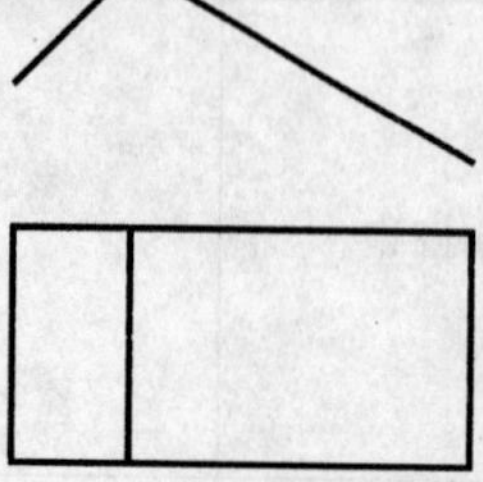	集材拖拉机搭载板	

表 2（续）

编号	符号	名称	说明
5.18	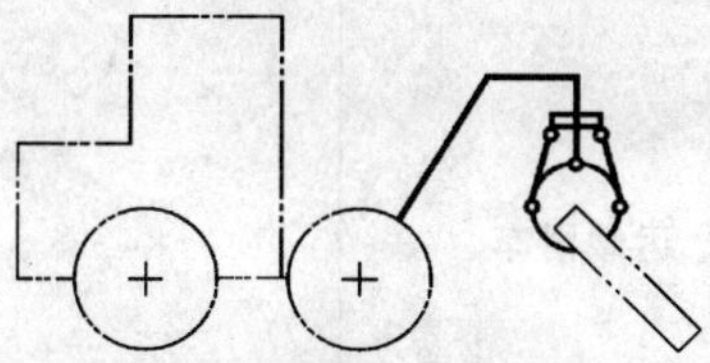	抓钩式集材装置	
5.19	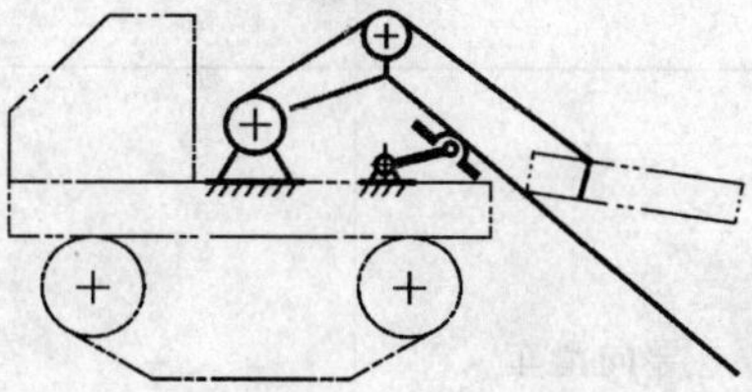	钢索式集材装置	
5.20	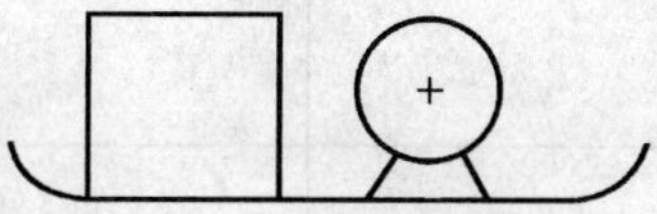	单筒绞盘机	
5.21		双筒绞盘机	
5.22	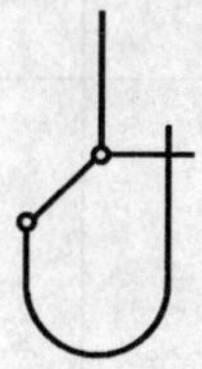	闭式吊钩	
5.23	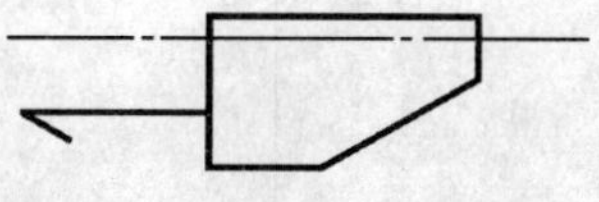	止动器	
5.24	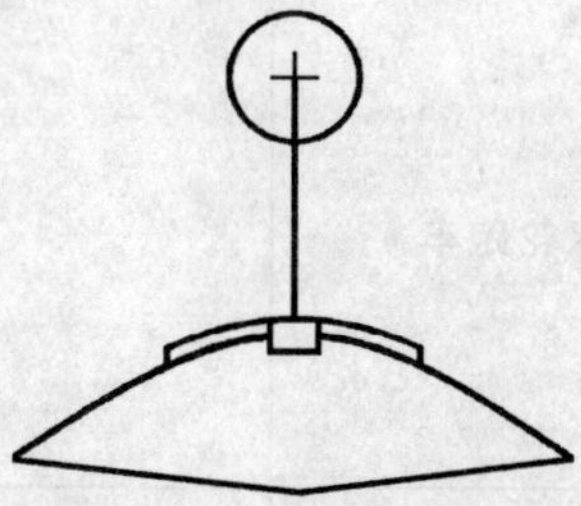	中间鞍座	
5.25	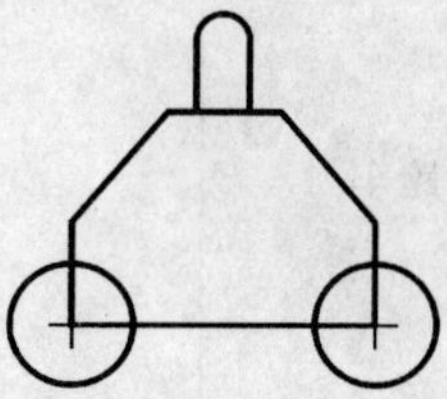	托绳滑车	

表 2（续）

编　号	符　　号	名　称	说　明
5.26	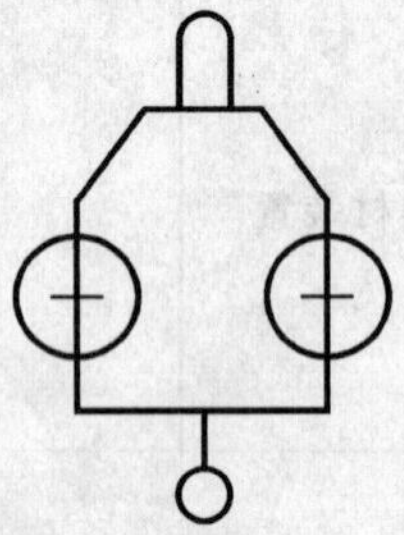	运载滑车	
5.27	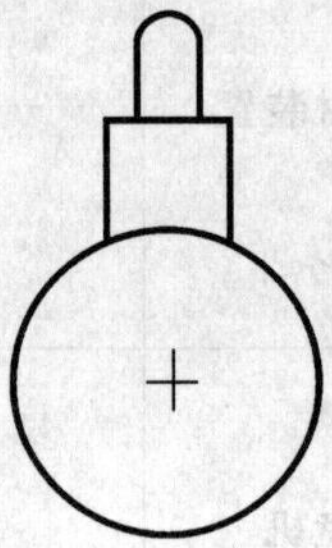	导向滑车	
5.28		复式滑车	
5.29	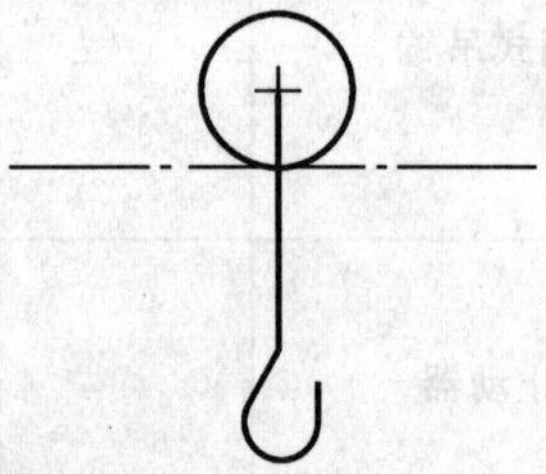	单轮跑车	
5.30	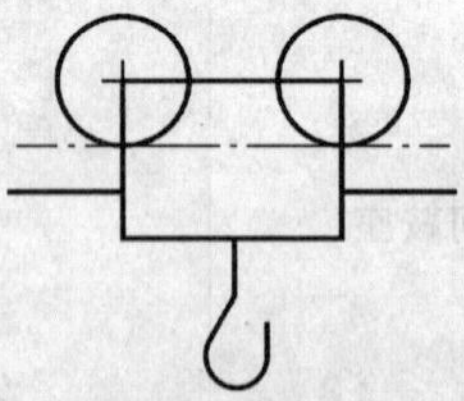	双轮跑车	
5.31	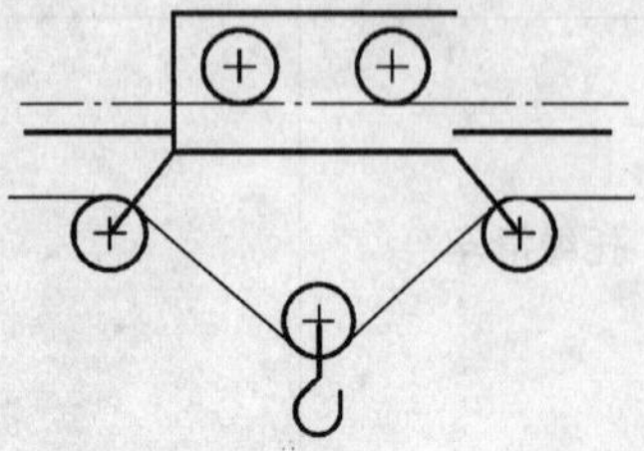	增力跑车	

表 2（续）

编 号	符 号	名 称	说 明
5.32	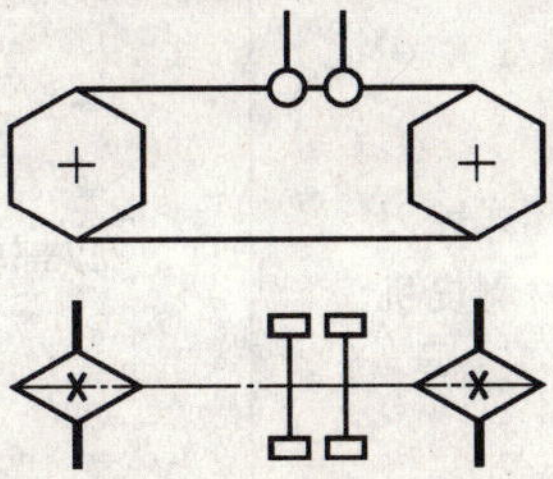	链式木材纵向输送机	以部件形式代表整机
5.33	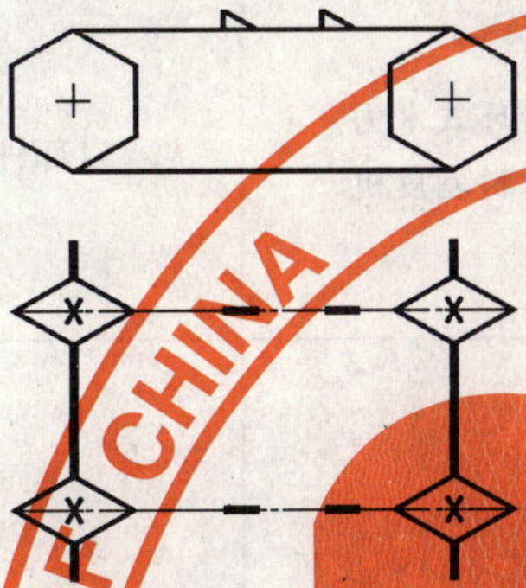	链式木材横向输送机	以部件形式代表整机
5.34	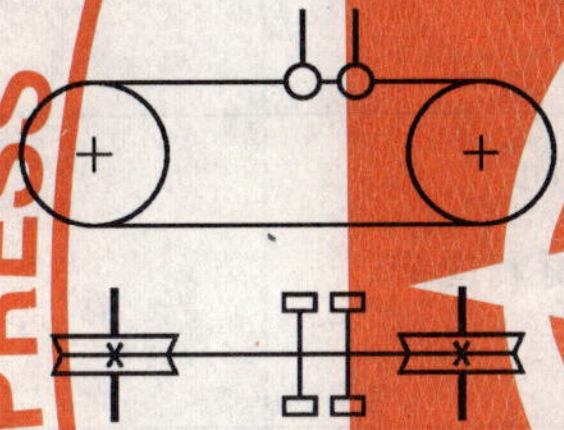	索式木材输送机	以部件形式代表整机
5.35		滚柱式木材输送机	以部件形式代表整机
5.36		滚锥式木材输送机	以部件形式代表整机
5.37	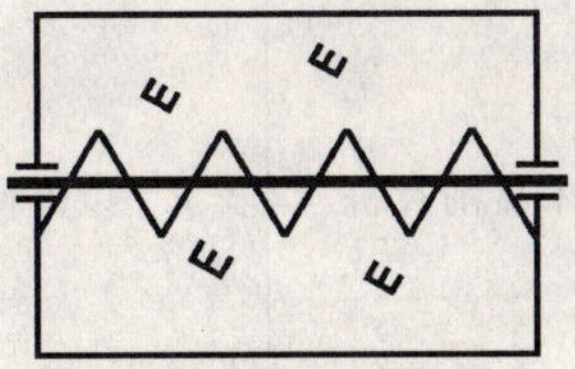	滚筒式木材剥皮机	以部件形式代表整机

表 2（续）

编号	符号	名称	说明
5.38	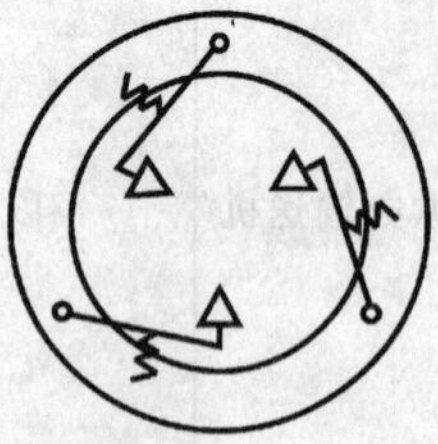	转环式钝刀木材剥皮机	以部件形式代表整机
5.39	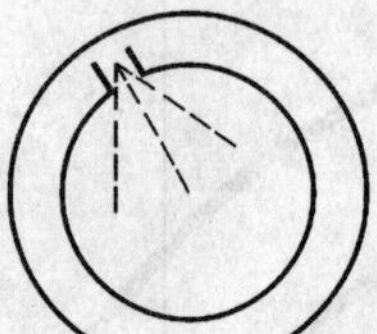	转环式水力木材剥皮机	以部件形式代表整机
5.40	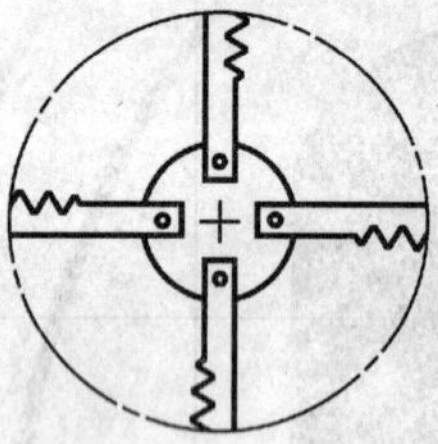	撞击式木材剥皮机	
5.41	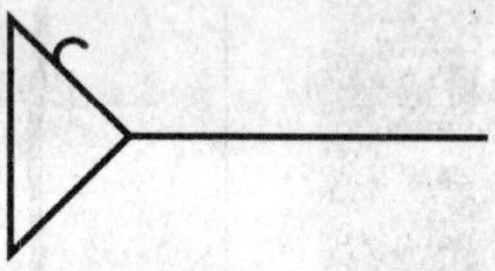	木材剥皮铲	
5.42	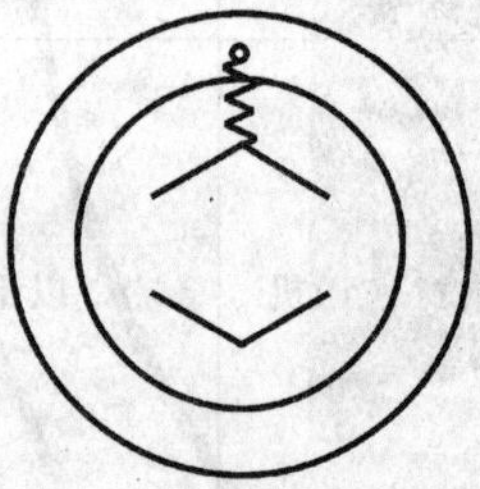	V形木材剥皮进、出料器	
5.43		环形木材剥皮进、出料器	
5.44	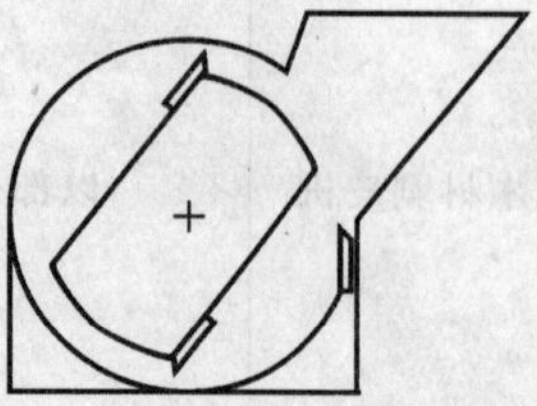	鼓式木材削片机	以部件形式代表整机

表 2（续）

编　号	符　　号	名　　称	说　　明
5.45	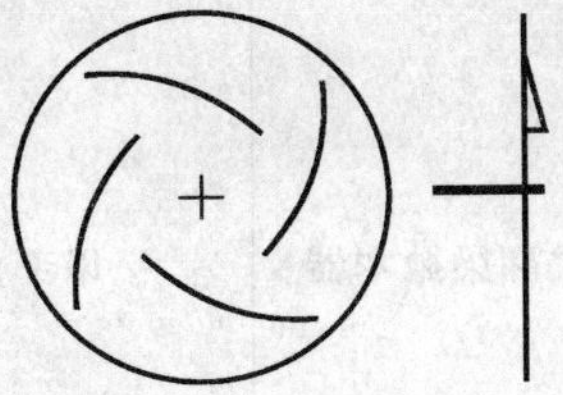	盘式木材削片机	以部件形式代表整机
5.46	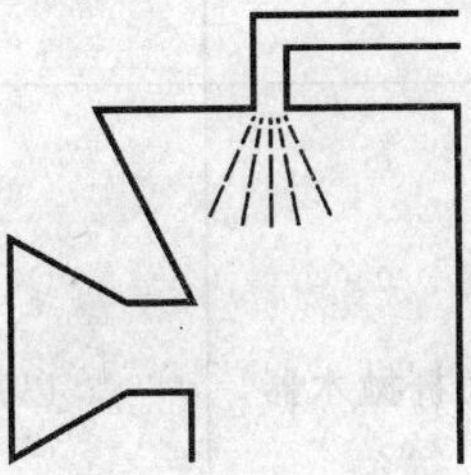	气力式木片运输装置	
5.47	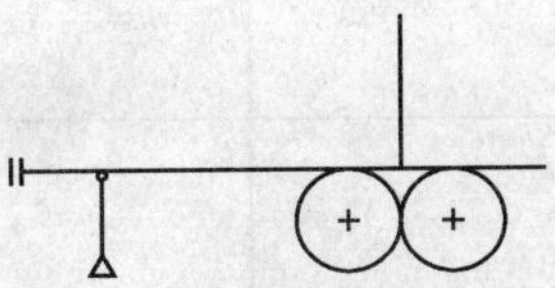	汽车运材半挂车	
5.48	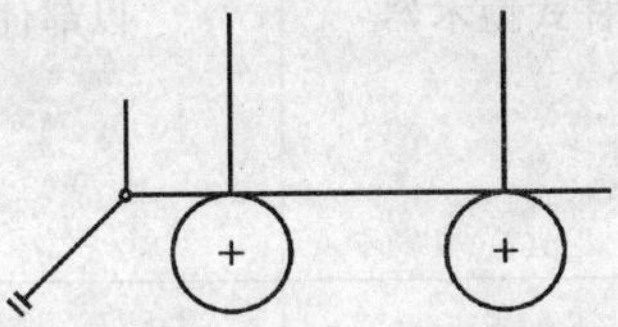	汽车运材全挂车	
5.49	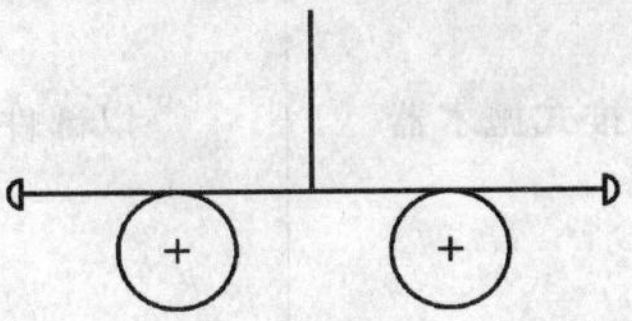	森铁原条台车	
5.50	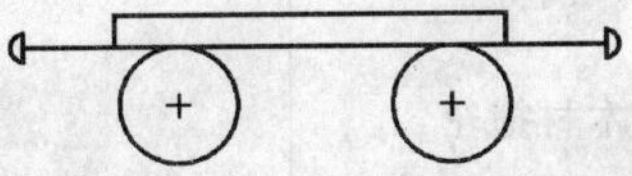	森铁平板车	
5.51	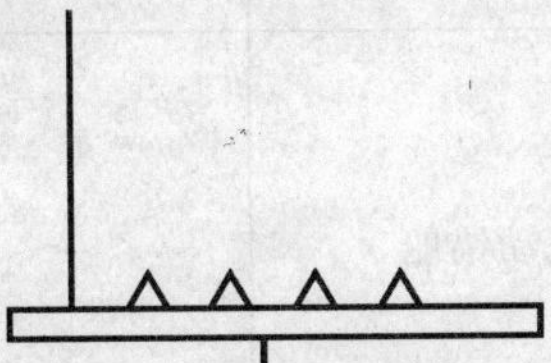	森铁台车横担梁	
5.52		森铁平板车转向架	

表 2（续）

编 号	符 号	名 称	说 明
5.53	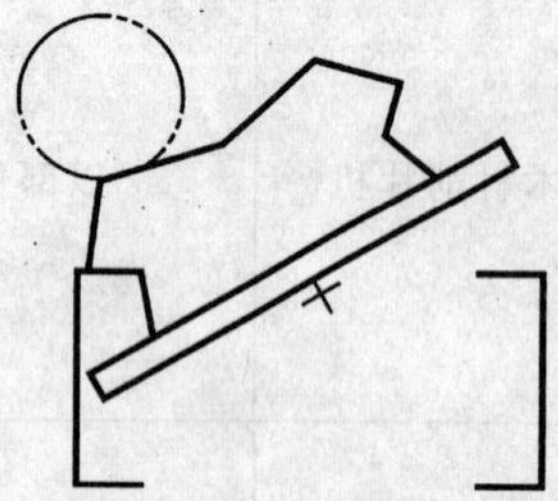	重力式翻梁抛木器	以部件形式代表整机
5.54	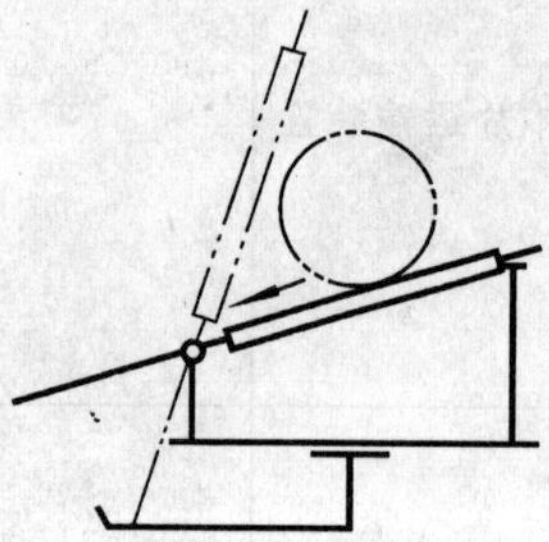	重力式滑杆抛木器	以部件形式代表整机
5.55	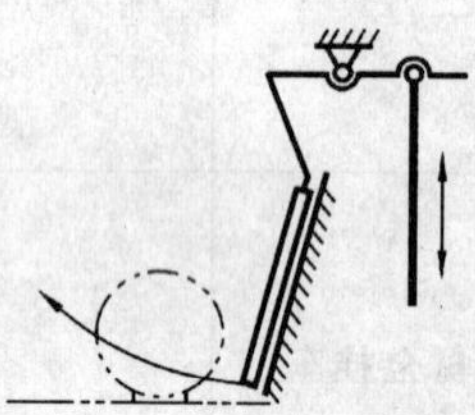	推杆式抛木器	以部件形式代表整机
5.56	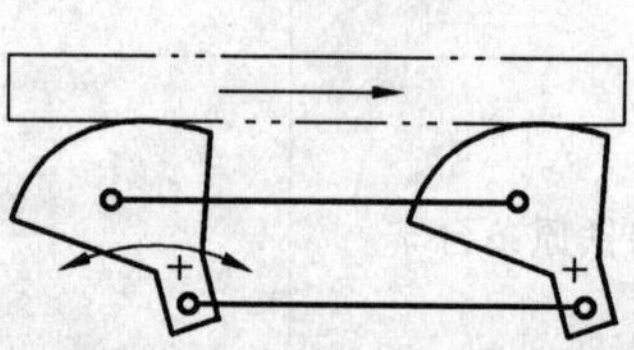	侧推式抛木器	以部件形式代表整机
5.57	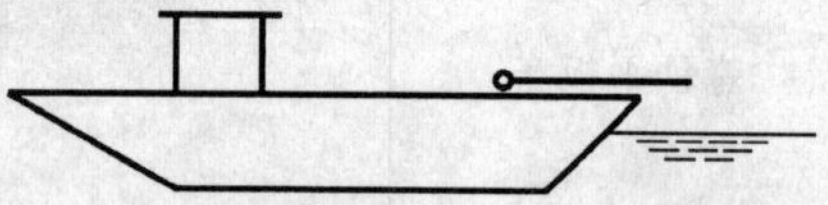	木材拖轮	
5.58	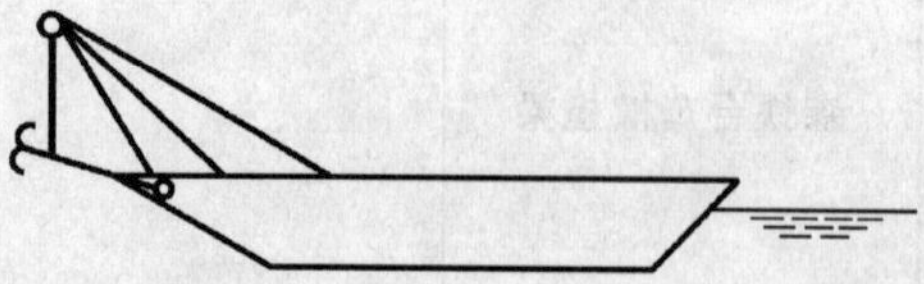	机动锚船	
5.59		浮船	

表 2（续）

编　号	符　　号	名　称	说　明
5.60	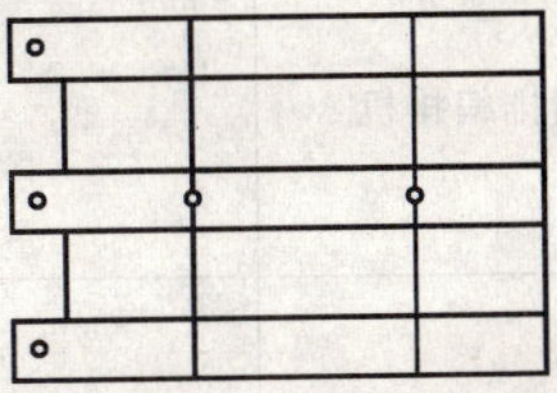	可拆式运木驳	
5.61	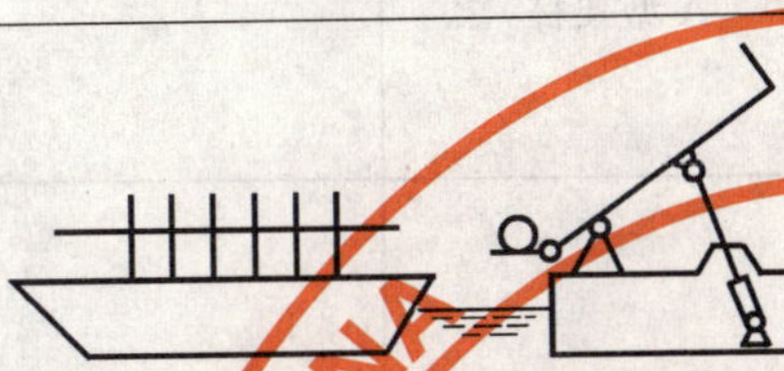	自动卸木船	
5.62	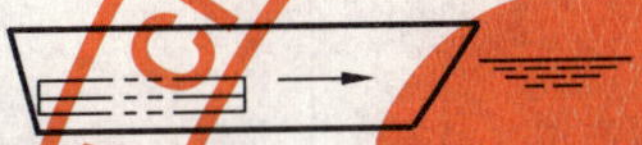	木排运输船	
5.63	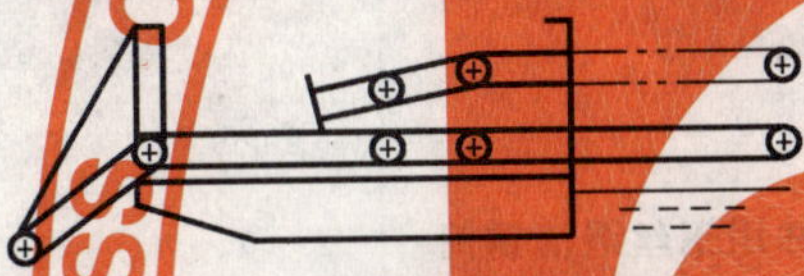	升降式纵向装排机	
5.64	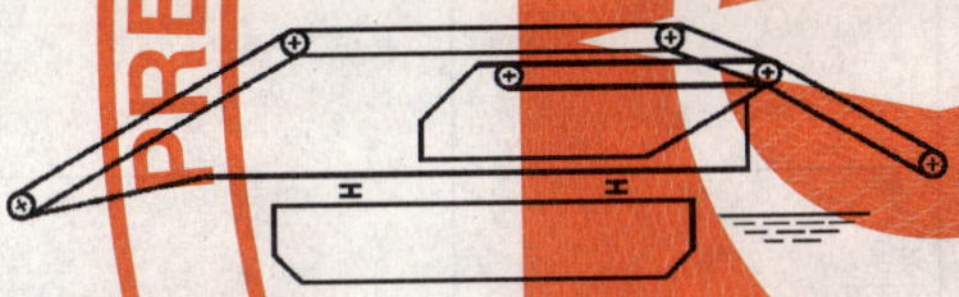	伸缩式横向装排机	
5.65		双桅浮吊海排装排机	
5.66	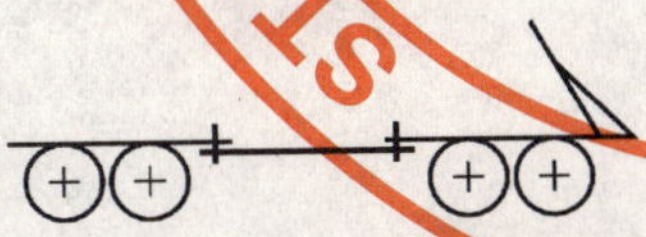	出河台车	
5.67	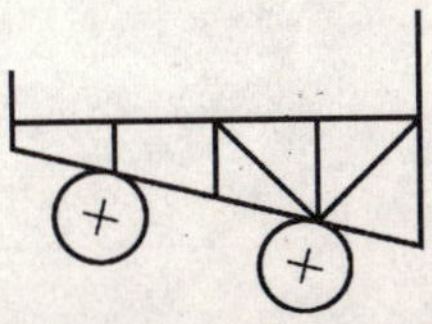	三角台车	
5.68	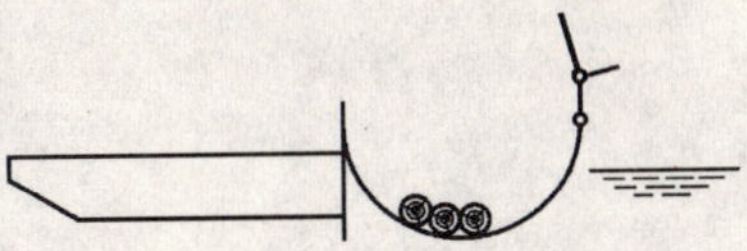	钢索式扎捆机	

表 2（续）

编　号	符　　号	名　称	说　明
5.69	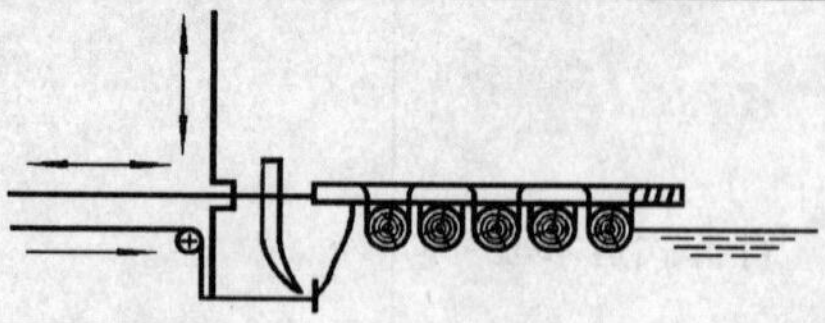	平型排编排机	
5.70	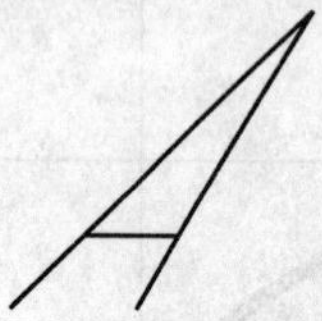	A 型架杆	
5.71	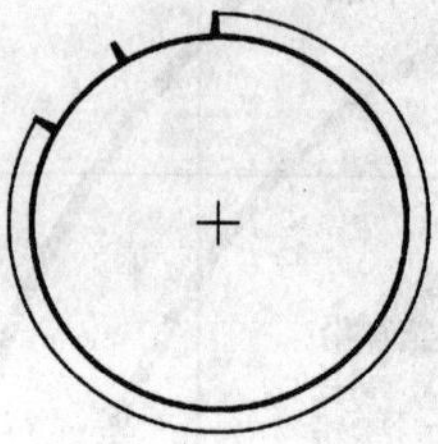	送木滚轮	
5.72	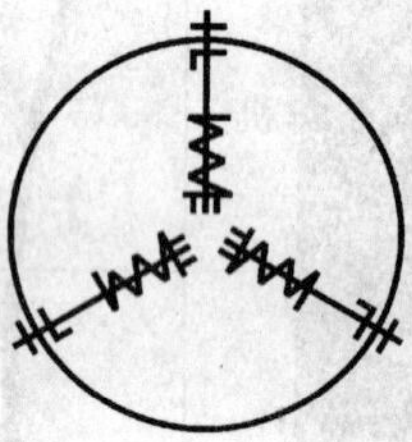	林用钢丝绳清锈筒	
5.73	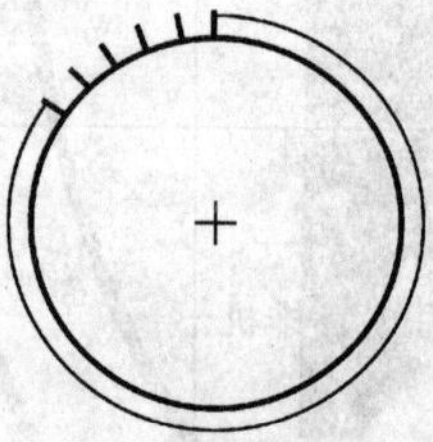	林用钢丝绳刷筒	

附 录 A
（规范性附录）
林业机械图形符号的画法规定

A.1 本标准采用的线型规定见表 A.1。

表 A.1 线型表达对象

序号	名 词	线 型	粗 度	表 达 对 象
1	粗实线		b	零部件轮廓、管道、杆件、心轴、销轴和皮带等
2	加粗实线		$2b$	轴
3	细实线		$<b/2$	回转中心的“＋”和绳索等
4	波浪线		$<b/2$	断开部分轮廓
5	点划线		$<b/2$	链轮、链条、回转轴线和运动轨迹
6	双点划线		$<b/2$	运动起止位置和假想轮廓线

A.2 允许采用 GB/T 4458.1 和 GB/T 4460 中的有关简化画法。

A.3 回转中心以“＋”表示。凡直径小于或等于 3 mm 的圆可不画“＋”字。

A.4 轴和杆件表现为圆的图形可以省略。

A.5 回转体零部件表现为非圆的图形不可画轴线。

A.6 表达零部件出入孔道时，可不封口。对于敞开容器则要求封口。

附　录　B
（资料性附录）
林业机械图形符号的应用图例

B.1　应用图例见图 B.1～图 B.5。

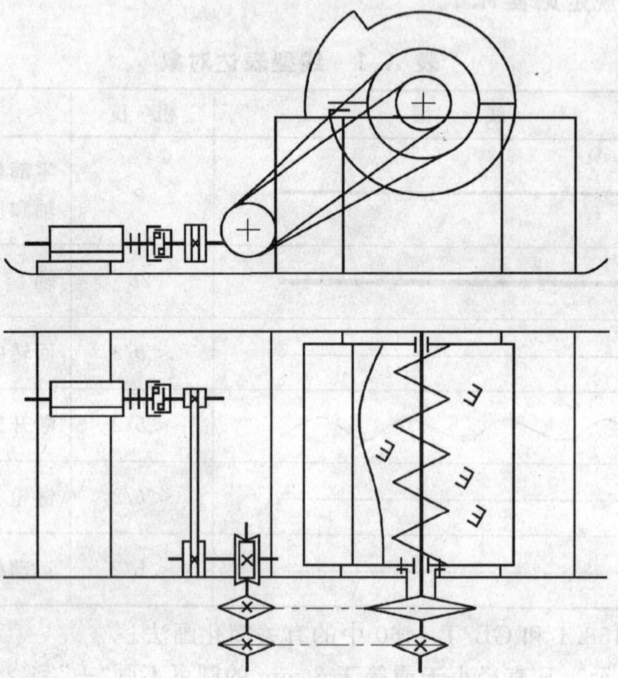

图 B.1　移动式木材剥皮机总体配置简图

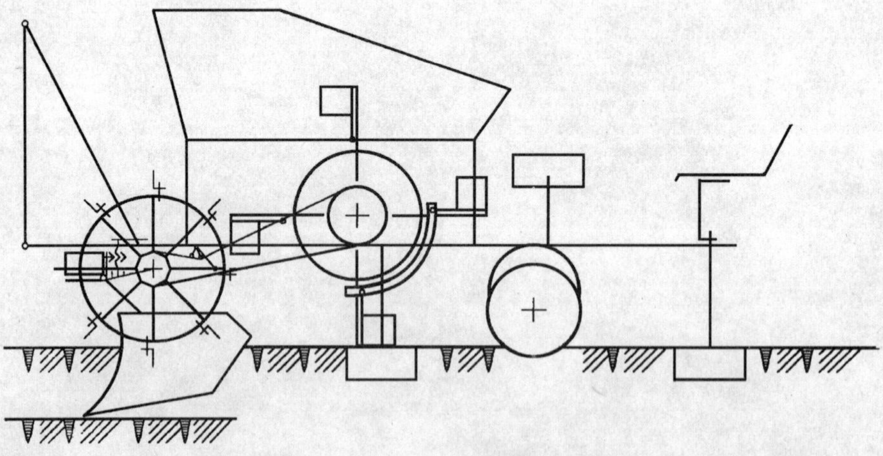

图 B.2　悬挂式植树机结构简图

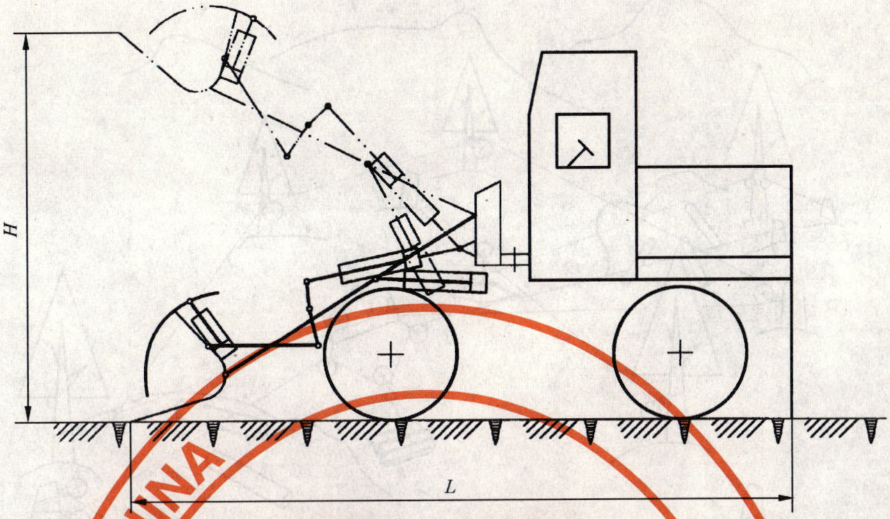

图 B.3　轮式木材装载机机动图

①——运输营养土；
②——填土-振动；
③——刮平；
④——夯实；
⑤——播种；
⑥——定量覆土；
⑦——装运。

图 B.4　容器育苗装播工艺流程图

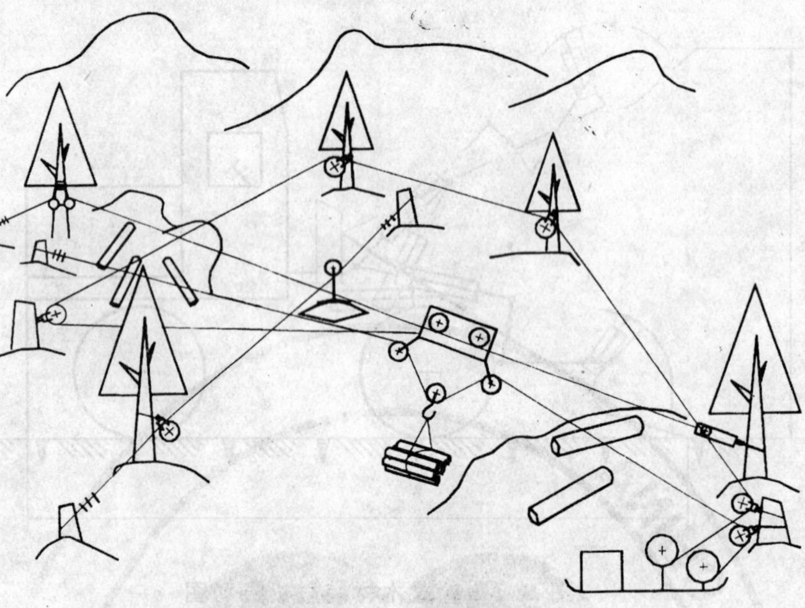

图 B.5 原木集材索道系统图

ICS 29.120.60
K 31

中华人民共和国国家标准

GB 7251.2—2006/IEC 60439-2:2000
代替 GB 7251.2—1997

低压成套开关设备和控制设备 第2部分:对母线干线系统(母线槽)的特殊要求

**Low-voltage switchgear and controlgear assemblies—
Part 2:Particular requirements for busbar trunking systems (busways)**

(IEC 60439-2:2000,IDT)

2006-08-25 发布　　2007-03-01 实施

中华人民共和国国家质量监督检验检疫总局
中国国家标准化管理委员会　发布

前言

本部分的第5章、第7章(不含7.1.1.7)、第8章、附录A、附录B、附录F、附录G为强制性的,其余为推荐性。

GB 7251《低压成套开关设备和控制设备》分为如下几个部分:

——第1部分:型式试验和部分型式试验成套设备;

——第2部分:对母线干线系统(母线槽)的特殊要求;

——第3部分:对非专业人员可进入场地的低压成套开关设备和控制设备——配电板的特殊要求;

——第4部分:对建筑工地用成套设备的特殊要求;

——第5部分:对户外公共场所的成套设备——动力配电网用电缆分线箱的特殊要求。

本部分为GB 7251的第2部分,等同采用IEC 60439-2:2000《低压成套开关设备和控制设备 第2部分:对母线干线系统(母线槽)的特殊要求》(英文版)。

本部分应结合GB 7251.1一并使用。其条款补充、修改或取代GB 7251.1—2005中的相应条款。GB 7251.1的章条如在本部分中没有提及,则适用于本部分。

按照GB/T 1.1—2000和GB/T 20000.2—2001的规定,本部分做了如下编辑性修改:

a) 删除了国际标准的前言;

b) "本标准"改为"本部分";

c) 删除了8.2.14第7行(见附录图M.1和M.2)中的"和M.2"。

本部分是对GB 7251.2—1997《低压成套开关设备和控制设备 第二部分:对母线干线系统(母线槽)的特殊要求》的修订。

本部分与GB 7251.2—1997相比,在文字上有部分改动,一些章条有增加及修订,涉及到的主要技术差异如下:

a) 增加了1.2规范性引用文件;

b) 增加了2.3.14用于建筑移动结构的母线干线单元、2.3.15母线干线火焰挡板单元、2.3.16母线干线耐火单元;

c) 在第3章成套设备的分类中增加了新项:
使用时可耐受的机械负载;耐火和火焰蔓延;

d) 将4.10改为4.9,除了增加故障电流的计算方法外,还增加了系统的短路特性;

e) 在5.1中新增u)系统的电阻、电抗和阻抗值和v)故障条件下系统的电阻、电抗和阻抗值;

f) 第6章使用条件中增加了母线干线系统安装条件及对工频磁场的要求;

g) 增加了母线干线耐火要求及试验方法;

h) 型式试验增加了l)耐压性能的验证、m)绝缘材料耐受非正常发热的验证、n)防止火焰蔓延的验证、o)建筑结构中防火挡板的验证;

i) 增加了资料性附录J、附录K、附录L、附录M、附录N。

本部分由中国电器工业协会提出。

本部分由全国低压成套开关设备和控制设备标准化技术委员会归口。

本部分主要起草单位:天津电气传动设计研究所、广州白云电器设备有限公司、上海柘中(集团)有限公司、施耐德(广州)母线有限公司、北京市建筑五金科研实验厂、北京双新宇工贸有限公司、镇江西门子母线有限公司、哈尔滨市东安机电设备厂、山东省腾州市衡达有限公司、山东省质检所烟台低压站、中国九川电器有限公司、镇江华强电力设备厂、临海市耀明电力设备有限公司、珠海经济特区光乐电控设备厂、深圳宝安任达电器实业有限公司、北京华北长城有限公司、杭州之江开关股份有限公司。

本部分主要起草人：欧惠安、罗重、杨占元、蔡维、杨成懋、仲继江、万玉权、顾振江、范爱国、张彦文、宗伟、梁凤凯、张华双、郑武、陈庭国、罗正阳、郑光乐、郑程遥、张坚华、仲秀平。

本部分所替代标准的历次版本发布情况为：

——GB 7251.2—1997。

低压成套开关设备和控制设备 第2部分:对母线干线系统(母线槽)的特殊要求

1 总则

1.1 范围与目的

增加以下段落:

本部分适用于居民区、商业区、公共场所、农业和工业房屋建筑的母线干线系统(BTS)及馈电和配电的辅助设施。本部分也适用于装有通讯和/或控制系统的母线干线系统或者通过分接单元提供照明的母线系统,但不适用于符合GB/T 13961—2003的供电线路系统。

本部分所述的母线干线系统(包括各种长度单元和弯曲单元在内),如果按照本部分第8章进行了试验则认为是型式试验成套设备(TTA)。

分接单元可认为是部分型式试验成套设备(PTTA)。

1.2 规范性引用文件

增加:

GB/T 5169.10—1997 电工电子产品着火危险试验 试验方法 灼热丝试验方法 总则(idt IEC 60695-2-1/0:1994)

GB/T 5169.11—1997 电工电子产品着火危险试验 试验方法 成品的灼热丝试验和导则(idt IEC 60695-2-1/1:1994)

GB/T 5169.12—1999 电工电子产品着火危险试验 试验方法 材料的灼热丝可燃性试验(idt IEC 60695-2-1/2:1994)

GB/T 5169.13—1999 电工电子产品着火危险试验 试验方法 材料的灼热丝起燃性试验(idt IEC 60695-2-1/3:1994)

GB 7251.1—2005 低压成套开关设备和控制设备 第1部分:型式试验和部分型式试验成套设备(IEC 60439-1:1999,IDT)

GB 13539.1 低压熔断器 第1部分:基本要求(GB 13539.1—2002,IEC 60269-1:1998,IDT)

GB 13539.2 低压熔断器 第2部分:专职人员使用的熔断器的补充要求(主要用于工业的熔断器(GB/T 13539.2—2002,IEC 60269-2:1986,IDT)

GB 13539.3 低压熔断器 第3部分:非熟练人员使用的熔断器的补充要求(主要用于家用和类似用途的熔断器(GB 13539.3—1999,idt IEC 60269-3:1987)

GB/T 13961—2003 灯具用电源导轨系统安全要求(IEC 60570:1995,IDT)

GB 14048.2—2001 低压开关设备和控制设备 低压断路器(idt IEC 60947-2:1997)

GB/T 18380.3—2001 电缆在火焰条件下的燃烧试验 第3部分:成束电线或电缆的燃烧试验方法(idt IEC 60332-3:1992)

IEC 60269-4 低压熔断器

IEC 60269-5 低压熔断器

IEC 60909:1988 三相交流系统短路电流计算

ISO 834-1:1999 耐火试验 建筑结构部件

2 术语和定义

2.1.1.2

部分型式试验的低压成套开关设备和控制设备 partially type-tested low-voltage switchgear and controlgear assembly (PTTA)

用下文代替原文：

仅适用于分接单元。

2.3.4

母线干线系统(母线槽) busbar trunking system (busway)

在条款末尾增加：

——用于通讯和/或控制的附加导体。

增加以下术语和定义：

2.3.5

母线干线单元 busbar trunking unit

母线干线系统的一个单元，它由母线、母线支撑件和绝缘件、外壳、某些固定件及与其他单元相接的连接件组成。它可具有分接装置也可无分接装置。

注：干线系统的单元有不同的几何形状，例如：直形、肘形、T形或十字形。

2.3.6

带分接装置的母线干线单元 busbar trunking unit with tap-off facilities

由制造商预先制造成可在一点或多点上安装分接单元的母线干线单元。

分接单元连接到母线干线单元时，可要求也可不要求母线系统与电源断开。

2.3.7

滑触式分接母线干线单元 busbar trunking unit with trolley-type tap-off facilities

允许使用滚轮型或滑触型分接单元的母线干线单元。

2.3.8

母线干线变容单元 busbar trunking adapter unit

用于连接同一系统中不同型号或不同额定电流的两种单元的母线干线单元。

2.3.9

母线干线热膨胀单元 busbar trunking thermal expansion unit

允许母线由于系统的热膨胀在轴向有一定移动量的母线干线单元。

注：按照设计，膨胀体可用于外壳内的导体或同时用于外壳和导体。

2.3.10

母线换相单元 busbar phase transposition unit

用于改变相导体的相应位置以平衡电抗或改变相的排列位置的一种母线干线单元(如：L_1-L_2-L_3-N 转换成 N-L_3-L_2-L_1)。

2.3.11

母线干线弯曲单元 flexible busbar trunking unit

导体和外壳设计成安装时可以转换方向的一种母线干线单元。

2.3.12

母线干线馈电单元 busbar trunking feeder unit

用作任何进线单元的母线干线单元。该单元与电源连接时可要求或不要求电源断开。

2.3.13

分接单元　tap-off unit

用于从带分接装置的母线干线单元(见 2.3.6)中分接出电源的一种输出装置。如:滚轮装置、滑触装置或插入装置。

分接单元可以永久连接而且可以用于与一个或任何电源、通讯或控制电路的组合装置连接。

分接单元可带有附件,如保护器件(熔断器、熔断开关、开关熔断器、断路器、剩余电流断路器)、通讯或遥控电子设备、接触器、接线插座和连接器件(预制线,螺钉型或非螺钉型端子)等。

分接单元可以是部分型式试验成套设备(PTTA)。

2.3.14

用于建筑移动结构的母线干线单元　busbar trunking unit for building movements

一种允许建筑物由于热膨胀和收缩而移动的母线干线单元。

2.3.15

母线干线火焰挡板单元　busbar trunking fire barrier unit

火焰条件下,用于在规定时间内防止火焰蔓延的一种带或不带附加部件的母线干线单元或其一部分。

2.3.16

母线干线耐火单元　busbar trunking fire resistant unit

火焰条件下,用于在规定时间内保持电路完整性的一种带或不带附加部件的母线干线单元。

3　成套设备的分类

在已有破折号后增加:

——使用时可耐受的机械负载(见 7.1.1.1 至 7.1.1.3)

——耐火和火焰蔓延,(如果适用)(见 7.1.1.4 至 7.1.1.7)。

增加下面新段:

母线干线系统和他们的附件要依据设计类型(户内和户外场所,各种位置,不同的安装条件)进行安装;因此 BTS 制造商应说明使用条件。

4　成套设备的电气性能

4.5　额定限制短路电流 I_{cc}

在注下增加注 3:

注 3:如果有相应的保护器件(见 8.2.3.2.4),有必要说明额定限制短路电流(I_{cc})(例如分接单元)。

增加以下新条款:

4.9　母线干线系统的电气性能

4.9.1　系统的电阻、电抗和阻抗值

制造商应按照第 5 章的规定给出下列系统中相导体的特性:

——每米相导体平均电阻值:

R_{20}　在温度为+20℃时的电阻值;

R_1　在额定电流 I_n、稳定状态下工作温度为 θ_1 时的电阻值。

——每米相导体平均电抗值:

X_1　在额定电流 I_n、额定频率为 F 时的电抗值。

——每米相导体平均阻抗值:

Z_1　在稳定状态下工作温度为 θ_1 时的阻抗值。

注:这些值是按照 8.2.9 通过直接测量或通过测量计算确定的(见附录 N 的 N.1)。

系统电压降可通过这些电阻和电抗值的计算确定(见附录 J)。

稳定状态下工作温度 θ_1 等于额定电流 I_n 时的温升 $\Delta\theta_1$ 加母线干线系统的一般环境温度 35℃。

$Z_1=(R_1{}^2+X_1{}^2)^{1/2}$ 也是稳定状态下工作温度 θ_1 时的系统相序阻抗(正或负)。

4.9.2 故障条件下系统的电阻、电抗和阻抗值

下面规定适用于额定电流大于 100 A 的母线干线系统。

为了计算母线干线系统中每个电气安装点的短路电流和故障电流，制造商应按照第 5 章的规定给出以下故障回路阻抗值。

下面任一种方法可用作这类故障电流的计算：

a) 对称法：(见 IEC 60909：1988)

——在温度为＋20℃时考虑每米导体的零序阻抗：

$Z_{0\ ph\ N}$ 相对 N

$Z_{0\ ph\ PEN}$ 相对 PEN

$Z_{0\ ph\ PE}$ 相对 PE

b) 阻抗法

——在温度为＋20℃时考虑每米导体的平均电阻：

$R_{b0\ ph\ ph}$ 相对相

$R_{b0\ ph\ N}$ 相对 N

$R_{b0\ ph\ PEN}$ 相对 PEN

$R_{b0\ ph\ PE}$ 相对 PE

——在系统稳定状态下工作温度 θ_1，额定电流 I_n 时考虑每米导体的平均电阻：

$R_{b1\ ph\ ph}$ 相对相

$R_{b1\ ph\ N}$ 相对 N

$R_{b1\ ph\ PEN}$ 相对 PEN

$R_{b1\ ph\ PE}$ 相对 PE

——在额定频率 F，额定电流 I_n 时考虑每米导体的平均阻抗：

$X_{b\ ph\ ph}$ 相对相

$X_{b\ ph\ N}$ 相对 N

$X_{b\ ph\ PEN}$ 相对 PEN

$X_{b\ ph\ PE}$ 相对 PE

注：这些值可通过直接测量或通过测量计算来确定(见附录 N.2)。

4.9.3 系统的短路特性

制造商应给出下面一个或多个母线干线系统中导体的额定短路特性：

I_{cc} 额定限制短路电流(A)

I_{cw} 额定短时耐受电流(A)(按照 7.5.2 和 8.2.3 的规定)

I_{pk} 额定峰值耐受电流(A)(按照 7.5.2 和 8.2.3 的规定)

5 提供成套设备的资料

5.1 铭牌

第一段后增加下段：

铭牌应放在每个母线干线单元靠近一端的地方和每个分接单元上。如果母线干线外壳被用作 PE 导体，而且只提供一个端子与外壳外部连接，则该端子应按 7.6.5.2 进行标注。

增加 u)和 v)：

u) 系统的电阻、电抗和阻抗值(见 4.9.1)。

v) 故障条件下系统的电阻、电抗和阻抗值(见 4.9.2)。

6 使用条件

6.1.1 周围空气温度

增加以下新条款:

6.1.1.3 母线干线系统基准周围空气温度

如无其他规定,制造商应根据表 2 和 8.2.1.3 给出在 35℃基准周围空气温度时的母线干线系统的额定电流。

如果适用,制造商应给出额定系数 k_1(35℃ 时 $k_1=1$),以便根据安装条件的温度范围确定系统的允许电流($I=k_1\times I_n$)。

6.2 特殊使用条件

增加以下新条款:

6.2.11 母线干线系统安装条件

如果一条母线干线系统可以在不同的安装条件下使用(例如:导体方位的改变),根据第 3 章,制造商应给出相应的安装系数(k_2)如果有的话,以确定系统最后允许电流等于 $I=k_1\times k_2\times I_n$。

6.2.12 工频磁场

在某些安装条件下,可能需要了解母线干线周围的工频磁场强度(例如:高速数据网站,辐射设备,工作站监控器等)。

母线干线周围磁场强度的测量和计算方法在附录 K 中给出。

7 设计和结构

7.1 机械设计

7.1.1 总则

增加以下部分:

母线干线系统应按照型式试验成套设备和控制设备(TTA)进行设计。

根据制造商的规定,母线干线系统应能耐受:

——正常机械负载(见 7.1.1.1);

——或重载机械负载(见 7.1.1.2);

——或特殊机械负载(见 7.1.1.3)。

7.1.1.1 正常机械负载

对于母线干线系统,正常机械负载除包括其本身的质量外,还包括馈电单元和分接单元的机械负载。

注 1:所需机械刚度可通过选择材料的厚度、形状来获得和/或通过制造商规定的固定点的数量和位置来获得。

注 2:由自身单独支架支撑的馈电单元,不包括在正常机械负载中。

7.1.1.2 重载机械负载

对于母线干线系统,重载机械负载除包括正常机械负载外,还包括如一个人(90 kg)的质量这样的额定负载。

注 1:所需机械刚度可通过选择材料的厚度、形状来获得和/或通过制造商规定的固定点的数量和位置来获得。

注 2:本条不包括可作为行走通道使用的母线干线系统。

7.1.1.3 特殊机械负载

母线干线系统承受其他附加负载的能力(如:照明设备、附加电缆、梯子等),应由制造商和用户之间协商。

7.1.1.4 绝缘材料对非正常发热的耐受性

母线干线系统绝缘材料的部件可能处在热应力作用下,不应受非正常发热的过度影响,其热应力是由电气作用和可能损坏系统安全的变形引起的。

根据8.2.13用灼热丝试验进行检验。

7.1.1.5 **耐受火焰蔓延**

当燃烧源移开后，母线干线系统应无火焰蔓延或点燃后不再继续燃烧。

根据8.2.14用火焰蔓延试验进行检验。

7.1.1.6 **母线干线防火板单元**

如果母线干线系统水平或垂直通过建筑隔断(例如：墙或地板)，母线干线防火板单元的设计应在着火时防止火焰蔓延。

根据8.2.15用耐火试验进行检验。

7.1.1.7 **着火时保持电路完整性**

耐火母线干线单元的设计应在着火时，在规定时间内能维持配电电路的完整性。

着火时电路完整性试验在考虑中(见附录L)。

7.1.2.3.4 **电气间隙**

第一段后增加下段：

如果母线干线系统按照制造商的说明正确组装并如同正常使用一样安装好，应按照GB 7251.1—2005表G.1中过电压类别和最大对地额定工作电压来确定电气间隙以耐受由制造商给出的冲击电压。

如制造商无其他规定，系统电气间隙的确定应根据：

——过电压类别：Ⅳ(电源进线点)或Ⅲ(配电电路水平)；

——污染等级：3。

注：对于基础绝缘和功能绝缘电气间隙值是按照GB 7251.1—2005表14中A的情况确定。辅助绝缘电气间隙值不低于基础绝缘所规定的值。为加强绝缘确定电气间隙值时，其额定冲击电压要比基础绝缘规定的电压高一级。

带双绝缘的系统部件，即基础绝缘和辅助绝缘不能分开进行试验的按加强绝缘考虑。

删除第二段。

7.1.2.3.5 **爬电距离**

a) 尺寸的选定

第一段后增加下段和注：

如果母线干线系统按照制造商的说明正确组装并如同正常使用一样安装好，考虑制造商给出的系统额定绝缘电压，确定爬电距离。

注：对于基础绝缘和功能绝缘的爬电距离是按照GB 7251.1—2005表16中污染等级和所用绝缘部件的材料组别确定。

辅助绝缘爬电距离值不低于基础绝缘规定值。加强绝缘爬电距离值为基础绝缘额定绝缘电压值的两倍。

双绝缘的爬电距离是构成双绝缘系统的基础绝缘和辅助绝缘的和。

增加7.1.4条：

7.1.4 **对正确连接分接单元的要求**

当已带有分接装置的母线干线系统具有一个保护导体或一个中性导体或两者兼有时，考虑到安全，它的设计应防止系统中任何部件的不恰当安装或分接单元的不恰当连接。

在直流或单相交流的情况下，极的顺序在整个系统中要保持一致。

7.4.3.1.5f)所述，适合于插入式分接单元。

增加7.1.5条：

7.1.5 **对带几条电路的母线干线的要求**

当带或不带分接装置的一条母线干线系统要在同一槽中安装几条电路时(例如：不同电源电路、通讯和数据传输、超低压电路)系统的设计与结构应能避免任何由电路之间的破裂、损坏和错误连接引起的危险。

在同一槽中的不同电路优先设计成物理隔离的。如果不能实现这一要求，每条电路应与其他电路隔离或与带或不带接地保护导体的金属部件隔离，系统中任何部件的最高额定绝缘电压由制造商给出。

注：低压电路和超低压通讯电路之间的双绝缘系统可按照某些数据传输标准的要求。

7.3 温升

表 2 温升限值

下文代替注 4)

除非另有规定，对于正常工作时可接近但不需接触的母线干线系统的外壳，金属表面允许其温升限值提高 25 K，绝缘表面允许其温升限值提高 15 K。

表 2 后增加新段落：

实际中要注意，母线干线系统应根据导线规格和保护器件类型(例如：1.30 倍的断路器电流整定值，约定时间 2 h，见 GB 14048.2)设计成能耐受使用中可能发生的过载情况(特别是接点)。

7.4.2 直接接触的防护

已有段落后增加下段：

用或不用绝缘材料制作的能安全防护电击的覆板或部件应有足够的机械强度耐受正常使用中发生的应力。

7.4.3.1.1 已有段落后增加以下段落：

在带有滑触分接装置的母线干线系统中，特别是当固定单元的外壳作为装置的保护电路部件时，应采取结构保护措施以保证在分接单元裸导电部件和干线系统中固定的裸导电部件之间有良好的和永久的导电性。

7.6.2.1 可接近性

第一段不适用。

8 试验规范

下文代替已有部分：

8.1.1 型式试验(见 8.2)

型式试验是用来验证一个给定型式的母线干线系统是否符合本部分的要求。

型式试验应在一个母线干线系统的样机上进行或在按类似或相同设计制造的母线干线系统的各部件上进行。

这些试验应由制造商主动进行。

型式试验包括：

a) 温升极限的验证(见 8.2.1)；

b) 介电性能验证(见 8.2.2)；

c) 短路耐受强度验证(见 8.2.3)；

d) 保护电路有效性验证(见 8.2.4)；

e) 电气间隙和爬电距离验证(见 8.2.5)；

f) 机械操作验证(见 8.2.6)；

g) 防护等级验证(见 8.2.7)；

h) 母线干线系统电气性能的验证(见 8.2.9)；

j) 结构强度的验证(见 8.2.10)；

k) 滑触式干线系统耐久性的验证(见 8.2.11)；

l) 耐压力性能的验证(见 8.2.12)；

m) 绝缘材料耐受非正常发热的验证(见 8.2.13)；

n) 防止火焰蔓延的验证(见 8.2.14)；

o) 建筑结构中防火挡板的验证(见 8.2.15)。

这些验证可以按任意次序和/或在同一型式的不同样机上进行。

如果成套设备的部件作了修改,而这种修改可能对试验结果产生不利影响,则必须重新进行型式试验。

注:还应参考本部分中的 8.2.1 和 8.2.3。

8.2 型式试验

8.2.1 温升极限的验证

以下代替相应部分:

8.2.1.2 母线干线系统的放置

母线干线系统进行试验时,应如同正常使用时一样放置,所有覆板等都应就位。

母线干线系统的额定电流会受到安装放置的影响。因此,必需用适合于制造商所给定的安装放置形式的额定电流进行温升试验,如果试验只做一次,应采用最不利的安装放置形式。

8.2.1.3 温升试验

a) 母线干线单元

试验时,将直线形母线干线单元连接在一起,总长度至少为 6 m,并包括两个接点。应将母线干线水平支撑于离地面大约 1 m 的位置上。

母线干线馈电单元的进线端子应连接在设定频率下的低压电源上,将导体的另一端短路。

此试验应在系统额定电流 I_n 的三相系统中进行,对于一个单相或额定直流母线干线系统,其放置应按制造商的说明。

在所有相导体中,应将试验电流调整为大致相等。

试验时,应防止无意产生的流动空气进入母线干线通道(例如:将干线端头封闭)。

试验应进行足够的时间使温升达到一个恒定值(但不超过 8 h)。实际上,温升变化不超过 1 K/h 则达到了此条件。

导体和外壳相关部件的温升应进行检查和记录,方法是将热电偶放在每条母线干线单元的中间和邻近接口处,而且应符合 GB 7251.1—2005 表 2 的值,并考虑表中注 4。

试验要在试验室的环境温度下进行,这一环境温度要记录在试验报告中,试验时在同一水平位置,距离外壳纵向边大约 1m 的地方靠近母线干线中心部位的环境温度要记录在试验报告中。

试验所用外接导体的尺寸和配置应列入试验报告。在缺少使用条件的详细说明时,外接导体的截面积应符合 GB 7251.1—2005 表 8 和表 9 的规定。

注:母线干线系统辅助单元(例如:馈电单元,肘形单元,弯曲单元等)可以沿母线干线连接在很多最合适的位置上,其试验应按相同的程序进行。

试验程序的安排和操作要符合制造商规定的母线干线其他安装条件,如果有(例如:母线干线垂直放置,作为主母线),以便根据第 3 章和 6.2.11 确定安装系数(k_2)。

b) 分接单元

温升试验应在连接到母线干线系统上的每种形式和各种尺寸的分接单元上进行。

试验时,分接单元应载有其本身的额定电流(I)而且应向母线干线分接位置供给其额定电流 I_n。

按照 a)所规定的试验安排,带分接装置的除外,试验时,分接单元应尽可能放在母线干线系统的中部。

导体和外壳相关部件的温升应进行检查和记录,方法是将热电偶放在分接单元上,而且应符合 GB 7251.1—2005 表 2 的值,并考虑表中注 4。

所连接元件的温升(例如:保护器件,电子仪器等)应符合其相关的标准。

注:带有熔断器或熔断器组合开关的分接单元按照 GB/T 13539 用具有相等功率损耗的熔断器和熔丝进行试验,并记录在试验报告中。带熔丝分接单元的额定电流根据分接单元熔丝的最大电流值给出。

——对于包含一个断路器的分接单元,其断路器分接单元的额定电流由母线干线制造商按照断路器制造商给出的数据和分接单元的设计(例如:分接单元外壳的尺寸)给出。

——用来确定带电部件温升的基准环境温度是就地环境温度,其考虑了分接单元壳体外部的温度。

8.2.3 短路耐受强度验证

8.2.3.1.1 不适用。

8.2.3.1.2 不适用。

8.2.3.2.1 试验安排

以下代替相应部分:

母线干线系统应像正常使用时一样安置。型式试验应在一个能够代表系统的成套设备上进行,该成套设备至少包括一个母线干线馈电单元,并且与适当数量的直线型母线干线单元相连接,其总长度不超过6 m,至少有一个接点。

没有包括在上述试验中的系统元件应分别进行试验,按使用情况组装。

8.2.3.2.5 试验结果

以下代替相应部分:

试验后,导体不应有任何过大的变形,只要电气间隙和爬电距离符合7.1.2的规定,而且变形不影响与分接单元的恰当连接,母线的微小变形是允许的。同时,导线的绝缘材料和绝缘支撑部件不应有任何明显的损伤痕迹,也就是说,绝缘物的主要性能仍保证设备的机械性能和介电性能满足本部分的要求。

检测器件不应指示有故障电流发生。

导线的连接部件不应松动,而且,导线不应从出线端子上脱落。

确保故障时防护电击的保护导体的效力不被减弱。

只要不影响防护等级,电气间隙不降至小于规定值,外壳的变化是允许的。

母排电路或成套设备框架的任何变形影响了抽出式部件或可移式部件的正常插入,应视为故障。

在有疑问的情况下,应检查成套设备的内装元件是否符合有关规定。

8.2.7 防护等级验证

增加下段:

试验以第一位特征数5和6为条件。根据GB 7251.1—2005中7.2.1提供的防护等级应按照IEC 60529进行验证。具有IP 5X防护等级的母线干线系统应按照IEC 60529:1989中13.4的第2类进行试验。具有IP 6X防护等级的母线干线系统应按照IEC 60529:1989中13.4的第1类进行试验。

增加下面新条款:

8.2.9 母线干线系统电气性能的验证

系统的电阻、电抗与阻抗的平均值(见4.9.1)是在额定电流 I_n 下确定的,试验安排同温升试验安排一样(见8.2.1.3a))。

通过测量计算确定的方法在附录N的N.1中给出。

故障条件下的系统电阻、电抗和阻抗值(见4.9.2)是在额定电流 I_n 下确定的,试验安排同验证直线单元短路耐受强度试验安排一样,至少包括一个接点(见8.2.3.2.1)。

通过测量计算确定的方法在附录N的N.2中给出。

8.2.10 结构强度的验证

根据制造商给出的机械负载,水平安装的母线干线系统的结构强度试验应按照下列试验程序进行:

——正常机械负载:见8.2.10.1;

——重载机械负载:见8.2.10.2;

——特殊机械负载:见8.2.10.3。

8.2.10.1 正常机械负载的结构强度验证

根据7.1.1.1来验证带有正常机械负载的结构强度。

8.2.10.1.1 第一个试验在一根直线干线单元上进行，该干线像正常使用一样放置两点支撑，两点距离为 D。D 这个距离应是制造商规定的支撑点间最大距离。

注：支撑的位置和形式必须由制造商规定。

不带动载将一个质量 M 加在一块边宽等于母线干线系统边宽的正方形刚性板上，刚性板放在外壳上部支撑点中间。质量 M 应等于在两支撑点之间干线单元那部分的质量 m 加上附加质量 m_L，相当于由馈电单元和分接单元施加上的最大负载，馈电单元和分接单元是制造商规定必须连接到长度 D 上的。

试验持续时间应为 5 min。

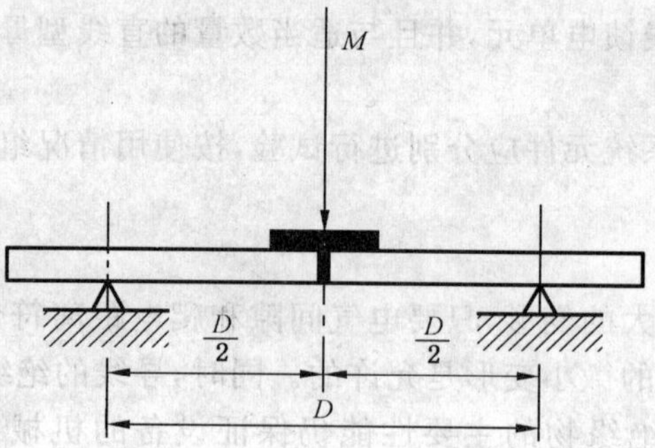

$M=m+m_L$

m＝支撑点间干线单元的质量

m_L＝馈电单元和分接单元的质量

图 1

8.2.10.1.2 第二个试验应在按正常使用状况支撑的两个连接在一起的直干线单元上进行，它们以最少的支点，最大的距离 D 和 D_1 进行支撑。距离 D 在 8.2.10.1.1 中有规定；距离 D_1 是由制造商规定的靠近接点的两支撑点之间最大距离。接点应放在两个支撑点中间。

不带动载将质量 M_1 加在一块边宽等于母线干线系统边宽的正方形刚性板上，刚性板放在外壳上部连接处。质量 M_1 等于干线单元两支撑点间距离 D_1(包括接点)的质量 M_1 加上附加质量 M_{L1}，M_{L1} 等于制造商规定连接到长度 D_1 的馈电单元和分接单元的最大负载。

试验持续时间应为 5 min。

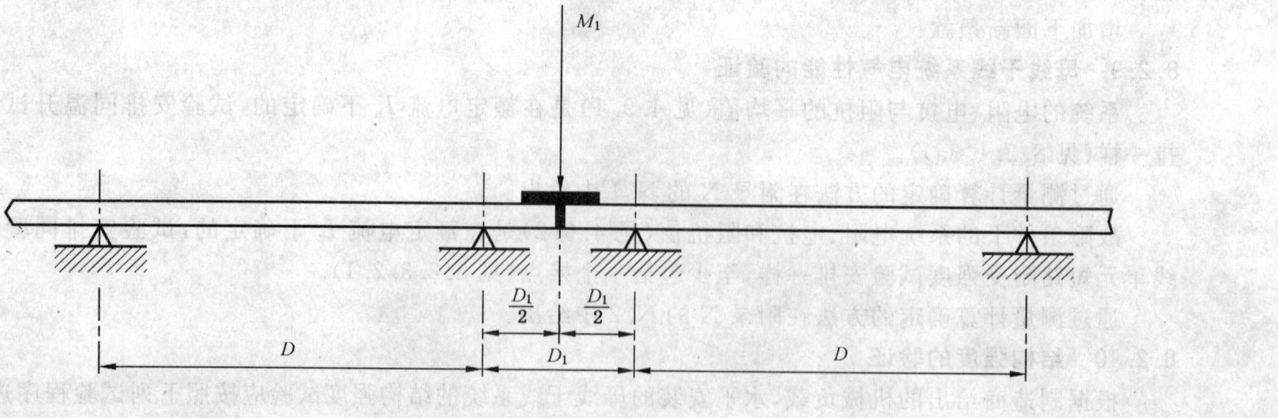

$M_1=m_1+m_{L1}$

m_1＝距离 D_1 两点之间(包括接点)的干线单元的质量

m_{L1}＝馈电单元和分接单元的质量

图 2

8.2.10.2 重载机械负载的结构强度验证

根据7.1.1.2验证带有重载机械负载的结构强度。

8.2.10.2.1 加一质量按8.2.10.1.1进行试验。

$M=m+m_L+90$ kg

8.2.10.2.2 加一质量按8.2.10.1.2进行试验。

$M_1=m_1+m_{L1}+90$ kg

8.2.10.3 特殊机械负载的结构强度验证

试验验证带有特殊机械负载的结构强度(见7.1.1.3)应根据制造商和用户之间协商。

8.2.10.4 试验结果

试验期间和试验后,无论是干线单元还是干线单元连接点或其部件都应无破裂,而且,外壳的变形没有损害防护等级或电气间隙和爬电距离没有减小到规定的数值(见7.1.2)。试验后,不应有明显的永久变形,例如:影响进线单元和出线单元正常插入。

试验期间和试验后保护电路应保持其功能。

根据8.2.10.1、8.2.10.2和8.2.10.3进行每一项试验后,试验装置根据8.2.2进行介电强度试验。

8.2.11 滑触式干线系统耐久性的验证

在额定电压下滑触点通以额定电流时,应能沿着母线干线系统的导体成功地来回移动10 000次。

在交流情况下,负载的功率因数应为0.75～0.8。

带滑动触点触轮的滑动速度和它移动的距离应由所设计的工作条件来确定。如果触轮用来支撑一件工具或其他机械负载,在试验时应加挂上一个与其相当的质量。

试验结束后,在机械和电气上不应存在由于过度的锈痕、烧伤或触点的熔焊而引起的损害。

8.2.12 耐压力性能的验证

直线型母线干线单元(例如3 m或更长)应能承受以下压力:

——如果指明母线干线用于正常机械负载,至少4倍的单元长度质量(千克每米);

——如果指明母线干线用于重载机械负载,至少4倍的单元长度质量(千克每米)加上90 kg。

试验安排:

将压力依次沿直线单元施加在4个或更多点上,包括相邻的绝缘体之间的一个点(如果有的话)。母线干线单元应水平支撑在一个平面上并利用一个与母线干线单元同样宽,120 mm长的刚性板将力施加在上面。

试验时间至少每点持续5 min。

试验结果:

试验中和试验后,外壳不应有破裂、不应出现明显的永久变形(这里是指可能影响防护等级,使电气间隙和爬电距离低于规定值或影响系统进线单元和出线单元正确插入)。

8.2.13 绝缘材料耐受非正常发热的验证

按照GB/T 5169.10～5169.13相关章条及表1的值进行试验。

表1 灼热丝顶部的温度

绝缘材料部件	灼热丝的温度 ℃
与导电部件接触并且必须保持带电部件在其位置上	850±15
与导电部件接触或不接触并不需要保持带电部件在其位置上(例如:外壳,覆板)	650±10

试验安排:

试验仅在一台样品上进行。如有疑问,试验应在另外两台样品上补做。

对于陶瓷材料制作的部件不需进行试验。小的部件,如垫圈,不进行此项试验。

如果规定试验必须在同一部件的一个以上不同部位进行(例如:壁厚不同)必须加以注意从而保证前面的试验造成的损伤不影响所做试验的结果。

如果可能,样品应该是一个完整的母线干线系统部件。如果试验不能在一个完整的部件上进行,可以从其中取下合适的部分进行试验。

在一个部件上的试验被认为能够概括相同材料类似部件的要求。

进行试验时,用灼热丝接触样机,一次为 30 s±1 s。

试验结果:

——如果没有明显的火焰而且没有持续的余辉;

——或者如果在移开灼热丝 30 s 内样品的火焰和余辉熄灭

则认为样品通过了灼热丝试验。

不应出现棉纸燃烧和样品被烧焦的现象。

8.2.14　防止火焰蔓延的验证

试验适用于所有型号和尺寸的母线干线单元,以表征其满足了实际安装和组装时无火焰蔓延性能。按照 GB/T 18380.3—2001 进行此试验,火焰燃烧时间为 40 min。

试验安排:

此试验在一个至少 3 m 长并带有一个接点的标准直线形母线干线单元上进行。

用下列要求进行验证。

将同样型号的三个母线干线单元,他们的接点朝向底端,按规则的间隔置于火焰试验装置中一个垂直的梯架上,每个母线干线应将不同的面朝向燃烧器进行火焰冲击。(见图 M.1)。

对于大宽度母线干线,被试的直线单元的数量可以减少,但在这种情况下,应按三种试验安排形式重复进行(考虑外壳侧的方向)。

对于带有分接装置的母线干线,试验安排应将装有分接装置的出口端朝向燃烧器,而且要把同正常使用时一样安装(例如:带有覆板)的分接装置放在正好对着火焰的地方。

试验结果:

燃烧停止后,应将母线干线外壳擦干净,清除掉所有的烟垢,原表面完好无损。非金属材料的软化和变形应忽略不计。破坏的最大范围的测量以米为单位从燃烧器的底边至开始烧焦的部位。

如果系统满足了下述条件,则认为通过了试验:

——无燃烧;

注:不影响母线完整性的小部件的燃烧可以忽略。

——或者如果母线干线的烧焦部位(内部或外部)的最大范围不高于燃烧器底边 2.5 m。

8.2.15　建筑结构中防火性能的验证

该试验适用于为防止火焰蔓延设计的穿越建筑物的母线干线。试验按照 ISO 834-1:1999 进行,耐火时间为 60 min,120 min,180 min 或 240 min。

试验安排:

该试验在直线型母线干线单元样品上进行。

用下列要求进行检验。

一段有代表性的母线干线防火单元样品象实际用于建筑物中一样被安置在用混凝土制成的试验台上,其厚度按照耐火时间的要求进行确定。应按照制造商的说明书和建筑物安全防火的要求(如果有的话)在穿过试验台开孔的母线干线外壳周围填充防火密封层。

如果母线干线装有防火单元,该防火单元应放在试验台的中间(见图 M.3)

根据 ISO 834-1:1999,进行试验时,应将一组热电偶放置在样品的非裸露面上,用来记录母线干线外壳的表面温度。

试验结果:

见 ISO 834-1:1999 中所给的执行判据。

增加以下新附录J,附录K,附录L,附录M和附录N:

附 录 J
(资料性附录)
系统电压降

母线干线系统的电压降用下列公式计算:

$$u = k \times \sqrt{3} \times (R_1 \cos\varphi + X_1 \sin\varphi) \times I_B \times L$$

式中:

u——系统总电压降,单位为伏(V);

R_1 和 X_1——系统电阻和电抗值,按照4.9.1的规定,单位为欧每米(Ω/m);

I_B——所考虑的电路的电流,单位为安(A);

L——所考虑的系统的长度,单位为米(m);

$\cos\varphi$——所考虑的负载功率因数;

k——负载分配系数。

注1:用来计算母线干线端部的电压降的负载分配系数 k:

如果负载集中在母线干线端部,则等于1;

如果负载均匀分布在 n 个分支之间,则等于 $\frac{n+1}{2\times n}$

用来计算分支的始端到母线干线的始端这一距离 d 的负载分配系数 k:

在负载均匀分布于母线干线整个长度的情况下,则等于 $\frac{2n+1-n\times\frac{d}{L}}{2\times n}$

注2:初步计算电压降的表可由制造厂提供,对于不同功率因数,为了方便基础计算,以每安培电压和每米长为单位。

附 录 K
（资料性附录）
确定母线干线系统附近磁场的方法

试验时，将长度至少为 3 m 的直线型母线干线单元按坐标 z 水平支撑（见图 K.1）。

将一个测量箱（用塑料材料制作的）沿五个测量轴线 $A(+y)$，B，$C(x)$，D，$E(-y)$ 固定安装在一个板（胶合板或塑料板）的预定位置上。

这个测量箱可容纳一个或两个磁场测量仪器，按 x 或 y 轴垂线方向放置。

单位为毫米

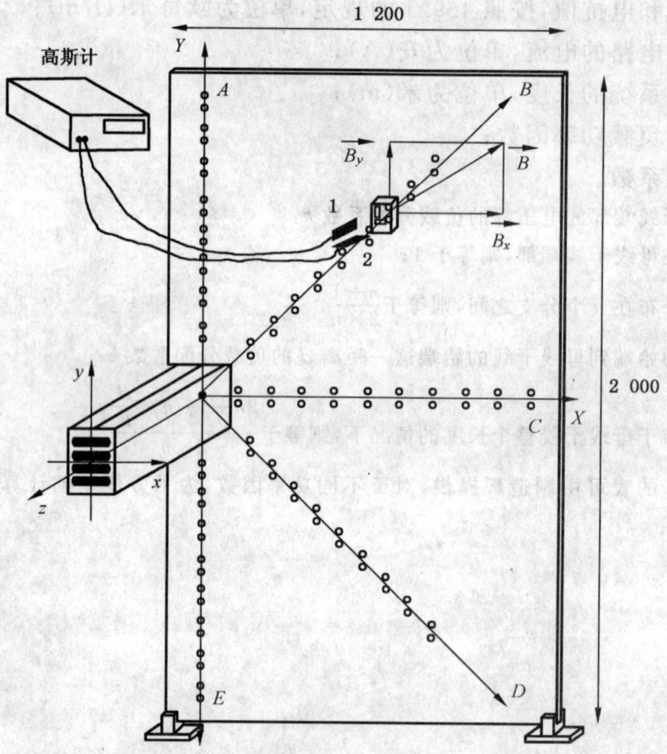

图 K.1 试验排列

对于板上的每个预定位置，可通过高斯计测量出磁场的矢量成分，并可以用下列公式计算出当地磁场的模数：

$$\vec{B} = (\vec{B}_x{}^2 + \vec{B}_y{}^2)^{1/2}(\mathrm{T})$$

这些值可在曲线图（见图 K.2）上读出，每个测量轴中 $B=f$（距离）或通过一系列的设备磁场曲线读出。

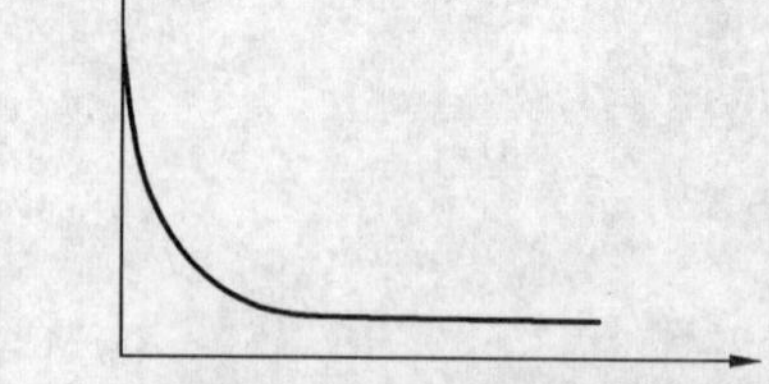

图 K.2 测量和计算

附 录 L
（资料性附录）
燃烧时保持电路完整性的验证

试验在考虑中。

关于燃烧的附加资料

制造商可能要求给出关于燃烧的附加资料，如烟的浓度，烟的腐蚀性等。试验程序应符合相关标准并可结合 8.2.14 进行。

制造商可给出母线干线系统的燃烧能量以满足安全规则。燃烧能量应这样给出：

——对于母线干线(例如直线长度)(kJ/m)；

——对于辅助设备(例如分接单元)(kJ/附件的每种类型)。

附　录　M
（资料性附录）
试验安排（见 GB/T 18380.3—2001）

单位为毫米

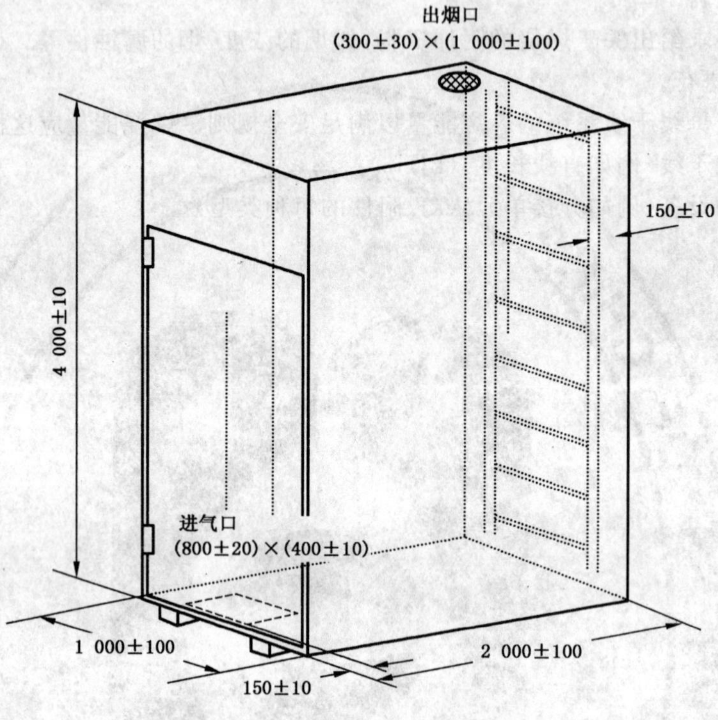

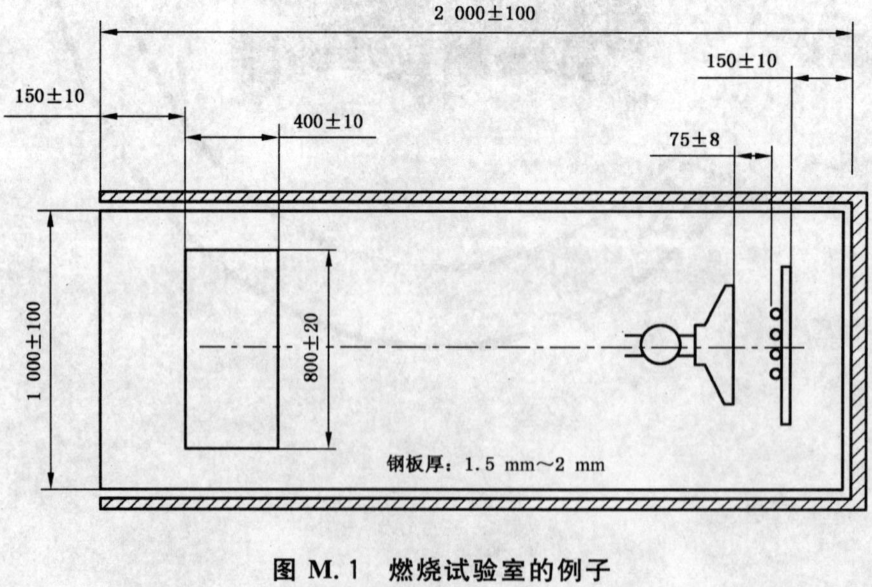

图 M.1　燃烧试验室的例子

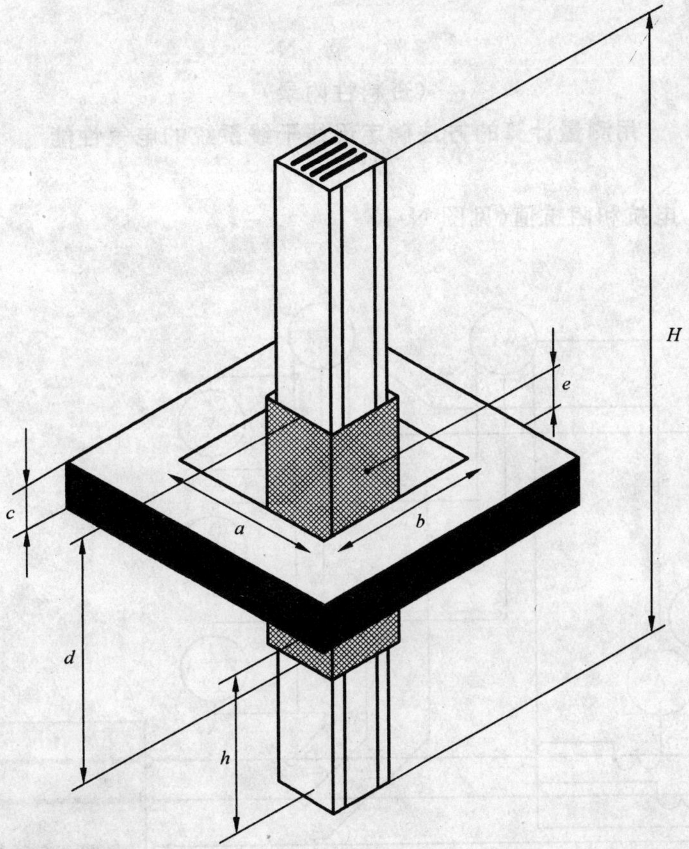

a,*b*——试验台开口的宽度和长度；

c——试验台的厚度；

d——防火部件的长度；

e——热电偶在外壳的非裸露面的位置；

h——母线干线样品裸露面的长度；

H——母线干线样品的长度。

图 M.3 用来验证防火性能的试验台(见 ISO 834-1:1999)

附 录 N
（资料性附录）
用测量计算的方法确定母线干线系统的电气性能

N.1 确定系统的电阻，电抗和阻抗值（见图 N.1）

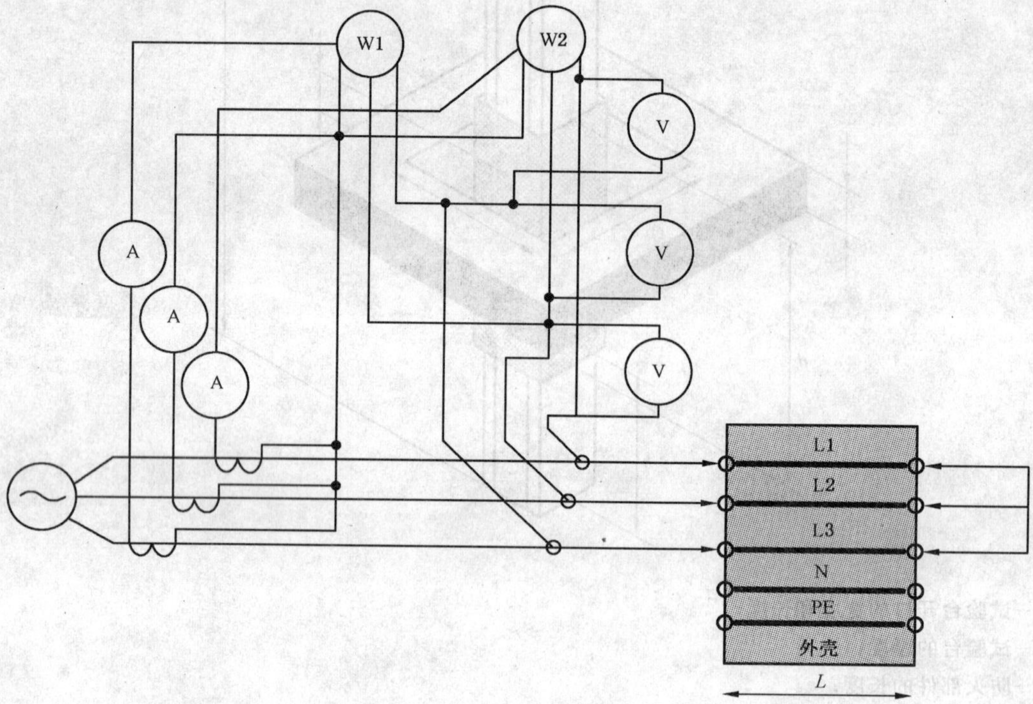

注：图上用两个瓦特计确定总的三相有功功率，但也可用瓦特计的其他形式，如三相或单相。

图 N.1 三相交流的试验安排

测量和计算

下面测量结果是在试验室环境温度中额定电流 I_n，额定稳定状态下工作温度时进行温升试验（见8.2.1.3a）期间获得的试验数据：

V——相-相电压降方均根值(V)

$$V=\frac{V_{12}+V_{23}+V_{31}}{3}$$

I——额定电流方均根值(A)

$$I=\frac{I_1+I_2+I_3}{3}$$

P——总的三相有功功率(W)

L——母线干线长度（从连接电压表导线的输入端到连接母线的输出端）(m)。

计算相-中性点的电抗 Z，交流电阻 R 和电抗 X_1：

$$Z=\frac{V}{\sqrt{3}\times I\times L}\quad(\Omega/\mathrm{m})$$

$$R=\frac{P}{\sqrt{3}\times I^2\times L}\quad(\Omega/\mathrm{m})$$

$$X_1 = (Z^2 - R^2)^{\frac{1}{2}} \quad (\Omega/\mathrm{m})$$

然后，计算温度 20℃时的 R_{20}，稳定状态工作温度 θ_1 时的 R_1 和 Z_1。

$$R_{20} = \frac{\rho_{20} l}{A}$$

此处：

l——长度，单位为米(m)；

ρ_{20}——20℃时导体的电阻率(铜 0.018 $\Omega mm^2/m$)，(铝 0.029 $\Omega mm^2/m$)；

A——截面积，单位为平方毫米(mm^2)。

N.2　确定故障条件下系统的电阻，电抗和阻抗值

a)　对称法

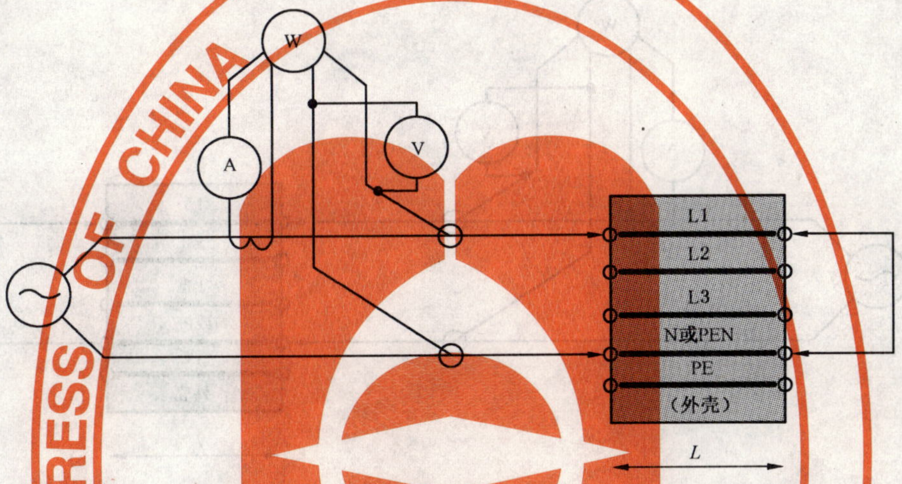

注 1：根据制造商的说明书，任何母线金属外壳可能带 PE/PEN。

注 2：在没有 PE/PEN 导体的情况下，必需在相导体和金属外壳的 PE 端进行测量。

注 3：试验时环境温升和导体的最后温升(从上升到下降并从下降到上升)应该记录下来。

注 4：三相导体并联连接并在两端短路。

图 N.2　试验安排——对称法

测量与计算

V_{xx}——故障回路单相电压降方均根值(V)；

I_{xx}——母线干线单元单相短时试验电流方均根值(等于额定电流值的三倍)(A)；

P_{xx}——单相有功功率；

L——母线干线长度，从连接电压表导线的输入端到连接母线的输出端(m)。

注 1：使用短路试验电流(例如：小于 30 s 的冲击)是为了防止测量期间带电导体温升过高。

注 2：xx 取决于故障回路的连接形式。

对于故障回路连接的每一形式(见图 N.2)：

——相到中性点；

——相到 PEN；

——相到 PE。

相应阻抗 Z_{xx}，交流电阻 R_{xx} 和电抗 X_{oxx} 的计算如下：

$$Z_{xx} = 3 \times \frac{V_{xx}}{I_{xx} \times L} \quad (\Omega/\mathrm{m})$$

$$R_{xx} = 3 \times \frac{P_{xx}}{I_{xx}^{\ 2} \times L} \quad (\Omega/\mathrm{m})$$

$$X_{0xx} = (Z_{xx}^2 - R_{xx}^2)^{\frac{1}{2}} \quad (\Omega/m)$$

然后计算温度 20℃时的 R_{oxx}，以及考虑故障回路阻抗(见 4.9.2)计算相应的零序阻抗 Z_{oxx}：

$$R_{20} = \frac{\rho_{20} l}{A}$$

此处：

l——长度，单位为米(m)；

ρ_{20}——20℃时导体的电阻率，(铜 0.018 $\Omega mm^2/m$)，(铝 0.029 $\Omega mm^2/m$)；

A——截面积，单位为平方毫米(mm^2)。

$$Z_{0xx} = (R_{0xx}^2 + X_{0xx}^2)^{\frac{1}{2}} \quad (\Omega/m)$$

b) 阻抗法

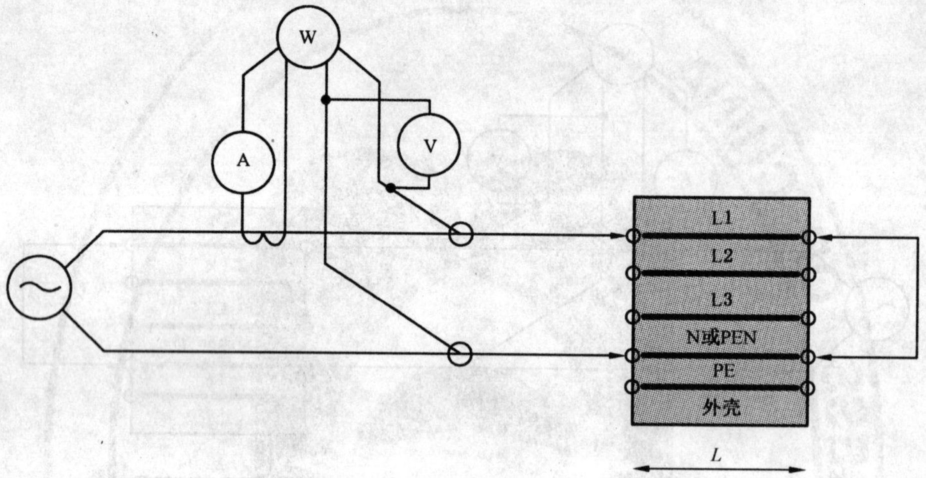

注 1：根据制造商的说明书，任何母线金属外壳可能带 PE/PEN。

注 2：在没有 PE/PEN 导体的情况下，必需在相导体和金属外壳的 PE 端进行测量。

注 3：试验时环境温升和导体的最后温升(从上升到下降并从下降到上升)应该记录下来。

图 N.3 试验安排——阻抗法

测量与计算

V_{xx}——故障回路单相电压降方均根值 (V)；

I_{xx}——单相短时试验电流方均根值等于母线干线单元额定电流值的三倍(A)；

P_{xx}——单相有功功率；

L——母线干线长度，从连接电压表导线的输入端到连接母线的输出端(m)。

注 1：使用短路试验电流(例如：小于 30 s 的冲击)是为了防止测量期间带电导体温升过高。

注 2：xx 取决于故障回路的连接形式。

对于故障回路连接的每一形式(见图 N.3)：

——相到相：(ph1 到 ph2，ph2 到 ph3，ph3 到 ph1)

——相到中性点(ph1 到 N，ph2 到 N，ph3 到 N)

——相到 PEN(ph1 到 PEN，ph2 到 PEN，ph3 到 PEN)

——相到 PE(ph1 到 PE，ph2 到 PE，ph3 到 PE)

相应阻抗 Z_{xx}，交流电阻 R_{xx} 和电抗 X_{xx} 的计算如下：

$$Z_{xx} = \frac{V_{xx}}{I_{xx} \cdot L} \quad (\Omega/m)$$

$$R_{xx} = \frac{P_{xx}}{I_{xx}^2 \cdot L} \quad (\Omega/m)$$

$$X_{bxx}=(Z_{xx}{}^{2}-R_{xx}{}^{2})^{\frac{1}{2}}\quad(\Omega/m)$$

计算平均母线干线故障回路值如下：

——相到相：

$$R_{bph\ ph}=\frac{R_{ph1\ ph2}+R_{ph2\ ph3}+R_{ph3\ ph1}}{3}\quad(\Omega/m)$$

$$X_{bph\ ph}=\frac{X_{ph1\ ph2}+X_{ph2\ ph3}+X_{ph3\ ph1}}{3}\quad(\Omega/m)$$

——相到中性点：

$$R_{bph\ N}=\frac{R_{ph1\ N}+R_{ph2\ N}+R_{ph3\ N}}{3}\quad(\Omega/m)$$

$$X_{bph\ N}=\frac{X_{ph1\ N}+X_{ph2\ N}+X_{Fph3\ N}}{3}\quad(\Omega/m)$$

——相到 PEN：

$$R_{bph\ PEN}=\frac{R_{ph1\ PEN}+R_{ph2\ PEN}+R_{ph3\ PEN}}{3}\quad(\Omega/m)$$

$$X_{bph\ PEN}=\frac{X_{ph1\ PEN}+X_{ph2\ PEN}+X_{ph3\ PEN}}{3}\quad(\Omega/m)$$

——相到 PE：

$$R_{bph\ PE}=\frac{R_{ph1\ PE}+R_{ph2\ PE}+R_{ph3\ PE}}{3}\quad(\Omega/m)$$

$$X_{bph\ PE}=\frac{X_{ph1\ PE}+X_{ph2\ PE}+X_{ph3\ PE}}{3}\quad(\Omega/m)$$

最后考虑故障回路阻抗(见 4.9.2b))，按 8.2.1.3a)计算温度 20℃时的 R_{boxx}，以及母线干线系统的稳定状态工作温度 θ_1 时的 R_{b1xx}。

用下面公式计算：

$$R_{b0xx}=R_{bxx}\times\frac{1}{1+0.004\times(\theta_{xx-20})}$$

$$R_{b1xx}=R_{bxx}\times[1+0.004\times(\theta_1-\theta_{xx})]$$

注 1：θ_{xx}是考虑了故障回路阻抗所记录的短时额定电流下导体的最后温度。

注 2：根据 8.2.1.3a)，θ_1 是母线干线系统额定电流下的稳定状态工作温度。

ICS 29.120.60
K 31

GB

中华人民共和国国家标准

GB 7251.3—2006/IEC 60439-3:2001
代替 GB 7251.3—1997

低压成套开关设备和控制设备 第3部分:对非专业人员可进入场地的低压成套开关设备和控制设备——配电板的特殊要求

**Low-voltage switchgear and controlgear assemblies—
Part 3:Particular requirements for low-voltage switchgear and controlgear assemblies intended to be installed in places where unskilled persons have access for their use—Distribution boards**

(IEC 60439-3:2001,IDT)

2006-08-25 发布　　　　2007-03-01 实施

中华人民共和国国家质量监督检验检疫总局
中国国家标准化管理委员会　发布

前言

本部分的第5章、第7章、第8章、附录A、附录B、附录F、附录G为强制性，其余为推荐性。

GB 7251《低压成套开关设备和控制设备》分为如下几个部分：

——第1部分：型式试验和部分型式试验成套设备；

——第2部分：对母线干线系统(母线槽)的特殊要求；

——第3部分：对非专业人员可进入场地的低压成套开关设备和控制设备——配电板的特殊要求；

——第4部分：对建筑工地用成套设备(ACS)的特殊要求；

——第5部分：对户外公共场所的成套设备——动力配电网用电缆分线箱(CDCs)的特殊要求。

本部分为GB 7251的第3部分，等同采用IEC 60439-3:2001《低压成套开关设备和控制设备　第3部分：对非专业人员可进入场地的低压成套开关设备和控制设备——配电板的特殊要求》(英文版)。

本部分应结合GB 7251.1一并使用。其条款补充、修改或取代GB 7251.1—2005中的相应条款。GB 7251.1的章条如在本部分中没有提及，则适用于本部分。

按照GB/T 1.1—2000和GB/T 20000.2的规定，本部分做了如下编辑性修改：

a) “本标准”改为“本部分”；

b) 用小数点“.”取代作为小数点的“,”；

c) 删除了国际标准的前言；

d) 将规范性引用文件放入1.2中；

e) 将“表7a”纳入“表7”，删除“表7b”，另外将“表13”和“表12”分别改为“表17”和“表18”。

本部分是对GB 7251.3—1997《低压成套开关设备和控制设备　第3部分：对非专业人员可进入场地的低压成套开关设备和控制设备——配电板的特殊要求》的修订。

本部分与GB 7251.3—1997相比，除在文字上有部分改动外，涉及到的主要技术差异如下：

a) 第6章中将“污染等级3”改为“污染等级2”；

b) 对7.4.2.2.3 a)的内容作了修改，c)和d)定为不适用；

c) 修改了原表7；

d) 对冲击强度的验证提出了具体要求；

e) 增加了“8.2.14 耐潮湿性验证”和“8.2.15 附件紧固的机械强度验证”。

本部分由中国电器工业协会提出。

本部分由全国低压成套开关设备和控制设备标准化技术委员会归口。

本部分主要起草单位：天津电气传动设计研究所、广州白云电器设备有限公司、山东省质检所烟台低压站、临海市耀明电力设备有限公司、北京现代光明电器有限公司、深圳宝安任达电器实业有限公司、北京基业达电气有限公司、裕德电气(厦门)有限公司、南京秦淮东风电气有限公司、广东奇正电气有限公司、上海宝临电器成套制造有限公司。

本部分主要起草人：王春娟、俞秀文、杨成懋、崔维峰、罗正阳、高卫国、郑程遥、孟庆欣、谢培辉、侯敖根、李铨和、郑晓远。

本部分所替代标准的历次版本发布情况为：

GB 7251.3—1997。

低压成套开关设备和控制设备
第3部分：对非专业人员可进入场地的
低压成套开关设备和控制设备
——配电板的特殊要求

1 总则

1.1 范围

下面内容取代注：

本部分给出了封闭式配电板(DBU)的补充要求，此配电板带有保护器件，属户内固定安装式型式试验成套设备(TTA)，适合于民用(家用)或在非专业人员可以进入的场地使用。配电板也可以包括控制设备与/或信号设备。它们用于交流，其标称对地电压不超过300 V。输入总负载电流不超过250 A时，输出电路包含的每个短路保护器件的额定电流不超过125 A。

注：IT系统的标称对地电压可作为本系统的标称电压。

在正常情况下，非专业人员可以接近这类设备，例如操作开关或更换熔芯。

1.2 规范性引用文件

下列文件中的条款通过GB 7251的本部分的引用而成为本部分的条款。凡是注日期的引用文件，其随后所有的修改单(不包括勘误的内容)或修订版均不适用于本部分，然而，鼓励根据本部分达成协议的各方研究是否可使用这些文件的最新版本。凡是不注日期的引用文件，其最新版本适用于本部分。

GB/T 5169.10 电工电子产品着火危险试验 试验方法 灼热丝试验方法 总则(GB/T 5169.10—1997,idt IEC 60695-2-1/0:1994)

GB/T 5169.11 电工电子产品着火危险试验 试验方法 成品的灼热丝试验和导则(GB/T 5169.11—1997,idt IEC 60695-2-1/1:1994)

GB/T 5169.12 电工电子产品着火危险试验 试验方法 材料的灼热丝可燃性试验(GB/T 5169.12—1999,idt IEC 60695-2-1/2:1994)

GB/T 5169.13 电工电子产品着火危险试验 试验方法 材料的灼热丝起燃性试验(GB/T 5169.13—1999,idt IEC 60695-2-1/3:1994)

GB/T 13539.3 低压熔断器 第3部分：非熟练人员使用的熔断器的补充要求(主要用于家用和类似用途的熔断器)(GB 13539.3—1999,idt IEC 60269-3:1987)

IEC 60068-2-3:1969 基本环境试验规程 第2部分：试验 试验Ca:恒定湿热

IEC 60068-2-63:1991 电工电子产品环境试验 试验Eg：撞击 弹簧锤

ISO 4046:1978 纸、纸板、纸浆和相关术语——词汇表

2 术语和定义

2.1 一般术语和定义

2.1.1.2

部分型式试验的低压成套开关设备和控制设备 partially type-tested switchgear and controlgear assembly(PTTA)

不适用。

2.1.9

试验状态　test situation

不适用。

2.1.12

配电板　distribution board

一种带有开关或保护器件(例如熔断器或小型断路器),并带有由一条或多条进出线电路,以及用来连接中性导体和保护电路导体端子的成套设备。它也可以带有信号和其他控制器件。绝缘设施可以包括在内,也可以单独提供。

2.2　成套设备结构单元

2.2.7

抽出式部件　withdrawable part

不适用。

2.2.8

连接位置　connected position

可移式部件为实现其预期功能而处于完好的连接状态的一种位置。

2.2.9

试验位置　test position

不适用。

2.2.10

分离位置　disconnected position

不适用。

2.3　成套设备外形设计

2.3.1

开启式成套设备　open-type assembly

不适用。

2.3.2

固定面板式成套设备　dead front assembly

不适用。

2.3.3.3

台式成套设备　desk-type assembly

不适用。

2.3.4

母线干线系统(母线槽)　busbar trunking system(busway)

不适用。

2.4　成套设备结构部件

2.4.18

装饰用部件　parts for aesthetic purposes

此部件仅用于改善成套设备的外观而不提供任何电气或机械的防护。

2.5　成套设备安装条件

2.5.4

移动式成套设备　movable assembly

不适用。

2.7 成套设备内部通道

不适用。

3 成套设备的分类

取消：

——安装条件(指设备的移动能力)(见 2.5.3 和 2.5.4)；

——内部隔离形式(见 7.7)；

——功能单元的电气连接形式(见 7.11)。

4 成套设备的电气性能

4.2 额定电流(I_n)(成套设备中一条电路的)

将 4.2 改为 4.2.1。

增加新的条款：

4.2.2 配电板的额定电流

配电板的额定电流由制造商按进线电路的额定电流来确定。如有多条进线电路，配电板的额定电流是同时使用的所有进线电路额定电流的算术和。当按照 8.2.1 进行试验时，应施加此电流且各部件的温升不应超过 7.3 中规定的限值。

4.7 额定分散系数

用以下内容取代注及表 1：

对于本部分的用途，主电路数就是连接在每个供电相上的出线电路的数量。在缺少实际电流资料的情况下，可以采用表 1 给出的通用值。

表 1 额定分散系数

主电路数	额定分散系数
2 和 3	0.8
4 和 5	0.7
6 至 9	0.6
10(及以上)	0.5

5 提供成套设备的资料

5.1 铭牌

增加第二句话：铭牌可以安置在门后面或可拆卸的盖板后面。

c) 用 GB 7251.3 取代 GB 7251.1。

用下文取代 l)：

1) 防护等级(见 7.4.2.2.1)如果高于 IP2XC，按照 IEC 60529；

r) 不适用。

s) 不适用。

u) 配电板的额定电流。配电板的额定电流应在成套设备上或铭牌上标出。

6 使用条件

6.1.2.3 污染等级

用下面内容取代最后一段：

用于 GB 7251.3 所指的成套设备的标准污染等级：

本部分所指的成套设备一般在污染等级 2 环境中使用。而其他污染等级可以根据特殊用途或微观环境考虑采用。

注：设备的微观环境污染等级可能受外壳内安装结构的影响。

6.2.9 删除例子。

增加：

对于嵌入式成套设备，嵌入墙内不应视为特殊条件。

7 设计和结构

7.1.1 总则

在第一段的开头增加下文：

非专业人员使用的成套设备应按照型式试验低压成套开关设备和控制设备(TTA)进行设计。

在第一段的末尾增加下文：

对于用绝缘材料制成的配电板的零部件，其耐热能力应按照8.2.12进行验证。绝缘材料耐受由于内部电气作用引起的非正常热和着火的能力应按照8.2.13进行验证。

在第二段末尾增加下文：

配电板的黑色金属结构部件，包括外壳，当按照8.2.11进行试验时，应具有足够的防锈能力。

在第三段末尾增加下文和注：

另外，配电板的外壳还应能承受8.2.10规定的耐冲击强度试验。

注：装饰用部件和单独的器件不需经受冲击试验。

在此章条末尾增加下文：

在安装或维修过程中必须拆卸的盖板不应用来支撑元器件，如果盖板上必须带有元器件，应安装铰链。

门和带铰链的类似设施应易于接近和便于操作内装元件。

7.1.2.2 抽出式部件隔离距离

不适用。

7.1.3.5 用下文取代：

应提供与出线中性导体数量相同的接线端子，端子的位置或标志应与对应的相导体端子次序相同。

还应为进线电路和出线电路的保护导体和那些可能要求(如系统要求)屏蔽接地的导体提供端子，并按上述要求确定位置并作出标志。

7.2.1.1 取消优选参数值中的IP00。

7.2.1.2 用IP2XC取代IP2X。

7.2.1.3 不适用。

7.2.1.6 不适用。

7.4.2 在标题后增加

注：开启式成套设备不包括在本部分。

取消第二段。

7.4.2.2.1 用下文取代第一句话：

所有可接近的表面的防护等级按照IEC 60529至少应为IP2XC。

增加：

对于内装设备，相应的产品标准中给出的防护等级应适用。

在所有的设备都按照制造商的说明安装就位并按正常使用连接完好的情况下进行防护等级的验证。

7.4.2.2.3

a) 移动或打开必需使用钥匙或工具；

在成套设备的内装部件需要进行临时性处理(例如更换灯泡或熔芯)的情况下,应提供一个屏障以防止人员无意地接触那些不带其他防护措施的带电部件。不使用钥匙或工具不能移动此屏障,此屏障不需防止人员故意去触及带电部件。

如果带电部件的电压满足 SELV(安全超低电压)的条件,则不须进行防护。

增加:

7.4.2.2.3 c) 和 7.4.2.2.3 d) 不适用。

7.4.2.3 利用屏障进行保护

不适用。

7.4.3.2.2 用完全绝缘进行防护

用下文取代 7.4.3.2.2 d)的内容

7.4.3.2.2 d)删除第一段中下述内容:"外壳提供的防护等级至少应为 IP3XD(见 IEC 60529)。"

7.4.5 成套设备内部操作与维修通道

不适用。

7.5.2.3 不适用。

7.6.1 开关电器和元件的选择

在第一段的末尾增加:

用于出线电路的熔断器应符合 GB 13539.3 的一般要求。

7.6.4 标题改为;可移式部件

在开头增加:

在非专业人员可以进入的场地安装的成套设备中不允许有抽出式部件。

7.7 用挡板或隔板实现成套设备内部的隔离

增加:

如果较低电压电路的接线是按主电路的相-地电压采用了绝缘电缆的,则可以不用挡板。

安全超低压电路的导体应安置在单独的隔室中,或用金属挡板或护套将不同电压下的电路的导体与保护导体分隔开,除非他们的绝缘能够适应可能出现的最高电压,绝缘导体可以是单独的,也可以是多芯电缆或其他导体组。

7.8.3.6 不适用。

8 试验规范

8.1 试验分类

8.1.1 型式试验(见 8.2)

增加:

h) 结构和标志的验证(见 8.2.9);

i) 冲击强度的验证(见 8.2.10);

j) 耐锈性能和耐潮湿性能的验证(见 8.2.11);

(见 8.2.14);

k) 绝缘材料的耐热性验证(见 8.2.12);

l) 对非正常热和着火的耐受能力的验证(见 8.2.13);

m) 附件紧固的机械强度验证(见 8.2.15)。

型式试验分为三个独立的程序,如表 7 所示。被选定经受指定程序中的试验的一台样机应能完成此程序中顺序排列的全部试验。

8.1.2 出厂试验(见 8.3)

用下文取代 b):

b) 介电强度试验(见 8.3.2)

不要求在仅带有母线和/或主电路预制导体的配电板上进行介电强度试验,也不要求在简单的结构上进行介电强度试验,上述部位用 a)直观检查完全可以满足。

用下表取代原表 7:

表 7 试验项目

被检性能		章条号	符合 8.1.1 的型式试验 符合 8.1.2 的出厂试验	试验程序		
				A	B	C
a)	温升极限	8.2.1	温升限值验证	3*		
b)	介电性能	8.2.2	介电性能验证	4		2
c)	短路耐受强度	8.2.3	短路耐受强度验证			1*
d)	保护电路有效性	8.2.4				3*
	成套设备裸露导电部件与保护电路之间的有效连接	8.2.4.1	用直观检查或电阻测量验证成套设备的裸导电部件和保护电路之间的有效连接			
	保护电路的短路耐受强度	8.2.4.2	保护电路的短路耐受强度验证			
e)	电气间隙和爬电距离	8.2.5	电气间隙和爬电距离验证		2*	
f)	机械操作	8.2.6	机械操作验证		1	
g)	防护等级	8.2.7	防护等级验证	6*		
h)	结构和标志	8.2.9	结构和标志验证	1*		
i)	冲击强度	8.2.10	冲击强度验证	5		
j)	耐锈和耐潮湿性	8.2.11 8.2.14	耐锈和耐潮湿性能验证			4
k)	绝缘材料的耐热性	8.2.12	绝缘材料的耐热性验证		3	
l)	绝缘材料耐受非正常热和着火的能力	8.2.13	绝缘材料对内部电作用引起的非正常热和着火的耐受能力验证			5
m)	附件紧固的机械强度	8.2.15	外壳固定设施的机械强度验证	2		
n)	连接线,通电操作	8.3.1	检查成套设备应包括检查接线,必要时,进行通电操作试验(出厂试验)			
o)	绝缘	8.3.2	介电强度试验(出厂试验)			
p)	防护措施	8.3.3	检查防护措施和保护电路的电连续性(出厂试验)			

注:试验程序栏中给出的数字表示试验顺序。

* 所有的样机不能出现故障。

经受 a)、c)、d)、e)、g)或 h)的试样不能出现任何缺陷。如果提交试验的第一台样机圆满地通过了试验程序,那么不要求对此试验程序重复试验。但是,如果一台样机在经受 b)、f)、i)、j)、k)、l)或 m)试验时失败,则应重新提供三台样机重复该试验程序,并且不应出现缺陷。

8.2.1.3 温升试验

用下文取代第二段:

进行此项试验,配电板要承载其额定电流(见 4.2)。应在尽可能少的出线电路中分配此电流,使每条出线电路通过的电流是其额定电流乘以 4.7 给出的额定分散系数。如果用这些出线电路来承载上述电流不能达到精确的总负载,只可以把其中一条电路的承载(电流)降低以达到精确的总负载。应按照制造商的规定配备熔断器和小型断路器,熔芯的功率损耗应在报告中给出(可采用符合有关规定的最大功率损耗的模拟熔芯进行试验)。

注:由制造商确定的分散系数应在型式试验报告中给出。

8.2.1.3.2 不适用。

8.2.1.3.3 不适用。

8.2.1.3.4 不适用。

8.2.2.2 增加：

此试验在成套设备外壳开口处没安装元件的情况下进行。

8.2.9 **结构与标志验证**

符合5、7.1.3、7.4、7.6、7.7和7.8，应采用直观检查。

8.2.10 **冲击强度验证**

对于配电板上的裸露部件，在按正常使用安装的情况下可能会遭受机械冲击，应检查是否符合要求。

8.2.10.1 应用IEC 60068-2-63:1991中描述的弹簧锤进行试验。试样在(−5±1)℃的温度中放置2 h后进行试验，每次撞击的能量应为0.7 J。

8.2.10.2 如果试样带有盖板或外壳应按正常使用安装或固定在支架上。

对五个可接近的表面和门(如果有)的不同部位各进行三次撞击。不应对符合其他标准的内装元件或固定设备的嵌入部分实施撞击。

没有配备敲落孔的电缆入口应打开。如果配备有敲落孔，则应打开其中的两个。

在实施撞击前，基座的固定螺钉、盖板和类似装置应用与表17规定相等的扭力矩紧固。

表17 用于验证机械强度的扭力矩

螺纹直径 mm		扭紧力矩 N·m		
米制标准值 mm	直径范围“d” mm	Ⅰ	Ⅱ	Ⅲ
2.5	d≤2.8	0.13	0.26	0.26
3.0	2.8<d≤3.0	0.16	0.33	0.33
—	3<d≤3.2	0.20	0.40	0.40
3.5	3.2<d≤3.6	0.26	0.53	0.53
4	3.6<d≤4.1	0.47	0.80	0.80
4.5	4.1<d≤4.7	0.53	1.20	1.20
5	4.7<d≤5.3	0.53	1.33	1.33
6	5.3<d≤6	0.80	1.66	2.00
8	6<d≤8	1.66	2.33	4.00
10	8<d≤10	—	2.66	6.66
12	10<d≤12	—	—	9.33
14	12<d≤15	—	—	12.6
16	15<d≤20	—	—	16.6
20	20<d≤24	—	—	24
24	24<d	—	—	33

注：Ⅰ栏适用于拧紧时不突出孔外的无头螺钉和不能用刀口宽度大于螺钉直径的螺丝刀拧紧的其他螺钉。

Ⅱ栏适用于可以用螺丝刀旋紧的螺母和螺钉。

Ⅲ栏适用于可以用螺丝刀以外的工具旋紧的螺母和螺钉。

8.2.10.3 试验后试样不应出现本部分所述的损坏。尤其下列部件不应出现损坏：

——盖板，损坏时易触及带电部件或影响设备的使用；

——操作机构；

——绝缘材料和同类物的敷层和护套。

可能外部部件如外壳和盖板或其敷层没有损坏，在有疑问的情况下，应拆开这些部件进行验证。

用正常视力观察不明显的裂缝和纤维增强模压材料或同类物上的表面裂缝应忽略不计。不会导致电气间隙和爬电距离减小到规定值以下的轻微凹陷和不会对电击防护造成不利影响的碎屑应忽略不计。

8.2.11 耐锈性能验证

下述试验适用于不带内装元件的成套设备、单独的部件或大部件的零件，只要其防锈措施相同。

此试验同时适用于具有相同防锈措施的试样。

将被试配电板钢制外壳的代表性试样或部件放在诸如三氯甲烷或精炼汽油之类的冷却化学脱脂剂中浸泡 10 min，去除所有的润滑油。再将部件放在温度为(20±5)℃的 10%氯化氨水溶液中浸泡 10 min。

不需烘干，甩掉水滴后将试样置于温度为(20±5)℃充满潮湿的饱和气体的容器中，时间为 10 min。

将部件置于温度为(100±5)℃的加热容器中烘干 10 min，再置于室温 24 h，其表面应无任何锈迹。

边缘上的锈痕和可擦掉的任何黄印可以忽略不计。

对于小的螺旋弹簧和同类物，对于不可接近的易磨损部件，可提供一层足以防锈的润滑剂。如果对润滑剂的有效性产生疑问，才对这些部件进行试验，试验时不应去除原有的润滑剂。

8.2.12 绝缘材料的耐热性验证

通过 8.2.12.1、8.2.12.2、8.2.12.3 的试验，检查其耐热性。这些试验适合于拆除了内装元件(开关器件、指示灯等)的配电板。

8.2.12.1 应将样机置于温度为 70^{+2}_{0}℃的加热容器中保持 168 h。

成套设备的结构部件(包括外壳、盖板等)不应出现任何影响配电板防护功能的变化。

标志应始终容易辨认。

允许对配电板的单独部件(护板、箱体、外壳等)进行试验，应采取适当的措施使试验具有代表性。

如果所安装的元件可能对试验结果有影响，那么这些元件应参与试验。

8.2.12.2 用来固定载流部件的绝缘材料的部件应经受球压试验，此试验用图 1 所示仪器进行。

注：对于此试验，保护导体(PE)不视为载流部件。

被试部件的表面要水平放置，然后用直径为 5 mm 的钢球以 20 N 的力压迫此表面。

试验在温度为(125±2)℃的加热容器中进行。1 h 后将球取下。然后把样机浸入冷水中，在 10 s 之内使样机的温度降至接近室温。而后测量球的压痕直径，不应超过 2 mm。

8.2.12.3 不作为固定载流部件之用的绝缘材料的其他部件，只要它们与载流部件接触，就要按照 8.2.12.2进行球压试验。但试验是在(70±2)℃下进行，也可以在超过相关部件温升(根据 8.2.1.3 温升试验确定)的 (30±2) K 的温度下进行，选二者中较高的值。

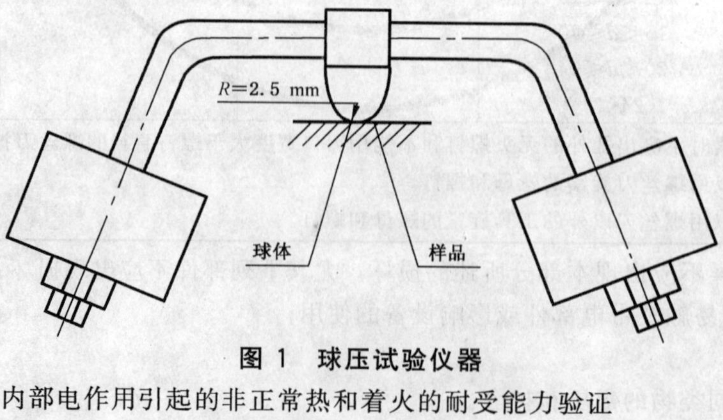

图 1 球压试验仪器

8.2.13 绝缘材料对内部电作用引起的非正常热和着火的耐受能力验证

应按照 GB/T 5169.10～5169.13 的规定进行试验。

8.2.13.1 关于试验的一般描述

见 GB/T 5169.10～5169.13 的相关规定。

8.2.13.2 关于试验仪器的描述

所用仪器应与 GB/T 5169.10～5169.13 的相关描述相符。

将一块大约为 10 mm 厚，包有一层绢纸的白松木板放置在低于配电板底部 200 mm 处。

此绢纸按 ISO 4046:1978 中 6.86 的规定，其特点是薄软，而且比较结实，一般用来包装易损的精密仪器，其单位面积质量在 12 g/m^2 和 30 g/m^2 之间。

8.2.13.3 预处理

试验开始之前，将样机置放于温度为 15℃～35℃之间、相对湿度在 35%～75%之间的大气中 24 h。

8.2.13.4 试验程序

将试验设备放在密闭的不通风的暗室里，以便可以看到试验过程中出现的火花。

试验开始之前，要按照 GB/T 5169.10～5169.13 的相关要求校准热电偶。

应按 GB/T 5169.10～5169.13 指出的程序进行试验。

每次试验后，必须把落在灼热丝触点上的绝缘材料的残渣清除掉，例如可以用刷子清扫。

8.2.13.5 严酷等级

灼热丝顶部的温度应符合表 18。持续时间应为(30±1)s。

表 18 灼热丝顶部的温度

固定载流部件所需要的部件	(960±10)℃
安装在嵌入墙内的部件	(850±10)℃
所有其他部件包括不用来固定载流部件的部件和嵌入在不易燃烧的墙内的部件	(650±10)℃

8.2.13.6 观察与测量

在灼热丝使用期间和 30 s 试验后，应观察样机以及样机周围的部件和铺在试样下面的绢纸。

将试样起燃时间和火焰熄灭时间记录下来。

试样能达到如下任一要求，则认为能够耐受灼热丝试验：

——如果没有明显的火焰和持续不断的亮光；

——如果试品的火焰或亮光在取走灼热丝 30 s 之内熄灭。

绢纸不应燃烧，松木板不应烧焦。

8.2.14 耐潮湿性验证

配电板的耐潮湿性应按照 IEC 60068-2-3:1969 进行验证，并遵守下列试验条件：

对配电板进行此试验应带着外壳连同母线和端子一起进行，但不包括那些在各自的产品标准中所覆盖的其他元件。

如果有进口应打开。如果配备有敲落孔，则应打开其中的一个。

不借助工具即能拆卸的部件应卸下并对主要部件进行加湿处理。在处理期间应打开弹簧件的弹簧帽。

湿热试验前，应将试样置于室温下至少 4 h。

试验应持续 4 天。

此过程完成后，将拆卸的部件复原并关闭弹簧帽。

然后设备经受工频耐压试验。时间为 5 s。在不同部件之间，试验电压应至少为 2 U_i+1 000 V。此验证应在 4 天耐潮湿试验的最后一个小时内进行。

8.2.15 附件紧固的机械强度验证

本试验仅适用于没有产品标准的部件。

螺钉或螺母应被旋紧后再拧松：

——固定设施为绝缘材料的，啮合 10 次；

——其余材料啮合 5 次。

在绝缘材料上啮合，每次都应完全释放再重新拧紧。

应使用符合表 17 给出扭力矩的合适的螺丝刀或扳手进行试验。

螺钉或螺母应拧紧，但不能过力。

对于需用螺丝刀拧紧的六角头螺钉，如果表 17 中Ⅱ和Ⅲ栏给出的值不同，应进行两次试验：

——首先用扳手按照表 17 中Ⅲ栏给出的扭力矩拧紧六角螺钉；

——然后，在新的试样上用螺丝刀按照表 17 中Ⅱ栏的规定加力矩。

如果Ⅱ和Ⅲ栏给出的值相同，则只用螺丝刀进行试验。

试验过程中，螺钉连接不应出现松动和损坏，也不应发生类似螺钉破碎或裂变，螺纹、垫圈等或外壳和盖板的损坏，以免影响设备日后的使用。

ICS 29.130.20
K 31

中华人民共和国国家标准

GB 7251.4—2006/IEC 60439-4:2004
代替 GB 7251.4—1998

低压成套开关设备和控制设备 第4部分:对建筑工地用成套设备(ACS)的特殊要求

Low-voltage switchgear and controlgear assemblies—
Part 4:Particular requirements for assemblies for construction sites(ACS)

(IEC 60439-4:2004,IDT)

2006-12-01 发布　　2007-06-01 实施

中华人民共和国国家质量监督检验检疫总局
中国国家标准化管理委员会　发布

前言

GB 7251《低压成套开关设备和控制设备》分为如下几个部分：

——第1部分：型式试验和部分型式试验成套设备；

——第2部分：对母线干线系统(母线槽)的特殊要求；

——第3部分：对非专业人员可进入场地的低压成套开关设备和控制设备——配电板的特殊要求；

——第4部分：对建筑工地用成套设备(ACS)的特殊要求；

——第5部分：对共用电网动力配电成套设备的特殊要求。

本部分为GB 7251的第4部分，等同采用IEC 60439-4:2004《低压成套开关设备和控制设备 第4部分：对建筑工地用成套设备(ACS)的特殊要求》(英文版)。

本部分应结合GB 7251.1一并使用。其条款补充、修改或取代GB 7251.1—2005中的相应条款。GB 7251.1的章条如在本部分中没有提及，则适用于本部分。

按照GB/T 1.1—2000和GB/T 20000.2的规定，本部分做了如下编辑性修改：

a) “本标准”改为“本部分”；

b) 用小数点“.”取代作为小数点的“,”；

c) 删除了国际标准的前言；

d) 将规范性引用文件放入1.2中。

本部分代替GB 7251.4—1998《低压成套开关设备和控制设备 第4部分：对建筑工地用成套设备的特殊要求》。

本部分与GB 7251.4—1998相比，除在文字上有部分改动外，涉及到的主要技术差异如下：

a) 在第4章中增加了对“ACS的额定电流”的性能要求；

b) 将原来根据ACS的额定电流进行分类改为根据制造商指定的功能分类；

c) 增加了对所有类型ACS的共性要求；

d) 本部分的新增内容(包括图)从101开始编号。

本部分由中国电器工业协会提出。

本部分由全国低压成套开关设备和控制设备标准化技术委员会(SAC/TC 266)归口。

本部分主要起草单位：天津电气传动设计研究所、国家电控配电设备质量监督检验中心、广州电气安全检验所、山东省产品质量监督检验研究院、成都市产品质量监督检验所、正泰电气股份有限公司、上海柘中(集团)有限公司、南京曼奈柯斯电器有限公司、东莞雄丰配电设备有限公司。

本部分主要起草人：俞秀文、王春娟、陈雪梅、项雅丽、江耀华、仲继江、王培金、马亦军、张华双、汪志新、李劲。

本部分所替代标准的历次版本发布情况为：

GB 7251.4—1998。

低压成套开关设备和控制设备 第4部分:对建筑工地用成套设备 (ACS)的特殊要求

1 总则

1.1 范围与目的

用以下内容取代后三段:

本部分适用于建筑工地中使用的型式试验成套设备(TTA),此建筑工地是指公众一般不进入的临时工作场地,以及建筑施工、安装、修理、改建、地产(建筑物)拆除、土木工程(公共建筑)、挖掘或任何其他类似的工作场地。此类成套设备可以是可运输式的(半固定式的)或可迁移式的。

本部分不适用于在施工场地后勤行政区域(办公室、更衣室、会议室、小卖部、餐厅、宿舍、卫生间等)使用的成套设备。

注1:安装在ACS中的变压器的标称电压在本部分规定的范围内。

注2:按照本部分制造的设备所提供的电击防护符合GB 16895.7—2000的要求。

注3:考虑到供电和/或配电网的特性以及相关的安装要求,本部分可以按照制造商与用户的协议作为部分型式试验成套设备的指南。

1.2 规范性引用文件

下列文件中的条款通过本部分的引用而成为本部分的条款。凡是注日期的引用文件,其随后所有的修改单(不包括勘误的内容)或修订版均不适用于本部分,然而,鼓励根据本部分达成协议的各方研究是否可使用这些文件的最新版本。凡是不注日期的引用文件,其最新版本适用于本部分。

增加:

GB/T 2423.5—1995 电工电子产品环境试验 第2部分:试验方法 试验Ea和导则:冲击(idt IEC 60068-2-27:1987)

GB/T 3805—1993 特低电压(ELV) 限值(eqv IEC 61201:1992)

GB/T 11918 工业用插头插座和耦合器 第1部分:通用要求(GB/T 11918—2001,idt IEC 60309-1:1999)

GB/T 11919 工业用插头插座和耦合器 第2部分:带插销和插套的电器附件的尺寸互换性要求(GB/T 11919—2001,idt IEC 60309-2:1999)

GB 16895.7—2000 建筑物电气装置 第7部分:特殊装置或场所的要求 第704节:施工和拆除场所的电气装置(idt IEC 60364-7-704:1989)

GB 16895.21—2004 建筑物电气装置 第4-41部分:安全防护 电击防护(IEC 60364-4-41:2001,IDT)

IEC 60068-2-42:2003 环境试验 第2-42部分:试验——试验Kc:接触点和连接件的二氧化硫试验

IEC 60364-5-53:2001 建筑物电气装置 第5-53部分:电气设备的选择和安装——隔离、开关和控制

IEC 61140:2001 电击防护——安装和设备的总则

IEC 61200-704:1996 电气安装导则 第704部分:建造和拆除工地装置

IEC 61558(所有部分) 电力变压器、电源装置及类似设备安全

2 定义

2.1.1.2

部分型式试验的低压成套开关设备和控制设备(PTTA)　partially type-tested low-voltage switchgear and controlgear assembly (PTTA)

不适用。

注:见本部分 1.1 的注 3。

2.1.101

建筑工地用低压成套开关设备和控制设备(ACS)　low-voltage switchgear and controlgear assembly for construction sites(ACS)

为建筑工地使用而设计和制造的组合装置。该组合装置是由一个或多个变压器或开关连同其控制、测量、信号、保护和调节以及内部电气、机械连接件和结构件(见 2.4)而组成。

2.1.102

计量单元　metering unit

装有电能计量设备的功能单元。

2.1.103

变压器单元　transformer unit

主要包含一个或多个变压器的功能单元。

2.3.1

开启式成套设备　open-type assembly

不适用。

2.3.2

固定面板式成套设备　dead-frond assembly

不适用。

2.3.3

封闭式 ACS　enclosed ACS

所有各面都封闭的 ACS。

2.3.3.4

箱式 ACS　box-type ACS

封闭的 ACS 用于:

——可固定在一个垂直面上;

——或利用脚架或支架(带铰链或不带铰链)的支撑,或利用不作为 ACS 的一个组成部分的固定件将其置于一个水平面上(见 2.4.2)。

2.3.4

母线干线系统　busbar trunking system

不适用。

2.5.1

户内式成套设备　assembly for indoor installation

不适用(见 2.1.101)。

2.5.2

户外式成套设备　assembly for outdoor installation

不适用(见 2.1.101)。

2.5.3

固定式成套设备　stationary assembly

不适用。

2.5.4

移动式成套设备　movable assembly

不适用。

2.5.101

可运输式(或半固定式)ACS　transportable(or semi-fixed)ACS

此类 ACS 不是永久地用于一个固定位置上;在同一场地内使用时其位置可以改变。当设备移动到另一位置时,首先要切断电源。

2.5.102

可迁移式 ACS　mobile ACS

此类 ACS 能够在不切断电源的情况下随工程的进展而移动。

2.7

成套设备内部的通道　gangways within assembly

不适用。

2.101　ACS 的功能

2.101.1

进线供电功能　incoming supply function

适于建筑工地用成套设备在公用电网、变电站或工地的发电机上的连接。

2.101.2

计量功能　metering function

适于工地上电能消耗的计量。

2.101.3

配电功能　distribution function

适于用固定电缆或插座向建筑工地提供电源的分配和保护。

2.101.4

变压器功能　transformer function

适于提供改变电压的方法或提供电气保护措施。

2.102

建筑工地用成套设备兼容系统　series of compatible assemblies for construction sites

可以互相连接以形成一个成套设备或成套设备的一个部分的 ACS。

注:详细要求在 101.1 中给出。

3　成套设备的分类

用下文取代:

ACS 按下述内容分类:

——制造商指定的功能(见 2.101);

——外部设计(见 2.3);

——移动能力(见 2.5.101 和 2.5.102);

——外壳的形式(见 7.1.1);

——防护等级(见 7.2.1);

——安装方法,例如固定式或移动式部件(见 7.6.3 和 7.6.4);

——人身防护措施(见 7.4);
——内部隔离形式(见 7.7);
——功能单元的电气连接形式(见 7.11);
——耐腐蚀(见 7.1.101)。

4 成套设备的电气性能

4.101 ACS 的额定电流

ACS 的额定电流是制造商根据进线电路的额定电流确定的。当按照 8.2.1 试验通此电流时,各部件的温升不应超过 7.3 规定的极限值。

5 提供成套设备的资料

5.1 铭牌

用下文取代:

每个 ACS 安装后都应在其易于看见的位置上配备一个或数个铭牌,这些铭牌应是经久耐用的。下面从 a)至 g)的内容应在铭牌上标出。但是,如果制造商的名称或商标在 ACS 上已标明,则不需要在铭牌上给出。h)至 s)的内容,如果适用,可以在铭牌上,也可以在电路图上或制造商的产品目录等有关的文件中给出。

a) ACS 制造商的名称或商标;

注:制造商是对完整的成套设备承担责任的机构。

b) 型号或标志号,或其他标记,据此可以从制造商得到有关的资料;

c) GB 7251.4;

d) 电流类型(以及在交流情况下的频率);

e) 额定工作电压(见 4.1.1);

f) ACS 的额定电流(见 4.101);

g) 防护等级(见 7.2.1);

h) 额定绝缘电压(见 4.1.2)和额定冲击耐受电压,如制造商已标明(见 4.1.3);

i) 短路耐受强度(见 7.5.2.1);

j) 每条电路的额定电流(如适用)(见 4.2);

l) 特殊使用条件,如果不同于 6.1 中给出的正常使用条件;

m) 为 ACS 所设计的系统接地形式(见 7.4.3);

n) 外形尺寸;

o) 质量,如果一个单元的质量超过 30 kg,应在铭牌上标出;

p) 内部隔离形式(见 7.7);

q) 功能单元的电气连接形式(见 7.11);

r) 耐腐蚀(见 7.1.101),如果不同于相应的正常使用条件;

s) 功能(见 2.101)。

5.3 安装、操作和维修说明书

增加下段:

成套设备的制造商应在设备附带的说明中规定可以与其连接的其他成套设备。此说明应指出系统接地形式的兼容性和/或在整个装置内电气保护协调性的要求。

注:由制造商提供相应的文件以维持防护措施和整个装置内保护器件的协调性。

6 使用条件

6.1 正常使用条件

6.1.1 周围空气温度

6.1.1.1 户内成套设备的周围空气温度

不适用。

6.1.2 大气条件

6.1.2.1 户内成套设备的大气条件

不适用。

6.1.2.3 污染等级

只有污染等级 3 和污染等级 4 适用。

7 设计和结构

7.1 机械设计

7.1.1 总则

增加下段：

ACS 应是型式试验的低压成套开关设备和控制设备(TTA)。

所有的器件都应置于配备活动面板、盖板或门的外壳内，对于 7.2.101 中所涉及的可能需要用于接线或维修的器件，如果它们能够承受第 6 章、7.1.101 和 7.1.102 的使用条件，则可以例外。

7.1.3.2 用下段取代最后一段：

与外部电缆的所有连接都应是可拆卸或插接式的。插座应符合相关标准，其电流额定值至少为 16 A。

7.1.3.4 注 2 不适用。

7.1.3.6 用下文取代：

当电缆包括其固定器件安装完好后，电缆入口、盖板等应达到规定的防止触及带电部件的防护措施和规定的防护等级。电缆入口所用的部件由制造商规定并在其说明书上给出。

7.1.101 防腐蚀

ACS 的防腐措施应采取选用适合的材料或在裸露表面采用涂敷的方法。

应采用 8.2.102.1 或 8.2.102.2 规定的试验验证耐腐蚀能力。

8.2.102.1 规定的试验适用于正常使用条件下的成套设备，8.2.102.2 规定的试验适用于在严重污染的大气中的成套设备。

7.1.102 机械强度

ACS 的结构设计应使其能够承受加速度为 500 m/s^2，持续时间为 11 ms 的半正弦形脉冲的机械冲击，相当于未紧固的设备经过长时间的公路和铁路运输（见 GB/T 2423.5—1995）。ACS 还应耐受 6J 能量的撞击，即相当于工地的手动器械的碰撞。

7.2 外壳及防护等级

用下文取代：

7.2.1.1 由 ACS 提供的防止触及带电部件、防止固体异物和液体进入的防护等级按照 IEC 60529：1989 规定的 IP 代码来表示。当所有的门闭合且所有的活动面板及盖板就位后，ACS 的所有部位的防护等级至少应为 IP44。

通风口和排水口不应降低其防护等级。

门在任何工作条件下都能够关闭时，门内操作面的防护等级应不低于 IP21。否则，操作面的防护等级则至少应为 IP44。

7.2.1.2 不适用。

7.2.1.3 如无其他规定，当ACS按照制造商的说明书安装在工作场地，制造商指出的防护等级适用于整个ACS(见7.1.3.6)。

装在ACS外部的插件，当插头插拔时，其防护等级应至少等于IP44。

7.2.1.4 如果ACS内装部件的防护等级与主体部分不同，制造商应分别指出这些部件的防护等级。

例如：IP44——操作面IP21。

这些资料可以在样本中或在ACS部件的操作说明书上给出。

7.2.1.6 不适用。

7.2.101 ACS的可接触器件

在不使用钥匙或工具的情况下，只有插座、操作手柄和控制按钮可以接触。主开关的操作件应易于接触(见GB 16895.7—2000第704.537)。

7.2.102 ACS的支撑部件和固定部件

每个ACS都应配备支撑部件(例如带铰链或不带铰链的脚架或支架)，以使其能够水平放置，和/或配备部件以将其固定在垂直面上，这些部件应连接到外壳或支撑框架。

各种支撑部件和固定部件都应在外壳的外部，但要与其牢固连接。它们应适合ACS的结构特点(质量、环境等)和工作特性。

所有ACS的设计应使元件诸如插座和与其连接的所有插头的机械损坏减到最小。

电缆出口应在距离地面最近处，并与可能连接ACS的最大电缆的弯曲半径相适应。

7.2.103 ACS的起吊和装卸部件

ACS应配备起吊和/或装卸设备(或其他类似配件)，并且应将其牢固连接在外壳或支撑框架上。

7.4 电击防护

7.4.2 直接接触的防护(见2.6.8)

用下文取代：

对直接接触的防护应通过ACS的设计和结构来实现。可以选择下述一种或几种防护设施，并考虑下述条款中的要求。

7.4.2.2.1 用下文取代：

所有外表面的防护等级应不小于7.2.1.1的规定。提供保护的机械设施与被保护的带电部件之间的距离不得小于7.1.2所规定的电气间隙和爬电距离值，机械设施是绝缘材料的则例外。

7.4.2.2.3 d)不适用。

7.4.2.3 利用屏障进行防护

不适用。

7.4.3 对间接接触的防护

用下文取代：

用户除应从下述规定中选择其防护措施外，还需考虑GB 16895.7—2000中给出的有关整个成套设备间接接触的防护要求。

7.4.3.1.1 第二段不适用。

7.4.3.1.5 用下文取代e)：

e) 如果ACS的外壳作为保护电路的一部分，应满足下述条件：

——应保持电的连续性，防止机械、化学和电化的破坏；

——导电能力应至少等于7.4.3.1.7给出的值；

——应能够在任何一个预定的分接点连接附加的保护导体。

在f)中增加下述内容：

当使用插头与插座器件时，在ACS的主接地端子和插座的接地端子之间有必要接上一个合适的保护导体。

7.4.3.1.7　增加 c)：

c)　ACS 中的每个保护导体，当它不作为电缆的一部分或电缆屏蔽层时，其截面积应不小于 2.5 mm²。

7.4.3.2.2　用完全绝缘进行防护

f)　不适用。

7.4.5　成套设备内部的操作与维修通道

不适用。

7.4.6　对经过允许的人员接近运行中的成套设备的要求

不适用。

7.5　短路保护与短路耐受强度

7.5.1　总则

最后一段不适用。

7.5.2　有关短路耐受强度的资料

7.5.2.2　不适用。

7.5.2.3　不适用。

7.5.4　短路保护器件的协调

7.5.4.1　用下文取代：

保护器件的配合应服从制造商与用户之间的协议。如没有协议，制造商的说明书可以代替此协议（见 101.1）。

7.6　成套设备内装的开关器件和元件

7.6.1　开关器件和元件的选择

本标准第 1 部分 7.6.1 的内容为 a)，并增加：

b)　不同额定电流或电压的插头应是不可互换的，以避免误接（见 GB/T 11918 和 GB/T 11919）；

c)　三相插座的接线应保持同样的相序。

7.7　用挡板或隔板实现成套设备内部的隔离

最后两段不适用。

增加：

只有相同电源的设备才能安装在同一外壳内，控制电路或信号电路及备用电源例外（见 GB 16895.7—2000 中 704.313.1.3）。但是，外壳内功能单元的额定电压可以不同。

7.9　对电子设备供电电路的要求

7.9.101　如果工地条件比 7.9.1～7.9.4 的规定更严酷，对特殊使用条件和电子设备及其供电设备应由其 ACS 和电子设备的制造商协商确定。

8　试验规范

8.1　试验分类

注：不适用。

8.1.1　型式试验（见 8.2）

增加型式试验项目：

h)　机械强度验证（见 8.2.101）；

i)　耐腐蚀验证（见 8.2.102）。

8.2　型式试验

8.2.1.1　总则

第六、七段不适用。

用下表取代表7：

表7 ACS的试验与验证项目

序号	被检性能	章条编号	试验
1	温升极限	8.2.1	用试验验证温升极限(型式试验)
2	介电性能	8.2.2	用试验验证介电性能(型式试验)
3	短路耐受强度	8.2.3	用试验验证短路耐受强度(型式试验)
4	保护电路有效性 成套设备裸露导电部件与保护电路之间的有效连接 保护电路的短路耐受强度	8.2.4 8.2.4.1 8.2.4.2	 通过目测或电阻测量验证成套设备裸导电部件与保护电路之间的有效连接(型式试验) 用试验验证保护电路的短路耐受强度(型式试验)
5	电气间隙与爬电距离	8.2.5	电气间隙与爬电距离验证(型式试验)
6	机械操作	8.2.6	机械操作验证（型式试验）
7	防护等级	8.2.7	防护等级验证（型式试验）
8	机械强度	8.2.101	用试验验证机械强度(型式试验)
9	耐腐蚀能力	8.2.102	用试验验证耐腐蚀能力(型式试验)
10	连接线、通电操作	8.3.1	检查成套设备,包括检查连接线,如有必要进行通电操作试验(出厂试验)
11	绝缘	8.3.2	介电强度试验(出厂试验)
12	防护措施	8.3.3	检查防护措施和保护电路的连续性(出厂试验)

8.2.2.1 总则

第二段不适用。

8.2.3.2.6 不适用。

8.2.101 机械强度验证

8.2.101.1 总则

8.2.101.1.1 试验要求

这些试验应在成套设备上进行。试验样机应完全去除包装,并以工作状态安放,但要切断电源。

8.2.101.1.2 试验程序

试验包括两个不同的程序：

——撞击试验；

——冲击试验。

试验应在环境温度为(20±5)℃,且ACS在此温度下放置至少12 h后进行。

8.2.101.2 撞击试验

8.2.101.2.1 原则

完整的ACS(以及所有内装元件)应承受施加于外壳上(不施加于内装元件上)的6J的连续撞击(见7.1.102)。

8.2.101.2.2 试验方法

应将被试设备固定在一个足够坚固的支承物上,以限制ACS在规定的撞击力作用下的位移在0.1 mm之内。用以下试验方法之一对被试ACS的每个表面施加三次连续撞击：

a) 一个直径大约为50 mm,质量为(500±25)g,表面光滑的实心钢球,从1.2 m的垂直高度由静

止状态开始自由降落至外壳的水平表面。球的硬度应不小于 HR50 并且不大于 HR58,或

b) 将同样的钢球用绳子悬挂起来,像摆锤一样摆动,从 1.2m 的垂直距离处施加水平的撞击。

试验布置见图 101。

倾斜表面可以用摆锤进行试验,如果此方法不适宜,可以把该样机放在支架上旋转,使其表面呈水平放置,这样就可以采用 a)条的方法进行试验。每次试验前,应对钢球进行目测检查,以确保钢球没有毛刺或瑕疵。

试验的撞击点应选择在极有可能暴露弱点的部位。应对 ACS 共实施 18 次撞击。

试验不适合在装有如插座、操作手柄、照明灯、按钮、操作机构等元件的近距离表面部位进行,试验点应距这些元件的暴露部位至少 1 cm。

8.2.101.2.3 试验结果

试验后,外壳应仍能够提供 7.2.1.1 规定的防护等级;外壳和元件的任何扭曲或变形都不应对 ACS 本身功能产生不利的影响,也不应使电气间隙和爬电距离低于要求值,操作机构、手柄等应仍然可以操作。

注:塑料部件的变形通过简单的修整(如打开和重新关闭盖板)能够恢复到原状,则不认为对 ACS 本身功能造成影响。

表皮损伤、涂层脱落、散热片或类似部件的断裂以及轻微的凹陷和裂纹,正常视力观察不明显并不会进一步扩大的裂痕或表面裂纹不应认为是试验失败。

8.2.101.3 冲击试验

8.2.101.3.1 原则

ACS 应经受半正弦形脉冲的冲击,冲击试验的严酷等级为 500 m/s^2($50g$)峰值加速度,和11 ms的脉冲持续时间。

8.2.101.3.2 试验方法

应按照 GB/T 2423.5—1995 对正常工作状态下的 ACS 进行试验。制造商与用户如有协议,则可以在 ACS 的独立部件上进行试验。

8.2.101.3.3 试验结果

同 8.2.101.2.3 的内容。

8.2.102 耐腐蚀能力验证

用下面试验验证 ACS 的耐腐蚀能力。

8.2.102.1 正常工作条件下耐腐蚀能力的验证

8.2.102.1.1 原则

应将整个 ACS 放置在气候试验室中暴露于变化的温度和湿度下,并使之处于要求的安装和固定位置。

8.2.102.1.2 试验方法和试验气候条件

试验进行三个周期,每个周期为 24 h,每个周期温度和湿度的变化在图 102 中确定。

8.2.102.1.3 试验结果

如果 ACS 达到下述条件,则视为满足了要求:

——在内部和外部未发现任何腐蚀的痕迹(锐利的边缘除外);

——用 8.2.2 规定的试验进行验证,在电气装置中未发生由于凝露造成的任何损坏。

8.2.102.2 严重污染大气下的耐腐蚀能力的验证

8.2.102.2.1 原则

此试验用来检查工业大气诸如二氧化硫的腐蚀作用。

整个 ACS 应连续暴露于此气体中 10 天。

8.2.102.2.2 试验方法和试验气候条件

应按照 IEC 60068-2-42:2003 对整个 ACS 进行试验。

8.2.102.2.3 试验结果

如果 ACS 达到下述条件，则视为满足了要求：

——在内部和外部未发现任何腐蚀的痕迹（锐利的边缘除外）；

——ACS 从试验室移出 24h 后，用 8.2.2 规定的试验进行验证，电气装置未发生任何损坏。

8.2.102.3 替换性

对 8.2.102.1 和 8.2.102.2 规定的试验可以用试验样机替换进行。此样机应与被检 ACS 有同样的电气和机械结构，并应包括至少一件被检 ACS 表面加工和防腐蚀处理的所有材料的所有类型的单元。

8.3.2 介电强度试验

第二段不适用。

8.3.4 绝缘性能验证

不适用。

101 ACS 的特性

101.1 一般要求和功能

一个 ACS 由一个进线单元和一个或几个出线单元组成，并且还可以包含有计量单元和变压器单元。

出线单元可以提供下述不同的功能：向其他 ACS、照明设备、机床、电动工具或其他工地设备供电。

ACS 可以用来与装置或部分装置连接以形成一个 ACS 的兼容系统。除所有自身的特性包括电击防护和预防的相同规定外，如果可能，应选择合适的保护措施，例如，分断能力、电流整定和动作时间。

这些特性由制造商确定或依据制造商与用户的协议，并考虑供电和/或配电网的特性和相关安装要求。

101.2 进线单元

电缆的连接设施（端子、连接设施、连接器或插头和插座配件）应适合于成套设备的电流等级。应提供隔离器和过流保护器件。应有方法保障隔离器能处于断开位置。如果成套设备是由其他装置供电并具备足够的保护，则不需配置过流保护器件。

注：根据 IEC 60364-5-53:2001，插头和插座可作为隔离器使用。

101.3 计量单元

如果使用计量单元测量其电能消耗向供电部门付费，其计量单元要符合供电部门要求。

如果计量单元不用于上述目的，则无需要求。

101.4 变压器单元

此单元可以包括一个低压/超低压（LV/ELV）变压器和/或低压/低压变压器单元（LV/LV）。

101.4.1 LV/ELV 单元

此单元可以是低压/安全超低压或低压/保护超低压型。

IEC 61140:2001 、GB/T 3805:1993 和 GB 16895.21—2004 的要求适用。

注：IEC 61200-704:1996 中仅在加热混凝土推荐使用 PELV（保护超低压）。

此类型单元主要包括：

a) 初级电路上的保护和控制装置；

b) 变压器应符合 IEC 61558；

c) 用于出线电路的保护和控制装置。

101.4.2 LV/LV 单元

GB 16895.21—2004 的要求适用。

每个 LV/LV 单元主要包括：

a） 初级电路上的保护和控制装置；

b） LV/LV 变压器，应是符合 IEC 61558-2-23 的隔离变压器；

c） 用于出线电路的保护和控制装置；

d） 端子或插座的输出。插座的防护如同 101.5d）的要求。

101.5 出线单元

每个单元包括一个或几个出线电路。

a） 应具有隔离、负荷开关、过电流保护和间接接触防护设施。这些功能可以由一个或多个器件提供。

b） 不使用钥匙或工具，应易于操作负荷开关。

c） 开关器件的所有极，包括所有的相导体应同时动作。中性导体的配电系统见 IEC 60364-5-53：2001（536 节）。

d） 插座的防护应：

——按照 GB 16895.7—2000（704.471 节）防止直接接触或间接接触。

注 1：如果 RCDs 作为保护设施，一个 RCD 可以保护几个插座。例如，当 RCD 保护的插座超过 6 个时，容易引起无意的跳闸。

注 2：如果使用 RCD，要考虑负载的性质。例如，高频和/或直流分量的出现。

——防止过电流，其保护器件的额定电流不超过插座的额定电流。一个保护器件可以保护多个插座。

注 3：当过电流保护器件保护 1 个以上插座时，需要考虑发生无意跳闸的可能性。

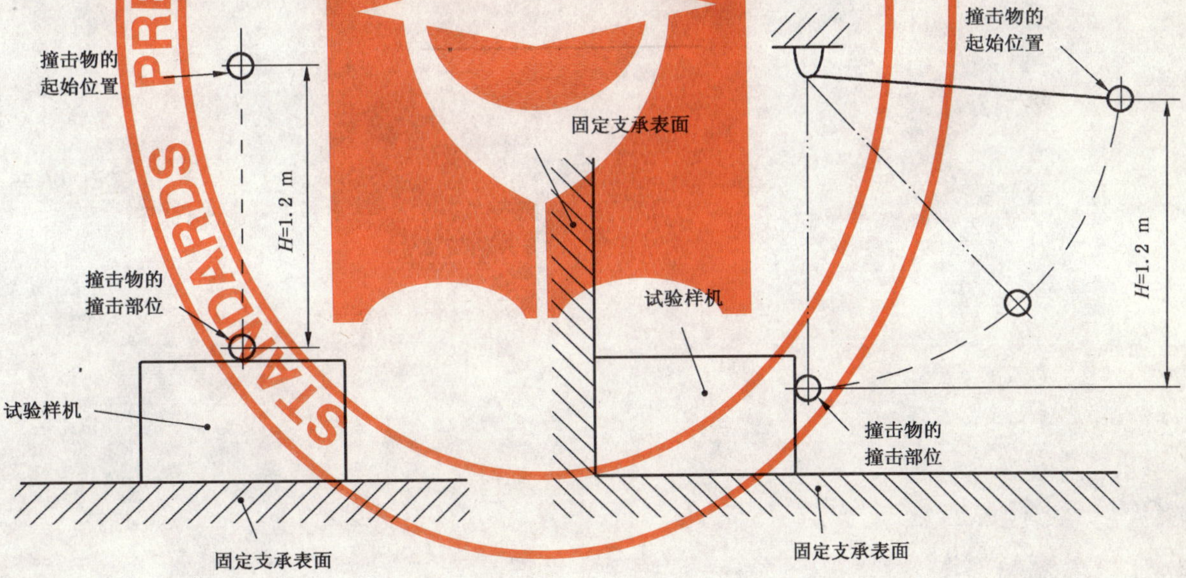

图 101 用撞击物进行撞击试验

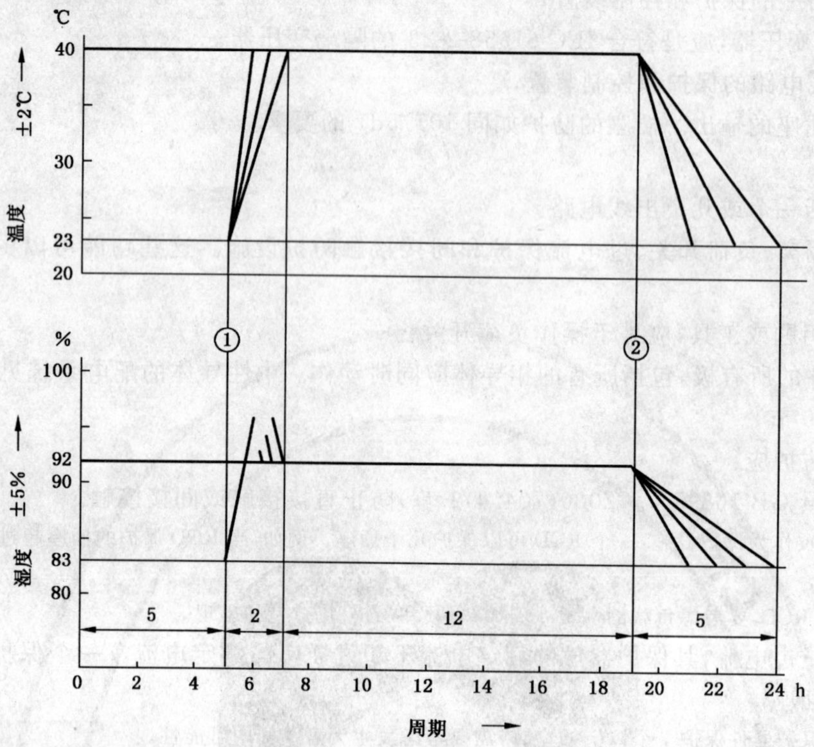
℃
40
30
23
20
温度 ±2℃
%
100
92
90
83
80
湿度 ±5%
①
②
5
2
12
5
0
2
4
6
8
10
12
14
16
18
20
22
24 h
周期

图 102 温度和湿度图

ICS 65.120
B 46

中华人民共和国国家标准

GB/T 7293—2006
代替 GB/T 7293—2000

饲料添加剂 维生素 E 粉

Feed additive—Vitamin E powder

2006-12-12 发布　　2007-03-01 实施

中华人民共和国国家质量监督检验检疫总局
中国国家标准化管理委员会　发布

前　言

本标准是对 GB/T 7293—2000《饲料添加剂　维生素 E 粉》的修订。

本标准与 GB/T 7293—2000 的主要差异如下：

——更正了维生素 E 的结构式，并增加了化学名；

——性状表述改为“本品为类白色或淡黄色粉末或颗粒状粉末”；

——由标示量改为实际含量，由“含量(以 $C_{31}H_{52}O_3$ 计标示量的百分率)，指标≥99.0%”改为“含量(以 $C_{31}H_{52}O_3$ 的质量分数计)，指标≥50.0%”；

——增加了用高效液相色谱法测定维生素 E 含量作为第二法，气相色谱法测定维生素 E 含量作为第一法(仲裁法)；

——增加了卫生指标(重金属、砷)要求及相应的检测方法。

本标准自实施之日起同时代替 GB/T 7293—2000。

本标准由全国饲料工业标准化技术委员会提出并归口。

本标准起草单位：上海市兽药饲料监察所、帝斯曼维生素(上海)有限公司。

本标准主要起草人：王蓓、商军、沈富林、华贤辉、黄士新、陈晓莉、虞哲高。

本标准所代替标准的历次版本发布情况为：

——GB/T 7293—2000；

——GB 7293—1987。

饲料添加剂　维生素 E 粉

1　范围

本标准规定了饲料添加剂维生素 E 粉产品的要求、试验方法、检验规则、标签、包装、运输、贮存和保质期。

本标准适用于以维生素 E 油为原料，加入符合饲料卫生要求的吸附剂的维生素 E 粉或颗粒状粉，本产品在饲料工业中作为维生素类饲料添加剂。

化学名：DL-α-生育酚醋酸酯

分子式：$C_{31}H_{52}O_3$

相对分子质量：472.75（按 1999 年国际相对原子质量表）

结构式：

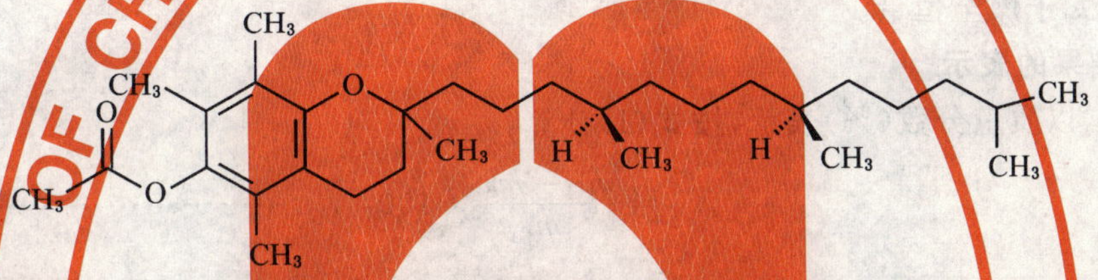

2　规范性引用文件

下列文件中的条款通过本标准的引用而成为本标准的条款。凡是注日期的引用文件，其随后所有的修改单（不包括勘误的内容）或修订版均不适用于本标准，然而，鼓励根据本标准达成协议的各方研究是否可使用这些文件的最新版本。凡是不注日期的引用文件，其最新版本适用于本标准。

GB/T 6682　分析实验室用水规格和试验方法（neq ISO 3696:1987）

GB 9691　食品包装用聚乙烯树脂卫生标准

GB 10648　饲料标签

《中华人民共和国药典》2005 年版二部

3　要求

3.1　性状

本品为类白色或淡黄色粉末或颗粒状粉末，易吸潮。

3.2　技术指标

技术指标应符合表 1 的要求。

表 1

项　　目		指　　标
干燥失重/(%)	≤	5.0
粒度		90%通过孔径为 0.84 mm 分析筛
含量(以 $C_{31}H_{52}O_3$ 的质量分数计)/(%)	≥	50.0
重金属(以 Pb 计)/(%)	≤	0.001
砷(As)/(%)	≤	0.000 3

4 试验方法

本标准所用试剂和水，未注明其要求时，均指分析纯试剂和符合 GB/T 6682 中规定的三级水。色谱分析中所用水均为符合 GB/T 6682 中规定的一级水。

4.1 鉴别试验

4.1.1 试剂和溶液

4.1.1.1 无水乙醇。

4.1.1.2 硝酸。

4.1.2 测定步骤

取维生素 E 粉适量(约相当于维生素 E 15 mg)，加无水乙醇(4.1.1.1)10 mL 溶解后。加硝酸(4.1.1.2)2 mL，摇匀，在 75℃加热约 15 min，溶液呈橙红色。

4.2 干燥失重

4.2.1 测定步骤

取维生素 E 粉约 1 g～2 g(精确至 0.000 2 g)，置于已在 105℃烘箱中干燥至恒量的称量瓶中，打开称量瓶盖，于 105℃干燥至恒量。

4.2.2 计算和结果的表示

干燥失重 X_1 以质量分数(%)表示，按式(1)计算：

$$X_1 = \frac{m_1 - m_2}{m} \times 100 \qquad \cdots\cdots(1)$$

式中：

X_1——试样的干燥失重，%；

m_1——干燥前的试样加称量瓶质量，单位为克(g)；

m_2——干燥后的试样加称量瓶质量，单位为克(g)；

m——试样质量，单位为克(g)。

4.3 粒度

4.3.1 测定步骤

称取维生素 E 粉适量，倾入分析筛(孔径为 0.84 mm)中，振摇数分钟，取筛下物称量。

4.3.2 计算和结果的表示

粒度以筛下物 X_2 的质量分数(%)表示，按式(2)计算：

$$X_2 = \frac{m_g}{m_s} \times 100 \qquad \cdots\cdots(2)$$

式中：

X_2——粒度，%；

m_g——筛下物质量，单位为克(g)；

m_s——试样质量，单位为克(g)。

4.4 维生素 E 含量测定

4.4.1 试剂和溶液

4.4.1.1 甲醇(色谱纯)。

4.4.1.2 维生素 E 标准品(含量≥99.0%)。

4.4.1.3 正己烷。

4.4.1.4 盐酸溶液：1 mol/L，取 90 mL 盐酸，加水稀释至 1 000 mL。

4.4.2 仪器和设备

4.4.2.1 气相色谱仪：带火焰离子化检测器(FID)。

4.4.2.2　高效液相色谱仪:带紫外检测器(UV)。

4.4.2.3　柱温箱。

4.4.2.4　微孔滤膜:孔径 0.45 μm。

4.4.2.5　超声波水浴器。

4.4.3　第一法(仲裁法)　气相色谱法

4.4.3.1　色谱条件与系统适用性试验

可视情况在 4.4.3.1.1 与 4.4.3.1.2 中任选一种进行测定。

4.4.3.1.1　以硅酮(OV-17)为固定相,涂布浓度为 2%;柱温为 265℃。理论塔板数按维生素 E 峰计算应不低于 500,维生素 E 峰与内标物质峰的分离度应大于 2。

4.4.3.1.2　以甲基硅橡胶(SE-30)为固定相,涂布浓度为 1%～5%;柱温为 240℃～280℃的一个恒定值,进样口温度和检测器温度各为在 270℃～320℃的一个恒定值,理论塔板数按维生素 E 峰计算应不低于 500,维生素 E 峰与内标物质峰的分离度应大于 2。

4.4.3.2　标准溶液制备

4.4.3.2.1　取维生素 E 标准品(4.4.1.2)约 0.1 g(精确至 0.000 2 g),置具塞锥形瓶中,精密加入内标溶液(4.4.3.3.1)50.00 mL,密塞,振摇使溶解。

4.4.3.2.2　取维生素 E 标准品(4.4.1.2)约 0.1 g(精确至 0.000 2 g),置具塞锥形瓶中,精密加入内标溶液(4.4.3.3.2)25.00 mL,密塞,振摇使溶解。

4.4.3.3　内标溶液制备

4.4.3.3.1　取正三十二烷适量,加正己烷(4.4.1.3)溶解并稀释成每毫升中含有 5.0 mg 正三十二烷的溶液,摇匀。作为内标溶液。

4.4.3.3.2　取十六酸十六醇酯适量,加正己烷(4.4.1.3)溶解并稀释成每毫升中含有 5.6 mg 十六酸十六醇酯的溶液,摇匀。作为内标溶液。

4.4.3.4　试样溶液制备

取维生素 E 粉约 0.2 g(约相当于维生素 E0.1 g,精确至 0.000 2 g),置具塞锥形瓶中,加入 20 mL 盐酸溶液(4.4.1.4),在 70℃的超声水浴中助溶 20 min,加入 50 mL 乙醇(4.1.1.1)并精密加入内标溶液(4.4.3.3.1)50.00 mL 或内标溶液(4.4.3.3.2)25.00 mL,密塞,充分混合约 30 min,分层。取上清液待用。

4.4.3.5　测定步骤

取标准溶液(4.4.3.2)及试样溶液(4.4.3.4),分别连续注样 3 次～5 次,每次 0.5 μL～3 μL,按峰面积计算校正因子,并用其平均值计算试样中维生素 E 的含量。

4.4.3.6　计算和结果的表述

4.4.3.6.1　维生素 E 含量 X_3 以质量分数(%)表示,按式(3)、式(4)计算:

$$X_3 = f \times \frac{A_3 \times m_4}{A_4 \times m_3} \times 100 \qquad \cdots\cdots (3)$$

$$f = \frac{A_1 \times m_2}{A_2 \times m_1} \times 100 \qquad \cdots\cdots (4)$$

式中:

X_3——试样中维生素 E 含量,%;

f——维生素 E 的质量校正因子;

A_1——标准溶液中内标物的峰面积;

A_2——标准溶液中维生素 E 标准品的峰面积;

A_3——试样溶液中维生素 E 的峰面积;

A_4——试样溶液中内标物的峰面积；

m_1——标准溶液中内标物的质量，单位为克(g)；

m_2——标准溶液中维生素 E 的质量，单位为克(g)；

m_3——试样溶液中试样的质量，单位为克(g)；

m_4——试样溶液中内标物的质量，单位为克(g)。

4.4.3.6.2 允许误差：同一分析者对同一试样同时两次平行测定所得结果相对偏差不大于±1.5%。

4.4.4 第二法 高效液相色谱法

4.4.4.1 标准溶液制备

取维生素 E 标准品(4.4.1.2)约 0.1 g(精确至 0.000 2 g)，置 250 mL 棕色量瓶中，加甲醇(4.4.1.1)适量溶解，用甲醇(4.4.1.1)稀释至刻度，摇匀。

4.4.4.2 试样溶液制备

取维生素 E 粉约 0.2 g(约相当于维生素 E 0.1 g，精确至 0.000 2 g)，置 250 mL 棕色量瓶中，加甲醇(4.4.1.1)适量，置超声波水浴中助溶 30 min，冷却至室温，用甲醇(4.4.1.1)稀释至刻度，充分摇匀；经 0.45 μm 滤膜滤过，滤液作为试样溶液。

4.4.4.3 色谱条件与系统适用性试验

4.4.4.3.1 色谱条件

色谱柱：C_{18}柱(长：150 mm，内径：4.6 mm，粒径：4 μm～5 μm)；

流动相：甲醇＋水＝98＋2；

流速：1.2 mL/ min；

柱温：25℃±2℃；

检测波长：285 nm；

进样量：20 μL。

4.4.4.3.2 系统适用性试验

取标准溶液(4.4.4.1)，按色谱条件(4.4.4.3.1)连续注样 3 次～5 次，理论板数按生育酚醋酸酯峰计算应不低于 1 200，生育酚醋酸酯峰和游离生育酚峰的分离度应大于 1.5。

4.4.4.4 测定步骤

取标准溶液(4.4.4.1)及试样溶液(4.4.4.2)分别注入液相色谱仪，得到色谱峰面积(A_{st}、A_i)，用外标法计算。

4.4.4.5 计算和结果的表述

4.4.4.5.1 计算公式

维生素 E 含量 X_4 以质量分数(%)表示，按式(5)计算：

$$X_4 = \frac{m_{st} \times P_{st} \times A_i}{m_i \times A_{st}} \times 100 \quad \cdots\cdots(5)$$

式中：

X_4——试样中维生素 E 含量，%；

m_{st}——标准品质量，单位为克(g)；

m_i——试样质量，单位为克(g)；

P_{st}——维生素 E 标准品含量，%；

A_i——试样溶液中维生素 E 的峰面积；

A_{st}——标准溶液中维生素 E 的峰面积。

4.4.4.5.2 允许差

同一分析者对同一试样同时两次平行测定所得结果相对偏差不大于±1.5%。

4.5 重金属测定

4.5.1 试剂和溶液

4.5.1.1 硝酸铅。

4.5.1.2 硫酸。

4.5.1.3 盐酸。

4.5.1.4 氨溶液：取氨水 400 mL，加水成 1 000 mL。

4.5.1.5 酚酞指示液：取酚酞 1 g，加乙醇 100 mL 溶解，即得。

4.5.1.6 醋酸盐缓冲液：pH3.5，取醋酸铵 25 g，加水 25 mL 溶解后，加 7 mol/L 盐酸溶液 38 mL，用 2 mol/L盐酸溶液或 5 mol/L 氨溶液准确调节 pH 至 3.5(电位计指示)，用水稀释至 100 mL，即得。

4.5.1.7 硫代乙酰胺溶液：取硫代乙酰胺 4 g，加水使溶解成 100 mL，置冰箱中冷藏保存。临用前取混合液(由 1mol/L 氢氧化钠 15 mL、水 5 mL 及甘油 20 mL 组成)5.0 mL，加上述硫代乙酰胺溶液 1.0 mL，置水浴上加热 20 s，混匀，冷却，立即使用。

4.5.2 仪器和设备

纳氏比色管：应选玻璃质量好、无色(尤其管底)、配对、刻度标线高度一致的纳氏比色管。

4.5.3 标准铅溶液制备

取在 105℃ 干燥至恒量的硝酸铅(4.5.1.1)0.159 8 g(精确至 0.000 2 g)，置 1 000 mL 量瓶中，加硝酸(4.1.1.2)5 mL 与水 50 mL 溶解后，加水稀释至刻度，摇匀，作为贮备液。临用前，精密量取贮备液 10.00 mL，置 100 mL 量瓶中，加水稀释至刻度，摇匀，即得(每毫升相当于 10 μg 的铅)。

4.5.4 试样溶液制备

取维生素 E 粉约 2 g(精确至 0.01 g)于瓷坩埚中，缓缓炽灼至完全碳化，放冷，加硫酸(4.5.1.2)0.5 mL～1 mL，使恰湿润，用低温加热至硫酸(4.5.1.2)除尽后，加硝酸(4.1.1.2)0.5 mL，至氧化氮蒸气除尽后，放冷，在 550℃ 炽灼使完全灰化，放冷。加盐酸(4.5.1.3)2.0 mL，置水浴上蒸干后加入水 15 mL，滴加氨溶液(4.5.1.4)至对酚酞指示液(4.5.1.5)显中性，再加醋酸盐缓冲液(4.5.1.6)2.0 mL，微热溶解(必要时过滤)。

4.5.5 空白溶液制备

取制备试样溶液的试剂，置瓷器皿中蒸干后，加醋酸盐缓冲液(4.5.1.6)2.0 mL 与水 15 mL，微热溶解。

4.5.6 测定步骤

取 25 mL 纳氏比色管两支，编号为甲、乙。取空白溶液(4.5.5)移入甲管中，精密加入标准铅溶液(4.5.3)2.00 mL，加水稀释成 25 mL，取试样溶液(4.5.4)移入乙管中，加水稀释成 25 mL。在甲、乙两管中分别加硫代乙酰胺溶液(4.5.1.7)各 2.0 mL，放置 2 min，同置白色衬板上，自上向下透视。

4.5.7 结果判定

甲管与乙管比较，乙管所显颜色浅于甲管，判为符合指标规定。

4.6 砷测定

4.6.1 试剂和溶液

4.6.1.1 三氧化二砷。

4.6.1.2 氢氧化钠溶液：20%，称取 20 g 氢氧化钠溶于 100 mL 水中，摇匀，即得。

4.6.1.3 硫酸溶液：取硫酸 57 mL，加水稀释至 100 mL。

4.6.1.4 醋酸铅溶液：取醋酸铅 10 g，加新沸过的冷水溶解后，滴加醋酸使溶液澄清，再加新沸过的冷水使成 100 mL，即得。

4.6.1.5 醋酸铅棉花：取脱脂棉，浸入醋酸铅溶液(4.6.1.4)与水的等容混合液中，湿透后，沥去多余的溶液，并使之疏松，在 100℃ 以下干燥后，贮于磨口塞玻璃瓶中备用。

4.6.1.6 乙醇制溴化汞溶液：取溴化汞 2.5 g，加乙醇 50 mL，微热使溶解，即得。应置棕色磨口瓶中，在暗处保存。

4.6.1.7 溴化汞试纸：取质地较疏松的中速定量滤纸条浸入乙醇制溴化汞溶液(4.6.1.6)中，1 h 后取出，在暗处干燥，即得。本试纸应置棕色磨口瓶中保存。

4.6.1.8 碘化钾溶液：取碘化钾 16.5 g，加水使溶解成 100 mL，即得。应临用新制。

4.6.1.9 无砷锌粒：以能通过 1 号筛的细粒无砷锌粒为宜，如使用锌粒较大时，用量酌情增加，反应时间也应延长为 1 h。

4.6.1.10 酸性氯化亚锡溶液：取氯化亚锡 20 g，加盐酸使溶解成 50 mL，滤过，即得。配成后 3 个月即不适用。

4.6.2 仪器和设备

测砷装置：标准磨口锥形瓶、中空的标准磨口塞、导气管、有机玻璃旋塞、有机玻璃旋塞盖(见图 1)。

单位为毫米

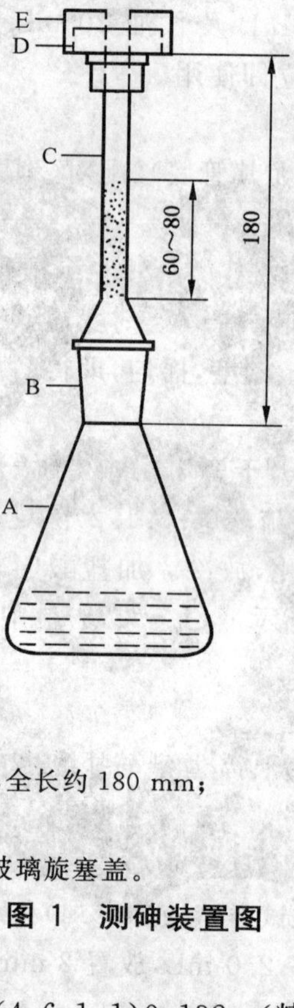

A——100 mL 标准磨口锥形瓶；

B——中空的标准磨口塞；

C——导气管(外径 8.0 mm，内径 6.0 mm)，全长约 180 mm；

D——具孔(孔径 6.0 mm)的有机玻璃旋塞；

E——中央具有圆孔(孔径 6.0 mm)的有机玻璃旋塞盖。

图 1 测砷装置图

4.6.3 标准砷溶液制备

取在 105℃干燥至恒量的三氧化二砷(4.6.1.1)0.132 g(精确至 0.000 2 g)，置 1 000 mL 量瓶中，加氢氧化钠溶液(4.6.1.2)5 mL，溶解后，用适量的硫酸溶液(4.6.1.3)中和，再加硫酸溶液(4.6.1.3)10 mL，加水稀释至刻度，摇匀，作为贮备液。临用前，精密量取贮备液 10.00 mL，置 1 000 mL 量瓶中，加水稀释至刻度，摇匀，即得(每毫升相当于 1 μg 的砷)。

4.6.4 试样溶液制备

取维生素 E 粉约 0.67 g(精确至 0.01 g)于瓷坩埚中，缓缓炽灼至完全碳化，放冷，加硫酸(4.5.1.2)0.5 mL ～1 mL，使恰湿润，用低温加热至硫酸除尽后，加硝酸(4.1.1.2)0.5 mL，至氧化氮蒸气除尽后，放冷，在 550℃炽灼使完全灰化，放冷。加盐酸(4.5.1.3)5 mL 与水 21 mL。

4.6.5 标准砷斑溶液制备

精密量取标准砷溶液(4.6.3)2.00 mL 于瓷坩埚中，照试样溶液制备(4.6.4)项下条件同法操作。

4.6.6 测定步骤

4.6.6.1 测砷装置(见图 1)的准备

取醋酸铅棉花(4.6.1.5)60 mg～100 mg，撕成疏松状，每次少量，用玻璃棒均匀地装入导气管 C

中,松紧要适度,装管高度为 60 mm～80 mm。用玻璃棒夹取溴化汞试纸(4.6.1.7)1 片(其大小能覆盖 D 顶端口径而不露出平面外为宜),置旋塞 D 顶端平面上,盖住孔径,盖上旋塞盖 E 并旋紧。

4.6.6.2 **标准砷斑制备**

取标准砷斑溶液(4.6.5)移入 A 瓶中,加碘化钾溶液(4.6.1.8)5 mL 与酸性氯化亚锡溶液(4.6.1.10)5 滴,摇匀,在室温放置 10 min 后,加无砷锌粒(4.6.1.9)2 g,立即将准备好的导气管 C 密塞于 A 瓶上,并将 A 瓶置 25℃～40℃水浴中反应 45 min,取出溴化汞试纸,即得。

4.6.6.3 **试样液砷斑制备**

取试样溶液(4.6.4)移入 A 瓶中,照标准砷斑制备(4.6.6.2)项下自"加碘化钾溶液(4.6.1.8)5 mL"起同法操作。

4.6.7 **结果判定**

试样液生成的砷斑比标准砷斑色浅,判为符合指标规定。

5 检验规则

5.1 出厂检验:产品出厂时应检验干燥失重和主成分含量。

5.2 型式检验:本标准规定的全部要求为型式检验项目,当产品投产或原材料更换或监督抽查或停产半年以上重新生产时,必须进行型式检验。

5.3 本品应由生产厂的质量检验部门按本标准的规定进行检验,生产厂应保证所有出厂产品均符合本标准要求,每批出厂产品都应附有产品合格证。

5.4 使用单位有权按照本标准的规定对所收到的产品进行验收。

5.5 取样方法:抽样需备有清洁、干燥、具有密闭性和避光性的试样瓶,瓶上贴有标签,注明生产厂名称、产品名称、批号及取样日期。抽样时,应用清洁适用的抽样器。每批试样抽 2 份,每份抽样量应为检验所需试样的 3 倍量(约 100 g),装入试样瓶或试样袋中,一件送化验室检验,另一件应密封保存,以备仲裁分析用。

5.6 判定规则:若检验结果有一项指标不符合本标准要求时,则应加倍抽样进行复验,复验结果仍有一项指标不符合本标准要求时,则整批产品判为不合格品。

6 标签、包装、运输和贮存

6.1 标签

标签按 GB 10648 执行。

6.2 包装

包装应使用适当的密封、防潮包装材料,聚乙烯材料卫生指标应符合 GB 9691 的要求。维生素 E 粉每件包装的净含量可根据客户要求。

6.3 运输

本品运输过程中应避光、防潮、防高温、防止包装破损,严禁与有毒有害的物质混运。

6.4 贮存

本品应贮存在避光、阴凉、通风、干燥处;开启后尽快使用,以免变质。

7 保质期

用符合饲料卫生要求的无机辅料原包装保质期为 24 个月;用符合饲料卫生要求的有机辅料原包装保质期为 12 个月。

ICS 65.120
B 46

中华人民共和国国家标准

GB/T 7294—2006
代替 GB/T 7294—1987

饲料添加剂 维生素 K_3（亚硫酸氢钠甲萘醌）

Feed additive—
Vitamin K_3(menadione sodium bisulfite)

2006-06-09 发布　　2006-09-01 实施

中华人民共和国国家质量监督检验检疫总局
中国国家标准化管理委员会　发布

前　言

本标准对 GB/T 7294—1987《饲料添加剂　维生素 K_3（亚硫酸氢钠甲萘醌）》进行修订。

本标准与 GB/T 7294—1987 的主要差异如下：

——增加了规范性引用文件一章；

——删除了原标准外观和性状中的“黄褐色”；

——增加了产品规格一章，规定了“甲萘醌（$C_{11}H_8O_2$）含量≥50.0%”和“甲萘醌（$C_{11}H_8O_2$）含量≥51.0%”两种产品规格；

——原标准“项目和指标”改为“技术指标”，将技术指标中“含量（以 $C_{11}H_8O_2 \cdot NaHSO_3 \cdot 3H_2O$ 计）”改为“含量（以甲萘醌计）”，将“亚硫酸氢钠含量”改为“游离亚硫酸氢钠含量”，并相应调整了主要技术指标的限量要求；

——原标准中“亚硫酸氢钠甲萘醌含量测定”，本标准改为“甲萘醌含量测定”，计算公式也进行了修改；

——增加了用高效液相色谱法测定维生素 K_3 含量作为仲裁法；

——增加了“甲萘醌含量测定”和“游离亚硫酸氢钠含量测定”的允许差；

——原标准规定了水分、重金属和砷盐的测定，本标准直接引用《中华人民共和国药典》附录中的方法进行测定。

本标准自实施之日起同时代替 GB/T 7294—1987。

本标准由全国饲料工业标准化技术委员会提出并归口。

本标准起草单位：浙江省饲料监察所、浙江兄弟化工有限公司、大连威尼达国际工贸有限公司。

本标准主要起草人：施杏芬、金海丽、周中平、胡佳、宣士荣、朱聪英、黄茹程。

本标准所代替标准的历次版本发布情况为：

——GB/T 7294—1987。

饲料添加剂
维生素 K_3（亚硫酸氢钠甲萘醌）

1 范围

本标准规定了饲料添加剂维生素 K_3（亚硫酸氢钠甲萘醌）产品的要求、试验方法、检验规则、标签、包装、运输及贮存。

本标准适用于化学合成法制得的维生素 K_3（亚硫酸氢钠甲萘醌）。该产品在饲料工业中作维生素类饲料添加剂。

化学名称：亚硫酸氢钠甲萘醌

分子式：$C_{11}H_8O_2 \cdot NaHSO_3 \cdot 3H_2O$

相对分子质量：330.29（按 1999 年国际相对原子质量）

化学结构式：

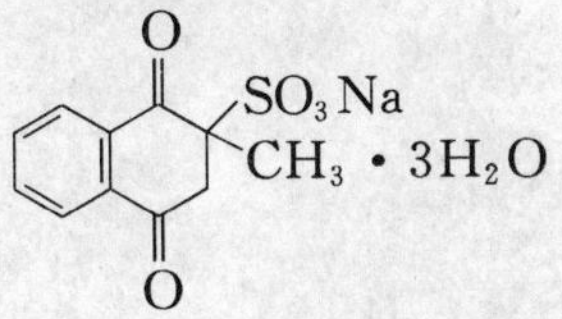

2 规范性引用文件

下列文件中的条款通过本标准的引用而成为本标准的条款。凡是注日期的引用文件，其随后所有的修改单（不包括勘误的内容）或修订版均不适用于本标准，然而，鼓励根据本标准达成协议的各方研究是否可使用这些文件的最新版本。凡是不注日期的引用文件，其最新版本适用于本标准。

GB/T 6682 分析实验室用水规格和试验方法（neq ISO 3696）

GB 9691 食品包装用聚乙烯树脂卫生标准

GB 10648 饲料标签

中华人民共和国药典

3 要求

3.1 外观和性状

本品为白色结晶性粉末，无臭或微有特臭，有引湿性，遇光易分解。本品在水中易溶，在乙醇中微溶，在乙醚或苯中几乎不溶。

3.2 产品规格

产品规格分甲萘醌（$C_{11}H_8O_2$）含量≥50.0%和甲萘醌（$C_{11}H_8O_2$）含量≥51.0%两种。

3.3 技术指标

技术指标应符合表 1 的要求。

表 1 技术指标

项目		指标	
		甲萘醌含量≥50.0%	甲萘醌含量≥51.0%
维生素 K_3 含量（以甲萘醌计）/(%)	≥	50.0	51.0
游离亚硫酸氢钠（$NaHSO_3$）含量/(%)	≤	10.0	8.0

表 1（续）

项　　目		指　　标	
		甲萘醌含量≥50.0%	甲萘醌含量≥51.0%
水分/(%)	≤	13.0	13.0
溶液色泽	≤	黄绿色标准比色液 4 号	
磺酸甲萘醌		无沉淀	
重金属(以 Pb 计)/(%)	≤	0.002	
砷盐(As)/(%)	≤	0.000 5	

4　试验方法

本标准中所用试剂和水，在未注明其要求时，均指分析纯试剂和 GB/T 6682 中规定的三级用水。色谱分析中所用试剂均为色谱纯和优级纯，试验用水均为 GB/T 6682 中规定的一级水。

4.1　试剂和溶液

4.1.1　碳酸钠溶液：取无水碳酸钠 10 g，加水溶解并稀释到 90 mL。

4.1.2　三氯甲烷(氯仿)。

4.1.3　95%乙醇。

4.1.4　亚硫酸氢钠。

4.1.5　氨水。

4.1.6　氰乙酸乙酯。

4.1.7　氢氧化钠溶液：取氢氧化钠 10 g，加水溶解并稀释至 30 mL。

4.1.8　盐酸溶液：$c(HCl)=3\ mol/L$，取盐酸 27 mL 注入 100 mL 容量瓶中，以水稀释至刻度。

4.1.9　氨水的乙醇溶液：取氨水(4.1.5)与乙醇(4.1.3)等体积混合。

4.1.10　无水乙醇。

4.1.11　2%三氯甲烷的无水乙醇溶液。

4.1.12　甲萘醌标准品。

4.1.13　甲醇(色谱级)。

4.1.14　碳酸钠溶液：$c\left(\frac{1}{2}Na_2CO_3\right)=1\ mol/L$，称取无水碳酸钠 106 g，溶于 1 000 mL 水中，摇匀。

4.1.15　碘液：$c\left(\frac{1}{2}I_2\right)=0.1\ mol/L$，按《中华人民共和国药典》附录配制与标定。

4.1.16　盐酸。

4.1.17　淀粉指示液：取可溶性淀粉 0.5 g，加入 5 mL 水搅匀后，缓缓倾入 100 mL 沸水，随加随搅拌，继续煮沸 2 min，放冷，倾取上层清液(临用现配)。

4.1.18　硫代硫酸钠标准滴定溶液：$c(Na_2S_2O_3 \cdot 5H_2O)=0.1\ mol/L$，按《中华人民共和国药典》附录配制与标定。

4.1.19　邻菲罗啉指示液：取硫酸亚铁 0.5 g，加水 100 mL 使溶解，加硫酸 2 滴与邻菲罗啉 0.5 g，摇匀。本液应临用新制。

4.1.20　0.45 μm 有机滤膜。

4.2　仪器和设备

4.2.1　实验室常用仪器设备。

4.2.2　紫外分光光度仪，附 1 cm 石英比色杯。

4.2.3　高效液相色谱仪(带紫外检测器)。

4.2.4 费休氏水分测定仪。

4.3 鉴别方法

4.3.1 称取试样约 0.1 g,加水 10 mL 溶解,加碳酸钠溶液(4.1.1)3 mL,即发生甲萘醌的鲜黄色沉淀,用三氯甲烷(4.1.2)5 mL 萃取甲萘醌沉淀,三氯甲烷溶液通过用三氯甲烷(4.1.2)洗涤过的滤器过滤,滤液在热水浴中蒸去三氯甲烷,残余物用少量乙醇(4.1.3)溶解,并重新蒸干,残渣测其熔点(熔点按《中华人民共和国药典》附录测定)应为 104℃～107℃。

4.3.2 取 4.3.1 项下得到的甲萘醌沉淀约 50 mg,加水 5 mL 后,加亚硫酸氢钠(4.1.4)75 mg,在水浴上加热并剧烈振摇,直到全部溶解呈几乎无色的溶液,用水稀释到 50 mL,摇匀,取 2 mL,加氨水的乙醇溶液(4.1.9)2 mL,振摇,加氰乙酸乙酯(4.1.6)3 滴,即产生深紫蓝色。随即加氢氧化钠溶液(4.1.7)1 mL,溶液转变成绿色,随即变成黄色。

4.3.3 取试样 4%的水溶液 2 mL,加盐酸溶液(4.1.8)数滴,并温热,即产生具臭味的二氧化硫气体。

4.4 甲萘醌含量测定

4.4.1 紫外分光光度法

4.4.1.1 标准溶液制备

称取甲萘醌标准品约 0.05 g(精确至 0.000 02 g),置于 250 mL 容量瓶中,用三氯甲烷(4.1.2)溶解,并稀释到刻度,摇匀。精密吸取 2 mL 置于 100 mL 容量瓶中,用无水乙醇(4.1.10)稀释到刻度,摇匀。该溶液含维生素 K_3 4 μg/mL。

4.4.1.2 试料溶液制备

称取试样 1 g 左右(相当于甲萘醌 0.5 g,精确至 0.000 2 g),置于 250 mL 容量瓶中,用水溶解并稀释至刻度,摇匀。精密吸取 25 mL 于 125 mL 分液漏斗中,加三氯甲烷(4.1.2)40 mL 和碳酸钠溶液(4.1.14)5 mL,剧烈振摇 30 s,静止分层,分出的三氯甲烷层通过预先用三氯甲烷(4.1.2)湿润的棉花过滤入 250 mL 容量瓶中,再用三氯甲烷(4.1.2)40 mL 迅速洗涤滤器,洗液并入容量瓶中,水层用三氯甲烷(4.1.2)萃取二次,每次约 20 mL,萃取液过滤,并用三氯甲烷(4.1.2)20 mL 洗涤滤器,洗液和全部滤液并入容量瓶中,用三氯甲烷(4.1.2)稀释到刻度,摇匀。精密吸取 2 mL 于 100 mL 容量瓶中,用无水乙醇(4.1.10)稀释到刻度,摇匀。

4.4.1.3 测定

标准溶液和试料溶液用紫外分光光度仪分别在(250±1) nm 波长处测定吸收度。用 2%三氯甲烷的无水乙醇溶液(4.1.11)作空白。

4.4.1.4 计算和结果的表示

甲萘醌含量 X_1,以质量分数(%)表示,按式(1)计算:

$$X_1 = \frac{A_2 \times c_1 \times n_0}{A_1 \times m_1} \times 100 \qquad \cdots\cdots(1)$$

式中:

A_1——标准溶液的吸收度;

A_2——试料溶液的吸收度;

c_1——标准溶液的浓度,单位为微克每毫升(μg/mL);

n_0——稀释倍数;

m_1——试料质量,单位为克(g)。

4.4.1.5 允许差

两次平行测定结果绝对值之差小于等于 1%。

4.4.2 高效液相色谱法(仲裁法)

4.4.2.1 标准品溶液的制备

称取甲萘醌标准品约 0.05 g(标准至 0.000 02 g)于 250 mL 容量瓶中,用三氯甲烷(4.1.2)溶解并稀释至刻度，摇匀。准确吸取 2 mL 于 100 mL 容量瓶中，用甲醇(4.1.13)稀释至刻度并摇匀，过 0.45 μm 有机滤膜(4.1.20)，上机。

4.4.2.2 试样溶液的制备

称取试样 1 g 左右(相当于甲萘醌 0.5 g，精确至 0.000 2g)，置于 250 mL 容量瓶中，用水溶解并稀释至刻度，摇匀。精密吸取 25 mL 于 125 mL 分液漏斗中，加三氯甲烷(4.1.2)40 mL 和碳酸钠溶液(4.1.14)5 mL，剧烈振摇 30 s，静止分层，分出的三氯甲烷层通过预先用三氯甲烷(4.1.2)湿润的棉花过滤入 250 mL 容量瓶中，再用三氯甲烷(4.1.2)40 mL 迅速洗涤滤器，洗液并入容量瓶中，水层用三氯甲烷(4.1.2)萃取二次，每次约 20 mL，萃取液过滤，并用三氯甲烷(4.1.2)20 mL 洗涤滤器，洗液和全部滤液并入容量瓶中，用三氯甲烷(4.1.2)稀释到刻度，摇匀。精密吸取 2 mL 于 100 mL 容量瓶中，用甲醇(4.1.13)稀释到刻度，摇匀。过 0.45 μm 有机滤膜(4.1.20)，上机。

4.4.2.3 测定

4.4.2.3.1 色谱条件

色谱柱：Sammary C_{18} 250 mm×4.6 mm(内径)，粒径 5 um，或相当者。

流动相：甲醇(4.1.13)和水的混合液，V(甲醇)+V(水)=65+35。

流速：1.0 mL/min。

检测波长：250 nm。

进样量：20 μL。

4.4.2.3.2 上机测定

用高效液相色谱仪分别对标准品溶液和样品溶液进行进样检测，测定其色谱峰面积的响应值，进行定量计算。

4.4.2.4 计算和结果的表示

甲萘醌含量 X_3，以质量分数(%)表示，按式(2)计算：

$$X_3 = \frac{A_4 \times c_3 \times n_1}{A_3 \times m_2} \times 100 \qquad \cdots\cdots(2)$$

式中：

A_3——标准溶液的峰面积；

A_4——试料溶液的峰面积；

c_3——标准溶液的浓度，单位为微克每毫升(μg/mL)；

n_1——稀释倍数；

m_2——试料质量，单位为克(g)。

4.4.2.5 允许差

两次平行测定结果绝对值之差小于等于 1%。

4.5 游离亚硫酸氢钠含量的测定

4.5.1 测定方法

称取试样 1.5 g(精确至 0.000 2 g)，置于 100 mL 容量瓶中，用水溶解并稀释到刻度，摇匀，精密吸取 20 mL 于碘量瓶中，同时吸取水 20 mL 于另一碘量瓶中(作空白)，分别加碘液(4.1.15)25 mL，密塞，放置 5 min，分别加盐酸(4.1.16)1 mL，分别用硫代硫酸钠标准滴定溶液(4.1.18)滴定剩余的碘，以淀粉指示液(4.1.17)3 mL 作指示剂。

4.5.2 计算和结果的表示

游离亚硫酸氢钠含量 X_5，以质量分数(%)表示，按式(3)计算：

$$X_5 = \frac{(V_0 - V) \times c_5 \times n_2 \times 52.03}{m \times 1\,000} \times 100 \qquad \cdots\cdots(3)$$

式中：

V_0——空白溶液消耗硫代硫酸钠标准滴定溶液的体积，单位为毫升(mL)；

V——试料溶液消耗硫代硫酸钠标准滴定溶液的体积，单位为毫升(mL)；

c_5——硫代硫酸钠标准滴定溶液的浓度，单位为摩尔每升(mol/L)；

n_2——稀释倍数；

m——试料质量，单位为克(g)；

52.03——亚硫酸氢钠的摩尔质量的数值，单位为克每摩尔(g/mol)$\left[M\left(\frac{1}{2}NaHSO_3\right)=52.03\right]$。

4.5.3 允许差

两次平行测定结果绝对值之差小于等于2%。

4.6 溶液色泽的检查

称取试样1 g(精确至0.1 g)用水25 mL溶解，溶液如显色，则按《中华人民共和国药典》附录规定，与黄绿色标准比色液4号比较，不得更深。

4.7 磺酸甲萘醌的检查

称取试样约0.2 g，加水10 mL溶解，加邻菲罗啉指示液(4.1.19)2滴，不得发生沉淀。

4.8 水分的测定

按照《中华人民共和国药典》附录 水分测定法 第一法(费休氏法)测定。

4.9 重金属的测定

按照《中华人民共和国药典》附录 重金属检查法 第一法测定。

4.10 砷盐的测定

按照《中华人民共和国药典》附录 砷盐检查法 第一法(古蔡氏法)测定。

5 检验规则

5.1 饲料添加剂维生素K_3应由生产企业的质量监督部门按本标准进行检验，本标准规定所有项目为出厂检验项目，生产企业应保证出厂产品均符合本标准规定的要求。每批产品检验合格后，方可出厂。

5.2 使用单位有权按照本标准规定的检验规则和试验方法对所收到的产品进行质量检验，检验其指标是否符合本标准的要求。

5.3 采样方法：抽样需备有清洁、干燥、具有密闭性和避光性的样品瓶(或样品袋)，瓶(袋)上贴有标签并注明：生产厂家、产品名称、批号、取样日期。

抽样时，应用清洁适用的取样工具。将所取样品充分混匀，以四分法缩分，每批样品分两份，每份样量应为检验所需试样的3倍量，装入样品瓶(袋)中，一瓶(袋)供检验用，一瓶(袋)密封保存备查。

5.4 判定规则：若检验结果有一项指标不符合本标准要求时，应加倍抽样进行复验，复验结果仍有一项指标不符合本标准要求时，则整批产品判为不合格品。

6 标签、包装、运输、贮存

6.1 标签

标签按GB 10648执行。

6.2 包装

本品用聚乙烯衬里的容器，密封避光包装。聚乙烯材料卫生指标应符合GB 9691的要求。

6.3 运输

本产品在运输过程中应避免日晒雨淋、受热，搬运装卸小心轻放，严禁碰撞，防止包装破损，严禁与有毒有害或其他有污染的物品以及具有氧化性的物质混装、混运。

6.4 贮存

本产品应贮存在清洁的地方，防止日晒、雨淋、受潮，严禁与有毒有害的物品混贮。

7 保质期

本产品在规定的贮存条件下,保质期为12个月。

ICS 65.120
B 46

中华人民共和国国家标准

GB/T 7297—2006
代替 GB 7297—1987

饲料添加剂　维生素 B_2（核黄素）

Feed additive—Vitamin B_2（riboflavin）

2006-12-20 发布　　　　2007-03-01 实施

中华人民共和国国家质量监督检验检疫总局
中国国家标准化管理委员会　发布

前　言

本标准是GB 7297—1987《饲料添加剂　维生素B_2(核黄素)》的修订版。

本标准与GB 7297—1987主要差异如下：

——含量、感光黄素参照欧洲药典进行测定；

——增加有毒有害指标砷、铅允许量及检测方法。

本标准自实施之日起代替GB 7297—1987。

本标准由中华人民共和国农业部提出。

本标准由全国饲料工业标准化技术委员会归口。

本标准起草单位：国家饲料质量监督检验中心(北京)。

本标准主要起草人：李兰、赵小阳、闫惠文、马冬霞、王彤。

饲料添加剂　维生素 B_2(核黄素)

1　范围

本标准规定了饲料添加剂维生素 B_2(核黄素)产品的技术要求、试验方法、检验规则及标签、包装、运输、贮存。

本标准适用于生物发酵法或化学合成法制得的维生素 B_2，在饲料工业中作为维生素类饲料添加剂。

分子式：$C_{17}H_{20}N_4O_6$

相对分子质量：376.37(1999 年国际相对原子质量)

2　规范性引用文件

下列文件中的条款通过本标准的引用而成为本标准的条款。凡是注日期的引用文件，其随后所有的修改单(不包括勘误的内容)或修订版均不适用于本标准，然而，鼓励根据本标准达成协议的各方研究是否可使用这些文件的最新版本。凡是不注日期的引用文件，其最新版本适用于本标准。

GB/T 6435　饲料水分的测定方法

GB/T 6682　分析实验室用水规格和试验方法

GB 10648　饲料标签

GB/T 13080　饲料中铅的测定　原子吸收光谱法

GB/T 14699.1　饲料　采样

中华人民共和国药典(2005 年版)

3　要求

3.1　规格

96%，98%。

3.2　外观

本品为黄色至橙色粉末，微臭。

3.3　技术指标

技术指标应符合表 1 规定。

表 1　技术指标

项　目	规　格	指　标
含量(以 $C_{17}H_{20}N_4O_6$ 干燥品计)/(%)	96%	96.0～102
	98%	98.0～102
比旋度($[\alpha]_D^t$)	−115°～−135°	
感光黄素(吸收值)	≤0.025	
干燥失重/(%)	≤1.5	
炽灼残渣/(%)	≤0.3	
铅/(mg/kg)	≤10.0	
砷/(mg/kg)	≤3.0	

4 试验方法

4.1 试剂和溶液

除非另有规定，在分析中仅使用确认为分析纯的试剂和符合 GB/T 6682 规定的三级水。

4.1.1 连二亚硫酸钠。

4.1.2 氢氧化钠溶液：$c(NaOH)=2$ moL/L。

4.1.3 无碳酸盐的氢氧化钠溶液：$c(NaOH)=0.05$ moL/L：将一定量的蒸馏水煮沸放冷配制氢氧化钠溶液即得。

4.1.4 冰乙酸。

4.1.5 乙酸钠溶液：1.4%。

4.1.6 三氯甲烷。

4.1.7 无水硫酸钠。

4.1.8 无乙醇的三氯甲烷：取三氯甲烷(4.1.6)20 mL，置分液漏斗中，加水 20 mL，缓缓振摇 3 min，静置，分取三氯甲烷，再用水振摇 2 次，每次 20 mL，三氯甲烷用干燥滤纸滤过，加无水硫酸钠(4.1.7)5 g，充分振摇 5 min，放置 2 h，倾取上层澄清的三氯甲烷，即得。

4.1.9 硫酸。

4.2 仪器和设备

4.2.1 实验室常用设备。

4.2.2 紫外分光光度计，附 1 cm 比色皿。

4.2.3 旋光仪。

4.2.4 原子吸收分光光度计。

4.3 鉴别试验

4.3.1 称取样品约 1 mg，加水 100 mL 溶解后，溶液在透射光下显黄绿色并有强烈的黄绿色荧光；分成 2 份，1 份中加无机酸或碱溶液，荧光即消失；另一份中加连二亚硫酸钠结晶少许，摇匀后，黄色即消退，荧光即消失。

4.3.2 按含量测定制备溶液，用分光光度计测定，以 1 cm 比色皿在 200 nm～500 nm 波长范围内测定试样溶液的吸收光谱，应在 267 nm±1 nm、375 nm±1 nm、444 nm±1 nm 的波长处有最大吸收。

375 nm 处吸收度与 267 nm 处吸收度的比值应为 0.31～0.33；444 nm 处吸收度与 267 nm 处吸收度的比值应为 0.36～0.39。

4.4 维生素 B_2 含量的测定

4.4.1 原理

试样中维生素 B_2 经碱溶解后，其在试液中的浓度与 444 nm 波长下的紫外吸收值成正比，依此测定其百分含量。

4.4.2 分析步骤

注意：避光操作！

称取试样约 0.065 g(精确至 0.000 2 g)，置 500 mL 棕色容量瓶中，加 5 mL 水，使样品完全湿润，加 5 mL 氢氧化钠溶液(4.1.2)使其全部溶解，立即加入 100 mL 水和 2.5 mL 冰乙酸(4.1.4)，加水稀释至刻度，摇匀。精密吸取 10 mL 试液置 100 mL 棕色容量瓶中，加乙酸钠溶液(4.1.5)1.8 mL，并用水稀释至刻度，摇匀。另取乙酸钠溶液(4.1.5)1.8 mL 于 100 mL 棕色容量瓶中，用水稀释至刻度，作为空白，于 1 cm 比色皿内，用紫外分光光度计在 444 nm 处测定吸光度。

4.4.3 结果计算

维生素 B_2 含量 X_1(以质量分数表示，数值以%计)，按式(1)计算：

$$X_1 = \frac{A \times 5\ 000}{328 \times m} \qquad \cdots\cdots(1)$$

式中：

A——试液(4.4.2)在 444 nm±1 nm 波长处测得的吸光度；

5 000——稀释倍数；

328——维生素 B_2 在 444 nm±1 nm 波长处的吸光系数；

m——试样质量，单位为克(g)。

4.4.4　重复性

结果保留三位有效数字。

同一分析者对同一试样同时两次平行测定结果的相对偏差应不大于 2%。

4.5　比旋度的测定

称取 50.0 mg 的样品置于试管中，加 10 mL 无碳酸盐的氢氧化钠溶液(4.1.3)溶解，在 30 min 内测定旋光值。

4.6　感光黄素的测定

称取样品 25.0 mg，加无乙醇的三氯甲烷(4.1.8)10 mL，振摇 5 min，过滤。滤液在紫外分光光度计 440 nm 处测定吸光度。

4.7　干燥失重的测定

按 GB/T 6435 测定。

4.8　炽灼残渣的测定

4.8.1　测定方法

称取样品 1 g～2 g(准确至 0.01 g)，置于已在 700℃～800℃灼烧至恒量的瓷坩埚中，用小火缓缓加热至完全碳化，放冷后，加硫酸(4.1.9)0.5 mL～1 mL 使湿润，低温加热至硫酸蒸气除尽后，移入马福炉中，在 700℃～800℃下灼烧至恒量。

4.8.2　计算和结果表示

炽灼残渣含量 X_2(以质量分数表示，数值以%计)，按式(2)计算：

$$X_2 = \frac{m_1 - m_2}{m} \times 100 \qquad \cdots\cdots(2)$$

式中：

m_1——坩埚加残渣质量，单位为克(g)；

m_2——坩埚质量，单位为克(g)；

m——样品质量，单位为克(g)。

4.8.3　重复性

结果保留两位有效数字。

同一分析者对同一试样同时两次平行测定结果的相对偏差应不大于 5%。

4.9　铅的测定

按 GB/T 13080 测定。

4.10　砷的测定

准确称取试样 1 g(准确至 0.000 2 g)，按照中华人民共和国药典(2005 年版)砷的测定法　第一法(古莱氏法)测定。

5　检验规则

5.1　生产企业应保证所有产品均符合本标准规定的要求。每批产品都应附有产品合格证。

本标准规定的项目除砷、铅外为出厂检验项目。

5.2 型式检验:有下列情况之一时,应对饲料添加剂维生素 B_2 的质量进行型式检验,检验项目包括本标准规定的所有项目:

a) 正式生产后,原料、工艺改变时;

b) 正式生产后,每半年进行一次型式检验;

c) 停产恢复生产,要进行应型式检验;

d) 产品质量监督部门提出进行型式检验的要求时。

5.3 使用单位有权按照本标准的规定对所收到的维生素 B_2 产品进行验收,验收时间在货到 1 个月内进行。

5.4 采样方法:按 GB/T 14699.1 的规定进行。抽样需备有清洁、干燥、具有密闭性和避光性的样品瓶,瓶上贴有标签并注明生产厂家、产品名称、批号、取样日期。抽样时,用清洁适用的取样工具插入料层深度四分之三处,将所取样品充分混匀,以四分法缩分,每批样品分两份,每份样量应为检验所需试样的 3 倍量,装入样品瓶中,一瓶供检验用,一瓶密封保存备查。

5.5 判定规则:若检验结果有一项指标不符合本标准要求时,应加倍抽样进行复验,复验结果即使只有一项指标不符合本标准要求时,则整批产品判为不合格品。

5.6 仲裁:如供需双方对产品质量发生异议,可由双方协商选定仲裁单位,按本标准的检验规则和检验方法进行仲裁检验。

6 标签、包装、运输、贮存

6.1 标签

标签按 GB 10648 执行。

6.2 包装

本品采用避光、密封、防潮(或根据用户要求)包装。

6.3 运输

本品在运输过程中应避光、防潮、防高温、防止包装破损,严禁与有毒有害物质混运。

6.4 贮存

本品应贮存在避光、阴凉、通风、干燥处;开封后尽快使用,以免变质。

本品在规定的包装、贮存条件下,保质期为 36 个月。

ICS 65.120
B 46

中华人民共和国国家标准

GB/T 7298—2006
代替 GB 7298—1987

饲料添加剂　维生素 B_6

Feed additive—Vitamin B_6

2006-12-20 发布　　　　2007-03-01 实施

中华人民共和国国家质量监督检验检疫总局
中国国家标准化管理委员会　发布

前言

本标准是 GB 7298—1987《饲料添加剂　维生素 B_6》的修订版。

本标准与 GB 7298—1987 的主要差异如下：

——原标准技术要求项目和指标中“酸度(pH)”为“2.5～3.5”,本标准改为“2.4～3.0”;

——原标准中酸度测定“称取样品 1 g、加水 10 mL”,本标准改为“称取样品 2.50 g、加水 50 mL 溶解”;

——原标准含量测定方法中“称取样品”,本标准改为“称取干燥至恒量的样品”,计算公式中“以重量百分数表示”,本标准改为“按干燥品计,以质量分数表示”;

——原标准熔点的测定方法,本标准改为《中华人民共和国药典》2005 年版二部　附录Ⅵ　熔点测定法;

——原标准重金属的测定方法,本标准改为《中华人民共和国药典》2005 年版二部　附录Ⅷ　重金属检查法;

——原标准中“保质期一年”,本标准改为“保质期为 24 个月”。

本标准自实施之日起同时代替 GB 7298—1987。

本标准由全国饲料工业标准化技术委员会提出。

本标准由全国饲料工业标准化技术委员会归口。

本标准起草单位:浙江省饲料监察所、浙江天新药业有限公司。

本标准主要起草人:朱聪英、章根宝、金海丽、施杏芬、张志健、宣士荣、范卫东。

饲料添加剂　维生素 B_6

1　范围

本标准规定了饲料添加剂维生素 B_6 产品的要求、试验方法、检验规则、标签、包装、运输和贮存、保质期。

本标准适用于合成法制得的维生素 B_6，在饲料工业中作为维生素类饲料添加剂。

化学名称：6-甲基-5-羟基-3,4-吡啶二甲醇盐酸盐

分子式：$C_8H_{11}NO_3 \cdot HCl$

相对分子质量：205.64（按 1999 年国际相对原子质量）

化学结构式：

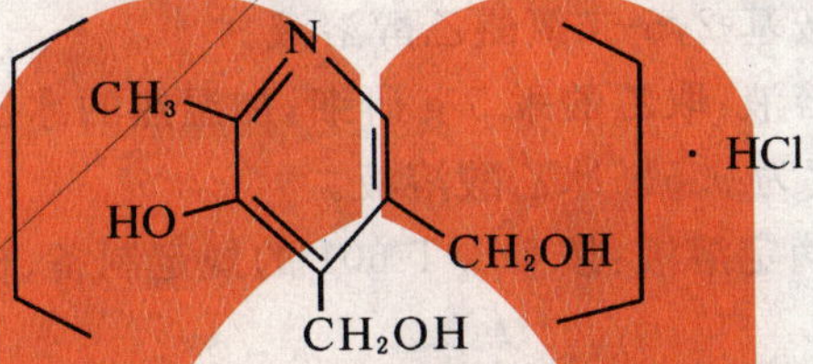

2　规范性引用文件

下列文件中的条款通过本标准的引用而成为本标准的条款。凡是注日期的引用文件，其随后所有的修改单（不包括勘误的内容）或修订版均不适用于本标准，然而，鼓励根据本标准达成协议的各方研究是否可使用这些文件的最新版本。凡是不注日期的引用文件，其最新版本适用于本标准。

GB/T 601　化学试剂　标准滴定溶液的制备

GB/T 6682　分析实验室用水规格和试验方法(neq ISO 3696)

GB 10648　饲料标签

《中华人民共和国药典》2005 年版二部

3　要求

3.1　性状

本品为白色至微黄色的结晶性粉末，无臭，味酸苦，遇光渐变质。本品在水中易溶，在乙醇中微溶，在三氯甲烷或乙醚中不溶。

3.2　技术指标

技术指标应符合表 1 的要求。

表 1　技 术 指 标

项　　目	指　　标
含量（以 $C_8H_{11}NO_3 \cdot HCl$ 干燥品计）/(%)	98.0～101.0
熔点（熔融同时分解）/℃	205～209
酸度(pH)	2.4～3.0
重金属（以 Pb 计）/(%)　　≤	0.003
干燥失重/(%)　　≤	0.5
炽灼残渣/(%)　　≤	0.1

4 试验方法

4.1 试剂和溶液

本标准所用试剂，在未注明其要求时，均为分析纯试剂，水为 GB/T 6682 中规定的三级水。

4.1.1 体积分数为 95%乙醇。

4.1.2 硝酸。

4.1.3 氨水。

4.1.4 冰乙酸。

4.1.5 质量浓度为 20%乙酸钠溶液。

4.1.6 质量浓度为 4%硼酸溶液。

4.1.7 硝酸溶液：取硝酸(4.1.2)105 mL，加水稀释至 1 000 mL。

4.1.8 氨试液：取氨水(4.1.3)40 mL，加水使成 100 mL。

4.1.9 0.1 mol/L 硝酸银溶液。

4.1.10 质量浓度为 0.5%氯亚胺基-2,6-二氯醌乙醇溶液。

4.1.11 质量浓度为 5%乙酸汞溶液：取乙酸汞 5 g 研细，加温热的冰乙酸使溶解成 100 mL。

4.1.12 结晶紫指示液：质量浓度为 0.5%冰乙酸溶液。

4.1.13 0.1 mol/L 高氯酸标准滴定溶液：按 GB/T 601 的规定制备、标定。

4.1.14 硫酸。

4.2 仪器和设备

4.2.1 实验室常用仪器设备。

4.2.2 酸度计。

4.2.3 熔点测定仪。

4.3 鉴别

4.3.1 称取试样约 10 mg，加水 100 mL 溶解后，各取 1 mL，分别置甲、乙两个试管中，各加质量浓度为 20%乙酸钠溶液(4.1.5)2 mL，甲管中加水 1 mL，乙管中加质量浓度为 4%硼酸溶液(4.1.6)1 mL，混匀，各迅速加质量浓度为 0.5%氯亚胺基-2,6-二氯醌乙醇溶液(4.1.10)1 mL，甲管中显蓝色，几分钟后即消失，并转变为红色，乙管中不显蓝色。

4.3.2 取 4.3.1 中试样的水溶液，加氨试液(4.1.8)使成碱性，再加硝酸溶液(4.1.7)使成酸性后，加 0.1mol/L 的硝酸银溶液(4.1.9)，即产生白色凝胶状沉淀；分离，加氨试液(4.1.8)，沉淀即溶解，再加硝酸溶液(4.1.7)，沉淀复生成。

4.4 维生素 B_6 含量

4.4.1 测定方法

称取干燥至恒量的试样 0.15 g(准确至 0.000 2 g)，加冰乙酸(4.1.4)20 mL 与质量浓度为 5%乙酸汞溶液(4.1.11)5 mL，温热溶解后，放冷，加结晶紫(4.1.12)指示液 1 滴，用 0.1 mol/L 高氯酸标准滴定溶液(4.1.13)滴定，至溶液显蓝绿色，并将滴定结果用空白试验校正。

4.4.2 计算和结果的表示

维生素 B_6 含量 X_1(按干燥品计，以质量分数表示，数值以%表示)按式(1)计算：

$$X_1 = \frac{(V - V_0) \times c \times 205.6}{m \times 1\,000} \times 100 \qquad \cdots\cdots(1)$$

式中：

V——试料溶液消耗高氯酸标准滴定溶液的体积，单位为毫升(mL)；

V_0——空白试验消耗高氯酸标准滴定溶液的体积，单位为毫升(mL)；

c——高氯酸标准滴定溶液的摩尔浓度，单位为摩尔每升(mol/L)；

205.6——维生素 B_6 的摩尔质量的数值[$M(C_8H_{11}NO_3 \cdot HCl)=205.6$],单位为克每摩尔(g/mol);

m——样品质量,单位为克(g)。

4.4.3 允许差

两次平行测定结果绝对值之差小于等于1%。

4.5 熔点

按照《中华人民共和国药典》2005年版二部 附录Ⅵ 熔点的测定。

4.6 酸度

称取试样2.50 g(准确至0.01 g),加水50 mL使溶解,用酸度计测其pH。

4.7 重金属

按照《中华人民共和国药典》2005年版二部 附录Ⅷ 重金属的测定。

4.8 干燥失重

4.8.1 测定方法

称取试样1 g~2 g(准确至0.000 2 g),置于已在105℃烘箱中干燥至恒量的称量瓶中,打开称量瓶瓶盖,置于105℃烘箱中,干燥至恒量。

4.8.2 计算和结果的表示

干燥失重 X_2(以质量分数计,数值以%表示)按式(2)计算:

$$X_2=\frac{m_1-m_2}{m_0}\times 100 \qquad \cdots\cdots(2)$$

式中:

m_1——干燥前的试料加称量瓶质量,单位为克(g);

m_2——干燥后的试料加称量瓶质量,单位为克(g);

m_0——试料质量,单位为克(g)。

4.9 炽灼残渣

4.9.1 测定方法

称取试样1 g~2 g(准确至0.01 g),置于已在700℃~800℃灼烧至恒量的瓷坩埚中,用小火缓缓加热至完全碳化,放冷后,加硫酸(4.1.14)0.5 mL~1 mL使湿润,低温加热至硫酸蒸气除尽后,移入马福炉中,在700℃~800℃下灼烧至恒量。

4.9.2 计算和结果的表示

炽灼残渣 X_3(以质量分数计,数值以%表示)按式(3)计算:

$$X_3=\frac{m_3-m_4}{m_5}\times 100 \qquad \cdots\cdots(3)$$

式中:

m_3——坩埚加残渣质量,单位为克(g);

m_4——坩埚质量,单位为克(g);

m_5——试料质量,单位为克(g)。

5 检验规则

5.1 饲料添加剂维生素 B_6 应由生产企业的质量监督部门按本标准进行检验,本标准规定所有项目为出厂检验项目,生产企业应保证出厂产品均符合本标准规定的要求。每批产品检验合格后,方可出厂。

5.2 使用单位有权按照本标准规定的检查规则和试验方法对所收到的产品进行质量检验,检验其指标是否符合本标准的要求。

5.3 采样方法:抽样需备有清洁、干燥、具有密闭性和避光性的样品瓶(或样品袋),瓶(袋)上贴有标签并注明:生产厂家、产品名称、批号、取样日期。

抽样时，应用清洁适用的取样工具。将所取样品充分混匀，以四分法缩分，每批样品分两份，每份样量应为检验所需试样的3倍量，装入样品瓶（袋）中，一瓶（袋）供检验用，一瓶（袋）密封保存备查。

5.4 判定规则：若检验结果有一项指标不符合本标准要求时，应加倍抽样进行复验，复验结果仍有一项指标不符合本标准要求时，则整批产品判为不合格品。

6 标签、包装、运输和贮存

6.1 标签

标签按 GB 10648 执行。

6.2 包装

本品装入适当的包装容器内，封存。每件包装量可根据用户的要求而定。包装应符合运输和贮存的规定。

6.3 运输

本产品在运输过程中应避免日晒雨淋、受热，搬运装卸小心轻放，严禁碰撞，防止包装破损，严禁与有毒有害或其他有污染的物品以及具有氧化性的物质混装、混运。

6.4 贮存

本品应贮存于阴凉干燥处，防止日晒、雨淋、受潮，严禁与有毒有害的物品混贮。

7 保质期

本产品在规定的贮存条件下，保质期为24个月。

ICS 65.120
B 46

GB

中华人民共和国国家标准

GB/T 7299—2006
代替 GB 7299—1987

饲料添加剂 D-泛酸钙

Feed additive—Dextro calcium pantothenate

2006-12-20 发布　　　　2007-03-01 实施

中华人民共和国国家质量监督检验检疫总局
中国国家标准化管理委员会　发布

前　言

本标准是GB 7299—1987《饲料添加剂　D-泛酸钙》的修订版。

本标准与GB 7299—1987的主要差异如下：

——原标准范围中适用化学合成法，本标准改为合成法，并补充了化学名称；

——补充了规范性引用文件；

——修改了性状的描述；

——补充了泛酸钙含量和甲醇含量两个技术指标；

——比旋度由＋24°～＋28.5°改为＋25.0°～＋28.5°；

——鉴别项中补充了红外分光光度法；

——补充了D-泛酸钙含量测定高氯酸滴定法为第一测定法、高效液相色谱法作为第二测定方法；

——钙测定改为《中华人民共和国药典》2005年版二部中泛酸钙的测定方法；

——重金属的测定方法改为《中华人民共和国药典》2005年版二部　附录Ⅷ　重金属检查法第一法；

——水分测定改为按GB/T 6435进行；

——出厂检验氮含量和泛酸钙含量两者可取其一；

——保质期改为24个月。

本标准自实施之日起同时代替GB 7299—1987。

本标准由全国饲料工业标准化技术委员会提出并归口。

本标准起草单位：浙江省饲料监察所、国家饲料质量监督检验中心(北京)和浙江杭州鑫富药业股份有限公司。

本标准主要起草人：施杏芬、张苏、王静静、张志健、马冬霞、金海丽、陆春波、殷杭华。

饲料添加剂　D-泛酸钙

1　范围

本标准规定了饲料添加剂 D-泛酸钙产品的质量要求、试验方法、检验规则、标签、包装、运输和贮存、保质期。

本标准适用于合成法制得的 D-泛酸钙。该产品在饲料工业中作为维生素类饲料添加剂。

化学名称：(*R*)-*N*-(3,3-二甲基-2,4-二羟基-1-氧代丁基)-3-丙氨酸钙盐

分子式：$C_{18}H_{32}CaN_2O_{10}$

相对分子质量：476.54(按 2001 年国际相对原子质量)

化学结构式：

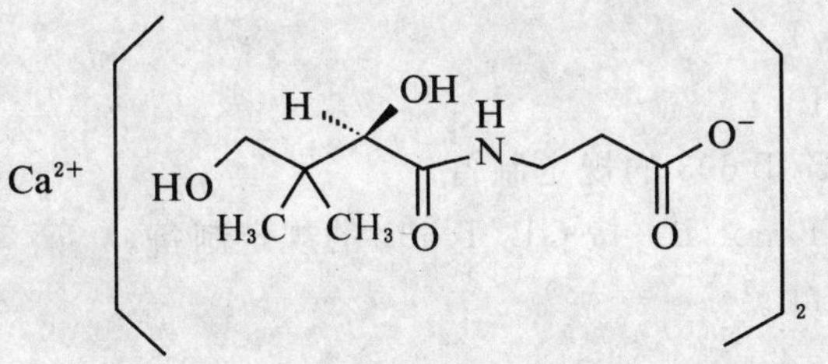

2　规范性引用文件

下列文件中的条款通过本标准的引用而成为本标准的条款。凡是注日期的引用文件，其随后所有的修改单(不包括勘误的内容)或修订版均不适用于本标准，然而，鼓励根据本标准达成协议的各方研究是否可使用这些文件的最新版本。凡是不注日期的引用文件，其最新版本适用于本标准。

GB/T 601　化学试剂　标准滴定溶液的制备

GB/T 603　化学试剂　试验方法中所用制剂及制品的制备

GB/T 6435　饲料水分的测定方法

GB/T 6682　分析实验室用水规格和试验方法(neq ISO 3696)

GB 10648　饲料标签

《中华人民共和国药典》2005 年版二部

3　要求

3.1　性状

本品为白色至类白色粉末，无臭，味微苦，有引湿性。水溶液显中性或弱碱性，在水中易溶，在乙醇中极微溶解，在三氯甲烷或乙醚中几乎不溶。

3.2　技术指标

技术指标应符合表 1 的要求。

表 1 技术指标

项目		指标
泛酸钙($C_{18}H_{32}CaN_2O_{10}$,以干燥品计)/(%)		98.0~101.0
钙含量(Ca,以干燥品计)/(%)		8.2~8.6
氮含量(以干燥品计)/(%)		5.7~6.0
比旋度($[\alpha]_D^t$,以干燥品计)		+25.0°~+28.5°
重金属(以 Pb 计)/(%)	≤	0.002
干燥失重/(%)	≤	5.0
甲醇/(%)	≤	0.3

4 试验方法

4.1 试剂和溶液

本标准所用试剂和水,在未注明其要求时,均为分析纯试剂和 GB/T 6682 中规定的三级水。色谱分析中所用试剂为色谱纯,试验用水符合 GB/T 6682 中规定的一级水。

4.1.1 氢氧化钠溶液:43 g/L。

4.1.2 硫酸铜溶液:125 g/L。

4.1.3 酚酞指示液:按照 GB/T 603 的规定制备。

4.1.4 盐酸溶液:$c(HCl)=1$ mol/L。按 GB/T 601 的规定制备。

4.1.5 三氯化铁溶液:90 g/L。

4.1.6 草酸铵溶液:35 g/L。

4.1.7 冰乙酸。

4.1.8 盐酸。

注意:盐酸为挥发性溶液,具腐蚀性,操作者需戴手套,在通风柜里进行操作。

4.1.9 钙紫红素指示剂:按照《中华人民共和国药典》2005 年版二部 附录XV 指示剂与指示液配置。

4.1.10 乙二胺四乙酸二钠标准滴定溶液(EDTA):$c(EDTA)=0.05$ mol/L。按 GB/T 601 的规定制备、标定。

4.1.11 硫酸钾(或无水硫酸钠)。

4.1.12 硫酸铜粉末。

4.1.13 硫酸。

注意:硫酸为强腐蚀性溶液,操作者需戴眼镜、手套,以防灼伤。

4.1.14 氢氧化钠溶液:400 g/L。

注意:氢氧化钠为强腐蚀性溶液,操作者需戴眼镜、手套,以防灼伤。

4.1.15 锌粒。

4.1.16 硼酸溶液:20 g/L。

4.1.17 乙醇(体积分数为 95%)。

4.1.18 甲基红乙醇溶液:称取甲基红 0.1 g,加乙醇(4.1.17)100 mL 溶解。

4.1.19 溴甲酚绿乙醇溶液:称取溴甲酚绿 0.2 g,加乙醇(4.1.17)100 mL 溶解。

4.1.20 甲基红-溴甲酚绿混合指示液:取甲基红乙醇溶液(4.1.18)20 mL,加溴甲酚绿乙醇溶液(4.1.19)30 mL,摇匀。

4.1.21 硫酸标准滴定溶液:$c(H_2SO_4)=0.05$ mol/L。按《中华人民共和国药典》2005 年版二部 附录XV 滴定液的规定制备、标定。

4.1.22 高氯酸标准滴定溶液：$c(HClO_4)$＝0.1 mol/L。按 GB/T 601 的规定制备、标定。

4.1.23 乙酸酐。

4.1.24 甲醇（色谱级）。

4.1.25 磷酸（优级纯）。

4.1.26 磷酸溶液：取磷酸（4.1.25）1 mL 于 1 000 mL 容量瓶中，用超纯水定容，摇匀。

4.1.27 氢氧化钠溶液：$c(NaOH)$＝0.1 mol/L。按 GB/T 601 的规定制备。

4.1.28 磷酸缓冲溶液：称取 3.12 g 二水磷酸二氢钠（$NaH_2PO_4 \cdot 2H_2O$）于 1 000 mL 容量瓶中，用超纯水溶解并定容，用氢氧化钠溶液（4.1.27）调节 pH 至 5.5，该溶液通过 0.45 μm 滤膜（4.1.30），超声脱气，备用。

4.1.29 D-泛酸钙标准品（Fluka）：含量≥99.0%。

4.1.30 滤膜：0.45 μm，水系。

4.2 仪器和设备

实验室常用仪器和设备以及以下设备。

4.2.1 分析天平（精确至 0.1 mg）。

4.2.2 全自动电位滴定仪。

4.2.3 红外分光光度计。

4.2.4 气相色谱仪（配 FID）。

4.2.5 高效液相色谱仪（带紫外检测器）。

4.3 鉴别

4.3.1 称取试样约 50 mg，加氢氧化钠溶液（4.1.1）5 mL，振摇，加硫酸铜溶液（4.1.2）2 滴，即显蓝紫色。

4.3.2 称取试样约 50 mg，加氢氧化钠溶液（4.1.1）5 mL，振摇，煮沸 1 min，放冷，加酚酞指示液（4.1.3）1 滴，加盐酸溶液（4.1.4）至溶液褪色，再多加 0.5 mL 盐酸溶液（4.1.4），加三氯化铁溶液（4.1.5）2 滴，即显鲜明的黄色。

4.3.3 本品的水溶液显钙盐的鉴别反应：称取试样 0.5 g，加水 5 mL 溶解，加草酸铵溶液（4.1.6），即发生白色沉淀；分离，所得沉淀不溶于冰乙酸（4.1.7），但溶于盐酸（4.1.8）。

4.3.4 红外鉴别：按照《中华人民共和国药典》2005 年版二部　附录Ⅳ　红外分光光度法，利用溴化钾压片法，试料的红外光吸收图谱与对照的图谱一致（光谱集 208 图）。

4.4 D-泛酸钙含量测定方法

4.4.1 高氯酸全自动电位滴定法（第一法：仲裁法）

4.4.1.1 测定方法

精密称取试样约 180 mg～200 mg（精确至 0.000 02 g），加入大约 50 mL 冰乙酸（4.1.7）溶解，加 3 mL 乙酸酐（4.1.23），用高氯酸（组合的玻璃电极）标准滴定溶液（4.1.22）滴定，采用全自动电位滴定仪测定。

若滴定试料与标定高氯酸标准滴定溶液时的温度差超过 10℃时，则应重新标定；若未超过 10℃，则可将高氯酸标准滴定溶液的浓度加以校正（见 GB/T 601 的修正方法）。

4.4.1.2 计算和结果的表示

D-泛酸钙含量 X_1（按干燥品计，以质量分数表示，数值以%计），按式（1）计算：

$$X_1 = \frac{V_1 \times c_1 \times 238.27}{m_1 \times 1\,000 \times (1 - X_5)} \times 100 \qquad \cdots\cdots (1)$$

式中：

V_1——试料溶液消耗高氯酸标准滴定溶液的体积，单位为毫升（mL）；

c_1——高氯酸标准滴定溶液的浓度，单位为摩尔每升（mol/L）；

238.27——D-泛酸钙的摩尔质量，$M(1/2C_{18}H_{32}CaN_2O_{10})=238.27$，单位为克每摩尔(g/mol)；

X_5——试料干燥失重，质量分数(%)；

m_1——试料质量，单位为克(g)。

计算结果表示至小数点后一位。

4.4.1.3 允许差

取平行测定结果的算术平均值为测定结果，两次平行测定结果相对偏差小于等于0.5%。

4.4.2 高效液相色谱法(第二法)

4.4.2.1 试样溶液的制备

精密称取D-泛酸钙试样约200 mg(精确至0.000 02 g)，置100 mL容量瓶中，加磷酸溶液(4.1.26)溶解并稀释定容，摇匀。取上述溶液1.0 mL于100 mL容量瓶中，用超纯水稀释定容，摇匀，过滤膜(4.1.30)，上机测定。

4.4.2.2 标准溶液的制备

精密称取D-泛酸钙标准品(4.1.29)约200 mg(精确至0.000 02 g)，按4.4.2.1同样处理。

4.4.2.3 测定

4.4.2.3.1 色谱条件

色谱柱：内径4.6 mm，柱长150 mm，填料为C_{18}，粒径为5 μm的不锈钢柱，或相当者；

流动相：磷酸缓冲溶液(4.1.28)；

流速：1.0 mL/min；

检测波长：200 nm；

进样量：20 μL；

柱温：30℃。

4.4.2.3.2 上机测定

用高效液相色谱仪分别对标准品溶液和试料溶液进行进样检测，测定其色谱峰面积的响应值，进行定量计算。

4.4.2.4 计算和结果的表示

D-泛酸钙含量X_2(按干燥品计，以质量分数表示，数值以%计)，按式(2)计算：

$$X_2=\frac{A_2\times c_2\times n_1}{A_1\times m_2\times(1-X_5)\times 1\,000\,000}\times 100 \qquad \cdots\cdots(2)$$

式中：

A_1——标准溶液的峰面积；

A_2——试料溶液的峰面积；

c_2——标准溶液的浓度，单位为微克每毫升(μg/mL)；

n_1——稀释倍数；

X_5——试料干燥失重，质量分数(%)；

m_2——试料质量，单位为克(g)。

计算结果表示至小数点后一位。

4.4.2.5 允许差

取平行测定结果的算术平均值为测定结果，两次平行测定结果相对偏差小于等于5%。

4.5 钙含量

4.5.1 含量测定方法

称取试样0.5 g(精确至0.000 2 g)，加水100 mL溶解后；加氢氧化钠溶液(4.1.1)15 mL与钙紫红素指示剂(4.1.9)约0.1 g，用乙二胺四乙酸二钠标准滴定溶液(4.1.10)滴定，至溶液自紫红色转变为纯蓝色。

4.5.2 计算和结果的表示

钙含量 X_3(按干燥品计,以质量分数表示,数值以%计),按式(3)计算:

$$X_3 = \frac{V_2 \times c_3 \times 40.08}{m_3 \times 1\,000 \times (1 - X_5)} \times 100 \quad \cdots\cdots(3)$$

式中:

V_2——试料溶液消耗乙二胺四乙酸二钠标准滴定溶液的体积,单位为毫升(mL);

c_3——乙二胺四乙酸二钠标准滴定溶液的浓度,单位为摩尔每升(mol/L);

40.08——钙的摩尔质量,M(Ca)=40.08,单位为克每摩尔(g/mol);

X_5——试料干燥失重,质量分数(%);

m_3——试料质量,单位为克(g)。

计算结果表示至小数点后一位。

4.5.3 允许差

取平行测定结果的算术平均值为测定结果,两次平行测定结果相对偏差小于等于0.6%。

4.6 氮含量

4.6.1 氮含量测定方法

4.6.1.1 称取试样0.5 g(精确至0.000 2 g),用滤纸将样品包好置于干燥的500 mL凯氏烧瓶中,然后各依次加入硫酸钾(或无水硫酸钠)(4.1.11)10 g,硫酸铜粉末(4.1.12)0.5 g,再沿瓶壁缓缓加入硫酸(4.1.13)20 mL,在凯氏烧瓶口放一小漏斗并使烧瓶呈45°斜置,用直火缓缓加热,使溶液的温度保持在沸点以下,等泡沸停止,强热至沸腾,待溶液呈澄明的绿色后,继续加热30 min,放冷,沿瓶壁缓缓加水250 mL,振摇使混合,放冷后,加氢氧化钠溶液(4.1.14)75 mL,注意使沿瓶壁流至瓶底。自成一液层,加锌粒(4.1.15)数粒,用氮气球将凯氏烧瓶与冷凝管连接,取硼酸溶液(4.1.16)50 mL,置500 mL锥形瓶中,加甲基红-溴甲酚绿混合指示液(4.1.20)10滴,将冷凝管的一端浸入硼酸溶液(4.1.16)的液面下,加热蒸馏,至接受液的总体积约为250 mL时,将冷凝管尖端提出液面,使蒸气冲洗约1min,用水淋洗尖端后停止蒸馏,馏出液用硫酸标准滴定溶液(4.1.21)滴定至溶液由蓝绿色变为灰紫色,并将滴定结果用空白试验校正。

4.6.1.2 采用定氮仪时按仪器本身常量程序进行测定。

4.6.2 计算和结果的表示

氮含量 X_4(按干燥品计,以质量分数表示,数值以%计),按式(4)计算:

$$X_4 = \frac{(V_3 - V_4) \times c_4 \times 14.01 \times 2}{m_4 \times 1\,000 \times (1 - X_5)} \times 100 \quad \cdots\cdots(4)$$

式中:

V_3——试料溶液消耗硫酸标准滴定溶液的体积,单位为毫升(mL);

V_4——空白试验消耗硫酸标准滴定溶液的体积,单位为毫升(mL);

c_4——硫酸标准滴定溶液的浓度,单位为摩尔每升(mol/L);

14.01——氮的摩尔质量,M(N)=14.01,单位为克每摩尔(g/mol);

X_5——试料干燥失重,质量分数(%);

m_4——试料质量,单位为克(g)。

计算结果表示至小数点后一位。

4.6.3 允许差

取平行测定结果的算术平均值为测定结果,两次平行测定结果相对偏差小于等于2%。

4.7 比旋度的测定

称取未经干燥的试样约2.5 g(精确至0.000 2 g),置于50 mL容量瓶中,加水至刻度,制成每1 mL含50 mg试样的溶液。按照《中华人民共和国药典》2005年版二部 附录Ⅵ 旋光度的测定。

4.8 重金属

称取试样约 1 g(精确至 0.1 g),置于 50 mL 纳氏比色管(乙管)中,加水适量使溶解,加盐酸溶液(4.1.4)1 mL,加水稀释至 25 mL。按照《中华人民共和国药典》2005 年版二部 附录Ⅷ 重金属检查法第一法测定。

4.9 干燥失重

称取试样 1 g(精确至 0.000 2 g),置于已在 105℃烘箱中干燥至恒量的称量瓶中,按 GB/T 6435 的方法进行测定。

4.10 甲醇含量

4.10.1 测定方法

4.10.1.1 标准溶液的制备

精密称取甲醇(4.1.24)约 0.5 g(精确至 0.000 2 g)到 100 mL 的容量瓶中,加水定容至刻度(此为 A 溶液)。

4.10.1.2 试样处理

精确称取 D-泛酸钙样约 25 g～30 g(精确至 0.02 g),用 120 mL 水溶解后转移至蒸馏烧瓶中,搭好蒸馏装置,用 100 mL 量筒作接受器,然后蒸出 80 mL 甲醇水溶液(注意:防止甲醇开始蒸出时的挥发),用无甲醇水定容至 100 mL (B 溶液)。

4.10.2 测定

4.10.2.1 气相色谱条件

色谱柱:不锈钢柱 3 m×3 mm;

固定相:硅藻土白色担体;

固定液:质量浓度为 10%的聚乙二醇(PEG)20 M;

柱温:50℃～150℃;

柱温按以下步骤调控:先保持 50℃ 1 min,然后以每分钟增加 10℃的频度渐增到 150℃;

气化室温度:180℃;

检测室温度:180℃;

进样量:1 μL。

4.10.2.2 上机测定

在给定的条件下调整好仪器,待基线稳定后,用微量玻璃注射器分别进样 A 溶液和 B 溶液,利用色谱工作站测得组分的峰面积,用外标法计算待测组分的含量。

4.10.3 计算和结果的表示

甲醇含量 X_6(以质量分数表示,数值以%计),按式(5)计算:

$$X_6 = \frac{A_3 \times m_5}{A_4 \times m_6} \times 100 \quad \cdots\cdots (5)$$

式中:

A_3——试料溶液的峰面积;

A_4——标准溶液的峰面积;

m_5——标准品质量,单位为克(g);

m_6——试料质量,单位为克(g)。

计算结果表示至小数点后一位。

4.10.4 允许差

取平行测定结果的算术平均值为测定结果,两次平行测定结果相对偏差小于等于 15%。

5 检验规则

5.1 饲料添加剂 D-泛酸钙应由生产企业的质量监督部门按本标准进行检验,本标准规定所有项目为出厂检验项目，氮含量和泛酸钙含量检验两者可取其一，生产企业应保证出厂产品均符合本标准规定的要求。每批产品检验合格后，方可出厂。

5.2 使用单位有权按照本标准规定的检验规则和试验方法对所收到的产品进行质量检验，检验其指标是否符合本标准的要求。

5.3 采样方法：采样需备有清洁、干燥、具有密闭性和避光性的样品瓶（或样品袋），瓶（袋）上贴有标签并注明：生产厂家、产品名称、批号、取样日期。

抽样时，应用清洁适用的取样工具。将所取样品充分混匀，以四分法缩分，每批样品分两份，每份样量应为检验所需试样的 3 倍量，装入样品瓶（袋）中，一瓶（袋）供检验用，一瓶（袋）密封保存备查。

5.4 判定规则：若检验结果有一项指标不符合本标准要求时，应加倍抽样进行复验，复验结果仍有一项指标不符合本标准要求时，则整批产品判为不合格品。

6 标签、包装、运输和贮存

6.1 标签

标签按 GB 10648 执行。

6.2 包装

本品装入适当的包装容器内，密封。每件包装量可根据用户的要求而定。包装应符合运输和贮存的规定。

6.3 运输

本产品在运输过程中应避免日晒雨淋、受潮，搬运装卸小心轻放，严禁碰撞，防止包装破损，严禁与有毒有害或其他有污染的物品以及具有氧化性的物质混装、混运。

6.4 贮存

本品应密封贮存，防止日晒、雨淋、受潮，严禁与有毒有害的物品混贮。

7 保质期

本产品在规定的贮存条件下，保质期为 24 个月（开封后应尽快使用，以免变质）。

ICS 65.120
B 46

中华人民共和国国家标准

GB/T 7300—2006
代替 GB 7300—1987

饲料添加剂 烟酸

Feed additive—Nicotinic acid

2006-12-20 发布　　2007-03-01 实施

中华人民共和国国家质量监督检验检疫总局
中国国家标准化管理委员会　发布

前　言

本标准是 GB 7300—1987《饲料添加剂　烟酸》的修订版。

本标准与 GB 7300—1987 的主要差异如下：

——性状由“白色至微黄色结晶性粉末”改为“白色至类白色粉末”；

——含量改为 99.0%～100.5%；

——鉴别项中补充了紫外分光光度法和红外分光光度法；

——补充了烟酸含量测定的高效液相色谱法和高氯酸电位滴定法；

——熔点的测定方法改为《中华人民共和国药典》2005 年版二部　附录Ⅵ　熔点测定法第一法；

——氯化物的测定方法改为《中华人民共和国药典》2005 年版二部　附录Ⅲ　氯化物检查法；

——硫酸盐的测定方法改为《中华人民共和国药典》2005 年版二部　附录Ⅷ　硫酸盐检查法；

——重金属的测定方法改为《中华人民共和国药典》2005 年版二部　附录Ⅷ　重金属检查法第一法。

本标准自实施之日起同时代替 GB 7300—1987。

本标准由全国饲料工业标准化技术委员会提出。

本标准由全国饲料工业标准化技术委员会归口。

本标准起草单位：浙江省饲料监察所。

本标准主要起草人：朱聪英、施杏芬、金海丽、葛丽丽、张志健、俞国珍、吕伟军、陈勇。

饲料添加剂　烟酸

1　范围

本标准规定了饲料添加剂烟酸产品的质量要求、试验方法、检验规则、标签、包装、运输和贮存。

本标准适用于化学合成法制得的烟酸。该产品在饲料工业中作为维生素类饲料添加剂。

化学名称：吡啶-3-羧酸

分子式：$C_6H_5NO_2$

相对分子质量：123.11(按 2001 年国际相对原子质量)

化学结构式：

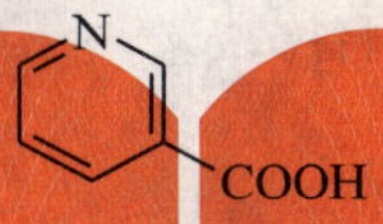

2　规范性引用文件

下列文件中的条款通过本标准的引用而成为本标准的条款。凡是注日期的引用文件，其随后所有的修改单(不包括勘误的内容)或修订版均不适用于本标准，然而，鼓励根据本标准达成协议的各方研究是否可使用这些文件的最新版本。凡是不注日期的引用文件，其最新版本适用于本标准。

GB/T 601　化学试剂　标准滴定溶液的制备

GB/T 603　化学试剂　试验方法中所用制剂及制品的制备

GB/T 6435　饲料水分的测定方法

GB/T 6682　分析实验室用水规格和试验方法(neq ISO 3696)

GB 10648　饲料标签

《中华人民共和国药典》2005 年版二部

3　要求

3.1　性状

本品为白色至类白色粉末，无臭或有微臭，味微酸，水溶液显酸性反应。本品在沸水或沸乙醇中溶解，在水中略溶，在乙醇中微溶，在乙醚中几乎不溶，在碳酸盐溶液或碱溶液中均易溶。

3.2　技术指标

技术指标应符合表 1 的要求。

表 1　技术指标

项　　目		指　标
含量($C_6H_5NO_2$，以干燥品计)/(%)		99.0～100.5
熔点/℃		234～238
氯化物(以 Cl 计) /(%)	≤	0.02
硫酸盐(以 SO_4) /(%)	≤	0.02
重金属(以 Pb 计)/(%)	≤	0.002
干燥失重/(%)	≤	0.5
炽灼残渣/(%)	≤	0.1

4 试验方法

4.1 试剂和溶液

本标准所用试剂和水，在未注明其要求时，均为分析纯试剂和 GB/T 6682 中规定的三级水。色谱分析中所用试剂为色谱纯，试验用水符合 GB/T 6682 中规定的一级水。

4.1.1 2,4-二硝基氯苯。

4.1.2 95%乙醇。

4.1.3 氢氧化钾。

4.1.4 氢氧化钠溶液：$c(NaOH)=0.1$ mol/L。按 GB/T 601 的规定制备。

4.1.5 硫酸铜溶液：125 g/L。

4.1.6 乙醇制氢氧化钾溶液：$c(KOH)=0.5$ mol/L。按照《中华人民共和国药典》2005 年版二部 附录ⅩⅤ 试液配置。

4.1.7 酚酞指示液：按 GB/T 603 的规定制备。

4.1.8 冰乙酸。

4.1.9 乙酸酐。

4.1.10 高氯酸标准滴定溶液：$c(HClO_4)=0.1$ mol/L。按 GB/T 601 的规定制备和标定。

4.1.11 硫酸。

注意：硫酸为强腐蚀性溶液，操作者需戴防护眼镜、手套，以防灼伤。

4.1.12 烟酸标准品(Chem service)：含量≥99.0%。

4.1.13 三氟乙酸(色谱级)。

4.1.14 三氟乙酸溶液：吸收三氟乙酸(4.1.13) 1.0 mL 于 1 000 mL 容量瓶中，用超纯水定容，摇匀，过膜(4.1.15)，脱气。

4.1.15 滤膜(水系，0.22 μm)。

4.1.16 盐酸溶液：取盐酸 234 mL，加水稀释至 1 000 mL，摇匀。

4.2 仪器和设备

实验室常用仪器和设备。

4.2.1 分析天平 (精确至 0.01 mg)。

4.2.2 熔点测定仪。

4.2.3 紫外分光光度仪。

4.2.4 红外分光光度仪。

4.2.5 全自动电位滴定仪。

4.2.6 高效液相色谱仪(带紫外检测器)。

4.3 鉴别

4.3.1 称取试样约 4 mg，加 2,4-二硝基氯苯(4.1.1)8 mg，研匀，置试管中，缓缓加热熔化后，再加热数秒钟，放冷，加乙醇制氢氧化钾溶液(4.1.6)3 mL，即显紫红色。

4.3.2 称取试样约 50 m g，加水 20 mL 溶解后，滴加氢氧化钠溶液(4.1.4)至遇石蕊试纸显中性反应，加硫酸铜溶液(4.1.5)3 mL，即缓缓析出淡蓝色沉淀。

4.3.3 称取试样，加水制成每毫升中含有 20 μg 的试料溶液，按照《中华人民共和国药典》2005 年版二部 附录Ⅳ 分光光度法测定，在 262 nm 处有最大吸收，在 237 nm 处有最小吸收；237 nm 处吸收度与 262 nm 处吸收度的比值应为 0.35～0.39。

4.3.4 红外鉴别：按照《中华人民共和国药典》2005 年版二部 附录Ⅳ 红外分光光度法，利用溴化钾压片法,试料的红外光吸收图谱与对照的图谱一致(光谱集 422 图)。

4.4 烟酸含量

4.4.1 高效液相色谱法(第一法)

4.4.1.1 测定步骤

4.4.1.1.1 试样溶液的制备

称取烟酸试样约 100 mg(精确至 0.000 02 g),置 100 mL 容量瓶中,加超纯水 75 mL 超声溶解,冷却后用超纯水定容,摇匀。取上述溶液 2.0 mL 于 100 mL 容量瓶中,用三氟乙酸溶液(4.1.14)稀释定容,摇匀,过滤膜(4.1.15),上机测定。

4.4.1.1.2 标准溶液的制备

称取烟酸标准品(4.1.12)约 100 mg(精确至 0.000 02 g),按 4.4.1.1.1 同样处理。

4.4.1.2 测定

4.4.1.2.1 色谱条件

色谱柱:Atlantis dC_{18}内径 4.6 mm,柱长 250 mm,填料为 C_{18}、粒径 5 μm 的不锈钢柱;

流动相:三氟乙酸溶液(4.1.14);

流速:1.0 mL/min;

检测波长:262 nm;

进样量:10 μL;

柱温:30℃。

4.4.1.2.2 上机测定

用高效液相色谱仪分别对标准品溶液和试料溶液进行进样检测,测定其色谱峰面积的响应值,进行定量计算。

4.4.1.3 计算和结果的表示

烟酸含量 X_1(以质量分数表示,数值以%计,按干燥品计)按式(1)计算:

$$X_1 = \frac{A_2 \times c \times n_1}{A_1 \times m \times (1 - X) \times 1\,000\,000} \times 100 \qquad \cdots\cdots(1)$$

式中:

A_1——标准溶液的峰面积;

A_2——试料溶液的峰面积;

c——标准溶液的浓度,单位为微克每毫升(μg/mL);

n_1——稀释倍数;

m——试料质量,单位为克(g);

X——试料干燥失重,质量分数(%)。

计算结果表示至小数点后一位。

4.4.1.4 允许差

取平行测定结果的算术平均值为测定结果,两次平行测定结果相对偏差小于等于 5%。

4.4.2 高氯酸电位滴定法(第二法,仲裁法)

4.4.2.1 测定步骤

精确称取烟酸试样约 100 mg~110 mg(精确至 0.000 02 g),加 50 mL 冰乙酸(4.1.8),加 3 mL 乙酸酐(4.1.9),用高氯酸(组合的玻璃电极)标准滴定溶液(4.1.10)滴定,采用全自动电位滴定仪测定。

若滴定试料与标定高氯酸标准滴定溶液时的温度差别超过 10℃时,则应重新标定;若未超过 10℃,则可将高氯酸标准滴定溶液的浓度加以校正(见 GB/T 601 的修正方法)。

4.4.2.2 计算和结果的表示

烟酸含量 X_2(以质量分数表示,数值以%计,按干燥品计),按式(2)计算:

$$X_2 = \frac{V \times c_1 \times 123.1}{m_1 \times 1\,000 \times (1 - X)} \times 100 \quad \cdots\cdots\cdots\cdots\cdots\cdots(2)$$

式中：

V——试料溶液消耗高氯酸标准滴定溶液的体积，单位为毫升(mL)；

c_1——高氯酸标准滴定溶液的浓度，单位为摩尔每升(mol/L)；

123.1——烟酸的摩尔质量的数值，单位为克每摩尔(g/mol)，$M(C_6H_5NO_2)=123.1$；

X——试料干燥失重，质量分数(%)；

m_1——试料质量，单位为克(g)。

计算结果表示至小数点后一位。

4.4.2.3 允许差

取平行测定结果的算术平均值为测定结果，两次平行测定结果相对偏差小于等于 0.2%。

4.4.3 中和法(第三法)

4.4.3.1 测定步骤

称取试样约 0.3 g(精确至 0.000 2 g)，加新沸的冷水 50 mL 溶解后，加酚酞指示液(4.1.7)3 滴，用氢氧化钠标准滴定溶液(4.1.4)滴定至溶液显粉红色。

4.4.3.2 计算和结果的表示

烟酸含量 X_3(以质量分数表示，数值以%计，按干燥品计)，按式(3)计算：

$$X_3 = \frac{V_1 \times c_2 \times 123.1}{m_2 \times 1\,000 \times (1 - X)} \times 100 \quad \cdots\cdots\cdots\cdots\cdots\cdots(3)$$

式中：

V_1——试料溶液消耗氢氧化钠标准滴定溶液的体积，单位为毫升(mL)；

c_2——氢氧化钠标准滴定溶液的浓度，单位为摩尔每升(mol/L)；

123.1——烟酸的摩尔质量的数值，单位为克每摩尔(g/mol)，$M(C_6H_5NO_2)=123.1$；

m_2——试料质量，单位为克(g)；

X——试料干燥失重，质量分数(%)。

计算结果表示至小数点后一位。

4.4.3.3 允许差

取平行测定结果的算术平均值为测定结果，两次平行测定结果相对偏差小于等于 0.2%。

4.5 熔点

按照《中华人民共和国药典》2005 年版二部　附录Ⅵ　熔点测定法第一法测定。

4.6 氯化物的测定

称取试样约 0.25 g(精确至 0.01 g)，按照《中华人民共和国药典》2005 年版二部　附录Ⅲ　氯化物检查法测定。

4.7 硫酸盐的测定

称取试样约 0.5 g(精确至 0.01 g)，按照《中华人民共和国药典》2005 年版二部　附录Ⅷ　硫酸盐检查法测定。

4.8 重金属

称取试样约 1 g(精确至 0.01 g)，加盐酸溶液(4.1.16)1.5 mL，加水至 20 mL。缓缓加热使完全溶解，放冷至室温，移入 50 mL 纳氏比色管(乙管)中，加水至 25 mL。按照《中华人民共和国药典》2005 年版二部　附录Ⅷ　重金属检查法第一法测定。

4.9 干燥失重

称取试样约 1 g(精确至 0.000 2 g)，按 GB/T 6435 进行。

4.10 炽灼残渣

4.10.1 测定方法

称取试样约 1 g(精确至 0.01 g)，置于已在 700℃～800℃灼烧至恒量的瓷坩埚中，用小火缓缓加热至完全炭化，放冷后，加硫酸(4.1.11)0.5 mL～1 mL使湿润，低温加热至硫酸蒸气除尽后，移入马福炉中，在700℃～800℃下灼烧至恒量。

4.10.2 计算和结果的表示

炽灼残渣 X_4(以质量分数表示，数值以%计)按式(4)计算：

$$X_4 = \frac{m_5 - m_3}{m_4} \times 100 \quad \cdots\cdots(4)$$

式中：

m_5——坩埚加残渣质量，单位为克(g)；

m_3——坩埚质量，单位为克(g)；

m_4——试料质量，单位为克(g)。

计算结果表示至小数点后一位。

4.10.3 允许差

取平行测定结果的算术平均值为测定结果，两次平行测定结果相对偏差小于等于5%。

5 检验规则

5.1 饲料添加剂烟酸应由生产企业的质量监督部门按本标准进行检验，本标准规定所有项目为出厂检验项目，生产企业应保证出厂产品均符合本标准规定的要求。每批产品检验合格后，方可出厂。

5.2 使用单位有权按照本标准规定的检验规则和试验方法对所收到的产品进行质量检验，检验其指标是否符合本标准的要求。

5.3 采样方法：抽样需备有清洁、干燥、具有密闭性和避光性的样品瓶(或样品袋)，瓶(袋)上贴有标签并注明：生产厂家、产品名称、批号、取样日期。

抽样时，应用清洁适用的取样工具。将所取样品充分混匀，以四分法缩分，每批样品分两份，每份样量应为检验所需试样的3倍量，装入样品瓶(袋)中，一瓶(袋)供检验用，一瓶(袋)密封保存备查。

5.4 判定规则：若检验结果有一项指标不符合本标准要求时，应加倍抽样进行复验，复验结果仍有一项指标不符合本标准要求时，则整批产品判为不合格品。

6 标签、包装、运输和贮存

6.1 标签

标签按 GB 10648 执行。

6.2 包装

本品装入适当的包装容器内，密封。每件包装量可根据用户的要求而定。包装应符合运输和贮存的规定。

6.3 运输

本产品在运输过程中应避免日晒雨淋、受潮，搬运装卸小心轻放，严禁碰撞，防止包装破损，严禁与有毒有害或其他有污染的物品以及具有氧化性的物质混装、混运。

6.4 贮存

本品应密闭贮存，防止日晒、雨淋、受潮，严禁与有毒有害的物品混贮。

7 保质期

本产品在规定的贮存条件下，保质期为12个月(开封后应尽快使用，以免变质)。

ICS 65.120
B 46

中华人民共和国国家标准

GB/T 7303—2006
代替 GB 7303—1987

饲料添加剂　维生素C(L-抗坏血酸)

Feed additive—Vitamin C(L-ascorbic acid)

2006-02-24 发布　　2006-07-01 实施

中华人民共和国国家质量监督检验检疫总局
中国国家标准化管理委员会　发布

前　言

本标准是 GB 7303—1987《饲料添加剂　维生素 C(抗坏血酸)》的修订版。

本标准与 GB 7303—1987 的主要技术差异是：

——标准属性由强制性改为推荐性；

——维生素 C 含量(%)由"≥99.0～101.0"改为" 99.0～101.0"；

——"重金属(以铅计)"一项改为"铅"，并由"≤0.002(%)" 修改为"≤10.0(mg/kg)"。

本标准自实施之日起代替 GB 7303—1987。

本标准由国家标准化管理委员会提出。

本标准由全国饲料工业标准化技术委员会归口。

本标准主要起草单位：国家饲料质量监督检验中心(武汉)。

本标准主要起草人：屈利文、杨先奎。

本标准所代替标准的历次版本发布情况为：

——GB 7303—1987。

饲料添加剂　维生素 C(L-抗坏血酸)

1　范围

本标准规定了饲料添加剂　维生素 C(L-抗坏血酸)产品的要求、试验方法、检验规则及标签、包装、运输、贮存。

本标准适用于合成法或发酵法制得的维生素 C 产品。

化学名称:L-3-氧代苏己糖醛酸内酯

分子式:$C_6H_8O_6$

相对分子质量:176.13(1999 年国际相对原子质量)

结构式:

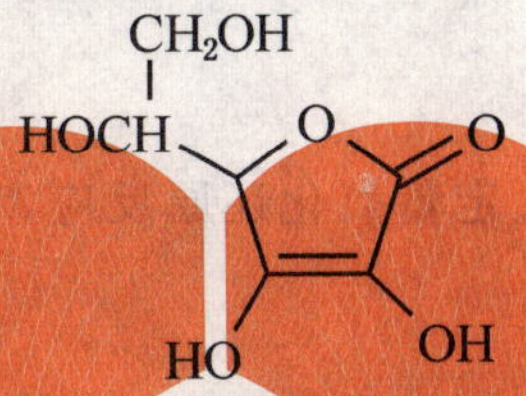

2　规范性引用文件

下列文件中的条款通过本标准的引用而成为本标准的条款。凡是注日期的引用文件,其随后所有的修改单(不包括勘误的内容)或修订版均不适用本标准,然而,鼓励根据本标准达成协议的各方研究是否可使用这些文件的最新版本。凡是不注日期的引用文件,其最新版本适用于本标准。

GB/T 601　化学试剂　标准滴定溶液的制备

GB/T 602　化学试剂　杂质测定用标准溶液的制备

GB/T 603　化学试剂　试验方法中所用制剂及制品的制备

GB/T 6682　分析实验室用水规格和试验方法

GB 10648　饲料标签

GB/T 13080　饲料中铅的测定　原子吸收光谱法

中华人民共和国药典

3　要求

3.1　外观

本品为白色或类白色结晶性粉末,无臭、味酸、久置色渐变微黄,水溶液显酸性反应。本品在水中易溶,在乙醇中略溶,在三氯甲烷或乙醚中不溶。

3.2　技术指标

主要技术指标见表 1。

表 1　主要技术指标

指标名称		指　标
含量(以 $C_6H_8O_6$ 计)/(%)		99.0～101.0
熔点(分解点)/℃		189～192
比旋度$[\alpha]_D^t$		+20.5°～+21.5°
铅/(mg/kg)	≤	10.0
炽灼残渣/(%)	≤	0.1

4 试验方法

本标准所用试剂和水，除特别注明外，均指分析纯试剂和符合 GB/T 6682 中规定的三级用水。标准溶液和杂质溶液的制备应符合 GB/T 602 和 GB/T 603 的要求。

4.1 鉴别试验

4.1.1 试剂和溶液

4.1.1.1 硝酸银：$c(AgNO_3)=0.1$ mol/L。称取硝酸银 1.7 g，用水溶解并稀释至 100 mL。

4.1.1.2 2,6-二氯靛酚钠：1 g/L 溶液。

4.1.2 鉴别方法

4.1.2.1 称取样品 0.2 g，加水 10 mL 溶解后，取溶液 5 mL，加硝酸银溶液(4.1.1.1)0.5 mL，即发生银的黑色沉淀。

4.1.2.2 称取样品 0.2 g，加水 10 mL 溶解后，取溶液 5 mL，加 2,6-二氯靛酚钠溶液(4.1.1.2)1 滴～3 滴，试液的颜色即消失。

4.2 维生素 C 含量测定

4.2.1 原理

在酸性介质中，维生素 C 与碘液发生定量氧化还原反应，利用淀粉指示溶液遇碘显蓝色来判断反应终点。

4.2.2 试剂和溶液

4.2.2.1 冰乙酸：6%(体积分数)溶液。

4.2.2.2 淀粉指示溶液(5 g/L)：称取 0.5 g 可溶性淀粉到 200 mL 烧杯中，加 5 mL 水润湿，加 95 mL 沸水搅拌，煮沸，冷却备用(现用现配)。

4.2.2.3 碘标准溶液 $c(\frac{1}{2}I_2)=(0.1$ mol/L)：按 GB/T 601 配制和标定；

4.2.3 测定方法

称取试样 0.2 g(精确至 0.000 2 g)，加新沸过的冷水 100 mL 与冰乙酸溶液(4.2.2.1)10 mL 使之溶解，加淀粉指示溶液(4.2.2.2)1 mL，立即用碘标准溶液(4.2.2.3)滴定，至溶液显蓝色 30 s 不退。

4.2.4 结果计算

维生素 C($C_6H_8O_6$)含量 X_1 以质量分数(%)表示，按式(1)计算：

$$X_1=\frac{c\times V\times 0.08806}{m}\times 100 \qquad (1)$$

式中：

c——碘标准溶液的浓度，单位为摩尔每升(mol/L)；

V——样品消耗碘标准溶液的体积，单位为毫升(mL)；

m——试样质量，单位为克(g)；

0.088 06——每毫升 1 mol/L 碘标准溶液相当于 0.088 06 g 的维生素 C($C_6H_8O_6$)。

4.2.5 允许差

两个平行测定结果绝对值之差，不大于 0.5%。

4.3 熔点(分解点)的测定

按中华人民共和国药典附录“熔点测定法”进行测定。

4.4 比旋度的测定

4.4.1 仪器设备

旋光仪。

4.4.2 测定方法

称取试样 2.5 g(准确至 0.000 2 g)，置于 25 mL 容量瓶中，加水溶解后，再用水稀释至刻度，摇匀，制成每 1 mL 含 0.1 g 样品的溶液。按中华人民共和国药典附录测定旋光度。配制溶液及测定时均应调节温度至 20℃±0.5℃。

4.4.3 **计算和结果的表示**

试样的比旋度$[\alpha]_D^t$按式(2)计算：

$$[\alpha]_D^t = \frac{100\alpha}{L \times c} \quad \cdots\cdots(2)$$

式中：

$[\alpha]$——比旋度；

D——钠光谱 D 线；

t——测定时的温度；

α——测得的旋光度；

L——旋光管的长度，单位为分米(dm)；

c——每 100 mL 溶液中含有试样的质量(按干燥品计算)，单位为克每百毫升(g/100 mL)。

4.4.4 **允许差**

两个平行测定结果绝对值之差，不大于 0.3%。

4.5 **铅的测定**

称取试样 5 g(精确至 0.000 1 g)，按 GB/T 13080 测定。

4.6 **炽灼残渣的测定**

4.6.1 **试剂**

硫酸。

4.6.2 **测定方法**

称取试样 1 g(准确至 0.01 g)，置于已在 700℃～800℃灼烧至恒量的瓷坩埚内，用小火缓缓加热至完全碳化，放冷后，加硫酸 0.5 mL～1 mL 使湿润，低温加热至硫酸蒸气除尽后，移入马福炉中，在 700℃～800℃下灼烧至恒量。

4.6.3 **计算和结果的表示**

炽灼残渣 X_2 以质量分数(%)表示，按式(3)计算：

$$X_2 = \frac{(m_1 - m_2)}{m} \times 100 \quad \cdots\cdots(3)$$

式中：

m_1——坩埚加残渣质量，单位为克(g)；

m_2——坩埚质量，单位为克(g)；

m——试样质量，单位为克(g)。

4.6.4 **允许差**

两个平行测定结果绝对值之差，不大于 0.02%。

5 检验规则

5.1 饲料添加剂维生素 C 应由生产企业的质量监督部门按本标准进行检验，本标准规定所有项目为出厂检验项目，生产企业应保证所有产品均符合本标准规定的要求。每批产品都应检验合格后方可出厂。

5.2 使用单位有权按照本标准的检验规则和试验方法对所收到的维生素 C 产品进行质量验收，检验其指标是否符合本标准的要求。

5.3 取样方法：取样需备有清洁、干燥、具有密闭性和避光性的样品瓶。瓶上贴有标签，并注明：生产厂名称、产品名称、批号及取样日期。

抽样时，应用清洁适用的取样工具插入料层深度四分之三处，将所取样品充分混匀，以四分法缩分，每批样品分 2 份，每份样量应为检验所需试样的 3 倍量，装入样品瓶中，一份供检验用，另一份应密封保存，以备仲裁分析用。

5.4 判定规则：如果检验结果有一项指标不符合本标准要求时，应加倍抽样进行复验，复验结果仍有一项指标不符合本标准要求时，则整批产品判为不合格品。

5.5 仲裁检验：如供需双方对产品质量发生异议时，可由双方协商选定仲裁单位，按本标准的检验方法进行仲裁检验。

6 标签、包装、运输和贮存

6.1 标签

标签按 GB 10648 要求执行。

6.2 包装

本品装于适当的容器内，封存。包装应符合运输和贮藏的要求。每件包装的质量可根据客户的要求而定。

6.3 运输

过程应避免日晒雨淋、受热及撞击。搬运装卸小心轻放，不得与有毒有害或其他有污染的物品混装、混运。

6.4 贮存

本品应贮存在通风、阴凉、干燥、无污染、无有害物质的地方。

本品在规定的贮存条件下，原包装保质期一年以上（含一年）。

ICS 75.080
E 30

中华人民共和国国家标准

GB/T 7364—2006
代替 GB/T 7364—1987

石蜡易炭化物试验法

Standard test method for carbonizable substances in paraffin wax

2006-01-23 发布　　　　2006-10-01 实施

中华人民共和国国家质量监督检验检疫总局
中国国家标准化管理委员会　发布

前　言

本标准修改采用美国试验与材料协会标准 ASTM D 612:1988(2004)《石蜡易炭化物试验法》(英文版)。

本标准根据 ASTM D 612:1988(2004)重新起草。

考虑到我国国情,在采用 ASTM D 612:1988(2004)时,本标准做了一些修改。这些技术性差异用垂直单线标识在它们所涉及的条款的页边空白处。在附录 A 中给出了这些技术性差异及其原因的一览表以供参考。

为了便于使用,本标准还做了下列编辑性修改:

——将"试剂"章中的"氯化钴溶液"、"硫酸铜溶液"、"三氯化铁溶液"和"标准比色液"列为"基础溶液的配制"章;

——将试验中用到的仪器设备和试剂列入"仪器设备"和"试剂"章。

本标准代替 GB/T 7364—1987《石蜡易炭化物试验法》。

本标准与 GB/T 7364—1987 的主要差异如下:

——标准的适用范围改为"熔点 47℃～65℃的食品和医药用石蜡";

——增加了试剂危险性警示说明;

——增加"规范性引用文件"和"意义和用途"等章;

——过氧化氢溶液浓度由质量分数 30%改为体积分数 3%;

——试管和比色器尺寸有变化;

——修改了仪器与设备;

——清洗试管溶液增加非铬清洗剂;

——试样不过滤;

——取消标准比色液有效期;

——试验结果判断取消平行样。

本标准的附录 B 是规范性附录,附录 A 是资料性附录。

本标准由中国石油化工集团公司提出。

本标准由中国石油化工股份有限公司抚顺石油化工研究院归口。

本标准起草单位:中国石油化工股份有限公司抚顺石油化工研究院。

本标准主要起草人:赵　彬、蔡秀党。

本标准首次发布于 1987 年。

石蜡易炭化物试验法

1 范围

1.1 本标准规定了测定石蜡易炭化物的试验方法。

本标准适用于按 GB/T 2539 测得的熔点在 47℃～65℃之间的食品和医药用石蜡。

1.2 本标准采用国际单位制(SI)。

1.3 本标准并无意对与使用有关的所有安全问题都提出建议，因此，在使用本标准之前，使用本标准的人有责任调查和建立适宜的安全和保健操作法，并确定规章限制的可应用性，对于专门的预防说明见附录 B。

2 规范性引用文件

下列文件中的条款通过本标准的引用而成为本标准的条款。凡是注日期的引用文件，其随后所有的修改单(不包括勘误的内容)或修订版均不适用于本标准，然而，鼓励根据本标准达成协议的各方研究是否可使用这些文件的最新版本。凡是不注日期的引用文件，其最新版本适用于本标准。

GB/T 601　化学试剂　标准滴定溶液的制备

GB/T 2539　石蜡熔点(冷却曲线)测定法

GB 4853　食品级白油

GB/T 6682　分析实验室用水规格和试验方法(neq ISO 3696:1987)

GB/T 7189　食品用石蜡

3 方法概要

在 70℃下将 5 mL 熔化的试样用 5 mL 无氮的浓硫酸处理，把反应后的酸层颜色与标准比色液进行比较，若颜色不深于标准比色液，则报告该试样通过试验。

4 意义和用途

本标准是确定食品和医药用石蜡是否符合其产品质量指标规定的检测方法。GB/T 7189 等产品规格中要求测定易炭化物。

5 仪器与设备

5.1 试管：如图 1 所示，配有磨口玻璃塞的耐热玻璃[1]试管，玻璃塞和试管都刻有相同的编号。试管长 140 mm±2 mm，外径 14.5 mm～15.0 mm，壁厚 1.2 mm，盖上玻璃塞后试管容积为 13.6 mL～15.6 mL。校准 5 mL 和 10 mL 液面刻线，误差应不大于±0.2 mL。管口卷边使试管悬挂于水浴盖上。

5.2 水浴：能浸没试管 10 mL 刻线以上，并能保持 70℃±0.5℃的温度。水浴应备有用适当材料做的盖，盖上有直径约 16 mm 的孔，通过盖上的孔可悬挂试管。带有搅拌器，使水温均匀。

5.3 比色器：用于观察比较酸层颜色与标准比色液颜色。比色器的尺寸和形状是可选择的，但其窗口的形状和大小应符合图 2 所规定的尺寸。

1) 硼硅酸盐玻璃是适合的。

单位为毫米

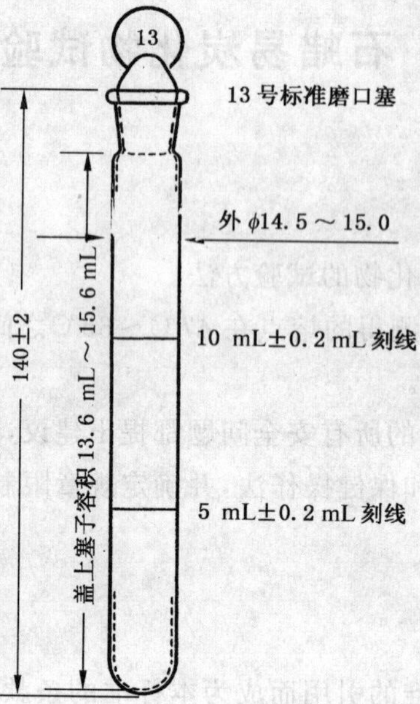

图 1 试管

单位为毫米

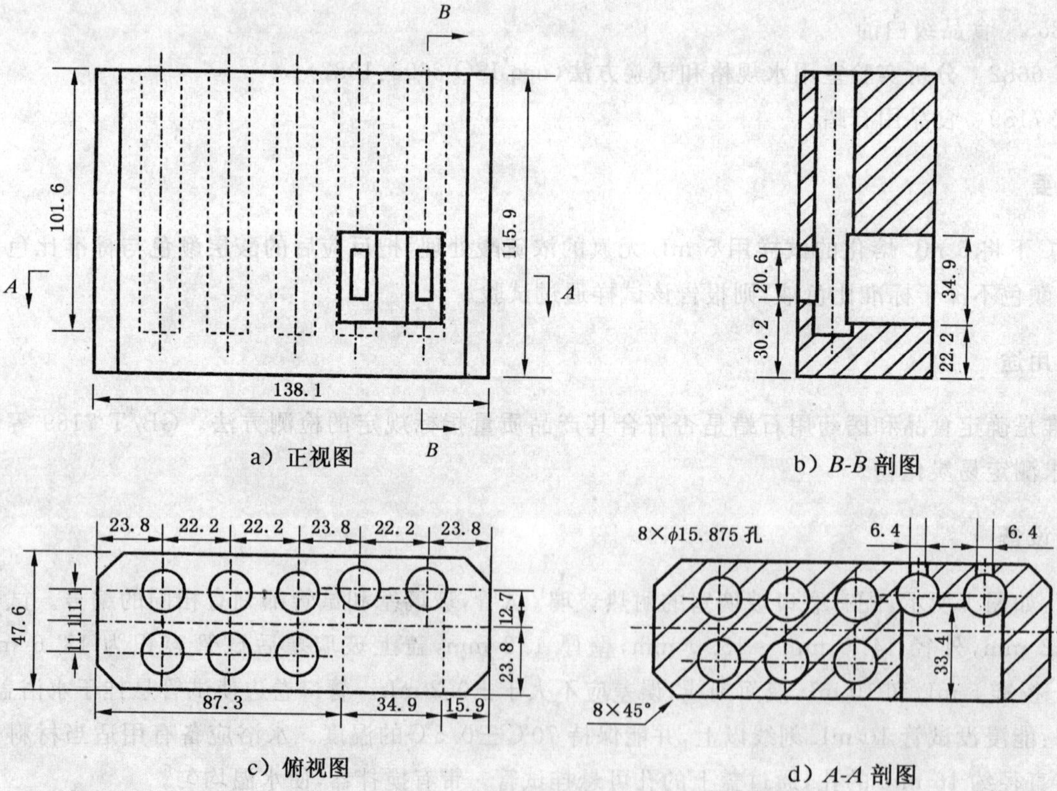

图 2 比色器

5.4 温度计:0℃～100℃,最小分度 0.5℃。

5.5 恒温箱:能加热到 105℃并恒温。

5.6 滴定管:50 mL。

5.7 容量瓶:1 000 mL。

5.8 移液管:1 mL、5 mL、10 mL、20 mL 和 25 mL。

5.9 碘量瓶:500 mL。

5.10 锥形烧瓶:250 mL。

6 试剂

6.1 硫酸:优级纯,含量(质量分数)95%～98%(**警告**:浓硫酸能引起严重燃烧,蒸汽有刺激性,强氧化剂。见 B.3),应无氮。配成质量分数为 94.7%±0.2%的硫酸溶液和硫酸与蒸馏水体积比为 1∶4 的硫酸溶液。无氮的检验:将少量的硫酸用同体积的水稀释,取 10 mL 冷却的硫酸溶液,轻轻地添加在二苯胺硫酸溶液(6.11)上面,不要混合,在 1 h 内其接触面不应呈蓝色。本法可检测出最低 0.000 2%的 NO_3^-。

注:质量分数为 94.7%±0.2%的硫酸溶液以中和滴定法进行标定。

6.2 水:除非另有指明,本标准所用的水指蒸馏水,如符合 GB/T 6682 中三级水要求或相同纯度的水。

6.3 盐酸:分析纯,含量(质量分数)36%～38%(**警告**:浓盐酸能引起燃烧,蒸汽有强烈的刺激性。见 B.2),按盐酸与水体积比 1∶39 配成稀盐酸溶液。

6.4 冰乙酸:分析纯,含量(质量分数)99%(**警告**:冰乙酸具有腐蚀性,易燃,蒸汽有刺激性。见 B.5)。

6.5 过氧化氢:分析纯,体积分数为 3%的水溶液。

6.6 氯化钴:分析纯。

6.7 硫酸铜:分析纯。

6.8 三氯化铁:分析纯。

6.9 氢氧化钠:分析纯(**警告**:氢氧化钠有腐蚀性,能引起剧烈燃烧或使人致盲,如果与水混合太快,释放的热会产生剧烈反应或使液体喷溅。见 B.4),按氢氧化钠与水重量比 1∶5 配成溶液。

6.10 碘化钾:分析纯。

6.11 二苯胺:分析纯,将 1 g 二苯胺溶解于 100 mL 浓硫酸中,配成二苯胺硫酸溶液。

6.12 硫代硫酸钠:分析纯,按 GB/T 601 配成 0.1 mol/L 标准溶液并标定。

6.13 可溶性淀粉指示剂:配成质量分数为 1%水溶液。

6.14 甲基橙指示剂:配成质量分数为 0.5%水溶液。

6.15 白油:10 号或 15 号,符合 GB 4853 要求。

7 基础溶液的配制

7.1 氯化钴溶液(0.25 mol/L):将约 65 g 氯化钴($CoCl_2 \cdot 6H_2O$)置于 1 000 mL 容量瓶中,用稀盐酸(1∶39)溶解成 1 000 mL 溶液。用移液管准确移取 5 mL 此溶液至碘量瓶中,加入 15 mL 氢氧化钠(NaOH)溶液(1∶5),混合摇匀,再加入 5 mL 体积分数为 3%过氧化氢(H_2O_2)溶液,混合摇匀,放置 10 min后煮沸 10 min,冷却后加 2 g 碘化钾(KI)和 20 mL 硫酸(H_2SO_4)(1∶4)。当沉淀溶解后,以淀粉溶液作指示剂,用 0.1 mol/L 硫代硫酸钠($Na_2S_2O_3$)溶液滴定游离的碘,每消耗 1 mL 0.1 mol/L $Na_2S_2O_3$ 溶液相当于 0.023 799 g 的 $CoCl_2 \cdot 6H_2O$。添加稀盐酸(1∶39)调节氯化钴溶液的最终体积,使其 1 mL 中含有 59.5 mg 的 $CoCl_2 \cdot 6H_2O$。

7.2 硫酸铜溶液(0.25 mol/L):将约 65 g 硫酸铜($CuSO_4 \cdot 5H_2O$)置于 1 000 mL 容量瓶中,用稀盐酸(1∶39)溶解成 1 000 mL 溶液。用移液管准确移取 10 mL 此溶液至碘量瓶中,加 50 mL 水、4 mL 冰乙酸和 3 g 碘化钾。让混合液静置 5 min,然后以淀粉溶液作指示剂,用 0.1 mol/L $Na_2S_2O_3$ 溶液滴定游离的碘。每消耗 1 mL 0.1 mol/L $Na_2S_2O_3$ 溶液相当于 0.024 97 g $CuSO_4 \cdot 5H_2O$。添加稀盐酸(1∶39)调节硫酸铜溶液的最终体积,使其 1 mL 中含有 62.4 mg 的 $CuSO_4 \cdot 5H_2O$。

7.3 三氯化铁溶液(0.166 7 mol/L):将约 55 g 三氯化铁($FeCl_3 \cdot 6H_2O$)置于 1000 mL 容量瓶中,用稀盐酸(1∶39)溶解成 1 000 mL 溶液。用移液管准确移取 10 mL 此溶液至碘量瓶中,加 5 mL 盐酸(密度 1.19)、25 mL 水和约 3 g 碘化钾。盖上盖并让混合液静置 5 min,加 50 mL 水稀释混合物,然后以淀粉溶液作指示剂,用 0.1 mol/L $Na_2S_2O_3$ 溶液滴定游离的碘。每消耗 1 mL 0.1 mol/L $Na_2S_2O_3$ 溶液相当于 0.027 03 g $FeCl_3 \cdot 6H_2O$。添加稀盐酸(1∶39)调节三氯化铁溶液的最终体积,使其 1 mL 中含有 45.0 mg 的 $FeCl_3 \cdot 6H_2O$。

7.4 标准比色溶液:按体积比将 1.5 份氯化钴溶液、0.5 份硫酸铜溶液和 3.0 份三氯化铁溶液混合,配制成比色用淡琥珀色标准比色溶液。取 5 mL 混合溶液移入 5.1 中所规定的试管中,用 5 mL 白油覆盖。

8 操作步骤

8.1 用玻璃清洗液(**警告**:非铬清洗剂有腐蚀性,见 B.1)或重铬酸钾洗液(**警告**:重铬酸钾洗液是强氧化剂,有强腐蚀性,配制和使用时要极为小心,以防烧伤衣物和身体)清洗试管,自来水冲洗后再用蒸馏水洗,并在 105℃烘箱内干燥 1 h。

8.2 在水浴中熔化有代表性的试样,将质量分数为 94.7%±0.2%硫酸加至试管的 5 mL 刻线处,然后把温度不高于其熔点 5.5℃的熔化试样加至 10 mL 刻线处,轻轻地盖上塞子,将试管置于 70℃±0.5℃水浴中。

8.3 装有试样和硫酸的试管在水浴中加热 5 min 后,松开塞子,使压力得以充分释放后重新盖好塞子,从水浴中迅速取出试管,用一个手指压住塞子,沿垂直方向快速剧烈振荡 3 次,其振幅大于 127 mm,振荡速率为 5 次/s。以后每分钟重复一次,共振荡 5 次,对每次振荡周期,试管在水浴外停留的时间不应超过 3 s。

注:也可使用振荡机器,只要获得的结果与方法规定的用手摇动结果一致。

8.4 从试管最初放入水浴中到 10 min 时取出试管,立即放入比色器中,把酸层与另一试管中的 5 mL 标准比色液和 5 mL 白油进行比较,此装有标准比色液的试管须经过剧烈振荡 10 s 并静置足够长时间使内容物刚好分成两层。

8.5 在某些情况下,残留酸易与蜡形成乳状液,得不到与标准比色液相比较的下层酸液。当出现这种情况时,把标准比色液和白油剧烈振荡成类似的乳状液后再进行比较,不要等待分离成两液层。

9 结果的判断和报告

9.1 当酸层颜色不深于标准比色液,或者试样和硫酸乳化液的颜色不深于标准比色液与白油按相同比例剧烈振荡而成的类似乳状液时,则报告试样“通过”试验。

9.2 当酸层颜色深于标准比色液,或者试样和硫酸乳化液的颜色深于标准比色液与白油按相同比例剧烈振荡而成的类似乳状液时,则报告试样“未通过”试验。

10 精密度和偏差

由于试验结果只表明与试验步骤规定的标准是否一致,所以本试验方法测定石蜡中的易炭化物的精密度和偏差都没有作说明。

附 录 A
（资料性附录）
本标准与 ASTM D612：1988(2004)的技术性差异及其原因

表 A.1 给出了本标准与 ASTM D612：1988(2004)《石蜡易炭化物试验法》的技术性差异及其原因的一览表。

表 A.1　本标准与 ASTM D612：1998(2004)的技术性差异及其原因

本标准的章条编号	技术性差异	原　因
2	引用我国相应标准	适应我国国情和标准版式
4	引用我国相关标准	以适合我国国情
6.1	增加硫酸的标定方法	进行细化，增加可操作性
6.15	增加白油质量要求	进行细化，减小白油可能对标准比色液的影响。
7.1	增加“混合摇匀”和“放置 10 min”	进行细化，增加可操作性，减小实验误差
8.1	增加重铬酸钾洗液	增加可操作性

附 录 B
（规范性附录）
预防性说明

B.1 玻璃清洗液（非铬清洗剂）

警告——一种强力腐蚀性澄清液体，是浓硫酸和非铬清洗剂的混合物，非铬清洗剂是一种白色晶体，无机氧化剂。

接触时要小心，只能用特殊的耐强酸手套。

容器不要密封。

B.2 盐酸（浓）

警告——毒害、腐蚀性，吞咽可能致命。液体和蒸汽可以引起神经损伤。吸入有害。

不要接触眼睛、皮肤或者衣服。

避免吸入蒸汽、飞沫或薄雾。

稀释时将酸加入到水中。

置于密闭容器内存放在被认可的专用酸贮存橱柜中。

保持阴凉。

打开时要小心松开密封塞盖。

使用时应有足够的通风。

不用时密闭容器。

操作时应使用防护服和护目镜。

操作完后彻底清洗。

B.3 硫酸（浓）

切不要接触眼睛、皮肤或者衣服。

避免吸入蒸汽、飞沫或薄雾。

稀释时将酸加入到水中。

置于密闭容器内存放在被认可的专用酸贮存橱柜中。

保持阴凉。

打开时要小心松开密封塞盖。

使用时应有足够的通风。

防止水进入容器以免引起剧烈反应。

不用时密闭容器。

操作时应使用防护服和护目镜。

操作完后彻底清洗。

B.4 氢氧化钠

切不可接触眼睛、皮肤或者衣服。

避免吸入粉末或薄雾。

不要直接拿取。

操作时，使用化学安全护目镜或防护面罩，防护手套、靴子和衣服。

当与水混合时，慢慢地加到溶液表面以避免激烈的飞溅。制备溶液时不要用热水，不断搅动以控制升温速率在10℃/min以下，或者控制溶液温度不超过90℃。一次的加入量不得使溶液浓度增加超过5%。

B.5 冰乙酸

不要接触眼睛、皮肤或者衣服。

避免吸入蒸汽，飞沫或薄雾。

稀释时将酸加入到水中。

远离热源和明火。

置于密闭容器内存放在被认可的专用酸贮存橱柜中。

保持阴凉。

打开时要小心松开密封塞盖。

使用时应有足够的通风。

不用时密闭容器。

操作时应使用防护服和护目镜。

操作完后彻底清洗。

ICS 71.080
G 17

中华人民共和国国家标准

GB/T 7373—2006
代替 GB/T 7373—1987
GB/T 9016—1988

工业用二氟一氯甲烷(HCFC-22)

Monochlorodifluoro methane for industrial uses

2006-09-01 发布 2007-02-01 实施

中华人民共和国国家质量监督检验检疫总局
中国国家标准化管理委员会 发布

前言

本标准与“美国空调和制冷协会”标准 ARI standard 700:1999《氟碳烃制冷剂规格》(英文版)的一致性程度为非等效。

本标准代替 GB/T 7373—1987《工业用二氟一氯甲烷(F_{22})》和 GB/T 9016—1988《四氟乙烯用二氟一氯甲烷》。

本标准与 GB/T 7373—1987 和 GB/T 9016—1988 相比主要变化如下:

——标准名称二氟一氯甲烷的简称(编码)由 F_{22} 改为 HCFC-22(GB/T 7373—1987 的封面,本版的封面);

——产品分为Ⅰ型和Ⅱ型。产品等级Ⅰ型由优等品、一等品、合格品三个等级修改为优等品、一等品两个等级(GB/T 7373—1987 的第 1 章,本版的 3.2);Ⅱ型由优等品、一等品两个等级修改为不分等级(GB/T 9016—1988 的 3.2,本版的 3.2);

——Ⅰ型增加氯化物(Cl)试验和不凝性气体项目,并规定二氟一氯甲烷作为制冷剂时检验。Ⅰ型指标二氟一氯甲烷含量优等品由≥99.8%修改为≥99.9%、一等品由≥99.5%修改为≥99.6%,水分优等品由≤0.001%修改为≤0.001 0%、一等品由≤0.002%修改为≤0.003 0%,蒸发残留物优等品和一等品由≤0.01%修改为≤0.010%(GB/T 7373—1987 的第 1 章,本版的 3.2);Ⅱ型删去除 F_{12} 以外的色谱杂质总量项目,Ⅱ型指标二氟一氯甲烷含量由优等品的≥99.9%修改为≥99.95%,水分由优等品的≤0.002%修改为≤0.002 0%,气相中氧含量(20℃)由优等品的≤0.003%修改为≤0.005%(GB/T 9016—1988 的 3.2,本版的 3.2)。

——水分测定增加了卡尔费休库仑电量法和电解法,以卡尔费休库仑电量法为仲裁法(见 4.5.1 和 4.5.3);

——将酸度试验方法中的多孔式气体洗瓶由四只修改为三只(GB/T 7373—1987 的 2.3,本版的 4.6);

——将蒸发残留物试验方法中的样品量由 800 g 修改为 200 g(GB/T 7373—1987 的 2.4,本版的 4.7);

——增加了氯化物(Cl)试验的试验方法(见 4.8)和不凝性气体含量的试验方法(见 4.9);

——将采样单元数由总包装数的 5%修改为表 3 的内容(GB/T 7373—1987 的 3.5.4,本版的 5.3.2);

——增加了“怕晒”、“不燃气体”标志(见 6.1);

——增加了规范性附录“不凝性气体含量测定的典型色谱图及相对保留时间”和“二氟一氯甲烷饱和蒸气压表”(见附录 A、附录 B)。

本标准的附录 A 和附录 B 为规范性附录。

本标准由中国石油和化学工业协会提出。

本标准由全国化学标准化技术委员会有机分会(SAC/TC 63/SC 2)归口。

本标准起草单位:浙江衢化氟化学有限公司。

本标准参加起草单位:鹰鹏化工有限公司、山东东岳化工股份有限公司、浙江莹光化工有限公司。

本标准主要起草人:刘红秀、陈科峰、汤月明、张红英。

GB/T 7373—1987 于 1987 年首次发布,GB/T 9016—1988 于 1988 年首次发布。

工业用二氟一氯甲烷(HCFC-22)

1 范围

本标准规定了工业用二氟一氯甲烷的要求、试验方法、检验规则及包装、标志、运输和贮存。

本标准适用于三氯甲烷和氟化氢以液相催化法制得的二氟一氯甲烷。该产品Ⅰ型主要用作制冷剂或除四氟乙烯外的其他氟化工产品的原料,Ⅱ型用作合成四氟乙烯。

分子式:$CHClF_2$

相对分子质量:86.47(按 2001 年国际相对原子质量)

2 规范性引用文件

下列文件中的条款通过本标准的引用而成为本标准的条款。凡是注日期的引用文件,其随后所有的修改单(不包括勘误的内容)或修订版均不适用于本标准,然而,鼓励根据本标准达成协议的各方研究是否可使用这些文件的最新版本。凡是不注日期的引用文件,其最新版本适用于本标准。

GB/T 191 包装储运图标标志(GB/T 191—2000,eqv ISO 780:1997)

GB/T 601 化学试剂 标准滴定溶液的制备

GB/T 603 化学试剂 试验方法中所用制剂及制品的制备(GB/T 603—2002,ISO 6353-1:1982,Reagents for chemical analysis—Part 1:General test methods,NEQ)

GB/T 1250 极限数值的表示方法和判定方法

GB/T 5831 气体中微量氧的测定 比色法

GB/T 6681—2003 气体化工产品采样通则

GB/T 6682 分析实验室用水规格和试验方法(GB/T 6682—1992,eqv ISO 3696:1987)

GB/T 7375 工业用氟代甲烷类纯度的测定 气相色谱法

GB/T 7376 工业用氟代甲烷类中微量水分的测定 卡尔·费休法

GB/T 9722 化学试剂 气相色谱法通则

GB/T 10627 气体分析 标准混合气体的制备 静态容积法(GB/T 10627—1989,idt ISO 6144:1981)

GB/T 10670 工业用氟代甲烷类中微量水分的测定 电解法

GB 13690—1992 常用危险化学品的分类及标志

GB 14193 液化气体气瓶充装规定

3 要求

3.1 性状:二氟一氯甲烷在液化态为无色、不浑浊,无异臭。

3.2 工业用二氟一氯甲烷的质量应符合表 1 所示的技术要求。

表 1 技术要求

项目		Ⅰ型指标		Ⅱ型指标
		优等品	一等品	
二氟一氯甲烷的质量分数/%	≥	99.9	99.6	99.95
水分的质量分数/%	≤	0.001 0	0.003 0	0.002 0

表 1(续)

项　　目		Ⅰ型指标		Ⅱ型指标
		优等品	一等品	
酸度的质量分数(以 HCl 计)/%	≤	0.000 01	0.000 1	0.000 1
蒸发残留物的质量分数/%	≤	0.010		
氯化物(Cl)试验		通过试验		—
不凝性气体的体积分数(25℃)/%	≤	1.5		—
气相中氧的体积分数(20℃)/%	≤	—		0.005

注：二氟一氯甲烷作为制冷剂时检验氯化物(Cl)试验、不凝性气体的体积分数(25℃)。

4　试验方法

4.1　警示

试验方法规定的一些试验过程可能导致危险情况。操作者应采取适当的安全和健康措施。

4.2　一般规定

除非另有说明，在分析中仅使用确认为分析纯的试剂和 GB/T 6682 中规定的三级水。分析中所用标准滴定溶液、制剂及制品，在没有注明其他要求时，均按 GB/T 601、GB/T 603 的规定制备。

4.3　性状试验

取不沸腾的冷却样品 10 mL 置于内径约 15 mm 的试管中，用干燥的布擦干试管外壁附着的霜或湿气，横向透视观察样品颜色、有无浑浊。然后将该样品稍微加热，使其稍有沸腾，检查蒸气有无异臭。

4.4　纯度的测定

按 GB/T 7375 的规定进行，毛细管柱法为仲裁法。

4.5　水分的测定

4.5.1　卡尔·费休库仑电量法(仲裁法)

4.5.1.1　方法提要

在有机碱和甲醇的存在下，样品中的水与电解液中的碘进行定量反应，反应为：

$$I_2 + SO_2 + H_2O \longrightarrow 2HI + SO_3$$

$$2I^- - 2e \longrightarrow I_2$$

参加反应的碘分子数等于水的分子数，而电解生成的碘与所消耗的电量成正比，依据法拉第定律，在仪器上直接读出被测样品的水含量。

4.5.1.2　仪器

4.5.1.2.1　库仑电量水分测定仪：配有阳极室、阴极室、电解电极、双铂检测电极等；

4.5.1.2.2　电子天平：最大称量不小于 2 000 g，分度值 0.1 g；

4.5.1.2.3　取样钢瓶：双阀型不锈钢小钢瓶，容积不小于 150 mL，工作压力 3 MPa；

4.5.1.2.4　进样针：针长(150～200)mm，直径 ϕ(0.5～0.7)mm。

4.5.1.3　试剂

与库仑电量水分测定仪配套使用的电解液(市售试剂)。

4.5.1.4　分析步骤

4.5.1.4.1　库仑电量水分测定仪的调校

打开库仑电量水分仪，加入电解液，调节库仑电量水分测定仪，使滴定池内达到无水状态。

4.5.1.4.2　测定

称量盛有样品的取样钢瓶质量，精确至 0.1 g，将进样针用不锈钢(或适宜材质)的大小接头与取样钢瓶出口阀连接,使进样针头插入库仑电量水分测定仪电解池的底部,液相进样,控制进样速度为(1～2)g/min,进样量约10 g或根据含水量适当调整进样量,进样后再次称量取样钢瓶质量,精确至0.1 g。进样结束后,立即进行电量滴定。输入样品的质量数值,在库仑电量水分测定仪上可直接读取水的质量分数。

取两次平行测定结果的算术平均值为测定结果,两次平行测定结果的绝对差值不大于这两个测定值的算术平均值的20%。

4.5.2 卡尔·费休容量法

按GB/T 7376的规定进行。

4.5.3 电解法

按GB/T 10670的规定进行。

4.6 酸度(以HCl计)的测定

4.6.1 方法提要

使样品气化,鼓泡进入盛有无二氧化碳的水的吸收瓶中,吸收样品中的酸性物质,以溴甲酚绿为指示剂,用氢氧化钠标准滴定溶液滴定,得到酸度(以HCl计)。

4.6.2 仪器

4.6.2.1 取样钢瓶:同4.5.1.2.3;

4.6.2.2 多孔式气体洗瓶:250 mL;

4.6.2.3 微量滴定管:0.01 mL分刻度;

4.6.2.4 电子天平:分度值1 g。

4.6.3 试剂

4.6.3.1 氢氧化钠标准滴定溶液:$c(NaOH)=0.01\ mol/L$;

4.6.3.2 溴甲酚绿指示液:1 g/L。

4.6.4 分析步骤

分别在三个多孔式气体洗瓶中加入100 mL无二氧化碳的水,在第三个多孔式气体洗瓶中加入溴甲酚绿指示液(2～3)滴,用导管串联。擦干取样钢瓶及阀门,称量,精确至1 g。将取样钢瓶阀门出口与第一个多孔式气体洗瓶连接,慢慢打开钢瓶阀门使液态样品气化后通过三个多孔式气体洗瓶,放出约100 g样品时,关闭钢瓶阀门,取下钢瓶,擦干,称量,精确至1 g。若第三个多孔式气体洗瓶中指示液未变色,继续下述步骤,否则重做。将第一个和第二个多孔式气体洗瓶中的溶液合并,移入锥形瓶,加入溴甲酚绿指示液(2～3)滴,用氢氧化钠标准滴定溶液滴定至蓝色为终点。

4.6.5 结果计算

酸度(以HCl计)的质量分数w_1,以%表示,按公式(1)计算:

$$w_1=\frac{cVM}{m\times 1\,000}\times 100 \qquad \cdots\cdots(1)$$

式中:

V——氢氧化钠标准滴定溶液(4.6.3.1)的体积的数值,单位为毫升(mL);

c——氢氧化钠标准滴定溶液浓度的准确数值,单位为摩尔每升(mol/L);

m——试料的质量的数值,单位为克(g);

M——氯化氢的摩尔质量的数值,单位为克每摩尔(g/mol)($M=36.5$)。

取两次平行测定结果的算术平均值为测定结果,两次平行测定结果的绝对差值不大于这两个测定值的算术平均值的40%。

4.7 蒸发残留物含量的测定

4.7.1 方法提要

常温下,使样品蒸发,称取高沸点残留物的质量,求得蒸发残留物含量。

4.7.2 仪器

4.7.2.1 蒸发器：由称量管和蒸发管组成，如图1。

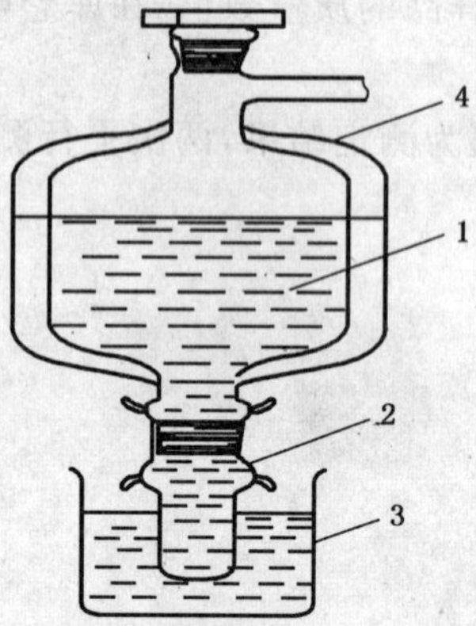

1——样品；
2——称量管；
3——恒温水槽；
4——蒸发管。

图1 蒸发器示意图

4.7.2.2 恒温水槽：可控温在(90±1)℃。

4.7.2.3 电热鼓风箱：可控温在(105±2)℃。

4.7.3 试剂

洗净液：二氯甲烷。

4.7.4 分析步骤

将称量管在(105±2)℃的电热鼓风箱中干燥30 min后，于干燥器中冷却30 min，称量，精确至0.000 1 g，与蒸发管连接。称取冷却到不沸腾的样品200 g于蒸发管中，常温下使样品蒸发，蒸发完全后，在蒸发器中加入约10 mL洗净液，把称量管放入约90℃的恒温水槽中，使洗净液完全蒸发气化，取出称量管在(105±2)℃的电热鼓风箱中干燥约30 min，干燥器中冷却30 min，称量，精确至0.000 1 g。

4.7.5 结果计算

蒸发残留物的质量分数 w_2，以%表示，按式(2)计算：

$$w_2 = \frac{m_2}{m} \times 100 \qquad \cdots\cdots (2)$$

式中：

m_2——蒸发残留物的质量的数值，单位为克(g)；

m——试料的质量的数值，单位为克(g)。

取两次平行测定结果的算术平均值为测定结果，两次平行测定结果的绝对差值不大于0.002%。

4.8 氯化物(Cl)试验

4.8.1 方法提要

在酸性条件下，样品中氯化物与饱和硝酸银溶液反应生成氯化银沉淀，以观察不到混浊为试验通过。该试验方法检测灵敏度为0.000 3%。

4.8.2 试剂

4.8.2.1 硝酸；

4.8.2.2 无水甲醇；

4.8.2.3 饱和硝酸银溶液。

4.8.3 仪器

4.8.3.1 取样钢瓶：同4.5.1.2.3；

4.8.3.2 电子天平：最大称量不小于 2 000 g，分度值 0.1 g。

4.8.4 **分析步骤**

在 100 mL 比色管中加入 30 mL 无水甲醇，在搅拌下加 6 滴硝酸和 18 滴饱和硝酸银溶液。

称量盛有样品的取样钢瓶质量，精确至 0.1 g。将连接管线一端与取样钢瓶出口阀连接(注意每个接头密封完好)，另一端插入比色管溶液中，在搅拌下打开取样钢瓶出口阀鼓泡进样，进样量约 36 g，进样时间应不少于 15 min。观察比色管中有无混浊。溶液中无混浊为通过试验。

4.9 不凝性气体含量的测定

4.9.1 **方法提要**

用气相色谱法，在选定的工作条件下，使产品包装容器中气相不凝性气体通过填充色谱柱，用热导检测器检测，外标法计算不凝性气体的含量。

在典型制冷剂样品中，空气是惟一有确切量的不凝性气体，其他气体不做日常分析。制冷剂液相和气相之间的不凝性气体平衡与温度相关，需进行适当温度校正，报告 25℃ 温度下的结果。

4.9.2 **试剂**

4.9.2.1 载气：氢气或氦气，其体积分数大于 99.5%；

4.9.2.2 标准气：10 MPa 压力的 4 L 氦气钢瓶，内含空气(或氮气)的体积分数为 1.5%。标准气的制备应符合 GB/T 10627 的规定。

4.9.3 **仪器**

4.9.3.1 气相色谱仪：配有进样阀，带有热导检测器。整机灵敏度符合 GB/T 9722 的规定；

4.9.3.2 色谱工作站或数据处理机；

4.9.3.3 色谱柱：填充柱，3 m×3 mm(内径)不锈钢柱或其他适宜材料，固定相为 Porapack Q，粒径(0.15～0.18)mm；

4.9.3.4 进样器：六通阀；

4.9.3.5 取样钢瓶：同 4.5.1.2.3；

4.9.3.6 温度计：(－20～50)℃，分刻度 0.2℃。

4.9.4 **色谱分析条件**

推荐的色谱操作条件见表 2。典型色谱图和保留时间见附录 A。其他能达到同等分离程度的色谱操作条件均可使用。

表 2 推荐的色谱操作条件

汽化室温度/℃	100
检测室温度/℃	150
柱箱温度/℃	90
载气(H_2)流量/(mL/min)	20
进样量/mL	0.15

4.9.5 **分析步骤**

4.9.5.1 **校正**

4.9.5.1.1 将标准气钢瓶出口阀与气相色谱仪进样阀相连，将六通阀的尾气通入装有少量水的气体洗瓶中，慢慢打开标准气钢瓶的阀门，以 1 mL/s 的速度放出标准气通过进样阀，清洗进样系统，约 10 s 后关闭标准气钢瓶阀门，立即旋转进样阀至“进样”位置进样分析。重复进样三次，三次测定的任一绝对差值不大于连续测定值的算术平均值的 0.1%。

4.9.5.1.2 标准气空气的响应因子 f 按式(3)计算：

$$f = \frac{A_s}{V_s} \quad \cdots\cdots (3)$$

式中：

A_s——空气的峰面积；

V_s——标准气中空气的体积分数，%。

取三次 f 测定的算术平均值为测定结果。三次测定 f 的任一绝对差值不大于连续测定值的算术平均值的1.6%。

4.9.5.1.3 每次分析前进行校正。

4.9.5.2 样品分析

测定样品前记录样品所在环境的温度，精确至0.1℃，即为样品液相的温度。

将经真空干燥的取样钢瓶与产品包装容器的气相出口阀连接，打开产品包装容器出口阀门，再打开取样钢瓶的入口阀和出口阀，充分置换系统中的空气后，关闭取样钢瓶的出口阀，使产品包装容器中上部的气体进入取样钢瓶并充满。取样钢瓶与产品包装容器断开，与色谱仪进样阀进口连接，以下操作同4.9.5.1.1。

连续重复进样，直到所测空气峰面积重复，表明系统中空气排净。然后连续2～3次进样测定，取其算术平均值为峰面积测定结果。

4.9.6 结果计算

4.9.6.1 在取样环境温度 T℃下，二氟一氯甲烷中不凝性气体含量的体积分数 φ，数值以%表示，按式(4)计算：

$$\varphi = \frac{A}{f} \qquad \cdots\cdots(4)$$

式中：

A——空气的峰面积；

f——标准气空气的响应因子。

4.9.6.2 校正为25℃的不凝性气体含量的体积分数 φ_1，数值以%表示，按式(5)计算：

$$\varphi_1 = \frac{\varphi p \times 298.15}{(t + 273.15)P_{25}} \times 100 \qquad \cdots\cdots(5)$$

式中：

φ——不凝性气体的体积分数(%)(在温度 t 下)；

p——样品在温度为 t 时的饱和蒸气压，单位为千帕(kPa)，该值由附录B查得；

t——样品在取样时的环境温度，单位为摄氏度(℃)；

P_{25}——样品在25℃时的饱和蒸气压，单位为千帕(kPa)，该值由附录B查得。

取连续测定结果的算术平均值为测定结果，连续测定结果的任一绝对差值不大于连续测定值的算术平均值的10%。

4.10 气相中氧含量的测定

按GB/T 5831的规定进行，其中取样按下述步骤进行。

洗净分析器并充满水，开通分析器全部活塞，将分析器的取气活塞的支管用橡皮管与金属取样管紧密连接。开启取样钢瓶出口阀，使样品气化，调节样品气流速至(1 000～5 000)mL/min，用样品气将分析器内的水全部置换出来，减小样品气流速，关闭分析器的各活塞，取下分析器。用活塞调节分析器内气体压力的平衡至常压。读取并记录室内温度和大气压。

5 检验规则

5.1 本标准采用型式检验和出厂检验。

5.1.1 本标准表1技术要求中的全部项目均为型式检验项目。在正常情况下，每一个月至少进行一次型式检验。有下列情况之一时，也应进行型式检验。

a) 更新关键生产工艺；

b) 主要原料有变化；

c) 停产又恢复生产；

d) 出厂检验结果与上次型式检验有较大差异；

e) 合同规定。

5.1.2 本标准表1技术要求中的Ⅰ型产品中二氟一氯甲烷含量、水分为出厂检验项目，Ⅱ型产品所有项目为出厂检验项目。出厂检验应逐批进行。

5.2 工业用二氟一氯甲烷以同等质量的均匀产品为一批。钢瓶装产品以不大于50 t为一批，或以一贮槽、一槽车的产品量为一批。

5.3 工业用二氟一氯甲烷的液相采样按GB/T 6681—2003中的7.10的规定进行。采样的总量应保证检验的需要。

5.3.1 取样钢瓶和取样导管应经真空干燥，样品应以液相进入取样钢瓶，用取样钢瓶导管的排放阀调节试样量，使液态样品不超过取样钢瓶内容积的80%。取样钢瓶贴上标签并注明：产品名称、批号、采样日期及采样人姓名，供检验用。

5.3.2 钢瓶包装的采样单元数应符合表3要求。

5.3.3 允许生产厂在使用非重复性或一次性包装出厂产品时，在产品包装前采样。

表3 钢瓶包装的二氟一氯甲烷的采样单元数

产品包装单元数(瓶)			抽样数量(瓶)
400 kg以上包装规格	400 kg～100 kg包装规格	100 kg以下～1 kg包装规格	
≤3	≤5		1
4～10	6～20	≤100	2
11～40	21～50	101～500	3
>40	51～100	501～1 000	5
	>100	1 001～5 000	10
		>5 000	20

5.4 工业用二氟一氯甲烷应由生产厂的质量检验部门进行检验。每批出厂的产品都应附有质量证明书，内容包括：产品名称、产品等级、生产厂厂名、厂址、批号或生产日期及本标准编号。

5.5 检验结果的判定按GB/T 1250中的修约值比较法进行。检验结果如果有一项指标不符合本标准要求时，钢瓶装产品应重新自两倍数量的包装单元中采样进行检验，贮槽装产品及槽车装产品应重新采样进行检验。重新检验的结果即使只有一项指标不符合本标准要求，则整批产品为不合格。

6 标志、包装、运输和贮存

6.1 工业用二氟一氯甲烷包装容器上应有牢固清晰的标志，内容包括：产品名称、商标、生产厂厂名、厂址、净质量、批号、产品等级、本标准编号、GB 191规定的"怕晒"标志和GB 13690—1992附录B规定的"不燃气体"标志。

6.2 工业用二氟一氯甲烷应使用专用的二氟一氯甲烷钢瓶包装。重复使用的钢瓶外涂铝白色，钢瓶外壁打上钢印号。非重复使用的钢瓶外涂绿色。钢瓶外壁用黑色油漆标明产品名称、皮重。

6.3 钢瓶充装时应符合GB 14193的规定，二氟一氯甲烷的充装系数不大于1.02 kg/L。

6.4 对重复使用的钢瓶，在产品使用后钢瓶内应保持正压。

6.5 工业用二氟一氯甲烷应贮存在阴凉、通风、干燥的地方，不得靠近热源，严禁日晒雨淋。

6.6 装有二氟一氯甲烷的钢瓶为带压容器，在装卸运输过程中必须戴好安全帽，严禁撞击、拖拉、摔落和直接曝晒。钢瓶运输应符合中华人民共和国铁路、公路运输的有关规定。

7 安全条款

工业用二氟一氯甲烷为不燃气体，低毒性。当皮肤接触时，应用肥皂水和清洁水彻底冲洗皮肤至少15 min，眼睛接触时，用流动清水或生理盐水冲洗，就医。

工业用二氟一氯甲烷钢瓶包装，若遇高热，容器内压力增大，有开裂和爆炸的危险。

附 录 A
（规范性附录）
二氟一氯甲烷中不凝性气体含量测定的典型色谱图及相对保留时间

A.1 二氟一氯甲烷中不凝性气体含量测定典型色谱图见图 A.1。

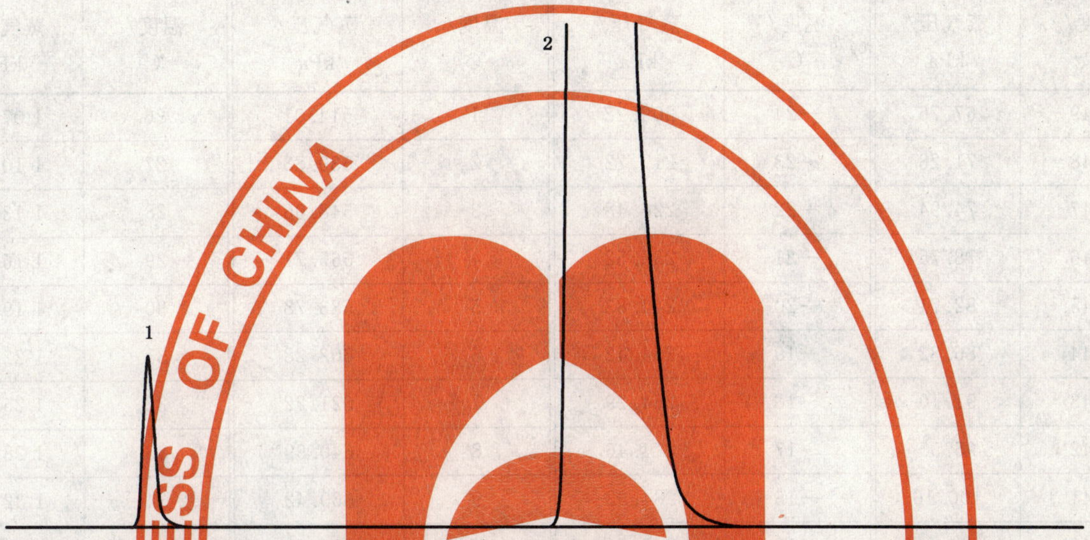

1——空气；
2——二氟一氯甲烷。

图 A.1 二氟一氯甲烷中不凝性气体含量测定典型色谱图

A.2 二氟一氯甲烷中不凝性气体含量测定相对保留时间见表 A.1。

表 A.1 相对保留时间

峰序	组分名称	相对保留时间	保留时间/min
1	空气	1	1.089
2	二氟一氯甲烷	3.22	3.508

附　录　B
（规范性附录）
二氟一氯甲烷不同温度下的蒸气压

B.1　二氟一氯甲烷不同温度下的蒸气压见表 B.1。

表 B.1　二氟一氯甲烷不同温度下的蒸气压

温度/℃	蒸气压/kPa	温度/℃	蒸气压/kPa	温度/℃	蒸气压/kPa	温度/℃	蒸气压/kPa
−49	67.76	−24	209.22	1	514.01	26	1 072.3
−48	71.28	−23	217.72	2	530.83	27	1 101.4
−47	74.94	−22	226.48	3	548.06	28	1 130.9
−46	78.75	−21	235.52	4	565.71	29	1 161.1
−45	82.71	−20	244.83	5	583.78	30	1 191.9
−44	86.82	−19	254.42	6	602.28	31	1 223.2
−43	91.10	−18	264.29	7	621.22	32	1 255.2
−42	95.55	−17	274.46	8	640.59	33	1 287.8
−41	100.16	−16	284.93	9	660.42	34	1 321.0
−40	104.95	−15	295.70	10	680.70	35	1 354.8
−39	109.92	−14	306.78	11	701.44	36	1 389.2
−38	115.07	−13	318.17	12	722.65	37	1 424.3
−37	120.41	−12	329.89	13	744.33	38	1 460.1
−36	125.94	−11	341.93	14	766.50	39	1 496.5
−35	131.68	−10	354.30	15	789.15	40	1 533.5
−34	137.61	−9	367.01	16	812.29	41	1 571.2
−33	143.75	−8	380.06	17	835.93	42	1 609.7
−32	150.11	−7	393.47	18	860.08	43	1 648.7
−31	156.68	−6	407.23	19	884.75	44	1 688.5
−30	163.48	−5	421.35	20	909.93	45	1 729.0
−29	170.50	−4	435.84	21	935.64	46	1 770.2
−28	177.76	−3	450.70	22	961.89	47	1 812.1
−27	185.25	−2	465.94	23	988.67	48	1 854.8
−26	192.99	−1	481.57	24	1 016.00	49	1 898.2
−25	200.98	0	497.59	25	1 043.90	50	1 942.3

ICS 71.080.20
G 17

中华人民共和国国家标准

GB/T 7375—2006
代替 GB/T 7375—1987

工业用氟代甲烷类纯度的测定
气相色谱法

Fluorinated methanes for industrial use
—Determination of purity—Gas chromatography

2006-01-23 发布　　　　2006-11-01 实施

中华人民共和国国家质量监督检验检疫总局
中国国家标准化管理委员会　发布

前　言

本标准与“美国空调和制冷协会”标准 ARI standard 700:1999《氟碳烃制冷剂规格》(英文版)的一致性程度为非等效。

本标准代替 GB/T 7375—1987《工业用氟代甲烷类纯度的测定　气相色谱法》。

本标准与 GB/T 7375—1987 相比主要变化如下：

——色谱法由 β,β'-氧二丙腈填充柱修改为 1%SP-1000 填充柱(1987 版的 5;本版的 6.2),增加适用不同的氟代甲烷的毛细管柱色谱法(见 6.1);

——氟代甲烷含量的计算方法由面积归一化法修改为面积校正归一化法(1987 版的 5.7;本版的 8);

——增加了资料性附录“氟代甲烷类相对质量校正因子的测定值”(见附录 B),将氟代甲烷类纯度测定的典型色谱图及相对保留时间调整到规范性附录中(1987 版的 5.6;本版的附录 A)。

本标准的附录 A 为规范性附录,附录 B 为资料性附录。

本标准由中国石油和化学工业协会提出。

本标准由全国化学标准化技术委员会有机分会(SAC/TC 63/SC 2)归口。

本标准起草单位:浙江衢化氟化学有限公司。

本标准主要起草人:刘红秀、陈科峰、汤月明、张红英。

本标准于 1987 年首次发布。

工业用氟代甲烷类纯度的测定 气相色谱法

1 范围

本标准规定了工业用氟代甲烷类一氟三氯甲烷(CFC-11)、二氟二氯甲烷(CFC-12)、二氟一氯甲烷(HCFC-22)的组分分析的试验方法。

本标准适用于分析质量分数不低于99.0%的工业用氟代甲烷类一氟三氯甲烷(CFC-11)、二氟二氯甲烷(CFC-12)、二氟一氯甲烷(HCFC-22)的含量。

2 规范性引用文件

下列文件中的条款通过本标准的引用而成为本标准的条款。凡是注日期的引用文件,其随后所有的修改单(不包括勘误的内容)或修订版均不适用于本标准,然而,鼓励根据本标准达成协议的各方研究是否可使用这些文件的最新版本。凡是不注日期的引用文件,其最新版本适用于本标准。

GB/T 9722—1988 化学试剂 气相色谱法通则

3 方法提要

在本标准规定的条件下,氟代甲烷样品的气体或液体气化后通过色谱柱,使欲测定的诸组分分离,用氢火焰检测器检测,以面积校正归一化法计算氟代甲烷的质量分数。

4 试剂和材料

4.1 氮气:纯度的体积分数大于99.995%;

4.2 氢气:纯度的体积分数大于99.995%;

4.3 空气:经硅胶与分子筛干燥、净化。

5 仪器

5.1 气相色谱仪:带有火焰离子化检测器(FID),可进行毛细色谱柱分析。在符合GB/T 9722—1988中5.1规定的色谱条件下,以苯为试样,整机灵敏度以检出限 D 表示,检出限 $D \leqslant 1\times10^{-11}$ g/s。

5.2 记录仪:色谱工作站或处理机。

5.3 进样器:微量注射器1 mL、5 μL,或自动进样阀。

5.4 填充柱管:7 m×3 mm(内径)不锈钢管。

5.5 取样钢瓶:双阀型不锈钢小钢瓶,容积不小于150 mL。

5.6 气体取样袋:0.5 L,由铝塑复合膜或含氟树脂制成。

5.7 配气瓶:耐压玻璃瓶,2 L。

5.8 螺纹口瓶:带隔垫,容积100 mL。

5.9 真空泵。

6 色谱分析条件

6.1 毛细管柱色谱法

6.1.1 推荐的毛细管柱和色谱操作条件见表1。氟代甲烷类的典型色谱图和相对保留时间见附录A。

其他能达到同等分离程度的毛细管柱和色谱操作条件均可使用。

表 1 推荐的毛细管柱和色谱操作条件

样品种类	CFC-11	CFC-12	HCFC-22
色谱柱	交联键合 100%二甲基聚硅氧烷固定液		键合硅胶基多孔层开管柱
柱长×柱内径×膜厚	100 m×250 μm×0.5 μm		60 m×320 μm
汽化室温度/℃	150		200
检测室温度/℃	250		
柱箱温度/℃	初始温度 35℃保持 11 min,以 10℃/min 从 35℃升温至 120℃,保持 8 min		初始温度 50℃保持 4 min,以 10℃/min 从 50℃升温至 120℃,保持 6 min
载气(N_2)平均线速/(cm/s)	25		30
燃气(H_2)/(mL/min)	40		
分流比	1∶20		1∶40
进样量	3 μL(液样)	0.5 mL(气样)	0.2 mL(气样)

6.2 填充柱色谱法

6.2.1 推荐的填充柱和色谱操作条件见表 2。氟代甲烷类的典型色谱图和相对保留时间见附录 A。其他能达到同等分离程度的填充柱和色谱操作条件均可使用。

表 2 推荐的填充柱和色谱操作条件

样品种类	CFC-11	CFC-12	HCFC-22
色谱柱	7 m×3 mm(内径)不锈钢管,固定相为 1%的 SP-1000 涂渍在(0.15～0.18)mm 的 Carbopack B 上		
汽化室温度/℃	150		
检测室温度/℃	250		
柱箱温度/℃	初始温度 125℃,保持4 min,以 10℃/min 从 125℃升温至 180℃,保持 11 min	初始温度 40℃,保持 6 min,以 10℃/min 从 40℃升温至 160℃,保持 18 min	初始温度 40℃,保持 6 min,以 10℃/min 从 40℃升温至 160℃,保持 4 min
载气(N_2)流量/(mL/min)	30		
燃气(H_2)/(mL/min)	40		
进样量	1 μL(液样)	0.5 mL(气样)	0.5 mL(气样)

7 分析步骤

7.1 相对质量校正因子的测定

在配制校准用标准样品时应将所取标准样品的质量乘以其准确含量做修正。

当用一氟三氯甲烷(CFC-11)或二氟二氯甲烷(CFC-12)或二氟一氯甲烷(HCFC-22)作为本底样品制备校准用标准样品时,需事先在本标准规定的试验条件下进行检查,应在待测组分处无杂质峰出现,否则应予以修正。

7.1.1 一氟三氯甲烷(CFC-11)校准用标准样品的配制

7.1.1.1 称量螺纹口瓶的质量,精确至 0.01 g。打开瓶盖及隔垫,加入液体本底样品 CFC-11,加入量约占螺纹口瓶容积 5/8,盖上隔垫及瓶盖,再次称量。两次称量之差即为加入的本底样品 CFC-11 的质量 m。

7.1.1.2 根据待测样品实际情况，用注射器逐一加入一定体积的各杂质组分气体或液体到螺纹口瓶中，使各杂质的量与待测样品组成接近。计算加入的各杂质组分的质量。

7.1.1.2.1 气体杂质组分 i 的质量 m_i，数值以克(g)表示，按公式(1)计算：

$$m_i = \frac{M_i V_i}{24\ 450} \qquad \cdots\cdots(1)$$

式中：

V_i——加入的气体杂质组分 i 的体积，单位为毫升(mL)；

M_i——加入的气体杂质组分 i 的摩尔质量，单位为克(g)；

24 450——在25℃、101.3 kPa下，1摩尔气体的体积，单位为毫升(mL)。

7.1.1.2.2 液体杂质组分 j 的质量 m_j，数值以克(g)表示，按公式(2)计算：

$$m_j = \rho_j V_j \qquad \cdots\cdots(2)$$

式中：

V_j——加入的液体杂质组分 j 的液体体积，单位为毫升(mL)；

ρ_j——加入的液体杂质组分 j 的密度，单位为克每毫升(g/mL)。

7.1.1.3 将螺纹口瓶置于冰水浴中冷却，更换新的隔垫并取出。置于冰箱中10℃以下保存备用。

7.1.1.4 当螺纹口瓶中剩余的校准用标准样品的质量小于配制时质量的60%，应重新配制。

7.1.2 二氟二氯甲烷(CFC-12)校准用标准样品的配制

7.1.2.1 将水充满已知质量的配气瓶，称量，精确至1 g，计算得出水的质量，并除以该温度下水的密度，得到该配气瓶的容积(忽略浮力的影响)。

7.1.2.2 以本底样品CFC-12反复置换配气瓶中的空气，再抽真空(真空度小于0.133 3 kPa)，然后以液相导入本底样品CFC-12至配气瓶压力101.3 kPa。

CFC-12的校准用标准样品也可用氮气作为本底气制备。当用氮气作为本底气时，应在校准用标准样品中适量加入CFC-12本底样品。加入的本底样品CFC-12的质量 m 按公式(1)计算。

7.1.2.3 根据待测样品实际情况，用注射器逐一加入一定体积的各杂质组分气体或液体到配气瓶中，使各杂质的量与待测样品组成接近。平衡(20～30)min，使各组分完全汽化混合均匀。加入的各杂质组分的质量按公式(1)或公式(2)计算。

7.1.2.4 校准用标准样品有效期为3～4天。

7.1.3 二氟一氯甲烷(HCFC-22)校准用标准样品的配制

7.1.3.1 以HCFC-22为本底样品，按7.1.2.1、7.1.2.2和7.1.2.3的规定操作。

7.1.3.2 校准用标准样品有效期为3～4天。

7.1.4 校准用标准样品中各杂质组分含量的计算

校准用标准样品中各杂质组分 i 或 j 的质量分数 w_i，数值以%表示，按公式(3)计算：

$$w_i = \frac{m_{i(j)}}{m + \sum m_{i(j)}} \times 100 \qquad \cdots\cdots(3)$$

式中：

$m_{i(j)}$——校准用标准样品中各杂质组分 i 或 j 的质量，单位为克(g)；

m——校准用标准样品中本底样品的质量，单位为克(g)。

7.1.5 相对质量校正因子的测定

取一定量的校准用标准样品，按表1或表2的规定测定。

以校准用标准样品的本底样品为参照物 R，杂质组分 i 的相对质量校正因子 f_i，按公式(4)计算：

$$f_i = \frac{w_i A_R}{A_i w_R} \quad \cdots\cdots(4)$$

式中：

w_i——校准用标准样品中杂质组分 i 的质量分数，%；

A_i——杂质组分 i 的峰面积；

w_R——参照物 R 的质量分数，%；

A_R——参照物 R 的峰面积。

7.1.6 各杂质组分相对质量校正因子的测定值见附录 B。

7.1.7 未知组分的相对质量校正因子 f_i 采用各杂质组分中最大的相对质量校正因子。

7.2 样品的测定

7.2.1 一氟三氯甲烷（CFC-11）样品的测定

将待测样品及注射器预先置于冰箱中，在 5℃～10℃放置 20 min。取液体样品按表 1 或表 2 的规定测定。

7.2.2 二氟二氯甲烷（CFC-12）、二氟一氯甲烷（HCFC-22）样品的测定

用氮气反复置换、清洗气体取样袋。倒置取样钢瓶，缓慢打开取样钢瓶的阀门，放出试样以置换连接系统。将气体取样袋与取样钢瓶连接，打开阀门，让适量的液体样品完全汽化到气体取样袋中。

按表 1 或表 2 的规定调试仪器，待仪器稳定后，用注射器从气体取样袋中抽取试样 2～3 次，清洗注射器，然后取气体样品注入气相色谱仪中进行测定。

8 结果计算

氟代甲烷的含量以质量分数 w_{F1} 计，数值以%表示，按公式(5)计算：

$$w_{F1} = \frac{f_i A_i}{\sum f_i A_i} \quad \cdots\cdots(5)$$

式中：

A_i——组分 i 的峰面积；

f_i——组分 i 的相对质量校正因子。

在同一实验室，由同一操作者使用相同设备，按相同的测试方法，并在短时间内对同一被测样品相互独立进行测试获得的氟代甲烷纯度两次独立测试结果的绝对差值不大于 0.05%。

附 录 A
（规范性附录）
氟代甲烷类纯度测定的典型色谱图及相对保留时间

A.1 一氟三氯甲烷含量测定的典型色谱图及相对保留时间

A.1.1 毛细管柱法典型色谱图见图 A.1，相对保留时间见表 A.1。

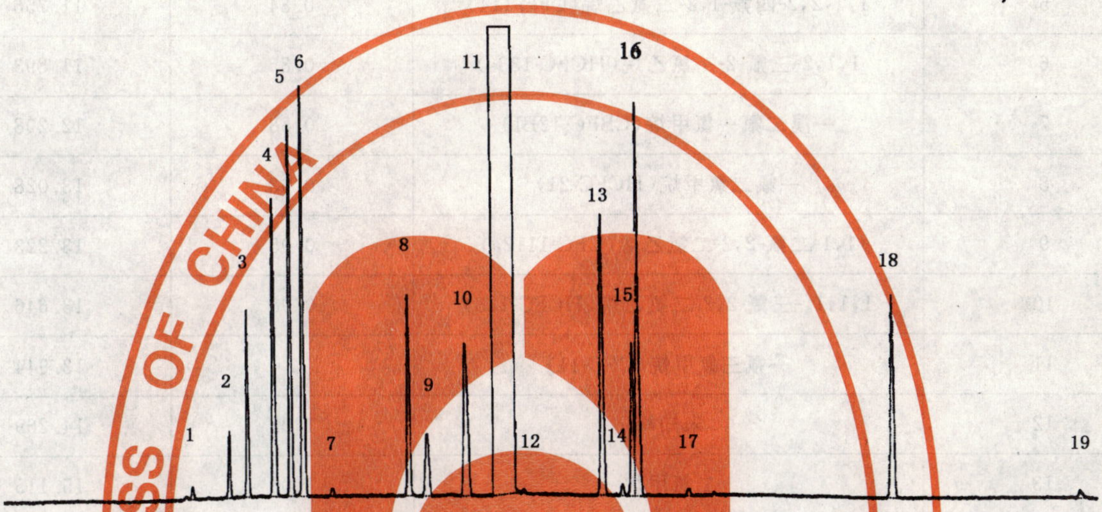

1——三氟一氯甲烷；
2——二氟一氯甲烷；
3——二氟二氯甲烷；
4——一氯甲烷；
5——1,1,2,2-四氟-1,2-二氯乙烷；
6——1,1,2-三氟-2-一氯乙烷；
7——一溴二氟一氯甲烷；
8——一氟二氯甲烷；
9——1,1-二氟-2,2-二氯乙烯；
10——1,1,1,-三氟-2,2-二氯乙烷；
11——一氟三氯甲烷；
12——未知峰；
13——二氯甲烷；
14——未知峰；
15——1,1,1-三氟-2,2,2-三氯乙烷；
16——1,2,2-三氟-1,1,2-三氯乙烷；
17——未知峰；
18——三氯甲烷；
19——四氯化碳。

图 A.1 一氟三氯甲烷毛细管柱典型色谱图

表 A.1 毛细管柱的相对保留时间

峰序	组分名称	相对保留时间	保留时间/min
1	三氟一氯甲烷(CFC-13)	0.77	10.703
2	二氟一氯甲烷(HCFC-22)	0.79	11.090
3	二氟二氯甲烷(CFC-12)	0.81	11.287
4	一氯甲烷	0.83	11.577
5	1,1,2,2-四氟-1,2-二氯乙烷(CFC-114)	0.84	11.756
6	1,1,2-三氟-2-一氯乙烷(HCFC-133a)	0.85	11.893
7	一溴二氟一氯甲烷(CBFC-12B1)	0.88	12.208
8	一氟二氯甲烷(HCFC-21)	0.93	13.028
9	1,1-二氟-2,2-二氯乙烯(CFC-1112a)	0.95	13.223
10	1,1,1,-三氟-2,2-二氯乙烷(HCFC-123)	0.98	13.646
11	一氟三氯甲烷(CFC-11)	1	13.944
12	未知峰	1.02	14.269
13	二氯甲烷	1.08	15.115
14	未知峰	1.10	15.328
15	1,1,1-三氟-2,2,2-三氯乙烷(CFC-113a)	1.11	15.438
16	1,2,2-三氟-1,1,2-三氯乙烷(CFC-113)	1.11	15.496
17	未知峰	1.15	16.035
18	三氯甲烷	1.31	18.225
19	四氯化碳	1.46	20.309

A.1.2 填充柱法典型色谱图见图 A.2,相对保留时间见表 A.2。

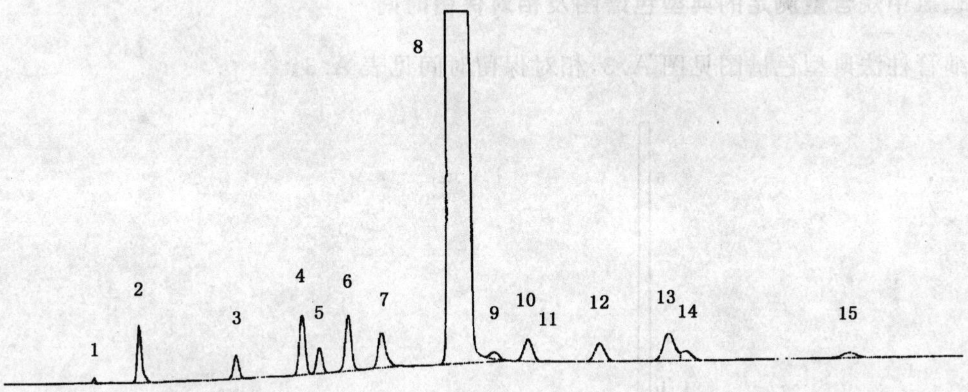

1——三氟一氯甲烷；
2——二氟一氯甲烷；
3——二氟二氯甲烷；
4——1,1,2-三氟-2-一氯乙烷；
5——一氟二氯甲烷；
6——二氯甲烷；
7——1,1,2,2-四氟-1,2-二氯乙烷；
8——一氟三氯甲烷；
9——一溴二氟一氯甲烷；
10——1,1,1-三氟-2,2-二氯乙烷；
11——未知峰；
12——三氯甲烷；
13——1,2,2-三氟-1,1,2-三氯乙烷；
14——1,1,1-三氟-2,2,2-三氯乙烷；
15——四氯化碳。

图 A.2 一氟三氯甲烷填充柱典型色谱图

表 A.2 填充柱的相对保留时间

峰序	组分名称	相对保留时间	保留时间/min
1	三氟一氯甲烷(CFC-13)	0.34	3.745
2	二氟一氯甲烷(HCFC-22)	0.39	4.349
3	二氟二氯甲烷(CFC-12)	0.58	6.400
4	1,1,2-三氟-2-一氯乙烷(HCFC-133a)	0.71	7.814
5	一氟二氯甲烷(HCFC-21)	0.74	8.176
6	二氯甲烷	0.80	8.804
7	1,1,2,2-四氟-1,2-二氯乙烷(CFC-114)	0.86	9.542
8	一氟三氯甲烷(CFC-11)	1	11.060
9	一溴二氟一氯甲烷(CBFC-12B1)	1.08	11.967
10	1,1,1,-三氟-2,2-二氯乙烷(HCFC-123)	1.15	12.690
11	未知峰	—	13.094
12	三氯甲烷	1.28	14.209
13	1,2,2-三氟-1,1,2-三氯乙烷(CFC-113)	1.42	15.690
14	1,1,1-三氟-2,2,2-三氯乙烷(CFC-113a)	1.45	16.047
15	四氯化碳	1.77	19.571

A.2 二氟二氯甲烷含量测定的典型色谱图及相对保留时间

A.2.1 毛细管柱法典型色谱图见图 A.3，相对保留时间见表 A.3。

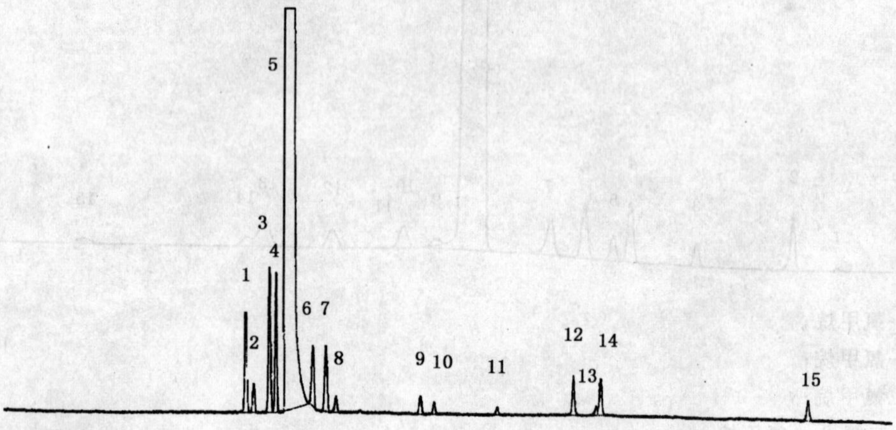

1——三氟一氯甲烷；
2——五氟一氯乙烷；
3——1,1-二氟乙烷；
4——二氟一氯甲烷；
5——二氟二氯甲烷；
6——一氯甲烷；
7——1,1,2,2-四氟-1,2-二氯乙烷；
8——1,1,2-三氟-2-一氯乙烷；
9——一氟二氯甲烷；
10——1,1-二氟-2,2-二氯乙烯；
11——一氟三氯甲烷；
12——二氯甲烷；
13——1,1,1-三氟-2,2,2-三氯乙烷；
14——1,2,2-三氟-1,1,2-三氯乙烷；
15——三氯甲烷。

图 A.3 二氟二氯甲烷毛细管柱典型色谱图

表 A.3 毛细管柱的相对保留时间

峰序	组分名称	相对保留时间	保留时间/min
1	三氟一氯甲烷(CFC-13)	0.96	11.731
2	五氟一氯乙烷(CFC-115)	0.97	11.835
3	1,1-二氟乙烷(HFC-152a)	0.98	12.045
4	二氟一氯甲烷(HCFC-22)	0.99	12.131
5	二氟二氯甲烷(CFC-12)	1	12.253
6	一氯甲烷	1.03	12.641
7	1,1,2,2-四氟-1,2-二氯乙烷(CFC-114)	1.05	12.823
8	1,1,2-三氟-2-一氯乙烷(HCFC-133a)	1.06	12.962
9	一氟二氯甲烷(HCFC-21)	1.15	14.115
10	1,1-二氟-2,2-二氯乙烯(CFC-1112a)	1.17	14.302

表 A.3(续)

峰序	组分名称	相对保留时间	保留时间/min
11	一氟三氯甲烷(CFC-11)	1.24	15.145
12	二氯甲烷	1.32	16.168
13	1,1,1-三氟-2,2,2-三氯乙烷(CFC-113a)	1.34	16.480
14	1,2,2-三氟-1,1,2-三氯乙烷(CFC-113)	1.35	16.539
15	三氯甲烷	1.58	19.356

A.2.2 填充柱法典型色谱图见图 A.4,相对保留时间见表 A.4。

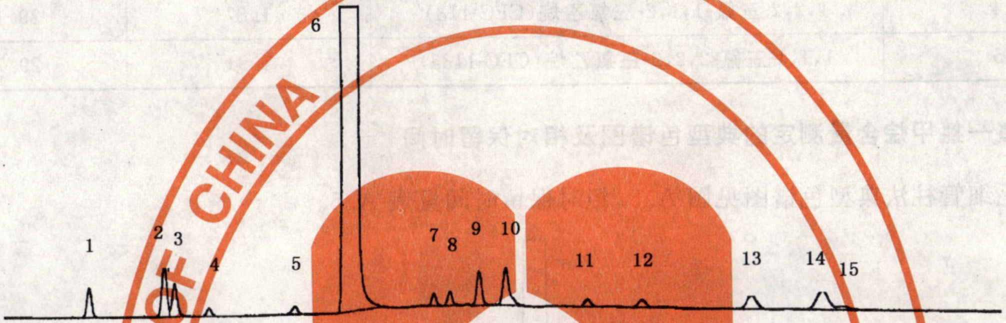

1——三氟一氯甲烷;
2——1,1-二氟乙烷;
3——一氯甲烷;
4——二氟一氯甲烷;
5——五氟一氯乙烷;
6——二氟二氯甲烷;
7——1,1,2-三氟-2-一氯乙烷;
8——一氟二氯甲烷;
9——二氯甲烷;
10——1,1,2,2-四氟-1,2-二氯乙烷;
11——一氟三氯甲烷;
12——一溴二氟一氯甲烷;
13——三氯甲烷;
14——1,2,2-三氟-1,1,2-三氯乙烷;
15——1,1,1-三氟-2,2,2-三氯乙烷。

图 A.4 二氟二氯甲烷填充柱典型色谱图

表 A.4 填充柱的相对保留时间

峰序	组分名称	相对保留时间	保留时间/min
1	三氟一氯甲烷(CFC-13)	0.53	8.279
2	1,1-二氟乙烷(HFC-152a)	0.67	10.422
3	一氯甲烷	0.69	10.713
4	二氟一氯甲烷(HCFC-22)	0.75	11.686
5	五氟一氯乙烷(CFC-115)	0.91	14.115
6	二氟二氯甲烷(CFC-12)	1	15.554
7	1,1,2-三氟-2-一氯乙烷(HCFC-133a)	1.16	18.072

表 A.4(续)

峰序	组分名称	相对保留时间	保留时间/min
8	一氟二氯甲烷(HCFC-21)	1.19	18.532
9	二氯甲烷	1.24	19.369
10	1,1,2,2-四氟-1,2-二氯乙烷(CFC-114)	1.29	20.151
11	一氟三氯甲烷(CFC-11)	1.44	22.475
12	一溴二氟一氯甲烷(CBFC-12B1)	1.54	24.006
13	三氯甲烷	1.74	27.110
14	1,2,2-三氟-1,1,2-三氯乙烷(CFC-113)	1.87	29.149
15	1,1,1-三氟-2,2,2-三氯乙烷(CFC-113a)	1.91	29.725

A.3 二氟一氯甲烷含量测定的典型色谱图及相对保留时间

A.3.1 毛细管柱法典型色谱图见图 A.5,相对保留时间见表 A.5。

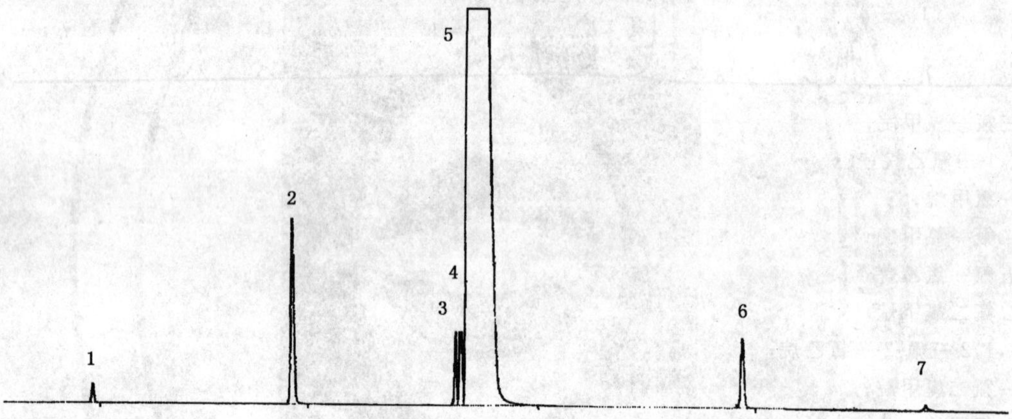

1——三氟甲烷;
2——二氟甲烷;
3——1,1,1-三氟乙烷;
4——二氟二氯甲烷;
5——二氟一氯甲烷;
6——一氟一氯甲烷;
7——一氟二氯甲烷。

图 A.5 二氟一氯甲烷毛细管柱典型色谱图

表 A.5 毛细管柱的相对保留时间

峰序	组分名称	相对保留时间	保留时间/min
1	三氟甲烷(HFC-23)	0.50	4.755
2	二氟甲烷(HFC-32)	0.76	7.244
3	1,1,1-三氟乙烷(HFC-143a)	0.98	9.333
4	二氟二氯甲烷(CFC-12)	0.99	9.397
5	二氟一氯甲烷(HCFC-22)	1	9.466
6	一氟一氯甲烷(HCFC-31)	1.36	12.917
7	一氟二氯甲烷(HCFC-21)	1.66	15.725

A.3.2 填充柱法典型色谱图见图 A.6,相对保留时间见表 A.6。

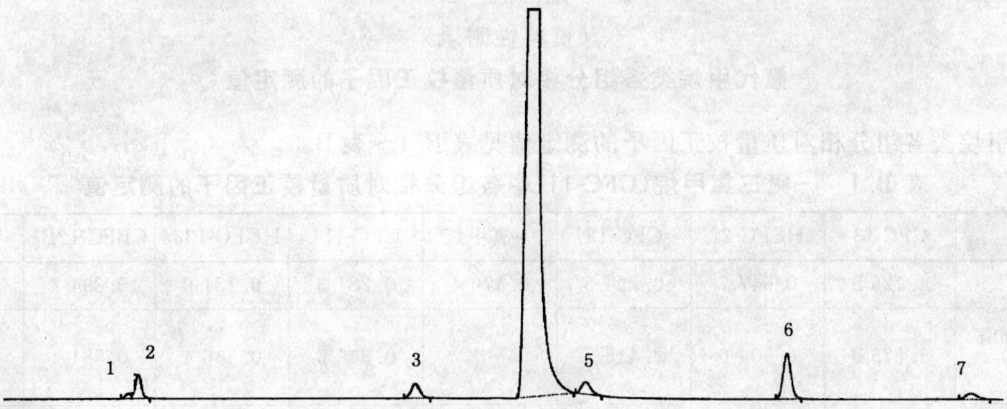

1——三氟甲烷;

2——二氟甲烷;

3——1,1,1-三氟乙烷;

4——二氟一氯甲烷;

5——一氟一氯甲烷;

6——二氟二氯甲烷;

7——一氟二氯甲烷。

图 A.6 二氟一氯甲烷填充柱典型色谱图

表 A.6 填充柱的相对保留时间

峰序	组分名称	相对保留时间	保留时间/min
1	三氟甲烷(HFC-23)	0.39	4.436
2	二氟甲烷(HFC-32)	0.40	4.600
3	1,1,1-三氟乙烷(HFC-143a)	0.83	9.403
4	二氟一氯甲烷(HCFC-22)	1	11.373
5	一氟一氯甲烷(HCFC-31)	1.09	12.368
6	二氟二氯甲烷(CFC-12)	1.39	15.846
7	一氟二氯甲烷(HCFC-21)	1.68	19.100

附　录　B
（资料性附录）
氟代甲烷类各组分相对质量校正因子的测定值

氟代甲烷类各组分相对质量校正因子的测定值见表B.1～表B.3。

表B.1　一氟三氯甲烷(CFC-11)中各组分相对质量校正因子的测定值

组分	CFC-13	HCFC-22	CFC-12	一氯甲烷	CFC-114	HCFC-133a	CBFC-12B1	HCFC-21
毛细柱	4.126 5	0.647 7	0.754 5	0.170 4	0.281 3	0.131 0	0.894 2	0.461 7
1%SP-1000填充柱	1.575 8	0.504 0	2.415 5	—	0.849 6	0.306 4	0.581 4	1.508 3
组分	CFC-1112a	HCFC-123	CFC-11	二氯甲烷	CFC-113a	CFC-113	三氯甲烷	四氯化碳
毛细柱	0.124 2	0.152 4	1	0.075 1	0.232 8	0.120 2	0.232 4	0.271 6
1%SP-1000填充柱	—	0.614 3	1	0.854 7	0.202 4	0.478 5	0.684 9	0.998 0

表B.2　二氟二氯甲烷(CFC-12)中各组分相对质量校正因子的测定值

组分	CFC-13	CFC-115	HFC-152a	HCFC-22	CFC-12	一氯甲烷	CFC-114	HCFC-133a
毛细柱	1.573 8	0.420 7	0.076 9	0.394 9	1	0.172 1	0.323 1	0.122 8
1%SP-1000填充柱	0.601 0	0.927 6	0.167 1	1.070 7	1	0.253 0	0.349 2	0.152 0
组分	HCFC-21	CFC-1112a	CFC-11	二氯甲烷	HCFC-113a	CFC-113	三氯甲烷	—
毛细柱	0.505 5	0.183 9	2.227 2	0.242 4	0.267 8	0.244 6	0.438 6	—
1%SP-1000填充柱	0.630 5	—	0.181 8	0.248 8	0.217 9	0.189 9	0.308 1	—

表B.3　二氟一氯甲烷(HCFC-22)中各组分相对质量校正因子的测定值

组分	HFC-23	HFC-32	HFC-143a	CFC-12	HCFC-22	HCFC-31	HCFC-21
GasPRo毛细柱	2.792 2	0.457 3	0.226 8	1.858 4	1	0.397 4	1.062 7
1%SP-1000填充柱	2.356 4	0.748 9	0.146 9	1.090 2	1	0.369 8	0.971 1

ICS 23.020.30
J 76

中华人民共和国国家标准

GB 7512—2006
代替 GB 7512—1998

液化石油气瓶阀

Valves for liquefied petroleum gas cylinders

2006-07-19 发布　　2007-02-01 实施

中华人民共和国国家质量监督检验检疫总局
中国国家标准化管理委员会　发布

前　言

本标准的全部技术内容为强制性。

本标准是对GB 7512—1998《液化石油气瓶阀》的修订。

本标准与GB 7512—1998标准相比，主要增加和更改了以下内容：

——明确规定了液化石油气瓶阀的结构型式必须为不可拆卸式，并增加了阀的出气口有自闭装置的型式；

——阀的型号作了相应的变动；

——阀的锥螺纹为PZ27.8和PZ19.2时，手轮直径尺寸统一为$\phi(42\pm0.8)$mm；

——取消了阀体锻坯的力学性能要求，增加了阀的材料力学性能要求、试验方法和阀体材料耐应力腐蚀试验的要求；

——增加了橡胶密封圈材料的性能要求和试验方法；

——增加了阀的安装性能和试验方法；

——取消了阀的耐温性要求；

——阀的耐用性次数由8 000次提高为30 000次；

——增加了自闭装置耐用性要求和试验方法；

——阀体耐压性试验压力由1.5倍公称工作压力改为4倍公称工作压力；

——根据GB/T 1.1—2000和GB/T 1.2—2002的规定，对本标准的内容、结构及文字进行了修改。

本标准自实施之日起代替GB 7512—1998。

本标准由国家质量监督检验检疫总局特种设备安全监察局提出。

本标准由全国气瓶标准化技术委员会归口。

本标准起草单位：上海气体阀门总厂、上海东海阀门有限公司、国家燃气用具质量监督检验中心。

本标准主要起草人：毛冲霓、钱发祥、姜世伟、顾秋华。

本标准所代替标准的历次版本发布情况为：GB 7512—1987、GB 7512—1998。

液化石油气瓶阀

1 范围

本标准规定了液化石油气瓶阀的术语和定义、型号、结构型式及基本尺寸、技术要求、检查与试验方法、检验规则、标志、包装、贮运等。

本标准适用于环境温度为－40℃～＋60℃，公称工作压力不大于2.5 MPa的液化石油气瓶阀（以下简称阀）。

注：本标准的压力均指表压。

2 规范性引用文件

下列文件中的条款通过本标准的引用而成为本标准的条款。凡是注日期的引用文件，其随后所有的修改单（不包括勘误的内容）或修订版均不适用于本标准，然而，鼓励根据本标准达成协议的各方研究是否可使用这些文件的最新版本。凡是不注日期的引用文件，其最新版本适用于本标准。

GB/T 197　普通螺纹　公差

GB/T 228　金属材料　室温拉伸试验方法（GB/T 228—2002，eqv ISO 6892：1998）

GB/T 1184　形状和位置公差　未注公差值（GB/T 1184—1996，eqv ISO 2768-2：1989）

GB/T 1804　一般公差　未注公差的线性和角度尺寸的公差（GB/T 1804—2000，eqv ISO 2768-1：1989）

GB/T 3934　普通螺纹量规　技术条件（GB/T 3934—2003，ISO 1502：1996，MOD）

GB/T 4240　不锈钢丝（GB/T 4240—1993，neq JIS G4309：1988）

GB/T 4423　铜及铜合金拉制棒（GB/T 4423—1992，neq ISO 1637：1987）

GB/T 5121.1　铜及铜合金化学分析方法　铜量的测定

GB/T 5121.3　铜及铜合金化学分析方法　铅量的测定

GB/T 5121.9　铜及铜合金化学分析方法　铁量的测定

GB/T 5231　加工铜及铜合金化学成分和产品形状

GB 8335　气瓶专用螺纹

GB/T 8336　气瓶专用螺纹量规

GB/T 10567.2　铜及铜合金加工材残余应力检验方法　氨熏试验方法（GB/T 10567.2—1997，eqv ISO 6957：1988）

GB/T 14954　黄铜线

3 术语和定义

下列术语和定义适用于本标准。

3.1

不可拆卸的阀　non-removable valve

阀上的所有零件不可随意拆卸，只有通过破坏阀上的零件才能将其拆卸的阀。

3.2

自闭装置　the self-closing device

设在阀的出气口内，与调压器连接后能自动打开阀，卸去调压器以后能自动关闭阀的一种保护装置。

4 型号

4.1 阀的代号用介质汉语拼音首个大写字母“YSQ”表示。

4.2 阀的结构型式：有自闭装置的阀用“Z”表示，无自闭装置的阀则省略。

4.3 产品设计序号用阿拉伯数字依次按顺序表示。

4.4 产品改型序号用大写英文字母依次按顺序表示。

示例：

YSQ-Z 1 A

- A —— 第一次改型序号
- 1 —— 第一次设计序号
- Z —— 有自闭装置的阀
- YSQ —— 不可拆卸式液化石油气瓶阀代号

5 结构型式及基本尺寸

5.1 阀的结构型式为不可拆卸式，其结构型式及基本尺寸按图1a)、b)和表1的规定。

5.2 阀门开启高度应不小于公称通径的1/4。

5.3 对PZ27.8的阀尾部进气口直径应不大于14 mm，对PZ19.2的阀尾部进气口直径应不大于9 mm。

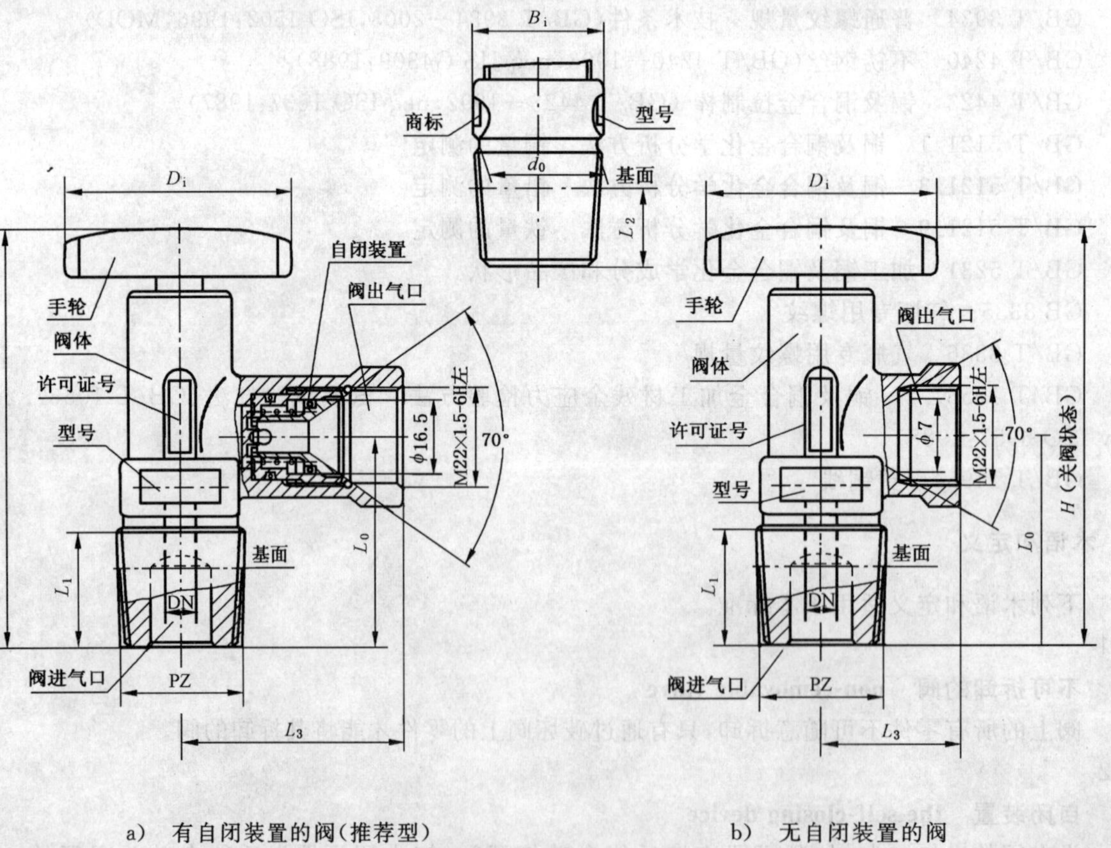

a) 有自闭装置的阀（推荐型） b) 无自闭装置的阀

图1 不可拆卸的阀

表 1 阀的基本尺寸

单位为毫米

序号	锥螺纹 PZ	公称通径 DN	阀总高 H	手轮外径 D_i	方身厚度 B_i	L_0	L_1	L_2	L_3		锥螺纹颈部 d_0
									自闭	非自闭	
1	PZ27.8	≥ϕ7	90±2	ϕ42±0.8	30_{-1}^{0}	48	26	17.67	51	30	ϕ26
2	PZ19.2	≥ϕ5	86±2	ϕ42±0.8	24_{-1}^{0}	43	22	16	51	30	ϕ18

5.4 阀进气口螺纹分为 PZ27.8 和 PZ19.2 两种规格，其型式、尺寸和制造精度应符合 GB 8335 的规定。

5.5 阀与调压器连接部分的型式和尺寸按图 1a)、b)的规定，其型式、尺寸和制造精度应符合 GB/T 197的规定。

6 技术要求

6.1 材料

6.1.1 金属材料

阀的主要零件材料应采用 HPb59-1 棒材，并符合表 2 的规定。如采用其他材料时，其力学性能应不低于表 2 中的规定，且与介质相容。

表 2 阀的主要零件材料

序号	项目	内容		
1	力学性能（GB/T 4423 的规定）	棒材直径或对边距离/mm	抗拉强度 R_m/(N/mm²)	伸长率 δ_5/%
		5～20	不小于 420	不小于 12
		>20～40	不小于 390	不小于 14
2	化学成分（GB/T 5231 的规定）	Cu/%	Pb/%	Fe/%
		57.0～60.0	0.8～1.9	≤0.5

阀体材料除符合上述规定外，还必须经耐应力腐蚀试验，试验后应无裂纹。

挡圈材料宜采用 1Cr18Ni9Ti 不锈钢，其力学性能和化学成分应符合 GB/T 4240 的规定。连接件材料宜采用 H62 铜合金，其力学性能应符合 GB/T 14954 的规定，化学成分应符合 GB/T 5231 的规定。

6.1.2 非金属材料

6.1.2.1 橡胶密封圈材料

6.1.2.1.1 力学性能

a) 硬度为(65±5)度(邵尔 A)；

b) 扯断强度不小于 9.8 MPa；

c) 扯断伸长率不小于 250%；

d) 永久变形不大于 10% 。

6.1.2.1.2 耐老化性

橡胶密封圈放置在温度为 100℃±2℃的空气中 70 h，应无开裂或明显的老化。

6.1.2.1.3 耐低温性

橡胶密封圈放置在温度为－40℃±1℃的空气中 24 h，应无开裂或其他损坏。

6.1.2.1.4 耐介质腐蚀性

橡胶密封圈在温度为23℃±2℃的正戊烷溶液中浸泡70 h后，体积膨胀率不大于25%或收缩率不大于1%或质量损失率不大于10%。

6.1.2.2 非橡胶密封垫材料

非橡胶密封垫材料应选用与液化石油气相容并在工作温度下不易脆化的材料，并满足阀在使用过程中保持气密性的要求，其低温性应符合6.1.2.1.3的要求。

6.2 阀的工艺要求

6.2.1 阀体应锻压成型。阀体表面应无裂纹、折皱、夹杂物、未充满等有损阀性能的缺陷。如采用钝化，表面应色泽均匀、光泽美观，无露底现象。若采用喷丸处理，表层的凹坑大小、深浅应均匀一致。

6.2.2 未注尺寸公差按GB/T 1804中m级精度加工。

6.2.3 未注形位公差按GB/T 1184中K级精度加工。

6.2.4 同一种型号、规格、商标的阀的质量应相同，阀组装后的实际质量与阀的设计质量允差不超过5%。

6.3 性能要求

6.3.1 启闭性

在公称工作压力下，阀的启闭力矩应不大于5 Nm。

6.3.2 气密性

在下列条件及状态下，阀应无泄漏。有自闭装置的阀则自闭装置也应无泄漏：

a) 在公称工作压力下，关闭或任意开启状态；

b) 在0.05 MPa压力下，任意开启状态。

6.3.3 耐振性

在公称工作压力下，阀应能承受振幅为2 mm，频率为33.3 Hz，时间为30 min任一方向的振动，阀上各螺纹连接处应不松动，且无泄漏。

6.3.4 耐用性

6.3.4.1 阀的耐用性

在公称工作压力下，阀全行程启闭30 000次，应无泄漏和其他异常现象。

6.3.4.2 自闭装置耐用性

在公称工作压力下，自闭装置启闭1 000次，应无泄漏和其他异常现象。

6.3.5 阀体耐压性

在4倍公称工作压力下，阀体应无泄漏和可见变形。

6.3.6 安装性能

阀安装在钢瓶上允许承受的力矩按表3的规定，安装后阀应无泄漏及肉眼可见的变形和损坏。

表3 阀安装在钢瓶上允许承受的力矩

锥螺纹规格	安装力矩/Nm
PZ27.8	300
PZ19.2	150

7 检查与试验方法

7.1 阀体金属材料力学性能试验、化学成分分析方法及耐应力腐蚀试验

阀体金属材料拉伸试验试样和试验方法按GB/T 228，化学成分分析方法按GB/T 5121，阀体材料

耐应力腐蚀试验方法按 GB/T 10567.2，其结果应符合 6.1.1 的规定。

7.2 非金属材料性能试验

7.2.1 橡胶密封圈性能试验

7.2.1.1 耐老化试验

将三个橡胶密封圈放置在温度为 100℃±2℃的试验装置中 70 h。然后取出，用目测的方法检查其变化，其结果应符合 6.1.2.1.2 的规定。

7.2.1.2 耐低温试验

将三个橡胶密封圈放置在温度为－40℃±1℃的试验装置中 24 h。然后取出，将其套在直径为"0"型圈内径的 1.2 倍的钢制芯棒上，目测其变化，其结果应符合 6.1.2.1.3 的规定。

7.2.1.3 耐介质腐蚀试验

7.2.1.3.1 体积变化

此试验用正戊烷溶液并且在 23℃±2℃的温度下进行。每次试验用 3 只样品。每只样品必须放在小直径的线环上，其容积的确定是通过先在空气中称(M_1)，然后在水中称(M_2)。然后样品擦干放在测试液中。70 h 以后，样品一个个从液体中取出，立即擦干，放在同一线环上在空气中称(M_3)。此质量必须以离开液体 30 s 之内获取。之后立即确定最后在水中的质量(M_4)，在获取水中质量(M_2 和 M_4)之前，每只样品必须浸在乙醇中，然后浸在水中。体积变化以如下方式计算，所得结果应为 3 只样品的平均值，并符合 6.1.2.1.4 的规定：

$$\text{体积变化(百分比)} = \frac{(M_3 - M_4) - (M_1 - M_2)}{(M_1 - M_2)} \times 100\%$$

7.2.1.3.2 质量变化

此试验与体积变化试验用同一试样，并同时进行。样品在浸入测试液前，每只在空气中放在秤盘上称，精确度达到毫克(M_1)。浸 70 h 以后，体积变化计算所要求的质量确定以后，样品必须在 23℃±2℃温度的空气中调整至少 70 h 达到恒定的质量。然后样品在空气中称(M_2)，质量损失必须以如下方式计算，所得结果应为所测 3 只样品的平均值，并符合 6.1.2.1.4 的规定：

$$\text{质量损失(百分比)} = \frac{(M_1 - M_2)}{M_1} \times 100\%$$

7.2.2 非橡胶密封垫耐低温试验

将 3 个非橡胶密封垫放置在温度为－40℃±1℃的试验装置中 24 h。然后取出，目测其变化，其结果应符合 6.1.2.2 的规定。

7.3 外观检查

阀外观采用目视的方法检查。阀体检查应符合 6.2.1 的规定。螺纹外表面及其他金属零件均应无毛刺、磕碰伤、划痕等现象。

7.4 进出气口螺纹尺寸检查

阀进气口锥螺纹采用符合 GB/T 8336 制造的量规检查，应符合 5.4 的规定。

阀出气口螺纹采用符合 GB/T 3934 制造的量规检查，应符合 5.5 的规定。

7.5 质量检查

将组装后的阀放在感量不超过 1 g、精度不超过千分之一的天平上秤量，按 6.2.4 的规定进行检查。

7.6 启闭性试验

将阀装在专用装置上(本标准试验用专用装置均见图 2)，按 6.3.1 规定的启闭力矩，使阀处于关闭状态。然后，往阀的进气口充入氮气或空气至公称工作压力，在此压力下，不得有泄漏，然后在有气压的情况下，用力矩扳手开启阀，此时所测得的开启力矩应不大于 5 Nm。

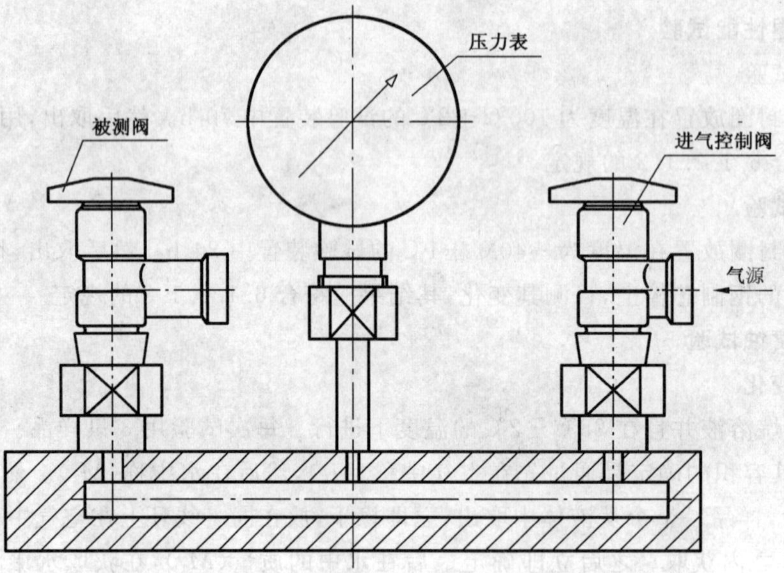

图 2 专用装置结构示意图

7.7 气密性试验

a) 将阀装在专用装置上(无自闭装置的阀应封堵出气口),分别使阀处于关闭和任意开启状态,往阀的进气口充入氮气或空气至公称工作压力,浸入水中各持续 25 s,其结果应符合 6.3.2a)的规定。

b) 将阀装在专用装置上(无自闭装置的阀应封堵出气口),使阀处于任意开启状态,往阀的进气口充入氮气或空气至 0.05 MPa 的压力,浸入水中持续 1 min,其结果应符合 6.3.2 b)的规定。

7.8 耐振性试验

将阀装在专用装置上,用符合 6.3.1 规定的力矩关闭阀,往阀的进气口充入氮气或空气至公称工作压力,然后将专用装置安装在振动试验台上,任一方向振动 30 min,其结果应符合 6.3.3 的规定。

7.9 耐用性试验

7.9.1 阀的耐用性试验

将阀装在专用装置上(无自闭装置的阀应封堵出气口),往阀的进气口充入氮气或空气至公称工作压力,然后将专用装置安装在寿命试验机上,以(8～20)次/min 的速度,做全行程启闭,其启闭力矩不大于 5 Nm。在进行规定的 30 000 次耐用性试验后,再按 7.7 的规定进行试验,其结果应符合 6.3.4.1 的规定。

7.9.2 自闭装置耐用性试验

将有自闭装置的阀装在专用装置上,打开阀,往阀的进气口充入氮气或空气至公称工作压力。然后,将专用装置安装在试验台上,并使阀的出气口对准试验台上的气缸活塞顶杆(见图 3)。试验时,开启电磁阀,通过气缸内的气源推动活塞顶杆,由活塞顶杆顶开自闭装置,使自闭装置开启,此时阀的出气口应有气体流通(出气口如无气体流通则为不合格)。当活塞顶杆复位时自闭装置自动关闭,此时出气口应无泄漏。自闭装置如此往复进行 1 000 次的启闭后,再按 7.7 的规定进行试验,其结果应符合 6.3.4.2的规定。

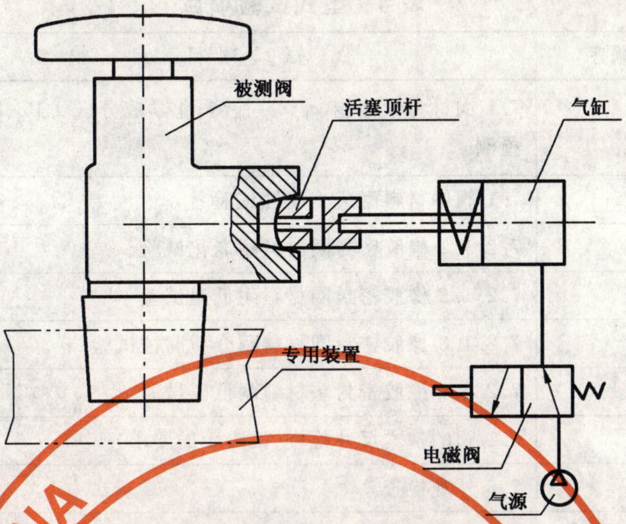

图 3 自闭装置耐用性试验方法示意图

7.10 安装性能试验

将阀装在专用装置上,并用扭力扳手按表 3 规定的安装力矩扳紧,其结果应符合 6.3.6 的规定。

7.11 阀体耐压性试验

封堵阀体与外界各通气口(除锥螺纹进气口外),将阀体的进气口与水压泵相连接,通过水压泵往阀体内充水至 4 倍公称工作压力,持续保压 3 min,其结果应符合 6.3.5 的规定。

注:试验介质为水或黏度不大于水的其他适宜液体。试验用压力表的精度应不低于 1.5 级,压力表的量程应为测试压力的(1.5~2)倍。

8 检验规则

8.1 材料检验

8.1.1 材料与零件进厂必须具有质量合格证书。

8.1.2 铜材力学性能(σ_b、δ_5)和化学成分(Cu、Pb、Fe)按原材料进厂的批号进行复验。

8.2 出厂检验

8.2.1 逐个检验

a) 外观检查;

b) 进出气口螺纹尺寸检查;

c) 气密性试验。

8.2.2 批量抽样检验

批量抽样检验内容除逐个检验项目外,其他与型式试验项目相同。

8.2.3 抽检方法及判定

阀的抽检应在每批(不得大于 20 000 个)连续生产的经逐个检验合格的产品中抽取。每批成品抽取试样 5 个。在检验过程中,如有 1 个阀不符合本标准某一项之要求,则加倍抽取,重新检测如仍有项目不合格,则该批阀为不合格品或再进行逐个检验。

8.3 型式试验

8.3.1 在下列情况下,阀必须由第三方进行型式试验:

a) 新产品试制定型鉴定;

b) 结构、工艺、材料等有重大改变时;

c) 换发制造许可证时。

8.3.2 型式试验项目

阀的型式试验项目、试验顺序、数量见表 4。

表 4 型式试验项目

试件名称		试验顺序	试验项目	抽检数
材料	a	1	7.1 铜材力学性能(σ_b、δ_5)检测;化学成分(Cu、Pb、Fe)检测	1
	b	2	7.1 阀体材料耐应力腐蚀试验	2
	c	3	7.2.1.1 橡胶密封圈材料耐老化试验	3
	d	4	7.2.1.2 橡胶密封圈材料耐低温试验	3
	e	5	7.2.1.3 橡胶密封圈材料耐介质腐蚀试验	3
	f	6	7.2.2 非橡胶密封垫材料耐低温试验	3
被测阀		1	5.1 阀的基本尺寸检查(按表 1 的要求)	5
		2	7.3 外观检查	
		3	7.4 进出气口螺纹尺寸检查	
		4	7.5 质量检查	
		5	7.6 启闭性试验	
		6	7.7 气密性试验	
		7	7.8 耐振性试验	
		8	7.9 耐用性试验	
		9	7.10 安装性能试验	1
		10	7.11 阀体耐压性试验	

8.3.3 抽检方法及判定

型式试验用阀应从出厂检验合格的产品中抽取,抽检数及判定按 8.2.3 的规定。

9 标志、包装、贮运

9.1 标志

9.1.1 阀上应有下列永久性标志:

a) 阀的型号;

b) 阀的公称工作压力;

c) 制造厂商或商标;

d) 生产年月或批号;

e) 制造许可代号;

f) 检验合格标记。

9.1.2 阀的手轮上应有开启或关闭方向的永久性标志。

9.2 包装

包装前应清除残留在阀内的水分,包装时应保持阀的清洁,进出气口螺纹不受损伤,包装箱内应附有产品合格证、装箱单和使用说明书。

9.2.1 包装箱上应有下列标志:

a) 制造厂名;

b) 阀的名称、型号;

c) 必要的作业要求符号;

d) 数量和毛重;

e) 体积(长×宽×高);

f) 生产日期或批号;

g) 制造许可证编号。

9.2.2 产品合格证应注明下列内容:

a) 阀的名称、型号;

b) 公称通径;

c) 公称工作压力;

d) 阀的批号;

e) 产品执行的标准代号;

f) 检验日期;

g) 质量部门盖章;

h) 阀的设计重量。

9.2.3 装箱单应注明下列内容:

a) 制造厂名称、地址;

b) 阀的名称、型号;

c) 数量、毛重、净重;

d) 装箱员标志;

e) 装箱日期。

9.2.4 使用说明书应注明下列内容:

a) 使用方法;

b) 使用要求;

c) 注意事项。

9.3 贮运

阀应放在通风、干燥、清洁的室内。运输装卸时,应轻装轻放,防止重压及碰撞。

ICS 11.140
G 45

中华人民共和国国家标准

GB 7543—2006/ISO 10282:2002
代替 GB 7543—1996

一次性使用灭菌橡胶外科手套

Single-use sterile rubber surgical gloves

(ISO 10282:2002, Single-use sterile rubber surgical gloves—Specification, IDT)

2006-03-14 发布 2006-12-01 实施

中华人民共和国国家质量监督检验检疫总局
中国国家标准化管理委员会 发布

前　言

本标准的第6章的内容为强制性的，其余为推荐性的。

本标准等同采用ISO 10282:2002《一次性使用灭菌橡胶外科手套　规范》(英文版)。

本标准等同翻译ISO 10282:2002。

为便于使用，本标准只对ISO 10282:2002进行了编辑性修改。

本标准代替GB 7543—1996《橡胶医用手套》。

本标准与GB 7543—1996相比主要变化如下：

——修改了标准名称；

——适用范围由可重复使用修改为一次性使用(见第1章)；

——删除了蒸煮老化后性能要求(1996年版的6.3)；

——删除了导电性能试验(1996年版的附录B)；

——不透水性由原来的检查水平S-4修改为一般检查水平Ⅰ(1996年版的8.2;本版的5.1)；

——将拉伸强度和300%定伸应力分别修改为扯断力和300%定伸负荷(见6.3)；

——老化试验方法中将试片老化修改为将手套进行老化，再裁样进行试验(1996年版的7.3.2;本版的6.3.3)；

——增加了加工手套的材料：合成橡胶乳液、合成橡胶溶液(见第4章)；

——增加了手套的分类(见第3章)，其拉伸性能要求因类别的不同而异(本版的6.3.4)；

——手套尺寸由原来的6种(6　6.5……8　8.5)增加至10种(5　5.5　6……8.5　9　9.5)(1996年版的9.2;本版的6.1)。

本标准的附录A是规范性附录。

本标准由中国石油和化学工业协会提出。

本标准由全国橡胶与橡胶制品标准化技术委员会胶乳制品分技术委员会(SAC/TC 35/SC 4)归口。

本标准负责起草单位：中橡集团株洲橡胶塑料工业研究设计院。

本标准参加起草单位：国家药监局济南医疗器械质量监督检验中心、安徽中键塑胶制品有限公司。

本标准主要起草人：郑三阳、吴平、耿继文。

本标准所代替标准的历次版本发布情况为：

——GB 7543—1987、GB 7543—1996。

一次性使用灭菌橡胶外科手套

1 范围

本标准规定了用于外科操作中以保护病人和使用者、避免交叉感染的有包装的灭菌的橡胶手套的技术要求。适用于穿戴一次然后丢弃的一次性手套。不适用于检查手套或程序手套。它包括具有光滑表面的手套和麻面的手套。

本标准规定了橡胶外科手套的性能和安全性。但外科手套的安全、正确使用和灭菌过程及随后处理的过程和储存过程都不适用于本标准。

2 规范性引用文件

下列文件中的条款通过本标准的引用而成为本标准的条款。凡是注日期的引用文件，其随后所有的修改单(不包括勘误的内容)或修订版均不适用于本标准，然而，鼓励根据本标准达成协议的各方研究是否可使用这些文件的最新版本。凡是不注日期的引用文件，其最新版本适用于本标准。

GB/T 2828.1　计数抽样检验程序　第1部分：按接收质量限(AQL)检索的逐批检验抽样计划(GB/T 2828.1—2003，ISO 2859-1:1999，IDT)

YY 0466　用于医疗器械标签、标记和提供信息的符号

ISO 37　硫化橡胶或热塑性橡胶拉伸应力应变性能的测定

ISO 188　硫化橡胶或热塑性橡胶　热空气加速老化和耐热试验

ISO 4648　硫化橡胶或热塑性橡胶　试验用试样和制品尺寸的测定

ISO 10993(所有部分)　医疗器械的生物学评价

3 分类

3.1 总则

手套以类别、设计和表面型式分类，见3.2～3.4。

3.2 类别

类别分为两种：

a) 类别1：主要由天然橡胶胶乳制造的手套；

b) 类别2：主要由丁腈橡胶胶乳、氯丁橡胶胶乳、丁苯橡胶溶液、丁苯橡胶乳液或热塑性弹性体溶液制造的手套。

3.3 设计

设计分为两种：

a) 直型手套；

b) 手指向手掌面弯曲的手套。

手套符合生理结构，即大拇指位于食指所在手掌面的前面而不是在同一平面。大拇指和其他手指可以是直型的或是向手掌面弯曲的。

3.4 表面型式

表面型式分为四种：

a) 麻面；

b) 光面；

c) 有粉表面；

d) 无粉表面。

注1：有粉手套是在手套的加工过程中加入粉剂，通常是为了便于穿戴。无粉手套是在手套制造过程中没有另外加入粉末材料来便于穿戴。

注2：袖口端可以是剪切的或卷边的。

4 材料

手套是由配合天然橡胶胶乳、配合丁腈橡胶胶乳、配合氯丁橡胶胶乳，或配合丁苯橡胶或热塑性弹性体溶液，或配合丁苯橡胶乳液制成。为了便于手套穿戴，可使用符合 ISO 10993 要求的润滑剂、粉末或聚合物涂覆物进行表面处理。

使用的任何颜料应是无毒的。用于表面处理的可移动的物质必须是可生物吸收的。

提供给使用者的手套必须符合 ISO 10993 相关部分的要求。必要时制造者应使购买者易于获得符合这些要求的资料。

注1：其他合适的聚合物材料可能包括在本标准以后的版本中。

注2：普遍认为，经过一定时间后，某些人对某种特殊的橡胶配合剂敏感（过敏反应），要求使用另一配方的手套。

注3：手套中的可溶性蛋白质、致敏性蛋白质、残留的化学物质、内毒素和残余粉末的限量在本标准的以后版本中可能加以规定，并符合相关测试方法标准。

5 抽样和试片选择

5.1 抽样

手套应按 GB/T 2828.1 的规定进行抽样和检查。检查水平和接收质量限（AQL）应符合表1的规定。当批量大小不能确定时，应假定其批量大小为 35 001～150 000。

表1 检查水平和接收质量限（AQL）

特　　性	检查水平	AQL
物理尺寸（宽、长、厚度）	S-2	4.0
不透水性	I	1.5
扯断力和扯断伸长率（老化前、后）和300%定伸负荷（老化前）	S-2	4.0

5.2 试片选择

试片应从手套的掌部或背部裁取。

6 要求

6.1 尺寸

按图1所示位置测量时，手套的宽度和长度应符合表2的规定，检查水平和接收质量限（AQL）按表1的规定。

长度应是从中指的顶端到袖口边缘的最短距离。

注：长度测量也可将手套悬挂于半径为 5 mm 合适的圆棒上进行测量。

宽度的测量是在食指的根部到拇指的根部的中点位置测量。测量时，应将手套平放。

手套双层厚度的测量应符合 ISO 4648 的规定，使用具有 22 kPa±5 kPa 的测足压力，在图2中所示的每一位置测量，即：距中指顶端 13 mm±3 mm 处，大约掌心位置和距袖口边缘 25 mm±5 mm 处。所测得的双层厚度的一半计为每一点的单层厚度，且应符合表2的尺寸要求。检查水平和接收质量限

(AQL)按表 1 的规定。

如果视觉检查发现有薄点存在，单层厚度应在这些薄点部位进行测量。光面部分和麻面部分的单层厚度按该条款测量时，应分别不小于 0.10 mm 和 0.13 mm。

注：按 ISO 4648 测量袖口边缘的厚度最好不超过 2.50 mm。

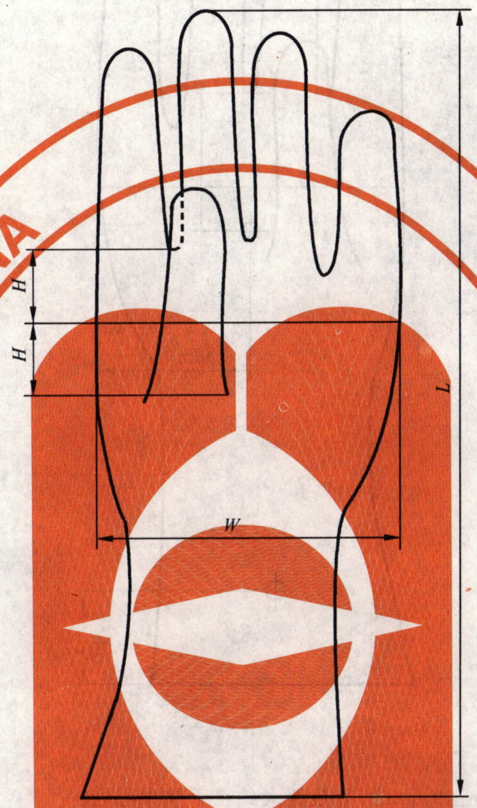

图 1　宽度和长度的测量位置

表 2　尺寸和公差

单位为毫米

尺寸代码	宽度 (图 1 中 *W*)	最小长度 (图 1 中 *L*)	最小厚度 (图 2 中所示位置)
5	67±4	250	对于所有规格： 光面：0.10； 麻面：0.13
5.5	72±4	250	
6	77±5	260	
6.5	83±5	260	
7	89±5	270	
7.5	95±5	270	
8	102±6	270	
8.5	108±6	280	
9	114±6	280	
9.5	121±6	280	

单位为毫米

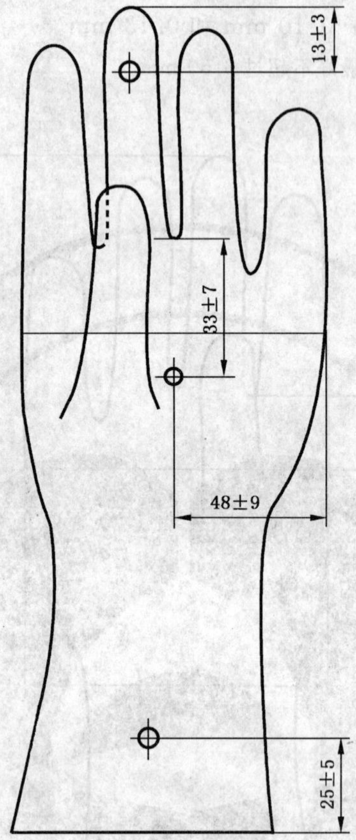

注：对于不同尺寸的手套，48 mm±9 mm 所处位置大约在手掌中心处。

图 2 厚度的测量位置

6.2 不透水性

手套按附录 A 进行不透水性试验时，其样本量大小和允许不合格(渗漏)手套的数量，应根据表 1 中的检查水平和接收质量限(AQL)来确定。

6.3 拉伸性能

6.3.1 概述

拉伸性能按照 ISO 37 进行测定。从每只手套中裁取 3 个试片，试验结果取中值。试片应从手套的手掌部或手背部裁取。

6.3.2 老化前的扯断力和扯断伸长率

按 ISO 37 规定的方法测定时，使用 2 型哑铃状试片，扯断力和扯断伸长率应符合表 3 的要求。检查水平和接收质量限(AQL)按表 1 的规定。

6.3.3 老化后的扯断力和扯断伸长率

老化试验应按 ISO 188 规定的方法进行。从经过 70℃±2℃，168 h±2 h 老化后的手套上裁取的试片，其扯断力和扯断伸长率应符合表 3 的要求，检查水平和接收质量限(AQL)按表 1 的规定。

6.3.4 300%定伸负荷

按 ISO 37 规定的方法测量时，使用 2 型哑铃状试片。300%定伸负荷应符合表 3 的规定，检查水平和接收质量限(AQL)按表 1 的规定。

表 3 拉伸性能

性　能	要　求	
	类别 1 手套	类别 2 手套
老化前扯断力的最小值/N	12.5	9.0
老化前扯断伸长率的最小值/%	700	600
老化前 300%定伸负荷最大值/N	2.0	3.0
老化后扯断力的最小值/N	9.5	9.0
老化后扯断伸长率的最小值/%	550	500

6.4 灭菌

手套应灭菌。在有要求时，灭菌处理的类型应能加以公开。

7 包装

手套应包装在双层包装中。

8 标志

8.1 概述

标志应按本标准的要求，YY 0466 中合适的符号可用在标签上。

用于标志的语言应征得相关方同意。

8.2 内包装

内包装应清晰标明以下内容：

a) 尺寸；

b) 包装上应标注“左”或“右”；

c) 一旦手套使用任何表面粉末材料处理过，应有警示并在未手术之前应无菌地除去表面粉末。

8.3 单位包装

每一单位包装的外部包装应清楚标明以下内容：

a) 制造商或供应商的名称或商标；

b) 使用的材料；

c) “直型手指”或“弯曲手指”，或表示手套设计内容的类似字样；

d) “麻面”或“光面”，“有粉”或“无粉”，或对手套型式有类似影响的字样；

e) 尺寸；

f) 用于制造者识别的批号；

g) “制造日期”或类似字样，年份(四位数)及制造月份；

h) “灭菌，除非包装被打开或损坏”的字样；

i) “一次性使用”的字样；

j) “外科手套”的字样；

k) 对类别 1 手套，标注产品“由可能引起过敏反应的天然橡胶胶乳制造”的字样或类似影响的字样。

8.4 多单位包装

多单位包装即是预先确定数量的同一尺寸手套的单位包装的一箱产品，目的是便于安全运输和贮存。多单位包装按 8.3a)～g)，8.3i)和 8.3j)加以标注。并标明“××副外科手套”和贮存附加说明。

附 录 A
（规范性附录）
不 透 水 性

A.1 装置

A.1.1 圆柱筒

直径最小为 60 mm，且具有足够长度来固定手套在上面，并能容纳 1 000 mL 的水，如图 A.1 所示。

注：圆柱筒最好是透明的。

单位为毫米

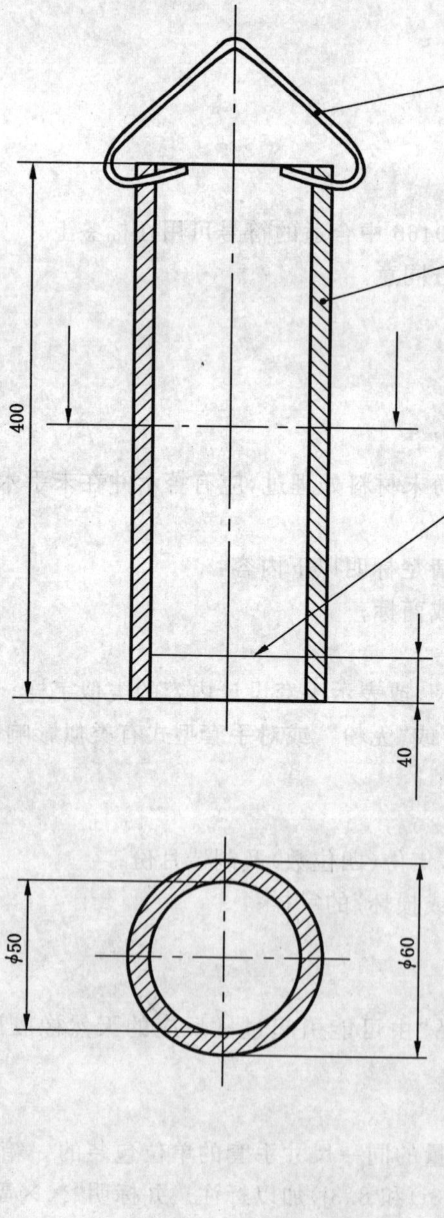

1——挂钩；
2——圆柱筒；
3——圆柱筒内侧表面的刻线。

图 A.1 圆柱筒

A.1.2 固定装置

充水时能使手套保持垂直。如图 A.2 所示。

图 A.2 固定装置

A.1.3 圆柱形的量具

容积至少 1 000 mL,或者其他能一次性转移 1 000 mL 水的装置。

A.2 操作步骤

用合适的装置,如 O 形圈,将手套固定在圆柱筒上,以便手套不超出圆柱筒 40 mm。

导入 1 000 mL±50 mL、不超过 36℃的水至装置中,擦去手套上任何溅上的水。如果水不能升至离袖边 40 mm 处,托起手套使整只手套距袖口 40 mm 以外的部分都充满水。立即注意任何明显的渗漏。如果手套没有立即渗漏,再观察 2 min~4 min。忽略距袖边 40 mm 以内的渗漏。为便于观察,可用水溶性染料进行染色。

ICS 67.220.10
B 36

中华人民共和国国家标准

GB/T 7652—2006
代替 GB/T 7652—1987

八　角

Star anise

2006-09-14 发布　　2007-01-01 实施

中华人民共和国国家质量监督检验检疫总局
中国国家标准化管理委员会　发布

前言

本标准是对GB/T 7652—1987《八角》的修订。本标准按照香辛料产品标准的要求进行修订，与GB/T 7652—1987相比，本标准的取样方法、外来物、水分、灰分含量测定方法均作了修订；将挥发油和水分两项指标分别由7%和13%调整为7.5%和12.5%；增加二氧化硫残留量指标。

本标准自实施之日起，同时代替GB/T 7652—1987。

本标准由中华全国供销合作总社提出并归口。

本标准起草单位：中华全国供销合作总社南京野生植物综合利用研究院。

本标准主要起草人：陈仕荣、张卫明。

本标准所代替标准的历次版本发布情况为：

——GB/T 7652—1987。

八　　角

1　范围

本标准规定了八角的术语和定义、技术要求、试验方法、检验规则、包装、标志、贮存和运输。

本标准适用于八角的质量评定及贸易。

2　规范性引用文件

下列文件中的条款，通过本标准的引用而成为本标准的条款，凡是注明日期的引用文件，其随后所有的修改单(不包括勘误的内容)或修订版均不适用于本标准，然而鼓励根据本标准达成协议的各方研究是否可使用这些文件的最新版本。凡是不注日期的引用文件，其最新版本适用于本标准。

GB/T 5009.34—2003　食品中亚硫酸盐的测定

GB/T 12729.2　香辛料和调味品　取样方法(GB/T 12729.2—1991,neq ISO 948:1980)

GB/T 12729.5　香辛料和调味品　外来物含量的测定(GB/T 12729.5—1991,neq ISO 927:1982)

GB/T 12729.6　香辛料和调味品　水分含量的测定　蒸馏法(GB/T 12729.6—1991,neq ISO 939:1980)

GB/T 12729.7　香辛料和调味品　总灰分的测定(GB/T 12729.7—1991,neq ISO 928:1980)

3　术语和定义

下列术语和定义适用于本标准。

3.1

大红八角　da-hong star anise

秋季成熟期采收，经脱青处理后晒干或烤干的八角果实。

3.2

角花八角　jiao-hua star anise

春季成熟期采收，经脱青处理后晒干或烤干的八角果实。

3.3

干枝八角　gan-zhi star anise

落地自然干燥的八角果实。

3.4

脱青　degreening

用加热处理，使八角鲜果原有的叶绿素消失的方法。

3.5

自然干燥　natural drying

直接晒干或晾干八角。

3.6

色泽　color

八角成品的不同色泽，有棕红、褐红和黑红之分。

3.7

碎口　broken-fruit

八角破裂后1瓣～4瓣连结在一起的碎体。

3.8

杂质 impurity

八角果实外的其他物质(包括果梗)。

3.9

香味 flavor

成品八角特有的芳香味。

3.10

黑果 black fruit

加工不当造成颜色全部变黑的果实。

3.11

挥发油 volatile oil

八角经水蒸馏得到的芳香油。

3.12

总灰分 total ash

八角在高温下炽灼至完全灰化的残渣。

4 技术要求

4.1 规格

大红八角分一级、二级、三级,角花八角分一级、二级,干枝八角为统级,共六个级别。

4.2 感官指标

八角的感官指标应符合表1的规定。

表1 感官指标

类别	级别	颜色	气味	果形特征
大红	一	棕红或褐红	芳香	角瓣粗短、果壮肉厚、无黑变、无霉变、干爽
	二			
	三			
角花	一	褐红	芳香	角瓣瘦长、果小肉薄、无黑变、无霉变、干爽
	二			
干枝	统级	黑红	微香	壮瘦兼备、碎角多、无霉变、干爽

4.3 理化指标

八角的理化指标应符合表2的规定。

表2 理化指标

类别	级别	项目					
		果体大小/(个/kg)	碎口率/(%)	杂质含量/(%)	水分含量/(%)	总灰分含量/(%)	挥发油含量/(%)
大红	一级	≤850	≤6	≤0.5	≤12.5	≤3.0	≥7.5
	二级	≤1 200	≤10	≤1.0			
	三级	不限	≤20	≤1.5			
角花	一级	≤1200	≤3	≤1.0			
	二级	不限	≤15	≤1.5			
干枝	统级	不限	不限	≤2.0			

4.4 卫生指标

八角中二氧化硫残留量应小于30 mg/kg。

5 试验方法

5.1 检验流程

5.1.1 第一流程：颜色→气味→杂质含量→果数→碎口率→水分。

5.1.2 第二流程：挥发油→灰分→二氧化硫残留量。

5.2 感官指标

5.2.1 颜色：用肉眼观察鉴定。

5.2.2 气味：鼻嗅辨八角是否具有该等级应有的芳香味。

5.2.3 干爽度：手握有刺感，折测声脆者为含水量适合，手感柔软为含水量高。

5.3 理化指标

5.3.1 果数

操作步骤：用天平称取 1 000 g 样品(精确至 0.1 g)，数计果数，缺瓣的凑足八瓣为一果，不足八瓣的四舍五入。

5.3.2 碎口率

用上述样品，记下读数，然后用镊子将 1 瓣～4 瓣碎体选出，称其质量，按式(1)计算碎口率，其数值以%表示。

$$S = \frac{m_2}{m_1} \times 100 \qquad \cdots\cdots\cdots\cdots(1)$$

式中：

S——碎口率，%；

m_1——试样质量，单位为克(g)；

m_2——碎口质量，单位为克(g)。

5.3.3 杂质

按 GB/T 12729.5 规定执行。

5.3.4 水分

按 GB/T 12729.6 规定执行。

5.3.5 灰分

按 GB/T 12729.7 规定执行。

5.3.6 挥发油测定(蒸馏法)

5.3.6.1 仪器

1 000 mL 的硬质平底烧瓶、挥发油测定器(0.1 mL 刻度)和回流冷凝管。

5.3.6.2 测定

称取已粉碎混匀的样品 20 g～25 g(精确到 0.001 g)，置烧瓶中，加蒸馏水 500 mL、玻璃珠数粒，振摇混合后，连接挥发油测定器与回流冷凝管，自冷凝管上端加水至充满测定器的刻度，并部分溢流入烧瓶时为止，然后缓缓加热至沸，并保持微沸状态 5 h。由测定器下端的旋塞将水缓缓放出，至油层上液面达到零刻度线上面 50 mm 处为止，放置 1 h，再开启旋塞让油层下降至其上液面恰与零刻度线平齐，读取油量毫升数。

5.3.6.3 计算

挥发油含量按式(2)计算，其数值以%表示。

$$C = \frac{V \times \rho}{m} \times 100 \qquad \cdots\cdots\cdots\cdots(2)$$

式中：

C——挥发油含量，%；

V——刻度管中油层的容量，单位为毫升(mL)；

ρ——挥发油平均密度，23℃时取 0.98 g/mL；

m——样品质量，单位为克(g)。

5.3.7 卫生指标

二氧化硫残留量的测定按 GB/T 5009.34—2003 中第二法的规定执行。

6 检验规则

6.1 组批

同产地、同等级、同一批采收发运的八角作为一个检验批次。

6.2 抽样

按 GB/T 12729.2 的规定执行。

6.3 判定规则

6.3.1 经检验符合第 4 章要求的产品，该批产品按本标准判定为相应等级的合格产品。

6.3.2 卫生指标或理化指标检验结果中任意一项指标不合格，该产品按本标准判定为不合格产品。

6.3.3 果梗属于杂质，验收时应予以拣除。

6.4 复验

贸易双方对检验结果有异议时，须加倍抽样复验，复验以一次为限，结论以复验结果为准。

7 包装、标志、贮存和运输

7.1 包装

八角应使用洁净、无毒和完好且不影响八角质量的材料包装。

7.2 标志

包装上应标明产地、收获日期、等级规格、毛重、净重以及防潮标志。

7.3 贮存

八角应贮存在通风、干燥的库房中，并能防虫、防鼠。堆垛要整齐，堆间要有适当的通道以利通风。严禁与有毒、有害、有污染、有异味的物品混放。

7.4 运输

八角在运输中应注意避免雨淋、日晒。严禁与有毒、有害、有异味物品混运。禁用受污染的运输工具装载。

ICS 35.240.30
A 14

GB

中华人民共和国国家标准

GB/T 7713.1—2006
部分代替 GB/T 7713—1987

学位论文编写规则

Presentation of theses and dissertations

(ISO 7144:1986, Documentation—
Presentation of theses and similar documents, NEQ)

2006-12-05 发布　　　　2007-05-01 实施

中华人民共和国国家质量监督检验检疫总局
中国国家标准化管理委员会　发布

前　言

GB/T 7713 共分 3 部分：

——第 1 部分：学位论文编写规则；

——第 2 部分：学术论文编写规则；

——第 3 部分：科技报告编制规则。

本部分是 GB/T 7713 的第 1 部分，部分代替 GB/T 7713—1987《科学技术报告、学位论文和学术论文的编写格式》。

本部分修改采用 ISO 7144:1986《文献　论文和相关文献的编写》(英文版)。本部分在学位论文组成要素及结构等方面尽可能与国际标准保持一致，以达到资源共享和国际交流的目的。

本部分与 GB/T 7713—1987 相比主要变化如下：

——将原标准中的学位论文部分单独列为一个标准，并将标准名称改为《学位论文编写规则》，修改了相应的英文名称。

——增加了第 2 章“规范性引用文件”。

——在第 3 章中，将原标准中与学位论文编写规则无关的术语和定义去掉，增加了“封面”、“题名页”、“摘要”、“摘要页”、“目次”、“目次页”、“注释”、“文献类型”、“文献载体”等定义。

——将第 3 章“编写要求”改为第 4 章“一般要求”。

——将第 4 章“编写格式”改为第 5 章“组成部分”和第 6 章“编排格式”。

——增加了部分附录。

——按照 GB/T 1.1—2000 对原标准的格式、编排进行了重新调整。

本部分的附录 A 到附录 H 为规范性附录。

本部分由国务院学位委员会办公室提出。

本部分由全国信息与文献标准化技术委员会归口。

本部分主要起草单位：国务院学位委员会办公室，中国科学技术信息研究所。

本部分主要起草人：吴一、刘春燕、沈玉兰、白光武。

本部分为第一次修订。

学位论文编写规则

1 范围

本部分规定了学位论文的撰写格式和要求，以利于学位论文的撰写、收集、存储、加工、检索和利用。

本部分对学位论文的学术规范与质量保证具有一定的参考作用，不同学科的学位论文可参考本部分制定专业的学术规范。

本部分适用于印刷型、缩微型、电子版、网络版等形式的学位论文。同一学位论文的不同载体形式，其内容和格式应完全一致。

2 规范性引用文件

下列文件中的条款通过 GB/T 7713 的本部分的引用而成为本部分的条款。凡是注日期的引用文件，其随后所有的修改单(不包括勘误的内容)或修订版均不适用于本部分，然而，鼓励根据本部分达成协议的各方研究是否可使用这些文件的最新版本。凡是不注日期的引用文件，其最新版本适用于本部分。

GB/T 788—1999　图书杂志开本及其幅面尺寸(neq ISO 6716:1983)

GB/T 2260　中华人民共和国行政区划代码

GB 3100　国际单位制及其应用(GB 3100—1993,eqv ISO 1000:1992)

GB 3101—1993　有关量、单位和符号的一般原则(eqv ISO 31-0:1992)

GB 3102.1　空间和时间的量和单位(GB 3102.1—1993,eqv ISO 31-1:1992)

GB 3102.2　周期及其有关现象的量和单位(GB 3102.2—1993,eqv ISO 31-2:1992)

GB 3102.3　力学的量和单位(GB 3102.3—1993,eqv ISO 31-3:1992)

GB 3102.4　热学的量和单位(GB 3102.4—1993,eqv ISO 31-4:1992)

GB 3102.5　电学和磁学的量和单位(GB 3102.5—1993,eqv ISO 31-5:1992)

GB 3102.6　光及有关电磁辐射的量和单位(GB 3102.6—1993,eqv ISO 31-6:1992)

GB 3102.7　声学的量和单位(GB 3102.7—1993,eqv ISO 31-7:1992)

GB 3102.8　物理化学和分子物理学的量和单位(GB 3102.8—1993,eqv ISO 31-8:1992)

GB 3102.9　原子物理学和核物理学的量和单位(GB 3102.9—1993,eqv ISO 31-9:1992)

GB 3102.10　核反应和电离辐射的量和单位(GB 3102.10—1993,eqv ISO 31-10:1992)

GB 3102.11　物理科学和技术中使用的数学符号(GB 3102.11—1993,eqv ISO 31-11:1992)

GB 3102.12　特征数(GB 3102.12—1993,eqv ISO 31-12:1992)

GB 3102.13　固体物理学的量和单位(GB 3102.13—1993,eqv ISO 31-13:1992)

GB/T 3469　文献类型与文献载体代码

GB/T 3793　检索期刊文献条目著录规则

GB/T 4880　语种名称代码

GB 6447　文摘编写规则

GB 6864　中华人民共和国学位代码

GB/T 7156—2003　文献保密等级代码与标识

GB/T 7408　数据元和交换格式　信息交换　日期和时间表示法(GB/T 7408—1994,eqv ISO 8601:1988)

GB/T 7714—2005　文后参考文献著录规则(ISO 690:1987,ISO 690-2:1997,NEQ)

GB/T 12450—2001　图书书名页(eqv ISO 1086:1991)
GB/T 13417—1992　科学技术期刊目次表(eqv ISO 18:1981)
GB/T 13745　学科分类与代码
GB/T 11668—1989　图书和其他出版物的书脊规则(neq ISO 6357:1985)
GB/T 15834—1995　标点符号用法
GB/T 15835—1995　出版物上数字用法的规定
GB/T 16159—1996　汉语拼音正词法基本规则
CY/T 35—2001　科技文献的章节编号方法
ISO 15836:2003　信息与文献　都柏林核心元数据元素集

3　术语和定义

下列术语和定义适用于本部分。

3.1

学位论文　thesis; dissertation

作者提交的用于其获得学位的文献。

注 1：博士论文表明作者在本门学科上掌握了坚实宽广的基础理论和系统深入的专门知识，在科学和专门技术上做出了创造性的成果，并具有独立从事创新科学研究工作或独立承担专门技术开发工作的能力。

注 2：硕士论文表明作者在本门学科上掌握了坚实的基础理论和系统的专业知识，对所研究课题有新的见解，并具有从事科学研究工作或独立承担专门技术工作的能力。

注 3：学士论文表明作者较好地掌握了本门学科的基础理论、专门知识和基础技能，并具有从事科学研究工作或承担专门技术工作的初步能力。

3.2

封面　cover

学位论文的外表面，对论文起装潢和保护作用，并提供相关的信息。

3.3

题名页　title page

包含论文全部书目信息，单独成页。

3.4

摘要　abstract

论文内容的简要陈述，是一篇具有独立性和完整性的短文，一般以第三人称语气写成，不加评论和补充的解释。

3.5

摘要页　abstract page

论文摘要及关键词、分类号等的总和，单独编页。

3.6

目次　table of contents

论文各章节的顺序列表，一般都附有相应的起始页码。

3.7

目次页　content page

论文中内容标题的集合。包括引言(前言)、章节或大标题的序号和名称、小结(结论或讨论)、参考文献、注释、索引等。

3.8

注释　notes

为论文中的字、词或短语作进一步说明的文字。一般分散著录在页下(脚注)，或集中著录在文后(尾注)，或分散著录在文中。

3.9

文献类型　document type

文献的分类。学位论文的代码为“D”。

3.10

文献载体　document carrier

记录文字、图像、声音的不同材质。纸质的载体代码为“P”。

4　一般要求

4.1　学位论文的内容应完整、准确。

4.2　学位论文一般应采用国家正式公布实施的简化汉字。学位论文一般以中文或英文为主撰写，特殊情况时，应有详细的中、英文摘要，正题名必须包括中、英文。

4.3　学位论文应采用国家法定的计量单位。

4.4　学位论文中采用的术语、符号、代号在全文中必须统一，并符合规范化的要求。论文中使用专业术语、缩略词应在首次出现时加以注释。外文专业术语、缩略词，应在首次出现的译文后用圆括号注明原词语全称。

4.5　学位论文的插图、照片应完整清晰。

4.6　学位论文应用 A4 标准纸(210 mm×297 mm)，必须是打印件、印刷件或复印件。

5　组成部分

5.1　一般要求

学位论文一般包括以下 5 个组成部分：

a)　前置部分；

b)　主体部分；

c)　参考文献；

d)　附录；

e)　结尾部分。

注：学位论文结构图见附录 A。

5.2　前置部分

5.2.1　封面

学位论文可有封面。

学位论文封面应包括题名页的主要信息，如论文题名、论文作者等。其他信息可由学位授予机构自行规定。

5.2.2　封二(可选)

学位论文可有封二。

包括学位论文使用声明和版权声明及作者和导师签名等，其内容应符合我国著作权相关法律法规的规定。

5.2.3　题名页

学位论文应有题名页。题名页主要内容：

a)　中图分类号

采用《中国图书馆分类法》(第 4 版)或《中国图书资料分类法》(第 4 版)标注。

示例：中图分类号 G250.7。

b)　学校代码

按照教育部批准的学校代码进行标注。

c) UDC

按《国际十进分类法》(Universal Decimal Classification) 进行标注。

注：可登陆 www. udcc. org，点击 outline 进行查询。

d) 密级

按 GB/T 7156—2003 标注。

e) 学位授予单位

指授予学位的机构，机构名称应采用规范全称。

f) 题名和副题名

题名以简明的词语恰当、准确地反映论文最重要的特定内容(一般不超过 25 字)，应中英文对照。

题名通常由名词性短语构成，应尽量避免使用不常用缩略词、首字母缩写字、字符、代号和公式等。

如题名内容层次很多，难以简化时，可采用题名和副题名相结合的方法，其中副题名起补充、阐明题名的作用。

示例 1：斑马鱼和人的造血相关基因以及表观遗传学调控基因——进化、表达谱和功能研究

示例 2：阿片镇痛的调控机制研究：Delta 型阿片肽受体转运的调控机理及功能

题名和副题名在整篇学位论文中的不同地方出现时，应保持一致。

g) 责任者

责任者包括研究生姓名，指导教师姓名、职称等。

如责任者姓名有必要附注汉语拼音时，遵照 GB/T 16159—1996 著录。

h) 申请学位

包括申请的学位类别和级别，学位类别参照《中华人民共和国学位条例暂行实施办法》的规定标注，包括以下门类：哲学、经济学、法学、教育学、文学、历史学、理学、工学、农学、医学、军事学、管理学。学位级别参照《中华人民共和国学位条例暂行实施办法》的规定标注，包括学士、硕士、博士。

i) 学科专业

参照国务院学位委员会颁布的《授予博士、硕士学位和培养研究生的学科、专业目录》进行标注。

j) 研究方向

指本学科专业范畴下的三级学科。

k) 论文提交日期

指论文上交到授予学位机构的日期。

l) 培养单位

指培养学位申请人的机构，机构名称应采用规范全称。

5.2.4 英文题名页

英文题名页是题名页的延伸，必要时可单独成页。

5.2.5 勘误页

学位论文如有勘误页，应在题名页后另起页。

在勘误页顶部应放置下列信息：

——题名；

——副题名(如有)；

——作者名。

5.2.6 致谢

放置在摘要页前，对象包括：

——国家科学基金，资助研究工作的奖学金基金，合同单位，资助或支持的企业、组织或个人。

——协助完成研究工作和提供便利条件的组织或个人。

——在研究工作中提出建议和提供帮助的人。

——给予转载和引用权的资料、图片、文献、研究思想和设想的所有者。

——其他应感谢的组织和个人。

5.2.7 摘要页

5.2.7.1 摘要应具有独立性和自含性,即不阅读论文的全文,就能获得必要的信息。摘要的内容应包含与论文等同量的主要信息,供读者确定有无必要阅读全文,也可供二次文献采用。摘要一般应说明研究工作目的、方法、结果和结论等,重点是结果和结论。

5.2.7.2 中文摘要一般字数为300~600字,外文摘要实词在300个左右。如遇特殊需要字数可以略多。

5.2.7.3 摘要中应尽量避免采用图、表、化学结构式、非公知公用的符号和术语。

5.2.7.4 每篇论文应选取3~8个关键词,用显著的字符另起一行,排在摘要的下方。关键词应体现论文特色,具有语义性,在论文中有明确的出处。并应尽量采用《汉语主题词表》或各专业主题词表提供的规范词。

5.2.7.5 为便于国际交流,应标注与中文对应的英文关键词。

5.2.8 序言或前言(如有)

学位论文的序言或前言,一般是作者对本篇论文基本特征的简介,如说明研究工作缘起、背景、主旨、目的、意义、编写体例,以及资助、支持、协作经过等。这些内容也可以在正文引言(绪论)中说明。

5.2.9 目次页

学位论文应有目次页,排在序言和前言之后,另起页。

5.2.10 图和附表清单(如有)

论文中如图表较多,可以分别列出清单置于目次页之后。图的清单应有序号、图题和页码。表的清单应有序号、表题和页码。

5.2.11 符号、标志、缩略词、首字母缩写、计量单位、术语等的注释表(如有)

符号、标志、缩略词、首字母缩写、计量单位、术语等的注释说明,如需汇集,可集中置于图表清单之后。

5.3 主体部分

5.3.1 一般要求

主体部分应从另页右页开始,每一章应另起页。

主体部分一般从引言(绪论)开始,以结论或讨论结束。

引言(绪论)应包括论文的研究目的、流程和方法等。

论文研究领域的历史回顾,文献回溯,理论分析等内容,应独立成章,用足够的文字叙述。

主体部分由于涉及的学科、选题、研究方法、结果表达方式等有很大的差异,不能作统一的规定。但是,必须实事求是、客观真切、准备完备、合乎逻辑、层次分明、简练可读。

5.3.2 图

图包括曲线图、构造图、示意图、框图、流程图、记录图、地图、照片等。

图应具有"自明性"。

图应有编号。图的编号由"图"和从"1"开始的阿拉伯数字组成,图较多时,可分章编号。

图宜有图题,图题即图的名称,置于图的编号之后。图的编号和图题应置于图下方。

照片图要求主题和主要显示部分的轮廓鲜明,便于制版。如用放大缩小的复制品,必须清晰,反差适中。照片上应有表示目的物尺寸的标度。

5.3.3 表

表应具有"自明性"。

表应有编号。表的编号由"表"和从"1"开始的阿拉伯数字组成,表较多时,可分章编号。

表宜有表题,表题即表的名称,置于表的编号之后。表的编号和表题应置于表上方。

表的编排,一般是内容和测试项目由左至右横读,数据依序竖读。

表的编排建议采用国际通行的三线表。

如某个表需要转页接排，在随后的各页上应重复表的编号。编号后跟表题(可省略)和“(续)”，置于表上方。

续表均应重复表头。

5.3.4 公式

论文中的公式应另行起，并缩格书写，与周围文字留足够的空间区分开。

如有两个以上的公式，应用从“1”开始的阿拉伯数字进行编号，并将编号置于括号内。公式的编号右端对齐，公式与编号之间可用“...”连接。公式较多时，可分章编号。

示例：

$$w_1 = u_{11} - u_{12}u_{21} \qquad \ldots(5)$$

较长的公式需要转行时，应尽可能在“＝”处回行，或者在“＋”、“－”“×”、“/”等记号处回行。公式中分数线的横线，其长度应等于或略大于分子和分母中较长的一方。

如正文中书写分数，应尽量将其高度降低为一行。如将分数线书写为“/”，将根号改为负指数。

示例：

将$\frac{1}{\sqrt{2}}$写成 $1/\sqrt{2}$或 $2^{-1/2}$

5.3.5 引文标注

论文中引用的文献的标注方法遵照GB/T 7714—2005，可采用顺序编码制，也可采用著者-出版年制，但全文必须统一。

示例1：引用单篇文献的顺序编码制

德国学者N.克罗斯研究了瑞士巴塞尔市附近侏罗山中老第三纪断裂对第三系褶皱的控制[235]；之后，他又描述了西里西亚第3条大型的近南北向构造带，并提出地槽是在不均一的块体的基底上发展的思想[236]。

示例2：引用多篇文献的顺序编码制

莫拉德对稳定区的节理格式的研究[255-256]

示例3：标注著者姓氏和出版年的著者-出版年制

结构分析的子结构法最早是为解决飞机结构这类大型和复杂结构的有限元分析问题而发展起来的(Przemienicki，1968)，而后，被用于共同作用分析(Haddadin，1971)，并且已经取得快速发展。

示例4：标注出版年的著者-出版年制

Brodaway等(1986)报道在人工饲料中添加蛋白酶抑制剂会抑制昆虫的生长和发育。Johnson等(1993)报道蛋白酶抑制剂基因在烟草中表达，可有效减少昆虫的危害。

5.3.6 注释

当论文中的字、词或短语，需要进一步加以说明，而又没有具体的文献来源时，用注释。注释一般在社会科学中用得较多。

应控制论文中的注释数量，不宜过多。

由于论文篇幅较长，建议采用文中编号加“脚注”的方式。最好不用采用文中编号加“尾注”。

示例1：这是包含公民隐私权的最重要的国际人权法渊源。我国是该宣言的主要起草国之一，也是最早批准该宣言的国家，③当然庄严地承诺了这条规定所包含的义务和责任。

…………

---

③ 中国为人权委员会的创始国。中国代表张彭春(P.C.Chang)出任第一届人权委员会主席，领导并参加了《世界人权宣言》的起草。

示例2：这包括如下事实：“未经本人同意，监听、录制或转播私人性质的谈话或秘密谈话；未经本人同意，拍摄、录制或转播个人在私人场所的形象。”④

…………

---

④ 根据同条规定，上述行为可被处以1年监禁，并科以30万法郎罚金。

5.3.7 结论

论文的结论是最终的、总体的结论，不是正文中各段的小结的简单重复。结论应包括论文的核心观点，交代研究工作的局限，提出未来工作的意见或建议。结论应该准确、完整、明确、精练。

如果不能导出一定的结论，也可以没有结论而进行必要的讨论。

5.4 参考文献表

参考文献表是文中引用的有具体文字来源的文献集合，其著录项目和著录格式遵照 GB/T 7714—2005 的规定执行。

参考文献表应置于正文后，并另起页。

所有被引用文献均要列入参考文献表中。

正文中未被引用但被阅读或具有补充信息的文献可集中列入附录中，其标题为“书目”。

引文采用著作-出版年制标注时，参考文献表应按著者字顺和出版年排序。

5.5 附录

附录作为主体部分的补充，并不是必需的。

下列内容可以作为附录编于论文后：

——为了整篇论文材料的完整，但编入正文又有损于编排的条理性和逻辑性，这一材料包括比正文更为详尽的信息、研究方法和技术更深入的叙述，对了解正文内容有用的补充信息等。

——由于篇幅过大或取材于复制品而不便于编入正文的材料。

——不便于编入正文的罕见珍贵资料。

——对一般读者并非必要阅读，但对本专业同行有参考价值的资料。

——正文中未被引用但被阅读或具有补充信息的文献。

——某些重要的原始数据、数学推导、结构图、统计表、计算机打印输出件等。

5.6 结尾部分(如有)

5.6.1 分类索引、关键词索引(如有)

可以编排分类索引，关键词索引等。

5.6.2 作者简历

包括教育经历、工作经历、攻读学位期间发表的论文和完成的工作等。

示例：

姓名：程晓丹 性别：女 民族：汉 出生年月：1976-07-23 籍贯：江苏省东台市

1995-09—1999-07 清华大学计算机系学士；

1999-09—2004-06 清华大学攻读博士学位(直博)

获奖情况：

参加项目：

攻读博士学位期间发表的学术论文：

5.6.3 其他

包括学位论文原创性声明等。

5.6.4 学位论文数据集

由反映学位论文主要特征的数据组成，共 33 项：

A1 关键词＊，A2 密级＊，A3 中图分类号＊，A4 UDC，A5 论文资助；

B1 学位授予单位名称＊，B2 学位授予单位代码＊，B3 学位类别＊，B4 学位级别＊；

C1 论文题名＊，C2 并列题名，C3 论文语种＊；

D1 作者姓名＊，D2 学号＊；

E1　培养单位名称＊,E2　培养单位代码＊,E3　培养单位地址,E4　邮编；

F1　学科专业＊,F2　研究方向＊,F3　学制＊,F4　学位授予年＊,F5　论文提交日期＊；

G1　导师姓名＊,G2　职称＊；

H1　评阅人；H2　答辩委员会主席＊,H3　答辩委员会成员；

I1　电子版论文提交格式,I2　电子版论文出版（发布）者,I3　电子版论文出版（发布）地,I4　权限声明；

J1　论文总页数＊。

注：有星号＊者为必选项,共22项。

6　编排格式

6.1　封面

见附录C。

6.2　目次页

见附录F。

6.3　章、节

6.3.1　论文主体部分可根据需要划分为不同数量的章、节,章、节的划分建议参照CY/T 35—2001。

示例：

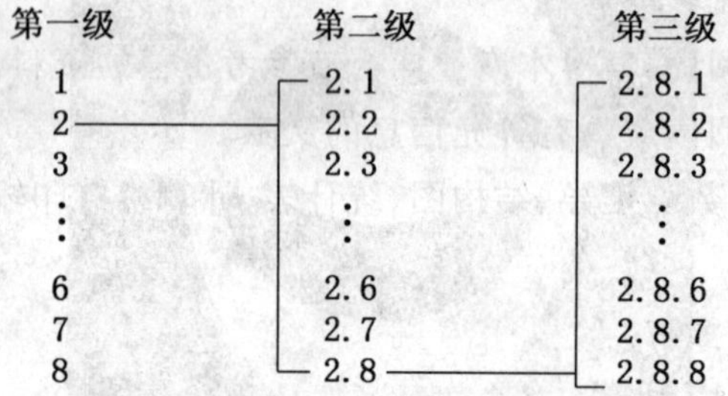

6.3.2　章、节编号全部顶格排,编号与标题之间空1个字的间隙。章的标题占2行。正文另起行,前空2个字起排,回行时顶格排。

6.4　页码

学位论文的页码,正文和后置部分用阿拉伯数字编连续码,前置部分用罗马数字单独编连续码(封面除外)。

6.5　参考文献表

见附录G。

6.6　附录

附录编号、附录标题各占1行,置于附录条文之上居中位置。

每一个附录通常应另起页,如果有多个较短的附录,也可接排。

6.7　版面

论文在打印和印刷时,要求纸张的四周留足的空白边缘,以便于装订、复印和读者批注。每一面的上方(天头)和左侧(订口)应分别留边25 mm以上间隙,下方(地角)和右侧(切口)应分别留边20 mm以上间隙。

6.8　书脊

为便于学位论文的管理,建议参照GB/T 11668—1989,在学位论文书脊中标注学位论文题名及学位授予单位名称。

示例：

学位论文题名

学位授予单位名称

附 录 A
（规范性附录）
学位论文结构图

- 前置部分
  - 封面（见 5.2.1）（见附录 C）
  - 封二（见 5.2.2）（如有）
  - 题名页（见 5.2.3）
  - 英文题名页（见 5.2.4）（如有）
  - 勘误页（见 5.2.5）（如有）
  - 致谢（见 5.2.6）
  - 摘要页（见 5.2.7）
  - 序言或前言（见 5.2.8）（如有）
  - 目次页（见 5.2.9）
  - 插图和附表清单（见 5.2.10）（如有）
  - 缩写和符号清单（见 5.2.11）（如有）
  - 术语表（见 5.2.11）（如有）
- 主体部分
  - 引言（绪论）（见 5.3.1）
  - 章、节
  - 图（见 5.3.2）
  - 表（见 5.3.3）
  - 公式（见 5.3.4）
  - 引文标注（见 5.3.5）
  - 注释（见 5.3.6）
  - 结论（见 5.3.7）
- 参考文献表（见 5.4）
- 附录（见 5.5）
- 结尾部分
  - 索引（见 5.6.1）（如有）
  - 作者简历（见 5.6.2）
  - 其他（见 5.6.3）
  - 学位论文数据集（见 5.6.4 和附录 J）
  - 封底（如有）

附　录　B
（规范性附录）
学位论文正文编排格式

1　（章的标题）

××
××××××××××××××××××××××××××××××××××××

1.1　（节的标题）

××
×××××××××××××××××××××××××××××××××

1.2　（节的标题）

1.2.1　××
×××××××××××××××××××××××××××

1.2.2　××
××××××××××××××××××××××××××××××××

××
××××××××××××××××××××××××××

××
×××××××××××××××××××××××××××××××××

2　（章的标题）

2.1　（节的标题）

2.1.1　××
××××××××××××××××××××××××××××××

2.2　（节的标题）

××
××××××××××××××××××××××××

××
×××××××××××××××××××××××××××××

3　（章的标题）

3.1　（节的标题）

××
×××××××××××××××××

a. ××××××××××××××××××××××××××××××××

b. ××
××××××××××××××××××××××××

4　（章的标题）

××
×××
××××××××××××

…………

附　录　C

（规范性附录）

封面编排示例

清华大学

博 士 学 位 论 文

矩形截面FS约束混凝土柱抗震
性能的试验研究与理论分析

Experimental Investigation and Theoretical
Analysis on Seismic Behavior of FS
Confined Rectangular Section

作　者　李　静

导　师　钱嫁茹教授

清华大学土木水利学院
二〇〇三年十月

Experimental Investigation and Theoretical Analysis on Seismic Behavior of FS Confined Rectangular Section

By
Jing Li

A Dissertation Submitted to
Tsinghua University
In partial fulfillment of the requirement
For the degree of
Doctor of Engineering

Department of Civil and Engineering
October, 2003

附 录 D
（规范性附录）
题名页示例

中图分类号	TU375.3	学校代码	10003
UDC	624	密级	公开

清华大学

博 士 学 位 论 文

矩形截面FS约束混凝土柱抗震
性能的试验研究与理论分析

Experimental Investigation and Theoretical
Analysis on Seismic Behavior of FS
Confined Rectangular Section

作　　者	李静	导　　师	钱稼茹　教授
申请学位	工学博士	培养单位	清华大学土木水利学院
学科专业	土木工程	研究方向	结构工程
答辩委员会主席		评 阅 人	

二〇〇三年十月

附　录　E
（规范性附录）
摘要页示例

E.1　中文摘要页示例

论文题名

摘要：………………………………………………………………………………………………………
……………………………………………………………。图 *X* 幅，表 *X* 个，参考文献 *X* 篇

关键词：(3-8)…………；…………；…………；…………；…………

分类号：(1-2)…………；…………

E.2　英文摘要页示例

Title

Abstract：

Keywords：

Classification：

注：学位论文的英文摘要一般另起一页。

附　录　F
（规范性附录）
目次页示例

附　录　G
（规范性附录）
参考文献表示例

参　考　文　献

[1] 昂温 G，昂温 P S．外国出版史[M]．陈生铮，译．北京：中国书籍出版社，1998．
[2] 赵耀东．新时代的工业工程师[M/OL]．台北：天下文化出版社，1998[1998-09-26]．http://www.ie.nthu.edu.tw/info/ie.newie.htm(Big5)．
[3] 马克思．关于《工资、价格和利润》的报告札记[M]//马克思，恩格斯．马克思恩格斯全集：第44卷．北京：人民出版社，1982：505．
[4] 李炳穆．理想的图书馆员和信息专家的素质与形象[J]．图书情报工作，2000(2)：5-8．
[5] 姜锡洲．一种温热外敷药制备方案：中国，88105607.3[P]．1989-07-26．
[6] METCALF S W．The Tort Hall air emission study [C/OL]// The International Congress on Hazardous Waste，Atlanta Marriott Marquis Hotel，Atlanta，Georgia，June 5-8，1995：Impact on human and ecological health [1998-09-22]．http://atsdrl.astdr.cdc.gov：8080/Cong95.html．

附　录　H
（规范性附录）
学位论文数据集

表 H.1　数据集页

关键词 *	密级 *	中图分类号 *	UDC	论文资助

学位授予单位名称 *	学位授予单位代码 *	学位类别 *	学位级别 *

论文题名 *	并列题名 *	论文语种 *

作者姓名 *		学号 *	

培养单位名称 *	培养单位代码 *	培养单位地址	邮编

学科专业 *	研究方向 *	学制 *	学位授予年 *

论文提交日期 *	

导师姓名 *		职称 *	

评阅人	答辩委员会主席 *	答辩委员会成员

电子版论文提交格式　文本（　）　图像（　）　视频（　）　音频（　）　多媒体（　）
其他（　）
推荐格式：application/msword；application/pdf

电子版论文出版（发布）者	电子版论文出版（发布）地	权限声明

论文总页数 *	

注：共 33 项，其中带 * 为必填数据，为 22 项。

参 考 文 献

[1] 中国标准研究中心等. GB/T 1.1—2000 标准化工作导则 第1部分:标准的结构和编写规则[S]. 北京:中国标准出版社,2001.

[2] 国防科工委情报研究所. GJB 567A—1997 中国国防科学技术报告编写规则[S]. 北京:国防科工委军标出版社,1997.

[3] 中华人民共和国教育部. 中华人民共和国学位条例暂行实施办法[EB/OL](1981-05-20)[2004-06-23]. http://www.moe.gov.cn/edoas/website18/info5897.htm.

[4] 国务院学位委员会. 关于审定学位授予单位的原则和办法[EB/OL](1981-02)[2004-06-23]. http://gov.hnedu.cn/fagui/Law/12/law_12_1013.htm.

[5] 国务院学位委员会办公室,教育部. 授予博士、硕士学位和培养研究生的学科、专业目录[EB/OL](1997)[2004-06-23]. http://grs.zju.edu.cn/xkjw/major.htm.

[6] 国务院学位委员会. 关于审定学位授予单位的原则和办法[EB/OL](1981-02-24)[2004-06-23]. http://gov.hnedu.cn/fagui/Law/12/law_12_1013.htm.

ICS 67.120.10
B 45

中华人民共和国国家标准

GB/T 7740—2006
代替 GB/T 7740—1987,GB/T 7741—1987

天然肠衣

Natural casings

2006-02-27 发布　　2006-06-01 实施

中华人民共和国国家质量监督检验检疫总局
中国国家标准化管理委员会　发布

前　言

本标准是对 GB/T 7740—1987《出口肠衣》和 GB/T 7741—1987《出口盐渍肠衣检验方法》的修订。

本标准与 GB/T 7740—1987 和 GB/T 7741—1987 相比主要变化如下：

——增加了规范性引用文件；

——盐渍类肠衣增加了：盐渍马肠衣 salted horse casing，盐渍牛肠衣 salted beef casing，盐渍猪肥肠 salted hog chitterling，盐渍猪拐头 salted hog caecum，盐渍牛拐头 salted beef caecum，盐渍羔羊胃 salted lamb stomach，盐渍猪膀胱 salted hog bladder；

——盐渍类肠衣取消了：盐渍牛小肠；

——干制类肠衣增加了：干制猪肠衣 dried hog casing，干制猪套管肠衣 dried hog casing tubed，干制羊套管肠衣 dried sheep casing tubed；

——规定了天然肠衣、盐渍肠衣、干制肠衣、单付、双付(小把)、大把、起用长度、筋络、胡须、拐头、羔羊胃、盐红、扁径、靛点、破洞、沙眼、硬洞、毛圈、套管肠衣、带大、带小等术语的定义；

——增加 6.1 检验准备、6.2 检验内容和 6.3 检验方式；

——增加了实验室抽样和实验室检验的内容；

——品质检验中增加了干制肠衣的检验方法；

——增加了对检验记录的要求和检验结果判定；

——增加了肠衣包装容器外须有中文或英文标识企业代号和企业名称；

——增加了运输的内容。

本标准自实施之日起，同时代替 GB/T 7740—1987 和 GB/T 7741—1987。

本标准由中华人民共和国商务部提出。

本标准由全国畜牧业标准化技术委员会归口。

本标准起草单位：中国食品土畜进出口商会。

本标准主要起草人：王志刚、刘伟、李兴民、张志彪、欧孟。

天 然 肠 衣

1 范围

本标准规定了天然肠衣的术语和定义、产品分类和品名、要求、检验方法、包装、标志、贮存和运输。

本标准适用于各类天然肠衣。

2 规范性引用文件

下列文件中的条款通过本标准的引用而成为本标准的条款。凡是注日期的引用文件，其随后所有的修改单(不包括勘误的内容)或修订版均不适用于本标准，然而，鼓励根据本标准达成协议的各方研究是否可使用这些文件的最新版本。凡是不注日期的引用文件，其最新版本适用于本标准。

GB/T 5009.11 食品中总砷及无机砷的测定方法

GB/T 5009.12 食品中铅的测定方法

GB/T 5009.15 食品中镉的测定方法

GB/T 5009.17 食品中总汞及有机汞的测定方法

SN 0126—1992 出口肉及肉制品中六六六、滴滴涕残留量检验方法

3 术语和定义

下列术语和定义适用于本标准。

3.1

天然肠衣 natural casings

采用健康牲畜的食道、胃、小肠、大肠和膀胱等器官，经过特殊加工，对保留的组织进行盐渍或干制的动物组织，是灌制香肠的衣膜。

3.2

盐渍肠衣 salted casings

专用盐腌制的天然肠衣。

3.3

干制肠衣 dried casings

腌制清洗后经晾干或烘干的天然肠衣。

3.4

单付 single bundle

每把盐渍猪、羊肠衣总长度为12.5 m，不超过3节。

3.5

双付 double bundle

俗称小把，由两个单付盐渍猪肠衣拼在一起。

3.6

大把 hank

每把猪、羊肠衣总长度为91.5 m，不超过18节。

3.7

起用长度 minimum length

小把1 m以上；大把2 m以上；短把0.94 m以上。

3.8

筋络　veins

粘膜下层形成的网络结构。

3.9

胡须　whisker

悬挂在肠衣上的筋络。

3.10

拐头　caecum

猪、牛、羊的盲肠部分。

3.11

羔羊胃　lamb stomach

俗称羊奶胃，完整的取自哺乳的小羊胃袋，带有 2 cm～3 cm 的食道和十二指肠。

3.12

盐红　salt burn

肠衣壁上产生的一种红色或粉红色的斑点。

3.13

扁径　flat calibre

将干制套管肠衣压扁，在距离两端 10 cm 处测量的宽度。

3.14

靛点　black spot

肠衣表面产生的黑色或深蓝色斑点。

3.15

硬洞　hard hole

肠衣壁上直径在 1 mm～3 mm，拢水时不再扩大的洞。

3.16

破洞　hole

肠衣壁上直径在 3 mm 以上的洞。

3.17

软洞　soft hole

拢水时肠衣壁上继续扩大的洞。

3.18

沙眼　pin hole

肠衣壁上直径在 1 mm 以下的洞。

3.19

毛圈　bung

带有毛的直肠末端。

3.20

干制套管肠衣　dried tubed casing

盐渍肠衣经过漂洗、破批、粘贴、凉晒、扎把制作的干肠衣。

3.21

套帕　handkerchief

盐渍肠衣经过漂洗、破批、粘贴、凉晒、扎把制作的片状肠衣。

3.22

带大 wider calibre

肠衣口径过大，超过规定口径 1 mm。

3.23

带小 too narrow calibre

肠衣口径过小，小于规定口径 1 mm。

3.24

口径 diameter

肠衣充满水时最大的直径。

4 产品分类和品名

4.1 盐渍肠衣类

a) 盐渍猪肠衣(salted hog casing)；
b) 盐渍绵羊肠衣(salted sheep casing)；
c) 盐渍山羊肠衣(salted goat casing)；
d) 盐渍马肠衣(salted horse casing)；
e) 盐渍牛肠衣(salted beef casing)；
f) 盐渍猪大肠头(salted hog fat ends)；
g) 盐渍猪肥肠(salted hog chitterling)；
h) 盐渍猪拐头(salted hog caecum)；
i) 盐渍牛拐头(salted beef caecum)；
j) 盐渍羔羊胃(salted lamb stomach)；
k) 盐渍牛大肠(salted beef large intestings)；
l) 盐渍猪膀胱(salted hog bladder)。

4.2 干制肠衣类

a) 干制猪肠衣(dried hog casing)；
b) 干制牛肠衣(dried beef casing)；
c) 干制猪膀胱(dried hog bladder)；
d) 干制羊肠衣(dried sheep/goat casing)；
e) 干猪套管肠衣(dried hog casing tubed)；
f) 干羊套管肠衣(dried sheep casing tubed)。

5 技术要求

5.1 原料

肠衣原料应来自安全非疫区的健康动物，并经官方批准的屠宰场屠宰，宰前宰后检疫合格。

5.2 加工

应符合国家食品卫生要求。

5.3 品质

5.3.1 色泽

应符合表 1 规定。

表 1

名　称	色　泽
盐渍猪肠衣	白色、乳白色、淡粉红色、浅黄白色、黄白色
盐渍绵羊肠衣	白色、青白色、黄白色、灰白色

表 1（续）

名　　称	色　　泽
盐渍山羊肠衣	白色、青白色、黄白色、灰白色
盐渍猪大肠头[a]	白色、乳白色、淡粉红色、淡黄白色
盐渍猪肥肠	白色、乳白色、淡粉红色、淡黄白色
盐渍猪拐头	乳白色、淡粉红色，淡黄白色
盐渍羔羊胃	乳白色、淡粉红色，淡黄白色
盐渍猪膀胱	乳白色、淡黄白色、淡灰白色
盐渍牛大肠	白色、乳白色、淡红色、黄白色、灰白色
盐渍牛肠衣	白色、乳白色、淡红色、黄白色、灰白色
干制牛肠衣	淡黄色、棕黄色
干制猪肠衣	黄色、银白色、淡黄色
干制羊肠衣	黄色、银白色、淡黄色
干制猪膀胱	淡粉红色、淡黄色
干制猪套管肠衣	乳白色、淡黄色、黄色
干制羊套管肠衣	乳白色、米黄色、银白色
干制猪套帕	乳白色、淡黄色、黄色
干制羊套帕	乳白色、米黄色、银白色
[a] 猪大肠头指直肠部分。	

5.3.2　气味

5.3.2.1　盐渍肠衣类

无腐败气味及其他不应有的异味。

5.3.2.2　干肠衣类

无霉味及其他不应有的异味。

5.3.3　实质

应符合表 2 规定。

表 2

名　称	实　　质
盐渍猪肠衣 盐渍绵羊肠衣 盐渍山羊肠衣	肠壁洁净、坚韧，在充满水时呈透明状，无显著筋络。 无明显腐蚀痕，无软洞，无破洞，每把硬洞不超过 2 个(在盐渍猪肠衣中，允许有直径 2 mm 以下硬洞)。
盐渍猪大肠头 盐渍猪肥肠 盐渍猪膀胱	洁净卫生，皮质新鲜有弹性，猪大肠头带有毛圈。 无刀伤，无严重红斑。 无刀伤，带颈管，洁净卫生。
盐渍羔羊胃 盐渍猪拐头 盐渍牛大肠 盐渍牛肠衣	肠壁洁净，去油脂，无洞，无刀伤。
干肠衣类	肠壁坚韧，有光泽；无杂质，无破洞。
干猪膀胱	膀胱带颈管，除去油脂。

5.3.4 **长度**

应符合表 3 规定。

表 3

名　称	长度、节数			
	每把	不超过	每节不短于/m	每节(每个)的长度
盐渍猪肠衣	大把:91.5 m±2 m	18 节(口径 34 mm 以下) 16 节(口径 34 mm 以上)	2	—
	双付:25 m±0.3 m	6 节	1	—
盐渍绵羊肠衣	91.5 m	18 节	2	—
盐渍山羊肠衣	91.5 m	18 节	2	—
盐渍猪大肠头	5 节	—		0.6 m 0.85 m 1.15 m～1.5 m
盐渍猪肥肠	10 m	6 节	1	—
盐渍牛肠衣	25 m	8 节	1	—
盐渍牛大肠	25 m	13 节	0.5	—
干制牛肠衣	50 m	18 节	1	—
干制猪膀胱[a]	10 个	—	—	15 cm～20 cm 20 cm～25 cm 25 cm～30 cm 30 cm～35 cm ≥35 cm
干制猪套管肠衣 干制羊套管肠衣	25 个 50 个	—	—	—

[a] 干制猪膀胱长度为从膀胱颈起始部至顶部。

5.3.5 **口径、扁径**

应符合表 4、表 5 规定。

表 4

名　称	口　径
盐渍猪肠衣/mm	24～26;26～28;28～30;30～32;32～34 34～36;≥36 36～40;40～44 36～38;≥38 38～40;≥40 ≥44 每把带小不超过 10%,每把带大不超过 5%
盐渍绵羊肠衣/mm	12～14;14～16;16～18;18～20;20～22;≥22 22～24;24～26;≥26 15～17;17～19;19～21;21～23;≥23 每把带大不超过 10%,每把带小不超过 5%
盐渍山羊肠衣/mm	12～14;14～16;16～18;18～20;20～22;22～24;24～26;≥22 15～17;17～19;19～21;21～23;≥23 每把带大不超过 10%,每把带小不超过 5%

表 4（续）

名　　称	口　　径
盐渍羊奶胃	特大号(XL)，每个质量在 150 g 以上者，包括 150 g 大号(L)，每个质量在 100 g 以上者，包括 100 g 小号(S)，每个质量在 50 g 以上者，包括 50 g 小二号(S、B)每个质量在 25 g 以上者，包括 25 g
盐渍猪肥肠/mm	40～44；44～48；48～52；52～56；56～60；60～64；64～68 68～72；≥50；≥72
盐渍牛肠衣/mm	≤30；30～35；35～40；40～45；≥45
盐渍牛大肠/mm	≤40；40～45；45～50；50～55；≥55

表 5

名　　称	扁　　径
盐渍猪大肠头/mm	≥50；≥55；≥60；≥65；≥70
干制猪膀胱/cm	15～20；20～25；25～30；30～35；≥35
干制牛肠衣/mm	≤34；34～36；36～40；40～44；44～48；≥55

5.4　理化指标

应符合表 6 规定。

表 6

项　　目	最高残留限量/(μg/kg)
六六六(BHC)	300
滴滴涕(DDT)	1 000
六氯苯(hexachlorobenzent)	200
铅(plumbum)	1 000
镉(cadmium)	1 000
砷(arsenic)	1 000
汞(mercury)	1 000
呋喃唑酮(furazolidone)	不得检出(ND)
呋喃西林(nitrofurazone)	不得检出(ND)
呋喃他酮(furaltadone)	不得检出(ND)
呋喃妥因(nitrofurantoin)	不得检出(ND)
氯霉素(chloramphenicol)	不得检出(ND)

我国或进口国对肠衣理化残留项目和最高残留限量规定有改变的，按最新的规定执行。

6　检验方法

6.1　检验准备

明确该批肠衣的检验依据、检验项目、方法及安排有资格的检验人员。

6.2　检验内容

包括品质、卫生、规格、数量、质量、包装、标签、标志及唛头等项目。

6.3 **检验方式**

肠衣的检验采取对生产加工过程的监督管理与成品检验检疫相结合的方式。

6.4 **抽样**

6.4.1 抽样前，核实品名、规格、数量、包装等，抽样时准备好容器。

6.4.2 抽样方法：抽样应具有代表性。

6.4.2.1 桶装货抽样

6.4.2.1.1 抽样数量，根据提交检验批的数量和不同口径按以下规定抽样：

10 桶以下　　30%；

10 桶～20 桶　　25%；

20 桶～30 桶　　20%；

30 桶以上，每增加 10 桶，增取 1 桶，不及 10 桶者，不增加抽样数量。

6.4.2.2 未装桶肠衣抽样，抽样数按装桶肠衣基数折合。

6.4.3 开桶抽样可在桶内的上、中、下层抽取。

6.4.4 口径、长度、实质项目检验样品可按每桶把数的 1%～3%。

6.4.5 所抽样品分成两份，一份作检验用；一份作复查样品。

6.4.6 实验室抽样

6.4.6.1 应避免样品被污染，使用专用样品袋存放样品。

6.4.6.2 抽样人员应了解肠衣的来源，以来自同一产地的肠衣作为抽样基数。对同一肠衣加工企业至少抽 5 个样品的肠衣合并为 1 个混合样品，每个混合样品至少 300 g。

6.4.6.3 抽样后，铅封盛装样品的容器或样品袋，加贴标签，标明样品名称、样品编号、数量、抽样地点、抽样人及抽样日期等，并完整、准确填写肠衣抽/采样凭证。

6.4.6.4 送样

抽样人员应填写肠衣样品送样单，并注明检验项目，连同样品一起送有关实验室。

6.5 **检验**

6.5.1 **品质、规格检验**

6.5.1.1 **色泽检验**

应在自然光线下查看色泽及外观，要避免灯光或阳光的直射。肠衣的外观洁净，色泽一致，无靛点、盐红，不得有品质要求规定以外的色泽。

6.5.1.2 **气味检验**

打开肠衣包装后，在检验色泽项目同时嗅其有无腐败、霉变等气味。

6.5.1.3 **实质检验**

6.5.1.3.1 **盐渍肠衣**

通过灌水，使肠衣胀满，全面检查肠衣壁的洁净度、伤痕、筋络及对水压的承受力等，同时检测口径。

6.5.1.3.2 **干制肠衣**

观察肠衣壁是否有严重筋络、脂肪、杂质、气泡皱皮等。肠衣壁应厚薄均匀、干燥坚韧、贴层符合要求。仔细观察有无发霉、虫蛀等现象。

6.5.1.4 **盐渍肠衣口径检验**

6.5.1.4.1 **设备及用具**

a) 刻有米尺的硬质塑料检验台；

b) 不生锈材料制成的平直口水龙头；

c) 口径卡尺。

猪肠衣口径卡尺：

24 mm、26 mm、28 mm、30 mm、32 mm、34 mm、36 mm、38 mm、40 mm、42 mm、44 mm。

羊肠衣口径卡尺：

12 mm、14 mm、15 mm、16 mm、17 mm、18 mm、19 mm、20 mm、21 mm、22 mm、23 mm、24 mm、25 mm、26 mm、27 mm、28 mm。

d） 标有路分的无毒容器。

6.5.1.4.2 **方法**

口径检验，将肠衣“把”拆开，洗去盐份，灌水约 1 m，使肠衣呈充满状态，然后拉动肠衣，观察肠衣的口径，皮质是否坚韧，肠壁内外有无污物附着，有无伤痕及较粗的筋络。发现口径变化时，双手向内拢水至 30 cm 左右（羊肠衣约 25 cm），紧握肠衣两端，抄起充满水的肠衣，按自然弯度形成的弓形，垂直对准口径卡尺测量。

a） 盐渍猪肠衣

肠衣组织坚韧，水压不易破裂。测量口径时，不能过分加大压力，否则，口径有偏小的可能；

肠衣组织松弛，水压时，容易扩大。测量口径时，不能无限制加压扩大，否则，口径有偏大的可能；

肠衣组织软薄，水渗透快，一般是在拉肠时，用目光鉴别口径。

b） 盐渍绵、山羊肠衣

羊肠衣组织薄软，水易渗漏，测量口径时，必须迅速，以求准确。

绵羊肠衣组织外观呈环状横纹，灌水膨胀后，呈直筒形，有韧性；山羊肠衣组织外观呈网状纹，灌水膨胀后，呈弯曲形，脆而易破裂。

6.5.1.4.3 **测量口径报分**

a） 满卡不涩者，猪肠衣为双分，羊肠衣为单分；

b） 松皮肠衣拢水扩大者，应视扩大程度报分；

c） 对洒水而不扩大者，应报本卡路分。

注：4 m 以上者，带大带小不足 1 m 不报分，分别归入本路分。

6.5.1.4.4 **计算方法**

带大（带小）长度按式（1）计算，数值以%表示。

$$L_{max(或min)} = \sum L_{max}(或\ L_{min})/L \times 100 \quad \cdots\cdots(1)$$

式中：

L_{max}——表示带大长度；

L_{min}——表示带小长度；

L——表示总长度。

6.5.1.5 **长度检验**

6.5.1.5.1 **设备及用具**

a） 量尺台；

b） 盛有清水的无毒容器。

6.5.1.5.2 **方法**

长度检验可采用接头衔接测量法，检测肠衣口径的同时进行长度测量，也可在量尺台上用单项测量长度方式测量。

要将肠衣内的水捋净，量长度时，用力要均匀。用力过轻，易于出现过松的现象，使长度偏长；用力过重，人为的拉长了长度，使长度不足，影响结果。

不论是哪种方式测量长度：

a） 一把肠衣色泽均应基本一致，不应有标准规定以外的色泽；

b） 每把肠衣不应超过规定节数；

c） 每节肠衣不应短于起用长度。

注：长度指每把肠衣的总长度及每节肠衣最短的长度。

6.5.1.6 干制肠衣规格检验

6.5.1.6.1 设备和用具

米尺、平面板。

6.5.1.6.2 方法

a) 干制猪、牛肠衣在测量其扁径的同时测量长度。测量长度时先点清每小把的肠衣数量，再拉开拉直，用尺测量长度，然后拆开肠把，检验合成节数及起用长度；

b) 干制猪膀胱用尺从折叠四层的膀胱颈起始部至顶尖测量长度；

c) 干制套管肠衣用尺逐个测量其扁径和长度，测量扁径要在开口下 10 cm 处测量。

6.5.2 实验室检验

6.5.2.1 实验室检测按照肠衣样品送样单注明的检测项目或本标准 5.4 所列的检验项目进行。

a) 砷：按 GB/T 5009.11 的方法检测。

b) 铅：按 GB/T 5009.12 的方法检测。

c) 汞：按 GB/T 5009.17 的方法检测。

d) 镉：按 GB/T 5009.15 的方法检测。

e) 六六六、滴滴涕、六氯苯：按 SNO 126 的方法检测。

f) 硝基呋喃类药：按国家主管部门推荐的肠衣中硝基呋喃类残留量检验方法检测。

g) 氯霉素：按国家主管部门推荐的肠衣中氯霉素残留量检验方法检测。

6.5.2.2 实验室应在规定时间内检测完毕，出具检测报告和做好检测记录。

6.6 结果判定

6.6.1 检验记录应包括企业名称、品名、批号、规格、数(质)量、包装及抽采样情况、检验时间、地点、检验依据、检验结果、实验室检测报告、结果判定等基本要素。

6.6.2 检验记录应真实、全面地反映检验全过程的实际情况。检验人员在检验过程中应认真准确地填写记录并签名，记录应经复核签字，记录应保存 2 年。

6.6.3 经检验符合本标准的判定为合格，不符合的判定为不合格。

7 包装、标志、贮存、运输

7.1 包装要求

7.1.1 肠衣的包装容器、物料应坚固耐用，符合食品卫生要求。

7.1.2 盐渍肠衣装入包装容器时须充分撒布肠衣用盐，并灌满饱和盐卤。干制肠衣包装内撒布胡椒粉。

7.2 标志

7.2.1 盐渍肠衣的包装容器内顶面应附以明显卡片，标明品名、口径长度和数量。

7.2.2 肠衣包装容器外应有企业代号和企业名称、品名、口径、编号等字样。

7.3 贮存

7.3.1 盐渍肠衣类存放在 0℃～10℃清洁卫生的库内，相对湿度为 85%～90%，每半年换一次盐卤。

7.3.2 干制肠衣类存放于干燥、通风、清洁卫生、无蝇虫的库内，不超过 1 年。

7.4 运输

7.4.1 运输应使用符合卫生要求的冷藏或保温车辆。

7.4.2 海运应使用冷藏集装箱或把集装箱置于水位线以下。

ICS 23.080
J 71

中华人民共和国国家标准

GB/T 7784—2006
代替 GB/T 7784—1987

机动往复泵试验方法

Test methods for power reciprocating pumps

2006-01-23 发布　　2006-08-01 实施

中华人民共和国国家质量监督检验检疫总局
中国国家标准化管理委员会　发布

前　言

本标准是对 GB/T 7784—1987《机动往复泵试验方法》的修订。

与 GB/T 7784—1987 相比，主要有如下变化：

——将原 GB/T 7784 中“型式试验”、“抽查试验”和“出厂试验”的分类取消，增设“试验项目”一条；

——删除了“最大吸上高度”和“最小吸入压头”的计算；

——“误差和计算方法”改为“不确定度的估计和分析”；

——公式均按国际单位制进行了修改。

本标准的附录 C 为规范性附录，附录 A、附录 B 和附录 D 为资料性附录。

本标准自实施之日起，代替 GB/T 7784—1987。

本标准由中国机械工业联合会提出。

本标准由全国泵标准化技术委员会容积泵分技术委员会(SAC/TC 211/SC1)归口。

本标准起草单位：合肥通用机械研究所。

本标准主要起草人：蒋青、许建强、叶晓琰、刘广兵、谢华桂。

本标准于 1981 年 6 月首次发布，1987 年 5 月第一次修订。

机动往复泵试验方法

1 范围

本标准规定了机动往复泵(以下简称“泵”)的流量、压差、泵输入功率、泵速和净正吸入压头的测试方法、测试数据的处理及测量不确定度的估计和分析。

本标准适用于以0℃～50℃的清水或乳化液为试验介质的泵的试验,包括不带任何管路附件的泵和带有管路附件的泵的组合体。

2 规范性引用文件

下列文件中的条款通过本标准的引用而成为本标准的条款。凡是注日期的引用文件,其随后所有的修改单(不包括勘误的内容)或修订版均不适用于本标准,然而,鼓励根据本标准达成协议的各方研究是否可使用这些文件的最新版本。凡是不注日期的引用文件,其最新版本适用于本标准。

GB/T 1029 三相同步电机 试验方法

GB/T 1032 三相异步电动机 试验方法

GB/T 1311 直流电机 试验方法

GB/T 3102.7 声学的量和单位(GB/T 3102.7—1993,eqv ISO 31-7:1992)

GB/T 3241 倍频程和分数倍频程滤波器(GB/T 3241—1998,eqv IEC 1260:1995)

GB/T 3785 声级计的电、声性能及测试方法

GB/T 3947 声学名词术语

GB/T 7785 往复泵分类和名词术语

GB/T 9069 往复泵噪声声功率级的测定 工程法

GB/T 9234 机动往复泵

GB/T 13364 往复泵机械振动测试方法

JJG 176 声压级校准器试行检定规程

JJG 188 声级计试行检定规程

3 术语和定义

GB/T 7785中确立的以及下列术语和定义适用于本标准。

3.1

额定压差 rated differential pressure

泵的额定排出压力与泵的额定吸入压力之差。

4 试验装置

4.1 一般要求

4.1.1 泵的排出管路上应设置安全阀或其他超压保护装置。

4.1.2 排出管路允许承受的压力应与被试泵的最大排出压力相适应。

4.1.3 吸入管路的各连接处不应泄漏,以防外界空气进入管路。

4.1.4 为保证压力表和流量测量仪表的指示值的变动范围符合测量要求,管路上可设置足够大的空气室或其他脉动吸收装置。

4.1.5 汽蚀性能试验时,当吸入压力低于大气压时,吸入管路上应设置足够大的真空容器或在指定的

吸入高度下进行试验。若采用单纯调节吸入阻力的方法进行试验，则入口节流装置后的等径直管段长度应不少于吸入管路通径的 12 倍。

4.1.6 在不宜用水或乳化液作试验介质时，可按设计要求采用相应的介质或矿物油。如对试验介质有明确要求时，按协议进行。

4.1.7 在进行高压泵试验时，应配备必要的安全设施以保证试验人员的人身安全。

4.2 试验装置的原理图

试验装置的原理图见附录 A。

5 试验方法

5.1 一般要求

5.1.1 试验应在符合第 4 章要求的试验装置上或在现场或流程上进行。

5.1.2 试验应在额定工况下进行。试验工况各参数的测量值或允许偏差应符合表 1 的规定。

表 1

工况项目	测量值或允许偏差
泵的排出压力 p_d	不低于额定值
泵的吸入压力 p_s	有效净正吸入压头($NPSH_a$)大于其额定值($NPSH_r$)
泵速或转速 n	额定值的±5%

5.1.3 试验工况与额定工况有偏差时，应按 7.1.2 和 7.4.3 的规定换算。在性能曲线上应给出泵速与压差的关系曲线。

5.1.4 凡需测量参数的试验，被测参数的测量仪器、仪表指示值的允许波动范围应符合表 2 的规定。

表 2

被测参数	允许波动范围	被测参数	允许波动范围
排出压力 p_d	±5%	液体温度 t	±2℃
吸入压力 p_s	±6%	泵的输入功率 P_{in}	±2%
流量 Q	±1%	原动机的输入功率 P_{dr}	
泵速或转速 n[a]	±1%		

[a] 当采用测量累计往复次数或旋转次数计算泵速或转速时，则不受此限。

5.1.5 试验时，确认泵运转达到稳定工况后所有仪表读数应同时读出和记录。

5.1.6 试验数据及计算结果均应记入试验记录表，整理并绘出曲线。

5.2 测量不确定度

5.2.1 总则

当使用的测量方法、仪表和校准均遵照本标准时，则获得的测量结果代表当时被测量量的真值的最佳估计。更好或更精确的估计只有通过采集新的数据才能获得。

重要的是有关各方应在试验之前确定可以容许的不确定度范围。严格来说，仅当测量结果完全得出时才能计算测量不确定度。

5.2.2 置信水平

单一量的一组测量结果的不确定度取决于与该不确定度相连接置信水平。置信水平越高，不确定度的绝对值就越高，任一测量值落在不确定度带宽范围内的概率也就越大。因此必须将容许不确定度连同用来估计该不确定度的置信水平一起加以规定。在本标准中，不确定度具有 95% 置信水平，亦即读数落在测量不确定度带宽外的可能性有 1/20。

5.2.3　**独立量的不确定度**

在任何一个试验中，很少能有足够的数据用来对各种可能误差源作详细的分析，并且如统计学教科书所述的那样推导出百分置信水平。当然如有这样的数据，则应加以利用。但是在缺少这些数据的情况下，仍应根据现有可用的数据结合以往测量方法上的经验进行不确定度估算。

严格来说，每个独立的被测的量（Q、p、P、η 等）的不确定度仅当测量结果完成后才能进行计算。

关于所使用的不确定度或许最好也不过是估计，这一事实一点也不会贬低合同中明确商定的规定值。这里采用可按无偏方法处理的数值量。

表 3 给出试验中各测定量不宜超过的最大不确定度值。

表 3

测　定　量	最大容许极限 /%	
	型式和抽查试验	出 厂 试 验
转速	±1.0	±2.0
压力	±1.5	±3.5
流量	±2.0	±3.0
泵输入功率	±2.0	±3.5
泵效率	±3.0	±5.0

5.2.4　**误差**

测量误差中一部分是与试验开始时仪表或测量系统内的残余误差有关。这时，所有的已知误差已通过校准、仔细测量尺寸和正确的安装等予以清除。仍然保留的这个不确定度即叫系统误差，不管多么小，却始终存在。

另一种误差是由于测量的不可重复性而产生的，只要测量设备有足够的分辨力，这种不可重复性就必定会一直存在。这类误差可以由测量系统的特性所引起，或由被测量的量的变化而引起，或由两者共同引起。与系统误差（它们不影响试验时的重复性）不同，它们以读数分散的形式出现，可以直接观察到。这第二种误差称为随机误差。

使用同一设备重复一组测量可以降低由随机实验误差引起的不确定度，但对系统误差一点没有作用。它们仅当使用更高精度标准（等级）的测量设备或同一设备能通过校准达到更高标准时，才有可能减少。系统误差无论如何也不会影响重复观测值的分散。

5.2.5　**平均值**

只要不存在测量系统或测量的量随时间的有规则变化（它们不可能加以修正），则多次数重复测量的平均值比起少次数重复测量的平均值来是真值的一个更好估计。在分析试验结果时，试验负责人应当查明不存在这种可能性。

5.2.6　**误差的处理**

如附录 B 中所述的那样，将系统误差和随机误差分开处理是可取的。

5.2.7　**试验结果的提出**

提出试验结果时应当使用由试验估算出的总的不确定度或者用合同上预先商定的考虑了商定的试验方法和条件而选取的不确定度值。

不确定度的绝对值为：

——泵流量　　　$\pm e_Q Q$；

——泵压差　　　$\pm e_p p$；

——泵输入功率　$\pm e_P P$；

——泵效率　　　$\pm e_\eta \eta$。

其中 e 代表所研究量的相对总误差。

在确定了各个测量点的总的不确定度和画出椭圆后，还应作出这些椭圆的上、下包络线(见图1)。

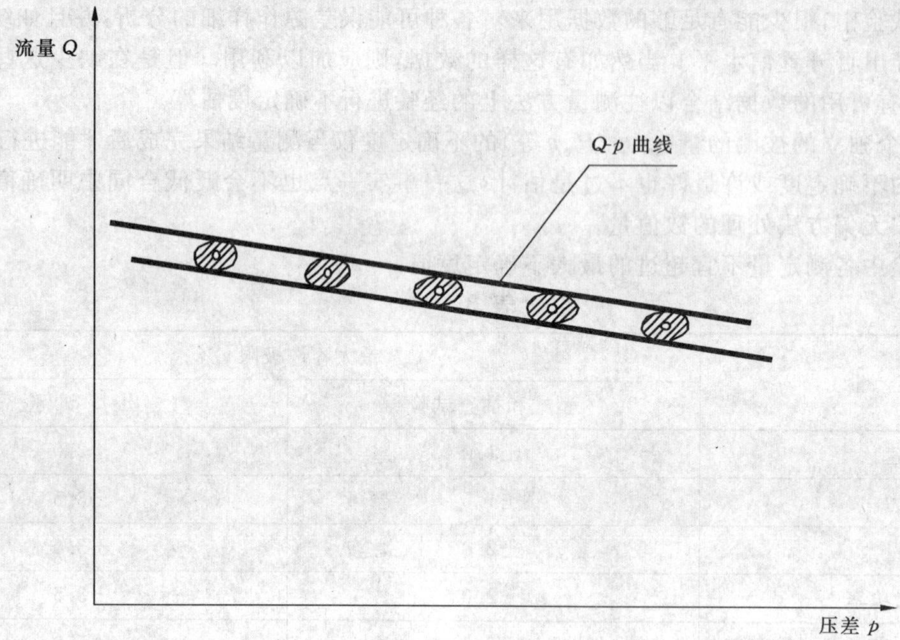

图 1

这样，试验结果即是一条由两条包络线加以限定的测量带。在该测量带范围内的所有点均是等效的。

5.3 试验项目

5.3.1 试运转

5.3.1.1 试运转主要为检查装配质量并对泵进行跑合。

5.3.1.2 试运转包括空载试验、升载试验。

5.3.1.2.1 空载试验应在进、出口管路阀门全开并输送液体的情况下进行，试验不少于 0.5 h。

5.3.1.2.2 升载试验应在额定泵速下，排出压力从常压逐渐上升到额定排出压力的过程中进行。可根据额定排出压力分四个压力等级进行升载试验。每个压力等级运转时间不少于 15 min。

5.3.1.3 试运转中泵的噪声、振动、润滑、温升、泄漏和所有保护装置应正常。

5.3.2 连续运转试验

5.3.2.1 连续运转试验应在试运转后，在额定工况下累计连续运转 500 h。试验期间允许中途停机，以便检查运行情况，如遇有主要零部件损坏需要更换时，则已完成的试验无效。

5.3.2.2 试验中应定时(一般为 4 h～8 h)记录流量、压力、泵速、功率、润滑油温度、介质温度和填料函泄漏量。

5.3.2.3 试验中应记录易损件的寿命、修复次数和停车时间，试验后应对泵解体、检查，并记录泵零部件的磨损和损坏情况。

5.3.3 负荷运转试验

负荷运转应在试运转后，在额定压差和最大泵速下运转 2 h，观察并记录 5.3.1.3 规定的内容。

5.3.4 性能试验

5.3.4.1 性能试验应确定流量、功率、泵效率、泵速与压差的关系，并绘出性能曲线。

5.3.4.2 性能试验应在额定吸入压力(如果额定吸入压力不能保证泵内不发生汽蚀，或额定吸入压力远远大于试验液体的汽化压力，或试验装置不能适应额定吸入压力的要求时，允许提高或降低吸入压力进行性能试验，但此时排出压力应作相应变化，以保证压差为额定值)和最大泵速下进行，排出压力从最小值(排出管路阀门全开时，为克服试验系统阻力而必需的排出压力)开始，然后按额定压差值的 25%，

50%,75%,100%升压,在每一排出压力下,同时测量和记录介质温度、泵速、流量、功率、吸入压力、排出压力的值。每个被测参数的测量次数应不少于3次,取算术平均值为测量值。

5.3.5 **调节性能试验**

5.3.5.1 调节性能试验应确定流量、功率、泵效率与泵速的关系。

5.3.5.2 调节性能试验应在额定吸入压力和额定排出压力下进行。泵速从额定最小值开始至最大值,对五种(包括最小和最大值)泵速进行试验。试验点应均匀分布,同时测量和记录泵速、流量、功率、吸入压力、排出压力的值。

5.3.6 **汽蚀性能试验**

5.3.6.1 汽蚀性能试验应确定流量与净正吸入压头($NPSH$)的关系,并找出泵必须的净正吸入压头($NPSH_r$)。

5.3.6.2 汽蚀性能试验应在最大泵速和额定压差下进行。在保持压差不低于额定压差的情况下,逐渐降低泵吸入压力至流量比正常流量低5%~10%为止,试验点应不少于8点,在泵接近汽蚀时,试验点的间隔应适当减小。在每个吸入压力试验点,同时测量并记录介质温度、泵速、流量、吸入压力、排出压力的值。

5.3.6.3 泵的流量下降3%时的$NPSH$即为泵的$NPSH_r$。

5.3.7 **安全阀、溢流阀、调压阀试验**

5.3.7.1 安全阀应在泵运转的情况下进行试验和调整,合格后应加铅封。

5.3.7.2 逐渐关闭排出管路阀门,提高排出压力,在GB/T 9234规定的起跳压力下,安全阀应正确动作,试验应不少于3次。

5.3.7.3 全闭排出管路阀门,检查此时的排出压力(即安全阀、溢流阀或调压阀等的排放压力)应符合GB/T 9234的规定。

5.3.8 **噪声试验**

泵的噪声测量按附录C的方法进行。需要时,按GB/T 9069的规定进行。

5.3.9 **振动试验**

泵的振动测量按GB/T 13364的规定进行。

5.3.10 **额定工况点性能检查**

额定工况点性能检查应在额定吸入压力、额定排出压力和额定泵速下检查流量是否达到额定值。

6 参数测量和测量仪表精度的规定

6.1 流量

6.1.1 流量测量一般采用容积法、质量法或流量计法。

6.1.2 采用容积法(即测量灌满某一定容积所需的时间)测量流量时,容器上应标有刻度。测量系统的不确定度不大于±0.5%,测量时高液位与低液位之差不小于200 mm。

6.1.3 采用质量法(即测量一定时间间隔内的液体质量)测量流量时,衡器的感量应小于被测质量的0.5%。一般用于测量难以排除气体的液体。

6.1.4 采用流量计法测量流量时,应保证进入节流装置的液流是稳压流。流量计的流量测量系统不确定度:

——在型式和抽查试验时不低于±1%;

——在出厂试验时不低于±1.5%。

6.1.5 测量黏性或挥发性液体时,应采用合适的容积式流量计。

6.1.6 测量流量时,计时装置或计数装置与流量计、容器液位测定装置、液流换向装置之间应采用电器或机械联锁,以保证两者之间同步。

6.1.7 用容积法、质量法和数字流量计测量流量时,时间间隔至少20 s。

6.2 **压力和真空度**

6.2.1 压力和真空度的测量采用弹簧式压力表、真空表、压力传感器或其他型式压力计。

6.2.2 压力测量仪表的系统不确定度：

——在型式和抽查试验时不低于±0.5%；

——在出厂试验时不低于±1.5%。

6.2.3 测压孔的位置通常设置在泵的排出侧和吸入侧，在连接大于各自通径 4 倍的直管且距离泵排出（或吸入）侧法兰面 2 倍通径处的圆周上，离排出、吸入管路阀门的距离应大于排出（或吸入）管径的 6 倍，并不应小于 300 mm。在有空气室的场合，允许在空气室上测量压力。

6.2.4 测压孔应按图 2 所示要求制造。孔轴线应垂直于管的内壁面，边缘不应有毛刺、飞边，周围光滑齐平，与管子内壁相交处应保持棱角。测压孔的直径 d 为 2 mm～6 mm 或等于测压管通径的 1/10，取两者中的小者。孔深 L 应不小于 2.5 倍孔径 d。

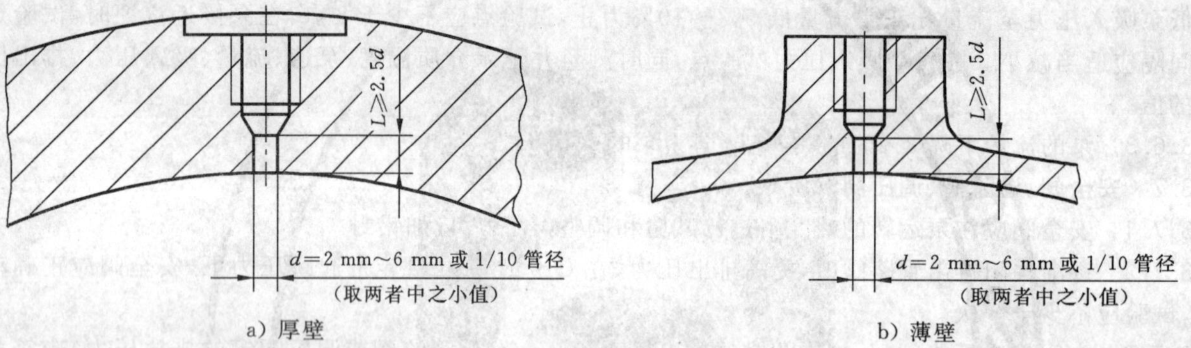

图 2

6.2.5 因受泵的尺寸或试验装置的限制，不能安装 4 倍通径的直管时；或采用与现场一样的测量方法时，也可按协议在泵出口法兰或其附近测量压力。

6.2.6 当压力高于大气压时，仪表和测压孔之间的连接管内的空气应排净，充满试验介质，读取仪表指示值。当压力低于大气压时，仪表和测压孔的连接管内应注入空气，排净试验介质，读取仪表指示值。

6.2.7 为降低压力（或真空）在测量时的脉动，在仪表前允许装设脉动阻尼装置，仪表指针的摆动范围应符合表 2 的规定，朝绝对值大的方向取指针摆动范围 2/3 处的指示值作为测量值。

6.2.8 压力表量程的选择应使被测额定压力的指示平均值为满量程的 1/3～2/3。

6.3 **温度**

6.3.1 液体温度及泵零部件温度的测量采用玻璃水银温度计、热电偶、电阻温度计、半导体温度计或其他的温度测量仪器，其系统不确定度不大于±1%。

6.3.2 测温点应设在温度场扰动最小、传热最好、散热最少的地方。

6.3.3 介质温度在泵排出（或吸入）管路内测量，温度计的感温部分插入管中的深度应不少于管径的 1/8。

6.3.4 测量管路和导管的介质温度时，温度计应逆流安装且与逆流方向夹角不大于 45°。

6.4 **泵速**

6.4.1 泵速应用带有秒表记时的转速计、光电测速仪、数字测速仪或其他仪器测量。测量仪表的不确定度：

——在型式和抽查试验时不低于±0.2%；

——在出厂试验时不低于±0.5%。

6.4.2 泵速也可采用下列方法测量：

——测出某一时间间隔内的累计往复次数，然后求平均值；

——测量电动机或其他旋转式原动机的旋转次数，然后换算成泵速。

6.4.3 采用测量累计往复次数或旋转次数计算泵速时，测量时间间隔应与流量测量的时间间隔相同，且同步进行。

6.4.4 当流量与泵速测量所需的时间间隔不同时，应对测量所需时间间隔较短的参数进行多次测量（在另一参数的测量时间间隔内），取算术平均值作为测量值。

6.5 功率

6.5.1 泵的输入功率指泵的原动机传到泵输入轴的功率。因为独立的传动部分（如减速箱、皮带轮、液力变矩器等）包括在泵的范围内，所以原动机输出功率可以看作泵的输入功率（轴功率）。

6.5.2 泵的输入功率应通过测定转速和扭矩得出，或由测量与泵直联的已知效率的电动机的输入功率来确定。泵输入功率可用如下方法测量：

——直接测量泵轴的输入扭矩和转速，可采用转矩转速仪或直流测功机，测量的系统不确定度应不低于±1%，并应满足下述要求：

a）额定转矩应在转矩转速仪满量程的1/3～2/3范围内；

b）转矩转速仪应在扭转轴不承受弯矩的情况下测定扭转力矩。为此，扭转轴与泵和原动机的连接应同轴；

——用校正过的直流电动机测量电动机输出功率；

——用损耗分析法间接测量电动机输出功率。

6.5.3 电动机输入功率应在电动机入线端测量。三相交流电动机用二瓦特计或三瓦特计法，直流电动机用电压——电流表法测量，仪表测量不确定度按表4规定。试验时仪表的指示值应在全量程的1/3以上，用二瓦特计测量三相功率时可以例外，但其指示的电流、电压值不低于瓦特表额定电流、电压值的60%。

表 4

名　称	测量不确定度不低于
电流表	±0.5%
电压表	
瓦特表	
互感器	±0.2%

6.5.4 计算电动机输出功率时，按GB/T 1311、GB/T 1029和GB/T 1032的有关规定。

7 数据处理

7.1 流量

7.1.1 在试验泵速下的流量应按下公式计算：

容积法

$$Q=\frac{3\ 600\ V}{t} \qquad \cdots\cdots(1)$$

质量法

$$Q=\frac{3\ 600\ m}{\rho t} \qquad \cdots\cdots(2)$$

式中：

Q——在试验泵速下的流量，单位为立方米每小时（m^3/h）；

V——在时间间隔 t 内注入容器的液体体积，单位为立方米（m^3）；

t——测量的时间间隔或与测量的往复次数对应的时间间隔，单位为秒（s）；

m——在时间间隔 t 内注入容器的液体质量，单位为千克(kg)；

ρ——输送介质在试验温度下的密度，单位为千克每立方米(kg/m^3)。

7.1.2 当试验泵速与额定泵速不同时应按下公式换算：

$$Q_r = Q\frac{n_r}{n} \qquad \cdots\cdots (3)$$

式中：

Q_r——换算到额定往复次数下的流量，单位为立方米每小时(m^3/h)；

n_r——额定泵速，单位为每分(min^{-1})；

n——试验泵速，单位为每分(min^{-1})。

7.2 压力和真空度

7.2.1 排出压力按下公式计算(见图3)：

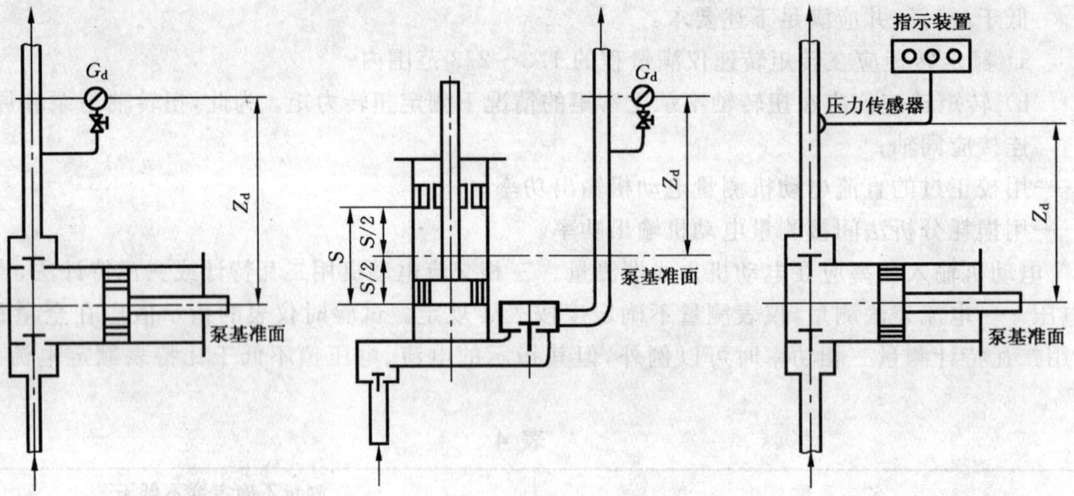

图 3

$$p_d = G_d + 10^{-6}\rho g Z_d \qquad \cdots\cdots (4)$$

式中：

p_d——排出压力，单位为兆帕(MPa)；

G_d——泵出口处压力表或传感器读数，单位为兆帕(MPa)；

Z_d——压力表中心至泵基准面(见图3)的垂直距离，单位为米(m)；

当用传感器时，Z_d 为测压点至泵基准面的垂直距离。当压力表中心或传感器测压点低于基准面时，Z_d 为负值。

卧式泵基准面：包含液缸轴线的水平面。

立式泵基准面：包含柱塞(活塞)行程中点的水平面。

g——重力加速度，单位为米每二次方秒(m/s^2)。

7.2.2 吸入压力按公式(5)、(6)、(7)计算：

7.2.2.1 用弹簧式压力表时(见图4)：

$$p_s = G_s + 10^{-6}\rho g Z_s \qquad \cdots\cdots (5)$$

式中：

p_s——吸入压力，单位为兆帕(MPa)；

G_s——泵进口处压力表读数，单位为兆帕(MPa)；

Z_s——压力表中心至泵基准面的垂直距离，单位为米(m)。

当压力表中心低于基准面时，Z_s 为负值。

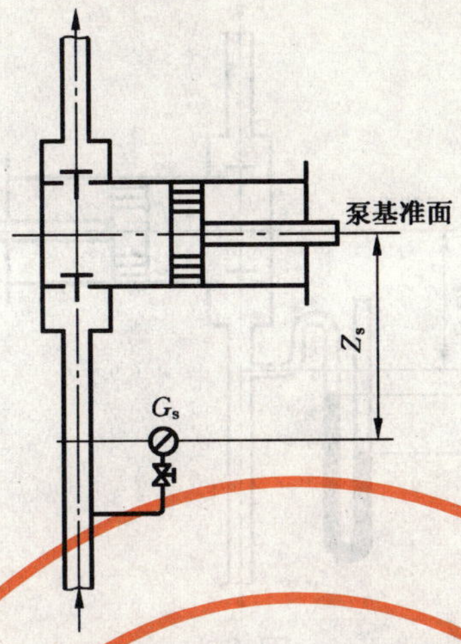

图 4

7.2.2.2 用弹簧式真空表时(见图 5):

$$p_s = -G_s + 10^{-6}\rho g Z_s \quad \cdots\cdots(6)$$

式中:

G_s——泵进口处真空表读数,单位为兆帕(MPa);

Z_s——测压点至泵基准面的垂直距离,单位为米(m)。

测压点低于基准面时,Z_s 为负值。

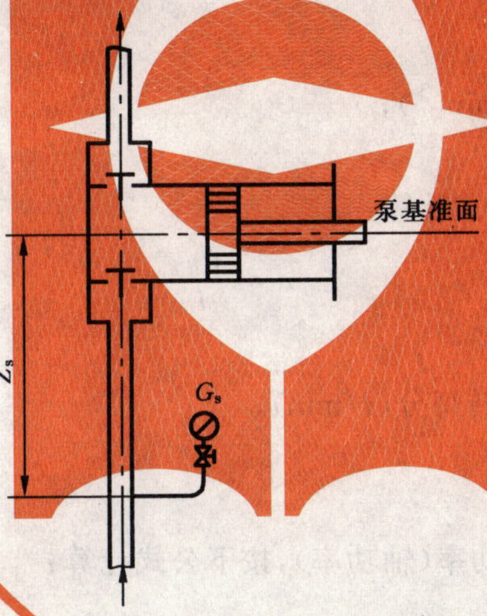

图 5

7.2.2.3 用水银差压计时(见图 6):

$$p_s = -10^{-6}\rho_{Hg} g h + 10^{-6}\rho g Z_s \quad \cdots\cdots(7)$$

式中:

h——水银差压计读数,单位为米(m);

ρ_{Hg}——水银的密度,单位为千克每立方米(kg/m^3);

Z_s——测压点至泵基准面的垂直距离,单位为米(m)。

当测压点低于泵基准面时,Z_s 为负值。

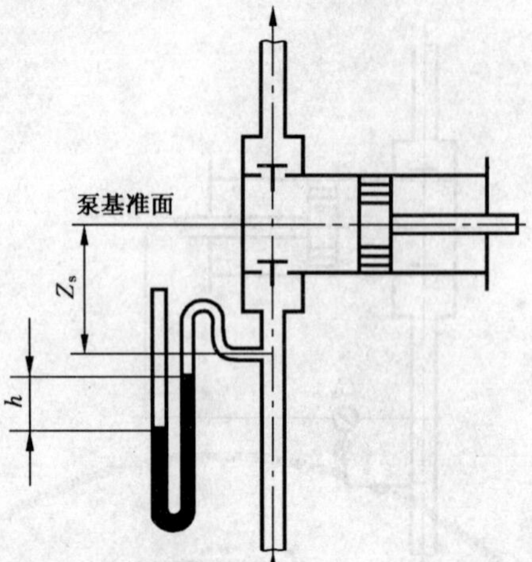

图 6

7.2.3 泵的压差按下公式计算：

$$p = p_d - p_s \quad \cdots\cdots(8)$$

式中：

p——压差，单位为兆帕(MPa)。

7.3 泵速

7.3.1 测量累计往复次数按下公式计算：

$$n = \frac{60k}{t} \quad \cdots\cdots(9)$$

式中：

n——试验泵速，单位为每分(min^{-1})；

k——累计往复次数。

7.3.2 测量原动机的转速，按下公式计算：

$$n = \frac{n_{dr}}{i} \quad \cdots\cdots(10)$$

式中：

n_{dr}——原动机的转速，单位为转每分(r/min)；

i——速比。

7.4 功率

7.4.1 用扭转力矩法计算泵输入功率(轴功率)，按下公式计算：

$$p_{in} = \frac{\pi}{30\ 000} M n_{dr} \quad \cdots\cdots(11)$$

式中：

p_{in}——泵的输入功率，单位为千瓦(kW)；

M——转矩，单位为牛顿米(N·m)。

7.4.2 已知原动机效率计算泵输入功率，按下公式计算；

$$P_{in} = P_{dr} \times \eta_{mot} \quad \cdots\cdots(12)$$

式中：

P_{dr}——原动机输入功率，单位为千瓦(kW)；

η_{mot}——原动机效率。

7.4.3 当试验泵速与额定泵速不同时，应按下公式计算：

$$P_{ir} = P_{in} \frac{n_r}{n} \quad \cdots\cdots(13)$$

式中：

P_{ir}——额定泵速下的输入功率，单位为千瓦(kW)；

n_r——额定泵速，单位为每分(min^{-1})。

7.5 泵效率

泵的效率指泵的输出功率与输入功率之比，按下公式计算：

$$\eta = \frac{P_{ou}}{P_{in}} \times 100\% \quad \cdots\cdots (14)$$

式中：

η——泵的效率；

P_{ou}——泵的输出功率，单位为千瓦(kW)。

泵的输出功率可由下公式计算：

$$P_{ou} = \frac{5}{18} pQ \quad \cdots\cdots (15)$$

7.6 容积系数

容积系数指泵的流量与理论流量之比，按下公式计算：

$$K_v = \frac{Q}{Q_t} \times 100\% \quad \cdots\cdots (16)$$

式中：

K_v——容积系数；

Q_t——在试验泵速下的理论流量，单位为立方米每小时(m^3/h)。

单作用泵 $Q_t = 15\pi D^2 SnZ$ ……(17)

双作用泵 $Q_t = 15\pi(2D^2 - d^2)SnZ$ ……(18)

式中：

D——活塞或柱塞直径，单位为米(m)；

d——活塞杆直径，单位为米(m)；

S——行程长度，单位为米(m)；

Z——缸数。

7.7 泵机组效率

泵机组效率指泵的输出功率与泵原动机输入功率之比，按下公式计算：

$$\eta_{ov} = \frac{P_{ou}}{P_{dr}} \times 100\% \quad \cdots\cdots (19)$$

式中：

η_{ov}——泵机组效率。

7.8 有效净正吸入压头

有效净正吸入压头按下公式计算：

$$NPSH_a = \frac{p_s - p_v}{\rho g} \times 10^6 - h_a \quad \cdots\cdots (20)$$

式中：

$NPSH_a$——有效净正吸入压头，单位为米(m)；

p_v——流体在试验温度下的饱和蒸汽压力，单位为兆帕(MPa)；

h_a——加速度头，单位为米(m)。

8 性能曲线的绘制

绘制额定泵速下流量、功率、泵效率与压差的关系曲线，同时绘制试验工况下泵速与压差的关系曲线，如图 7 所示。

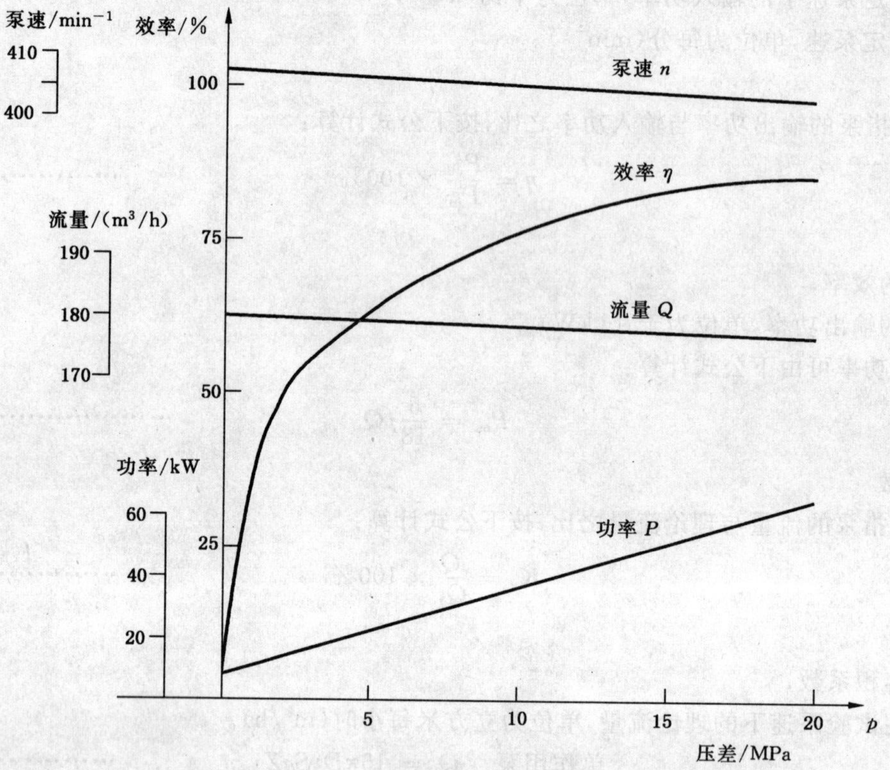

图 7

9 试验报告

9.1 试验报告的内容应包括：

——试验记录；

——试验结果。

9.2 需要时，试验报告内容可包括：

——性能曲线图；

——试验装置系统图；

——试验用仪器、仪表的校准记录资料；

——试验前关于泵装配和主要零件检查的资料；

——试验后关于泵解体检查结果和主要磨擦副尺寸变动的资料。

9.3 试验记录表参见附录 D，并应有试验负责人的签字。

附　录　A
（资料性附录）
机动往复泵试验装置简图

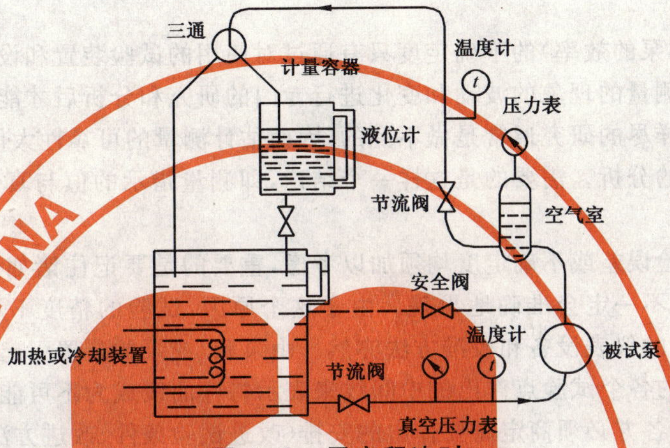

图 A.1　用容积法时

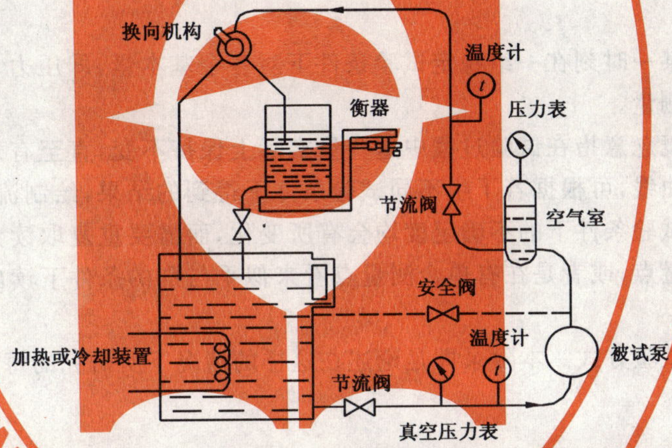

图 A.2　用质量法时

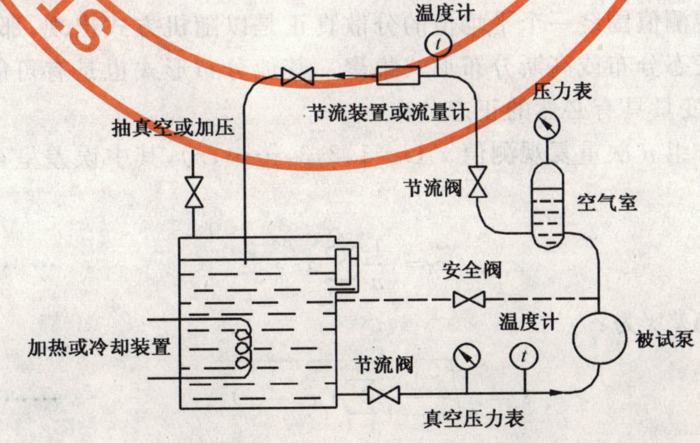

图 A.3　用节流装置或流量计时

附　录　B
（资料性附录）
不确定度的估计和分析

B.1　总则

任何一种测量(例如泵的效率)的不确定度只有通过对使用的试验装置和设备中误差的所有各种来源和影响因素以及对所测量的现象的波动和变化进行专门的研究和分析后才能正确地获知。但是要对每一个测量都进行这种详尽的研究通常是做不到的,因而估计测量的可靠性大体上是正确的,它取决于可获得的数据量和所作的分析。需要的是这样一个结论,即测量指示的值与真值相差不大可能大于某一确定的数值。

系统的和随机的实验误差或不确定度均须加以考虑,重要的是要记住诸如泵试验中所遇到的那些不稳定现象的观测结果,不一定会准确地再现。由于这个原因,试验的精度不可能在试验之前予以保证,即使是使用最高标准的仪表设备和校准方法亦然。由泵和/或泵的装置引起的试验结果的不可重复性可能使得用通过分散的各个试验点作出的中间线来表示特性曲线成为不可能或没有意义。

在这种情况下,合同各方必须商定需要作出的安排(改进试验条件、改进方法等)。

B.2　误差的分析

本标准主要涉及在某一时刻在一组稳定试验条件下对各个基本量,即压力、流量、转矩和泵(转)速(或输入功率)等进行的测量。

稳定试验条件这一概念意指在试验过程中这些量实际上保持不变,直至有意地改变回路阻力或转速。为了得出泵的特性曲线,可根据若干组不同试验条件下得到的结果,绘制流量、输入功率和效率对压差的关系曲线。每组试验条件下的不确定度均会有所变化,而需要重复取读数组的则是那些计算不确定度被视为重要的测量点,或者是在有单个测量点看来似乎与别的条件下读出的测量点的趋向不相一致的情况下。

此即是正常的泵的试验方式。本附录即是论述在这样的情况下所研究的每一组试验条件下测量结果不确定度的计算方法。

B.3　与随机误差有关的不确定度的估计

如果同一量的重复观测值围绕一个平均值的分散真正是以随机方式出现,那么就会有足够多的值按照一种称之为误差的正态分布或高斯分布形式集聚。其他分布形式也是有可能的,但在没有相反证据的情况下,将假定随机变量具有必然的正态分布。

如果研究同一量的一组 n 次重复观测值 $x_i(i=1,2,3,\cdots\cdots,n)$,其中误差呈正态分布,则算术平均值 $\bar{x}$ 可由下式给出:

$$\bar{x}=\frac{1}{n}\sum_{i=1}^{n}x_i \qquad \cdots\cdots(\text{B.1})$$

这些观测值的标准偏差 s 为:

$$s=\sqrt{\frac{1}{n-1}\sum_{i=1}^{n}(x_i-\bar{x})^2} \qquad \cdots\cdots(\text{B.2})$$

随着 n 的增加,x 值势必趋近于仪表固有精度范围内的读数平均真值。例如如果要用分度为 1 单位的压力计测量一个 50 单位的压力,则可以将真实平均值确定到大致为±0.5 单位以内,而不是至比方说±0.05 单位以内,因为那样必须使用更精密的仪表。

假如 n 足够大，并且变量是正态分布，则可以发现，如果要求有某一既定的百分比读数（置信水平）围绕平均值集聚在一定的范围内（置信区间），则这些范围将与式（B.2）给出的标准偏差 s 有关。例如，如果置信水平为95%，则任何一个观测值落在这些范围内的可能性为19：1。

假如置信水平为99%，则这些范围就会宽得多，因为这要求99%的读数落在这些范围以内。

对于实际的泵试验，通常采用95%的置信水平，因为它已可提供足够的可靠性，并且在本标准中也自始至终使用此置信水平，一般说，同一量小数目连续测量值的算术平均值与真实平均值的差要比大数目连续读数的算术平均值与真实平均值的差来得大。

对 n 小于30的值，正态分布的假定将不再成立；但是可以应用小子样（或精确子样）理论。学生氏 t 分布给出了 n 个读数的平均值落在所选定的范围 $\pm ts/\sqrt{n}$ 内的概率，这里 t 是 n 的函数。对95%置信水平，其值如表B.1所示。

表 B.1　学生氏 t 分布数值

n	t	n	t
3	4.30	12	2.20
4	3.18	13	2.18
5	2.78	14	2.16
6	2.57	15	2.14
7	2.45	16	2.13
8	2.36	17	2.12
9	2.31	18	2.11
10	2.26	19	2.10
11	2.23	20	2.09

因此确定由于实验结果围绕平均值的分散而致的在95%置信水平下的不确定度的方法如下：

a）　利用式（B.1）确定读数平均值 $\bar{x}$；

b）　根据这样得出的 $\bar{x}$ 值并用式（B.2）计算标准偏差 s；

c）　将此 s 值乘以合适的 $t/\sqrt{n}$ 值。

如此得到的答案将指示，在相同条件下得到的100个平均值中的95个可以被期望围绕所使用的仪表的真实平均示值落在什么样的范围内。

随机不确定度 $ts/\sqrt{n}$ 用 e_r 表示。

因此为了检查单个稳定试验条件下的随机误差，应当在那个条件下对每一量取多次读数（至少3次）。

应当同时进行读数，亦即压力、流量、转矩和泵（转）速读数应同时读出。如果一个或一个以上的读数是以机械或电气方法得出的在一个周期内的时间平均值（例如称重容器或转数计），则其余读数也应在同一周期内进行观测，并记录该周期内的读数平均值。

为了限制重复读数的次数，试验各方就可以容许的因读数分散所致的不确定度的值预先达成协议是有用的。如果测量值或结果被包含在一条规定的带区内，即可予以认可而不必再进行重复或分析。

如果商定的随机误差容限为 $\pm\varepsilon$，则可以应用条件

$$\frac{ts}{\sqrt{n}} < \varepsilon \qquad \text{(B.3)}$$

来表示各个测试点的不同读数次数下的容许标准偏差，即：

$$s < \frac{\varepsilon\sqrt{n}}{t} \qquad \text{(B.4)}$$

$\sqrt{n}/t$ 给出在表B.2中。

表 B.2 $\sqrt{n}/t$ 值

n	$\sqrt{n}/t$	n	$\sqrt{n}/t$
3	0.403	12	1.575
4	0.629	13	1.653
5	0.804	14	1.732
6	0.953	15	1.810
7	1.080	16	1.878
8	1.198	17	1.945
9	1.299	18	2.011
10	1.399	19	2.076
11	1.487	20	2.140

存在着这样的可能性，即在一批读数中某一个读数可能远比批内其余的读数偏离平均值为大。假定这个读数的值为 x_r，则应运用下面的检验来确定是否可以剔除这个读数。

a） 对整批读数，包括可疑读数在内，估算平均值 $\bar{x}$ 和标准偏差 s。

b） 计算可疑读数与平均值 $\bar{x}$ 的偏差同标准偏差 s 的比 $R=(x_r-\bar{x})/s$（亦即计算可疑读数与平均值相差的"标准偏差数"）。

仅当这个比例（"标准偏差数"）超过表 B.3 中给出的值时，才可以剔除该可疑读数。需要注意如果一个读数被剔除了，n 就减少 1，因此须重新计算 $\bar{x}$ 和 s。n 最终值应当不少于 3。

表 B.3 容许最大比值 R（标准偏差数）

n	R	n	R
3	1.15	12	2.41
4	1.48	13	2.46
5	1.71	14	2.51
6	1.89	15	2.55
7	2.02	16	2.59
8	2.13	17	2.62
9	2.21	18	2.65
10	2.29	19	2.68
11	2.36	20	2.71

只要有可能，最好是如这里所述的那样根据在一个或一个以上选定的稳定试验条件下重复读数值来估计随机误差，而不要试图由取自若干试验条件下的许多单组读数的试验点围绕它们的中间线的分散来推算随机误差。B.6 给出了有关曲线拟合方法的一般性指导。

B.4 与系统误差有关的不确定度的估计

对于在完全稳定条件下取得的无任何观测误差的仪表读数值可以进行所有各种已知的修正，但仍然会与所测量的量的真值不相一致。这种残余的不确定度称之为系统误差，它起因于校准的局限性、安装条件较校准条件有所改变以及仪表本身固有的和制造上的局限性。

与系统误差有关的不确定度不能用实验方法加以估计，除非改变设备或测量条件。然而只要有可能就应当这样做，因为除此之外，可以选择的只有是根据经验和对有关设备的研究分析进行主观判断。

估计系统不确定度首先是识别对测量值有影响的测量的各个方面；第二是分配不确定度限以考虑每一个这些影响。例如如果计算压差 p 的独立变量（诸如：密度、温度、基准高度）以 X_1、X_2……、X_n 表示，则有：

$$p = f(X_1, X_2, \cdots\cdots, X_n) \qquad \cdots\cdots\cdots\cdots\cdots\cdots\cdots\cdots (B.5)$$

于是，由于各个变量的标准偏差（由变量的不确定度而产生）而引起的 p 的标准偏差 S_p 可表示为：

$$S_p = \sqrt{\sum_{i=1}^{n} \left(\frac{\partial p}{\partial X_i}\right)^2 S_{xi}^2} \qquad \cdots\cdots(B.6)$$

只要这些变量是互不相关的。

如果函数 f 是线性函数，则有：

$$S_p = \sqrt{\sum_{i=1}^{n} S_{xi}^2} \qquad \cdots\cdots(B.7)$$

因而 95％置信水平下的系统误差的置信限 e_s 可表示为：

$$e_{sp} = \sqrt{\sum_{i=1}^{n} e_{sxi}^2} \qquad \cdots\cdots(B.8)$$

式中：$e_{sp} = 1.96 S_p$。

实际上为了对任何一个量测量方面的系统不确定度作出估计，需要大量地吸取过去的经验和出版物材料。将仪表委托给一个经认可的全国性机构进行校准常常是可能的，该机构在出具校准证书的同时，还会提供 95％置信水平下的不确定度或校准结果的标准偏差。

即使仪表是在当地进行校准，如果欲使校准有意义，也必须对照其误差限须是已知的某个二次标准进行校准。

另一方面，有些仪表如差压流量计已有国家标准和国际标准，这些标准对仪表的构造和使用以及各种系数、修正和不确定度均作了详细的叙述。

B.5 随机不确定度和系统不确定度的总合

没有一种可以被普遍接受的总合随机和系统不确定度的方法。虽然分别列出系统不确定度和随机不确定度是有用的，但是在涉及规定的条件时，这种做法又会造成混乱。任何一个量的总误差应使用误差按平方规律传播方法求得：

$$e = \sqrt{e_s^2 + e_r^2} \qquad \cdots\cdots(B.9)$$

系统误差完全受制于测量方法的选择和装置的特性，例如，如果测量截面的速度分布不是足够规则，那么用平均速度算出的动能值就会与其真值不一样。然而影响随机误差的却是测量过程中的留心程度、取的测量次数和现场条件。

B.6 根据围绕一条拟合曲线的分散估计误差

可以利用计算机程序将试验数据拟合成曲线，在合同性的情况下，这些曲线可以起有效作用，因为在那种场合对试验结果的解释关系双方或几方的利益。

将这样的数据拟合为一条数学曲线，采用了许多限制(除了数据中隐含的那些以外)，因此曲线选择本身可能成为利益相冲突的原因。

在数目有限的试验点的情况下，特别是如果没有一个试验点是重复读数的话，则经过每一试验点的一条复杂的曲线较之一条试验数据分散在它的两侧的这种较为简单表示的曲线，很可能是对真实平均曲线的一个更坏估计。

供验收试验用的曲线的拟合最好是只限于围绕验收规定的条件的一段相当窄的性能范围内(比方说±10％)。只要技术上和/或经济上可行，就应当在这个范围内作尽可能多次重复或近似重复的试验。通常可以发现，在这样一个范围内，使用简单的低价多项式即可完成拟合。因此，对在规定性能点成立的置信限而言，使用高于一阶的多项式的拟合，结果并无什么好处。

可以利用“仿样拟合”程序将末端条件加于上述的曲线上。这种拟合是以包容某一范围的一条简单曲线将与它相领两端的类似曲线连接起来。

如果所选择的范围明显地含有拐折、不连续或其他奇异的特征，则可能有必要缩小或移动范围以便彻底研究真实的曲线形状。图 B.1 给出了一个曲线不连续性示例。

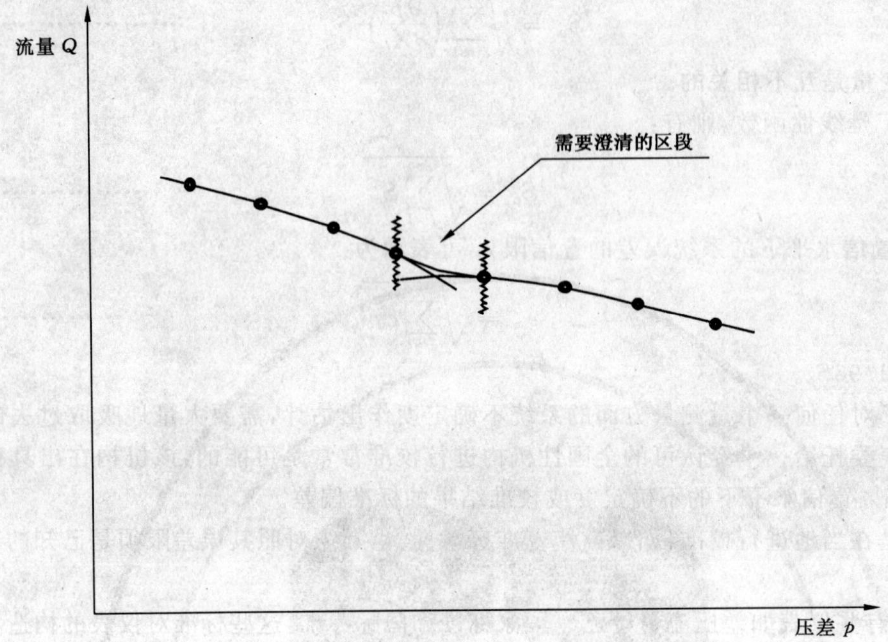

图 B.1

附　录　C
（规范性附录）
噪声的测定

C.1　声学术语、声学的量和单位

本附录中使用的术语、量和单位的名称与符号应符合 GB/T 3947 和 GB/T 3102.7 的规定。

C.2　测量仪器

C.2.1　概述

测试仪器使用 GB/T 3785 中规定的Ⅰ型和Ⅰ型以上的声级计以及精度相当的其他测量仪器。声级计或其他测量仪器与传声器之间应使用延长电缆或延伸杆。倍频程滤波器应符合 GB/T 3241 中有关条款的规定。

C.2.2　校准

每次测量前后，应用精度优于±0.5 dB 的声级校准器在一个合适的频率下对整个测试仪器系统进行校准。声级校准器应按 JJG 176 的规定定期检定，声级计及其他测试仪器应按 JJG 188 的规定定期检定，以保证测试仪器的准确度。

C.3　测量条件

C.3.1　试验设备

C.3.1.1　在工厂试验时，出口节流阀应装在离泵较远处。

C.3.1.2　吸入管路与排出管路噪声过大时，应采取降低噪声影响的措施。

C.3.1.3　应尽量减少来自其他试验设备的噪声影响。

C.3.2　运转条件

测量泵的噪声级时，应在规定转速（允差±5%）和工作压力的条件下进行。

C.3.3　背景噪声的修正

背景噪声应比泵的噪声读数值低 10 dB(A) 以上，不能满足时，在泵的噪声与背景噪声的差值为 6 dB(A)～10 dB(A) 时，按表 C.1 进行修正，若差值小于 6 dB(A) 时应停止测量。

表 C.1　　　　单位：dB(A)

泵的噪声与背景噪声的声压级之差	＜6	6	7	8	9	10	＞10
修正值	测量无效	−1.0		−0.5		0	

C.4　测量方法

C.4.1　仪器的使用

C.4.1.1　频率计权 A 计权网络，时间计权选“慢”挡。

C.4.1.2　使传声器对准声源的方向。

C.4.1.3　当电动机冷却通风较大时（手感）应带防风罩。

C.4.1.4　噪声级的读数值取最接近声级计指示值的整数值。指示值波动时，取指针摆动的平均值。读数值精确到 0.5 dB(A)。

C.4.1.5　在测泵的噪声以前，先测量测点的背景噪声。

C.4.2　A 声级的测点位置

C.4.2.1　具有代表性的泵的噪声测点选择图 C.1 所示。其他泵的测点可参照此确定。

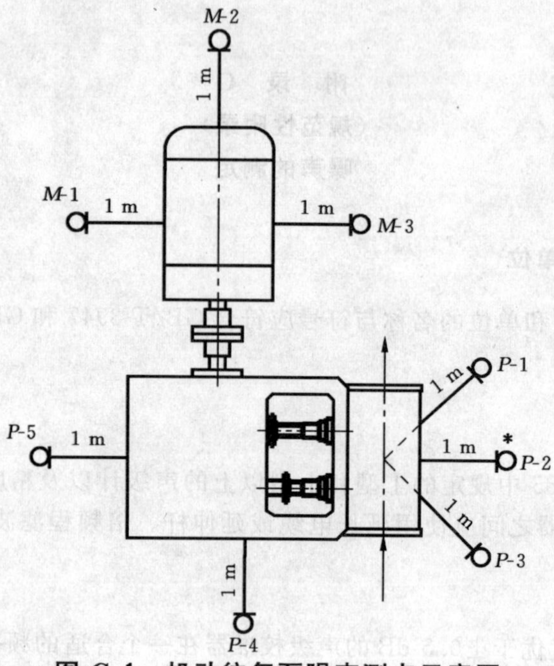

图 C.1 机动往复泵噪声测点示意图

C.4.2.2 传声器应指向泵并位于几何中心的直线上，测点离泵体表面水平距离为 1 m。

C.4.2.3 传声器距离反射面(地面)的高度为泵的中心高。当泵的中心高不到 1 m 时，测点高规定为 1 m；当泵的中心高等于或大于 1 m 时，测点高为中心高。

C.4.2.4 A 声级的测定值与平均声压级的计算

按上述要求测得的各测点的 A 声级读数值，对照各测点的背景噪声按表 C.1 进行修正，各测点的 A 声级测定值 L_{pAi} 用下式计算：

$$L_{pA}=10\log\left[\frac{1}{N}\sum_{i=1}^{N}10^{0.1}L_{pAi}\right] \quad \cdots\cdots\cdots\cdots\cdots\cdots(C.1)$$

分别对泵周围和电动机周围进行平均计算，把计算结果填入 A 声级测量记录单中。

当各测点的测定值 $L_{pAi}(i=1,2,\cdots\cdots N)$ 之间的最大差值不大于 5 dB(A)时，可以用算术平均值代替上式。其误差不大于 0.7 dB(A)。

C.4.3 频带声压级的测点位置

测量泵的频带不是必须的，在认为需要时才测量。

C.4.3.1 测量频带声压级的测点在 C.4.2.1 的图所示带 * 号的位置上。

C.4.3.2 倍频程或 1/3 倍频程的中心频率如表 C.2 所示。

表 C.2

单位：Hz

1 倍频程中心频率	63	125	250	500	1 000	2 000	4 000	8 000
1/3 倍频程中心频率	50	100	200	400	800	1 600	3 250	6 300
	63	125	250	500	1 000	2 000	4 000	8 000
	80	160	315	630	2 000	2 500	5 000	10 000

C.4.3.3 频带声压级的测定按下述方法进行。

根据需要选 1 倍频程或 1/3 倍频程。

在用 1 倍频程或 1/3 倍频程滤波器测量频带声压级时，首先在测点上测量背景噪声频带声压级。所测得泵噪声频带声压级应比同一中心频率的背景噪声频带声压级高 10 dB 以上，不能满足上述规定，其差值 3 dB(A)～10 dB(A)时，按表 C.3 进行修正，得出频带声压级的测定值。

表 C.3

单位：dB(A)

泵的噪声与背景噪声的声压级之差	3	4	5	6	7	8	9	10	>10
修正值	−3	−2			−1		−0.5		0

C.5 测量记录和格式

C.5.1 记录内容

在测试验报告中应包括测点位置示意图，各测点的背景噪声值、噪声读数值、测定值及平均值声压级的测量记录单。

C.5.2 测试报告格式

测试报告如表 C.4。在测量记录表中，读数值是在测点的仪器上直接读数得到的数值；测定值是读数值加上背景噪声的修正值。

表 C.4

试验泵	产品型号		制造厂		制造编号		
	项目		额定工况			测试工况	
	吸入压力/MPa						
	排出压力/MPa						
	泵速/min^{-1}						
	流量/(m^3/h)						
原动机	型号		转速/(r/min)		功率/kW		
	电压/V		电流/A		频率/Hz		
测量仪器	声级计型号名称			出厂编号			
	频率分析仪型号名称			出厂编号			
	其他仪器			仪表校准情况			
A 声级测量记录单							
泵周围				原动机周围			
测点位置	背景噪声	读数值	测定值	测点位置	背景噪声	读数值	测定值
P-1							
P-2							
P-3							
P-4							
P-5							
平均 A 声级				测量日期		测量地点	
测量人员							
频带声压级记录单							

1 倍频程中心频率/Hz													
频带声压级/dB													
测点位置示意图													
频谱图													

附　录　D
（资料性附录）
往复泵试验记录表

泵 型 号＿＿＿＿＿＿　　制造厂家＿＿＿＿＿＿　　制造编号＿＿＿＿＿＿

试验人员＿＿＿＿＿＿　　试验日期＿＿＿＿＿＿　　试验编号＿＿＿＿＿＿

基　本　参　数		
工作介质：	额定流量：	泵　　速：
试验介质：	额定排出压力：	柱塞直径：
试验介质密度：	行程长度：	作用方式：
环境温度：	泵 缸 数：	泵 缸 径：

测量点	流量/(m^3/h)		压力/MPa			电动机转速/(r/min)	泵速/min^{-1}	转矩/N·m	输入功率/kW	换算到额定工况下			效率	容积系数
	实际流量	理论流量	吸入压力	排出压力	压差					流量/(m^3/h)	输入功率/kW	输出功率/kW	%	%
1														
2														
3														
4														
5														

轴承温度：＿＿＿＿＿传动装置种类：＿＿＿＿＿传动装置速比：＿＿＿＿＿填料函泄漏量：＿＿＿＿＿

试验负责人：＿＿＿＿＿ 质量负责人：＿＿＿＿＿技术负责人：＿＿＿＿＿

ICS 17.100
N 11

中华人民共和国国家标准

GB/T 7899—2006
代替 GB/T 7899—1987

焊接、切割及类似工艺用气瓶减压器

Regulators for welding, cutting and the similar processes

(ISO 2503:1998, Gas welding equipment—Pressure regulators for gas cylinders used in welding, cutting and allied processes up to 300 bar, MOD)

2006-03-14 发布　　2006-10-01 实施

中华人民共和国国家质量监督检验检疫总局
中国国家标准化管理委员会　发布

前　言

本标准修改采用ISO 2503:1998《气焊设备　焊接、切割及有关工艺过程中使用300 bar以下的气瓶减压器》(英文版)。

本标准替代GB/T 7899—1987《焊接、切割及类似工艺用气瓶减压器》。

考虑到我国法律要求和我国的特殊国情,对ISO 2503:1998进行了一些修改。

为了方便比较,在附录A中列出本标准条款与国际标准条款的对照一览表。

有关技术性差异用垂直单线标识在其所涉及的条款的页边空白处,并在附录B中给出这些技术性差异及原因的一览表以供参考。

为了便于使用,本标准还做了下列编辑性修改:

a) "本国际标准"一词改为"本标准";

b) 用小数点"."代替作为小数点的",";

c) 删除国际标准的前言;

d) 将计量单位bar换算为法定计量单位MPa;

e) 将排气量改为流量。

本标准的附录A、附录B、附录C、附录D和附录E均为资料性附录。

本标准由中国机械工业联合会提出。

本标准由全国工业过程测量和控制标准化技术委员会压力仪表分技术委员会归口。

本标准负责起草单位:西安工业自动化仪表研究所。

本标准起草单位:上海减压器厂、雷尔达仪表有限公司、宁波隆兴集团仪表减压器制造有限公司、青岛华青集团有限公司。

本标准主要起草人:黄世澄、金剑华、简履平、罗娟。

本标准所代替标准的历次版本发布情况为:

——GB/T 7899—1987。

焊接、切割及类似工艺用气瓶减压器

1 范围

本标准规定了焊接、切割及类似工艺用气瓶减压器的制造要求、接头、符号和物理特征、标志、使用说明书、包装、贮存要求、型式试验程序和检验规则等技术要求。

本标准适用于在焊接、切割及类似工艺过程中，压力在 30 MPa[1)]以内的压缩气体、溶解乙炔、液化石油气(LPG)、甲基乙炔-丙二烯混合物(MPS)和二氧化碳(CO_2)等单级、双级气瓶用减压器。

2 规范性引用文件

下列文件中的条款通过本标准的引用而成为本标准的条款。凡是注日期的引用文件，其随后所有的修改单(不包括勘误的内容)或修订版均不适用于本标准，然而，鼓励根据本标准达成协议的各方研究是否可使用这些文件的最新版本。凡是不注日期的引用文件，其最新版本适用于本标准。

GB/T 5107—1985　焊接和切割用软管接头(neq ISO 3253:1975)

GB 15383—1994　气瓶阀出气口连接型式和尺寸

GB/T 15464—1995　仪器仪表包装通用技术条件

JB/T 9271—1999　焊接、切割及类似工艺用压力表(neq ISO 5171:1995)

3 术语和定义

下列术语和定义适用于本标准。

3.1

减压器　regulator

将通常可变的进口压力调节到尽可能稳定的出口压力的装置。

4 零部件名称

表 1 用图 1 中列出的序号指明了与减压器有关的零部件名称。此减压器图仅为示例。

---

1) 15℃时气瓶最大充气压力为 30 MPa。

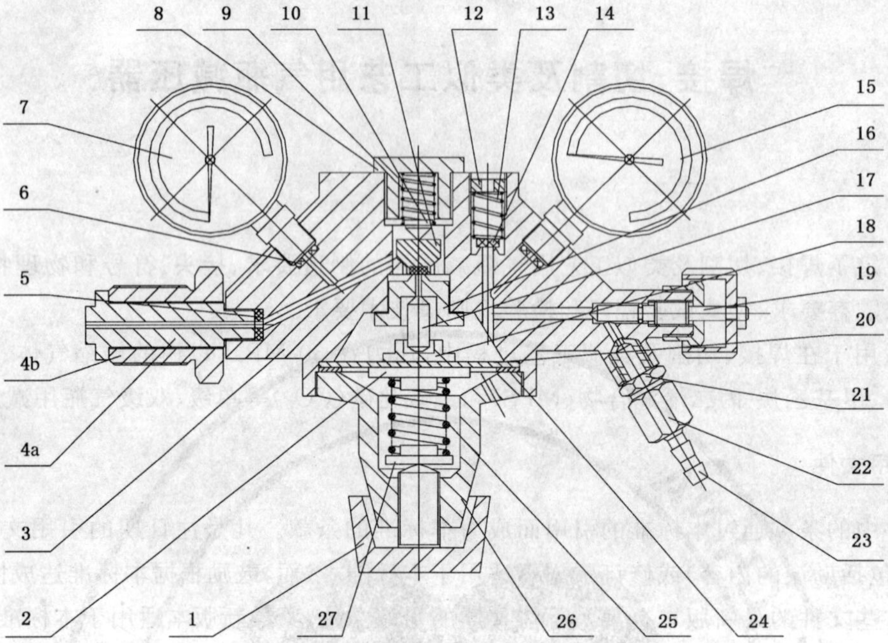

图 1　减压器结构示意图

注 1：零件 12、13 和 14 为安全阀的零件。

注 2：零件 19 为出气口阀，其安装为选项，见 6.2.4。

注 3：图中零件 4a 和 4b 为示例，并非强制规定。也可使用其他类型的进气口连接件。

表 1　减压器零部件名称表

序　号	零部件名称	序　号	零部件名称
1	压力调节螺钉	14	安全阀阀门
2	弹簧垫块	15	低压表
3	本体	16	阀门座
4a	进气口接头	17	顶杆
4b	进气口螺帽	18	膜片压板
5	进气口过滤器	19	出气口阀
6	密封圈	20	膜片
7	高压表	21	出气口接头
8	螺塞	22	出气口螺帽
9	阀门弹簧	23	软管接头
10	弹簧架	24	膜片垫圈
11	阀门	25	调节弹簧
12	安全阀调节螺钉	26	盖
13	安全阀弹簧	27	弹簧垫块

5 单位

5.1 压力

测量的压力为表压[2)]，用 MPa 表示。

5.2 流量

试验的气体与使用气体不一致时，在环境温度为 23℃±2℃、相对湿度为 50%±5%、环境压力为 0.086 MPa～0.106 MPa 的状态下测得的流量，应考虑到用气体转换系数(见表 2)进行转换，用立方米每小时(m^3/h)表示。

表 2 转换系数 U

试验气体	转换系数								
	空气	氧气	氮气	氩气	氢气	氦气	乙炔气	石油液化气，如丙烷	二氧化碳
空气	1	0.950	1.02	0.851	3.81	2.695	1.05	0.800	0.808
氮气	0.983	0.930	1	0.837	3.75	2.65	1.03	0.784	0.792

转换系数 U 根据公式(1)确定：

$$U=\sqrt{\frac{\gamma_0}{\gamma_1}} \qquad (1)$$

式中：

γ_0——试验气体的密度；

γ_1——使用气体的密度。

5.3 温度

试验温度以摄氏度(℃)表示。

6 制造要求

6.1 材料

6.1.1 金属材料

6.1.1.1 与乙炔或具有相似化学性能气体接触的金属材料

与乙炔或具有相似化学性能气体接触的金属材料，材料中铜含量不得超过 70%。

金属阻燃件(包括烧结金属件)应用不含铜的材料加工而成。

当使用钎焊银铜合金时，银含量不得超过 46%，铜含量不得超过 37%。

6.1.1.2 与氧接触的金属材料

与氧接触的各种元件不得含油脂。与氧接触的弹簧和其他活动件应采用耐氧化的材料制成并且不得予以涂复。

6.1.2 非金属材料

6.1.2.1 耐溶剂性能

与乙炔接触的非金属材料(例如用作密封件和润滑剂的材料)应具有耐丙酮和二甲基甲酰胺(DMF)溶剂的性能。耐溶剂性能要求参见附录 C。

6.1.2.2 耐正戊烷性能

与丙烷、丁烷和甲基乙炔-丙二烯混合气接触的非金属材料(例如用作密封件和润滑剂的材料)应具有适当的耐正戊烷性能。耐正戊烷性能要求参见附录 C。

6.1.2.3 耐氧性能

与氧接触的所有元件不应含有会与氧发生剧烈反应的物质，例如烃基溶剂和油脂。

2) 以大气压力为基准，大于大气压的压力值。

可使用在最大工作压力和温度下能在氧中使用的润滑剂。

6.2 设计、加工和装配

6.2.1 氧气减压器

氧气减压器在设计、加工和装配时，应确保使用时不会发生内部燃爆(见10.5.3)。装配之前所有零件和附件应彻底清洗除油。

6.2.2 乙炔气减压器

乙炔气减压器的设计、加工和装配应做到出口压力不超过0.15 MPa。

6.2.3 过滤器

在减压器的进气口端应安装一个其横截面与流量相适应的过滤器。如不使用工具，应无法将过滤器卸下。过滤器应留住≥0.1 mm的尘粒。

6.2.4 出气口阀

减压器可以安装一个出气口阀，安装时阀杆应固紧。

6.2.5 压力调节装置

这一装置的设计应确保减压器能安全使用，建议采用附录D的结构。

使用调节装置设定压力时，安全阀始终应保持密封。

6.2.6 安全阀

6.2.6.1 总则

除液化石油气、甲基乙炔-丙二烯混合物及乙炔气减压器可选装安全阀外，其他压缩气体和二氧化碳减压器，必须安装一个安全阀。

如果安装安全阀，则安全阀最小流量Q_{RV}应等于或大于额定流量Q_1(见表3和表4)，压力p_{RV}由表达式$p_{RV}=2p_2$决定。乙炔气减压器的情况除外，乙炔气减压器在任何情况下p_{RV}都应等于0.3 MPa。

安全阀开启后，降低压力，至安全阀关闭，此时压力应大于p_2。安全阀对用户来说是不可调节的。

6.2.6.2 压缩气体和二氧化碳用安全阀

安全阀应在进口压力为p_3，出口压力为p_2，关闭出口时所达到的最大压力(≤$1.3p_2$)上保持密封。安全阀的安装应保证气体安全排放。

6.2.6.3 乙炔气用安全阀

如果安装乙炔气安全阀，它在0.15 MPa压力时应保持密封。它的安装应保证不会对着操作人员排放。

6.2.6.4 液化石油气和甲基乙炔-丙二烯混合物用安全阀

如果安装安全阀，则应符合6.2.6.2的规定。

6.2.7 压力表

如压力表安装在外部，则应符合JB/T 9271—1999的要求。如压力表和减压器为一体，则应采用JB/T 9271—1999规定的相应工作和安全要求。

6.2.8 密封性

减压器对大气应是密封的，其最大泄漏量不得超过10 cm^3/h。

减压器内部应是密封的，即对相应的气体在所有正常压力下高压室和低压室之间应密封。内部最大泄漏量不得超过12 cm^3/h。

6.2.9 机械强度

6.2.9.1 结构强度

减压器的设计和制造应保证在高压室和低压室施加表6规定的压力后不会导致永久变形。

6.2.9.2 安全性

减压器的设计和制造应保证其低压室或双级减压器的中间室与满瓶气体直接连通时，例如减压器阀保持在打开位置而出口接头封闭(如用附加截止阀或盲塞封闭)时，高压气体能被安全地截止或排放

(见 10.5.2.2)。

7 接头

7.1 进气口接头

减压器的进气口接头设计应保证与盛装气体的气瓶阀出口相配合(见 GB 15383—1994)。制造厂规定的进口压力 p_1 应大于15℃时气瓶允许的最大充气压力。

7.2 出气口接头

螺纹出气口接头应符合 GB/T 5107—1985 的规定,并应满足下列条件:

a) 出气口接头的方向宜向下,不对着气瓶;

b) 不得使用弯曲的软管接头。

8 符号和物理特性

8.1 符号

表 3 给出了使用的符号。

表 3 使用的符号

符号	说 明	计量单位
p_1	额定(最大)进口压力	MPa
p_2	额定(最大)出口压力	MPa
p_{2R}	用作 R 计算的乙炔气出口压力(见 10.4.3.2)	MPa
p_{2i}	用作 i 计算的乙炔气出口压力(见 10.4.5.2)	MPa
p_3	型式试验的进口压力:$p_3=2p_2+0.1$ MPa	MPa
p_4	稳定的出口压力(流量截止后的稳定压力)	MPa
p_5	根据 8.2.4.2 测定不规则系数试验时的最高或最低出口压力	MPa
p_{RV}	安全阀打开压力	MPa
Q_1	额定流量	m^3/h
Q_{max}	最大流量	m^3/h
Q_{RV}	安全阀的流量	m^3/h
R	压力升高系数	—
i	不规则系数	—

8.2 物理特性

8.2.1 压力

8.2.1.1 额定(最大)进口压力 p_1

减压器设计的额定(最大)进口压力。

8.2.1.2 额定(最大)出口压力 p_2

表 4 中规定的额定流量的额定(最大)出口压力。

注:这一最大压力是对试验规定的,它大于减压器的正常工作压力。

8.2.1.3 减压器稳定出口压力 p_4

流量截止后稳定出口压力。

对于 2 类乙炔气减压器的稳定出口压力 p_4 对应各种进口压力都不得超过 0.15 MPa。

8.2.2 流量

8.2.2.1 最大流量 Q_{max}

减压器的最大流量用 m^3/h 表示，在由公式(2)确定的进口压力 p_3 下可达到的最大流量：

$$p_3 = 2p_2 + 0.1\text{MPa} \quad \cdots\cdots (2)$$

流量 Q_{max} 不得小于 Q_1（见 10.4.2）。

8.2.2.2 额定流量 Q_1

额定流量见表 4。

8.2.3 分类及参数

根据出口压力 p_2 和额定流量 Q_1 确定减压器的类型，见表 4。

如果最大流量 Q_{max} 不小于额定流量 Q_1，则应认为减压器属于表 4 中规定的一个类型。表 4 所示的 p_2 和 Q_1 值为优选值，但也允许其他数值。

表 4 减压器分类

介质	类型	额定(最大)进口压力 p_1/MPa	额定(最大)出口压力 p_2/MPa	额定流量 Q_1/(m^3/h)
30 MPa 以下氧气和其他压缩气体	0	$0 \sim 30^a$	0.2	1.5
	1		0.4	5
	2		0.6	15
	3		1.0	30
	4		1.25	40
	5		2	50
溶解乙炔	1	2.5	0.08	1
	2		<0.15	5^b
MPS	0	2.5^c	0.15	1
	1		0.4	5
LPG	0	2.5^d	0.15	1^e
	1		0.4	5^e
CO_2	0	20^f	0.2	2^e
	1		0.4	2^e

a 压力指 15℃时的气瓶最大充气压力。

b 一般建议：应避免流量大于 1 m^3/h。

c MPS 65℃下的蒸汽压力。这个值可随混合气成分的不同而变化。

d 丙烷 70℃下的蒸汽压力。

e 根据环境条件，为了达到 LPG 和 CO_2 的标准流量，可能需使用一台加热器。

f 充气比为 0.667，CO_2 在 70℃下的压力。

8.2.4 工作特性

8.2.4.1 关闭后压力升高系数 R

这个系数由公式(3)确定：

$$R = (p_4 - p_2)/p_2 \quad \cdots\cdots (3)$$

2 类乙炔气减压器，$p_2 = p_{2R}$，见表 3。

式中，p_4 为减压器已设定到初始条件 Q_1、p_3、p_2 时，排气截止后记录 1 min 时的稳定出口压力。

对应于额定流量 Q_1，压力升高系数 R 应小于 0.3。

8.2.4.2 不规则系数 i

这个系数由公式(4)确定

$$i = (p_5 - p_2)/p_2 \quad \cdots\cdots (4)$$

对于 2 类乙炔气减压器，$p_2 = p_{2i}$，见表 3。

式中，p_5 为试验期间流量等于表 4 中的额定流量 Q_1，进口压力从 p_1 变为 p_3 时的最高或最低出口压力值(见图 2)。

极限为 $-0.3 < i < +0.3$。

8.2.4.3 工作温度范围

减压器应能在－20℃～＋60℃的温度范围内正常工作。

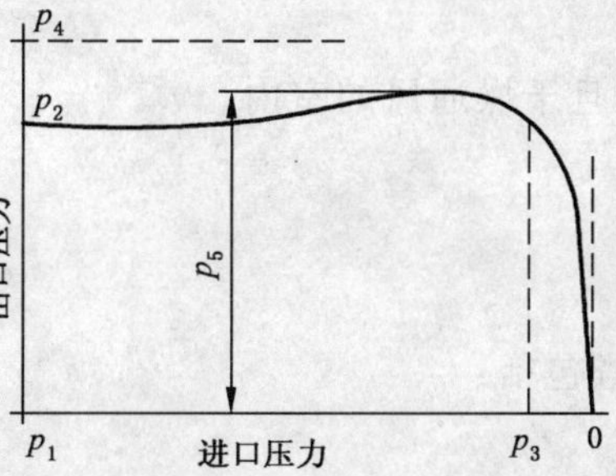

a) 上升特性

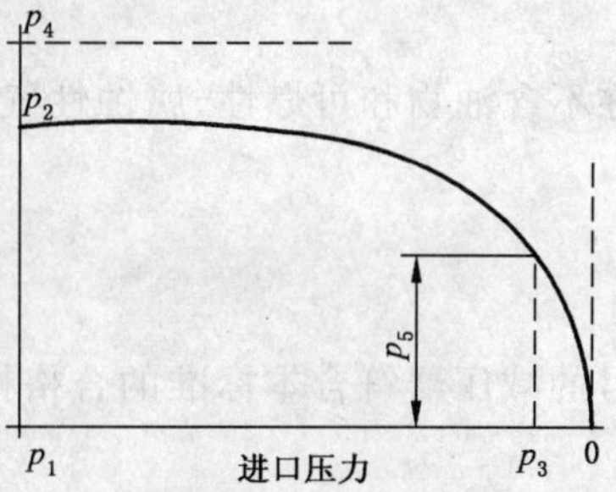

b) 下降特性

图 2 典型的动态膨胀曲线

9 标志、使用说明书、包装、贮存

9.1 标志

应在减压器本体或盖上，或固定在减压器上的标签上，以及外包装和合格证上，注明下列内容：

a) 产品标准号；

b) 制造厂和/或销售商的名称或商标；

c) 产品的型号和名称；

d) 使用的气体的全名(无法印上气体的全名时，则应采用表 5 所示的代号)。

表 5 减压器标记用气体的代号

气 体 类 型	代 号
乙炔	A
氧气	O
氢气	H
压缩气体	D
LPG	P
MPS	Y
天然气	M
CO_2、氮气、惰性气体	N

9.2 使用说明书

制造厂、供方或销售商应随每个减压器提供使用说明书，说明书至少应包括下列内容：

a) 减压器的额定出口压力 p_2 和额定流量 Q_1；

b) 制造厂指定的额定进口压力 p_1；

c) 产品标准；

d) 减压器的应用范围；

e) 对减压器的说明及标志的含义；

f) 减压器的安全与正确安装；

g) 使用前必须进行投运试验，以保证安全与正确安装；

h) 减压器的使用与维护（对操作人员），包括对氧气的危险与安全预防措施的说明。

9.3 包装

减压器的包装应符合 GB/T 15464—1995 的规定，其中包装防护类型由生产厂自行规定。

9.4 贮存

减压器应贮存在不含油物和可燃性、腐蚀性气体且干燥通风的室内。

10 型式试验程序

10.1 总则

对一台指定型号的减压器符合本标准的合格检查包括：

a) 文件检查；

b) 试验。

是否符合本标准的要求可由第三方机构确定。

在性能试验（见 10.4）后及适用性试验（见 10.5.1.1）前，氧气减压器应进行氧气燃爆试验（见 10.5.3）。

注：这些试验只适用于提交按本标准进行型式检验的减压器，并不作为所有减压器的出厂检验程序。

10.2 试验样机和必备的文件

试验时必须提供下列样机和文件：

a) 3 台减压器样机（氧气减压器为 5 台）；

b) 一套带材料清单的总图；

c) 如有必要，制造厂应说明材料规格和适用范围。

应采用符合图纸的减压器进行试验。

10.3 试验条件

10.3.1 试验设备的总特性

所有与测试设备连接的管道及流量控制阀的口径应大于受试减压器的口径。

10.3.2 气体类型

试验应在环境温度为 23℃±2℃、相对湿度为 50%±5%、环境压力为 0.086 MPa～0.106 MPa 的条件下，用不含油脂的空气或氮气进行。

仅 10.5.3 的燃爆试验应采用氧气。

在各种情况下，试验都应采用最大含水量不超过 0.005%的气体，相应露点为－48℃。

10.3.3 流量测量

测量气体体积流量的设备的误差在被检测的样机测量范围内，不得超过±3%。

10.3.4 压力测量

试验台的结构应可以对进口和出口压力进行调节，对设备可以作手控或遥控操作。

在试验过程中，气源对额定（最大）进口压力 p_1 和压力 p_3 应有足够的容量。

压力测量应采用精确度不低于1级的压力表。在此情况下，减压器的压力表可包括在此试验中。

10.4 性能试验

10.4.1 总则

图3给出了测量最大流量 Q_{max} 的试验设备的一个示例。减压器可由一个缓冲气瓶提供气源。用一台辅助减压器或任何等效的设备将进口压力 p_3 保持恒定(见8.2.2.1)。

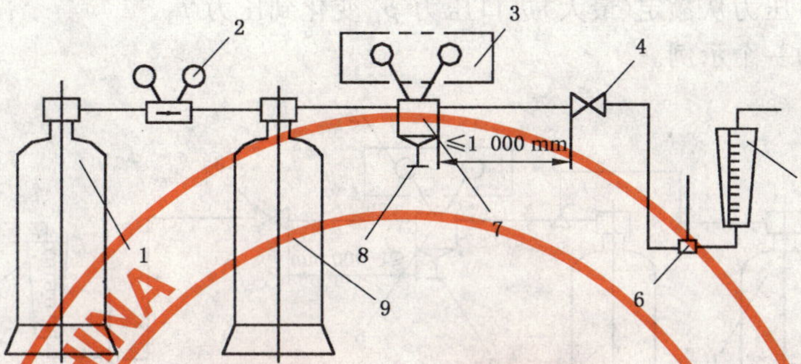

1——气源；

2——辅助减压器；

3——经校正的压力表；

4——调节阀；

5——流量计；

6——用于测量气体温度的温度计；

7——减压器(样机)；

8——调节螺钉；

9——缓冲气瓶。

图3 测量最大流量 Q_{max} 的示例

10.4.2 最大流量 Q_{max}

对最大流量 Q_{max} 应按如下步骤测量。

10.4.2.1 最大流量 Q_{max}(不包括2类乙炔减压器)

旋入受试减压器样机的调节螺钉，将调节阀完全打开：

a) 出口压力表指示额定(最大)出口压力 p_2；

b) 流量计指示最大流量 Q_{max}。试验时用温度计测量温度，并考虑按10.3.3和表2的规定进行修正。

10.4.2.2 2类乙炔减压器的最大流量 Q_{max}

旋入受试减压器样机的调节螺钉，将调节阀完全打开，流量计指示最大流量 Q_{max}，试验时应用温度计测量温度，并需考虑按10.3.3和表2的规定进行修正。

10.4.3 额定流量 Q_1

应按下列设定来得到额定流量 Q_1。

10.4.3.1 额定流量 Q_1(不包括2类乙炔减压器)

应设定受试减压器样机的调节螺钉和调节阀，使其在出口压力为 p_2、进口压力为 p_3 时达到 Q_1。

10.4.3.2 2类乙炔减压器的额定流量 Q_1 及 p_{2R}

旋入受试减压器样机的调节螺钉，将调节阀完全打开，在进口压力为 p_3、出口压力为 p_2 时达到 Q_1，并测量相应的出口压力。这一压力应记作 p_{2R}。

10.4.4 关闭后的压力升高系数 R

按如下步骤将减压器调节到额定流量条件(见10.4.3)：

a) 用调节阀停止排气；

b) 1 min 后记录稳定压力 p_4；

c) 计算 R 值(见 8.2.4.1)。

10.4.5 **不规则系数 *i***

为了确定不规则系数 i(见 8.2.4.2),可绘出一条膨胀曲线。这条曲线把出口压力表示为进口压力的函数。试验期间进口压力从额定(最大)进口压力 p_1 变化到压力 p_3。

图 4 为试验设备的一个示例。

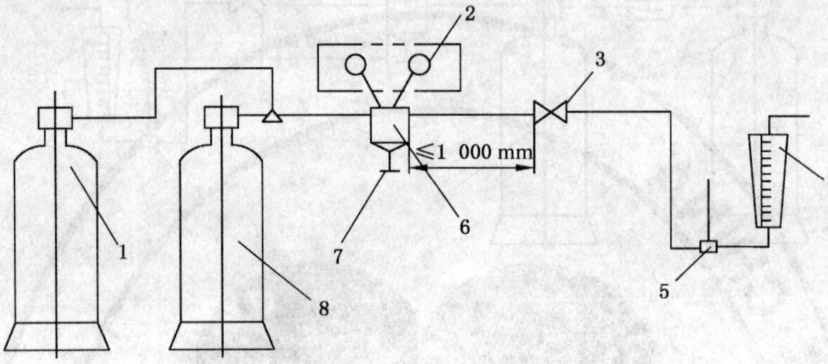

1——辅助气瓶；
2——经校正的压力表或记录仪；
3——调节阀；
4——流量计；
5——用于测量气体温度的温度计；
6——减压器(样机)；
7——调节螺钉；
8——主气瓶。

图 4 测量动态膨胀曲线的示例

减压器装上二个经过校正的压力表,最好是记录表[3]。减压器由二个气瓶供气,在任何指定的时候,其中只有一个气瓶处于工作状态。两个气瓶都充有额定(最大)进口压力 p_1 的试验气体。通过调节阀和流量计,控制和观察减压器的流量。

10.4.5.1 **减压器的预试验设定(2 类乙炔减压器除外)**

进口压力为 p_1,调节受试减压器样机的调节螺钉和调节阀以获得在压力 p_2 下的额定流量 Q_1。

10.4.5.2 **2 类乙炔减压器的预试验设定**

进口压力为 p_1,将受试减压器样机的调节螺钉完全旋入,用减压器阀将输出流量调节到 Q_1,测量得到的出口压力,记作 p_{2i}。

10.4.5.3 **试验**

保持上述实验装置不变,关闭辅助气瓶的气瓶阀门并打开主气瓶阀门。从此时起记录进口和出口压力值。主气瓶的容量至少能足以维持一个 15 min 的试验周期。

但如果预试验的调节能在 30 s 内完成且辅助气瓶有足够的容量,则此试验无须切换到主气瓶上进行。

10.4.5.4 **结果**

试验时,减压器不应有振荡或卡死现象,减压器动态膨胀曲线具有最大值的上升特性(见图 2a))或下降特性(见图 2b))应是光滑的。

3) 或能直接形成动态膨胀曲线的任何其他记录设备。

不规则系数 i 中的压力 p_5 是试验期间进口压力从 p_1 变化到 p_3 时出口压力的最大值或最小值。

计算 i 的值(见 8.2.4.2)。

10.5 力学试验

警告:试验人员应采取防护措施。

10.5.1 密封性试验

10.5.1.1 减压器对大气的密封性

减压器对大气的泄漏量试验参见附录 E。

10.5.1.2 减压器阀门的密封性

a) 减压器阀门的密封性应在最大进口压力 p_1 下持续试验 5 min。试验时减压器阀门应关闭(压力调节螺钉完全松开)并打开输出口。气体泄漏量允许为 12 cm^3/h。

b) 关闭出口,调节减压器的压力调节螺钉将低压室中的压力调节到 p_2 值。在 5 min 的试验期间,p_2 值应保持恒定。

用临界试验压力 p_3 重复这两个试验。

10.5.2 机械强度试验

10.5.2.1 结构强度试验

本试验(6.2.9.1)时用孔塞取代安全阀和压力表。用金属片代替减压器膜片,对高压室和低压室施加表 6 所规定的水压,试验 5 min。试验后检查尺寸及形状应无永久变形(例如采用对比测量)。

试验压力按表 6 的规定。

表 6 试 验 压 力

减压器类型	高压室	低压室
0、1、2、3、4 和 5 类氧和其他压缩气体,p_2 至 2 MPa	1.5×p_1	6 MPa
1 类和 2 类乙炔	30 MPa	3 MPa
0 类和 1 类 LPG 和 MPS		
0 类和 1 类 CO_2		6 MPa

10.5.2.2 安全试验

对于这个试验(见 6.2.9.2),减压器阀门应持久保持打开或卸除。用孔塞取代压力表和安全阀,关闭出口。通过手动快速打开阀门,对减压器进口施加一个气动压力 p_1。

应无裂纹出现。如出现裂纹,则不得有碎片喷出。如安装了压力安全装置,则允许气体通过此装置。

10.5.3 燃爆试验(氧气减压器)

分别对三个样机进行试验,使氧气减压器的阀门进口处受到由工业氧气产生的压力激波冲击(氧纯度至少 99.5%;烃≤0.000 1%)。试验系统应装有氧预热的设备、氧气瓶和一个快开阀。图 5 为试验台的一个示例。

试验前在 A 点测量试验压力,从大气压增高到试验压力所要求的时间应为 20^{0}_{-5} ms(见图 5)。也可距离样机密封面 30 mm～40 mm 处测量 P_0 点的试验压力(见图 5)。每次至少要记录二个压力激波。快开阀与受试减压器之间的接管长度为 1 000 mm、内径为 5 mm。试验开始前,样机应放置于室温。试验时将试验气体预热至 60℃±3℃,此温度下的试验压力应为 1.2×p_1。

每组试验由间隔 30 s 的 20 个压力激波组成(见图 6)。

每个压力激波持续 10 s。每施加一个压力激波后,应通过进口端的阀门将减压器恢复到大气压。每次压力激波之间,大气压至少保持 3 s。

在一组试验中,进口的压力下降不得大于 p_1 值的 3%。

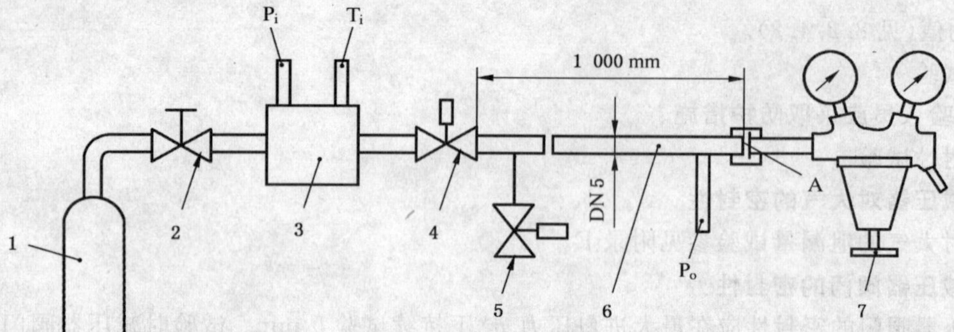

1——氧气源；

2——进口阀；

3——带预热装置的氧气瓶（如水浴、电加热装置）；

4——快开阀；

5——出口阀；

6——接管；

7——减压器试验样机；

P_i——接氧气瓶的压力传感器；

P_o——接出口阀的压力传感器；

T_i——热电偶；

A——测量点。

图 5 燃爆试验台

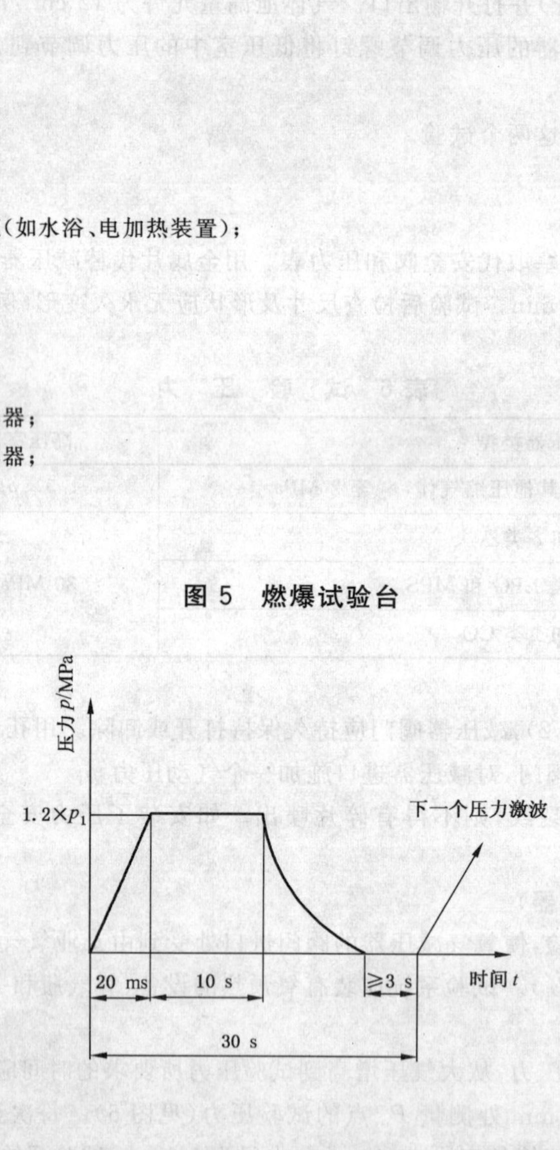

图 6 试验间隔

应在下列条件下进行试验：

a) 减压器阀处于完全打开位置，出口关闭；

b) 减压器阀处于完全关闭位置。

减压器在试验中不得起火。试验完成后，应拆卸三个样机并检查所有的内部零件和表面。对内部有损和烧坏均不予接收。

10.5.4 安全阀

试验时，打开或拆除减压器的阀门，封闭减压器的出口。通过进口施加 6.2.6 指定的压力，在此压力下，安全阀应是密封的。然后把压力增加到打开安全阀为止，记录打开安全阀的压力。再将压力增加到 $p_{RV}=2p_2$，并在此压力下测量安全阀的流量 Q_{RV}（见 6.2.6）。

10.6 标志持久性的试验

先用蘸上蒸馏水的布擦拭 15 s，再用蘸上酒精的布擦拭 15 s。如将标签用作标志，则应将其完整地粘贴在表面上。

试验后，标志仍应保持清晰。

11 检验规则

11.1 出厂检验

减压器应按本标准 6.2.6、6.2.8、8.2.4.1 的要求逐台进行出厂检验，6.2.6、6.2.8 可采用其他等效的检验方法进行检验。检验合格并附有产品合格证方能出厂。其中 8.2.4.1 中压力升高系数允许抽检，抽检数及判定方法由生产厂在技术文件中自行规定。

11.2 型式检验

在下列情况下，减压器应按本标准进行型式检验：

a) 新产品试制定型；

b) 当设计、结构、工艺或材料的改变影响产品性能时；

c) 经常生产的产品定期抽查；

d) 停产一段时间再次生产时。

附 录 A
（资料性附录）
本标准章条编号与 ISO 2503：1998 章条编号对照

表 A.1 给出了本标准部分章条编号与 ISO 2503：1998 章条编号对照一览表。

表 A.1 本标准部分章条编号与 ISO 2503：1998 章条编号对照

本标准部分章条编号	ISO 2503：1998 章条编号
1	1
2	2
3	3
4	4
5	5
6	6
7	7
8.1	表 3
8.2	8
9.1	9
9.2	10
10	11

附 录 B
(资料性附录)
本标准与 ISO 2503:1998 技术性差异及其原因

表 B.1 给出了本标准与 ISO 2503:1998 技术性差异及其原因的一览表(见表 B.1)。

表 B.1 本标准与 ISO 2503:1998 技术性差异及其原因

本标准部分章条编号	技术性差异	原因
1	增加了“本标准规定了焊接、切割及类似工艺用气瓶减压器的制造要求、接头、符号和物理特性、标志、使用说明书、包装、贮存、型式试验程序和检验规则等技术要求”	根据我国的习惯
2	直接引用了与国际标准相对应的我国标准:ISO/TR 7470:1988 相对应的 GB 15383—1994;增加引用了 GB/T 15464—1995。 直接引用 ISO 554:1976、ISO 9090:1989 和 ISO 9539:1988 中的相关内容	适合我国国情,便于标准的实施
4	ISO 2503:1998 中的多语种术语,其实是零部件名称,因此本章标题改为零部件名称,本标准只采用汉语零部件名称	本标准为中国国家标准
5.1	用 MPa 代替 bar	我国的法定计量单位为“MPa”,1 bar=0.1 MPa
6.1	直接引用 ISO 9539:1988 中规定的要求	便于标准的实施
6.2.5	将 ISO 2503:1998 的两种结构形式,放置到附录 D 中	由于我国大多数减压器的压力调节装置结构与 ISO 2503 标准有差异,国内用户已经习惯了我国减压器的结构形式,所以本标准将 ISO 2503 的两种结构形式放置到附录 D 中,建议生产厂逐步采用
6.2.7	采用了与国际标准相对应的国家标准	适合我国国情
6.2.8	直接采用 ISO 9090:1989 的要求	便于标准的实施
表 3	增加符号 p_{RV} 和说明	在标准中应用了符号 p_{RV}
8.2.1.3	增加了条的标题和 p_4 的说明	符号 p_4 及其定义涵盖了本标准所适用的各类减压器,2 类乙炔减压器的稳定出口压力有特殊规定
9.1、9.2	9.1 标志增加了型号名称,把标志中的基本参数要求放入 9.2 使用说明书要求中;在使用说明书中要求增加产品标准	根据我国的实际情况和国家标准《工业产品使用说明书 总则》要求
9.3～9.4	新增“包装”、“贮存”两个条款	根据 GB/T 1.2 的要求和行业的特点
10.2	取消了必须提供文件中的“二套明细图”	因为总图已能反映产品结构
10.3.2	试验要求直接采用 ISO 554:1976 的要求	便于标准的实施
10.3.4	增加了对设备可以手控的要求	使设备操作的范围更广

表 B.1(续)

本标准部分章条编号	技术性差异	原因
10.5.2	直接引用 ISO 9090:1989 标准的内容,并把内容编制在附录 E 中	便于标准的实施
11	新增了检验规则这一章	根据 GB/T 1.2 的要求和行业的特点
附录 C	新增。附录 C 直接引用了 ISO 9539:1988 标准的内容	便于标准的实施
附录 D	新增。附录 D 引用了 ISO 2503:1998 中 6.2.5 的第一、第二段	根据 ISO 2503:1998 的要求,建议生产厂采用此结构
附录 E	新增。直接采用 ISO 9090:1989 中的对大气泄漏试验的方法	便于标准的实施

附 录 C
（资料性附录）
非金属材料的耐溶剂性能

C.1 非金属材料的耐丙酮和二甲基甲酰胺(DMF)溶剂性能

材料在下列条件下试验：

a) 在23℃±2℃的温度下，分别在丙酮和二甲基甲酰胺(DMF)饱和溶剂蒸汽中放置168 h±2 h；

b) 在40℃±2℃的温度下，在空气中放置70 h±2 h；

c) 在温度为23℃±2℃、相对湿度为50%环境下，在空气中放置24 h±2 h。

其质量变化不得超过15%(耐溶胀)，硬度变化不得超过±15 IRHD。

C.2 非金属材料的耐正戊烷性能

材料在下列条件下试验：

a) 在23℃±2℃的温度下，在液态正戊烷中放置168 h±2 h；

b) 在40℃±2℃的温度下，在空气中放置70 h±2 h；

c) 在温度为23℃±2℃、相对湿度为50%环境下，在空气中放置24 h±2 h。

其质量变化不得超过15%(耐溶胀)，硬度变化不得超过±15 IRHD。

附 录 D
（资料性附录）
压力调节装置

D.1 压力调节装置的设计应确保当弹簧被完全压紧(至其紧实长度)时，减压器不能保持其打开的状态。

D.2 如果压力调节螺钉的尺寸能避免弹簧被完全压实，则调节螺钉应是不可拆卸的。

附 录 E
（资料性附录）
气体外部泄漏量试验

E.1 试验用气体

氦气减压器应用氦气进行试验，氢气减压器应用氢气或氦气进行试验。

气体减压器出厂试验应用无油的干空气或氮气试验。

如用工作介质之外的气体进行试验，则必须按表 E.1 给出的修正系数加以修正。

表 E.1

试验用气体	测量泄漏量的修正系数						
	空气	氧	氮	氩	氢	氦	乙炔
空气	1	0.950	1.02	0.852	—	—	1.05
氮	0.983	0.930	1	0.837	—	—	1.03
氢	—	—	—	—	1	—	—
氦	—	—	—	—	1.431	1	—

E.2 试验条件

标准试验条件：环境温度 23℃±2℃、相对湿度 50%±5%、环境压力 0.086 MPa～0.106 MPa。

试验条件偏离标准试验条件时应对试验结果进行修正。

E.3 试验压力

应在本标准规定的压力 p_1 和 p_2 下进行试验。

E.4 泄漏量测量

以下所述的方法用于测定减压器的泄漏量，是一种型式试验方法。对于常规试验，制造厂可以使用适合于其要求的任何方法。

E.4.1 试验方法

将受试设备浸入水中，在整个试验过程中，减压器都应连接气源：用一个装满水的量筒收集从设备中泄漏的气体。

允许使用试验结果与本条所述方法相同的其他试验方法。

E.4.2 试验装置

试验装置如图 E.1 所示。

其中：量筒的容积读数精度应达到 0.5cm³。量筒在试验前应先装满水。

集气漏斗应能收集从受试减压器中逸出的所有气体，不能将从供气管接头处逸出的气体收集入内。

E.4.3 试验步骤

E.4.3.1 将受试减压器接至进气处，封闭所有的通气孔，从而能测定泄漏量。

E.4.3.2 把装置浸入水槽中，浸入深度应≥20 cm，以规定的试验压力（p_3 加上由浸入深度引起的压力 Δp），向减压器供气。

E.4.3.3 放置 10 min，使粘附在受试减压器外表面的空气完全泄漏后，把量筒和集气漏斗安放到位，再使受试减压器在试验压力下保持 1 h。

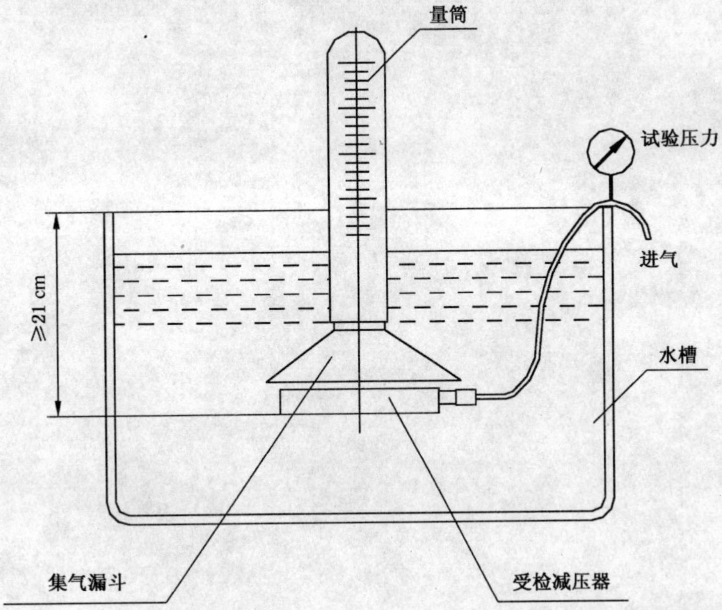

图 E.1

E.4.3.4 试验结束后升降量筒,使量筒的水位与水槽的水位达到同一水平面:通过量筒的刻度读出收集到的气体容积。

E.4.3.5 按 E.1 与 E.2 的规定,修正实测容积。

ICS 01.040.91;91.220
P 97

中华人民共和国国家标准

GB/T 7920.10—2006
代替 GB/T 7920.10—1987

道路施工与养护设备 稳定土拌和机 术语和商业规格

Road construction and maintenance equipment—Soil stabilizers—Terminology and commercial specifications

(ISO 15688:2003,MOD)

2006-12-28 发布　　2007-07-01 实施

中华人民共和国国家质量监督检验检疫总局
中国国家标准化管理委员会　发布

前 言

本部分修改采用 ISO 15688:2003《道路施工与养护设备 稳定土拌和机 术语和商业规格》(英文版)。

本部分根据 ISO 15688:2003 重新起草,与 ISO 15688:2003 相比主要技术差异为:

——第 2 章“规范性引用文件”中用 GB/T 7920.9 和 GB/T 19931 代替对应的 ISO 7134:1993 和 ISO 13539:1998。用 GB/T 18577.1 和 GB/T 18577.2 代替 ISO 6746-1:1999 和 ISO 6746-2:1999。

为便于使用,本部分作了下列编辑性修改:

——将“本国际标准”改为“本部分”;

——删除 ISO 15688:2003 的前言和引言;

——增加本部分的前言;

——载荷单位用“kN”代替“daN”。

本部分是对 GB/T 7920.10—1987《稳定土搅拌机械 术语》的修订。与 GB/T 7920.10—1987 相比主要变化如下:

——本部分名称改为《道路施工与养护设备 稳定土拌和机 术语和商业规格》;

——增加了范围、商业规格等内容。

本部分由中国机械工业联合会提出。

本部分由北京建筑机械化研究院归口。

本部分起草单位:长沙建设机械研究院、长沙中联重工科技发展股份有限公司、西安建筑科技大学。

本部分主要起草人:盛春芳、东亚斌、李祥兰。

本标准所代替标准的历次版本发布情况:

——GB/T 7920.10—1987。

道路施工与养护设备 稳定土拌和机　术语和商业规格

1　范围

本部分确定了稳定土拌和机及其部件的术语、类型和构造与商业规格。

本部分适用于进行路面修筑和铺设的稳定土拌和机。

2　规范性引用文件

下列文件中的条款通过 GB/T 7920 的本部分的引用而成为本部分的条款。凡是注日期的引用文件，其随后所有的修改单(不包括勘误的内容)或修订版均不适用于本部分，然而，鼓励根据本部分达成协议的各方研究是否可使用这些文件的最新版本。凡是不注日期的引用文件，其最新版本适用于本部分。

GB/T 7920.9　土方机械　平地机　术语和商业规格(GB/T 7920.9—2003，ISO 7134:1993，MOD)

GB/T 18577.1　土方机械　尺寸的定义和符号　第1部分:主机(GB/T 18577.1—2001，idt ISO/DIS 6746-1:1999)

GB/T 18577.2　土方机械　尺寸的定义和符号　第2部分:工作装置(GB/T 18577.2—2001，idt ISO/DIS 6746-2:1999)

GB/T 19931　土方机械　挖沟机　术语和商业规范(GB/T 19931—2005，ISO 13539:1998，MOD)

ISO 3911:1998　充气轮胎用车轮/轮辋汇词、标识和标志

3　术语和定义

下列术语和定义适用于本部分。

3.1

稳定土拌和机　soil stabilizer

一种自行式、拖式或车载式机械，具有粉碎、分散、拌匀、疏松现有的或新加入的路面铺设物料，并将它(它们)与一种(多种)附加材料(例如填料、水泥、石灰等)进行混和的功能。

注：稳定土拌和机通过将土壤与粘结材料(例如水泥、石灰等)或填料混合，从而提高土壤的力学和物理性能。

3.2

牵引车　transport vehicle

一种运载所有部件以及在工作中牵引拌和装置，并在各个工地之间转场用的设备。

3.3

拌和装置　mixing device

设备的有效工作部分，用于稳定材料的拌和。

注：拌和装置通常都由刀具和动力驱动的转子组成，它在工作过程中进行旋转(图1～图6)。除了转子型拌和装置外，还有其他类型的拌和装置[如挖掘、犁耕和松土等类型(图7～图9)]。

3.4

可调拌和器罩壳　variable mixer hood

装有闸门或褶板的罩壳，可以控制物料在拌和腔内的拌和时间。

3.5

固定拌和器罩壳 fixed mixer hood

不带闸门或褶板的罩壳，物料在拌和腔内的拌和时间不可调。

4 稳定土拌和机的类型和构造

4.1 类型

根据拌和装置的不同，稳定土拌和机可分为以下三种类型：

a) 混合型：使用旋转刀具切割、粉碎，以便将物料收集到拌和腔内（图1～图6），转子的旋转轴线可以是水平的也可以是垂直的；

b) 破碎型：使用具有往复运动的专用刀具进行拌和（挖掘装置，图7）；

c) 犁耕型：使用盘形刀具（盘形犁，图8）或叉齿（松土器，图9）打碎物料。

4.2 构造

稳定土拌和机的构造既由拌和装置相对于牵引车轴线的位置所决定，又由机器所配备的工作装置类型和布置方式所决定。

a) 拌和装置的位置

——中置式：拌和装置悬挂在两轴之间（图1和图2）；

——后置式：拌和装置悬挂在两个轴的后面（图3～图9）。

b) 工作装置类型和布置方式

——工作装置固定在轴线水平的旋转鼓上（图1～图5，图10～图14）；

——工作装置固定在轴线垂直的旋转盘上（图6）；

——工作装置是挖掘装置的形式（图7和图11）；

——工作装置是犁耕装置的形式（图8和图9）。

4.3 工作装置的驱动原理

工作装置的驱动方式如下：

——工作装置的驱动，由其所安装在的可移动设备提供；

——工作装置是由于在地面上被牵引而产生运动；

——工作装置被单独驱动，例如通过机械的或液压的方式。

5 商业规格

5.1 总则

下面所描述的尺寸和质量特性，不适用于基于平地机和挖沟机的稳定土拌和机。对于这些设备，应由GB/T 7920.9、GB/T 18577.1、GB/T 18577.2和GB/T 19931给出说明。

5.2 尺寸特性

5.2.1 运输尺寸（总体）

应说明下列尺寸：

——长度，mm。

——宽度，mm。

——高度：

——不带司机室，mm；

——带司机室，mm。

5.2.2 工作状态下的总体尺寸（见图16）

应说明下列尺寸：

——长度 L，mm。

——宽度 W,mm。

——高度:

——不带司机室 E,mm;

——带司机室 H,mm。

5.2.3 间隙

标明刀具的最大离地间隙,mm。

5.2.4 轴距尺寸(见图 16)

应说明下列尺寸:

——轴间距离 D,mm;

——转子轴与前轮轴的距离 F,mm;

——转子轴与后轮轴的距离,mm。

5.2.5 转弯直径和回转半径

应说明下列尺寸:

——内侧转弯半径,mm;

——外侧转弯半径,mm;

——工作装置的内侧回转半径,mm;

——工作装置的外侧回转半径,mm。

5.2.6 外伸和偏移

应说明下列尺寸:

——前伸,mm;

——后伸,mm;

——右侧横向偏移,mm;

——左侧横向偏移,mm。

5.2.7 特性角

应说明下列尺寸:

——铰接式底盘的中心联接角,(°);

——铰接式底盘的中心摆动角,(°);

——前轴的摆动角,(°);

——后轴的摆动角,(°)。

注:联接角和摆动角指的是这些参数的总值。

5.3 质量和载荷特性

5.3.1 工作质量

说明在下列情况下主机的质量:

——准备运行;

——有无司机室(要说明);

——包括标准装备;

——带 75 kg 重的司机;

——带燃料和半满的添加剂箱;

——带有完整的冷却、润滑和液压系统。

5.3.2 轴荷

应说明下列轴荷:

——前轴测量载荷,kN;

——后轴测量载荷,kN。

5.3.3 其他质量

标明压重质量，kg。

5.4 发动机特征

应说明下列特征：

——制造商和型号；

——功率(标准的)，kW；

——冷却形式；

——排气适应性(标准的)。

5.5 车轮或履带的特征及形式

应说明下列特征：

a) 轮式稳定土拌和机：

——前轮尺寸(参照 ISO 3911:1998)。

——后轮尺寸(参照 ISO 3911:1998)。

——车轮数目：

——前轮；

——后轮。

——驱动轮数目：

——前面；

——后面。

b) 履带式稳定土拌和机：

——履带数目。

——支重轮数目：

——前面；

——后面。

——驱动链轮数目：

——前面；

——后面。

5.6 牵引传动系统特征

应说明下列特征：

传动形式：

——液压式；

——机械式；

——液压-机械式；

——电动式。

5.7 工作速度和行驶速度

应说明下列特征：

——速度挡位数：

——前进；

——后退。

——工作速度的范围，m/min。

——最大行驶速度，km/h。

5.8 转向特征

应说明下列特征：

——转向轮：

——前轮转向；

——后轮转向；

——前后轮转向；

——原地转向；

——蟹行转向。

——铰接式底盘。

5.9 拌和装置的特性

5.9.1 具有水平轴线拌和装置的稳定土拌和机

5.9.1.1 外形尺寸

应说明下列尺寸：

——拌和腔的总宽度 W_C，(图 16)mm。

——拌和腔的总直径，mm。

——转子的拌和宽度，mm。

——转子刀尖端的直径，mm。

——套管联接片式刀具(图 14)：

——刀具的总宽度，mm；

——刀具的总长度，mm。

5.9.1.2 刀具的类型

应说明下列特征：

——镐(图 10)；

——铲(图 11)；

——锤(图 12)；

——L 形刀具(图 13)；

——套管联接片式(图 14)；

——其他。

5.9.1.3 刀具在转子上的排列

应说明：

——螺旋式；

——直线式；

——节距，mm。

5.9.1.4 刀具连接方式

应说明：

——楔形键连接；

——螺纹连接；

——锥形销连接；

——弹簧套筒连接。

5.9.1.5 刀具支架

应说明：

——刀具支架类型：

——单刀支架；

——多刀支架。

——刀具支架连接：

——焊接；

——螺纹连接。

5.9.1.6 转子驱动、旋转方向和速度

应说明：

——转子驱动形式：

——机械式；

——液压式。

——旋转方向：

——与行走方向相反；

——与行走方向相同；

——两个方向。

——转子驱动速度：

——转子的最大/最小转速，r/min；

——刀尖最大/最小的线速度，m/min。

5.9.1.7 转子的侧位移

应说明：

——总偏量，mm；

——从中心位置向左的偏量，mm；

——从中心位置向右的偏量，mm。

5.9.1.8 拌和深度

应说明：

——最大拌和深度，mm；

——对应于物料密度的限制，mm。

5.9.1.9 倾斜角

应说明：

在正常拌和能力下允许的最大倾斜角，(°)。

5.9.2 具有垂直轴线拌和装置的稳定土拌和机

应说明：

最大拌和宽度，mm。

5.9.2.1 拌和深度

应说明：

最大拌和深度，mm。

5.9.2.2 转子

应说明：

——转子数目。

——转子刀尖端的直径，mm。

——转子驱动的挡位数。

——转子转速，r/min。

——驱动形式：

——机械式；

——液压式。

5.9.2.3 刀片

应说明：

——每一个转子上刀片的数目；
——刀片类型：直的、斜的、铰接的。

5.9.2.4 **挖掘装置**

应说明：
——挖掘深度，mm；
——挖掘宽度，mm；
——装置质量，kg；
——铲的数目；
——铲的连接方式；
——所需功率，kW。

5.9.2.5 **犁耕装置**

应说明：
——犁耕深度，mm。
——犁耕宽度，mm。
——盘形犁或叉齿的数目。
——盘形犁或叉齿之间的距离，mm。
——盘形犁或叉齿的接触角调整范围，(°)。
——盘形犁的直径或叉齿的尺寸，mm。
——盘形犁的厚度，mm。
——装置质量：
——没有压重，kg；
——有压重，kg。
——每一个盘形犁的平均载荷，kN。
——盘形犁类型：
——光滑型；
——锯齿型。
——所需的最小功率，kW。
——盘形犁驱动轴尺寸，mm。

5.10 **装备**

5.10.1 **添加剂系统**

5.10.1.1 **添加剂系统的一般数据**

应说明：
添加剂的输送方式：
——通过机械泵；
——通过单独的泵；
——其他(重力、压力等)。

5.10.1.2 **添加剂加入的位置**

应说明：
——在拌和腔的内部；
——在拌和腔的外部。

5.10.1.3 **流量调节方式**

应说明：
——通过装置的运动速度自动调节；
——通过控制阀或泵的速度手动调节。

5.10.1.4 **参数的显示**

应说明：

——最大/最小流量，L/min；

——最大/最小压力，MPa；

——最高/最低工作温度，℃。

5.10.1.5 **泵的特性**

应说明：

——型号；

——最大/最小流量，L/min；

——位置；

——驱动形式。

5.10.1.6 **添加剂的供给方式**

应说明：

——是否从装在机器上的添加剂箱上供给；

——是否从独立于机器的添加剂箱中供给；

——添加剂箱的容量，m^3。

5.10.1.7 **所使用的添加剂**

应说明：

——添加剂的类型；

——最大/最小工作黏度，cSt；

——温度范围，℃。

5.10.1.8 **机器停转时添加剂输送的控制**

应说明：

——手动；

——自动。

5.10.1.9 **添加剂输送的功能特性**

应说明：

——通过斜度或宽度，mm；

——宽度设定的范围或固定值，mm；

——每段宽度的变化(每段长度的变化)，mm；

——喷嘴(数目)；

——两个喷嘴之间的距离，mm；

——喷嘴或喷口的流量，L/min。

5.10.2 **工作深度的测量系统**

应说明：

——工作方式(超声波、机械等)。

——参照平面(地面、机器的部件、激光等)。

——深度的读取：

　　——在司机室内；

　　——在司机室外。

——深度记录。

——控制方式：

　　——手动；

　　——自动。

5.10.3 拌和腔闸门

应说明：

——闸门在拌和腔中的位置(前面、后面、前后都有)。

——闸门类型：

——刚性；

——弹性。

——闸门调节方式：

——手动式；

——机械式；

——液压式。

——尺寸特性：

——开启位置的宽度：

——前面，mm；

——后面，mm。

——开启位置相对于地面的高度(图 15)，mm。

5.10.4 刀具的载荷控制系统

应说明：

a) 载荷能否通过以下方式减小：

——通过前进速度的逐渐减小；

——通过自动控制和转子旋转速度的调整；

——通过手动或自动提升工作装置。

b) 转子驱动系统的冲击载荷保护装置是否为以下形式：

——借助可替换的安全销；

——扭矩限制装置。

5.10.5 驱动辅助系统

应说明：

——系统的形式；

——仪表盘的显示信息。

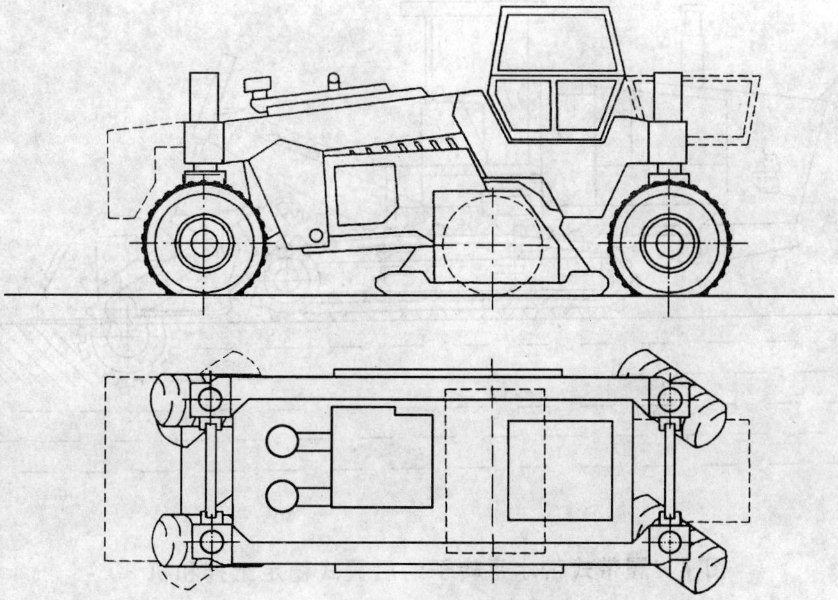

图 1 带水平转子的中置式稳定土拌和机

图 2　平地机带水平转子的中置式稳定土拌和机

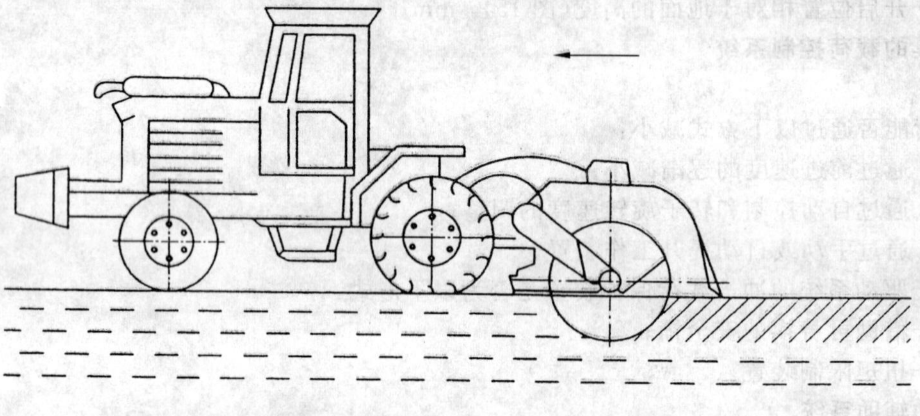

图 3　带水平转子的后置式稳定土拌和机

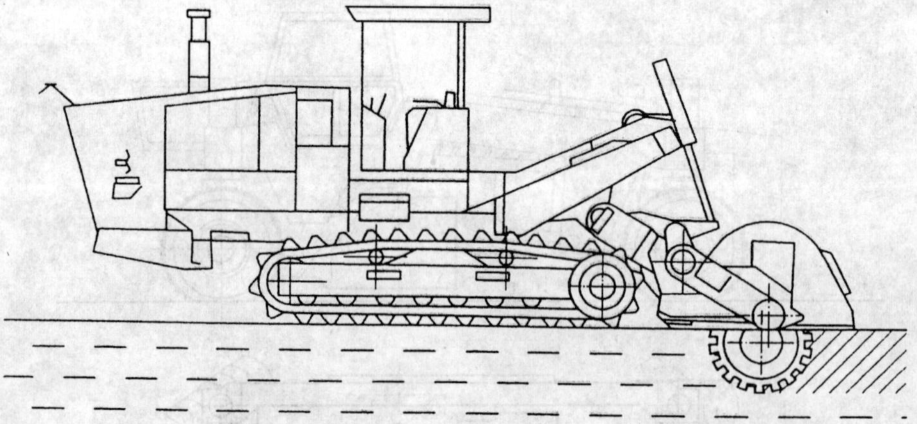

图 4　履带式带水平转子的后置式稳定土拌和机

图 5　履带式或挖沟式带水平转子的后置式稳定土拌和机

图 6　带垂直转子的后置式稳定土拌和机

图 7　水平轴线的后置式挖掘拌和装置

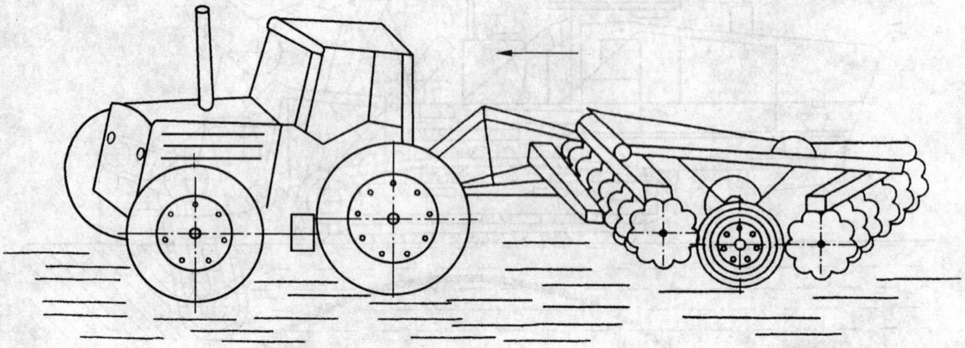

图 8　带拖式盘形犁的拌和装置

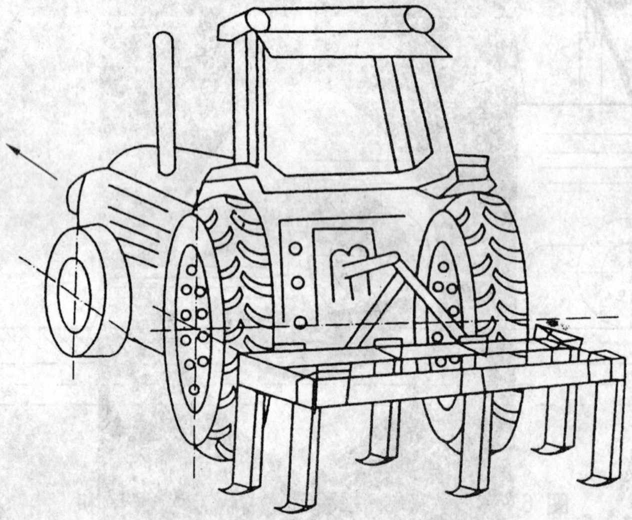

图 9　带松土器的拌和装置

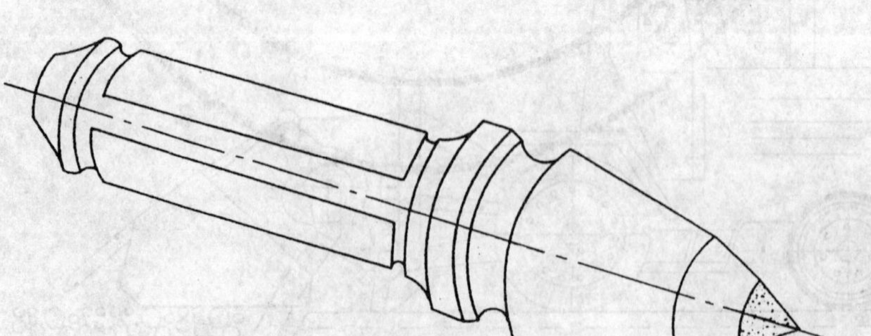

图 10　镐形刀具

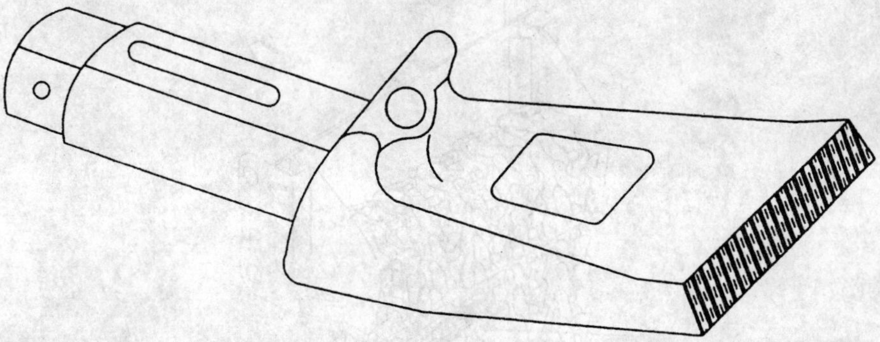

图 11　铲形刀具

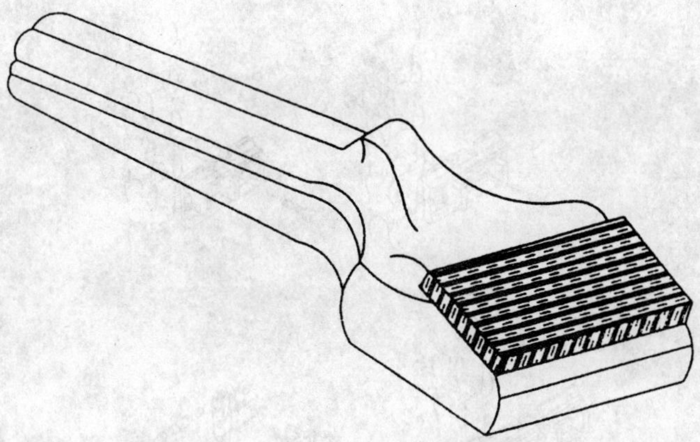

图 12　锤形刀具(黏土铲)

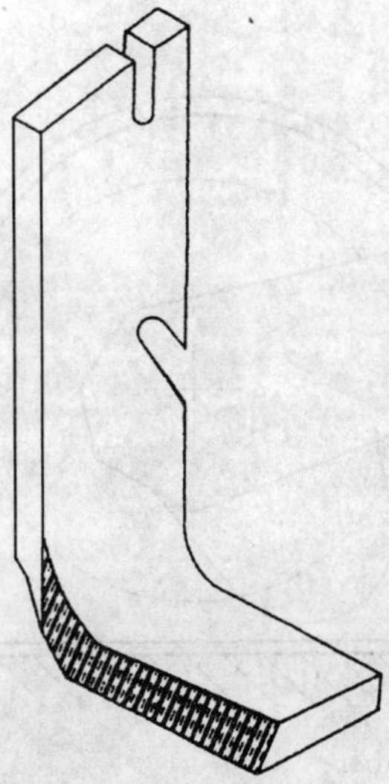

图 13　L 形刀具

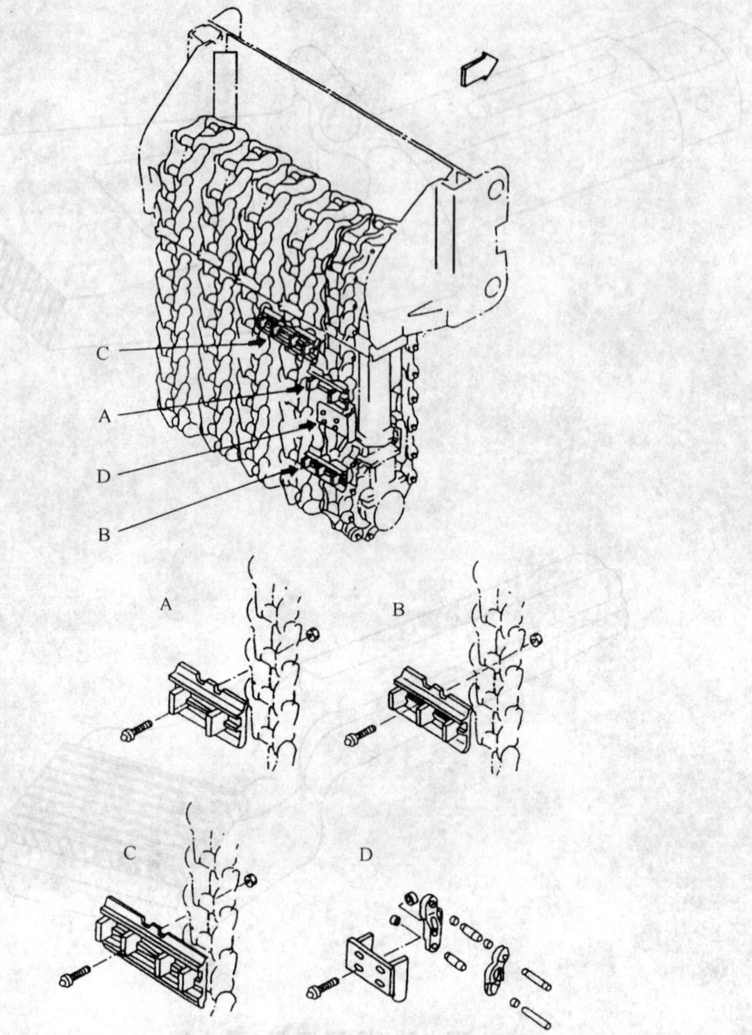

注：分解图 A、B、C 描述了安装在铰链上的套管联接片的形式，分解图 D 说明了单个套管联接片在铰链上的安装方法。

图 14　套管联接片式刀具

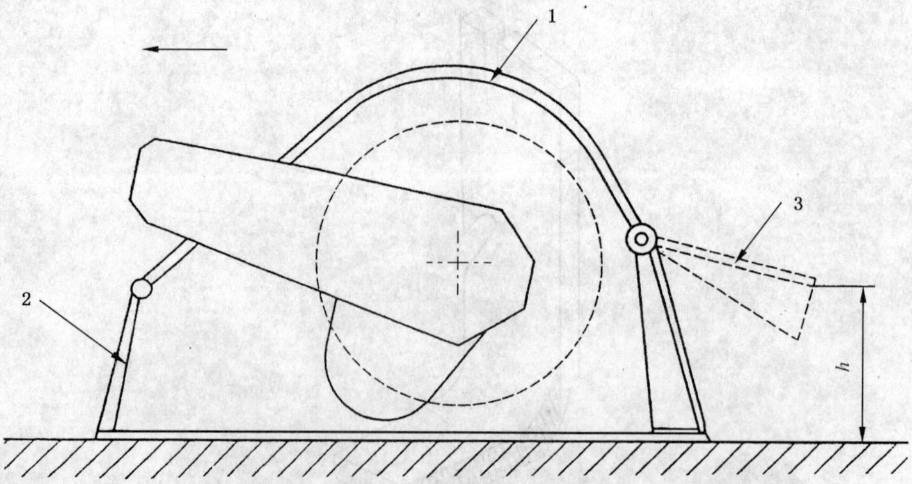

1——拌和腔罩壳　housing of mixing chamber；

2——前闸门　front gate；

3——后闸门　rear gate。

图 15　闸门相对于地面的开启高度

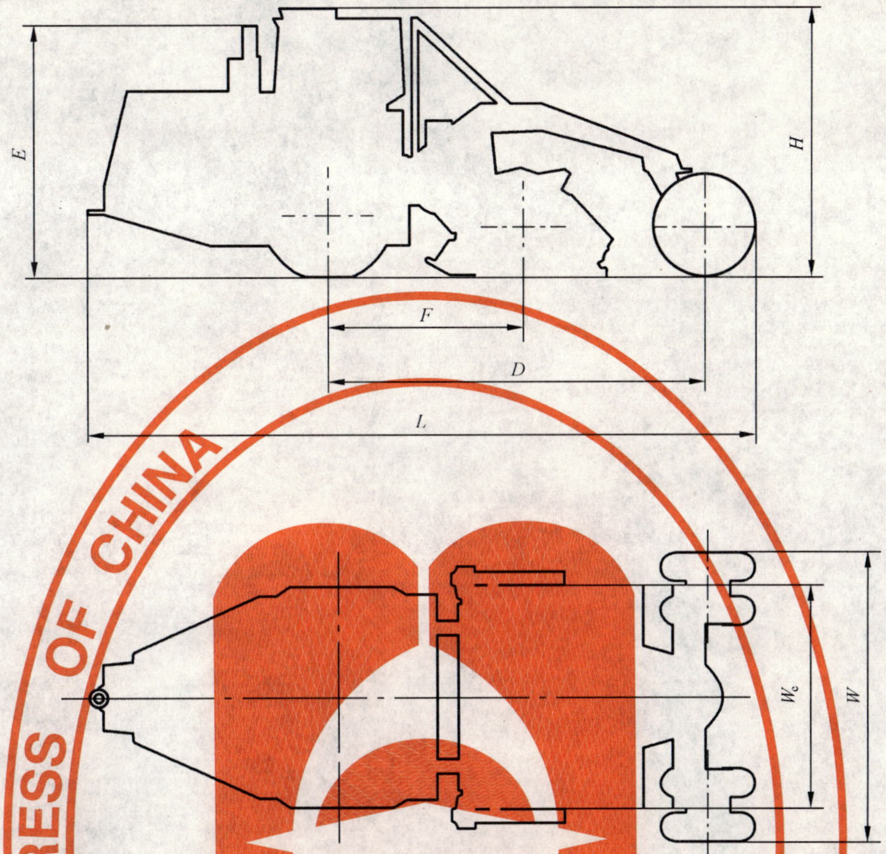

L——长度；

W——宽度；

H——高度；

E——不带司机室的高度；

D——两轮间的距离；

F——转子与前轮轴线间的距离；

W_C——拌和腔的总宽度。

图 16　稳定土拌和机的尺寸

ICS 01.040.91;91.220
P 97

中华人民共和国国家标准

GB/T 7920.11—2006/ISO 15642:2003
代替 GB/T 7920.11—1987

道路施工与养护设备 沥青混合料搅拌设备 术语和商业规格

Road construction and maintenance equipment—Asphalt mixing plants—Terminology and commercial specifications

(ISO 15642:2003,IDT)

2006-12-28 发布　　2007-07-01 实施

中华人民共和国国家质量监督检验检疫总局
中国国家标准化管理委员会　发布

前言

本部分等同采用国际标准 ISO 15642:2003《道路施工与养护设备　沥青混合料搅拌设备　术语和商业规格》(英文版)。

本部分等同翻译 ISO 15642:2003。为便于使用,本部分作了下列编辑性修改:

——将"本国际标准"一词改为"本部分";

——删除 ISO 15642:2003 的前言和引言;

——增加本部分的前言;

——ISO 15642:2003 中第 2 章的规范性引用文件 EN 536 在正文中没有被提及,为了与其保持一致,在转化为国家标准时保留了该章;

——为了便于了解 3.19 中"路面回收沥青料"的英文词汇,则将原文中简称"RAP"用全称列出;

——容量的单位用升"L"代替立方分米"dm^3";

——原文中的图 A.6、图 A.15、图 A.16,没有在标准的条款中提及,在本次等同转化时将其放入适当的条款中;

——增加中文、英文索引。

本部分是对 GB/T 7920.11—1987《沥青混凝土搅拌设备　术语》的修订。与 GB/T 7920.11—1987 相比,主要变化如下:

——本部分名称改为《道路施工与养护设备　沥青混合料搅拌设备　术语和商业规格》;

——增加了范围、商业规格等内容;

——增加了沥青混合料搅拌设备的总体描述和生产率的条件定义;

——增加了沥青混合料搅拌设备组成的图样描述。

本部分附录 A 为资料性附录。

本部分由中国机械工业联合会提出。

本部分由北京建筑机械化研究院归口。

本部分起草单位:长沙建设机械研究院、长沙中联重工科技发展股份有限公司。

本部分主要起草人:尹友中、李祥兰。

本标准所代替标准的历次版本发布情况:

——GB/T 7920.11—1987。

道路施工与养护设备　沥青混合料搅拌设备 术语和商业规格

1　范围

本部分规定了在高速公路、道路、机场跑道，以及道路系统和网络的施工与养护中使用的沥青混合料搅拌设备(以下简称沥青搅拌设备)的术语、规格要求，并列出了用于确定这些设备理论性能和起草技术文件的参数。

本部分未规定专业标准所涉及的安全条件。设备生产制造的质量控制由这些产品特定的标准确定。

本部分适用于无论其本身是否具有移动功能，但工作时处于固定状态的搅拌设备。本部分不适用于稳定土拌和或翻新的移动设备。

本部分适用于沥青和物料进行搅拌和/或裹敷的设备：

——连续式沥青搅拌设备(见图 A.1)；

——间歇式沥青搅拌设备(见图 A.2)。

2　规范性引用文件

下列文件中的条款通过 GB/T 7920 的本部分的引用而成为本部分的条款。凡是标注日期的引用文件，其随后所有的修改单(不包括勘误的内容)或修订版均不适用于本部分，然而，鼓励根据本部分达成协议的各方研究是否可使用这些文件的最新版本。凡是不标注日期的引用文件，其最新版本适用于本部分。

EN 536　道路施工机械　沥青搅拌设备　安全要求

3　术语和定义

下列术语和定义适用于本部分。

3.1

沥青混合料　asphalt mix

已定规格的骨料、粉料和可能的添加剂，被沥青全部地均匀裹敷，制成匀质性良好的路面铺筑产品(混合料)。

3.2

沥青混合料搅拌设备　asphalt mixing plant

生产沥青混合料的成套设备。

3.3

批次　batch

由骨料、粉料、沥青和可能的添加剂组成的一个批次容积料，由间歇式搅拌机处理的过程。

3.4

间歇式沥青混合料搅拌设备　batch plant

物料的配给和搅拌按连续批次进行，且搅拌机的进出料流为间断性的沥青混合料搅拌设备。

见图 A.5 和图 A.6。

3.5

连续式沥青混合料搅拌设备　continuous plant

物料的配给和搅拌由连续设备和操作系统完成，且搅拌机的进出料流为连续性的沥青混合料搅拌设备。见图 A.3。

3.6

生产率 output of a plant

稳定工作 1 h 所生产的混合料的质量,用吨表示。

注:惯用的生产率描述可参见第 5 章推荐的一些参数。

3.7

批次循环周期 batch cycle

连续批次所对应的操作之间的最短时间,用秒表示。

3.8

回收细料 reclaimed fines

骨料在干燥滚筒内烘干时被烟气带走,并由除尘器回收到的细小颗粒料。见图 A.14。

3.9

外加粉料 imported filler

除细砂和回收细料之外,作为沥青混合料一种成分的细小颗粒料。

3.10

残余水 residual water

烘干后的骨料中所残留的水分。

注:残余水含率用所占干骨料质量的百分比表示。

3.11

储料仓 container

保存物料的仓、斗或罐类容器。

3.12

连续式容积计量装置 continuous-volume dosing unit

通过改变仓门的开口高度和/或皮带速度来确定物料流量的配料设备。

注:可采用一种特殊装置来监视皮带上物料流动的情况。

3.13

连续式质量计量装置 continuous-mass dosing unit

通过皮带速度乘以每米皮带长度上的物料质量或者螺旋给料器的测量系统,来检测物料质量流量的配料设备。见图 A.7b)和图 A.7c)。

3.14

间歇式质量计量装置 batch-mass dosing unit

通过称量仪器检测供给物料质量的周期性配料设备。见图 A.7a)。

3.15

飞料量 last running

由给料器传送过来但尚未被计量的物料质量。

3.16

筛分装置 screening device

把物料按通过筛孔尺寸大小进行分级和分离的设备。见图 A.9。

3.17

烟气流 circulation of gases

物料在干燥滚筒内加热、脱水所产生的热气体的流动。

注:干燥滚筒内气体和物料流动的方向被描述成:

——顺流:两者按相同的方向运行,见图 A.11;

——逆流:两者按相反的方向运行,见图 A.12。

3.18

干燥滚筒　drum dryer

用于烘干和加热骨料的设备。见图 A.8。

3.19

路面回收沥青料的干燥滚筒　RAP(reclaimed asphalt pavements)drum dryer

用于烘干和加热路面回收沥青料(RAP)的设备。

3.20

干燥-搅拌滚筒　drum dryer-mixer

烘干和搅拌组合成一体的滚筒式设备,用于烘干和加热骨料,可能还包含添加剂和粉料,随后与沥青一同搅拌制成沥青混合料。见图 A.12 和图 A.13。

3.21

具有再生能力的干燥-搅拌滚筒　drum dryer-mixer with recycling capability

能将 RAP 再生,重新搅拌成沥青混合料的干燥-搅拌滚筒。

3.22

搅拌主机　mixer;pug mill

物料在一套叶片的翻滚和推移下,和添加剂或沥青均匀裹敷的设备。见图 A.4 和图 A.10。

3.23

干拌时间[1)]　dry mixing time

从干料进入到沥青喷入之前的时间间隔。

3.24

湿拌时间　wet mixing time

从沥青喷入到混合料开始离开搅拌区域之间的时间间隔。

3.25

总搅拌时间[1)]　total mixing time

干拌和湿拌时间的总和。

3.26

滞留时间　dwell time

混合料在搅拌机中所停留的时间。

3.27

防离析料斗　anti-segregation hopper

物料的运动改变时,为减少可能产生物料离析的动态影响而设的储存物料的容器。

注:料斗通常设置在搅拌主机、干燥-搅拌滚筒和输送机的出料口。

3.28

称量精度　batching accuracy

物料称量的实际值和设定值的相对偏差,用百分比表示。

注:称量精度用公式(1)表示:

$$\frac{m_a - m}{m} \times 100\% \quad \cdots\cdots\cdots\cdots (1)$$

式中:

m——称量的设定值;

1) 指间歇式沥青混合料搅拌设备。

m_a——称量时的实际值。

4 裹敷和/或搅拌设备说明

4.1 设备功能

设备应能保证下列功能：

——冷骨料的储存和配给；

——冷骨料的计量；

——骨料在设定温度下的烘干加热；

——清除从干燥滚筒排出的气体中所含的粉尘；

——处理骨料烘干和加热时产生的气体以回收细料，其次，减少空气污染，见图 A.14；

——回收细料的再利用(如果需要的话)；

——热沥青的储存和计量；

——热骨料的计量；

——混合料的搅拌，以获得匀质并且均匀裹敷的产品；

——成品料的输送、储存，见图 A.17；

——存放燃料，用于加热沥青罐和其他设备。

这些功能由连续式或间歇式沥青搅拌设备加以保证。

4.2 沥青混合料搅拌设备的构成

沥青搅拌设备可由下列部件组成(见图 A.1～图 A.3)：

——冷骨料仓；

——冷骨料配料装置，安装在料仓出口下面；

——皮带输送机，将骨料传送到干燥滚筒；

——冷骨料振动筛[2]；

——冷骨料称量装置[2]；

——干燥滚筒或干燥-搅拌滚筒；

——除尘器；

——把回收细料重新加入到从干燥滚筒排出的骨料中去的装置(如果需要的话)；

——带给料[2]或称量装置[2]的粉料仓；

——热骨料提升机，将骨料传送到振动筛[1]或热料仓；

——沥青罐，见图 A.15；

——燃料箱，为沥青加热装置和干燥滚筒的燃烧器提供燃料；

——热骨料振动筛；

——热骨料仓[1]；

——骨料称量装置[1]；

——沥青称量装置[1]；

——粉料称量装置[1]；

——间歇式搅拌机[1]；

——成品料输送斗车或刮板输送机，见图 A.16；

——成品料仓；

——防离析料斗[2]；

——沥青连续称量装置[2]；

---

2) 指连续式沥青混合料搅拌设备。

——连续式搅拌机[2]；

——进料计量斗；

——控制室。

4.3 附加设备

用热沥青处理物料的裹敷和/或搅拌装置，可以配备有路面回收沥青料(RAP)的设备(见图A.12)，它们应确保：

——RAP的输送与称量；

——RAP的烘干与加热。

这些设备可能：

——安装在沥青搅拌设备的附近，这样，烘干与加热的RAP在一个特定点被注入到产品的循环过程中进行搅拌；

——作为连续式沥青搅拌设备的补充，通过加入回收料的特殊设备，冷的RAP按质量比例，送到干燥-搅拌滚筒的一个特定区域(见图A.11)；

——带有热空气循环的RAP干燥滚筒，安装在骨料干燥滚筒的附近。

这种RAP和新的热骨料离开各自的干燥滚筒后合成在一起，在一个连续式或间歇式搅拌主机中进行处理。在此之前，每一种骨料均按体积或质量连续配给。

4.4 浇注式沥青混合料搅拌设备

与间歇式沥青搅拌设备的设计相同，但其特点是材料在较高温度(可高达250℃)下处理。

4.5 设备的控制

4.5.1 设备的控制形式

可能有以下的几种控制操作形式：

——全自动；

——半自动；

——手动。

4.5.2 全自动操作

全自动控制应保证以下要求：

a) 接收生产指令程序。

b) 储存：

——每种组成材料的用量和规格；

——需要的产量。

c) 设备生产的全控制过程不需要操作人员的干预，放空搅拌主机时则除外。

生产应由操作人员监控，特别需要一个或多个显示屏进行可能的显示，尤其：

——组成物料的配比量。

——系统状态(比如，以流程图的形式)。

——物料准备和搅拌操作过程，并可能：

——打印机在自动状态下打印出不同的参数；

——如储存在料仓或卡车上物料的质量等信息。

——以及设备操作所需要的其他任何信息。

4.5.3 半自动操作

操作人员完成如下操作：

——输入配方；

——循环启动；

——搅拌机的打开与关闭。

其余的操作是自动的。

4.5.4 手动操作

所有的基本的操作均由操作人员完成，一旦自动控制系统失效，手动控制应确保设备的正常运行，它也可以用于设备的调试。

4.6 自动功能控制

这指的是提供两个或多个操作参数相互关联的系统，它包括下列内容：

——只有对应的物料进入这种比例调节器的给料设备时，配料才能进行；

——只有当所有的组成材料配料后，且每次的配给值在设定的精度范围内，搅拌才能进行；

——只有当接收设备正在运转或已作好了接收准备的情况下，物料才能从一台机器运送到另一台机器。

这些自动控制对整个控制系统的指令具有优先接收权，一旦指令被给定，只有设备的操作人员能够强制地超越这些自动控制的指令。

4.7 控制室

控制室明确地包括下列内容：

——操作参数指示器；

——显示器；

——自动控制的接口；

——尽可能给一个流程图；

——安全地切换到手动操作的控制装置；

——沥青混合料装入自卸卡车上的可视监视方式。

5 沥青混合料搅拌设备的生产率

通常计算沥青搅拌设备生产率的参数如下：

a) 骨料规格，0～32 mm。

b) 设备处理的骨料级配中，包含的最大值为：

——回收粉料＋外加粉料，占未经裹敷处理的骨料总质量的10％；

——0～2 mm粒径的细料，占未经裹敷处理的骨料总质量的35％；

——粒径0.09 mm以下的粉料，不超过细骨料总质量的10％。

c) 未处理的冷骨料松堆积密度(除去90 μm的粉料)，≤1 600 kg/m^3。

d) 经沥青处理过的物料松堆积密度，≤1 800 kg/m^3。

注：由于物料在搅拌或裹敷过程后会膨胀，所以经沥青处理过的物料松堆积密度会减少。

e) 冷骨料温度，10℃～20℃。

f) 经设备处理后的骨料温升，140℃～180℃。

g) 热骨料的残余含水率，≤0.5％。

h) 设备中所用沥青的温度，160℃～180℃。

i) 热沥青含量，不超过混合料质量的7.5％。

j) 燃料的热值，一般42.7 MJ/kg(指柴油)。

k) 空气湿度，≤90％。

l) 环境温度，15℃～25℃。

m) 海拔高度，≤400 m。

n) 筛的通过量：

——2 mm筛孔尺寸的骨料通过部分，30％～50％；

——超规格骨料，≤10％。

6 商业规格

6.1 沥青混合料搅拌设备组成部件的技术性能

6.1.1 冷料仓

应说明：

a) 料仓和/或料斗的数量。

b) 每个料仓和/或料斗内(材料堆积)的最大容积，m^3。

c) 每台给料皮带机的输送能力：

——最小，t/h；

——最大，t/h。

d) 质量，kg。

6.1.2 干燥滚筒、干燥-搅拌滚筒、RAP干燥滚筒和具有再生能力的干燥-搅拌滚筒

应说明：

a) 骨料干燥滚筒的类型：

——逆流式干燥滚筒；

——逆流式或顺流式干燥-搅拌滚筒；

——顺流式RAP干燥滚筒；

——逆流式RAP干燥滚筒；

——具有再生能力的逆流式双筒式干燥-搅拌滚筒。

b) 最大生产能力，t/h。

c) 最小生产能力，t/h。

d) 滚筒与水平面的倾角，(°)。

e) 通过滚筒的最大烟气流量，Nm^3/h[3)]。

f) 在下面条件下，骨料[4)]烘干的最小流量：

——骨料含水率3%，t/h；

——骨料含水率5%，t/h。

g) 质量，kg。

h) 滚筒外径，m。

i) 滚筒总长度，m。

j) 燃烧器：

——燃料种类；

——燃料的低位发热值，MJ/kg；

——热功率，MW。

6.1.3 除尘器

应说明：

烟气的最高工作温度，℃。

6.1.3.1 湿式除尘器

应说明：

——沉淀池的容积，m^3；

——离开沉淀池的冲洗水中，(淤)泥渣的最大浓度，g/L；

---

3) Nm^3 或标准立方米：是指在温度0℃、压力 1.013×10^5 Pa的标准条件下，气体的体积。

4) 包含除尘器所收集的粉尘。

——质量，kg。

6.1.3.2 **袋式除尘器**

应说明：

——温度为125℃时的烟气流量，m^3/h；

——总的过滤面积，m^2；

——有效过滤面积，m^2；

——通过滤袋的最大速度，m/min；

——滤袋克重，g/m^2；

——滤袋清洁系统；

——质量，kg。

6.1.3.3 **机械式除尘器**

应说明：

——机械式除尘器的类型：

——一级沉降除尘；

——二级旋风除尘和多管旋风除尘。

——第一级除尘效率，%。

——第二级除尘效率，%。

——质量，kg。

6.1.3.4 **烟囱**

应说明：

——高度，m；

——直径，m。

6.1.4 **沥青混合料搅拌设备**

6.1.4.1 **热骨料提升机**

应说明：

——最大提升能力，t/h；

——质量，kg。

6.1.4.2 **热骨料筛分机**

应说明：

——筛网的数量；

——每种筛网的层数；

——每层筛的网孔尺寸，mm；

——每层筛的筛分面积，m^2；

——细骨料的最大筛分能力[5)]，t/h；

——最大筛分能力[5)]，t/h；

——质量，kg。

6.1.4.3 **热骨料仓**

应说明：

——隔仓的数量；

——每隔仓的最大容量，t；

——热骨料仓的保温方式；

---

5) 指预定的混合料。

——质量，kg。

注：每隔仓的有效容量是指进入料仓的骨料，在静止安息角条件下，骨料到达溢料口高度时的容量。

6.1.4.4 **粉料仓**

应说明：

——料仓数量。

——每个粉料仓的最大容量，t。

——每个粉料仓给料器的输出能力：

——最小，t/h 或 m^3/h；

——最大，t/h 或 m^3/h。

——质量，kg。

6.1.4.5 **粉料提升机**

应说明：

提升能力，t/h。

6.1.4.6 **沥青罐**

应说明：

——沥青罐数量。

——每罐的工作容积，m^3。

——最大内部工作压力，MPa。

——每个沥青罐分配器的输出能力：

——最小，t/h 或 m^3h；

——最大，t/h 或 m^3/h。

——热沥青罐及输送装置的保温方式。

——质量，kg。

6.1.4.7 **计量装置**

每种物料（骨料、粉料、沥青和添加剂）的说明：

a) 批次计量系统：

——计量容器的数量及用途。

——每个计量容器的最大载荷，kg。

——每个计量仪器的最大量程，kg。

——计量精度：

——骨料，%；

——粉料，%；

——沥青，%；

——添加剂，%。

——质量，kg。

b) 连续计量系统（按质量或体积）：

——计量能力，t/h 或 m^3/h；

——质量，kg。

6.1.4.8 **搅拌主机**

应说明：

——搅拌主机工作能力[6)]，L 或 kg；

6）定义为一批次所组成材料的容积或重量。

——间歇搅拌(不连续出料)的每小时产量,t/h;

——连续搅拌的每小时产量,t/h;

——质量,kg。

6.1.4.9 成品料输送和储存

应说明:

a) 输送设备:

——斗车容量,m^3 或 t;

——进料计量斗容量,m^3 或 t;

——刮板输送机能力,t/h;

——废料仓容量,m^3 或 t;

——质量,kg。

b) 成品料储存:

——料仓数量;

——每仓的有效容量,t;

——每仓的卸料高度,m;

——料仓的保温方式;

——质量,kg。

注:有效容量是指物料堆积的安息角为 27°、物料松堆积密度为 1 800 kg/m^3 时。

6.1.4.10 加热系统

无论是油加热还是电加热系统,应说明:

——燃料种类;

——最大热功率,kW;

——燃料罐容积,m^3;

——质量,kg。

6.1.4.11 控制室

应说明外形尺寸:

——长度,m;

——宽度,m;

——高度,m;

——质量,kg。

6.1.4.12 电加热沥青罐

应说明:

——每罐的加热功率,kW;

——管道加热线功率,kW/m。

6.1.4.13 冷 RAP 系统

应说明:

a) 冷 RAP 料仓:

——数量;

——容积,m^3。

b) 称量系统:

——称量皮带;

——称量料斗。

c) 皮带输送能力,t/h。

d) 配料秤能力,t。

e) 最大含水率,%。

f) 水蒸气收集管道:

——直径,mm;

——保温方式(材料、厚度)。

6.1.4.14 **热 RAP 系统**

应说明:

a) 冷 RAP 料仓:

——数量;

——容积,m^3。

b) 称量系统:

——称量料斗;

——差分计量。

c) RAP 干燥滚筒:

——类型;

——直径,m;

——长度,m;

——RAP 的许用温度,℃。

d) 热 RAP 料仓:

——容积,m^3;

——加热方式;

——保温方式(材料、厚度)。

6.1.5 **皮带输送机**

应说明:

——数量;

——长度,m;

——宽度,m;

——速度,m/s;

——输送能力,t/h。

6.2 **制造商所规定的沥青混合料搅拌设备通用特性**

应说明:

a) 工作方式:

——连续式;

——间歇式。

b) 骨料的最大规格,mm。

c) 骨料含水率 5%、成品料温 180℃时,设备的生产能力,t/h。

d) 功率:

——装机功率,kW。

——同时使用的功率比例,%。

——控制系统:

——硬件;

——软件;

——数据传输。

e） 每吨成品料的燃料消耗，L。

f） 控制系统：

——自动控制；

——手动控制。

g） 控制装置配件。

h） 整机外形尺寸：

——长度，m；

——宽度，m；

——高度，m。

i） 整机质量，kg。

附 录 A
（资料性附录）
沥青混合料搅拌设备和分总成图例

1——冷骨料仓、初始配料和集料皮带　cold feed bins, pre-batching and collecting belts;
2.1——带送料皮带机的干燥滚筒　drum dryer with charging conveyor; } 烘干加热系统
2.2——产生高温燃气的燃烧器　burners for generation of hot gases;
3.1——初级除尘器　primary dust collector; } 排风除尘系统
3.2——过滤式除尘器　dust filtering;
3.3——引风机　exhaust fan;
3.4——烟囱　stack;
4——连续式搅拌主机　continuous mixer;
5.1——成品料输送机　charging conveyor; } 成品料储存装置
5.2——成品料仓　mixed material storage bins;
6.1——回收粉仓　own filler silo; } 粉料供给装置
6.2——外加粉仓　imported filler silo;
6.3——粉料提升机　filler elevator;
6.4——粉料称量装置　belt-weighing unit;
7.1——热沥青罐　heated binder tank; } 沥青储存装置
7.2——沥青泵　binder pump;
7.3——流量计　fluid meter;
8.1——特殊成分储料仓　special components silo; } 特殊成分添加系统
8.2——特殊成分称量装置　special components weighing unit;
9——操作室、电气设备及控制　operation center, electrical equipment and control;
10——鼓风机　air blower;
11——燃料箱　fuel tank。

图 A.1　连续式沥青混合料搅拌设备

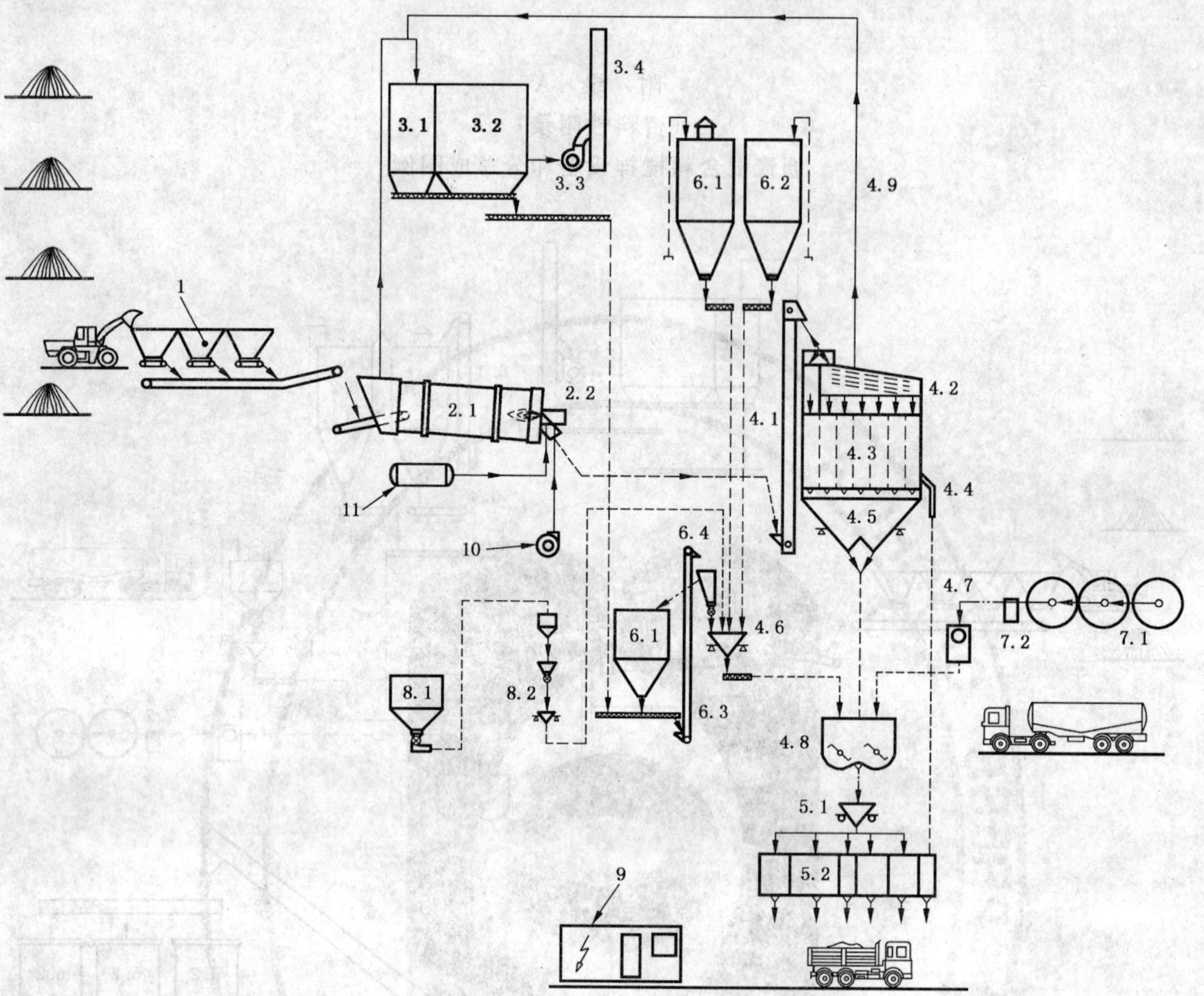

1——冷骨料仓、初始配料和集料皮带　cold feed bins, pre-batching and collecting belts;
2.1——带送料皮带机的干燥滚筒　drum dryer with charging conveyor;
2.2——产生高温燃气的燃烧器　burners for generation of hot gases;　} 烘干加热系统
3.1——初级除尘器　primary dust collector;
3.2——过滤式除尘器　dust filtering;
3.2——引风机　exhaust fan;
3.4——烟囱　stack;　} 排风除尘系统
4.1——热骨料提升机　hot aggregate elevator;
4.2——热骨料筛分机　screen;
4.3——热骨料仓　hot aggregate silo/bin;
4.4——超规格废料仓　oversize rejects;
4.5——骨料称量装置　aggregate-weighing unit;
4.6——粉料称量装置　filler-weighing unit;
4.7——沥青称量装置　binder-weighing unit;
4.8——间歇式搅拌主机　batch mixer;
4.9——搅拌楼抽风系统　mixing tower dust extraction system;　} 搅拌楼
5.1——成品料输送机　charging conveyor;
5.2——成品料仓　mixed material storage bins;　} 成品料储存装置
6.1——回收粉仓　own filler silo;
6.2——外加粉仓　imported filler silo;
6.3——粉料提升机　filler elevator;
6.4——粉料称量装置　belt-weighing unit;　} 粉料供给装置
7.1——热沥青罐　heated binder tank;
7.2——沥青泵　binder pump;　} 沥青储存装置
8.1——特殊成分储料仓　special components silo;
8.2——特殊成分称量装置　special components weighing unit;　} 特殊成分添加系统
9——操作室、电气设备及控制　operation center, electrical equipment and control;
10——鼓风机　air blower;
11——燃料箱　fuel tank。

图 A.2　间歇式沥青混合料搅拌设备

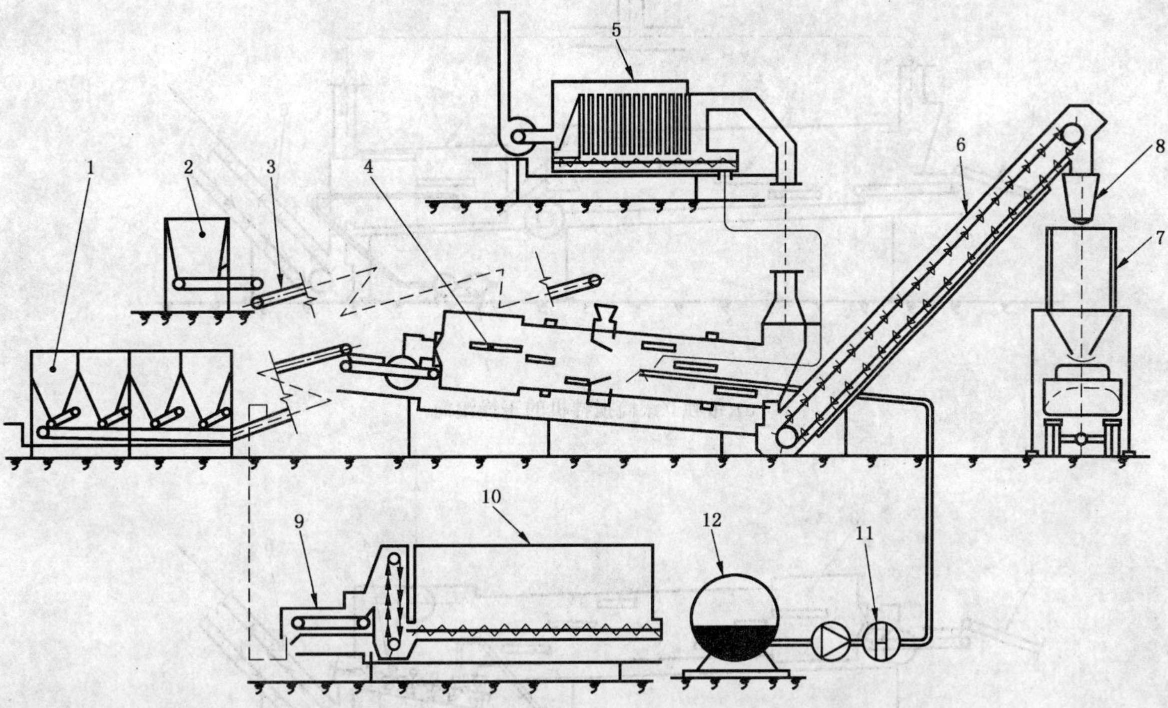

1——冷骨料仓、初始配料和集料皮带　cold feed bins, pre-batching and collecting belts;
2——回收料仓　recycling bin;
3——皮带输送机　belt conveyor;
4——干燥-搅拌滚筒(顺流)drum dryer-mixer(parallel flow);
5——除尘器　dust collector;
6——刮板输送机　drag slat conveyer;
7——成品料仓　mixed material storage bin;
8——防离析料斗　receiving hopper;
9——外加粉称量装置　imported filler dosing unit;
10——外加粉仓　imported filler silo;
11——沥青称量装置　binder dosing unit;
12——沥青罐　binder tank。

图 A.3　带干燥-搅拌滚筒的连续式沥青混合料搅拌设备

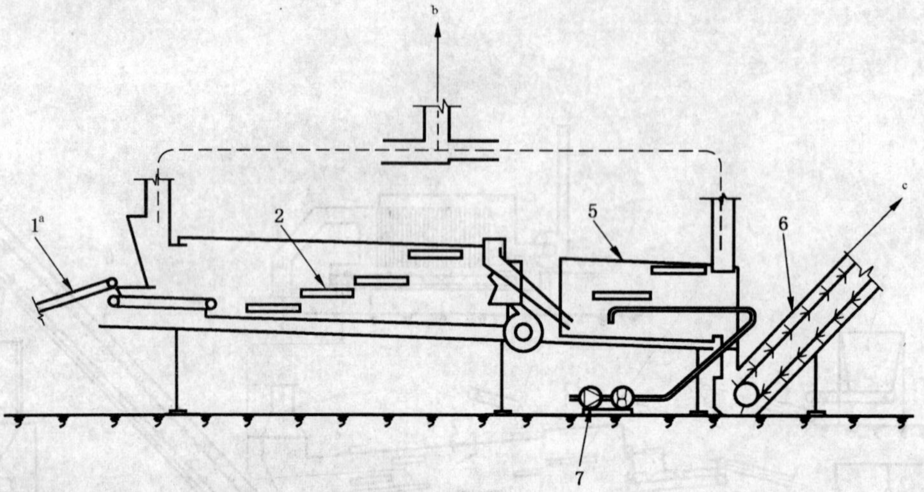

a) 带独立滚筒搅拌机的干燥滚筒

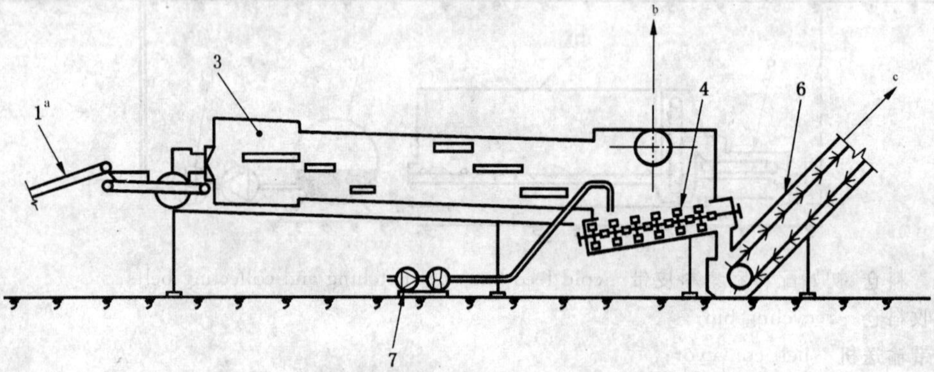

b) 带槽式搅拌机的干燥滚筒

1——皮带输送机　belt conveyors；

2——逆流式干燥滚筒　dryer counter flow；

3——顺流式干燥滚筒　dryer parallel flow；

4——槽式搅拌机　trough mixer；

5——滚筒式搅拌机，或者由一个干燥滚筒加双轴搅拌机替代　coating drum mixer or could be replaced by a dryer and a twin shaft mixer；

6——刮板输送机　drag slat conveyor；

7——沥青称量装置　binder dosing unit。

a　从冷骨料仓来的骨料。

b　通往除尘器的灰尘。

c　成品料送至储料仓。

图 A.4　连续式沥青混合料搅拌设备的不同形式

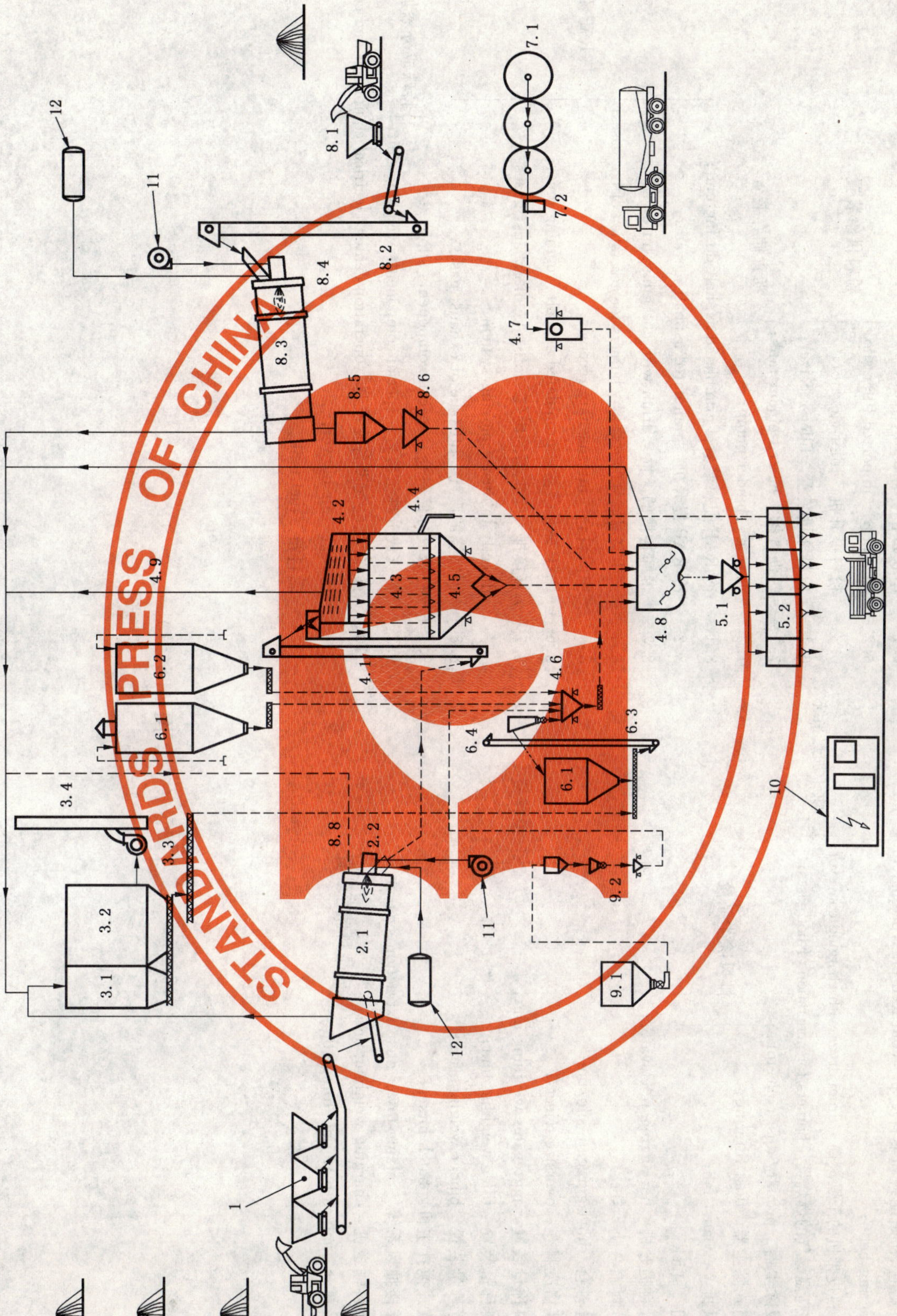

图 A.5 热 RAP 的间歇式沥青混合料搅拌设备

1——冷骨料仓、初始配料和集料皮带　cold feed bins, pre-batching and collecting belts;

烘干加热系统：
2.1——带送料皮带机的干燥滚筒　drum dryer with charging conveyor;
2.2——产生高温燃气的燃烧器　burners for generation of hot gases;

排风除尘系统：
3.1——初级除尘器　primary dust collector;
3.2——过滤式除尘器　dust filtering;
3.3——引风机　exhaust fan;
3.4——烟囱　stack;

搅拌楼：
4.1——热骨料提升机　hot aggregate elevator;
4.2——热骨料筛分机　screen;
4.3——热骨料仓　hot aggregate silo/bin;
4.4——超规格废料仓　oversize rejects;
4.5——骨料称量装置　aggregates-weighing unit;
4.6——粉料称量装置　filler-weighing unit;
4.7——沥青称量装置　binder-weighing unit;
4.8——间歇式搅拌主机　batch mixer;
4.9——搅拌楼抽风系统　mixing tower dust extraction system;

成品料储存装置：
5.1——成品料输送机　charging weighing unit;
5.2——成品料仓　mixed material storage bins;

粉料供给装置：
6.1——回收粉仓　own filler silo;
6.2——外加粉仓　imported filler silo;
6.3——粉料提升机　filler elevator;
6.4——粉料称量装置　filler receiver;

沥青储存装置：
7.1——热沥青罐　heated binder tank;
7.2——沥青泵　binder pump;

热 RAP 添加系统：
8.1——冷 RAP 配料装置　granulated asphalt dosing unit;
8.2——冷 RAP 提升机　granulated asphalt elevator;
8.3——带卸料槽的滚筒　drum with charging chute;
8.4——产生高温燃气的燃烧器　burners for generation of hot gases;
8.5——中间料仓　intermediate receiver;
8.6——RAP 称量装置　granulated asphalt weighing unit;
8.7——直接排入除尘器的废气　off-take of exhaust gases directly to dust-removing system;
8.8——再燃烧的废气　off-take of exhaust gases;

特殊成分添加系统：
9.1——特殊成分储料仓　special components silo;
9.2——特殊成分称量装置　special components weighing unit;

10——操作室、电气设备及控制　operation center, electrical equipment and control;
11——鼓风机　air blower;
12——燃料箱　fuel tank。

图 A.5(续)

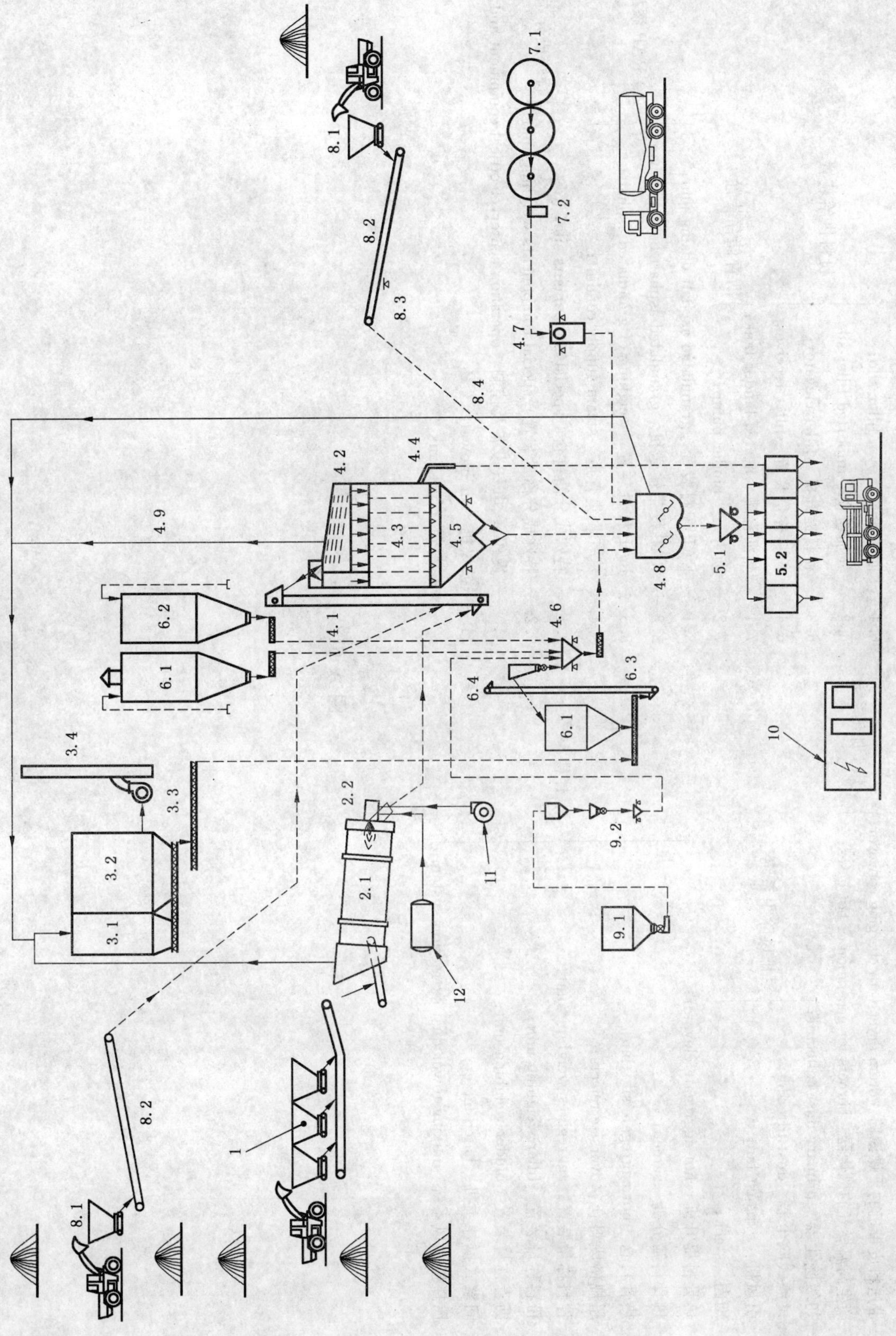

图 A.6 冷 RAP 的间歇式沥青混合料搅拌设备

1——冷骨料仓、初始配料和集料皮带　cold feed bins,pre-batching and collecting belts;

2.1——带送料皮带机的干燥滚筒　drum dryer with charging conveyor;
2.2——产生高温燃气的燃烧器　burners for generation of hot gases;
} 烘干加热系统

3.1——初级除尘器　primary dust collector;
3.2——过滤式除尘器　dust filtering;
3.3——引风机　exhaust fan;
3.4——烟囱　stack;
} 排风除尘系统

4.1——热骨料提升机　hot aggregate elevator;
4.2——热骨料筛分机　screen;
4.3——热骨料仓　hot aggregate silo/bin;
4.4——超规格废料仓　oversize rejects;
4.5——骨料称量装置　aggregates-weighing unit;
4.6——粉料称量装置　filler-weighing unit;
4.7——沥青称量装置　binder-weighing unit;
4.8——间歇式搅拌主机　batch mixer;
4.9——搅拌楼抽风系统　mixing tower dust extraction system;
} 搅拌楼

5.1——成品料输送机　charging weighing unit;
5.2——成品料仓　mixed material storage bins;
} 成品料储存装置

6.1——回收粉仓　own filler silo;
6.2——外加粉仓　imported filler silo;
6.3——粉料提升机　filler elevator;
6.4——粉料称量装置　filler receiver;
} 粉料供给装置

7.1——热沥青罐　heated binder tank;
7.2——沥青泵　binder pump;
} 沥青储存装置

8.1——RAP 配料装置　granulated asphalt dosing unit;
8.2——RAP 皮带输送机　granulated asphalt belt conveyor;
8.3——RAP 称量装置　weighing of granulated asphalt;
8.4——蒸气收集管道　steam supply conduit;
} 冷 RAP 添加系统

9.1——特殊成分储料仓　special components silo;
9.2——特殊成分称量装置　special components weighing unit;
} 特殊成分添加系统

10——操作室、电气设备及控制　operation center,electrical equipment and control;

11——鼓风机　air blower;

12——燃料箱　fuel tank。

图 A.6(续)

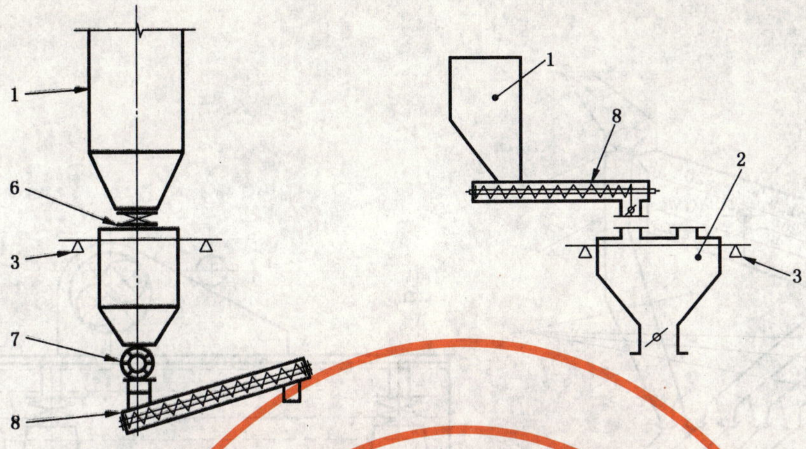

a) 供间歇式搅拌设备配套

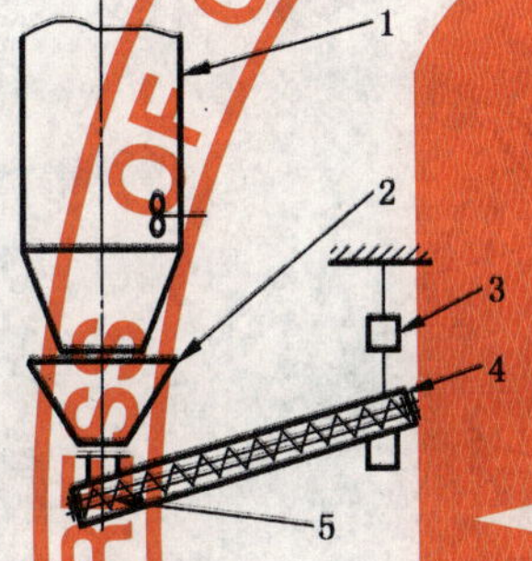

b) 供连续式搅拌设备的螺旋给料器

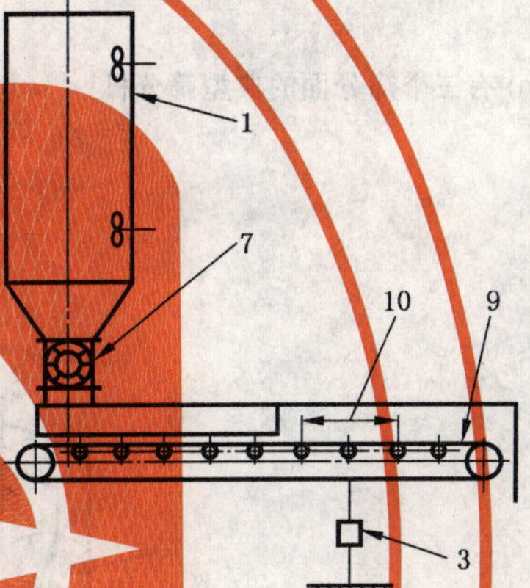

c) 供连续式搅拌设备的称量皮带机

1——立式储仓　vertical silo;
2——粉料称量装置　filler-weighing unit;
3——负荷传感器　load sensor;
4——螺旋称量给料器　screw weighing feeder;
5——螺旋给料器铰接点　screw feeder hinge;
6——快速关闭阀　fast closing valve;
7——旋转叶片给料器　rotary vane feeder;
8——螺旋给料器　screw feeder;
9——粉料称量装置　belt-weighing unit;
10——称量区域　weighing zone。

图 A.7　粉料计量装置的不同形式

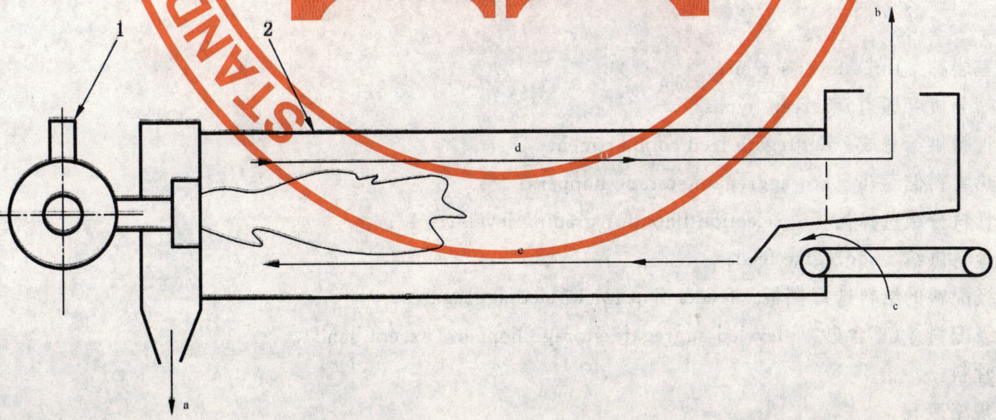

1——燃烧器　burner;
2——干燥滚筒　drum dryer。
a　热骨料出口。
b　通往除尘器的烟气出口。
c　冷气流向。
d　热燃气流向。
e　骨料运动方向。

图 A.8　逆流式干燥滚筒

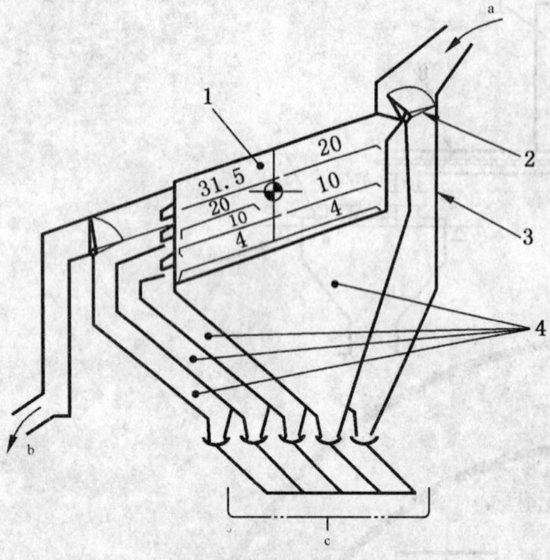

a) 有三个筛分面的典型筛分机

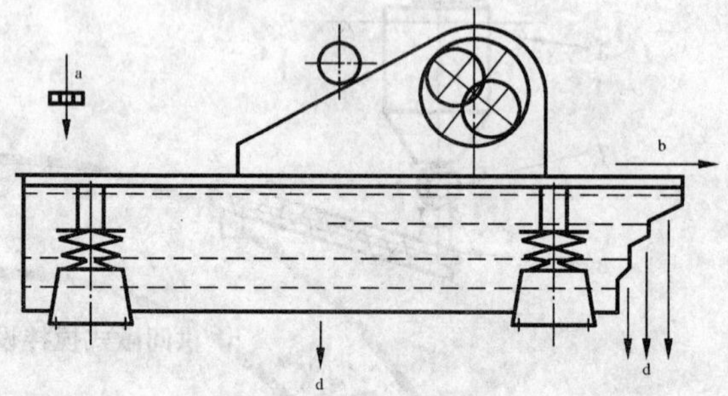

b) 水平筛分面的振动筛

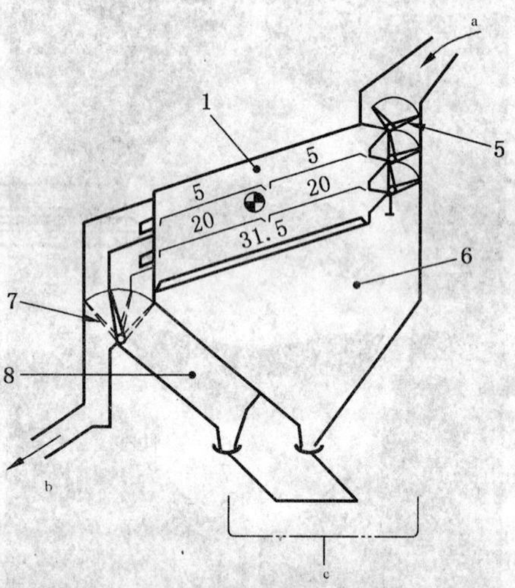

c) 可选择筛分工作面的筛分机

1——三层筛　three-level screen；

2——筛分机旁通道　screen bypass；

3——骨料供给总成　aggregate feed compartment；

4——热骨料储存斗　hot aggregate storage hoppers；

5——骨料分级选择挡板　selection flaps for grading levels；

6——骨料供给　aggregate feed；

7——级配料的给料选择挡板　feeder flap for leveled aggregates；

8——级配料斗(不含砂)　leveled aggregate storage hoppers(except sand)。

a 热骨料。

b 超规格废料。

c 到骨料称量装置。

d 到热骨料仓。

图 A.9　带料仓的振动筛

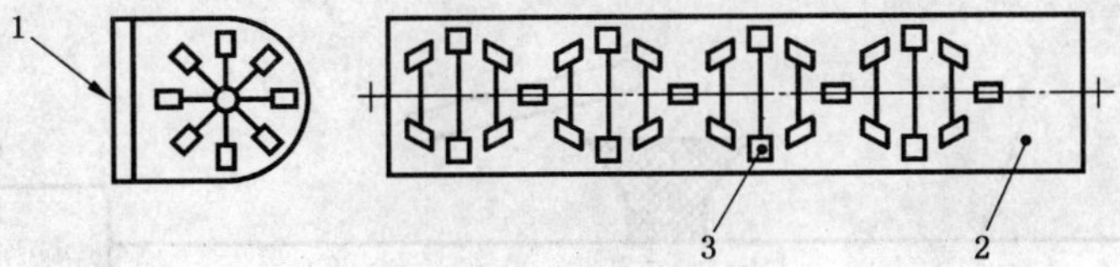

a) 连续式单轴槽式搅拌机

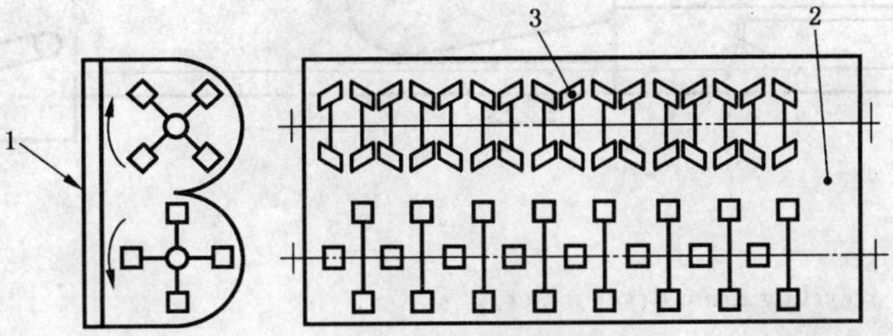

b) 连续式双轴槽式搅拌机

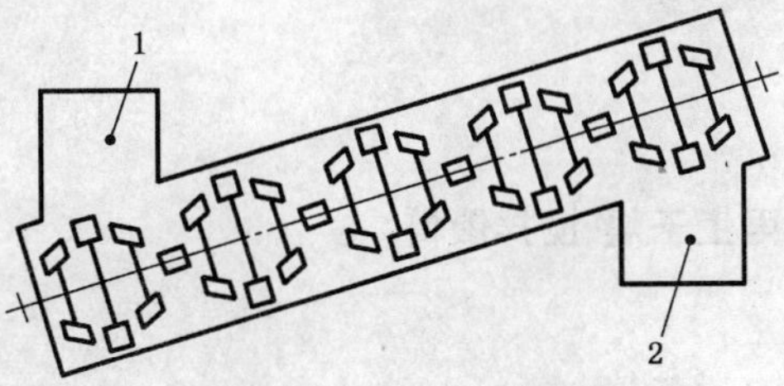

c) 连续式单轴倾斜搅拌机

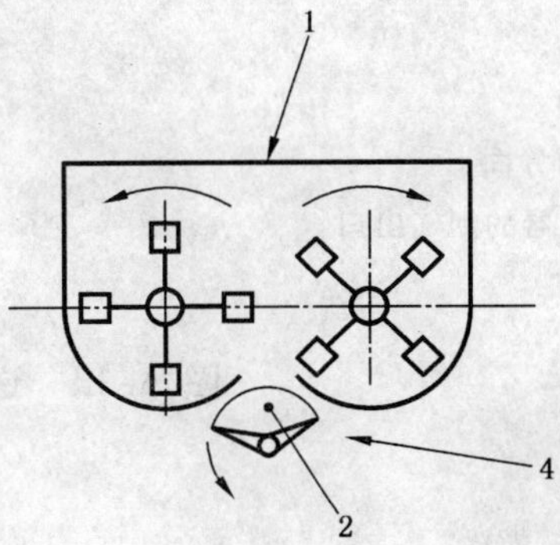

d) 间歇式双卧轴式搅拌机

1——物料供给　materials supply；
2——物料排出　materials discharge；
3——可调角度的叶浆　paddles with adjustable angular position；
4——卸料门　discharging plug。

图 A.10　不同形式的搅拌主机

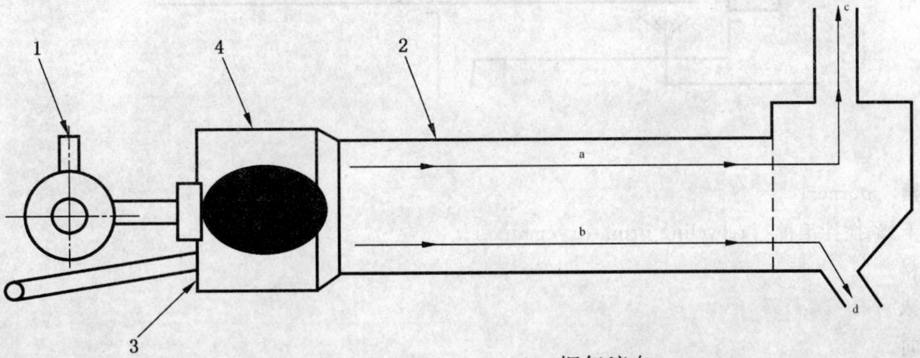

1——燃烧器　burner；
2——再生干燥滚筒　recycling drum dryer；
3——RAP 供给　RAP material feed；
4——燃烧区域　combustion zone。

a　烟气流向。
b　RAP 运动方向。
c　通往除尘器或干燥筒的烟气出口。
d　热 RAP 出口。

图 A.11　顺流式再生干燥滚筒

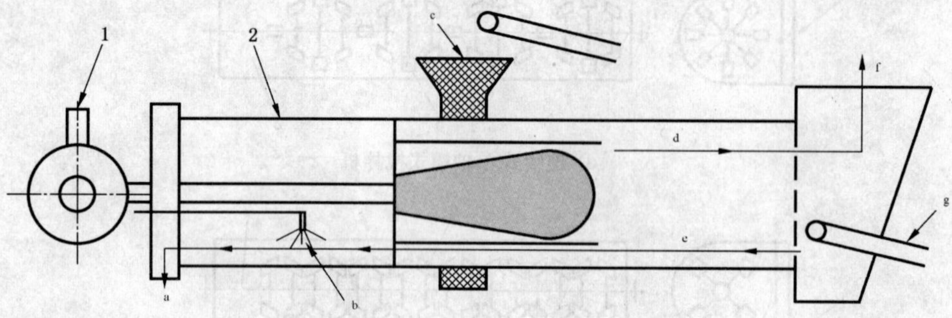

1——燃烧器　burner；

2——再生干燥-搅拌滚筒　recycling drum dryer-mixer。

a　成品料出口。

b　沥青喷入。

c　回收骨料。

d　烟气流向。

e　骨料运动方向。

f　通往除尘器的烟气出口。

g　新骨料。

图 A.12　逆流式再生干燥-搅拌滚筒

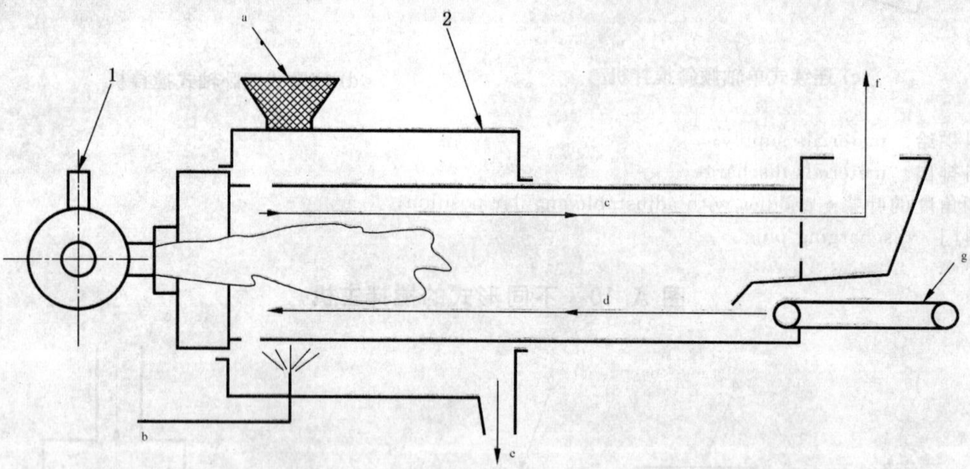

1——燃烧器　burner；

2——再生干燥-搅拌滚筒　recycling drum dryer-mixer。

a　回收骨料。

b　沥青喷入。

c　烟气流向。

d　骨料运动方向。

e　成品料出口。

f　通往除尘器的烟气出口。

g　新的冷骨料。

图 A.13　带双层滚筒的逆流式再生干燥-搅拌滚筒

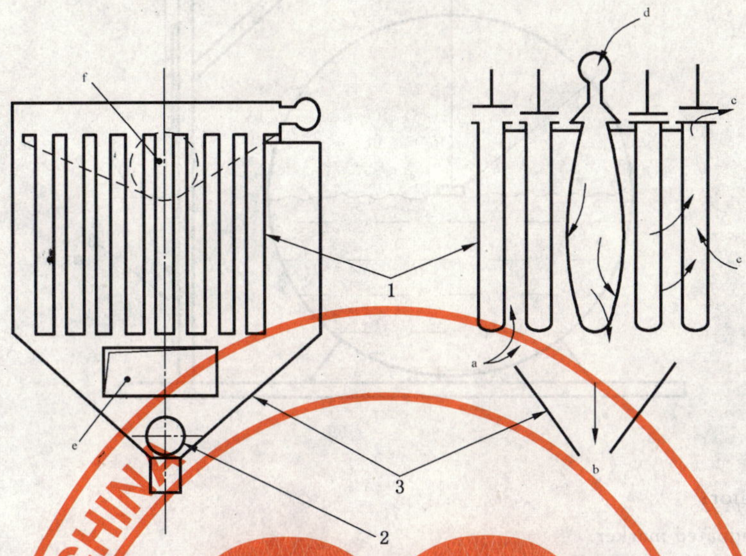

a) 带螺旋输送机的除尘器

b) 带刮板输送机的除尘器

1——过滤布袋　filtering bags；
2——螺旋输送机　screw conveyor；
3——粉尘回收料斗　dust-receiving hoppers；
4——刮板输送机　drag conveyor。
a　含尘气体。
b　粉尘。
c　洁净气体。
d　清洁的空气。
e　含尘气体入口。
f　洁净气体出口。

图 A.14　袋式除尘器的不同形式粉尘回收装置

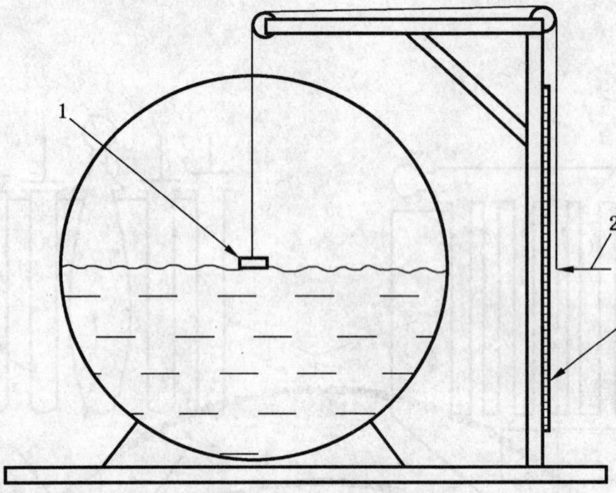

1——浮标　float；
2——指示器　indicator；
3——刻度标记　graduated marker。

注：沥青罐在液位处于低位时，会关闭(指示)。有效的补救办法是像上面的示范一样装有液位指示器，其他方法也可采用。

图 A.15　沥青罐的液位指示器

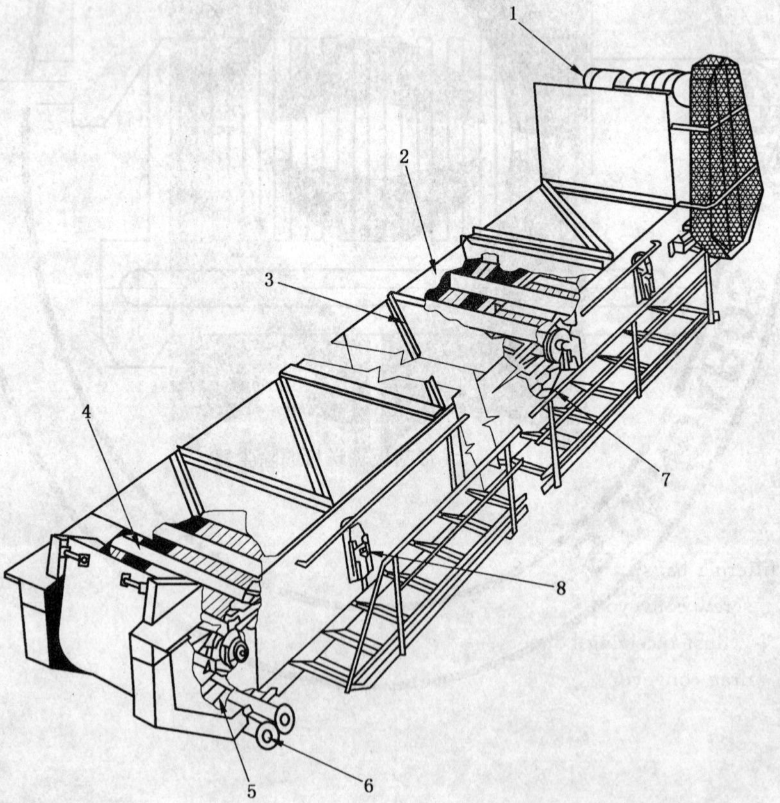

1——减速机　reduction gear；
2——刮板　drag slat；
3——盖板　covers；
4——托辊　sliding bearings；
5——张紧装置　tensioning element；
6——导热油加热器　oil heater；
7——链条　chains；
8——滑动轴承　friction bearing。

图 A.16　刮板输送机

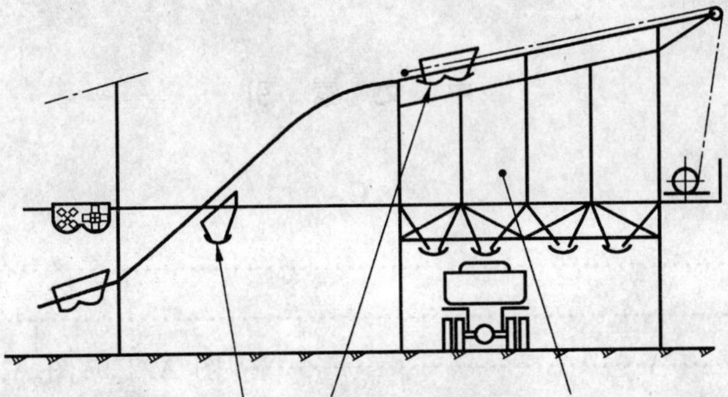

a) 用自动料车的成品料储存系统

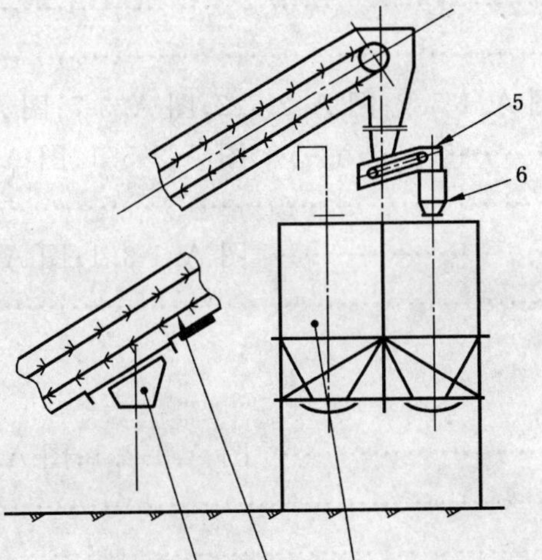

b) 用刮板输送机的成品料储存系统

1——成品料仓　mixed material storage bins;
2——自动料车　automatic skip;
3——废料收集斗　direct unloading hopper;
4——刮板输送机　drag slat conveyor;
5——旋转刮板输送机　swivel drag slat conveyor;
6——防离析料斗　receiving hopper。

图 A.17　成品料输送和储存

中 文 索 引

C

D

F

G

W

X

Y

Z

英 文 索 引

A

B

C

R

S

T

V

W

ICS 01.040.91;91.220
P 97

GB

中华人民共和国国家标准

GB/T 7920.13—2006
代替 GB/T 7920.13—1987

混凝土路面铺筑机械与设备　术语

Concrete pavement machine and equipment—Terminology

2006-12-28 发布　　2007-07-01 实施

中华人民共和国国家质量监督检验检疫总局
中国国家标准化管理委员会　发布

前　言

本部分是对 GB/T 7920.13—1987《混凝土路面铺筑机械与设备　术语》的修订。

本部分与 GB/T 7920.13—1987 相比主要变化如下：

——在分类中增加了“多功能滑模混凝土摊铺机”、“辊轴式混凝土路面摊铺整平机”、“混凝土路面抹光机”、“混凝土路面排式振动器”、“混凝土路缘成型机”、“混凝土路面刻纹机”和“混凝土拉毛养生机”等词条；

——在组成部分中增加了“主模板”、“横向搓动整平梁”、“超级抹光器”、“横向拉力杆插入装置（中间插入器）”、“侧边拉力杆插入装置”、“纵向传力杆插入装置(DBZ)”、“辊轴”、“螺旋式刮平装置”、“抹盘”、“抹刀”、“夹刀套”和“挤压螺旋” 等词条；

——在技术性能中增加了“摊铺速度”、“切缝宽度”、“切缝深度”、“熔化时间”、“填缝压力”、“抹盘尺寸”、“抹刀尺寸”、“工作装置转速”、“振动电机参数”、“振动棒数量”、“铺筑速度”、“生产能力”、“刻纹深度”和“刻纹宽度”等词条；

——将“斗铺式”改为“斗铺轨模式混凝土摊铺机”，“螺旋式”改为“螺旋轨模式混凝土摊铺机”，“刮板式”改为“刮板轨模式混凝土摊铺机”，“沥青熔化锅炉”改为“填缝胶加热系统”，“沥青熔化锅容量”改为“填缝胶箱容量”；

——取消了“轨道式混凝土路面切缝机”、“轮胎式混凝土路面切缝机”、“轨道式混凝土路面填缝机”、“手拖式混凝土路面填缝机”、“二次计量给料装置”、“初次摆动挤压整平装置”、“最终摆动挤压整平装置”、“整面宽度”、“整平梁尺寸”、“整平梁横向摆幅”、“抹光带尺寸”、“抹光带横向摆幅”、“抹光板尺寸”、“抹光板横向摆幅”、“初次摆动挤压整平装置摆幅”、“最终摆动挤压整平装置摆幅”和“切缝刀尺寸”等词条。

本部分由中国机械工业联合会提出。

本部分由北京建筑机械化研究院归口。

本部分起草单位：长沙建设机械研究院、长沙中联重工科技发展股份有限公司。

本部分主要起草人：吴斌兴、华杰。

本标准所代替标准的历次版本发布情况：

——GB/T 7920.13—1987。

混凝土路面铺筑机械与设备　术语

1　范围

本部分规定了水泥混凝土(以下简称混凝土)路面的摊铺、捣实、整平成型、抹光和刻纹等作业所用机械与设备的术语。

本部分适用于铺筑混凝土路面、机场跑道和水利斜坡等工程的成套机械与设备。

2　术语和定义

2.1　分类

2.1.1

混凝土摊铺机　concrete paver

将混凝土拌和料均匀地摊铺在路基上,并进行捣实、整平成型和抹光修饰等工作的机械。

2.1.1.1

轨模式混凝土摊铺机　rail-form concrete paver

行驶在两根带边模的轨道上的摊铺机组。

2.1.1.1.1

斗铺轨模式混凝土摊铺机　hopper type rail-form concrete paver

以专门的摊铺斗沿两条横向轨道移动,进行周期式工作的轨模式混凝土摊铺机。

2.1.1.1.2

螺旋轨模式混凝土摊铺机　auger type rail-form concrete paver

以螺旋摊铺器将预置在路基上的混凝土拌和料摊开,进行连续摊铺工作的轨模式混凝土摊铺机。

2.1.1.1.3

刮板轨模式混凝土摊铺机　blade type rail-form concrete paver

通过在水平面上调整角度的刮板沿横向滑轨移动,可将预置在路基上的混凝土拌和料进行刮铺的轨模式混凝土摊铺机。

2.1.1.1.4

轨模式混凝土整面机　rail-form concrete finisher

对摊铺好的混凝土路面进行捣实、整平成型和抹光修饰等工作的轨模式机械。

2.1.1.2

滑模式混凝土摊铺机　slipform concrete paver

在机架两侧装有随机滑动的侧模板,对混凝土拌和料进行连续摊铺,并具备整饰成型和捣实的多功能机械。

2.1.1.2.1

履带式滑模混凝土摊铺机　crawler slipform concrete paver

由履带行走装置驱动的滑模式混凝土摊铺机。

2.1.1.2.2

轮胎式滑模混凝土摊铺机　tire slipform concrete paver

由轮胎台车驱动的滑模式混凝土摊铺机。

2.1.1.2.3

多功能滑模混凝土摊铺机　multi-function type slipform concrete paver

通过更换模具，可摊铺路面、路缘、边沟和防护墙等工程的滑模式混凝土摊铺机。

2.1.1.3

辊轴式混凝土路面摊铺整平机　roller-axle type concrete spread and flap-solid machine

通过辊轴对混凝土路面进行捣实、提浆、整平成型等工作的机械。

2.1.2

混凝土路面切缝机　concrete saw

切割混凝土路面伸缩缝的机械。

2.1.3

混凝土路面填缝机　concrete crack sealing machine

用热填缝胶填塞混凝土路面伸缩缝的机械。

2.1.4

混凝土真空脱水处理设备　concrete vacuum dewatering treatment equipment

利用真空泵对新铺筑的混凝土路面或新浇灌的混凝土块进行真空脱水处理，使之快干并提高其物理力学性能的设备。

2.1.5

混凝土路面抹光机　concrete trowel machine

用于抹平混凝土表面的机械。

2.1.6

混凝土路面排式振动器　concrete linable vibratory

由多个振动器排列组成，与辊轴式混凝土路面摊铺整平机配合使用，用于路面振实的机械。

2.1.7

混凝土路缘成型机　concrete curb machine

采用挤压混凝土的方法一次成型道路路缘的机械。

2.1.8

混凝土路面刻纹机　concrete scarifier machine

用于路面刻制防滑纹的机械。

2.1.9

混凝土拉毛养生机　concrete texture curing machine

拉毛初凝混凝土表面，并喷洒养护剂或水进行养生的机械。

2.2　组成部分

2.2.1　轨模式混凝土摊铺机

2.2.1.1

轨模　rail-form

既作为行驶轨道，又作为混凝土侧模板的钢轨段。

2.2.1.2

摊铺斗　distributing hopper

通过底部可控斗门卸铺混凝土拌和料的料斗。

2.2.1.3

螺旋摊铺器　auger concrete paver

铺散混凝土拌和料的螺旋输送装置。

2.2.1.4

摊铺刮板　distributing blade

可在水平面作180°回转，沿横向轨道移动，进行摊铺工作的板。

2.2.1.5

振动梁　vibrating beam

装有数个可作垂直定向振动激振器的悬挂式金属梁，用来振实铺层，并刮走余料。

2.2.1.6

捣固梁　tamping beam

由偏心轴驱动，对铺层再次振实的悬挂梁。

2.2.1.7

整平梁　finishing beam

随机前移时，作横向水平摆动的金属梁，使混凝土沿摊铺带全宽按规定的厚度均匀分配并搓平。

2.2.1.8

抹光板　smoothing plate

对路面作最后抹光修饰的板。

2.2.1.9

抹光带　smoothing strip

随机前移时，作横向水平摆动，对路面作最终抹光修饰的带。

2.2.2　**滑模式混凝土摊铺机**

2.2.2.1

初次计量给料装置　primary feed meter

悬挂在前桁架下的钢板横梁，由液压缸调整其高度，刮走铺层的过剩混凝土，初步确定铺层厚度。

2.2.2.2

插入式振动器　internal vibrator

安装在前横梁下面，可由液压缸调整其插入深度的振动器。

2.2.2.3

主模板　paving mould

通过调整其高度和仰角，用以挤压成型混凝土路面，并使表面平滑的工作装置。

2.2.2.4

浮动式表面抹平装置　floating fine surface finisher

底面平整的浮动抹光板。

2.2.2.5

边模　side header

装在前机架和主机架侧梁下边缘，可通过液压缸调整其高度，与主模板一起工作的钢模板。

2.2.2.6

边缘修整器　edge trimmer

直接装在边模的后面，用来修整铺层边缘的装置。

2.2.2.7

横向搓动整平梁　transversal oscillating correcting beam

搓掉主模板成型后的混凝土表面富余的砂浆，并修复凹坑等局部缺陷的工作装置。

2.2.2.8

超级抹光器　super smoother

消除混凝土表面残余气泡、横向条纹等缺陷，促进表面均匀性的工作装置。

2.2.2.9

主机架　main frame

用来安装固定机器各部件的桥架式金属结构件。

2.2.2.10

履带行走装置　crawler track unit

依靠液压马达或电动机独立驱动的履带式行走装置。

2.2.2.11

轮胎台车　tire track unit

依靠液压马达或电动机独自驱动的轮胎式行走装置。

2.2.2.12

支撑架　supporting frame

安装在履带行走装置或轮胎台车上的支撑主机架的构件，能使主机架调平转向。

2.2.2.13

横向拉力杆插入装置(中间插入器)　central tie bar inserter

在横向接缝处插入拉力杆的工作装置。

2.2.2.14

侧边拉力杆插入装置　side tie bar inserter

在侧边插入拉力杆的工作装置。

2.2.2.15

纵向传力杆插入装置(DBI)　longitudinal dowel bar inserter

在纵向接缝处插入传力杆的工作装置。

2.2.3　辊轴式混凝土路面摊铺整平机

2.2.3.1

辊轴　roller

具有支承、辊平、捣实驱动等功能的工作装置。

2.2.3.2

螺旋式刮平装置　auger type finisher

依靠螺旋旋转分料、刮平混凝土的工作装置。

2.2.4　混凝土路面切缝机

2.2.4.1

振动切缝刀　vibrating blade

利用振动力对未凝固的混凝土路面切割横缝用的刀具。

2.2.4.2

振动切缝盘　vibrating disk

利用振动力对未凝固的混凝土路面切割纵缝用的圆盘式刀具。

2.2.4.3

金刚砂切缝盘　diamond blade

切割已凝固的混凝土路面伸缩缝的金刚砂盘。

2.2.5　混凝土路面填缝机

2.2.5.1

填缝胶加热系统　sealant heating system

由盛装填缝胶的容器和燃烧器等所组成的设备。

2.2.5.2

手动式搅拌器　manual agitator

用人工来搅动帮助填缝胶加速熔化的器具。

2.2.5.3

浇注器　pouring device

将填缝胶浇灌到路面的伸缩缝内的器具。

2.2.6　混凝土真空脱水处理设备

2.2.6.1

真空泵　vacuum pump

利用真空原理来抽吸水分的泵。

2.2.6.2

过滤水箱　water tank with filter

为滤去混凝土真空脱水过程中被抽吸的水中泥砂并贮存清水的容器。

2.2.6.3

抽吸网垫装置　suction with strainer

贴附在混凝土表面，由过滤层、骨架层、密封层和吸管等组成的装置。

2.2.7　混凝土路面抹光机

2.2.7.1

抹盘　float pan

抹光混凝土表面的圆盘状工作装置。

2.2.7.2

抹刀　float blade

抹光混凝土表面的叶片状工作装置。

2.2.7.3

夹刀套　blade adapter

用于安装抹刀和调整抹刀角度的装置。

2.2.8　混凝土路缘成型机

2.2.8.1

路缘模　curb mould

根据路缘截面尺寸要求，成型路缘的模具。

2.2.8.2

挤压螺旋　extrusion auger

利用螺旋旋转挤压混凝土拌和物，使路缘成型的工作装置。

2.3　技术性能

2.3.1　混凝土摊铺机

2.3.1.1

摊铺宽度　paving width

两侧轨模或两侧边模之间的距离。

2.3.1.2

最大摊铺厚度　maximum paving thickness

相对于路基可以调整铺层的最大高度。

2.3.1.3

摊铺速度　traveling speed

摊铺机在摊铺作业过程中的前进速度。

2.3.2 混凝土路面切缝机

2.3.2.1

切缝宽度 cutting width

切缝机所能切割的最大宽度。

2.3.2.2

切缝深度 cutting depth

切缝机所能切割的最大深度。

2.3.3 混凝土路面填缝机

2.3.3.1

填缝胶箱容量 capacity of sealant tank

填缝胶箱能装填充剂的有效容量。

2.3.3.2

熔化时间 heating time

加热系统对填缝胶加热使其熔化的时间。

2.3.3.3

填缝压力 pressure of crack sealing

灌注填缝胶时喷嘴的工作压力。

2.3.4 混凝土真空脱水处理设备

2.3.4.1

真空泵真空度 vacuum degree

真空泵所能造成负压的程度。

2.3.4.2

过滤水箱容量 capacity of tank with filter

过滤水箱的有效贮水量。

2.3.4.3

抽吸网垫尺寸 dimension of suction mat

网垫的长度与宽度。

2.3.5 混凝土路面抹光机

2.3.5.1

抹盘尺寸 float pan size

抹盘直径。

2.3.5.2

抹刀尺寸 float blade size

抹刀的长度与宽度。

2.3.5.3

工作装置转速 rotation speed of working unit

抹盘或叶片转速。

2.3.6 混凝土路面排式振动器

2.3.6.1

振动电机参数 parameter of vibrator electric motor

振动电机的功率、振幅、频率、工作电压以及防护等级等。

2.3.6.2

振动棒数量 number of vibrator

设备上安装振动棒的个数。

2.3.7 **混凝土路缘成型机**

2.3.7.1

铺筑速度 paving speed

挤压成型路缘时的工作速度。

2.3.7.2

生产能力 production capability

单位时间内挤压成型路缘时的混凝土方量。

2.3.8 **混凝土路面刻纹机**

2.3.8.1

刻纹深度 working depth

刻纹机所能刻的最大深度。

2.3.8.2

刻纹宽度 working width

刻纹机所能刻的最大宽度。

中 文 索 引

英 文 索 引

A

B

C

D

E

F

ICS 29.020;01.070
K 09

中华人民共和国国家标准

GB 7947—2006/IEC 60446:1999
代替 GB 7947—1997

人机界面标志标识的基本和安全规则 导体的颜色或数字标识

Basic and safety principles for man-machine interface, marking and identification—Identification of conductors by colours or numerals

(IEC 60446:1999, IDT)

2006-12-13 发布

2007-03-01 实施

中华人民共和国国家质量监督检验检疫总局
中国国家标准化管理委员会 发布

前言

本标准的全部技术内容为强制性。

本标准等同采用IEC 60446:1999(第3版)《人机界面标志标识的基本和安全规则——导体的颜色或数字标识》(英文版)。IEC 60446:1999的前言和序言明确指出,该标准属于基础安全标准性质,供各技术委员会按IEC指南104和ISO/IEC指南51所确定的原则,在各自的技术委员会制定标准中使用。

本标准在采用IEC 60446:1999时,删去了3.3.2的注3和3.3.3的注1。

本标准代替并废除GB 7947—1997《导体的颜色或数字标识》。

本标准与GB 7947—1997相比,除其文本结构有较大改动外,文本正文还有如下主要变化:

——增加了规范性引用文件(见第2章);

——增加了对交流导体标识的规定(见3.2.3);

——增加了对PEN导体标识的规定(见3.3.3);

——删除了GB 7947—1996中提示的附录A"标识示例"。

本标准的附录A为资料性附录。

本标准由中国国家标准化管理委员会提出。

本标准由全国电气安全标准化技术委员会SAC/TC 25归口。

本标准由机械科学研究院负责起草。

本标准的参加起草单位有机械科学研究院、北京钢铁设计研究总院、无锡日新电机有限公司、中国电力科学研究院、航天科工集团23所。

本标准的主要起草人:李世林、曾幼云、邓塔、任丕德、王维维、康文祥、李萍。

本标准代替标准的历次版本发布情况为:

——GB 7947—1987;

——GB 7947—1997。

人机界面标志标识的基本和安全规则 导体的颜色或数字标识

1 范围

本标准规定了用特定颜色或数字来标识导体的一般规则，以避免混淆，确保安全。这些导体可以是电缆或芯线、母线、电气设备和装置中的导体。本标准基于 IEC 指南 104 和 ISO/IEC 指南 51 中的原则制定。

2 规范性引用文件

下列规范性文件中的条款通过本标准的引用而成为本标准的条款。凡是注日期的引用文件，其随后的修改单(不包括勘误的内容)或修改版均不适用于本标准，然而，鼓励根据本标准达成协议的各方研究是否可使用这些文件的最新版本。凡是不注日期的引用文件，其最新版本适用于本标准。

IEC 指南 104:1997　安全标准的编制和基础安全标准以及群组安全标准的应用

ISO/IEC 指南 51:1990　标准中含有安全条款的指南

3 颜色标识

3.1 通则

下列颜色容许用于导体的标识：

黑色，棕色，红色，橙色，黄色，绿色，蓝色，紫色，灰色，白色，粉红色，青绿色。

注：上述颜色清单引自 GB/T 13534。

推荐在导体的全长采用绝缘的颜色或颜色标志作为颜色标识。仅当采用颜色标识仍易混淆的地方，允许使用如字母数字的附加标识。

3.2 单色的使用

3.2.1 允许的颜色

仅在与保护导体着色不太可能发生混淆的地方，允许使用单一的绿色和黄色。

3.2.2 中性或中间导体

在电路包含一个中性或中间导体的地方应使用蓝色作为颜色标识。为了避免和其他颜色产生混淆，推荐使用淡蓝色。在可能产生混淆的地方，淡蓝色不应用于标识其他任何导体。

在没有中性或中间导体的情况下，可用淡蓝色标识线路中除保护导体外的其他任何导体。

如果采用颜色标识中性或中间导体的裸导体，则应使用 15 mm 到 100 mm 宽的淡蓝色的条纹，在每个单元或外壳或每个可触及的部位标出，或从头至尾用淡蓝色标出。

注 1：GB 3836 规定，淡蓝色用于标志本质安全型电路的端子、端子盒、插头和插座。

注 2：在美国、加拿大、日本，使用白色或自然灰色替代淡蓝色作为中性或中间导体的识别色。

3.2.3 交流相导体

优先使用黑色或棕色表示系统中的交流相导体。

3.3 双色组合的使用

3.3.1 允许的颜色

在不会造成混淆的地方，允许使用由 3.1 中列出的任何两种颜色构成的组合色。

为了避免混淆，除了绿—黄双色组合外，绿色和黄色不应与其他颜色组合。

3.3.2 保护导体

绿/黄双色组合用于保护导体的标识，而不用于其他目的。

绿/黄双色是唯一公认的用于识别保护导体的颜色组合。

绿/黄双色组合应做到：在采用了颜色标识的每 15 mm 长的导体上，一种颜色覆盖导体表面至少为 30％且不超过 70％，而另一种颜色覆盖其余表面。

如果使用裸导体作为保护导体，应使用绿/黄双色在导体的全长、每个区段或每个单元或每个易触及的部位做出颜色标识。如果使用胶带，只能使用双色胶带。

注 1：对于能从其形状、结构或位置上容易识别的保护导体，例如同心导体，则不需在导体的全长有颜色标志，但在其端部或可接触部分宜用图形符号⏚或绿/黄双色或字母数字式符号 PE 清晰标识。

注 2：在美国、加拿大、日本，使用绿色替代绿/黄双色作为保护导体的识别色。

3.3.3 PEN 导体

绝缘的 PEN 导体应使用下列一种方法标志：

——全长绿/黄双色，终端另用淡蓝色标志；或

——全长淡蓝色，终端另用绿/黄双色标志。

注 1：下述情况，终端上的附加蓝色标识可省略：

——在公用电网布线或类似配电布线系统中，例如用于工业配电中的那些布线系统；

——在家用电器及其类似用途设备中，如果相关要求包括在特定的产品标准中。

注 2：PEM 和 PEL 导体的识别正在考虑中。

4 数字标识

编号系统适用于导体标识和成束导体内的导体标识。用绿/黄双色标识的导体不采用数字标识。

标识应清晰和持久。

注：持久性评估见 IEC 60227-2。

所有的数字应与绝缘颜色形成强烈反差。标识应采用阿拉伯数字。

为了避免造成混淆，应在单个数字 6 和 9 下方添加横线。

附 录 A
（资料性附录）
不同国家标志 PEN 导体的方法

国家	全长绿/黄双色，端部标志淡蓝色	全长淡蓝色，端部标志绿/黄双色
比利时	X[a]	
捷克共和国	X	—
丹麦	X	X
芬兰	X	
法国	X	
德国	X	不赞成此方法[b]
意大利	X	X
挪威	X	
波兰	X	X
瑞典	X	

a 端部没有蓝色标志。

b 该国正在考虑允许此方法。

参 考 文 献

GB 3836—2000　爆炸性气体环境用电气设备　本质安全型"i"(eqv IEC 60079-11:1991)

GB/T 13534—1992　电气颜色标志的代号(eqv IEC 60757:1983)

IEC 60227-2:1997　额定电压 450/750 V 及以下聚氯乙烯绝缘电缆　第 2 部分:试验方法

ICS 71.120;25.220.50
G 94

中华人民共和国国家标准

GB/T 7996—2006
代替 GB/T 7996—1987

搪玻璃容器公称容积与公称直径

Norminal capacity and diameter of glass lined vessel

2006-12-28 发布　　　　2007-06-01 实施

中华人民共和国国家质量监督检验检疫总局
中国国家标准化管理委员会　发布

前　言

本标准代替 GB/T 7996—1987《搪玻璃容器公称容积与公称直径》。

本标准与 GB/T 7996—1987 相比主要变化如下：

——公称容积由 50 L～50 000 L 扩大到 50 L～80 000 L，增加了 63 000 L、80 000 L 两个公称容积。

本标准由中国石油和化学工业协会提出。

本标准由全国搪玻璃设备标准化技术委员会（SAC/TC 72）归口。

本标准起草单位：中国石化集团上海工程有限公司、宁波明欣化工机械有限责任公司。

本标准主要起草人：周惠萍、汪扬、钱小燕、叶青。

本标准所代替标准的历次版本发布情况为：

——GB/T 7996—1987。

搪玻璃容器公称容积与公称直径

1 范围

本标准规定了搪玻璃容器的公称容积与公称直径。

本标准适用于搪玻璃容器设备的设计、制造。

2 公称容积

2.1 搪玻璃容器公称容积应按表1的规定选取。

表1

单位为升

50	100	200	300	400	500	800
1 000	1 250	1 500	2 000	2 500	3 000	4 000
5 000	6 300	8 000	10 000	12 500	16 000	20 000
25 000	30 000	40 000	50 000	63 000	80 000	

2.2 标记示例

搪玻璃容器的公称容积为1 000 L，其标记为VN 1 000。

3 公称直径

3.1 搪玻璃容器筒体用钢板卷制时，公称直径应按表2的规定选取。

表2

单位为毫米

300	400	500	600	700	800	900
1 000	1 100	1 200	1 300	1 400	1 450	1 600
1 750	1 900	2 000	2 050	2 200	2 400	2 600
2 800	3 000	3 200	3 400	3 600	3 800	4 000
注：此时的公称直径为筒体的内径。						

3.2 搪玻璃容器用钢管作筒体时，公称直径应按表3的规定选取。

表3

单位为毫米

159	219	273	325	377	426
注：此时的公称直径为筒体的外径。					

3.3 标记示例

搪玻璃容器的公称直径为1 200 mm，其标记为DN 1 200。

ICS 23.100.50
J 20

中华人民共和国国家标准

GB/T 8100—2006
代替 GB/T 8100—1987

液压传动　减压阀、顺序阀、卸荷阀、节流阀和单向阀　安装面

Hydraulic fluid power—Pressure-reducing valves, sequence valves, unloading valves, throttle valves and check valves—Mounting surfaces

(ISO 5781:2000, MOD)

2006-08-22 发布　　　　2007-01-01 实施

中华人民共和国国家质量监督检验检疫总局
中国国家标准化管理委员会　发布

前言

本标准修改采用国际标准 ISO 5781:2000《液压传动　减压阀、顺序阀、卸荷阀、节流阀和单向阀　安装面》(英文版),是对国家标准 GB/T 8100—1987《板式联接液压压力控制阀(不包括溢流阀)、顺序阀、卸荷阀、节流阀和单向阀　安装面》的修订。

本标准为重新起草,与 ISO 5781:2000 相比,有以下不同:

——规范性引用文件中 GB/T 8099《液压叠加阀　安装面》代替 ISO 4401:1994《液压传动　四油口方向控制阀　安装面》;

——增加了附录 A;

——ISO 5781:2000 中安装面代号为 5781-×-×-×-×,在本标准中改为 GB/T 8100-×-×-×-×;

——ISO 5781 中,代号 5781-10-13-0-00 的数字“10”与引用标准 ISO 5783:1995 的规定不符,应为代号 5781-09-13-0-00。本标准中相应改为 GB/T 8100-09-13-0-2006;

——保留了 GB/T 8100—1987 中主油口直径 4 mm 的安装面。

本标准发布后代替 GB/T 8100—1987《板式联接液压压力控制阀(不包括溢流阀)、顺序阀、卸荷阀、节流阀和单向阀　安装面》。

本标准与 GB/T 8100—1987 相比,存在如下不同:

——安装面代号按 GB/T 14043—2005/ISO 5783:1995 规定编写,前版标准是按 ISO 5783:1981 规定编写;

——原主油口最大直径为 6.3 mm 的安装面改为 7.5 mm,其余安装尺寸不变;

——在正文中,每一项安装面均增加了相应元件的图形符号;

——增加了第 3 章术语和定义、第 8 章叠加阀、第 9 章工作压力、第 10 章标注说明;

——增加提示性的内容;

——标准名称更改为《液压传动　减压阀、顺序阀、卸荷阀、节流阀和单向阀　安装面》。

本标准的附录 A 为资料性附录。

本标准由中国机械工业联合会提出。

本标准由全国液压气动标准化技术委员会(SAC/TC 3)归口。

本标准起草单位:北京机械工业自动化研究所。

本标准主要起草人:周家锦、刘新德。

本标准于 1987 年 7 月首次发布,此次为第一次修订。

液压传动　减压阀、顺序阀、卸荷阀、节流阀和单向阀　安装面

1　范围

本标准规定了主油口最大直径为 4 mm～32 mm 的液压减压阀、顺序阀、卸荷阀、节流阀和单向阀安装面的尺寸及其相关特性，以保证其使用的互换性。

本标准适用于通用的板式联接液压减压阀、顺序阀、卸荷阀、节流阀和单向阀的安装面，这类阀通常用于工业设备。

2　规范性引用文件

下列文件中的条款通过本标准的引用而成为本标准的条款。凡是注日期的引用文件，其随后所有的修改单（不包括勘误的内容）或修订版均不适用于本标准，然而，鼓励根据本标准达成协议的各方研究是否可使用这些文件的最新版本。凡是不注日期的引用文件，其最新版本适用于本标准。

GB/T 131　机械制图　表面粗糙度符号、代号及其注法（GB/T 131—1993，eqv ISO 1302:1992）

GB/T 786.1　液压气动图形符号（GB/T 786.1—1993，eqv ISO 1219-1:1991）

GB/T 1031　表面粗糙度　参数及其数值（GB/T 1031—1995，neq ISO 468:1982）

GB/T 1182　形状和位置公差　通则、定义、符号和图样表示法（GB/T 1182—1996，eqv ISO 1101:1996）

GB/T 8099　液压叠加阀安装面（GB/T 8099—1987，neq ISO 4401:1980）

GB/T 14043—2005　液压传动　阀安装面和插装阀孔的标识代号（ISO 5783:1995，IDT）

GB/T 17446　流体传动系统及元件　术语（GB/T 17446—1998，idt ISO 5598:1985）

3　术语和定义

GB/T 17446 中确立的术语和定义适用于本标准。

4　符号

4.1　本标准采用下列符号：

a）A、B、P、T、X 和 Y 表示油口；

b）F_1、F_2、F_3、F_4、F_5 和 F_6 表示固定螺钉的螺纹孔；

c）G 表示定位销孔；

d）D 表示固定螺钉直径；

e）r_{max} 表示安装面最大圆角半径。

4.2　本标准所采用的图形符号符合 GB/T 786.1。

4.3　本标准采用 GB/T 14043—2005 中规定的代号规则，在附录 A 中给出了安装面代号的示例。

5　公差

5.1　安装面（即粗点划线以内的面积）应采用下列公差：

——表面粗糙度：$Ra \leqslant 0.8\ \mu m$（见 GB/T 1031 和 GB/T 131）；

——表面平面度：每 100 mm 距离内为 0.01 mm（见 GB/T 1182）；

——定位销孔直径公差：H12。

5.2 从坐标原点起，沿 x 轴和 y 轴的线性尺寸应采用下列公差：

——定位销孔：±0.1 mm；

——螺纹孔：±0.1 mm；

——油口孔：±0.2 mm。

其他尺寸公差见图示。

6 尺寸

6.1 液压减压阀、顺序阀、卸荷阀、节流阀和单向阀的安装面尺寸，应从6.2～6.6所规定的图和表中选取。

6.2 主油口最大直径为4.5 mm的减压阀、顺序阀、卸荷阀、节流阀和单向阀的安装面尺寸（代号：GB/T 8100-02-01-×-2006）见图1。

6.3 主油口最大直径为7.5 mm的减压阀、顺序阀、卸荷阀、节流阀和单向阀的安装面尺寸（代号：GB/T 8100-03-04-×-2006）见图4。

6.4 主油口最大直径为14.7 mm的减压阀、顺序阀、卸荷阀、节流阀和单向阀的安装面尺寸（代号：GB/T 8100-06-07-×-2006）见图7。

6.5 主油口最大直径为23.4 mm的减压阀、顺序阀、卸荷阀、节流阀和单向阀的安装面尺寸（代号：GB/T 8100-08-10-×-2006）见图10。

6.6 主油口最大直径为32 mm的减压阀、顺序阀、卸荷阀、节流阀和单向阀的安装面尺寸（代号：GB/T 8100-09-13-×-2006）见图13。

6.7 主油口最大直径为4 mm的减压阀、顺序阀、卸荷阀、节流阀和单向阀的安装面尺寸（代号：GB/T 8100-01-16-×-2006）见图16。

注：此安装面仅适用于已有产品。

7 油口标识

7.1 减压阀、顺序阀、卸荷阀、节流阀和单向阀的油口符号应从7.2～7.11所规定的图中选取。

7.2 主油口最大直径为4.5 mm的直动式减压阀、顺序阀、卸荷阀、节流阀和单向阀（代号：GB/T 8100-02-01-×-2006）的符号见图2。

7.3 主油口最大直径为4.5 mm的先导式减压阀、顺序阀、卸荷阀（代号：GB/T 8100-02-01-×-2006）的符号见图3。

7.4 主油口最大直径为7.5 mm的直动式减压阀、顺序阀、卸荷阀、节流阀和单向阀（代号：GB/T 8100-03-04-×-2006）的符号见图5。

7.5 主油口最大直径为7.5 mm的先导式减压阀、顺序阀、卸荷阀（代号：GB/T 8100-03-04-×-2006）的符号见图6。

7.6 主油口最大直径为14.7 mm的直动式减压阀、顺序阀、卸荷阀、节流阀和单向阀（代号：GB/T 8100-06-07-×-2006）的符号见图8。

7.7 主油口最大直径为14.7 mm的先导式减压阀、顺序阀、卸荷阀（代号：GB/T 8100-06-07-×-2006）的符号见图9。

7.8 主油口最大直径为23.4 mm的直动式减压阀、顺序阀、卸荷阀、节流阀和单向阀（代号：GB/T 8100-08-10-×-2006）的符号见图11。

7.9 主油口最大直径为23.4 mm的先导式减压阀、顺序阀、卸荷阀（代号：GB/T 8100-08-10-×-2006）的符号见图12。

7.10 主油口最大直径为32 mm的直动式减压阀、顺序阀、卸荷阀、节流阀和单向阀（代号：GB/T 8100-09-13-×-2006）的符号见图14。

7.11 主油口最大直径为32 mm的先导式减压阀、顺序阀、卸荷阀（代号：GB/T 8100-09-13-×-2006）的符号见图15。

7.12 主油口最大直径为4 mm的减压阀、顺序阀、卸荷阀、节流阀和单向阀（代号：GB/T 8100-01-16-

×-2006)的符号见图 17。

7.13 在新的设计中,将不再规定油流方向从 A~B。

8 叠加阀

对于叠加阀,应采用 GB/T 8099 中所规定的安装面及油口标识。

9 工作压力

工作压力的最高极限指示,见图 1、图 4、图 7、图 10、图 13、图 16 中的注 1。

10 标注说明(引用本标准)

决定遵守本标准时,建议制造商在产品测试报告、产品样本及销售文件中使用下列说明:

“安装面尺寸符合 GB/T 8100—2006《液压传动 减压阀、顺序阀、卸荷阀、节流阀和单向阀 安装面》(ISO 5781:2000,MOD)”。

代号:GB/T 8100-02-01-×-2006

单位为毫米

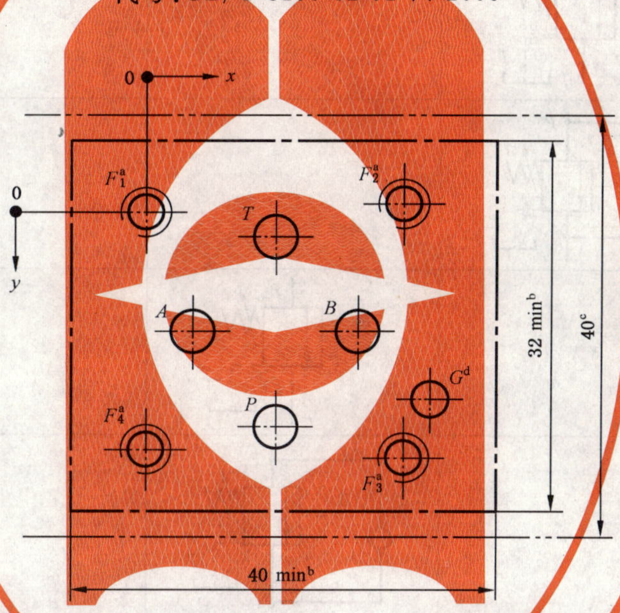

注 1:供应商应确定底板或油路块的最高工作压力。

注 2:图形符号见图 2 和图 3。

a 最小螺纹深度为螺钉直径 D 的 1.5 倍。为增强阀的互换性及减小固定螺钉长度,推荐总螺纹深度为 $2D+6$ mm。对于黑色金属材料的安装面,推荐固定螺钉的旋入深度为 $1.25D$。

b 指定粗点画线以内面积的尺寸是该安装面的最小尺寸。该矩形的直角处可做成圆角,最大圆角半径 r_{max} 为固定螺钉的螺纹直径。

c 该尺寸给出了具有此安装面的阀的最小安装空间。该尺寸也是同一集成块上两个相同安装面之中心线间的最小距离。

d 安装面上的盲孔配合阀上的定位销,其最小深度为 4 mm。

坐标轴	P	A	T	B	G	F_1	F_2	F_3	F_4
	ϕ4.5 max	ϕ4.5 max	ϕ4.5 max	ϕ4.5 max	ϕ3.4	M5	M5	M5	M5
x	12	4.3	12	19.7	26.5	0	24	24	0
y	20.25	11.25	2.25	11.25	17.75	0	−0.75	23.25	22.5

图 1 主油口最大直径为 4.5 mm 的减压阀、顺序阀、卸荷阀、节流阀和单向阀的安装面(规格 02)

按 GB/T 14043 选择的型式代号	0	1	2	3
型式	外部泄油		内部泄油	
	内控	外控	内控	外控
减压阀	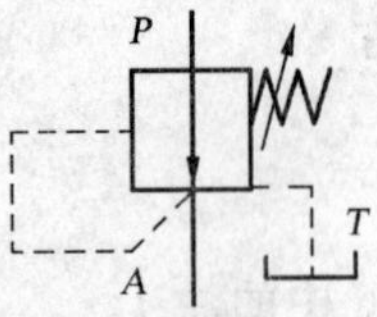			
单向减压阀	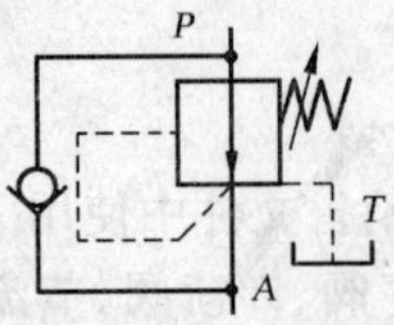			
顺序阀	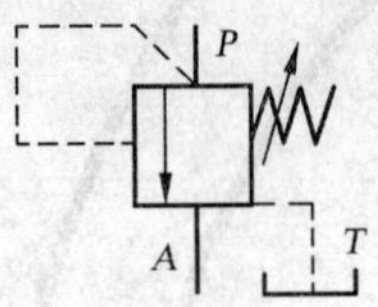			
单向顺序阀	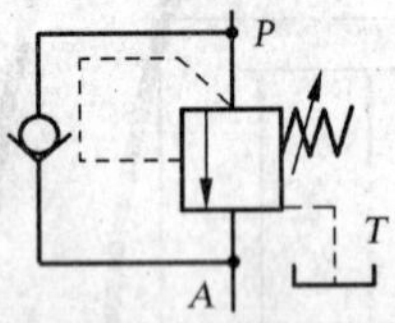			
卸荷阀		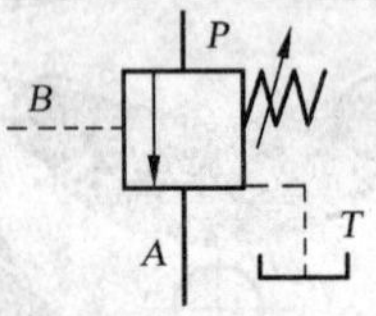		
单向卸荷阀		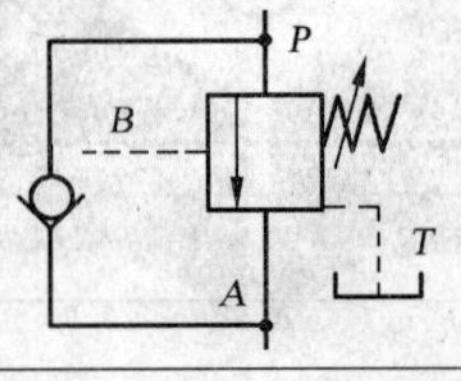		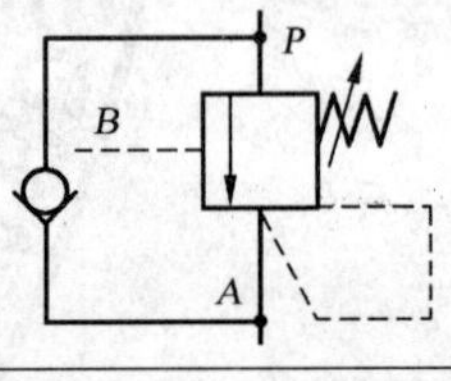
节流阀	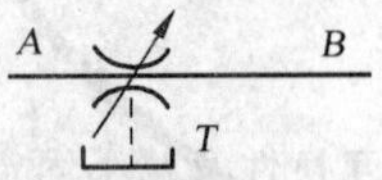			
单向节流阀	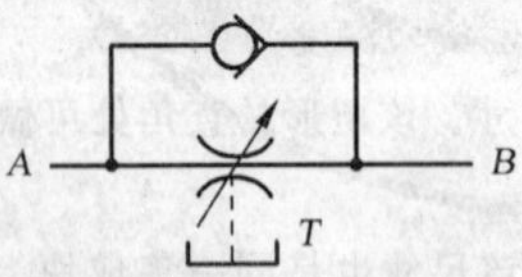			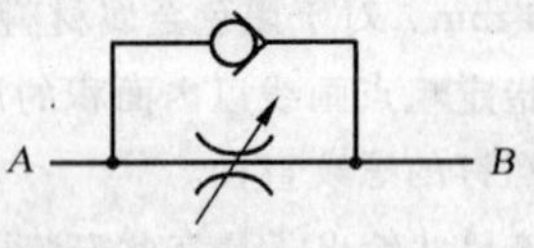
单向阀				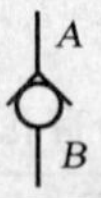
液控单向阀		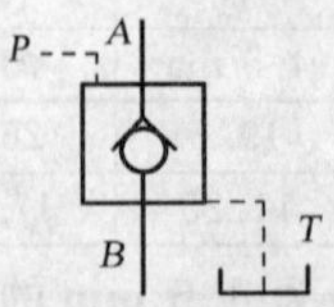		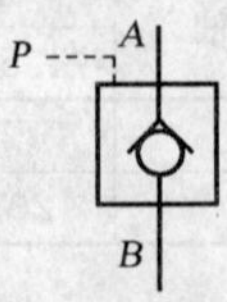

图 2　主油口最大直径为 4.5 mm 的直动式减压阀、顺序阀、卸荷阀、节流阀和单向阀的符合(代号:**GB/T** 8100-02-01-×-2006)

按 GB/T 14043 选择的型式代号	0	1	2	3
型式	外部泄油		内部泄油	
	内控	外控	内控	外控
减压阀	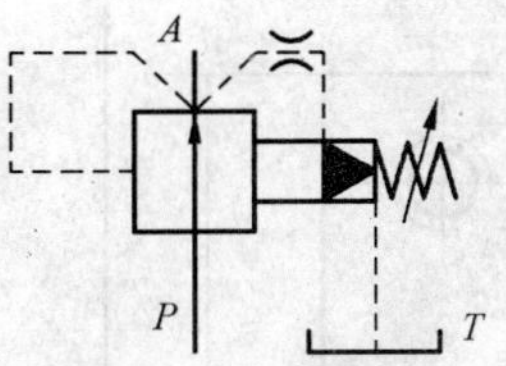	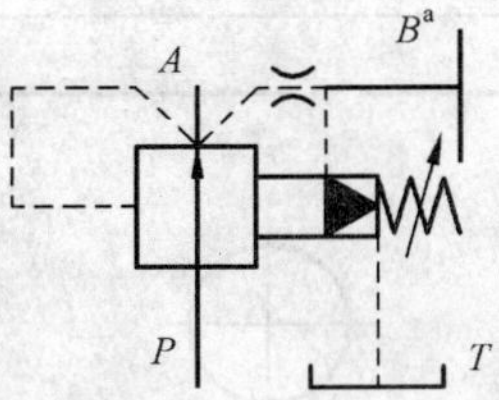		
单向减压阀	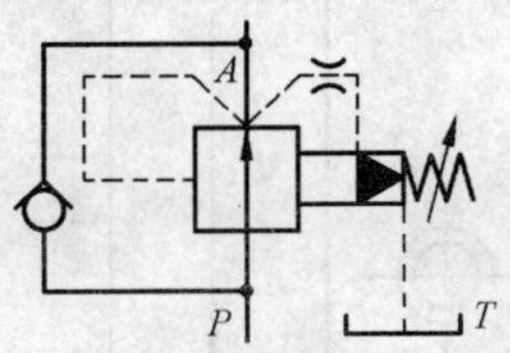	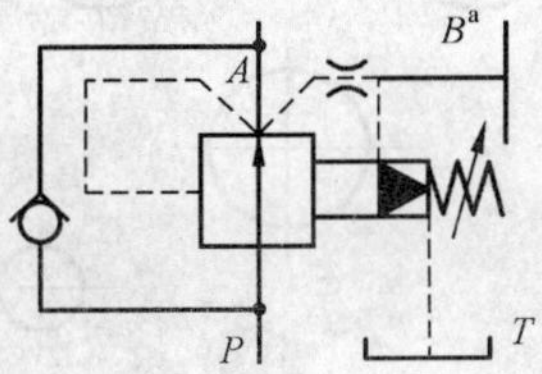		
顺序阀	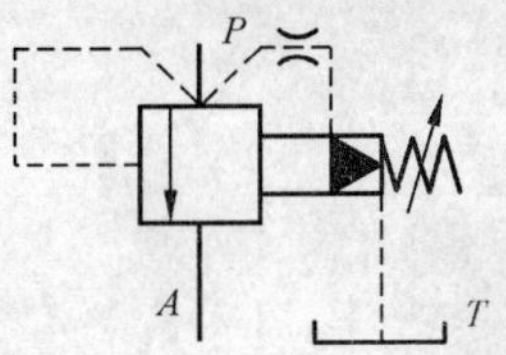	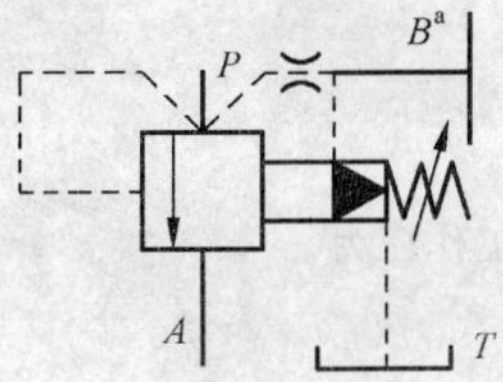		
单向顺序阀	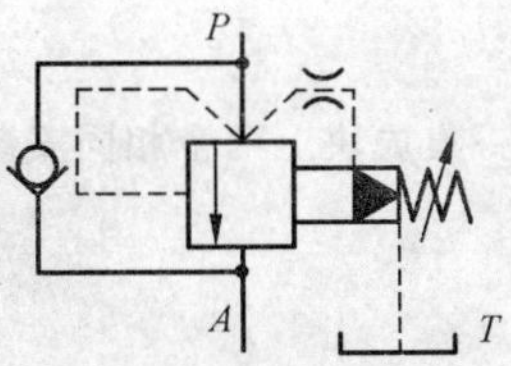	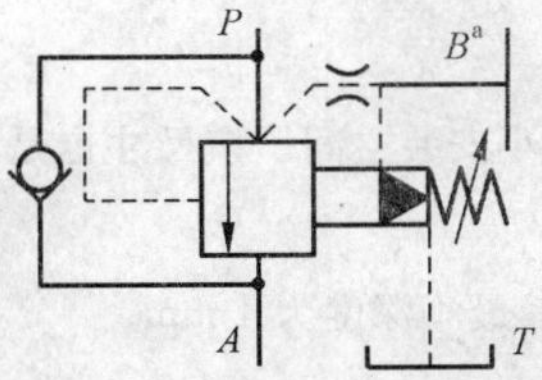		
卸荷阀		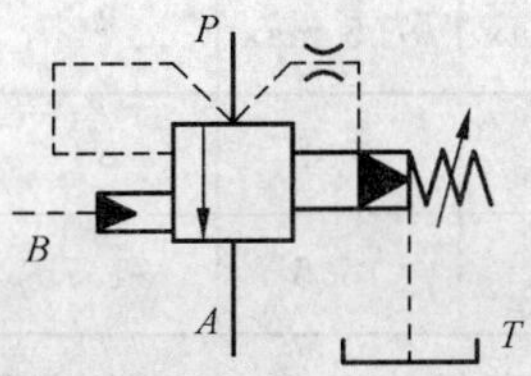		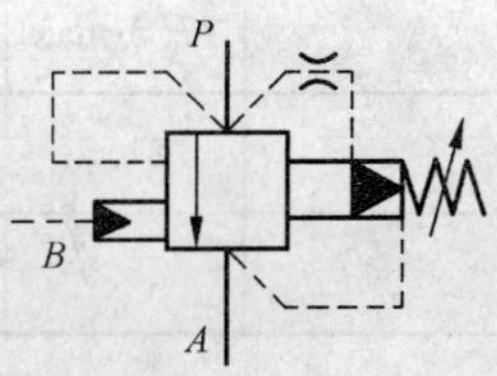

图 3　主油口最大直径为 4.5 mm 的先导式减压阀、顺序阀、卸荷阀的符号(代号:GB/T 8100-02-01-×-2006)

代号:GB/T 8100-03-04-×-2006

单位为毫米

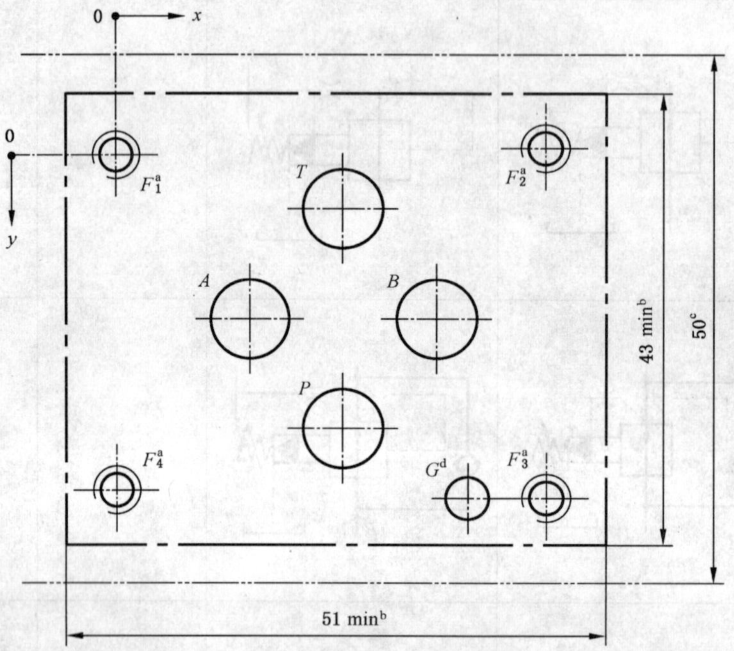

注 1:供应商应确定底板或油路块的最高工作压力。

注 2:图形符号见图 5 和图 6。

a 最小螺纹深度为螺钉直径 D 的 1.5 倍。为增强阀的互换性及减小固定螺钉长度,推荐总螺纹深度为 $2D+6$ mm。对于黑色金属材料的安装面,推荐固定螺钉的旋入深度为 $1.25D$。

b 指定粗点画线以内面积的尺寸是该安装面的最小尺寸。该矩形的直角处可做成圆角,最大圆角半径 r_{max} 为固定螺钉的螺纹直径。

c 该尺寸给出了具有此安装面的阀的最小安装空间。该尺寸也是同一集成块上两个相同安装面之中心线间的最小距离。

d 安装面上的盲孔配合阀上的定位销,其最小深度为 4 mm。

坐标轴	P	A	T	B	G	F_1	F_2	F_3	F_4
	ϕ7.5 max	ϕ7.5 max	ϕ7.5 max	ϕ7.5 max	ϕ4	M5	M5	M5	M5
x	21.5	12.7	21.5	30.2	33	0	40.5	40.5	0
y	25.9	15.5	5.1	15.5	31.75	0	−0.75	31.75	31

图 4 主油口最大直径为 7.5 mm 的减压阀、顺序阀、卸荷阀、节流阀和单向阀的安装面(规格 03)

按 GB/T 14043 选择的型式代号	0	1	2	3
型式	外部泄油		内部泄油	
	内控	外控	内控	外控
减压阀	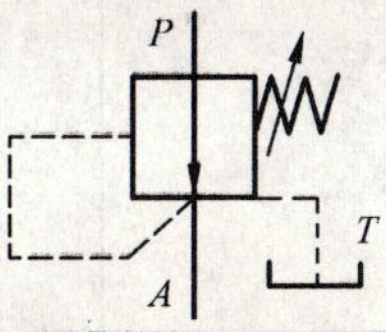			
单向减压阀	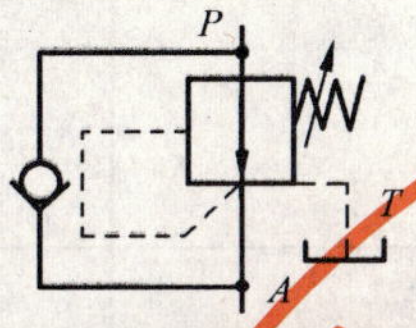			
顺序阀	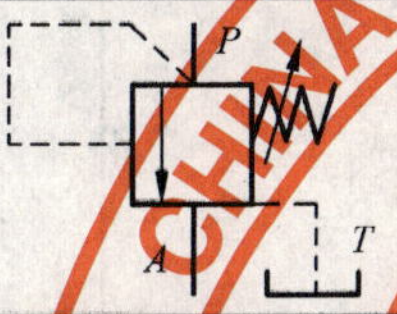			
单向顺序阀	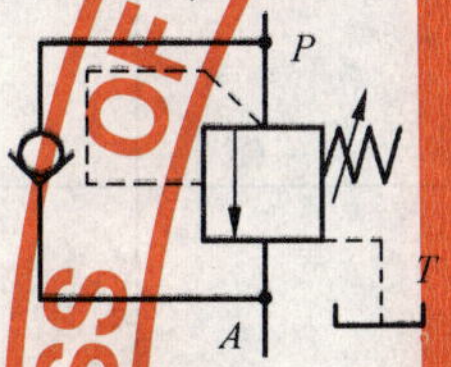			
卸荷阀		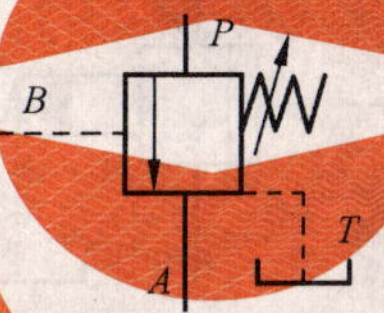		
单向卸荷阀		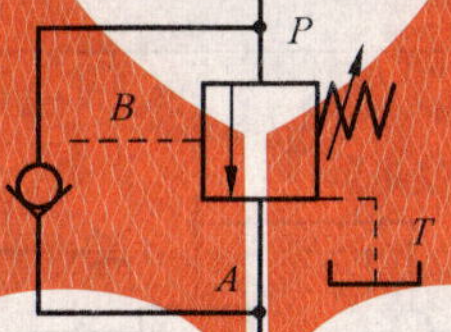		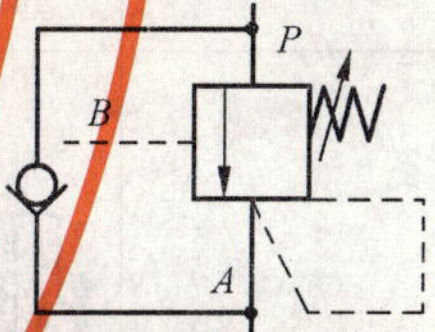
节流阀	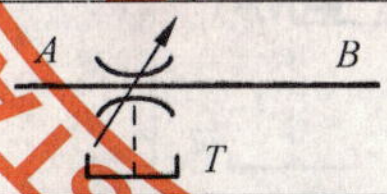		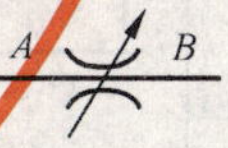	
单向节流阀	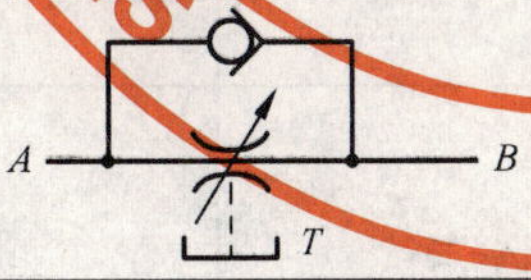		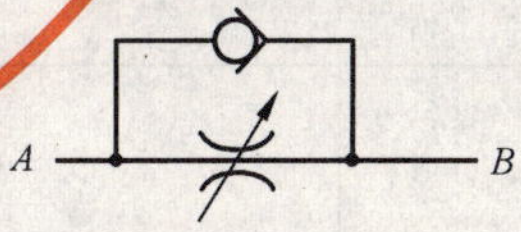	
单向阀				
液控单向阀		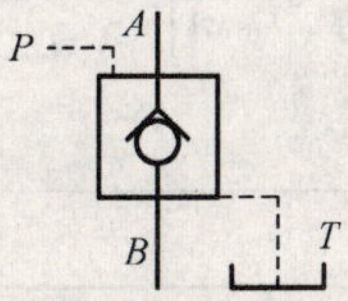		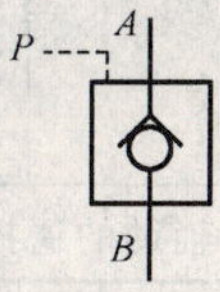

图 5 主油口最大直径为 7.5 mm 的直动式减压阀、顺序阀、卸荷阀、节流阀和单向阀的符号(代号:GB/T 8100-03-04-×-2006)

按 GB/T 14043 选择的型式代号	0	1	2	3
型式	外部泄油		内部泄油	
	内控	外控	内控	外控
减压阀	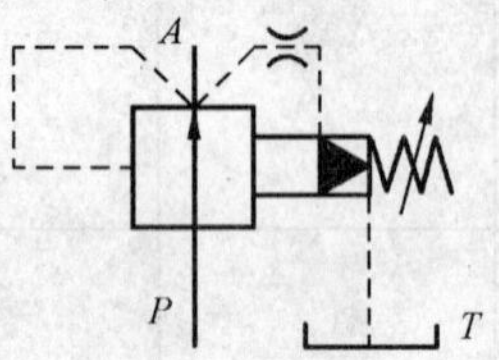	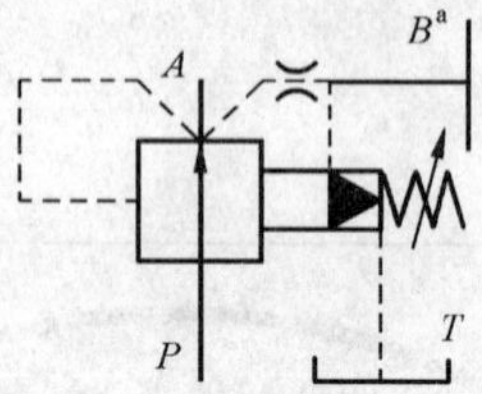		
单向减压阀	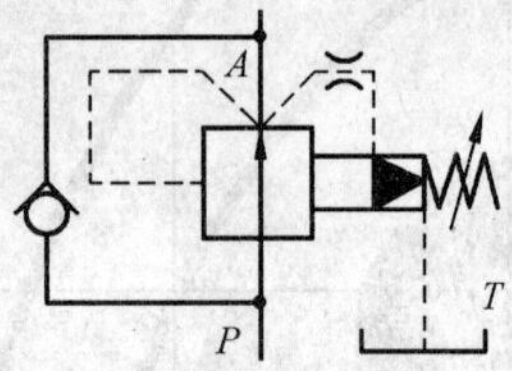	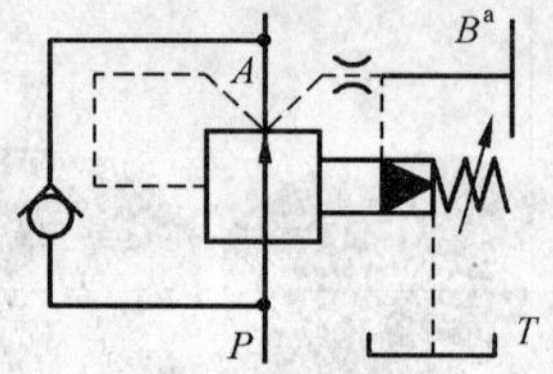		
顺序阀	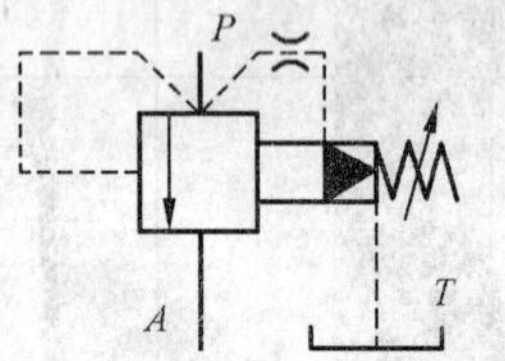	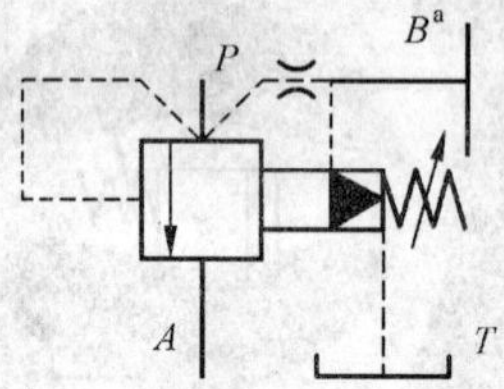		
单向顺序阀	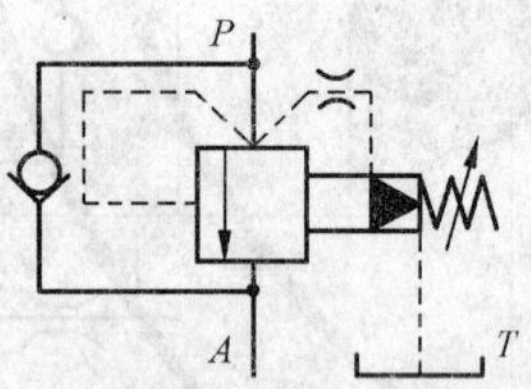	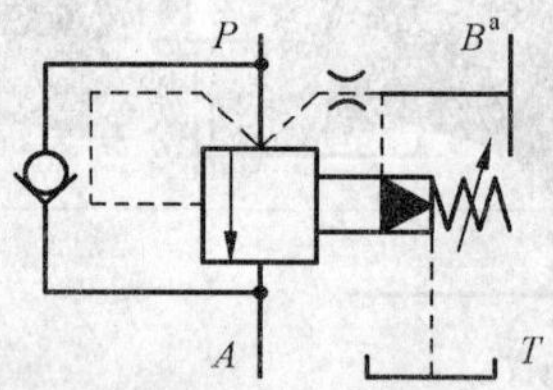		
卸荷阀		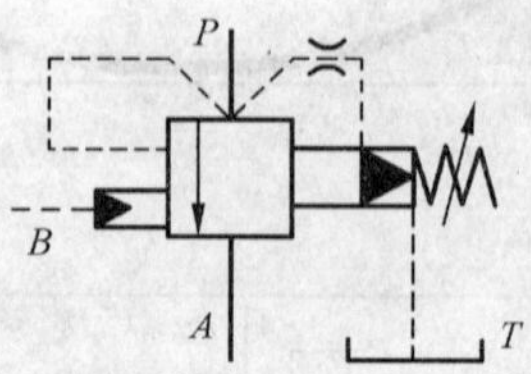		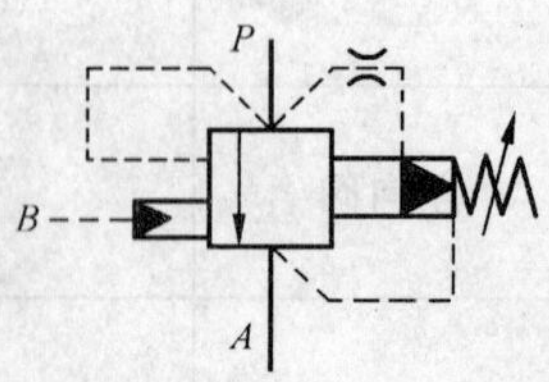
a 辅助的遥控油口,不用时可以堵上。				

图 6 主油口最大直径为 7.5 mm 的先导式减压阀、顺序阀、卸荷阀的符号(代号:GB/T 8100-03-04-×-2006)

代号:GB/T 8100-06-07-×-2006

单位为毫米

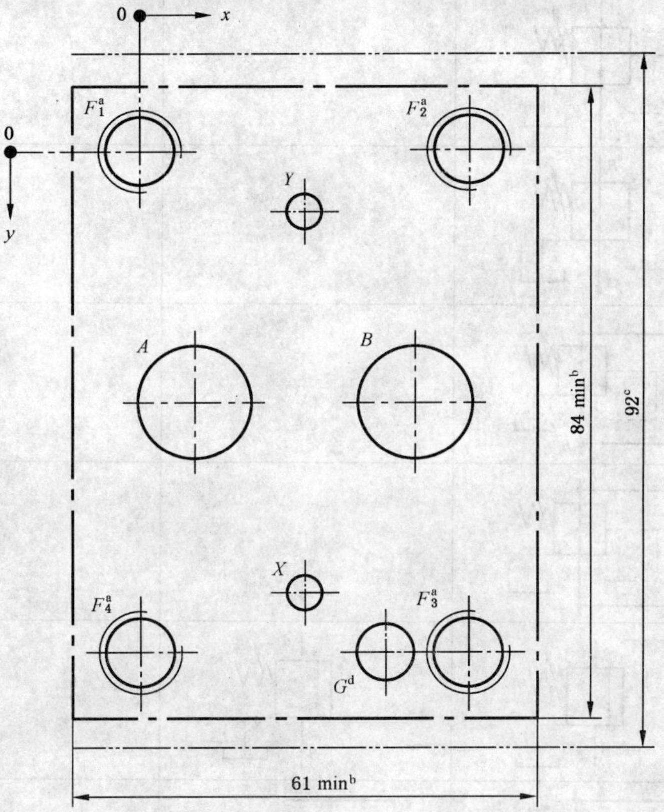

注 1:供应商应确定底板或油路块的最高工作压力。

注 2:图形符号见图 8 和图 9。

a 最小螺纹深度为螺钉直径 D 的 1.5 倍。为增强阀的互换性及减小固定螺钉长度,推荐总螺纹深度为 2D+6 mm。对于黑色金属材料的安装面,推荐固定螺钉的旋入深度为 1.25D。

b 指定粗点画线以内面积的尺寸是该安装面的最小尺寸。该矩形的直角处可做成圆角,最大圆角半径 r_{max} 为固定螺钉的螺纹直径。

c 该尺寸给出了具有此安装面的阀的最小安装空间。该尺寸也是同一集成块上两个相同安装面之中心线间的最小距离。

d 安装面上的盲孔配合阀上的定位销,其最小深度为 4 mm。

坐标轴	A	B	X	Y	G	F_1	F_2	F_3	F_4
	ϕ14.7 max	ϕ14.7 max	ϕ4.8	ϕ4.8	ϕ7.5	M10	M10	M10	M10
x	7.1	35.7	21.4	21.4	31.8	0	42.9	42.9	0
y	33.3	33.3	58.7	7.9	66.7	0	0	66.7	66.7

图 7 主油口最大直径为 14.7 mm 的减压阀、顺序阀、卸荷阀、节流阀和单向阀的安装面(规格 06)

按 GB/T 14043 选择的型式代号	0	1	2	3
型式	外部泄油		内部泄油	
	内控	外控	内控	外控
减压阀	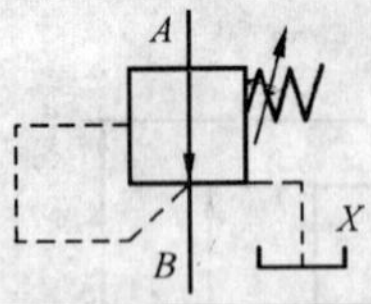			
	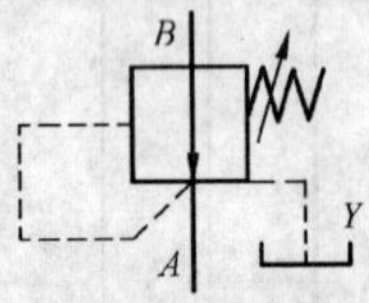			
单向减压阀	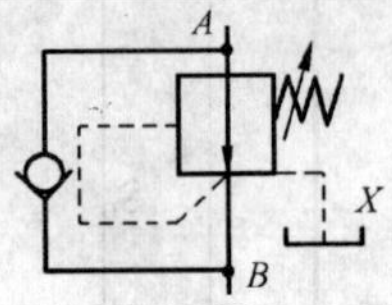			
	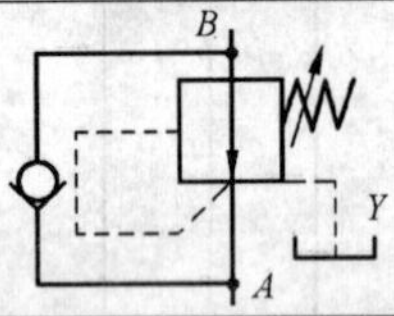			
顺序阀	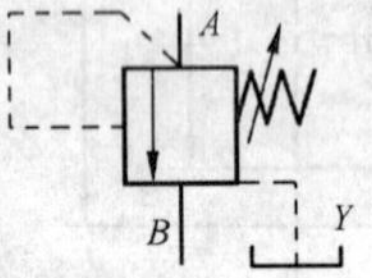	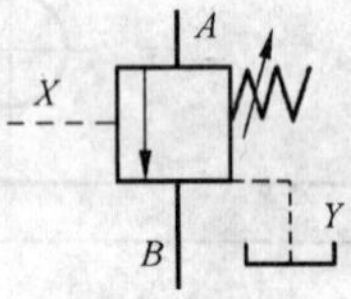		
单向顺序阀	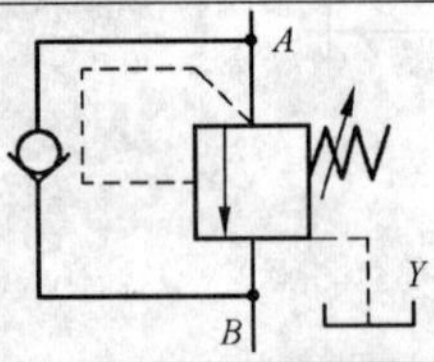	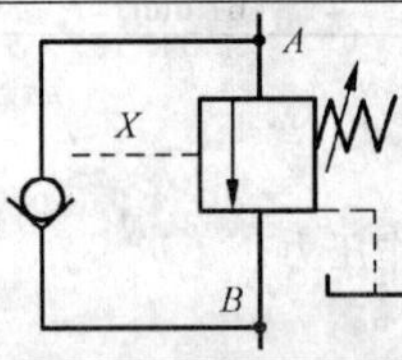		
卸荷阀		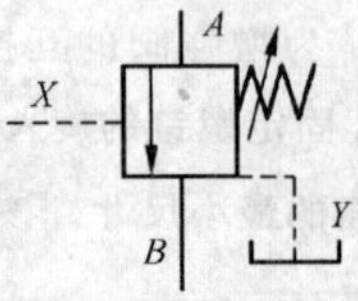		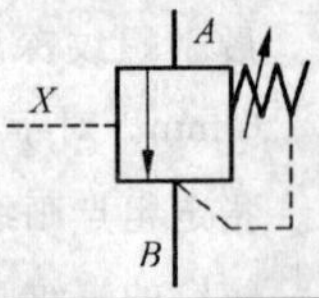
节流阀	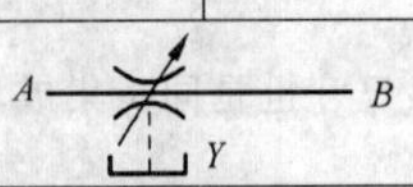			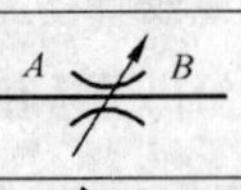
单向节流阀	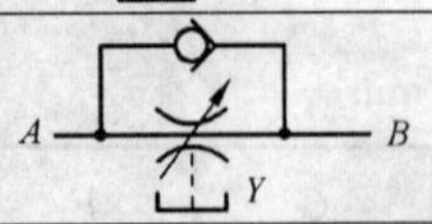			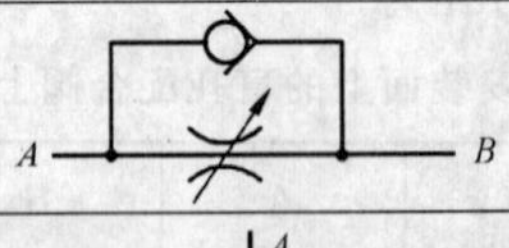
单向阀				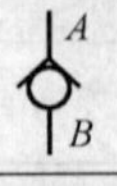
液控单向阀		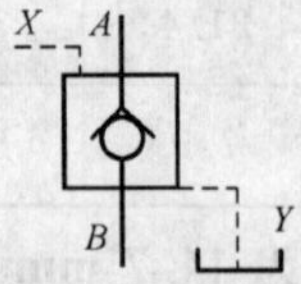		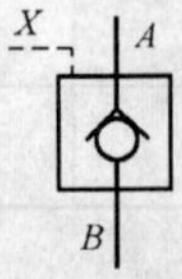

图 8　主油口最大直径为 14.7 mm 的直动式减压阀、顺序阀、卸荷阀、节流阀和单向阀的符号(代号:GB/T 8100-06-07-×-2006)

按 GB/T 14043 选择的型式代号	0	1	2	3
型式	外部泄油		内部泄油	
	内控	外控	内控	外控
减压阀	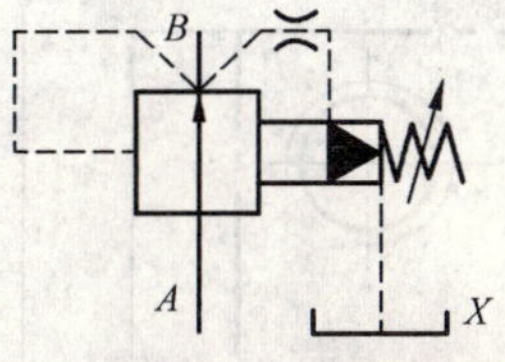	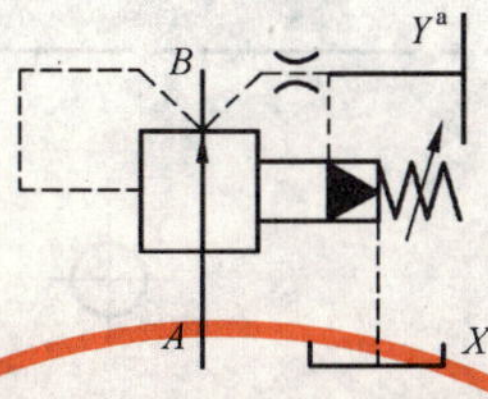		
	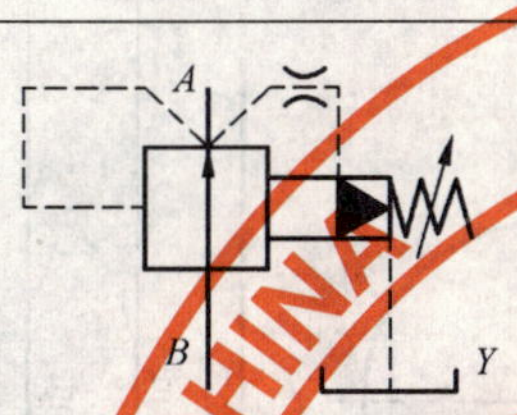	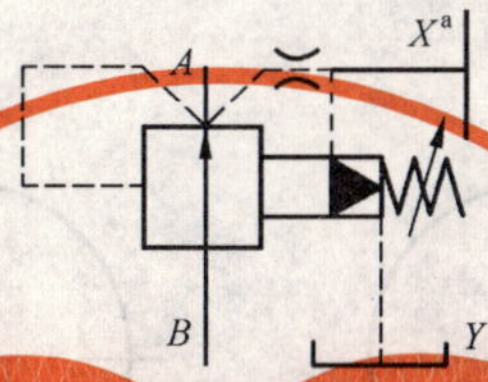		
单向减压阀	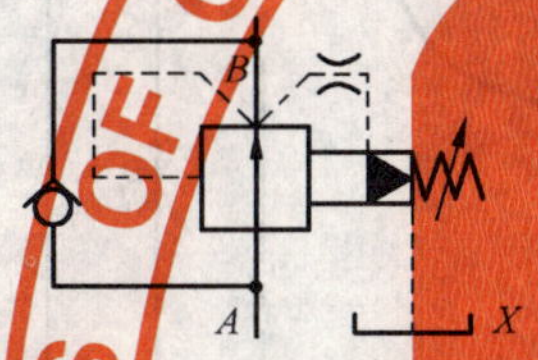	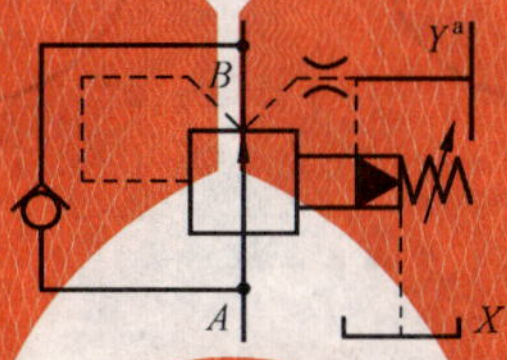		
	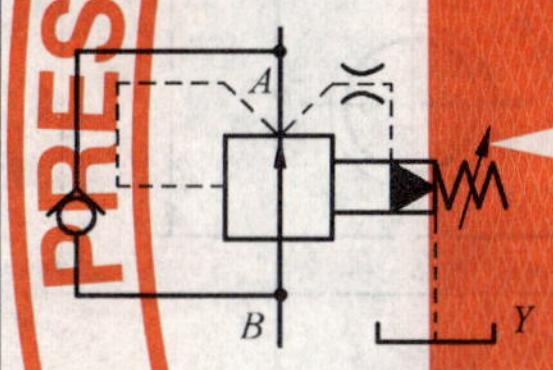	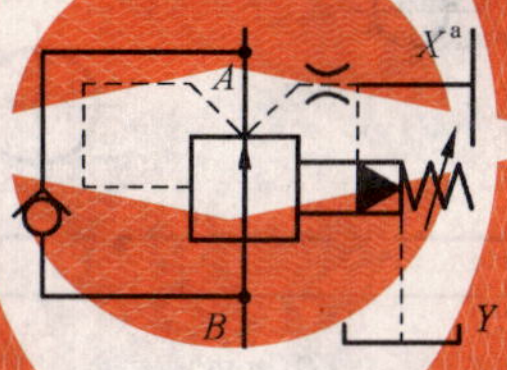		
顺序阀	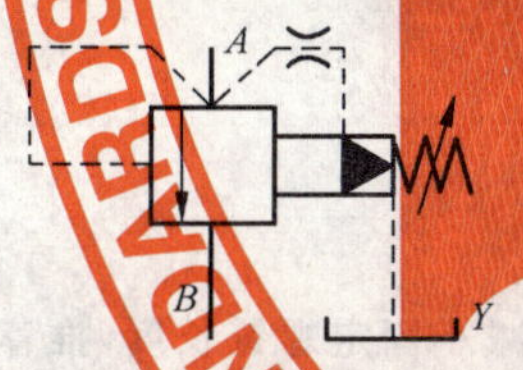	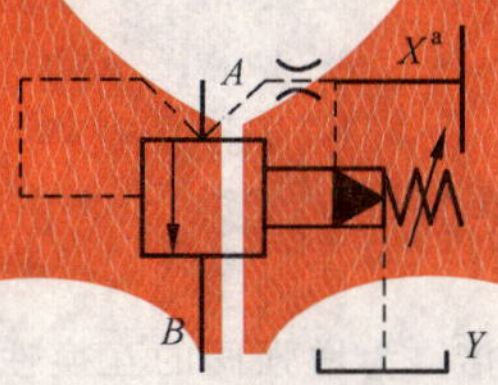		
单向顺序阀	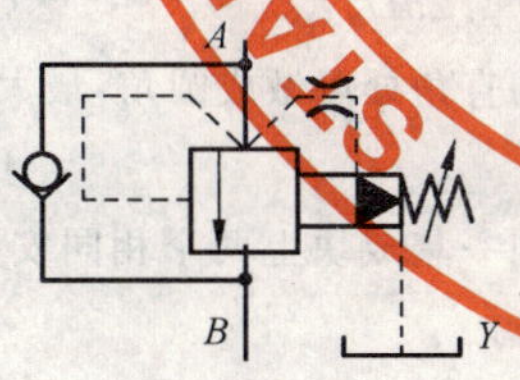	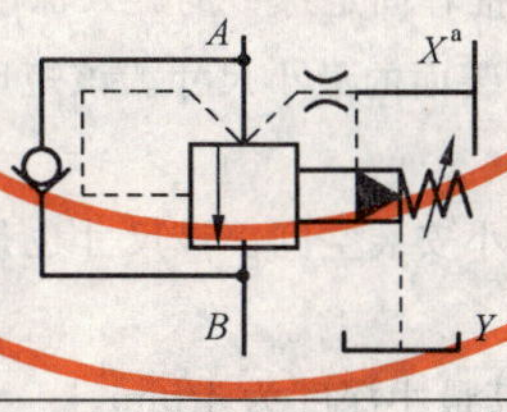		
卸荷阀		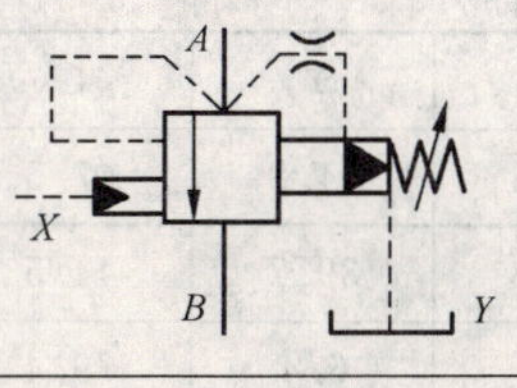		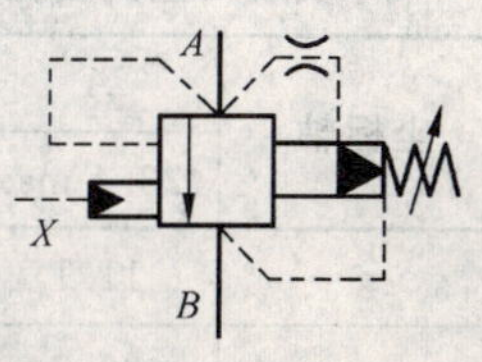
a 辅助的遥控油口，不用时可以堵上。				

图 9 主油口最大直径为 14.7 mm 的先导式减压阀、顺序阀、卸荷阀的符号(代号:GB/T 8100-06-07-×-2006)

代号:GB/T 8100-08-10-×-2006

单位为毫米

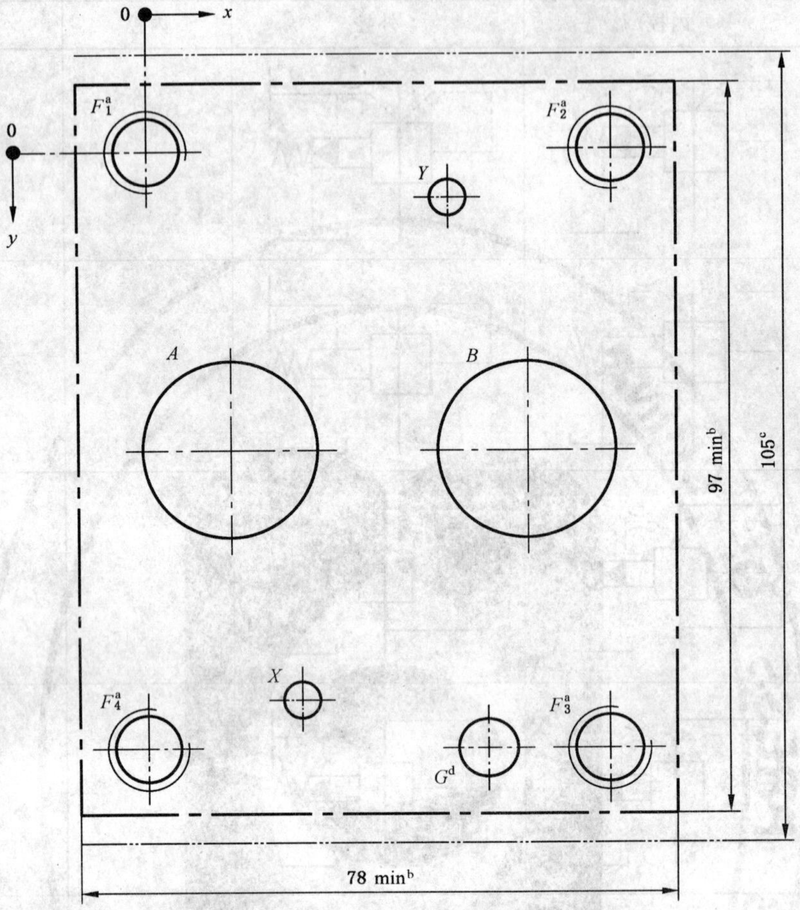

注1:供应商应确定底板或油路块的最高工作压力。

注2:图形符号见图11和图12。

a 最小螺纹深度为螺钉直径 D 的1.5倍。为增强阀的互换性及减小固定螺钉长度,推荐总螺纹深度为 $2D+6$ mm。对于黑色金属材料的安装面,推荐固定螺钉的旋入深度为 $1.25D$。

b 指定粗点画线以内面积的尺寸是该安装面的最小尺寸。该矩形的直角处可做成圆角,最大圆角半径 r_{max} 为固定螺钉的螺纹直径。

c 该尺寸给出了具有此安装面的阀的最小安装空间。该尺寸也是同一集成块上两个相同安装面之中心线间的最小距离。

d 安装面上的盲孔配合阀上的定位销,其最小深度为4 mm。

坐标轴	A	B	X	Y	G	F_1	F_2	F_3	F_4
	ϕ23.4 max	ϕ23.4 max	ϕ4.8	ϕ4.8	ϕ7.5	M10	M10	M10	M10
x	11.1	49.2	20.8	39.7	44.5	0	60.3	60.3	0
y	39.7	39.7	73	6.4	79.4	0	0	79.4	79.4

图10 主油口最大直径为23.4 mm的减压阀、顺序阀、卸荷阀、节流阀和单向阀的安装面(规格08)

按 GB/T 14043 选择的型式代号	0	1	2	3
型式	外部泄油		内部泄油	
	内控	外控	内控	外控
减压阀	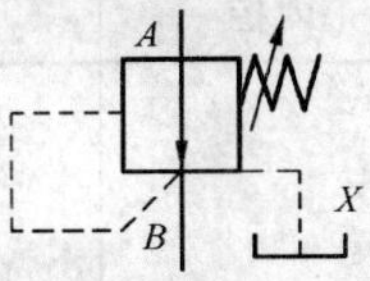			
	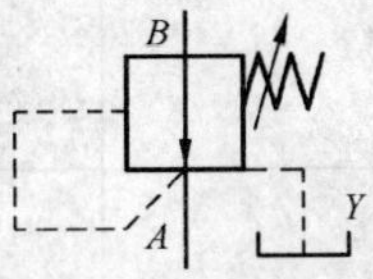			
单向减压阀	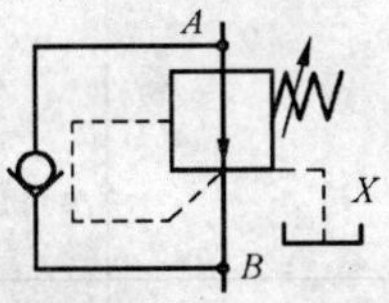			
	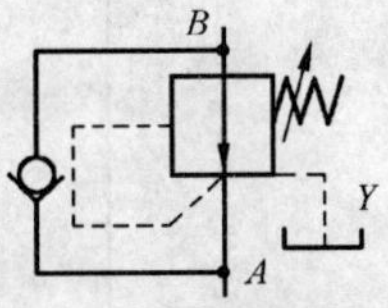			
顺序阀	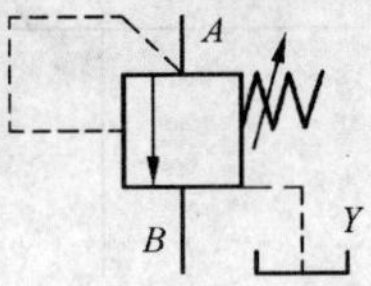	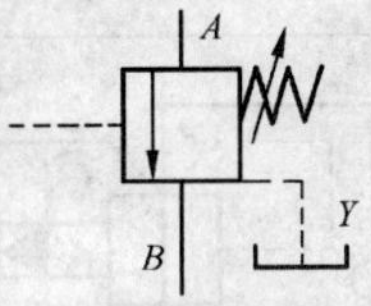		
单向顺序阀	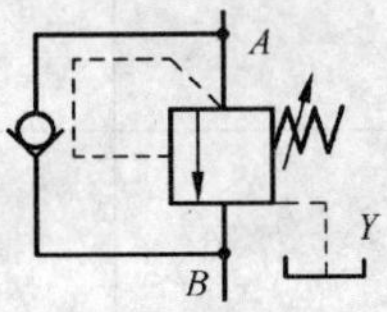	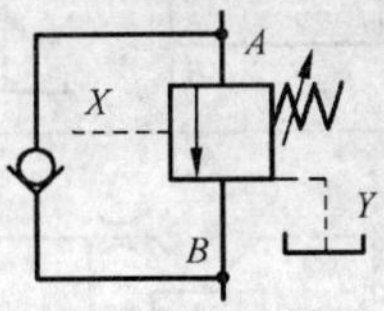		
卸荷阀		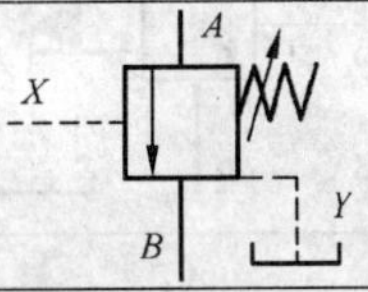		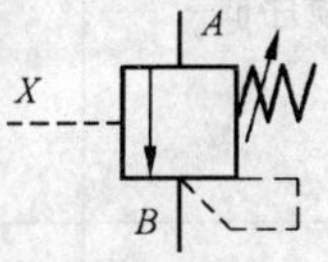
节流阀	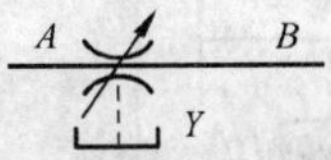		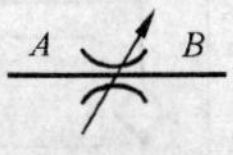	
单向节流阀	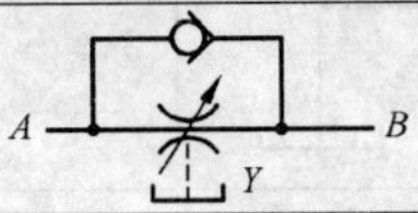		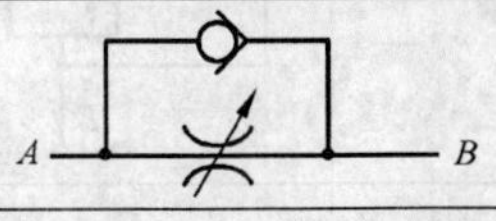	
单向阀				
液控单向阀		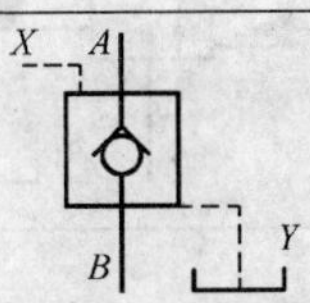		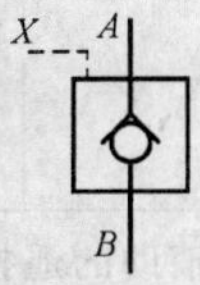

图 11　主油口最大直径为 23.4 mm 的直动式减压阀、顺序阀、卸荷阀、节流阀和单向阀的符号(代号:GB/T 8100-08-10-×-2006)

按 GB/T 14043 选择的型式代号	0	1	2	3
型式	外部泄油		内部泄油	
	内控	外控	内控	外控
减压阀	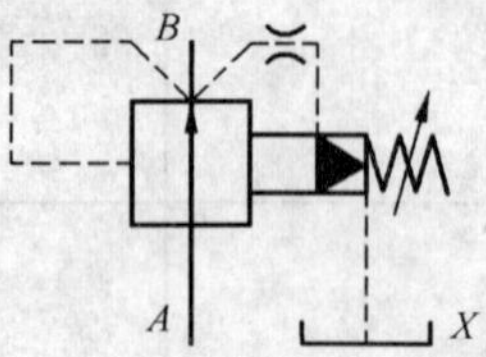	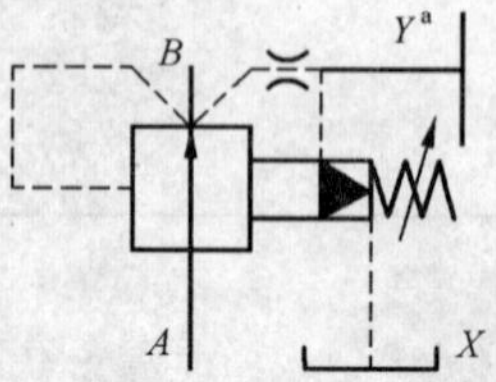		
	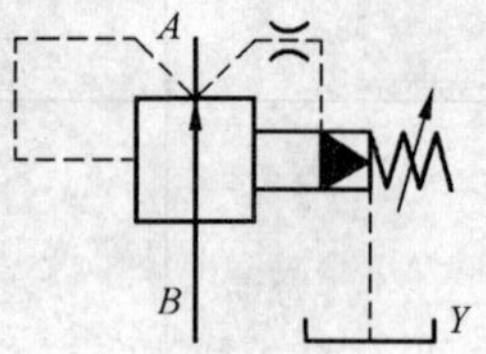	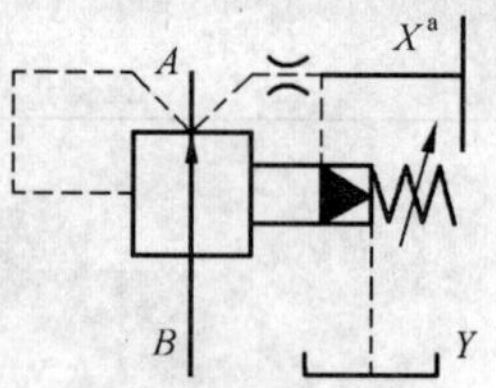		
单向减压阀	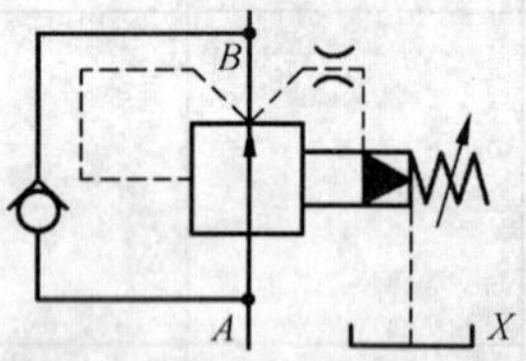	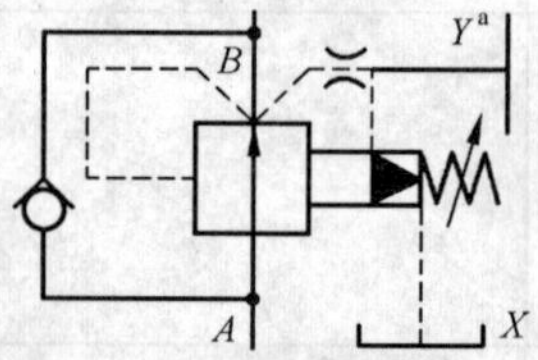		
	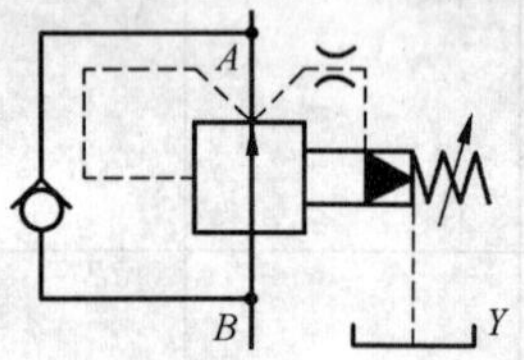	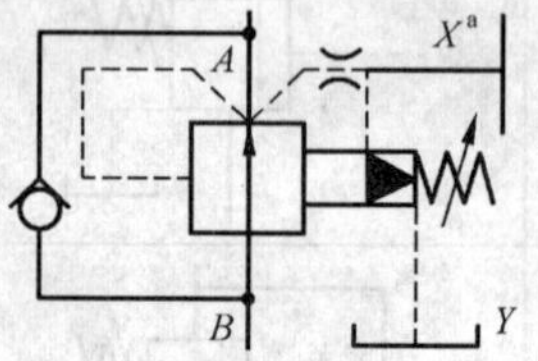		
顺序阀	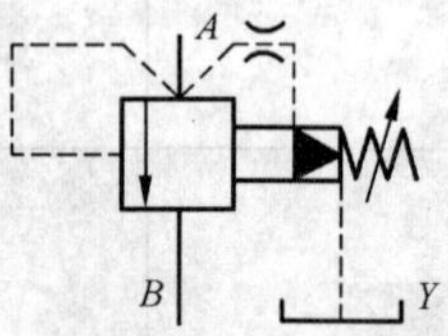	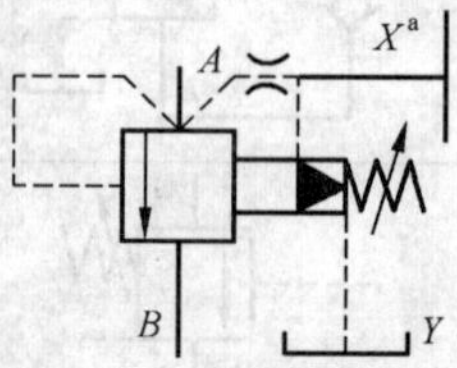		
单向顺序阀	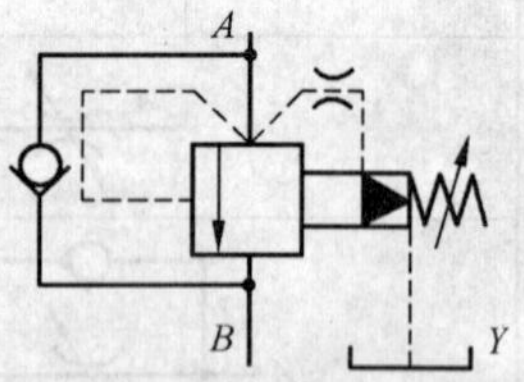	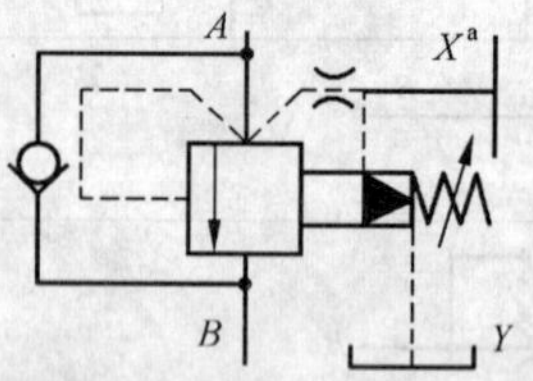		
卸荷阀		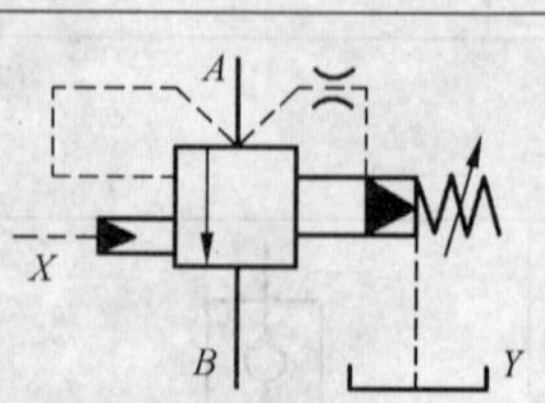		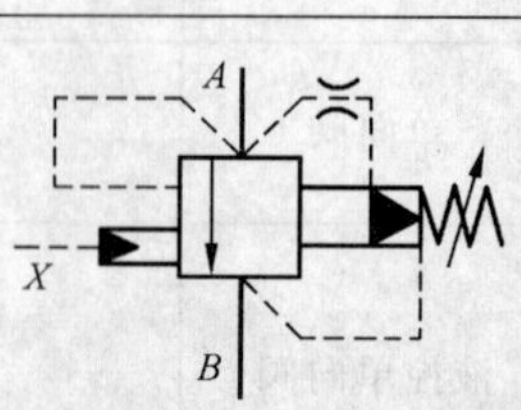

a 辅助的遥控油口，不用时可以堵上。

图 12 主油口最大直径为 23.4 mm 的先导式减压阀、顺序阀、卸荷阀的符号(代号:GB/T 8100-08-10-×-2006)

代号:GB/T 8100-09-13-×-2006

单位为毫米

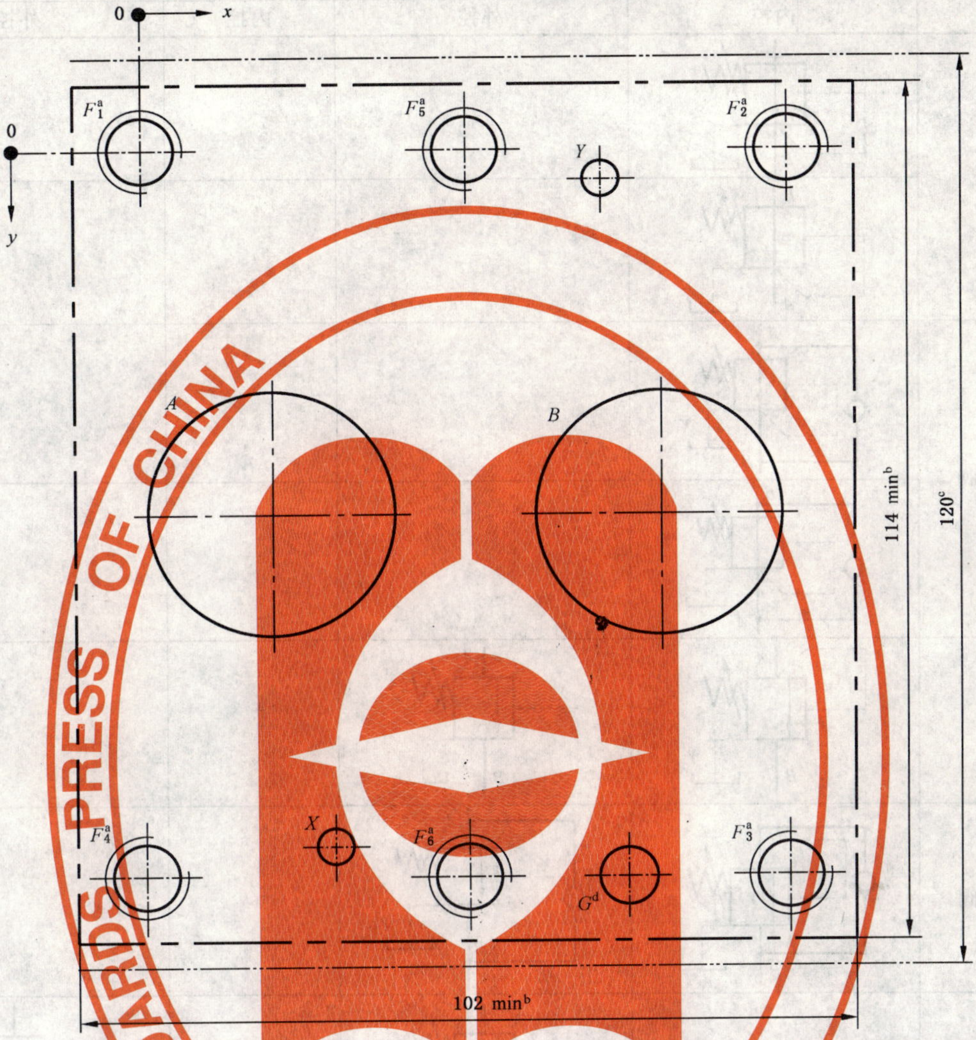

注 1：供应商应确定底板或油路块的最高工作压力。

注 2：图形符号见图 14 和图 15。

a 最小螺纹深度为螺钉直径 D 的 1.5 倍。为增强阀的互换性及减小固定螺钉长度，推荐总螺纹深度为 $2D+6$ mm。对于黑色金属材料的安装面，推荐固定螺钉的旋入深度为 $1.25D$。

b 指定粗点画线以内面积的尺寸是该安装面的最小尺寸。该矩形的直角处可做成圆角，最大的圆角半径 r_{max} 为固定螺钉的螺纹直径。

c 该尺寸给出了具有此安装面的阀的最小安装空间。该尺寸也是同一集成块上两个相同安装面之中心线间的最小距离。

d 安装面上的盲孔配合阀上的定位销，其最小深度为 4 mm。

坐标轴	A	B	X	Y	G	F_1	F_2	F_3	F_4	F_5	F_6
	ϕ32 max	ϕ32 max	ϕ4.8	ϕ4.8	ϕ7.5	M10	M10	M10	M10	M10	M10
x	16.7	67.5	24.6	59.6	62.7	0	84.1	84.1	0	42.1	42.1
y	48.4	48.4	92.9	4	96.8	0	0	96.8	96.8	0	96.8

图 13 主油口最大直径为 32 mm 的减压阀、顺序阀、卸荷阀、节流阀和单向阀的安装面(规格 09)

按 GB/T 14043 选择的型式代号	0	1	2	3
型式	外部泄油		内部泄油	
	内控	外控	内控	外控
减压阀	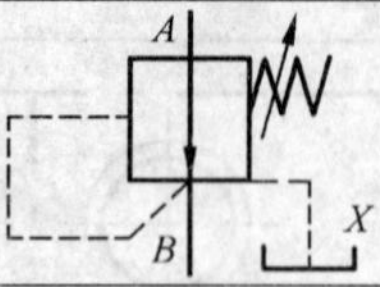			
	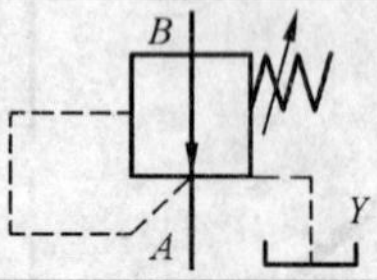			
单向减压阀	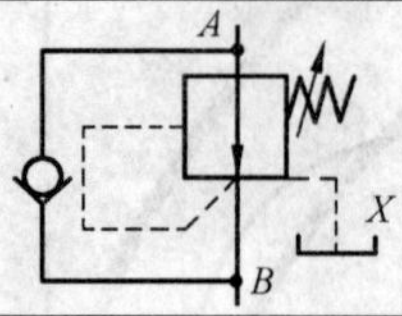			
	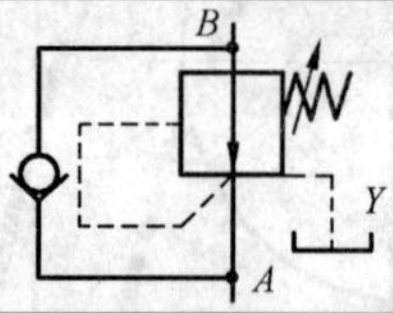			
顺序阀	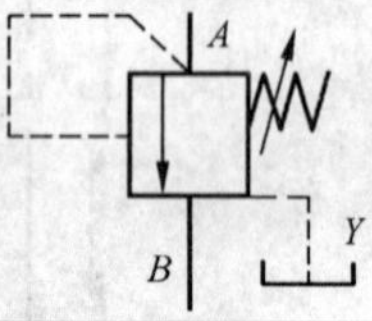	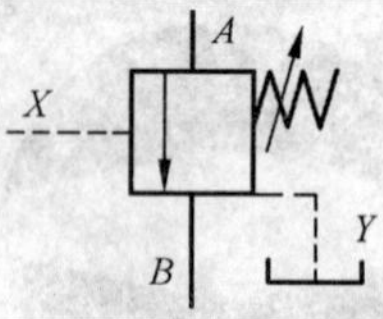		
单向顺序阀	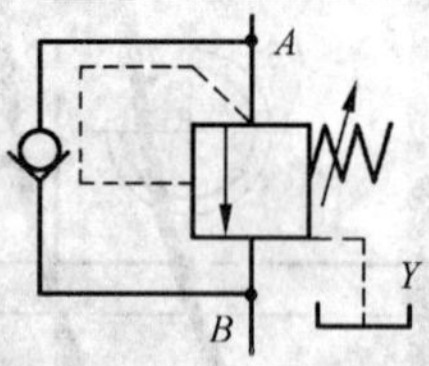	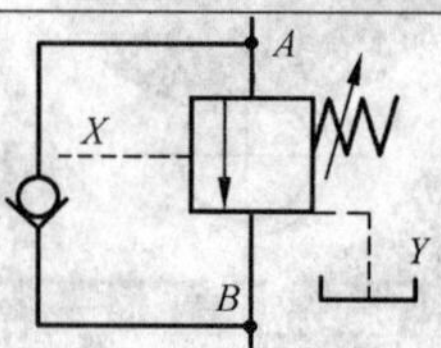		
卸荷阀		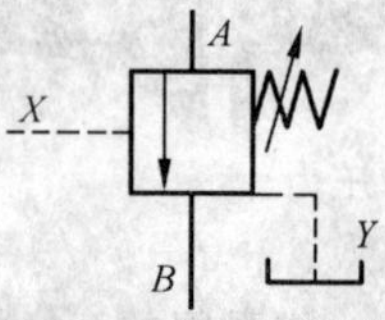		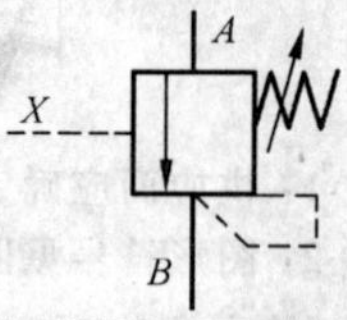
节流阀				
单向节流阀	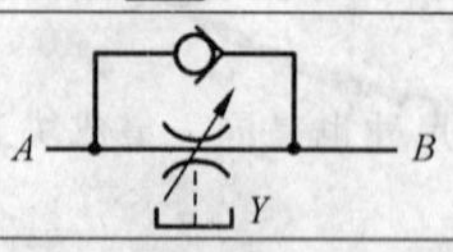		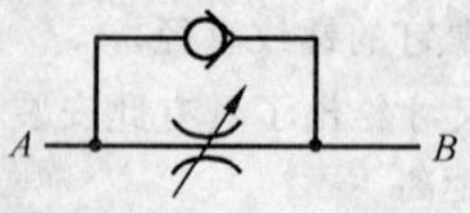	
单向阀				
液控单向阀		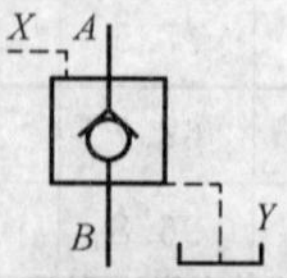		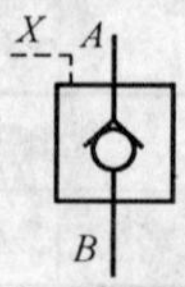

图 14 主油口最大直径为 32 mm 的直动式减压阀、顺序阀、卸荷阀、节流阀和单向阀的符号(代号:GB/T 8100-09-13-×-2006)

按 GB/T 14043 选择的型式代号	0	1	2	3
型式	外部泄油		内部泄油	
	内控	外控	内控	外控
减压阀	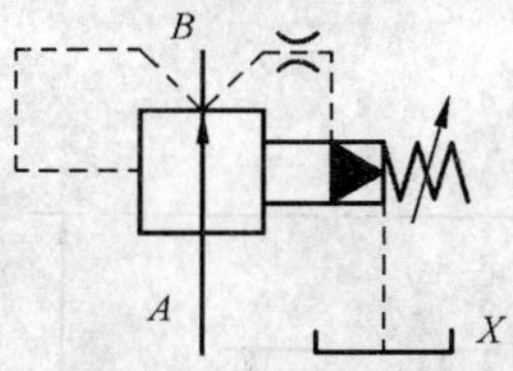	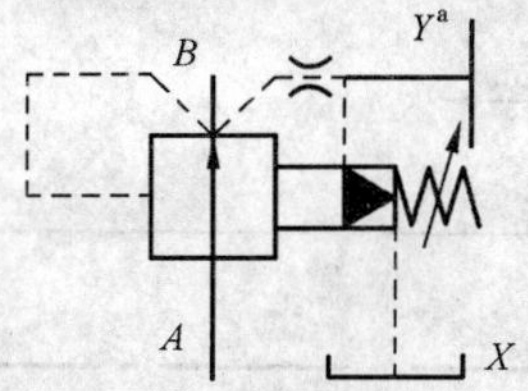		
	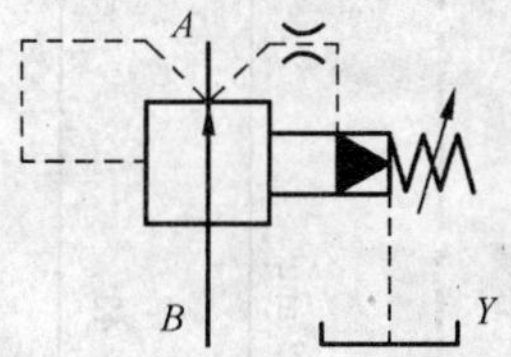	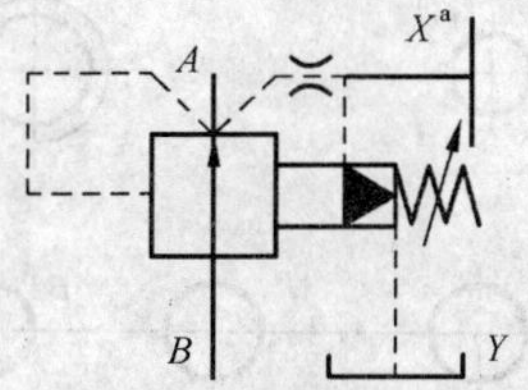		
单向减压阀	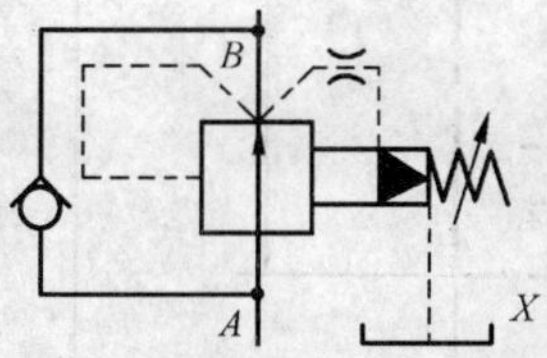	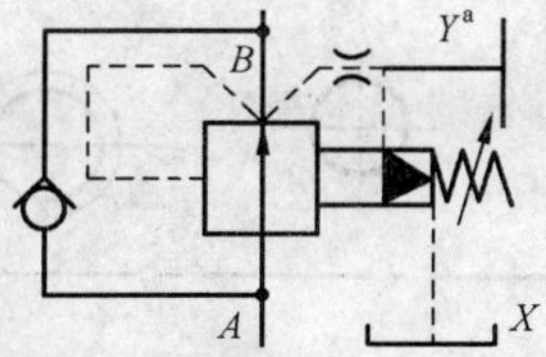		
	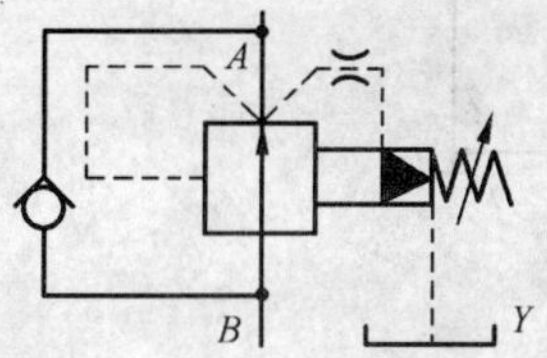	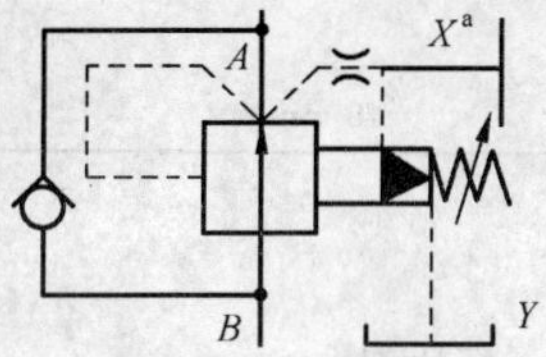		
顺序阀	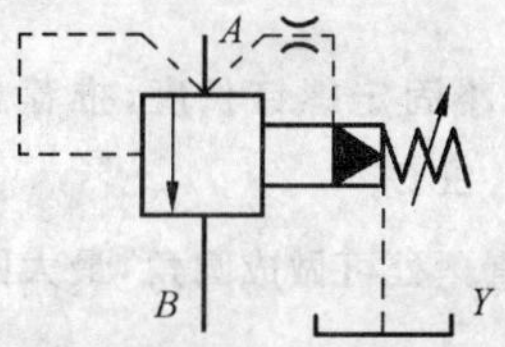	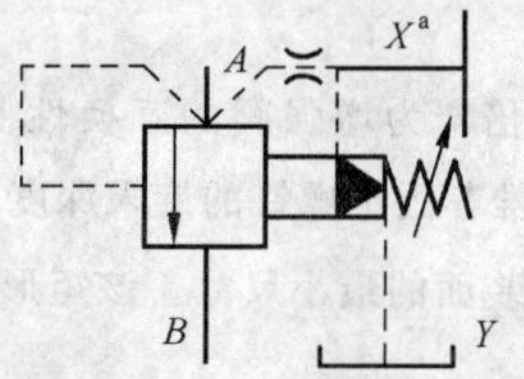		
单向顺序阀	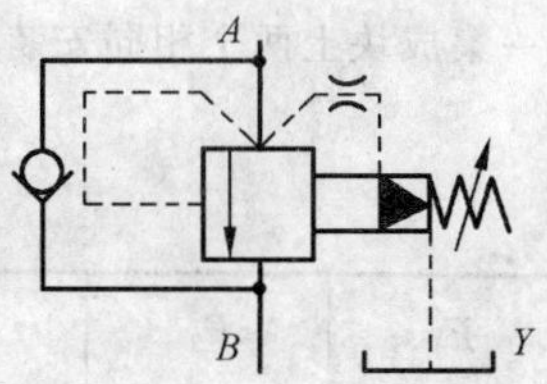	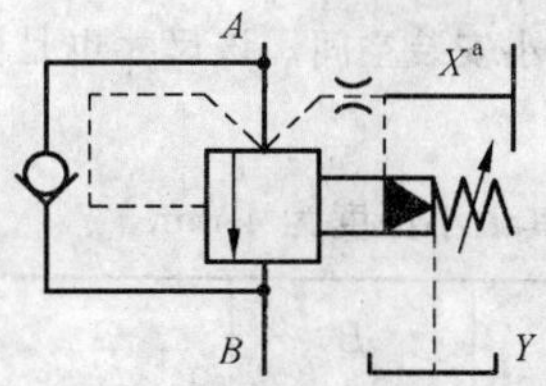		
卸荷阀		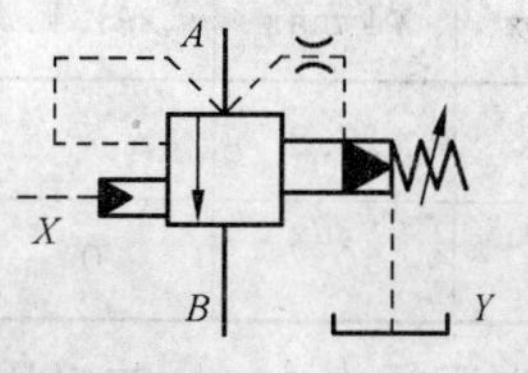		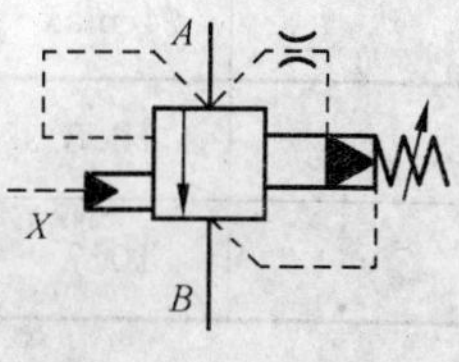

a 辅助的遥控油口，不用时可以堵上。

图 15 主油口最大直径为 32 mm 的先导式减压阀、顺序阀、卸荷阀的符号（代号：GB/T 8100-09-13-×-2006）

代号:GB/T 8100-01-16-×-2006

单位为毫米

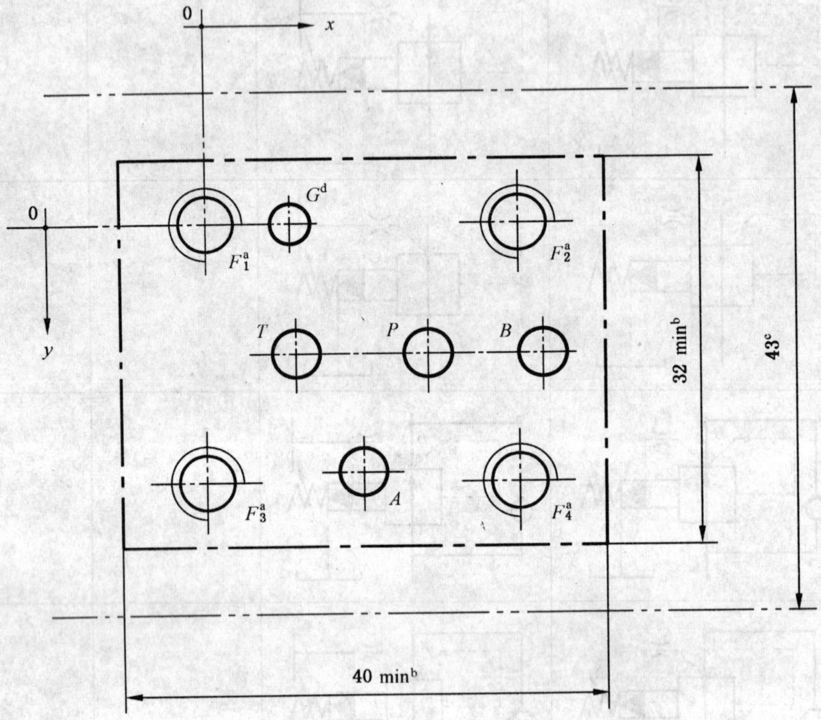

注 1:供应商应确定底板或油路块的最高工作压力。

注 2:图形符号见图 2 和图 3。

a 最小螺纹深度为螺钉直径 D 的 1.5 倍。为增强阀的互换性及减小固定螺钉长度,推荐总螺纹深度为 $2D+6$ mm。对于黑色金属材料的安装面,推荐固定螺钉的旋入深度为 $1.25D$。

b 指定粗点画线以内面积的尺寸是该安装面的最小尺寸。该矩形的直角处可做成圆角,最大圆角半径 r_{max} 为固定螺钉的螺纹直径。

c 该尺寸给出了具有此安装面的阀的最小安装空间。该尺寸也是同一集成块上两个相同安装面之中心线间的最小距离。

d 安装面上的盲孔配合阀上的定位销,其最小深度为 4 mm。

坐标轴	P	A	T	B	G	F_1	F_2	F_3	F_4
	ϕ4 max	ϕ4 max	ϕ4 max	ϕ4 max	ϕ3.4	M5	M5	M5	M5
x	18.3	12.9	7.5	27.8	7	0	25.8	25.8	0
y	10.7	20.6	10.7	10.7	0	0	0	21.4	21.4

图 16 主油口最大直径为 4 mm 的减压阀、顺序阀、卸荷阀、节流阀和单向阀的安装面(规格 01)

按 GB/T 14043 选择的型式代号	0	1	2	3
型式	外部泄油		内部泄油	
	内控	外控	内控	外控
减压阀	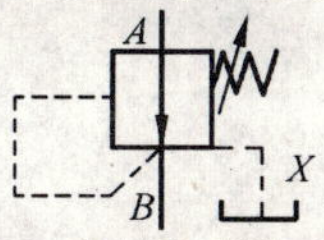			
	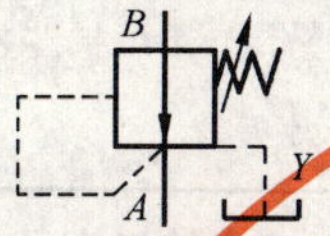			
单向减压阀	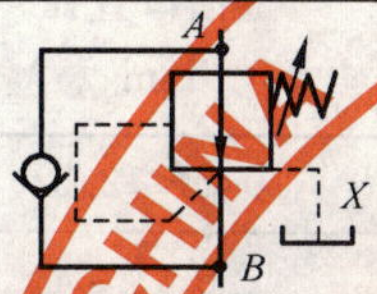			
	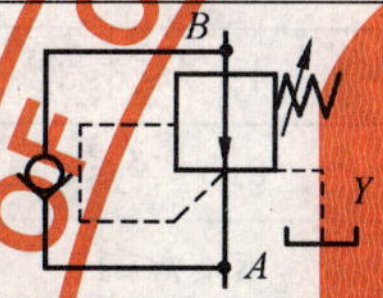			
顺序阀	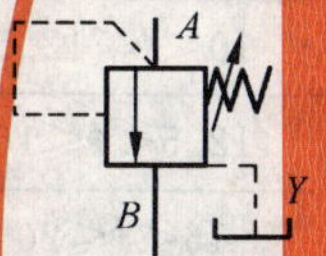	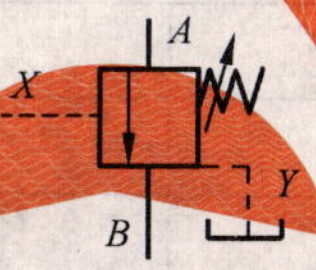		
单向顺序阀	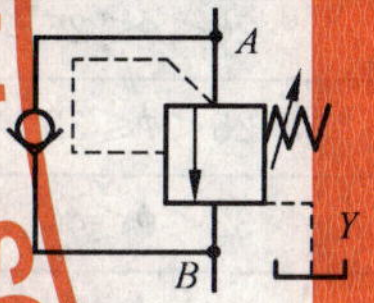	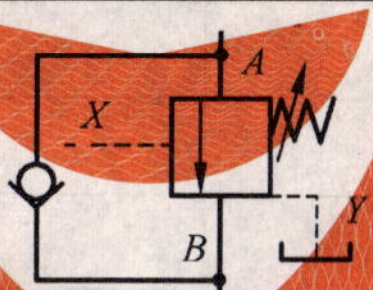		
卸荷阀		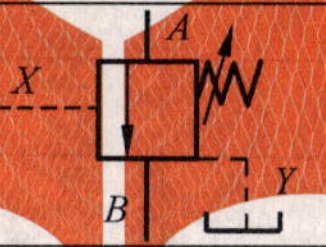		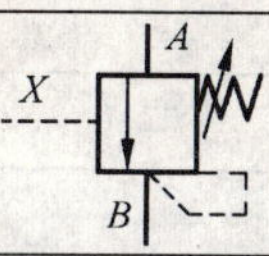
单向卸荷阀		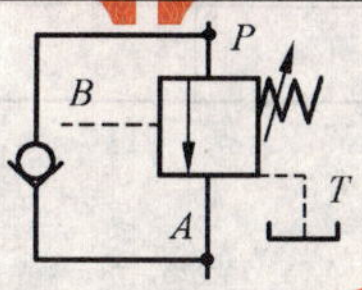		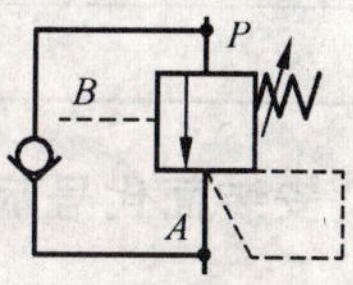
节流阀				
单向节流阀	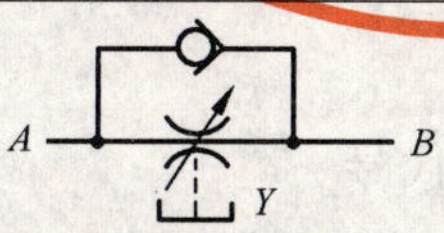		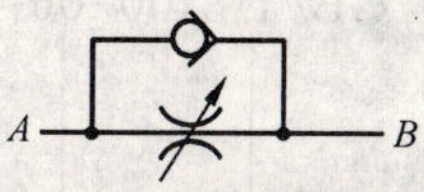	
单向阀			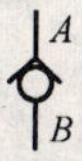	
液控单向阀		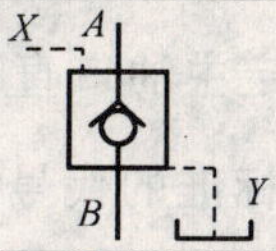		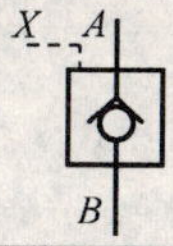

图 17 主油口最大直径为 4 mm 的直动式减压阀、顺序阀、卸荷阀、节流阀和单向阀的符号(代号:GB/T 8100-01-16-×-2006)

附　录　A
（资料性附录）
安装面代号规则示例

A.1　安装面规格

根据主油口直径尺寸确定的安装面规格见表 A.1。

表 A.1　规格代号

规格	主油口直径 mm
00	0<ϕ≤2.5
01	2.5<ϕ≤4
02	4<ϕ≤6.3
03	6.3<ϕ≤8
04	8<ϕ≤10
05	10<ϕ≤12.5
06	12.5<ϕ≤16
07	16<ϕ≤20
08	20<ϕ≤25
09	25<ϕ≤32
10	32<ϕ≤40
11	40<ϕ≤50
12	50<ϕ≤63
13	63<ϕ≤80
14	80<ϕ≤100

A.2　安装面代号示例

本标准中图 7 所示主油口最大直径为 14.7 mm 的外泄、内控型减压阀、顺序阀、节流阀和单向阀的安装面代号，示例如下：

GB/T 8100- 06- 07-0- 2006

- 2006——本标准的年代号
- 0——阀的型式代号（内泄、外泄；内控、外控）：外部泄油、内控
- 07——本标准中表示该安装面的图号
- 06——指定主油口直径的安装面规格
- GB/T 8100——本标准的代号

参 考 文 献

[1] GB/T 4458.4 机械制图 尺寸注法(GB/T 4458.4—2003)
[2] GB/T 1800.1—1997 极限与配合基础 第1部分:词汇(neq ISO 286-1:1988)
[3] GB/T 197—2003 普通螺纹 公差(ISO 965-1:1998,MOD)

ICS 65.020.30
B 43

GB

中华人民共和国国家标准

GB 8130—2006
代替 GB/T 8130—1987

太湖猪

Taihu pig

2006-09-04 发布　　　　　　　　　　2006-12-01 实施

中华人民共和国国家质量监督检验检疫总局
中国国家标准化管理委员会　发布

前　言

本标准全部技术内容为强制性。

本标准代替 GB 8130—1987《太湖猪》。本次修订遵照 GB/T 1.1—2000《标准化工作导则　第1部分:标准的结构和编写规则》。

本标准与 GB 8130—1987 相比主要变化如下:

——删除了原标准中开头的悬置段,增加了"范围",把原标准中开头的内容部分放到"范围"内,部分放到本标准后面去叙述。在本标准中加了"种猪等级评定标准和方法、种猪出场条件"等内容。(1987 年版的开头的悬置段,本版的第 1 章);

——将原标准中"太湖猪是分布于……"改为"太湖猪原产于……"(1987 年版的开头的悬置段,本版的 2.1);

——删除了原标准中提到的"横泾猪"。增加了"目前以梅山猪、二花脸猪、嘉兴黑猪较多。"等内容(1987 年版的开头的悬置段,本版的 2.2);

——增加了"类群划分",明确了"太湖猪按成年体重可分为大、中、小三种类型,其中:中梅山猪为大型,二花脸猪、枫泾猪、沙乌头猪为中型,小梅山猪、嘉兴黑猪、米猪为小型。"(本版 2.2);

——删除了原标准 1.1 中"凡有严重遗传损症者……"(1987 年版的 1.1);

——删除了原标准中有关生长发育的描述,增加了"60 日龄仔猪个体重",并将原标准中"6 月龄后备猪"改为本标准中的"120 日龄",增加了成年种猪体重测量的时间(1987 年版的 1.2,本版的 2.4);

——删除了原标准中"育成仔猪数……,45 日龄断奶窝重……"等内容,增加了"窝总产仔数"及其"头胎母猪"的产仔情况,增加了母猪初情期(1987 年版的 1.3,本版的 2.5);

——修改了肥育猪的营养表示方法及其屠宰率、膘厚、瘦肉率三个指标(1987 年版的 1.4,本版的 2.6 和 2.7);

——种猪等级评定阶段增加了"60 日龄"及其"必备条件"(本版的 3.1 、3.2 和 3.3);

——删除了原标准中的一些公式和表格以及成年猪的生长发育性能鉴定以体长为标准。将后备种猪评定指标从"体重与体长"两个指标,改为"体重"一个指标;根据各类群猪体重的大小,增加了各类群猪的分类及其校正系数(1987 年版的 2.1 和 2.2,本版的 3.4);

——简化了原标准中种母猪等级评定公式和方法,仅按经过校正后的"窝总产仔数和窝产活仔数"的高低评定;修改了母猪营养需要的表述方法(1987 年版的 2.3.1 、2.3.2 和 2.3.3,本版的 3.4);

——增加了种猪出场条件(本版第 4 章)。

本标准由中华人民共和国农业部提出。

本标准起草单位:江苏省畜牧兽医总站、南京农业大学、扬州大学、江苏省农科院、苏州市畜牧兽医站、无锡市畜牧兽医站、昆山市畜牧兽医站、江苏农林职业技术学院、常熟市畜禽良种场、锡山市种猪场、常熟市家畜改良站、昆山市种猪场、浙江省畜牧管理站。

本标准主要起草人:许秀平、王林云、孙宏进、经荣斌、王勇、葛云山、陆耿胜、张建生、肖玉琪、孙元鳞、钱利增、李定国、余良保、胡培全、戴志刚、陆建定。

太 湖 猪

1 范围

本标准规定了太湖猪的品种特征特性、种猪等级评定和种猪出场条件。

本标准适用于太湖猪品种鉴别和种猪等级评定。

2 品种特征特性

2.1 原产地和主要特点

太湖猪原产于长江下游和太湖流域，具有性成熟早、繁殖力高、肉质优良等优点。

2.2 类群划分

太湖猪分为梅山猪（包括中梅山猪和小梅山猪两类）、二花脸猪、嘉兴黑猪、枫泾猪、米猪、沙乌头猪等类群。目前以梅山猪、二花脸猪、嘉兴黑猪较多。太湖猪按成年体重可分为大、中、小三种类型，其中：中梅山猪为大型，二花脸猪、枫泾猪、沙乌头猪为中型，小梅山猪、嘉兴黑猪、米猪为小型。

2.3 外貌特征

头大额宽，面微凹，额部皱褶明显，耳大下垂，腹大下垂而不拖地，臀斜，腿瘦，皮厚，被毛稀疏，但各类群间有一定差别。乳房发育良好，有效乳头16个以上。二花脸猪、嘉兴黑猪、枫泾猪、米猪为全黑或青黑色；梅山猪、沙乌头猪为完全或不完全四脚白；部分猪有玉鼻，下腹皮肤呈现白色或紫红色。

2.4 生长发育

60日龄仔猪个体重不小于10 kg，120日龄后备种猪体重（m_1）以及成年种猪体重（m_2）（成年公猪指24月龄，成年母猪指三胎以上，怀孕两个月）见表1。

表1 120日龄后备种猪体重及成年种猪体重 单位为千克

类 型	120日龄后备种猪体重（m_1）	成年种猪体重（m_2）
大 型	$m_1 \geqslant 40$	$m_2 \geqslant 150$
中 型	$40 > m_1 \geqslant 32$	$150 > m_2 \geqslant 125$
小 型	$32 > m_1 \geqslant 24$	$125 > m_2 \geqslant 100$

2.5 繁殖性能

母猪初情期60日龄～120日龄，适配期100日龄～160日龄。头胎母猪总产仔数平均不少于11头，产活仔数平均不少于10头；母猪3胎～7胎总产仔数不少于14头，产活仔数不少于13头。

2.6 肥育性能

生长肥育猪20 kg～75 kg，或从85日龄开始，饲养135 d～140 d，在日粮含消化能11.5 MJ/kg～12.0 MJ/kg、粗蛋白质13%～14%的条件下，日增重不少于400 g。

2.7 胴体品质

在体重70 kg～75 kg屠宰时，屠宰率63%～65%，第6肋与第7肋间背膘厚35 mm～38 mm，胴体瘦肉率38%～45%。

3 种猪等级评定

3.1 必备条件

3.1.1 体型外貌符合本品种特征。

3.1.2 生殖器官发育正常。

3.1.3 无遗传疾患。

3.1.4 健康状况良好。

3.1.5 血缘清楚。

3.2 60日龄仔猪合格评定

3.2.1 双亲的等级评定均不低于三等。

3.2.2 体重不低于10 kg。

3.3 120日龄后备种猪等级评定

3.3.1 后备种猪应符合3.1的规定。

3.3.2 120日龄后备种猪的等级评定以体重(m)为依据，划分为特等、一等、二等和三等(见表2)。本阶段体重采用类群校正系数将各类群体重校正后再评定等级。各类群体重的校正系数：二花脸猪、沙乌头猪、枫泾猪为1.0，中梅山猪为0.85，小梅山猪、嘉兴黑猪、米猪为1.2。

表2 120日龄后备种猪等级评定标准

单位为千克

等　级	后备种猪体重(m)
特　等	$m \geqslant 38$
一　等	$34 \leqslant m < 38$
二　等	$32 \leqslant m < 34$
三　等	$27 \leqslant m < 32$

3.4 成年种猪的等级评定

3.4.1 参与评定的种猪应是通过120日龄评定为二等以上的公猪和三等以上的母猪。

3.4.2 种母猪的等级评定以窝总产仔数和产活仔数的综合指数为标准，指数按式(1)计算：

$$I = \frac{(\text{窝总产仔数} + \text{窝产活仔数})}{2} \times L \quad \cdots\cdots(1)$$

式中：

I——综合指数；

L——胎次的校正系数(1胎为1.33，2胎为1.09，3胎～7胎为1.00，8胎以上为1.02)。

3.4.3 种公猪的等级评定用至少5头与配母猪的平均成绩计算。

3.4.4 等级评定标准：在母猪怀孕期日粮含消化能11.42 MJ/kg～12.12 MJ/kg、粗蛋白质12%～12.5%，哺乳期日粮含消化能11.83 MJ/kg～12.43 MJ/kg、粗蛋白质14%～14.5%的条件下，按综合指数分为四等(见表3)。

表3 成年种猪等级评定标准

等　级	综合指数(I)
特　等	$I \geqslant 18$
一　等	$16 \leqslant I < 18$
二　等	$13 \leqslant I < 16$
三　等	$10 \leqslant I < 13$

4 种猪出场条件

4.1 经过60日龄评定为合格或120日龄评定不低于三等。

4.2 健康无病并经过免疫注射。

4.3 有种猪系谱卡和出场合格证。

ICS 73.060
D 42

中华人民共和国国家标准

GB/T 8152.1—2006/ISO 13545:2000(E)
代替 GB/T 8152.1—1987

铅精矿化学分析方法 铅量的测定 酸溶解-EDTA 滴定法

Methods for chemical analysis of lead concentrates —Determination of lead content —EDTA titration method after acid digestion

(ISO 13545:2000E Lead sulfide concentrates —Determination of lead content —EDTA titration method after acid digestion, IDT)

2006-08-24 发布　　2007-02-01 实施

中华人民共和国国家质量监督检验检疫总局
中国国家标准化管理委员会　发布

前　言

GB/T 8152—2006《铅精矿化学分析方法》共有10个部分：

——GB/T 8152.1　铅精矿化学分析方法　铅量的测定　酸溶解　EDTA滴定法；

——GB/T 8152.2　铅精矿化学分析方法　铅量的测定　硫酸铅沉淀　EDTA返滴定法；

——GB/T 8152.3　铅精矿化学分析方法　三氧化二铝量的测定　铬天青S分光光度法；

——GB/T 8152.4　铅精矿化学分析方法　锌量的测定　EDTA滴定法；

——GB/T 8152.5　铅精矿化学分析方法　砷量的测定　原子荧光光谱法；

——GB/T 8152.7　铅精矿化学分析方法　铜量的测定　火焰原子吸收光谱法；

——GB/T 8152.9　铅精矿化学分析方法　氧化镁量的测定　火焰原子吸收光谱法；

——GB/T 8152.10　铅精矿化学分析方法　银量和金量的测定　铅析或灰吹火试金和火焰原子吸收光谱法；

——GB/T 8152.11　铅精矿化学分析方法　汞量的测定　原子荧光光谱法；

——GB/T 8152.12　铅精矿化学分析方法　镉量的测定　火焰原子吸收光谱法。

其中GB/T 8152.6—1987《铅精矿化学分析方法　极谱法测定铋量》和GB/T 8152.8—1987《铅精矿化学分析方法　二硫代二安替比林甲烷分光光度法测定铋量》不变。

本部分为第1部分。

本部分等同采用ISO 13545:2000(E)《硫化铅精矿-铅含量的测定-酸溶解　EDTA滴定法》(英文版)。

本部分等同翻译ISO 13545:2000(E)。

为便于使用，本部分做了下列编辑性修改：

a) 用小数点“.”代替在国际标准中作为小数点的逗号“,”；

b) 用“本部分”代替“本国际标准”；

c) 按中文习惯改动了标准名称；

d) 删除了国际标准中封面、目次、前言和引言。

本部分代替GB/T 8152.1—1987《铅精矿化学分析方法　Na_2EDTA容量法测定铅量》，因为国际分析技术的发展，原标准已过时。与GB/T 8152.1—1987相比，有如下变动：

a) 本部分由原国家标准仅测定硫酸铅中铅量的基础上，增加了滤液和不溶渣中的铅量的测定，提高了方法的准确性。

b) 本部分增加了“范围”、“规范性引用文件”等规范性一般要素，并增加了“精密度”、“试验报告”等规范性技术要素，使标准文本更加完善。

c) 取消了原国家标准中的附录A《钡量超过铅量十分之一时铅量的测定》。

d) 增加了附录A《预干燥试料的制备与质量测定方法》、附录B《试样分析结果可接受性评价流程图》、附录C《精密度公式的推导》。

本部分附录A和附录B为规范性附录，附录C为资料性附录。

本部分由中国有色金属工业协会提出。

本部分由全国有色金属标准化技术委员会归口。

本部分由株洲冶炼集团有限责任公司负责起草。

本部分主要起草人：向德磊、曾凌云。

本部分由全国有色金属标准化技术委员会负责解释。

本部分所代替标准的历次版本发布情况为：

——YB 495—1975；

——GB/T 8152.1—1987。

铅精矿化学分析方法　铅量的测定
酸溶解-EDTA 滴定法

警告——本部分可能包括一些对人体有害的物质、操作步骤和设备。本部分的使用者应负责建立适当的卫生和安全措施,并在使用前确认这些规定限制的适用性。

1　范围

本部分规定了酸溶解后硫酸铅沉淀、EDTA 滴定法测定硫化铅精矿中铅含量的方法。

本部分适用于铅含量在 50%(质量分数)～80%(质量分数)的硫化铅精矿。本方法不适用于钡含量大于 1%(质量分数)的铅精矿。本标准为仲裁分析方法。

2　规范性引用文件

本部分引用下列标准的有关条款。本部分发布时,这些标准均为有效版本,所有标准都会被修订,因此,鼓励依据本部分达成协议的各方尽可能使用下列标准的最新版本。IEC 和 ISO 成员均持有现行有效的国际标准。

ISO 385.1:1984　实验室玻璃器皿——滴定管——第 1 部分:一般要求

ISO 648:1977　实验室玻璃器皿——单刻度移液管

ISO 1042:1998　实验室玻璃器皿——单刻度容量瓶

ISO 3696:1987　实验室分析用水——规范和试验方法

ISO 4787:1984　实验室玻璃器皿——容量玻璃器皿——使用方法和容量的测试

ISO 9599:1991　硫化铜、铅、锌精矿——分析样品中水份的测定——重量法

ISO 指南 35:1989　标准样品的鉴定——一般要求和统计原理

3　原理

试料用硝酸、硫酸和溴水溶解,用氢溴酸处理除去砷、锑和锡。铅通过硫酸铅沉淀与其他干扰元素分离,沉淀溶解于醋酸铵溶液中,用二甲酚橙作指示剂,EDTA 滴定溶液中铅。

4　试剂

分析过程仅使用分析纯试剂和符合 ISO 3696 规定的二级纯水。

4.1　稀盐酸,(1+1)

往 500 mL 水中缓慢加入 500 mL 盐酸(ρ_{20} 1.16 g/mL～1.19 g/mL)。

4.2　硝酸,ρ_{20} 1.42 g/mL

4.3　稀硝酸,(1+3)

往 300 mL 水中缓慢加入 100 mL 硝酸(4.2)。

4.4　稀硝酸,(1+9)

往 450 mL 水中缓慢加入 50 mL 硝酸(4.2)。

4.5　高氯酸,ρ_{20} 1.70 g/mL

4.6　氢氟酸,ρ_{20} 1.14 g/mL

4.7　氢溴酸,ρ_{20} 1.50 g/mL

4.8　稀硫酸,(1+1)

往 500 mL 水中边搅拌、边冷却缓慢加入 500 mL 硫酸(ρ_{20} 1.84 g/mL)。

4.9　稀硫酸,(1+99)

往 490 mL 水中缓慢加入 10 mL 硫酸(4.8)。

4.10　稀硫酸洗涤液

往 500 mL 硫酸(4.9)加入 50 mL 乙醇或甲醇(4.21),冷却。

4.11　硝硫混酸

往 250 mL 硝酸(4.2)中边搅拌、边冷却缓慢加入 250 mL 硫酸(ρ_{20} 1.84 g/mL)。

4.12　稀氨水,(1+1)

往 500 mL 水中缓慢加入 500 mL 氨水(ρ_{20} 0.90 g/mL)。

4.13　金属铅(≥99.99%)

金属表面未氧化,使用前可将金属铅于硝酸(4.4)中浸泡 1 min,用水洗净,再用丙酮洗净后,在烘箱中于 50℃烘干。

4.14　溴水

4.15　氯化钠

4.16　氯化钾

4.17　过氧化钠

4.18　碱性熔剂,一份碳酸钠与一份碳酸钾混合。

4.19　醋酸铵溶液

溶解 250 g 醋酸铵于水中,稀释至 1 000 mL,加入 25 mL 醋酸,混匀。

4.20　醋酸铵洗涤液

往 950 mL 水中缓慢加入 50 mL 醋酸铵溶液(4.19)。

4.21　乙醇〔99.5%(体积分数)〕或甲醇〔99.5(体积分数)〕。

4.22　抗坏血酸

4.23　铁(Ⅲ)溶液,(10 mg/mL)

加热溶解 1 g 铁于 30 mL 稀盐酸(4.1)中,加 5 mL 硝酸(4.2)氧化至铁(Ⅲ),冷却后用水稀释至 100 mL,此溶液用于基体匹配。

4.24　锌溶液(10 mg/mL)

加热溶解 1 g 锌〔≥99.9%,铅含量小于 0.001%(质量分数)〕于 20 mL 稀盐酸(4.1)中,冷却后用水稀释至 100 mL,此溶液用于基体匹配。

4.25　铅标准溶液(0.1 mg/mL)

称取 0.1 g 金属铅(4.13),准确至 0.1 mg,置于 200 mL 烧杯中,用 20 mL 稀硝酸(4.3)溶解,加热驱除氮的氧化物,冷至室温,加入约 50 mL 水,转入 1 000 mL 容量瓶,用水稀释至刻度。

4.26　乙二胺四乙酸二钠溶液,(0.01 mol/L EDTA 溶液)

溶解 0.38 g 乙二胺四乙酸二钠于 100 mL 水中,此溶液用于 7.6 中铋的选择性滴定。

4.27　乙二胺四乙酸二钠标准溶液,(0.025 mol/L EDTA 标准溶液)。

4.27.1　配制

溶解 9.4 g 乙二胺四乙酸二钠于 1 000 mL 水中;1 mL 此溶液相当于 5.2 mg 铅。按 4.27.2 进行标定。

4.27.2　标定

准确称取 3 份金属铅(4.13),每份 200 mg,准确至 0.1 mg,转入 3 个 400 mL 锥形烧杯中,其质量分别记录为 m_1,m_2 和 m_3。

注:金属铅的质量应与试样中铅含量的估计值相当。

加入 20 mL 稀硝酸(4.3),盖上表面皿,加热溶解完全。用水吹洗表面皿及杯壁,低温煮沸驱除氮的氧化物，冷却。加 30 mL 醋酸铵溶液(4.19)，用水稀释体积至 150 mL 左右，以稀氨水调节溶液的 pH 值为5.5～5.7，用 pH 计(5.6)测量，以下按 7.6 的步骤进行标定。记录消耗的 EDTA 标准溶液为 V_1、V_2 和 V_3。

按下式计算因子 f_1，f_2 和 f_3：

$$f_1=\frac{m_1}{V_1} \quad f_2=\frac{m_2}{V_2} \quad f_3=\frac{m_3}{V_3} \qquad \cdots\cdots(1)$$

计算 EDTA 标准溶液的平均因子 f，保留四位有效数字，f_1、f_2、f_3 的极差不超过 0.02 mg/mL，否则重新标定。

4.28 二甲酚橙溶液(1 g/L)

溶解 0.1 g 二甲酚橙于 100 mL 水中。

5 仪器

普通实验室仪器

5.1 容量玻璃器皿，A 级，符合 ISO 385-1，ISO 648 和 ISO 1042 的规定，按 ISO 4787 使用。

5.2 分析天平，灵敏度 0.1 mg。

5.3 铂坩埚或锆坩埚。

5.4 原子吸收光谱仪(AAS)，附铅空心阴极灯。

仪器条件：

——火焰：空气/乙炔；

——波长：217.0 nm 或 283.3 nm。

5.5 ICP 原子发射光谱仪(ICP)，可选。

5.6 pH 计。

6 取样

6.1 试样

按 ISO 9599 准备空气平衡的试样。

注：如果采用预先干燥试料，则不需空气平衡的试样(见附录 A)。

6.2 试料

采用多点多次取样的方式从试样中分取试料，称取 0.25 g～0.5 g 试料，精确至 0.1 mg，称取的试料中应含有铅约 200 mg。在称取试料的同时，称取部分试料，按 ISO 9599 测定水分。也可选择附录 A 提供的方法直接从实验室试样中准备预先干燥试料。

7 步骤

7.1 测定次数

在重复性试验条件下，每个样品至少重复测定两次。

注：重复性条件指对同一试样，用同一种方法，由同一个人在同一个实验室，使用同一种仪器，在较短的时间间隔内，进行的相互独立的试验的分析结果。

7.2 空白试验

使用相同量的试剂，但无试料，与试料分析的同时平行进行空白试验。

7.3 试料的分解

将试料转入 400 mL 锥型烧杯中，用 5 mL 水湿润，加入 10 mL～20 mL 硝酸(4.2)，滴加 1 mL～2 mL 溴水(4.14)，盖上表面皿，逐步加热至试料分解完全，稍冷，用少量热水吹洗表面皿及杯壁，再加入 10 mL 硫酸(4.8)，加热至冒浓白烟，冷却。

如杯中渣呈黑色(含有碳),向热溶液中慢慢加入少量硝硫混酸(4.11)至溶液无色或浅蓝色,然后再加热至冒浓白烟,冷却。

小心加入 5 mL 水和 10 mL 氢溴酸(4.7),缓慢加热至冒浓白烟,冷却。加入 5 mL 稀硝酸(4.8)和 10 mL 氢溴酸(4.7),再次缓慢加热至冒浓白烟,冷却。

注:试样含砷、锡、锑和/或硒小于 0.5%(m/m)时,不需要以上步骤。

7.4 硫酸铅的形成

用水仔细洗涤杯壁并调节体积至 100 mL 左右,缓慢加热至沸溶解盐类,冷却至室温。加 10 mL 乙醇或甲醇(4.21),将硫酸铅沉淀静置至少 2 h。

注:按照 7.5 的注 1 方法将硫酸铅沉淀放置过夜更好。

7.5 硫酸铅的分离和溶解

通过慢速滤纸过滤沉淀,用稀硫酸洗涤液(4.10)洗涤杯壁 2 次~3 次,先用稀硫酸洗涤液(4.10)洗涤滤纸上的沉淀 3 次~4 次,再用少量水洗涤,保留滤液和洗液于 400 mL 烧杯中,用 AAS 法测定铅量(见 7.7)。用温水将沉淀转入原 400 mL 锥型烧杯中。

注 1:用以下方法替代以上步骤更合适:

将沉淀留在烧杯中,用倾泻法通过慢速滤纸过滤溶液。先用稀硫酸洗涤液(4.10)洗涤杯中沉淀 3 次~4 次,后用水洗涤,用倾泻法过滤。然后先用稀硫酸洗涤液 (4.10)后用水洗涤滤纸上的沉淀 3 次~4 次,保留滤液和洗液于 400 mL 烧杯中用于 AAS 法测定铅量(见 7.7)。

将存有主量沉淀的原锥型烧杯置于原滤斗下,加入 30 mL 温热的醋酸铵溶液(4.19)于滤纸上溶解硫酸铅,然后用热水洗涤。收集洗液于原锥型烧杯中,用少量温热的醋酸铵溶液(4.19)洗涤烧杯壁。加热沸腾几分钟以溶解硫酸铅。通过原滤纸过滤溶液,用温热的醋酸铵洗涤液(4.20)仔细洗涤。收集滤液和洗液于 400 mL 烧杯中,用水稀释至 150 mL 左右,冷却。

注 2:如果溶液含少量 Fe(III),滴定终点不明显,此情况下,滴定前加入 0.2 g 抗坏血酸 (4.22)将 Fe(III)还原为 Fe(II)。

除非以前的试验证明在分解步骤(7.3)中试样中铅已完全溶解,否则应保留滤渣和滤纸用 AAS 法测定铅量(见 7.8)。

7.6 滴定

往溶液中加入 0.5 mL 二甲酚橙溶液(4.28)作指示剂,立即用 0.025 mol/L EDTA 标准溶液(4.27)滴定溶液由红色转为黄色,记录试料消耗的 0.025 mol/L EDTA 标准溶液体积为 V_4,空白试验消耗的体积为 V_5。

如试料中含铋量大于 0.1%(m/m),按以下步骤滴定:

用硝酸(4.2)调节溶液(7.5)的 pH 约 1.5,用 pH 计(5.6)测量,加入 0.5 mL 二甲酚橙溶液(4.28)作指示剂,立即用 0.01 mol/LEDTA 标准溶液(4.26)滴定溶液由紫红色转为黄色,用稀氨水(4.12)调节溶液(7.5)的 pH 约 5.5~5.7,用 pH 计(5.6)测量,然后用 0.025 mol/LEDTA 标准溶液(4.27)滴定溶液由红色转为黄色。

7.7 滤液中铅的测定

加热保留的滤液和洗液(7.5)至体积为 100 mL,加入 10 mL 稀盐酸(4.1),冷却后溶液转入 200 mL 容量瓶中,用水稀释至刻度。

校准溶液的准备:用移液管或微量滴定管移取 0 mL、0.50 mL、1.00 mL、3.00 mL、5.00 mL 铅标准溶液(4.25)分别于 200 mL 容量瓶中,分别加入 10 mL 稀盐酸(4.1)、10 mL 稀硫酸(4.8)和与试料中大致相当的铁和锌量,用水稀释至刻度。

于波长 217.0 nm 或 283.3 nm 处,采用背景扣除方法,于空气-乙炔火焰原子吸收光谱仪(5.4)测量试料溶液的吸光度。

用校准溶液中的铅量与吸光度绘制校准曲线,从曲线中查出试料溶液的铅量。

注:也可使用 ICP 原子发射光谱仪(5.5)于波长 220.35 nm 测定铅量。

7.8 不溶渣中铅的测定

放置保留的滤渣和滤纸于锆坩埚(5.3)中,于700℃～750℃干燥、燃烧。锆坩埚冷却后,加入4 g碱性熔剂(4.18)和1 g过氧化钠(4.17),电热板上加热熔融。冷却后,放置锆坩埚及熔融物于400 mL烧杯中,加50 mL水,盖上表面皿,放置至熔体溶解。缓慢加热至沸分解过氧化物,小心加入25 mL稀盐酸(4.1),反应停止后,用水洗出坩埚。溶液转入250 mL容量瓶中,用水稀释至刻度。

校准溶液的准备:用移液管或微量滴定管移取0 mL、0.50 mL、2.00 mL、5.00 mL铅标准溶液(4.25)分别于250 mL容量瓶中,分别加入10 mL稀盐酸(4.1)、2.1 g氯化钾(4.16)和3.7 g氯化钠(4.15)于容量瓶中,用水稀释至刻度。

如果滤渣(见7.5)含有少量的铅,用以下方法替代以上步骤:

放置保留的滤渣和滤纸于铂坩埚(5.3)中,低温干燥、灰化,于700℃～750℃燃烧。坩埚冷却后,加入3 mL硝酸(4.2)、2 mL～5 mL氢氟酸(4.6)和5 mL高氯酸(4.5),加热蒸发至近干,以四氟化硅除去硅。吹入少量水和10 mL稀盐酸(4.1),加热溶解。溶液转入100 mL容量瓶中,用水稀释至刻度。

校准溶液的准备:用移液管或微量滴定管移取0 mL、0.50 mL、2.00 mL、5.00 mL铅标准溶液(4.25)分别于100 mL容量瓶中,分别加入10 mL稀盐酸(4.1),用水稀释至刻度。

于波长217.0 nm或283.3 nm处,采用背景扣除方法,于空气-乙炔火焰原子吸收光谱仪(5.4)测量试料溶液和校准溶液的吸光度。用校准溶液中的铅量与吸光度绘制校准曲线,从曲线中查出试料溶液的铅量。

注:也可使用ICP原子发射光谱仪(5.5)于波长220.35 nm测定铅量。

8 结果表示

试料中铅的含量,用质量分数(%)表示,精确到小数后两位,按下式计算:

$$w(\mathrm{Pb}) = \frac{(V_4 - V_5) \times f + m_4 + m_5}{m} \times 100 \times \frac{100}{100 - H} \qquad \cdots\cdots(2)$$

式中:

V_4——滴定试样溶液消耗的EDTA标准溶液的体积,单位为毫升(mL);

V_5——滴定空白溶液消耗的EDTA标准溶液的体积,单位为毫升(mL);

f——EDTA标准溶液的因子,单位为每毫升相当于铅的毫克量(mg/mL);

m_4——不溶渣中铅的质量,单位为毫克(mg);

m_5——滤液中铅的质量,单位为毫克(mg);

m——试料的质量,单位为毫克(mg);

H——试料中水分的质量百分数。若使用干燥的试料,$H=0$。

9 准确度

9.1 精密度

9.1.1 精密度的表示

分析方法的精密度由下式表示:

$$s_r = 0.065\,8 \qquad \cdots\cdots(3)$$

$$s_R = 0.135\,7 \qquad \cdots\cdots(4)$$

式中:

s_r——实验室内标准偏差,以铅的质量分数表示;

s_R——实验室间标准偏差,以铅的质量分数表示。

注:更多的信息见附录C。

9.1.2 获得最终结果的方法

见附录 B。

根据双份分析结果 x_1 和 x_2 计算下列量，根据附录 B 中的流程图进行处理：

平行分析结果平均值：

$$x = \frac{(x_1 + x_2)}{2} \quad \cdots\cdots (5)$$

重复性限：

$$r = 2.8, s_r = 0.1842 \quad \cdots\cdots (6)$$

9.1.3 实验室间的精密度

实验室之间的精密度用来决定两个或两个以上实验室之间分析结果的一致性。假定所有的实验室均按照相同的程序操作。

计算下列量：

最终平均结果：

$$\mu_{1,2} = \frac{(\mu_1 + \mu_2)}{2} \quad \cdots\cdots (7)$$

实验室间标准偏差：

$$s_R = 0.1357 \quad \cdots\cdots (4)$$

实验室内标准偏差：

$$s_r = 0.0658 \quad \cdots\cdots (3)$$

允许差：

$$P = 2.8\sqrt{s_R^2 + (s_r^2/2)} \quad \cdots\cdots (8)$$

范围：

$$E = |\mu_1 - \mu_2| \quad \cdots\cdots (9)$$

式中：

μ_1——由第一个实验室报出的铅的质量分数；

μ_2——由第二个实验室报出的铅的质量分数。

若 $E \leqslant P$，则最终结果一致。

9.2 准确性

9.2.1 准确性的检查

分析结果的准确性可通过检查认证标准样品(CRM)来证实。其程序同第 7 章。当精密度被确认后，最终试验结果可与认证值 A_c 进行比较。

存在下列两种可能

$$|\mu_c - A_c| \leqslant C \quad \cdots\cdots (10)$$

如果这个条件存在，报告的结果与认证值的差值可以忽略。

$$|\mu_c - A_c| > C \quad \cdots\cdots (11)$$

如果这个条件存在，报告的结果与认证值的差值不能忽略。

式(10)和(11)中，各符号代表的意义如下：

μ_c——测量认证标准样品铅的质量分数。

A_c——认证标准样品中铅的质量分数的认证值。

C——为一个表示铅的百分含量的量，它的值取决于 9.2.2 中定义的认证标准样品类型。

9.2.2 认证标准样品(CRM)或标准样品(RM)的类型

用于该目的的标准样品应根据 ISO 指南 35 制备和标定。

a) 标准样品的认证/确认由实验室间进行

C 量(见 9.2.1),表示铅的质量分数,由下式决定:

$$C = 2\sqrt{s_R^2 + (s_r^2/n) + s^2\{Ac\}} \quad \cdots\cdots (12)$$

式中:

$s^2\{Ac\}$——认证值的差异;

n——重复测定的次数。

b) 标准样品的认证/确认由一个实验室进行

C 量(见 9.2.1),表示铅的质量分数,由下式计算:

$$C = 2\sqrt{s_R^2 + (s_r^2/n)} \quad \cdots\cdots (13)$$

注:应避免推荐使用这种类型的认证标准样品,除非已知这种特殊的认证标准样品具有无偏差的认证值。

10 试验报告

试验报告应包含以下信息:

a) 试样的标识;

b) 该标准方法的编号;

c) 以质量分数表示的试样的铅含量;

d) 分析日期;

e) 在测定中发生的可能影响分析结果的现象。

附　录　A
（规范性附录）
预干燥试料的制备与质量测定方法

A.1　范围

本附录规定了硫化铅精矿分析中预先干燥试料的制备和质量测定方法。

本方法适用于不易氧化的且水分含量为0.05%～2%的硫化铅精矿。

A.2　原理

用于分析的试料在105℃±5℃的烘箱中，于空气中干燥，干燥的试料称重后用于分析，不需要校正水分含量。

A.3　试剂

干燥剂，变色硅胶或无水高氯酸镁。

警告——当处理失效的高氯酸镁时必须小心，一定要用流水冲下水池。

A.4　仪器

普通实验室仪器，还包括

A.4.1　分析天平，感量0.1 mg。

A.4.2　称量器皿，由玻璃制品、硅制品或耐腐蚀金属制成，有紧密的隔绝空气的密封盖。用于少量试样（小于3 g）的器皿，质量应尽可能小，例如小于20 g。

A.4.3　实验室烘箱，能在105℃±5℃恒温。

A.5　步骤

A.5.1　称量器皿的准备

将称量器皿及密封盖（A.4.2）放入实验室烘箱（A.4.3）中，于105℃±5℃烘1 h。将称量器皿及密封盖转移至一盛有适当的新鲜干燥剂（A.3.1）的干燥器中，冷却至室温。

A.5.2　试料

称取称量器皿及密封盖（A.4.2），迅速地加入一定量用于分析的试样，这里，不需要精确的试料与密封盖的总量。

A.5.3　干试料质量的测定

将盛有试料的未加盖的称量器皿和密封盖放入实验室烘箱（A.4.3）中，于105℃±5℃干燥2 h，2 h后，将称量器皿和干燥试料移出烘箱，盖上密封盖，于干燥器中冷却至室温。将盛有干燥试样的称量器皿和密封盖移出干燥器，稍开启器皿盖，并迅速地盖上，称重，质量为m_6，精确至0.1 mg。

将试料转移至合适的分析器皿中，立即称重空的称量器皿及密封盖，记录为m_7，精确至0.1 mg。

注：对于新的未知性质的精矿，建议在105℃±5℃重复干燥2 h，再称取包含试样的称量器皿及密封盖的质量（m_6'），精确至0.1 mg。如果（m_6-m_6'）小于或等于0.5 mg，则认为试料已恒重。如果达不到，则需重复干燥和称重步骤。

A.6　干试料质量的计算

干试料质量m_8（用g表示），由下式给出：

$$m_8 = m_6 - m_7 \qquad \cdots\cdots (A.1)$$

式中：

m_6——干燥试料和称重器皿及密封盖的质量，单位为克(g)；

m_7——空称量器皿及密封盖的质量，单位为克(g)。

干燥试料的质量用于干燥试料分析中的结果计算，不需要校正水分。

附 录 B
（规范性附录）
试样分析结果可接受性评价流程图

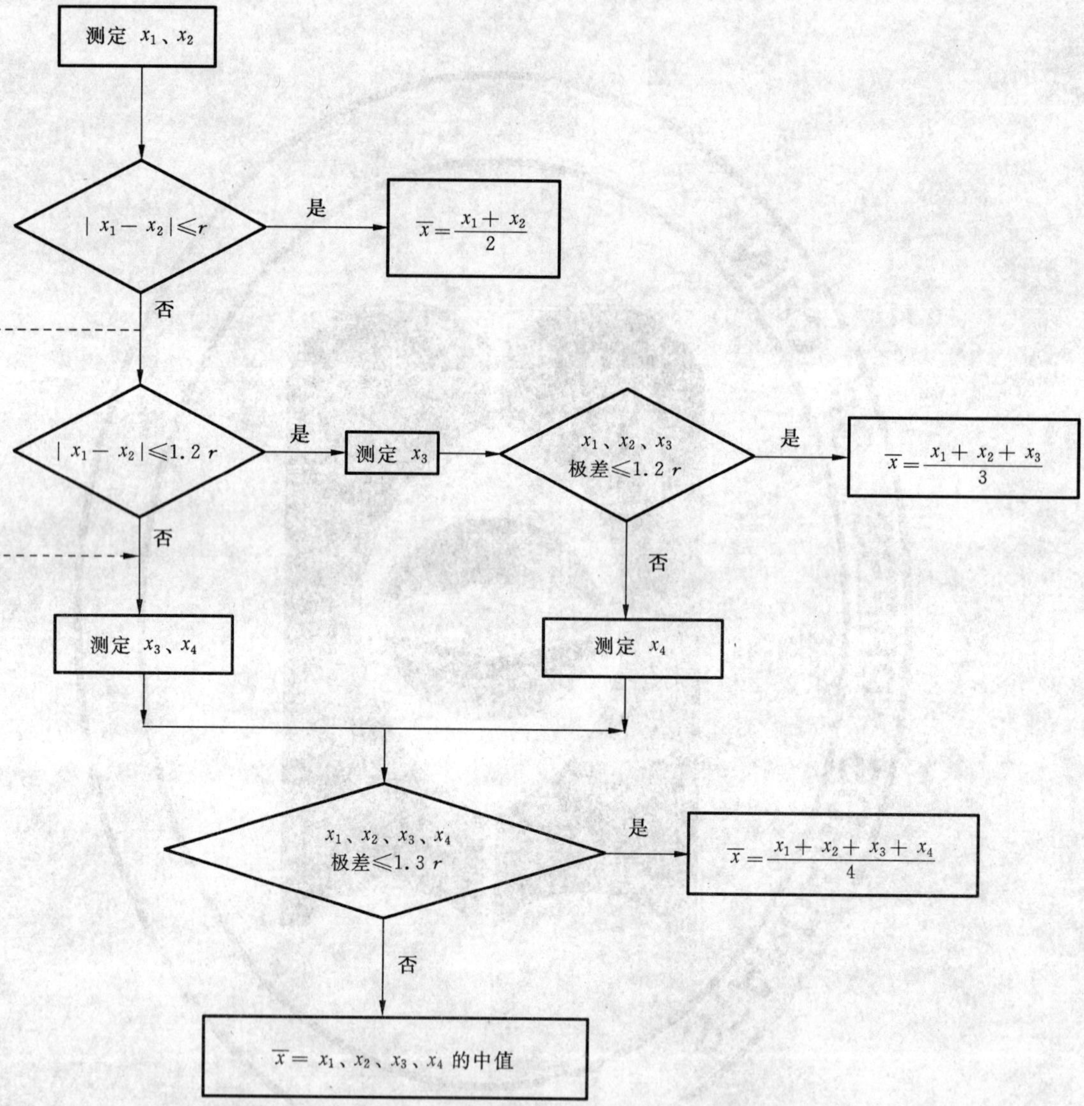

附 录 C
（资料性附录）
精密度公式的推导

C.1 介绍

该部分经过5个国家的实验室间试验，用4个含量为55%（质量分数）～74%（质量分数）铅精矿试样测定铅的含量。一般来说，设计的试验计划是为了测定重复性和室内与室间的再现性，应用的原理是ISO 5725—1994《测量方法和结果的准确度（真值和精度）—第二部分：标准测量方法重复性和再现性试验的基本方法》。

C.2 试验计划的设计

分析试验计划的设计是为了提供最大信息。每个实验室用同一含量的两个试样（两包），每个试样独立分析两次。

C.3 试样

该试验计划用4个铅精矿试样，这些试样的组成见表C.1

C.4 统计评价

统计评价的程序由图C.1给出，统计评价的结果概括于表C.2中。

精密度（s_r、s_R、r 和 R）与试样的平均值对应关系如图C.2和图C.3，精度与试样平均值的回归公式的计算见表C.2。

表C.1 铅精矿试样的化学成分

试样号	Pb/%（质量分数）	Zn/%（质量分数）	Fe/%（质量分数）	As/%（质量分数）	Bi/%（质量分数）	SiO_2/%（质量分数）	Ag/(g/t)
A	75	3	0.4	<0.01	0.01	0.02	55
B	61	6.5	6	—	—	—	—
C	66	5.5	4.5	—	—	—	—
D	56	8	10	<0.6	0.02	0.1	700

表C.2 试样精度统计

试样	p	p'	n	$\bar{\bar{x}}$	s_r	s_R	r	R
A	16	15	4	74.054	0.046	0.148	0.113 8	0.414 3
B	16	16	4	60.413	0.067 4	0.137 9	0.187 6	0.386 2
C	16	15	4	66	0.080 7	0.134 2	0.225 9	0.375 9
D	16	15	4	55.436	0.069 0	0.122 3	0.193 3	0.342 4
精度参数的平均值					0.065 8	0.135 7		

注：回归公式为

$s_R=0.135\ 7$；$s_r=0.065\ 8$

$R=2.8\times0.135\ 7=0.38$；$r=2.8\times0.0658=0.184\ 2$

表 C.2(续)

试样	p	p'	n	$\bar{\bar{x}}$	s_r	s_R	r	R

P——参加实验室间试验的实验室个数；
p'——参加精度计算的实验室个数；
n——同一水平在同一实验室获得的结果的个数；
$\bar{\bar{x}}$——试验结果的总平均值；
s_r——重现性(实验室内)标准偏差,表示为铅的质量分数；
s_R——再现性(实验室间)标准偏差,表示为铅的质量分数；
r——重现性(实验室内)标准偏差,表示为铅的质量分数；
R——再现性(实验室间)标准偏差,表示为铅的质量分数。

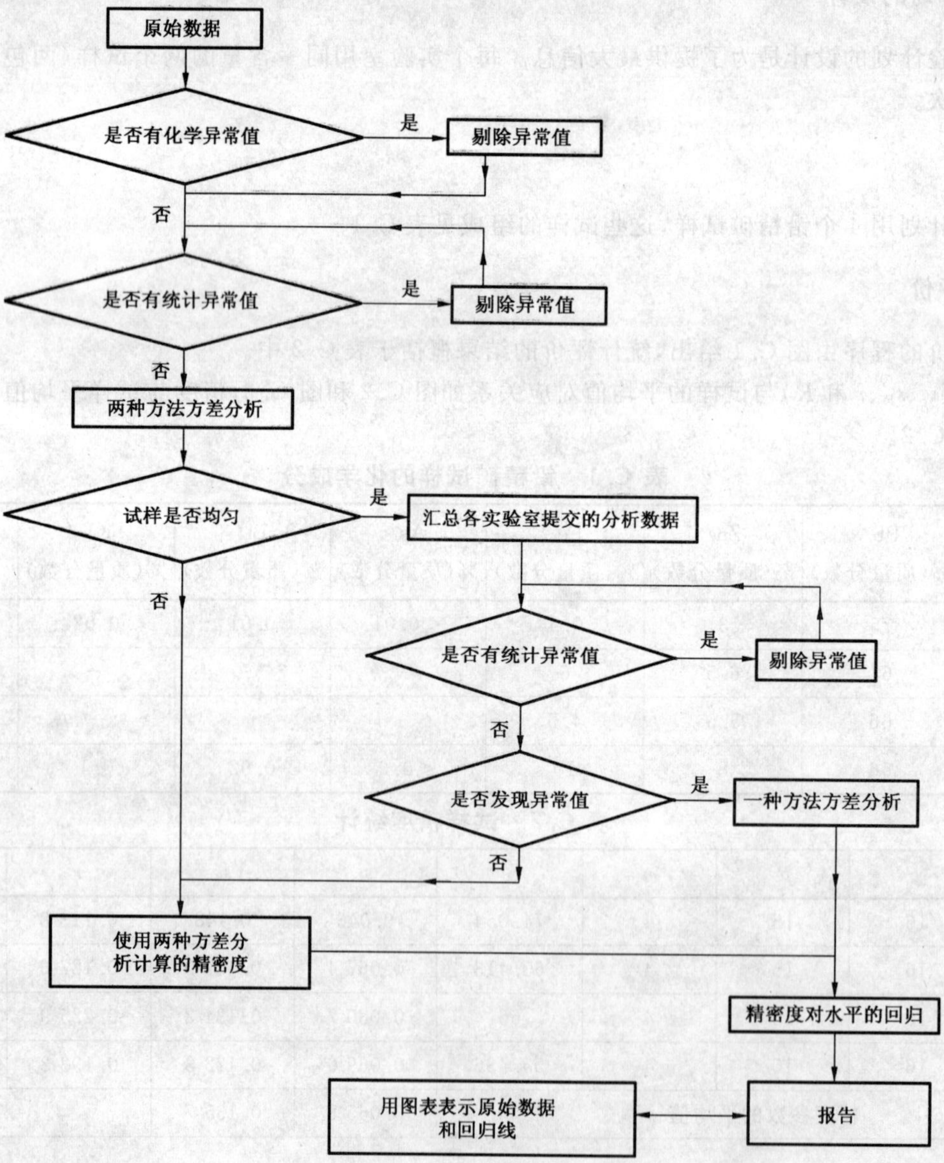

图 C.1　国际间试验分析结果数据统计计算流程图

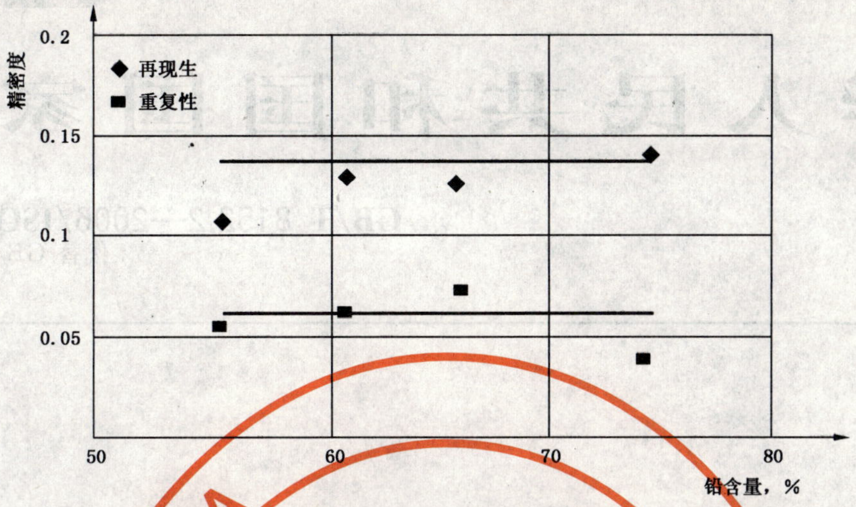

图 C.2　铅含量与精密度的关系

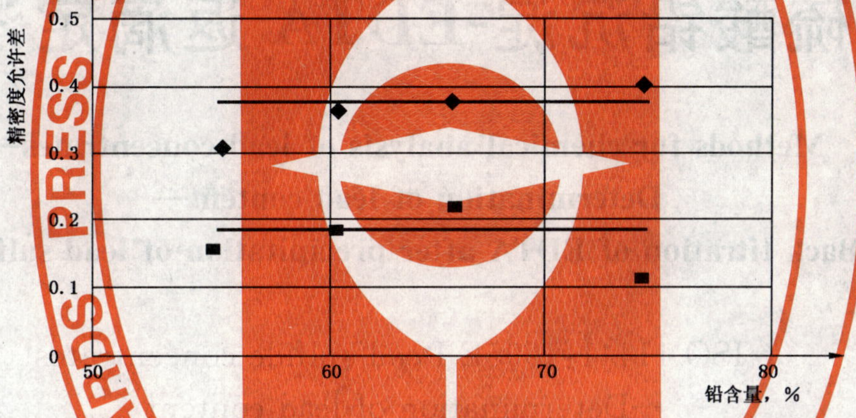

图 C.3　铅含量与精密度允许差的关系

ICS 73.060
D 42

中华人民共和国国家标准

GB/T 8152.2—2006/ISO 11441:1995
代替 GB/T 8152.1—1987

铅精矿化学分析方法 铅量的测定 硫酸铅沉淀-EDTA 返滴定法

**Methods for chemical analysis of lead concentrates—
Determination of lead content—
Back titration of EDTA after precipitation of lead sulfate**

(ISO 11441:1995E Lead sulfide concentrates
—Determination of lead content
—Back titration of EDTA after precipitation of lead sulfate, IDT)

2006-08-24 发布 2007-02-01 实施

中华人民共和国国家质量监督检验检疫总局
中国国家标准化管理委员会 发布

前　言

GB/T 8152—2006《铅精矿化学分析方法》共有10个部分：

——GB/T 8152.1　铅精矿化学分析方法　铅量的测定　酸溶解　EDTA滴定法；

——GB/T 8152.2　铅精矿化学分析方法　铅量的测定　硫酸铅沉淀　EDTA返滴定法；

——GB/T 8152.3　铅精矿化学分析方法　三氧化二铝量的测定　铬天青S分光光度法；

——GB/T 8152.4　铅精矿化学分析方法　锌量的测定　EDTA滴定法；

——GB/T 8152.5　铅精矿化学分析方法　砷量的测定　原子荧光光谱法；

——GB/T 8152.7　铅精矿化学分析方法　铜量的测定　火焰原子吸收光谱法；

——GB/T 8152.9　铅精矿化学分析方法　氧化镁量的测定　火焰原子吸收光谱法；

——GB/T 8152.10　铅精矿化学分析方法　银量和金量的测定　铅析或灰吹火试金和火焰原子吸收光谱法；

——GB/T 8152.11　铅精矿化学分析方法　汞量的测定　原子荧光光谱法；

——GB/T 8152.12　铅精矿化学分析方法　镉量的测定　火焰原子吸收光谱法。

其中GB/T 8152.6—1987《铅精矿化学分析方法　极谱法测定铋量》和GB/T 8152.8—1987《铅精矿化学分析方法　二硫代二安替比林甲烷分光光度法测定铋量》不变。

本部分为第1部分。

本部分等同采用ISO 13545:2000(E)《硫化铅精矿-铅含量的测定-酸溶解　EDTA滴定法》(英文版)。

本部分等同翻译ISO 13545:2000(E)。

为便于使用,本部分做了下列编辑性修改：

a) 用小数点“.”代替在国际标准中作为小数点的逗号“,”；

b) 用“本部分”代替“本国际标准”；

c) 按中文习惯改动了标准名称；

d) 删除了国际标准中封面、目次、前言和引言。

本部分代替GB/T 8152.1—1987《铅精矿化学分析方法　Na_2EDTA容量法测定铅量》,因为国际分析技术的发展,原标准已过时。与GB/T 8152.1—1987相比,有如下变动：

a) 本部分由原国家标准仅测定硫酸铅中铅量的基础上,增加了滤液和不溶渣中的铅量的测定,提高了方法的准确性。

b) 本部分增加了“范围”、“规范性引用文件”等规范性一般要素,并增加了“精密度”、“试验报告”等规范性技术要素,使标准文本更加完善。

c) 取消了原国家标准中的附录A《钡量超过铅量十分之一时铅量的测定》。

d) 增加了附录A《预干燥试料的制备与质量测定方法》、附录B《试样分析结果可接受性评价流程图》、附录C《精密度公式的推导》。

本部分附录A和附录B为规范性附录,附录C为资料性附录。

本部分由中国有色金属工业协会提出。

本部分由全国有色金属标准化技术委员会归口。

本部分由株洲冶炼集团有限责任公司负责起草。

本部分主要起草人:向德磊、曾凌云。

本部分由全国有色金属标准化技术委员会负责解释。

本部分所代替标准的历次版本发布情况为：

——YB 495—1975；

——GB/T 8152.1—1987。

铅精矿化学分析方法　铅量的测定
硫酸铅沉淀-EDTA返滴定法

1　范围

本部分规定了硫酸铅沉淀、EDTA返滴定法测定硫化铅精矿中铅含量的方法。

本部分适用于硫化铅精矿中铅含量的测定。测定范围：10%～80%（质量分数）。

2　规范性引用文件

本部分引用下列标准的有关条款。本部分发布时，这些标准均为有效版本，所有标准都会被修订，因此，鼓励依据本部分达成协议的各方尽可能使用下列标准的最新版本。IEC和ISO成员均持有现行有效的国际标准。

ISO 385-1:1984　实验室玻璃器皿——滴定管——第1部分：一般要求

ISO 648:1977　实验室玻璃器皿——单刻度移液管

ISO 1042:1983　实验室玻璃器皿——单刻度容量瓶

ISO 4787:1984　实验室玻璃器皿——容量玻璃器皿——使用方法和容量的测试

ISO 9599:1991　硫化铜、铅、锌精矿——分析样品中水分的测定——重量法

ISO 指南 35:1989　标准样品的鉴定——一般要求和统计原理

3　原理

由3.1～3.4规定的测定步骤组成。

3.1　分解

用过氧化钠熔融分解。

3.2　沉淀

两次沉淀硫酸铅，可除去适量铋。

3.3　EDTA分解

用已知体积的EDTA碱性溶液分解硫酸铅。

3.4　滴定

用锌标准溶液滴定过量的EDTA。

4　试剂

分析过程仅使用分析纯试剂和蒸馏水或同等纯度的水。

4.1　金属铅（≥99.99%）

使用前，应除去金属表面的氧化物，可将金属铅置于硝酸（1+9）中浸泡1 min，用水洗净后，用丙酮洗涤、在烘箱中于50℃烘干。

4.2　金属锌（≥99.99%）

使用前，应除去金属表面的氧化物，可将金属锌置于硝酸（1+9）中浸泡1 min，用水洗净后，用丙酮洗涤、在烘箱中于50℃烘干。

4.3　过氧化钠。

4.4　氟化钠。

4.5 高氯酸（ρ_{20} 1.70 g/mL）。

4.6 过氧化氢。

4.7 乙醇，（95%，体积分数）。

4.8 氢氟酸（ρ_{20} 1.15 g/mL）。

警告——即使稀的氢氟酸，也极易伤害眼睛及皮肤，使用氢氟酸时应戴上橡胶手套和防护镜。氢氟酸腐蚀玻璃器皿，应尽量减少氢氟酸与玻璃器皿的接触时间。使用氢氟酸应在通风柜内进行。

4.9 硫酸（ρ_{20} 1.83 g/mL）。

4.10 硝酸（ρ_{20} 1.42 g/mL）。

4.11 盐酸（ρ_{20} 1.16 g/mL～1.19 g/mL）。

4.12 酸性洗涤液

将 50 mL 高氯酸（4.5）和 100 mL 热水混合，加入 2 mL 过氧化氢（4.6）。使用前配制。

4.13 硫酸（1+1）

将 500 mL 硫酸（4.9）慢慢加入 500 mL 水中，混匀。

4.14 洗涤液

将 200 mL 水、100 mL 乙醇（4.7）与 50 mL 硫酸（4.13）混匀。

4.15 氢氧化钾溶液

将 200 g 氢氧化钾溶于水中，稀释至 1 L，混匀。贮存于塑料瓶中。

4.16 硝酸（1+1）

将 500 mL 硝酸（4.10）慢慢地加入 500 mL 水中，混匀。

4.17 硝酸锆溶液

将 3.53 g 氯氧化锆（$ZrOCl_2 \cdot 8H_2O$）溶于 20 mL 浓硝酸（4.10）中，煮沸约 10 min，冷却至室温，用水稀释至 1 L，混匀。

4.18 碱性洗涤液

用水稀释 50 mL 氢氧化钾溶液（4.15）至 1 L。

4.19 醋酸铵溶液

溶解 500 g 醋酸铵于水中，稀释至 1 L，混匀。

4.20 六次甲基四胺溶液：室温下饱和。

4.21 乙二胺四乙酸二钠（EDTA）溶液：c(EDTA)＝0.1 mol/L。溶解 37.22 g 乙二胺四乙酸二钠于水中，稀释至 1 L，混匀。

注 1：EDTA 溶液的标定见 4.22.2。

4.22 标准溶液

注 2：标准溶液的配制应与试样测定在同一环境温度下进行。

4.22.1 锌标准溶液，$c(Zn^{2+})$＝0.1 mol/L

4.22.1.1 配制

将 6.537 g 刚处理过的、没被氧化的纯锌屑（4.2）置于带盖的烧杯中，分次加入 25 mL 水与 20 mL 硝酸（4.10）的混合物，低温加热，待溶解完全后，煮沸，驱除氮的氧化物，冷却，用水稀释至约 700 mL。用六次甲基四胺溶液（4.20）调节 pH5.5（用 pH 计检查）。移入 1 000 mL 容量瓶中，用水稀释至接近刻度，混匀，冷却至室温，再稀释至刻度，混匀。

注 3：该溶液可稳定几个月。

4.22.1.2 标定

移取 25.00 mL EDTA 溶液（0.1 mol/L）（4.21）置于 600 mL 烧杯中，加入 25 mL 氢氧化钾溶液（4.15）。用水稀释至 350 mL，加入 0.3 mL 二甲酚橙指示剂（4.23）和 5 mL 醋酸铵溶液（4.19），然后按 7.5 操作。平行三次测定 EDTA 与锌的校准因子 t，按下式计算 t_1、t_2、t_3。

$$t_1 = \frac{V_{E_1}}{V_{Z_1}} \quad \cdots\cdots(1)$$

$$t_2 = \frac{V_{E_2}}{V_{Z_2}} \quad \cdots\cdots(2)$$

$$t_3 = \frac{V_{E_3}}{V_{Z_3}} \quad \cdots\cdots(3)$$

式中：

V_E——移取 EDTA 溶液(0.1 mol/L)的体积，单位为毫升(mL)(25 mL)；

V_Z——滴定消耗锌标准溶液的体积，单位为毫升(mL)。

计算校准因子平均值 t，保留四位有效数字，若 t_1、t_2、t_3 的平行结果超过 0.001，重新标定。

4.22.2 EDTA 标准溶液

注 4：空白标定，与标定平行滴定一个空白。除了不用金属铅外，其他试剂与标定标准溶液一样。

称取 0.1 g～0.8 g 金属铅(4.1)三份，精确至 0.1 mg，分别置于镍坩埚(5.3)中，记录质量 m_1、m_2、m_3。

注 5：称取的金属铅量应与试样中铅的预计量相当。

按 7.3、7.4 和 7.5 进行操作。

按下式计算 EDTA 溶液与金属铅的校准因子 f_1、f_2 和 f_3。

$$f_1 = \frac{m_1}{t(V_{B_1} - V_{Z_1})} \quad \cdots\cdots(4)$$

$$f_2 = \frac{m_2}{t(V_{B_2} - V_{Z_2})} \quad \cdots\cdots(5)$$

$$f_3 = \frac{m_3}{t(V_{B_3} - V_{Z_3})} \quad \cdots\cdots(6)$$

式中：

m_1、m_2、m_3 为每份铅试样的质量，g；

t——4.22.1.2 中测定的 EDTA 与锌溶液的平均校准因子；

V_B——空白标定中，滴定过量的 EDTA 所用锌标准溶液的体积，单位为毫升(mL)；

V_Z——纯铅标定中，滴定过量的 EDTA 所用锌标准溶液的体积，单位为毫升(mL)。

计算结果保留 4 位有效数字，算出平均值 f，若 f_1、f_2、f_3 平行结果超过 0.000 02 g/mL，重新标定。

4.23 二甲酚橙指示剂

溶解 0.5 g 二甲酚橙于 100 mL 水中。

5 仪器

5.1 普通实验室仪器

5.2 容量玻璃器皿

符合 ISO 385-1、ISO 648 和 ISO 1042 标准中 A 类的要求，按 ISO 4787 的规定使用。

5.3 镍坩埚：容量 30 mL～35 mL，带盖。

5.4 锆坩埚：容量 30 mL～35 mL，带盖。

5.5 滤膜-硝酸纤维：直径 30 mm～50 mm，筛孔 0.45 μm～0.65 μm。

5.6 滤膜：直径 30 mm～50 mm，筛孔 0.45 μm。不溶于 EDTA 的氢氧化钠溶液。

注 6：PVC 被认为较适合。

5.7 真空过滤装置

由直径为 30 mm～50 mm 的漏斗和 1 L 的抽气平底烧瓶组成。

6 样品

6.1 试样

按 ISO 9599 准备空气平衡的试样。

注 7：如果进行干燥试验，则不需空气平衡的试样(见附录 A)。

6.2 试料

采用多点多次取样的方式从试样中称取有代表性的试料 1 g，精确至 0.1 mg。在称取试料的同时，称取部分试料，按 ISO 9599 测定试料的水分。

也可选择附录 A 提供的方法直接从实验室试样中准备预先干燥试料。

7 步骤

7.1 测定次数

在重复性试验条件下，每个样品至少重复测定两次。

注 8：重复性条件指对同一样品，用同一种方法，由同一个人在同一个实验室，使用同一种试剂和仪器，在较短的时间间隔内，进行独立操作得出的分析结果。

7.2 空白试验

分析时平行进行空白试验，使用除试料外所有相同的试剂。其目的是检查试剂的质量。若空白试验得到的值异常，则检查所有的试剂，并加以改正。

7.3 试样的分解

试料与 2 g 过氧化钠(4.3)在镍坩埚(5.3)或锆坩埚(5.4)中混合后，用 3 g 过氧化钠覆盖。

低温加热至熔融，升温至熔体呈暗红色，稍摇动维持 2 min～3 min。

冷却后，将坩埚连同熔体放入 600 mL 高型烧杯中，缓缓加入约 125 mL 水，盖上表皿，继续让熔体溶解。

将坩埚和盖子从烧杯中取出，先用水洗涤，再用酸性洗涤液(4.12)洗涤。

加入 3 mL 氢氟酸(4.8)，盖上表皿，煮沸 10 min，加入 20 mL 高氯酸(4.5)，移开表皿，加热至高氯酸冒烟，继续加热待剩余约 10 mL 时，取下，冷却。

7.4 铅的分离

加入 50 mL 硫酸(4.13)，加热至硫酸冒浓烟并有硫酸在烧杯中回流。冷却，小心加入 250 mL 水，冷至室温，加 150 mL 乙醇(4.7)。

将硫酸铅沉淀静置 1 h～2 h，在抽真空条件下，用滤膜-硝酸纤维(5.5)过滤。

用洗涤液(4.14)吹洗烧杯 2 次～3 次，洗涤滤膜和过漏装置 2 次。抽滤，确保完全排出洗液。

将滤膜和沉淀转移至原烧杯，用湿滤纸擦净过滤漏斗，并将纸放入烧杯。

按下列顺序加入：

——50 mL 硫酸(4.9)；

——2 mL 高氯酸(4.5)；

——5 mL 硝酸(4.10)。

盖上表皿，加热至冒硫酸浓烟。

冷却，小心加入 20 mL 水，煮沸，继续加热至硫酸在烧杯中回流。

注 9：少量的高氯酸烟会先出现，待蒸发完所有的高氯酸，会出现浓的硫酸烟。

边充分摇匀，边加入 100 mL 冷水，稍后再加 50 mL 热水，重新盖上表皿，微沸 5 min。冷却至室温，加 100 mL 乙醇(4.7)。

冷却，静置 1 h。

在抽真空条件下，用预先经乙醇(4.7)湿润过的薄膜(5.6)过滤重复沉淀的硫酸铅。

用洗涤液(4.14)洗烧杯2次～3次,用同样的方法洗涤滤膜和过漏装置,抽滤至沉淀近干。

将滤膜和沉淀移入原烧杯。

用带胶头的玻璃棒将残留在过滤器漏斗上的硫酸铅完全转入原烧杯中。

注10:由于硝酸纤维在下一步试验条件下被分解并可能对滴定造成颜色干扰,应使用PVC滤膜或其他合适的滤膜。

在不断搅拌下加入25 mL氢氧化钾溶液(4.15),按表1加入EDTA溶液(4.21)。

表1 EDTA溶液体积

铅含量/%(质量分数)	EDTA溶液体积/mL
10～60	50.00
60～80	70.00

盖上表皿,微沸使沉淀溶解。将滤膜取出,用水洗净。

用水稀释至约170 mL,加3～4滴二甲酚橙指示剂(4.23),加稀硝酸(4.16)至溶液呈黄色(大约需要10 mL)。

注11:如果钡存在,会生成硫酸钡沉淀。

注12:如果铋含量小于0.05%(质量分数),下列步骤可省略。

加入5 mL硝酸锆溶液(4.17),逐滴加入5 mL氢氧化钾溶液(4.15)。

煮沸溶液约5 min,保温静置30 min。

注13:上述硫酸钡沉淀在此操作中再次被溶解。

将溶液冷却至室温,在抽真空条件下用预先经乙醇(4.7)湿润过的薄膜(5.6)过滤,定量收集滤液。

用碱性洗涤液(4.18)洗烧杯至少5次,溶液倒入滤膜,用碱性洗涤液(4.18)洗滤膜和过滤漏斗3次。

滤液定量转移至600 mL烧杯中。

滴加稀硝酸(4.16)直至溶液呈黄色。

注14:硫酸钡可能会再沉淀,但在此操作条件下,不会残留硫酸铅的包含物。

7.5 滴定

往溶液中加2 g～3 g氟化钠(4.4),放入一支玻璃棒,盖上表皿煮沸3 min。

用水稀释至350 mL,冷却至室温,加5 mL醋酸铵溶液(4.19)。

用硝酸(4.16)或六次甲基四胺溶液(4.20)调节pH至5.5±0.1(用pH计检查)。

用锌标准溶液(4.22.1)在不断搅拌情况下,滴定至溶液变为清晰的红色为终点。

8 结果表示

用下式表示试料中铅的质量分数$w(Pb)$(%):

$$w(Pb)=[(V_1-tV_2)-(V_1-tV_0)]\times f\times 100\times\frac{100}{100-H}\text{ 即:}$$

$$w(Pb)=t(V_0-V_2)\times f\times 100\times\frac{100}{100-H}\quad\cdots\cdots(7)$$

式中:

V_0——滴定空白溶液中过量的EDTA所消耗的锌标准溶液的体积,单位为毫升(mL);

V_1——试样和空白溶液中加入的0.1 mol/L EDTA溶液的体积,单位为毫升(mL);

V_2——滴定试样溶液中过量的EDTA所消耗的锌标准溶液的体积,单位为毫升(mL);

t——4.22.1.2中测定的因子;

f——4.22.2中测定的因子,单位为每毫升相当于铅的毫克量(g/mL);

H——试料水分的百分含量。(若为预先干燥试料,则$H=0$)。

计算试料中铅的含量,结果保留至小数点后二位。

9 精密度

9.1 精密度的表示

分析方法的精密度由式(8)和式(9)表示:

$$s_r = 0.001\overline{x} + 0.0790 \quad \cdots\cdots(8)$$

$$s_L = 0.002\overline{x} + 0.0494 \quad \cdots\cdots(9)$$

式中:

$\overline{x}$——试样中铅含量的平均值,以质量分数表示;

s_r——实验室内标准偏差,以铅的质量分数表示;

s_L——实验室间标准偏差,以铅的质量分数表示。

注 15:更多的信息见附录 C。

9.2 获得最终结果的方法(见附录 B)

根据平行分析结果 x_1 和 x_2 计算下列量,根据附录 B 中的流程图进行处理:

平行分析结果的平均值:

$$\overline{x} = \frac{x_1 + x_2}{2} \quad \cdots\cdots(10)$$

实验室间标准偏差:

$$s_r = 0.001\overline{x} + 0.0790 \quad \cdots\cdots(11)$$

重复性限:

$$r = 2.8\ s_r \quad \cdots\cdots(12)$$

9.3 实验室间的精密度

实验室之间的精密度用来决定两个或两个以上实验室之间分析结果的一致性。假定所有的实验室均按相同的步骤操作。

计算下列值:

最终结果的平均值:

$$\mu_{1,2} = \frac{\mu_1 + \mu_2}{2} \quad \cdots\cdots(13)$$

实验室间标准偏差:

$$s_L = 0.002\ \mu_{1,2} + 0.0494 \quad \cdots\cdots(14)$$

实验室内标准偏差:

$$s_r = 0.001\ \mu_{1,2} + 0.0790 \quad \cdots\cdots(15)$$

允许差:

$$P = 2.8\sqrt{s_L^2 + (s_r^2/2)} \quad \cdots\cdots(16)$$

极差:

$$E = |\mu_1 - \mu_2| \quad \cdots\cdots(17)$$

式中:

μ_1——由第一个实验室报出的铅含量的最终结果,以质量分数表示;

μ_2——由第二个实验室报出的铅含量的最终结果,以质量分数表示。

若 E 小于或等于 P,则最终结果一致。

9.4 准确性检查

分析方法的准确性可通过分析认证标准样品(CRM)来证实。其步骤同第 7 章。当精密度被确认后,最终试验结果可与认证值 A_C 进行比较。

存在下列两种可能：

$$|\mu_C - A_C| \leqslant C \qquad (18)$$

此情况表示报告的结果与认证值的差值可以忽略。

$$|\mu_C - A_C| > C \qquad (19)$$

此情况表示报告的结果与认证值的差值不能忽略。

式(18)和(19)中，各符号代表的意义如下：

μ_C——认证标准样品中铅的测定最终值，以质量分数表示；

A_C——认证标准样品中铅的认证值，以质量分数表示；

C——常数，表示铅的质量分数，它的值取决于9.4.1中定义的认证标准样品类型。

9.4.1 认证标准样品(CRM)或标准样品(RM)的类型

根据ISO指南35制备和认证标准样品。

9.4.1.1 由多个实验室认证/确认的标准样品

常数C(见9.4)，以铅的质量分数表示，由式(20)决定：

$$C = 2\sqrt{s_L^2 + (s_r^2/n) + s^2\{Ac\}} \qquad (20)$$

式中：

$s^2\{Ac\}$——认证值的方差；

n——平行测定的次数。

9.4.1.2 由一个实验室认证/确认的标准样品

常数C(见9.4)，以铅的质量分数表示，由式(21)决定：

$$C = 2\sqrt{2s_L^2 + (s_r^2/n)} \qquad (21)$$

注16：应避免推荐使用这种类型的认证标准样品，除非已知这种特殊的认证标准样品具有无偏差的认证值。

10 试验报告

试验报告应包含以下信息：

a) 试样的标识；
b) 该标准方法的编号；
c) 以质量分数表示的试样的铅含量；
d) 分析日期；
e) 在测定中发生的可能影响分析结果的现象说明。

附 录 A
（规范性附录）
预干燥试料的制备与质量测定方法

A.1 范围

本附录规定了硫化铅精矿分析中预先干燥试料的制备和质量测定方法。

本方法适用于不易氧化的且水分含量为 0.05%～2%的硫化铅精矿。

A.2 原理

用于分析的试料在 105℃±5℃的烘箱中，于空气中干燥，干燥的试料称重后用于分析，不需要校正水分含量。

A.3 试剂

干燥剂，变色硅胶或无水高氯酸镁。

警告——当处理失效的高氯酸镁时必须小心，一定要用流水冲下水池。

A.4 仪器

普通实验室仪器，还包括：

A.4.1 分析天平，感量 0.1 mg。

A.4.2 称量器皿，由玻璃制品、硅制品或耐腐蚀金属制成，有紧密的隔绝空气的密封盖。用于少量试样（小于 3 g）的器皿，质量应尽可能小，例如小于 20 g。

A.4.3 实验室烘箱，能在 105℃±5℃恒温。

A.5 步骤

A.5.1 称量器皿的准备

将称量器皿及密封盖（A.4.2）放入实验室烘箱（A.4.3）中，于 105℃±5℃烘 1 h。将称量器皿及密封盖转移至一盛有适当的新鲜干燥剂（A.3.1）的干燥器中，冷却至室温。

A.5.2 试料

称取称量器皿及密封盖（A.4.2），迅速地加入一定量用于分析的试样，这里，不需要精确的试料与密封盖的总量。

A.5.3 干试料质量的测定

将盛有试料的未加盖的称量器皿和密封盖放入实验室烘箱（A.4.3）中，于 105℃±5℃干燥 2 h，2 h 后，将称量器皿和干燥试料移出烘箱，盖上密封盖，于干燥器中冷却至室温。将盛有干燥试样的称量器皿和密封盖移出干燥器，稍开启器皿盖，并迅速地盖上，称重，质量为 m_4，精确至 0.1 mg。

将试料转移至合适的分析器皿中，立即称重空的称量器皿及密封盖，记录为 m_5，精确至 0.1 mg。

注 17：对于新的未知性质的精矿，建议在 105℃±5℃重复干燥 2 h，再称取包含试样的称量器皿及密封盖的质量（m'_4），精确至 0.1 mg。如果（$m_4-m'_4$）小于或等于 0.5 mg，则认为试料已恒重。如果达不到，则需重复干燥和称重步骤。

A.6 干试料质量的计算

干试料质量 m_6（用 g 表示），由式（A.1）给出：

$$m_6 = m_4 - m_5 \qquad \cdots\cdots (A.1)$$

式中：

m_4——干燥试料和称重器皿及密封盖的质量，单位为克(g)；

m_5——空称量器皿及密封盖的质量，单位为克(g)。

干燥试料的质量用于干燥试料分析中的结果计算，不需要校正水分。

附　录　B
（规范性附录）
试样分析结果可接受性评价流程图

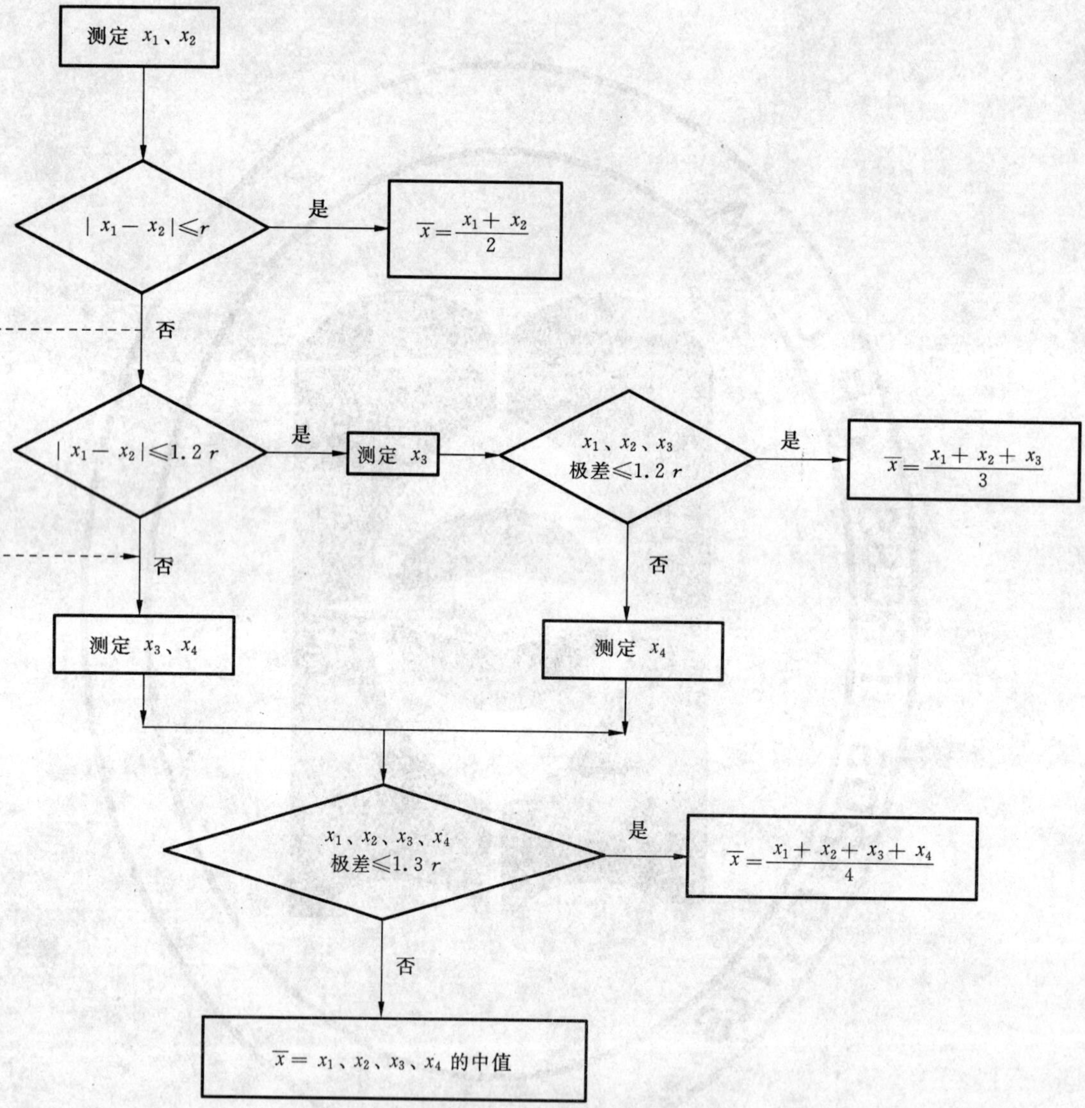

r：9.2 中确认。

附 录 C
（资料性附录）
精密度公式的推导

C.1 介绍

本部分经过7个国家12个实验室试验，用5个含量为13%（质量分数）～74%（质量分数）的铅精矿试样测定铅的含量。按ISO 5725:1986《试验方法的精密度-实验室间测定重复性和再现性》标准要求设计试验方案，测定重复性和室内与室间的再现性。

C.2 试验方案的设计

设计的分析试验方案是为了提供最大信息。每个实验室用两个不同含量的样品（两包），每个样品独立分析两次。

C.3 试样

该试验方案选择了5个铅精矿试样，其化学成分见表C.1。

表 C.1 铅精矿试样的化学成分

元素或化合物	单位	样品号				
		89-4	89-5	89-6	89-7	89-9
Cu	%（质量分数）	0.6	1.4	0.2	0.1	0.8
Pb	%（质量分数）	70	65	50	30	20
Zn	%（质量分数）	4.7	4.0	4.6	9.5	9.8
Au	g/t	0.7	1.4	—	0.2	15
Ag	g/t	1 290	540	1 310	900	8 940
S	%（质量分数）	16.1	15.9	21.7	11.2	8.3
As	%（质量分数）	0.04	0.1	0.04	0.07	0.3
Sb	%（质量分数）	0.24	0.13	0.14	0.08	0.1
Sn	%（质量分数）	0.02	0.02	0.01	0.01	0.02
Bi	%（质量分数）	<0.005	0.02	<0.005	<0.005	<0.005
Fe	%（质量分数）	1.8	3.9	13.0	13.9	11.4
SiO_2	%（质量分数）	1.8	1.6	1.6	9.0	25.3
Al_2O_3	%（质量分数）	0.5	0.3	0.4	3.0	9.9
CaO	%（质量分数）	0.2	0.2	0.2	4.1	0.6
MgO	%（质量分数）	0.23	0.14	0.4	0.58	0.32
Co	%（质量分数）	0.014	0.018	0.018	0.027	0.016
Ni	%（质量分数）	0.017	0.014	0.013	0.011	0.014
Cd	%（质量分数）	0.023	0.016	0.016	0.127	0.055
Se	g/t	<0.005	<0.005	<0.005	<0.005	<0.005

89-4 North Broken Hill（澳大利亚）

89-5 ZC Mines（澳大利亚）

89-6 MIM（澳大利亚）

89-7 MMM（澳大利亚）

89-9 MMM（澳大利亚）

C.4 统计计算

统计计算的程序见图C.1,统计计算的结果见表C.2。

测定精密度(s_r、s_L、r和P)与试样的对应关系在图C.2中用曲线图的方式表示。精密度与试样平均值的回归公式经计算见表C.2。

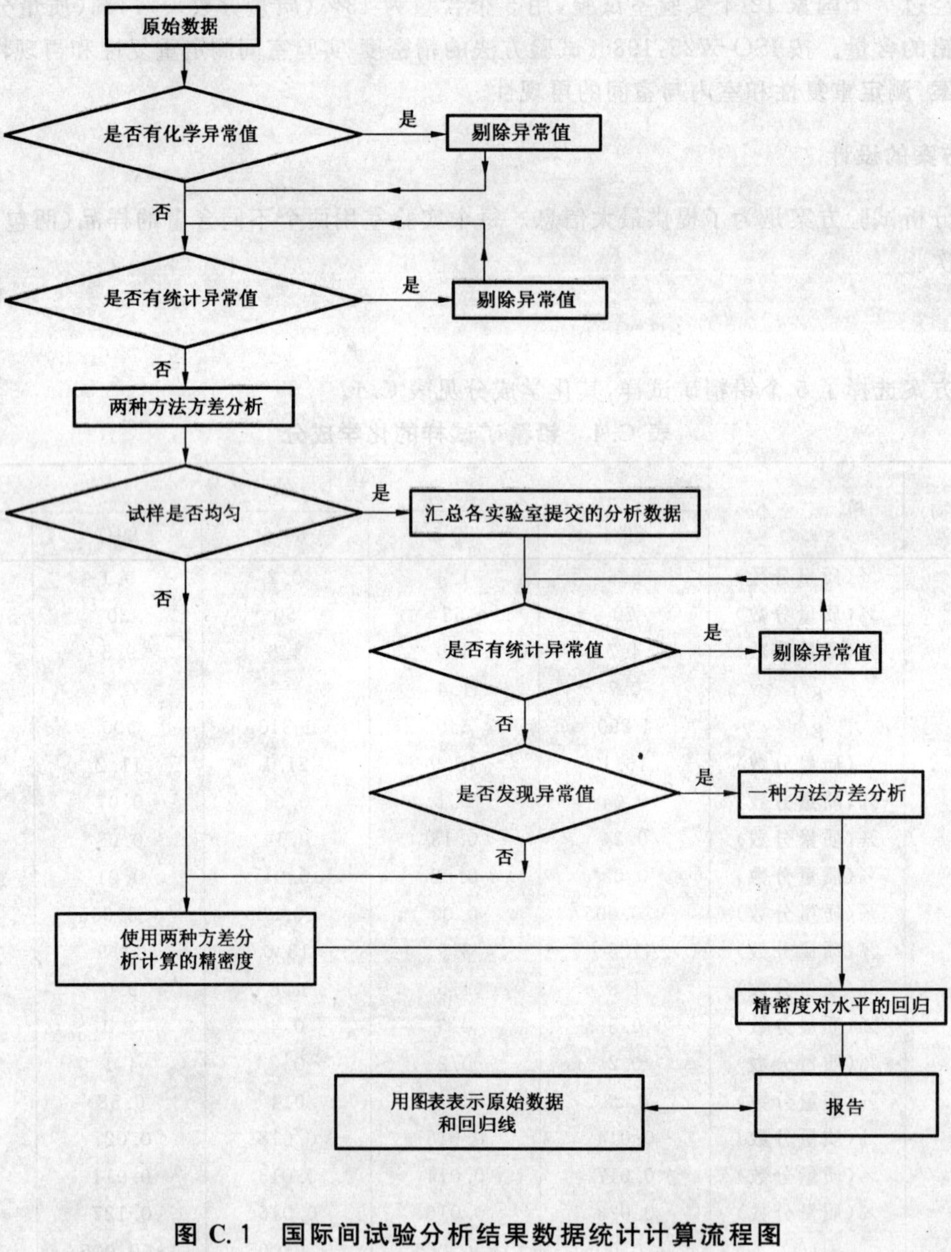

图 C.1 国际间试验分析结果数据统计计算流程图

表 C.2 试样精密度统计

样品号（见表 C.1）	k_0	k	n_0	n	$\bar{\bar{x}}$	r	P	s_r	s_L	s_L/s_r
89-4	10	8	38	30	73.931	0.286 7	0.815 1	0.101	0.278 9	2.75
89-5	10	8	38	30	71.686	0.372 6	0.691 7	0.131 7	0.226 0	1.72
89-6	10	8	38	32	53.349	0.426 8	0.301 8	0.150 8	0.000 0	0.00
89-7	10	8	38	30	21.293	0.244 3	0.289 5	0.086 3	0.082 1	0.95
89-9	10	9	38	34	13.262	0.230 6	0.425 5	0.081 5	0.138 9	1.70

回归公式	相关系数
$r=0.002\bar{x}+0.223\ 5$	0.63
$P=0.006\bar{x}+0.212\ 0$	0.74
$s_r=0.001\bar{x}+0.079\ 0$	0.63
$s_L=0.002\bar{x}+0.049\ 4$	0.52

k_0 参与试验的实验室总数。

k 数据用于计算精密度的实验室数。

n_0 分析结果总数。

n 用于计算精密度的分析结果数。

$\bar{\bar{x}}$ 试样中铅的总平均含量，以质量分数表示。

r 实验室内允许差(重复性)，以铅的质量分数含量表示。

P 实验室之间的允许差，以铅的质量分数含量表示。

s_r 实验室内的标准偏差，以铅的质量分数含量表示。

s_L 实验室之间的标准偏差，以铅的质量分数含量表示。

$\bar{x}$ 铅的平均含量，以试样中铅的质量分数表示。

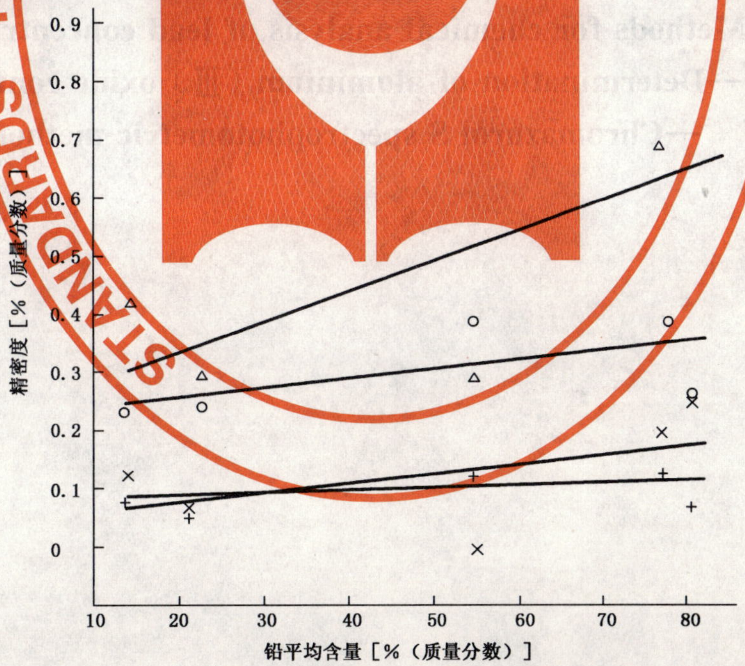

图 C.2 铅精密度与铅平均含量对应关系

ICS 73.060
D 42

中华人民共和国国家标准

GB/T 8152.3—2006
代替 GB/T 8152.3—1987

铅精矿化学分析方法
三氧化二铝量的测定
铬天青 S 分光光度法

Methods for chemical analysis of lead concentrates
—Determination of aluminium (Ⅲ) oxide content
—Chromazurol S spectrophotometric method

2006-08-24 发布　　　　2007-02-01 实施

中华人民共和国国家质量监督检验检疫总局
中国国家标准化管理委员会　发布

前　言

GB/T 8152—2006《铅精矿化学分析方法》共有10个部分：

——GB/T 8152.1　铅精矿化学分析方法　铅量的测定　酸溶解　EDTA滴定法；

——GB/T 8152.2　铅精矿化学分析方法　铅量的测定　硫酸铅沉淀　EDTA返滴定法；

——GB/T 8152.3　铅精矿化学分析方法　三氧化二铝量的测定　铬天青S分光光度法；

——GB/T 8152.4　铅精矿化学分析方法　锌量的测定　EDTA滴定法；

——GB/T 8152.5　铅精矿化学分析方法　砷量的测定　原子荧光光谱法；

——GB/T 8152.7　铅精矿化学分析方法　铜量的测定　火焰原子吸收光谱法；

——GB/T 8152.9　铅精矿化学分析方法　氧化镁量的测定　火焰原子吸收光谱法；

——GB/T 8152.10　铅精矿化学分析方法　银量和金量的测定　铅析或灰吹火试金和火焰原子吸收光谱法；

——GB/T 8152.11　铅精矿化学分析方法　汞量的测定　原子荧光光谱法；

——GB/T 8152.12　铅精矿化学分析方法　镉量的测定　火焰原子吸收光谱法。

其中GB/T 8152.6—1987《铅精矿化学分析方法　极谱法测定铋量》和GB/T 8152.8—1987《铅精矿化学分析方法　二硫代二安替比林甲烷分光光度法测定铋量》不变。

本部分为第1部分。

本部分等同采用ISO 13545:2000(E)《硫化铅精矿-铅含量的测定-酸溶解　EDTA滴定法》(英文版)。

本部分等同翻译ISO 13545:2000(E)。

为便于使用，本部分做了下列编辑性修改：

a) 用小数点“.”代替在国际标准中作为小数点的逗号“,”；

b) 用“本部分”代替“本国际标准”；

c) 按中文习惯改动了标准名称；

d) 删除了国际标准中封面、目次、前言和引言。

本部分代替GB/T 8152.1—1987《铅精矿化学分析方法　Na_2EDTA容量法测定铅量》，因为国际分析技术的发展，原标准已过时。与GB/T 8152.1—1987相比，有如下变动：

a) 本部分由原国家标准仅测定硫酸铅中铅量的基础上，增加了滤液和不溶渣中的铅量的测定，提高了方法的准确性。

b) 本部分增加了“范围”、“规范性引用文件”等规范性一般要素，并增加了“精密度”、“试验报告”等规范性技术要素，使标准文本更加完善。

c) 取消了原国家标准中的附录A《钡量超过铅量十分之一时铅量的测定》。

d) 增加了附录A《预干燥试料的制备与质量测定方法》、附录B《试样分析结果可接受性评价流程图》、附录C《精密度公式的推导》。

本部分附录A和附录B为规范性附录，附录C为资料性附录。

本部分由中国有色金属工业协会提出。

本部分由全国有色金属标准化技术委员会归口。

本部分由株洲冶炼集团有限责任公司负责起草。

本部分主要起草人：向德磊、曾凌云。

本部分由全国有色金属标准化技术委员会负责解释。

本部分所代替标准的历次版本发布情况为：

——YB 495—1975；

——GB/T 8152.1—1987。

铅精矿化学分析方法　三氧化二铝量的测定　铬天青S分光光度法

1　范围

本部分规定了铅精矿中三氧化二铝含量的测定方法。

本部分适用于铅精矿中三氧化二铝含量的测定。测定范围：1.0%～5.0%。

2　方法原理

试料用氢氧化钠熔融，以水浸出，使铝与主体元素铅及其他元素分离，趁热加入乙醇使高价锰还原成不溶物除去。在微酸性溶液中，铝与铬天青S生成络合物，于分光光度计波长567.5 nm处测量其吸光度。按标准曲线法计算三氧化二铝的含量。铜、铁的干扰分别用硫脲、抗坏血酸掩蔽。

3　试剂及材料

3.1　市售试剂

3.1.1　氢氧化钠。

3.1.2　盐酸（ρ1.19 g/mL）。

3.1.3　乙醇（95%）。

3.1.4　过氧化氢（30%）。

3.2　溶液

3.2.1　盐酸（1+1）。

3.2.2　盐酸（1+3）。

3.2.3　盐酸（2+98）。

3.2.4　氢氧化钠（100 g/L）。

3.2.5　抗坏血酸溶液（10 g/L）。用时现配。

3.2.6　硫脲溶液（20 g/L）。

3.2.7　无水乙酸钠溶液（250 g/L）。

3.2.8　铬天青S溶液（1 g/L）：称取0.1 g铬天青S溶于10 mL乙醇（3.1.3）中，用水稀释至100 mL。

3.3　标准溶液

3.3.1　铝标准贮存溶液：准确称取0.500 0 g金属铝（≥99.9%）于300 mL烧杯中，加入30 mL盐酸（3.2.1）、1 mL过氧化氢（3.1.4），盖上表皿，加热溶解完全，冷却，移入500 mL容量瓶中，用水稀释至刻度，混匀。此溶液每毫升含1 mg铝。

3.3.2　铝标准溶液：移取2.00 mL铝标准贮存溶液（3.3.1）于200 mL容量瓶中，用盐酸（3.2.3）稀释至刻度，混匀。此溶液每毫升含10 μg铝。

3.4　指示剂

酚酞指示剂（1 g/L）：用乙醇配制。

4　仪器

分光光度计。

5 分析步骤

5.1 试料

称取 0.100 试样，精确至 0.000 1 g。

5.2 空白试验

随同试料做空白试验。

5.3 测定

5.3.1 将试料(5.1)置于盛有 3 g 氢氧化钠(3.1.1)的 3.0 mL 银坩埚中，上面覆盖 3 g 氢氧化钠(3.1.1)，于电炉上加热 10 min 后，移入预先升温至 650℃的高温炉中，熔融 15 min(中间摇动一次)，取下，稍冷。

5.3.2 将坩埚连同熔融物置于盛有 100 mL 热水的聚四氟乙烯塑料烧杯中，加热浸出，洗出坩埚，趁热加入 5 mL 乙醇(3.1.3)，冷却至室温。

5.3.3 移入 200 mL 塑料容量瓶中，用水稀释至刻度，混匀。用中速滤纸干过滤于另一聚四氟乙烯塑料烧杯中。

5.3.4 按表 1 分取试液于 50 mL 容量瓶中。

注：如分取的试液中含氟量大于 10 μg，将试液置于 100 mL 烧杯中，加入 3 mL 盐酸(3.1.2)，蒸至恰干，重复一次。加 5 滴盐酸(3.2.1)润湿，以少量水吹洗杯壁，加热溶解，移入 50 mL 容量瓶中。

表 1

三氧化二铝量/%	分取试液体积/mL
1.00～1.50	2.50
＞1.50～2.50	2.00
＞2.50～5.00	1.00

5.3.5 加水至 15 mL，加 1 滴酚酞指示剂(3.4.1)，用盐酸(3.2.1)中和至红色近褪，再用盐酸(3.2.2)调至无色并过量 4 滴。

5.3.6 加入 2 mL 抗坏血酸溶液(3.2.5)、2 mL 硫脲溶液(3.2.6)，混匀，加入 3.0 mL 铬天青 S 溶液(3.2.8)，混匀，加入 4.0 mL 无水乙酸钠溶液(3.2.7)，用水稀释至刻度，混匀。

5.3.7 将部分溶液移入 0.5 cm 吸收池中，以试料空白溶液为参比，于分光光度计波长 567.5 nm 处，测量其吸光度。从工作曲线上查得相应的铝量。

5.4 工作曲线的绘制

5.4.1 移取 0 mL、0.50 mL、1.00 mL、1.50 mL、2.00 mL、2.50 mL 铝标准溶液(3.3.2)于一组 50 mL 容量瓶中，用水稀释至 15 mL，加 1 滴酚酞指示剂(3.4.1)，用氢氧化钠溶液(3.2.4)中和至红色，用盐酸(3.2.1)中和至红色近褪，再用盐酸(3.2.2)调至无色并过量 4 滴。以下按 5.3.6 进行。

5.4.2 将部分溶液移入 0.5 cm 吸收池中，以试剂空白溶液为参比，于分光光度计波长 567.5 nm 处，测量其吸光度。以铝量为横坐标，吸光度为纵坐标，绘制工作曲线。

6 分析结果的计算

按下式计算三氧化二铝的质量分数(%)：

$$w(Al_2O_3) = \frac{V_0 \cdot m_1 \times 10^{-6}}{m_0 \cdot V_1} \times 1.889 \times 100$$

式中：

m_1——自工作曲线上查得的铝量，单位为微克(μg)；

V_0——试液总体积，单位为毫升(mL)；

V_1——分取试液体积，单位为毫升(mL)；

m_0——试料的质量，单位为克(g)；

1.889——铝换算为三氧化二铝的因数。

所得结果表示至二位小数。

7 精密度

7.1 重复性

在重复性条件下获得的两次独立测试结果的测定值，在以下给出的平均值范围内，这两个测试结果的绝对差值不超过重复性限(r)，超过重复性限(r)的情况不超过5%，重复性限(r)按表2数据采用线性内插法求得：

表 2

Al_2O_3质量分数/%	0.56	0.96	1.79	3.50	5.16
r/%	0.08	0.14	0.18	0.35	0.45

注：重复性(r)为2.8 s_r，s_r为重复性标准差。

7.2 允许差

实验室之间分析结果的差值应不大于表3所列允许差。

表 3

Al_2O_3质量分数/%	允许差/%
1.00～2.00	0.20
>2.00～3.00	0.30
>3.00～5.00	0.50

8 质量保证和控制

应用国家级标准样品或行业级标准样品(当两者没有时，也可用控制控样替代)，每周或每两周校核一次本分析方法标准有效性。当过程失控时，应找出原因，纠正错误后，重新进行校核。

ICS 77.060
D 42

中华人民共和国国家标准

GB/T 8152.4—2006
代替 GB/T 8152.2—1987

铅精矿化学分析方法 锌量的测定 EDTA 滴定法

Methods for chemical analysis of lead concentrates —Determination of zinc content —EDTA titration method

2006-08-24 发布　　2007-02-01 实施

中华人民共和国国家质量监督检验检疫总局
中国国家标准化管理委员会　发布

前　言

GB/T 8152—2006《铅精矿化学分析方法》共有10个部分：

——GB/T 8152.1　铅精矿化学分析方法　铅量的测定　酸溶解　EDTA滴定法；

——GB/T 8152.2　铅精矿化学分析方法　铅量的测定　硫酸铅沉淀　EDTA返滴定法；

——GB/T 8152.3　铅精矿化学分析方法　三氧化二铝量的测定　铬天青S分光光度法；

——GB/T 8152.4　铅精矿化学分析方法　锌量的测定　EDTA滴定法；

——GB/T 8152.5　铅精矿化学分析方法　砷量的测定　原子荧光光谱法；

——GB/T 8152.7　铅精矿化学分析方法　铜量的测定　火焰原子吸收光谱法；

——GB/T 8152.9　铅精矿化学分析方法　氧化镁量的测定　火焰原子吸收光谱法；

——GB/T 8152.10　铅精矿化学分析方法　银量和金量的测定　铅析或灰吹火试金和火焰原子吸收光谱法；

——GB/T 8152.11　铅精矿化学分析方法　汞量的测定　原子荧光光谱法；

——GB/T 8152.12　铅精矿化学分析方法　镉量的测定　火焰原子吸收光谱法。

其中GB/T 8152.6—1987《铅精矿化学分析方法　极谱法测定铋量》和GB/T 8152.8—1987《铅精矿化学分析方法　硫代二安替比林甲烷分光光度法测定铋量》不变。

本部分为第1部分。

本部分等同采用ISO 13545:2000(E)《硫化铅精矿-铅含量的测定-酸溶解　EDTA滴定法》(英文版)。

本部分等同翻译ISO 13545:2000(E)。

为便于使用，本部分做了下列编辑性修改：

a)　用小数点“.”代替在国际标准中作为小数点的逗号“,”；

b)　用“本部分”代替“本国际标准”；

c)　按中文习惯改动了标准名称；

d)　删除了国际标准中封面、目次、前言和引言。

本部分代替GB/T 8152.1—1987《铅精矿化学分析方法　Na_2EDTA容量法测定铅量》，因为国际分析技术的发展，原标准已过时。与GB/T 8152.1—1987相比，有如下变动：

a)　本部分由原国家标准仅测定硫酸铅中铅量的基础上，增加了滤液和不溶渣中的铅量的测定，提高了方法的准确性。

b)　本部分增加了“范围”、“规范性引用文件”等规范性一般要素，并增加了“精密度”、“试验报告”等规范性技术要素，使标准文本更加完善。

c)　取消了原国家标准中的附录A《钡量超过铅量十分之一时铅量的测定》。

d)　增加了附录A《预干燥试料的制备与质量测定方法》、附录B《试样分析结果可接受性评价流程图》、附录C《精密度公式的推导》。

本部分附录A和附录B为规范性附录，附录C为资料性附录。

本部分由中国有色金属工业协会提出。

本部分由全国有色金属标准化技术委员会归口。

本部分由株洲冶炼集团有限责任公司负责起草。

本部分主要起草人：向德磊、曾凌云。

本部分由全国有色金属标准化技术委员会负责解释。

本部分所代替标准的历次版本发布情况为：

——YB 495—1975；

——GB/T 8152.1—1987。

铅精矿化学分析方法　锌量的测定
EDTA 滴定法

1　范围

本部分规定了铅精矿中锌含量的测定方法。

本部分适用于铅精矿中锌含量的测定。测定范围：1.0%～10.0%。

2　方法原理

试料用氯酸钾饱和的硝酸溶解，硫酸冒烟沉淀分离铅，在氧化剂存在的氨性介质中沉淀分离铁、锰、铋等干扰元素，加掩蔽剂硫代硫酸钠、氟化铵消除铜、铝等的干扰，以二甲酚橙为指示剂，于 pH 5.5～pH 6.0，用 EDTA 标准溶液滴定锌、镉合量。

用火焰原子吸收光谱法测定镉量，从锌、镉合量中减去镉量，即为锌量。

3　试剂和材料

3.1　市售试剂

3.1.1　抗坏血酸。

3.1.2　氟化铵。

3.1.3　氯化铵。

3.1.4　过硫酸铵。

3.1.5　氨水(ρ0.89 g/mL)。

3.2　溶液

3.2.1　氯酸钾饱和的浓硝酸。

3.2.2　硫酸(1+1)。

3.2.3　硫酸(2+98)。

3.2.4　氨水(1+1)。

3.2.5　洗涤液：20 g 氯化铵溶于 380 mL 水中，加 20 mL 氨水(3.1.5)，混匀。

3.2.6　硫代硫酸钠溶液(200 g/L)。

3.2.7　乙酸-乙酸钠缓冲溶液(pH 5.5)：将 375 g 无水乙酸钠溶于水中，加入 50 mL 冰乙酸，用水稀释至 2 500 mL，混匀。

3.3　标准滴定溶液

3.3.1　乙二胺四乙酸二钠(Na_2 EDTA)标准滴定溶液

3.3.1.1　配制：溶解 7.0 g 乙二胺四乙酸二钠于 300 mL 烧杯中，加 200 mL 水，微热溶解，冷却至室温，移入 1 000 mL 容量瓶中，用水稀释至刻度，混匀，放置 3 d 后标定。

3.3.1.2　标定：准确称取 0.060 g 金属锌(≥99.99%，精确至 0.000 1 g)置于 300 mL 烧杯中，加10 mL 盐酸(1+1)，盖上表皿，低温溶解完全，并蒸至约 2 mL，取下冷却。用水吹洗表皿及杯壁，加水至 120 mL左右，加 2 滴～3 滴二甲酚橙溶液(3.4.1)，用氨水(3.2.4)中和至溶液呈紫红色，加入 20 mL 乙酸-乙酸钠缓冲溶液(3.2.7)，用 Na_2 EDTA 标准滴定溶液(3.3.1)滴定至溶液由紫红色变为亮黄色为终点。

随同标定进行空白试验。

按下式计算 Na_2 EDTA 标准滴定溶液的浓度：

$$c=\frac{m_1\times10^3}{65.38\times(V_1-V_0)}$$

式中：

c——Na_2 EDTA 标准滴定溶液的浓度，单位为摩尔每升(mol/L)；

m_1——金属锌的质量，单位为克(g)；

V_1——标定时，滴定金属锌所消耗的 Na_2 EDTA 标准滴定溶液的体积，单位为毫升(mL)；

V_0——标定时，滴定空白溶液所消耗的 Na_2 EDTA 标准滴定溶液的体积，单位为毫升(mL)；

65.38——锌的相对原子量，单位为克每摩尔(g/mol)。

平行标定三份，所得结果保留四位有效数字，其极差值不大于 9×10^{-5} mol/L 时，取其平均值，否则重新标定。

3.4 指示剂

3.4.1 二甲酚橙溶液(1 g/L)，限两周内使用。

4 分析步骤

4.1 试料

称取 0.30 g 试样，精确至 0.000 1 g。

4.2 空白试验

随同试料做空白试验。

4.3 测定

4.3.1 将试料(4.1)置于 300 mL 烧杯中，以少量水润湿，加入 15 mL 氯酸钾饱和的浓硝酸(3.2.1)，盖上表皿，加热溶解完全，取下冷却。加入 7 mL 硫酸(3.2.2)，加热至冒浓烟 2 min，取下冷却至室温，用水吹洗表皿及杯壁，加水至 40 mL 左右，加热煮沸 5 min～10 min，取下，冷却至室温。

4.3.2 溶液用慢速定量滤纸过滤于 300 mL 烧杯中，用硫酸(3.2.3)洗烧杯 3 次，沉淀 4 次，用水洗烧杯及沉淀各一次，弃去沉淀。

4.3.3 于滤液中加入 3 g～5 g 氯化铵(3.1.3)，用氨水(3.1.5)中和至氢氧化物沉淀完全并过量 5 mL～10 mL，加入 0.3 g～0.5 g 过硫酸铵(3.1.4)，加热煮沸 10 min，取下。

4.3.4 趁热用快速滤纸过滤于 300 mL 烧杯中，用热的洗涤液(3.2.5)洗烧杯 2 次，洗沉淀 6～8 次，弃去沉淀。

4.3.5 将滤液搅匀，加热蒸至体积约 100 mL，取下冷至室温。

4.3.6 加入 0.2 g 氟化铵(3.1.2)、0.1 g 抗坏血酸(3.1.1)、5 mL 硫代硫酸钠溶液(3.2.6)，摇匀，滴加 2～3 滴二甲酚橙溶液(3.4.1)，用硫酸(3.2.2)中和至溶液由紫红色变黄色，再用氨水(3.2.4)中和至溶液由黄色变紫红色，加入 20 mL 乙酸-乙酸钠缓冲溶液(3.2.7)，加水至约 150 mL，用 Na_2 EDTA 标准滴定溶液(3.3.1)滴定至溶液由紫红色变为亮黄色为终点。

5 分析结果的计算

按下式计算锌的质量分数(%)：

$$w(\mathrm{Zn})=\frac{c\cdot(V_3-V_2)\times65.38\times10^{-3}}{m_2}\times100-w(\mathrm{Cd})\times0.581\,6$$

式中：

c——Na_2 EDTA 标准滴定溶液的浓度，单位为摩尔每升(mol/L)；

V_3——滴定时，滴定试液所消耗的 Na_2 EDTA 标准滴定溶液(3.3.1)的体积，单位为毫升(mL)；

V_2——滴定时，滴定空白溶液所消耗的 Na_2 EDTA 标准滴定溶液(3.3.1)的体积，单位为毫升(mL)；

m_2——试料的质量，单位为克(g)；

w(Cd)——试料中镉的质量分数，单位为质量分数(%)；

65.38——锌的相对原子量，单位为克每摩尔(g/mol)；

0.581 6——镉含量换算为锌含量的转换系数。

所得结果表示至二位小数。

6 精密度

6.1 重复性

在重复性条件下获得的两次独立测试结果的测定值，在以下给出的平均值范围内，这两个测试结果的绝对差值不超过重复性限(r)，超过重复性限(r)的情况不超过5%，重复性限(r)按表1数据采用线性内插法求得：

表 1

Zn 质量分数/%	1.94	3.08	5.38	6.78
r/%	0.10	0.15	0.20	0.25

6.2 再现性

在再现性条件下获得的两次独立测试结果的测定值，在以下给出的平均值范围内，这两个测试结果的绝对差值不超过重复性限(R)，超过再现性限(R)的情况不超过5%，再现性限(R)按表2数据采用线性内插法求得：

表 2

Zn 质量分数/%	1.94	3.08	5.38	6.78
R/%	0.15	0.20	0.25	0.30

注：重复性(r)为2.8 s_r，s_r 为重复性标准差。

再现性限(R)为2.8 s_R，s_R 为再现性标准差。

7 质量保证和控制

应用国家级标准样品或行业级标准样品(当前两者没有时，也可用控制标样替代)，每周或每两周校核一次本分析方法标准的有效性。当过程失控时，应找出原因，纠正错误后，重新进行校核。

ICS 73.060
D 42

中华人民共和国国家标准

GB/T 8152.5—2006
代替 GB/T 8152.7—1987

铅精矿化学分析方法 砷量的测定 原子荧光光谱法

Methods for chemical analysis of lead concentrates —Determination of arsenic content —Atomic fluorescence spectrometer method

2006-08-24 发布　　2007-02-01 实施

中华人民共和国国家质量监督检验检疫总局
中国国家标准化管理委员会　发布

前　言

GB/T 8152—2006《铅精矿化学分析方法》共有10个部分：

——GB/T 8152.1　铅精矿化学分析方法　铅量的测定　酸溶解　EDTA滴定法；

——GB/T 8152.2　铅精矿化学分析方法　铅量的测定　硫酸铅沉淀　EDTA返滴定法；

——GB/T 8152.3　铅精矿化学分析方法　三氧化二铝量的测定　铬天青S分光光度法；

——GB/T 8152.4　铅精矿化学分析方法　锌量的测定　EDTA滴定法；

——GB/T 8152.5　铅精矿化学分析方法　砷量的测定　原子荧光光谱法；

——GB/T 8152.7　铅精矿化学分析方法　铜量的测定　火焰原子吸收光谱法；

——GB/T 8152.9　铅精矿化学分析方法　氧化镁量的测定　火焰原子吸收光谱法；

——GB/T 8152.10　铅精矿化学分析方法　银量和金量的测定　铅析或灰吹火试金和火焰原子吸收光谱法；

——GB/T 8152.11　铅精矿化学分析方法　汞量的测定　原子荧光光谱法；

——GB/T 8152.12　铅精矿化学分析方法　镉量的测定　火焰原子吸收光谱法。

其中GB/T 8152.6—1987《铅精矿化学分析方法　极谱法测定铋量》和GB/T 8152.8—1987《铅精矿化学分析方法　二硫代二安替比林甲烷分光光度法测定铋量》不变。

本部分为第1部分。

本部分等同采用ISO 13545:2000(E)《硫化铅精矿-铅含量的测定-酸溶解　EDTA滴定法》(英文版)。

本部分等同翻译ISO 13545:2000(E)。

为便于使用，本部分做了下列编辑性修改：

a) 用小数点“.”代替在国际标准中作为小数点的逗号“,”；

b) 用“本部分”代替“本国际标准”；

c) 按中文习惯改动了标准名称；

d) 删除了国际标准中封面、目次、前言和引言。

本部分代替GB/T 8152.1—1987《铅精矿化学分析方法　Na_2EDTA容量法测定铅量》，因为国际分析技术的发展，原标准已过时。与GB/T 8152.1—1987相比，有如下变动：

a) 本部分由原国家标准仅测定硫酸铅中铅量的基础上，增加了滤液和不溶渣中的铅量的测定，提高了方法的准确性。

b) 本部分增加了“范围”、“规范性引用文件”等规范性一般要素，并增加了“精密度”、“试验报告”等规范性技术要素，使标准文本更加完善。

c) 取消了原国家标准中的附录A《钡量超过铅量十分之一时铅量的测定》。

d) 增加了附录A《预干燥试料的制备与质量测定方法》、附录B《试样分析结果可接受性评价流程图》、附录C《精密度公式的推导》。

本部分的附录A和附录B为规范性附录，附录C为资料性附录。

本部分由中国有色金属工业协会提出。

本部分由全国有色金属标准化技术委员会归口。

本部分由株洲冶炼集团有限责任公司负责起草。

本部分主要起草人：向德磊、曾凌云。

本部分由全国有色金属标准化技术委员会负责解释。

本部分所代替标准的历次版本发布情况为：

——YB 495—1975；

——GB/T 8152.1—1987。

铅精矿化学分析方法　砷量的测定 原子荧光光谱法

1　范围

本部分规定了铅精矿中砷含量的测定方法。

本部分适用于铅精矿中砷含量的测定。测定范围：0.020%～1.00%。

2　方法原理

试料用硝酸、盐酸溶解，在稀盐酸介质中，以抗坏血酸进行预还原，以硫脲掩蔽铜，在氢化物发生器中，砷被硼氢化钾还原为氢化物，由氩气导入石英炉原子化器中，在原子荧光光谱仪上测量砷的荧光强度。按标准曲线法计算砷的含量。

3　试剂及材料

3.1　市售试剂

3.1.1　硼氢化钾。

3.1.2　盐酸（ρ1.19 g/mL）。

3.1.3　硝酸（ρ1.42 g/mL）。

3.1.4　硫酸（ρ1.84 g/mL）。

3.2　溶液

3.2.1　盐酸(1+9)。

3.2.2　氢氧化钠溶液(100 g/L)。

3.2.3　硼氢化钾溶液：称取 12.5 g 硼氢化钾(3.1.1)，加 20 mL 氢氧化钠溶液(3.2.2)，加 480 mL 水，溶解完全，过滤备用。用时现配。

3.2.4　硫脲-抗坏血酸溶液：称取硫脲、抗坏血酸各 25 g，溶于 500 mL 水中。用时现配。

3.3　标准溶液

3.3.1　砷标准贮存溶液：准确称取 0.132 0 g 三氧化二砷(≥99.9%)于 300 mL 烧杯中，加入 25 mL 氢氧化钠溶液(3.2.2)，加热溶解完全，用盐酸中和至微酸性，冷却，移入 1 000 mL 容量瓶中，用水稀释至刻度，混匀。此溶液每毫升含 0.1 mg 砷。

3.3.2　砷标准溶液：移取 5.00 mL 砷标准贮存溶液(3.3.1)于 500 mL 容量瓶中，加入 75 mL 盐酸(3.1.2)，用水稀释至刻度，混匀。此溶液每毫升含 1 μg 砷。

3.4　材料

氩气(≥99.99%)：屏蔽气和载气。

4　仪器

原子荧光光谱仪，附砷特种空心阴极灯。

在仪器最佳工作条件下，凡能达到下列指标者均可使用。

——检出限：不大于 1×10^{-9} g/mL。

——精密度：用 0.1 μg/mL 的砷标准溶液测量荧光强度 10 次，其标准偏差应不超过平均荧光强度的 5.0%。

——工作曲线线性:将工作曲线按浓度等分成五段,最高段的吸光度差值与最低段的吸光度差值之比,应不小于0.7。

原子荧光光谱仪的参考工作条件:

——灯电流50 mA;

——负高压300 V;

——载气流量400 mL/min;

——屏蔽气流量700 mL/min。

5 分析步骤

5.1 试料

按表1称取试样,精确至0.000 1 g。

表1

砷的质量分数/%	试料量/g	试液总体积/mL	分取试液体积/mL
0.020～0.10	0.200	100	5.00
>0.10～0.40	0.200	200	2.00
>0.40～1.00	0.100	200	2.00

5.2 空白试验

随同试料做空白试验。

5.3 测定

5.3.1 将试料(5.1)置于150 mL烧杯中,盖上表皿,用少量水润湿,加10 mL硝酸(3.1.3),低温加热2 min溶解;加3 mL盐酸(3.1.2),继续低温加热溶解并蒸至5 mL,取下冷却。加入10 mL硫酸(3.1.4),加热冒烟至小体积,取下冷却,加30 mL水,加热溶解盐类,取下冷却至室温。按表1移入相应容量瓶中,用水稀释至刻度,混匀。静置澄清。

5.3.2 按表1分取试液于100 mL容量瓶中,加入10 mL盐酸(3.1.2)、10 mL硫脲-抗坏血酸溶液(3.2.4),用水稀释至刻度,混匀。放置30 min。

5.3.3 在原子荧光光谱仪上,用盐酸(3.2.1)作载流剂,用硼氢化钾溶液(3.2.3)作还原剂,以砷特种空心阴极灯为激发光源,测量试料溶液的荧光强度,减去随同试料空白溶液的荧光强度,从工作曲线上查得相应的砷的浓度。

5.4 工作曲线的绘制

5.4.1 移取0 mL、2.00 mL、4.00 mL、6.00 mL、8.00 mL、10.00 mL砷标准溶液(3.3.2)于一组100 mL容量瓶中,分别加入10 mL盐酸(3.1.2)、10 mL硫脲-抗坏血酸溶液(3.2.4),用水稀释至刻度,混匀。放置30 min。

5.4.2 在与试料测定相同条件下测量标准溶液的荧光强度,减去试剂空白溶液的荧光强度。以砷浓度为横坐标,荧光强度为纵坐标,绘制工作曲线。

6 分析结果的计算

按下式计算砷的质量分数(%):

$$w(\mathrm{As})=\frac{c\cdot V_0\cdot V_2\times 10^{-6}}{m_0\cdot V_1}\times 100$$

式中:

c——自工作曲线上查得砷的浓度,单位为微克每毫升(μg/mL);

V_0——试液总体积,单位为毫升(mL);

V_1——分取试液体积，单位为毫升(mL)；

V_2——测定试液体积，单位为毫升(mL)；

m_0——试料的质量，单位为克(g)。

所得结果表示至三位小数。

7 精密度

7.1 重复性

在重复性条件下获得的两次独立测试结果的测定值，在以下给出的平均值范围内，这两个测试结果的绝对差值不超过重复性限(*r*)，超过重复性限(*r*)的情况不超过5%，重复性限(*r*)按表2数据采用线性内插法求得：

表 2

砷的质量分数/%	0.032	0.135	0.230	0.650	0.930
r/%	0.004	0.012	0.022	0.050	0.080

7.2 再现性

在再现性条件下获得的两次独立测试结果的绝对差值不大于再现性限(*R*)，超过再现性限(*R*)的情况不超过5%，再现性限(*R*)按表3数据采用线性内插法求得：

表 3

砷的质量分数/%	0.032	0.135	0.231	0.650	0.930
R/%	0.005	0.015	0.025	0.070	0.100

注：重复性(*r*)为2.8 s_r，s_r 为重复性标准差。

再现性(*R*)为2.8 s_R，s_R 为再现性标准差。

8 质量保证和控制

应用国家级标准样品或行业级标准样品(当两者没有时，也可用控制控样替代)，每周或每两周校核一次本分析方法标准有效性。当过程失控时，应找出原因，纠正错误后，重新进行校核。

ICS 77.060
D 42

中华人民共和国国家标准

GB/T 8152.7—2006
代替 GB/T 8152.4—1987

铅精矿化学分析方法　铜量的测定 火焰原子吸收光谱法

Methods for chemical analysis of lead concentrates
—Determination of copper content
—Flame atomic absorption spectrometric method

2006-08-24 发布　　　　2007-02-01 实施

中华人民共和国国家质量监督检验检疫总局
中国国家标准化管理委员会　发布

前　言

GB/T 8152—2006《铅精矿化学分析方法》共有10个部分：

——GB/T 8152.1　铅精矿化学分析方法　铅量的测定　酸溶解　EDTA滴定法；

——GB/T 8152.2　铅精矿化学分析方法　铅量的测定　硫酸铅沉淀　EDTA返滴定法；

——GB/T 8152.3　铅精矿化学分析方法　三氧化二铝量的测定　铬天青S分光光度法；

——GB/T 8152.4　铅精矿化学分析方法　锌量的测定　EDTA滴定法；

——GB/T 8152.5　铅精矿化学分析方法　砷量的测定　原子荧光光谱法；

——GB/T 8152.7　铅精矿化学分析方法　铜量的测定　火焰原子吸收光谱法；

——GB/T 8152.9　铅精矿化学分析方法　氧化镁量的测定　火焰原子吸收光谱法；

——GB/T 8152.10　铅精矿化学分析方法　银量和金量的测定　铅析或灰吹火试金和火焰原子吸收光谱法；

——GB/T 8152.11　铅精矿化学分析方法　汞量的测定　原子荧光光谱法；

——GB/T 8152.12　铅精矿化学分析方法　镉量的测定　火焰原子吸收光谱法。

其中GB/T 8152.6—1987《铅精矿化学分析方法　极谱法测定铋量》和GB/T 8152.8—1987《铅精矿化学分析方法　二硫代二安替比林甲烷分光光度法测定铋量》不变。

本部分为第1部分。

本部分等同采用ISO 13545:2000(E)《硫化铅精矿-铅含量的测定-酸溶解　EDTA滴定法》(英文版)。

本部分等同翻译ISO 13545:2000(E)。

为便于使用，本部分做了下列编辑性修改：

a)　用小数点"."代替在国际标准中作为小数点的逗号","；

b)　用"本部分"代替"本国际标准"；

c)　按中文习惯改动了标准名称；

d)　删除了国际标准中封面、目次、前言和引言。

本部分代替GB/T 8152.1—1987《铅精矿化学分析方法　Na_2EDTA容量法测定铅量》，因为国际分析技术的发展，原标准已过时。与GB/T 8152.1—1987相比，有如下变动：

a)　本部分由原国家标准仅测定硫酸铅中铅量的基础上，增加了滤液和不溶渣中的铅量的测定，提高了方法的准确性。

b)　本部分增加了"范围"、"规范性引用文件"等规范性一般要素，并增加了"精密度"、"试验报告"等规范性技术要素，使标准文本更加完善。

c)　取消了原国家标准中的附录A《钡量超过铅量十分之一时铅量的测定》。

d)　增加了附录A《预干燥试料的制备与质量测定方法》、附录B《试样分析结果可接受性评价流程图》、附录C《精密度公式的推导》。

本部分附录A和附录B为规范性附录，附录C为资料性附录。

本部分由中国有色金属工业协会提出。

本部分由全国有色金属标准化技术委员会归口。

本部分由株洲冶炼集团有限责任公司负责起草。

本部分主要起草人：向德磊、曾凌云。

本部分由全国有色金属标准化技术委员会负责解释。

本部分所代替标准的历次版本发布情况为：

——YB 495—1975；

——GB/T 8152.1—1987。

铅精矿化学分析方法　铜量的测定
火焰原子吸收光谱法

1　范围

本部分规定了铅精矿中铜含量的测定方法。

本部分适用于铅精矿中铜含量的测定。测定范围：0.50%～3.50%。

2　方法原理

试料用盐酸、硝酸分解，在稀盐酸介质中，于原子吸收光谱仪波长 324.7 nm 处，使用空气-乙炔火焰测量铜的吸光度。

3　试剂和材料

3.1　市售试剂

3.1.1　盐酸（ρ 1.19 g/mL）。

3.1.2　硝酸（ρ 1.42 g/mL）。

3.2　溶液

3.2.1　硝酸（1+1）。

3.2.2　盐酸（1+1）。

3.3　标准溶液

3.3.1　铜标准溶液：称取 0.200 0 g 金属铜（≥99.99%）于 250 mL 烧杯中，加入 15 mL 硝酸（3.2.1），加热溶解，煮沸驱除氮的氧化物，取下冷却，移入 1 000 mL 容量瓶中，加入 50 mL 盐酸（3.2.2），用水稀释至刻度，混匀。此溶液 1 mL 含 200 μg 铜。

4　仪器

原子吸收光谱仪，附铜空心阴极灯。

在仪器最佳工作条件下，凡能达到下列指标者均可使用。

——特征浓度：在与测量试料溶液的基体相一致的溶液中，铜的特征浓度应不大于 0.09 μg/mL。

——精密度：用最高浓度的标准溶液测量 10 次吸光度，其标准偏差应不超过平均吸光度的 1.0%；用最低浓度的标准溶液（不是“零”标准溶液）测量 10 次吸光度，其标准偏差应不超过最高浓度标准溶液平均吸光度的 0.5%。

——工作曲线线性：将工作曲线按浓度等分成五段，最高段的吸光度差值与最低段的吸光度差值之比，应不小于 0.7。

原子吸收光谱仪参考工作条件：

——波长 324.7 nm；

——灯电流 2.0 mA；

——贫燃火焰，在原子化区测定。

5　分析步骤

5.1　试料

按表 1 称取试样，精确至 0.000 1 g。

表 1

铜的质量分数/%	试料/g	加入盐酸(3.2.2)/mL	试液总体积/mL
0.50～1.50	0.100	10	100
>1.50～3.50	0.100	20	200

5.2 空白试验

随同试料做空白试验。

5.3 测定

5.3.1 将试料(5.1)置于150 mL烧杯中，盖上表皿，以少量水润湿，加入15 mL盐酸(3.1.1)，低温加热数分钟后，加入5 mL硝酸(3.1.2)，继续溶解完全，并蒸发至近干。按表1加入盐酸(3.2.2)，用水吹洗表皿及杯壁，加热溶解盐类，取下，冷却至室温。按表1移入相应的容量瓶中，用水稀释至刻度，混匀。

5.3.2 使用空气-乙炔火焰于原子吸收光谱仪波长324.7 nm处，以水调零，测量试液的吸光度，减去试料空白溶液的吸光度，从工作曲线上查出相应的铜浓度。

5.4 工作曲线的绘制

5.4.1 移取0 mL、2.00 mL、4.00 mL、6.00 mL、8.00 mL、10.00 mL铜标准溶液(3.3.1)于一组100 mL容量瓶中，加入10 mL盐酸(3.2.2)，以水稀释至刻度，混匀。

5.4.2 在与试料溶液测定相同条件下，测量系列标准溶液的吸光度，减去系列标准溶液中"零"浓度溶液的吸光度，以铜浓度为横坐标，吸光度为纵坐标，绘制工作曲线。

6 分析结果的计算

按下式计算铜的质量分数(%)：

$$w(\mathrm{Cu}) = \frac{c \cdot V \times 10^{-6}}{m} \times 100$$

式中：

c——自工作曲线上查得的铜浓度，单位为微克每毫升(μg/mL)；

V——试液总体积，单位为毫升(mL)；

m——试料的质量，单位为克(g)。

所得结果表示至二位小数。

7 精密度

7.1 重复性

在重复性条件下获得的两次独立测试结果的测定值，在以下给出的平均值范围内，这两个测试结果的绝对差值不超过重复性限(r)，超过重复性限(r)的情况不超过5%，重复性限(r)按表2数据采用线性内插法求得：

表 2

铜的质量分数/%	0.49	1.49	2.42	3.52
r/%	0.03	0.07	0.09	0.12

7.2 再现性

在再现性条件下获得的两次独立测试结果的测定值，在以下给出的平均值范围内，这两个测试结果的绝对差值不超过重复性限(R)，超过再现性限(R)的情况不超过5%，再现性限(R)按表3数据采用线性内插法求得：

表 3

铜的质量分数/%	0.49	1.49	2.42	3.52
R/%	0.05	0.08	0.10	0.15

注：重复性(r)为 2.8 s_r，s_r 为重复性标准差。

再现性(R)为 2.8 s_R，s_R 为再现性标准差。

8 质量保证和控制

应用国家级标准样品或行业级标准样品(当前两者没有时，也可用控制标样替代)，每周或每两周校核一次本分析方法标准的有效性。当过程失控时，应找出原因，纠正错误后，重新进行校核。

ICS 77.060
D 42

中华人民共和国国家标准

GB/T 8152.9—2006
代替 GB/T 8152.5—1987

铅精矿化学分析方法 氧化镁的测定 火焰原子吸收光谱法

Methods for chemical analysis of lead concentrates —Determination of magnesium oxide content —Flame atomic absorption spectrometric method

2006-08-24 发布 2007-02-01 实施

中华人民共和国国家质量监督检验检疫总局
中国国家标准化管理委员会 发布

前言

GB/T 8152《铅精矿化学分析方法》共有12个部分：

——GB/T 8152.1 铅精矿化学分析方法 铅量的测定 酸溶解-EDTA滴定法；

——GB/T 8152.2 铅精矿化学分析方法 铅量的测定 硫酸铅沉淀-EDTA返滴定法；

——GB/T 8152.3 铅精矿化学分析方法 三氧化二铝量的测定 铬天青S分光光度法；

——GB/T 8152.4 铅精矿化学分析方法 锌量的测定 EDTA滴定法；

——GB/T 8152.5 铅精矿化学分析方法 砷量的测定 原子荧光光谱法；

——GB/T 8152.6 铅精矿化学分析方法 极谱法测定铋量；

——GB/T 8152.7 铅精矿化学分析方法 铜量的测定 火焰原子吸收光谱法；

——GB/T 8152.8 铅精矿化学分析方法 二硫代二安替比林甲烷分光光度法测定铋量；

——GB/T 8152.9 铅精矿化学分析方法 氧化镁量的测定 火焰原子吸收光谱法；

——GB/T 8152.10 铅精矿化学分析方法 金量和银量的测定 铅析或灰吹火试金和火焰原子吸收光谱法；

——GB/T 8152.11 铅精矿化学分析方法 汞量的测定 原子荧光光谱法；

——GB/T 8152.12 铅精矿化学分析方法 镉量的测定 火焰原子吸收光谱法。

本部分为第9部分。

本部分是对GB/T 8152.5—1987《铅精矿化学分析方法 原子吸收分光光度法测定氧化镁量》的修订。

本部分与GB/T 8152.5—1987相比，主要有如下变动：

——对文本格式进行了修改。

——补充了精密度与质量保证和控制条款。

本部分代替GB/T 8152.5—1987。

本部分由中国有色金属工业协会提出。

本部分由全国有色金属标准化技术委员会归口。

本部分由株洲冶炼集团有限责任公司负责起草。

本部分主要起草人：刘东灿 、钟勇。

本部分由全国有色金属标准化技术委员会负责解释。

本部分所代替标准的历次版本发布情况为：

——GB/T 8152.5—1987。

铅精矿化学分析方法　氧化镁的测定 火焰原子吸收光谱法

1　范围

本部分规定了铅精矿中氧化镁含量的测定方法。

本部分适用于铅精矿中氧化镁含量的测定。测定范围：0.50%～3.0%。

2　方法原理

试料用酸溶解，在稀盐酸介质中，以锶盐抑制铝、硅等元素的干扰，用空气-乙炔火焰于原子吸收光谱仪波长 285.2 nm 处，测量镁的吸光度。

3　试剂与材料

3.1　市售试剂

3.1.1　盐酸（ρ 1.19 g/mL）。

3.1.2　硝酸（ρ 1.42 g/mL）。

3.1.3　氢氟酸（ρ 1.15 g/mL）。

3.1.4　高氯酸（ρ 1.67 g/mL）。

3.2　溶液

3.2.1　盐酸（1+1）。

3.2.2　氯化锶溶液（100 g/L）。

3.3　标准溶液

3.3.1　氧化镁标准贮存溶液：称取 1.000 0 g 预先在 600℃灼烧 1 h，置于干燥器中冷却至室温的高纯氧化镁于 250 mL 烧杯中，盖上表皿，用少量水润湿，加入 60 mL 盐酸（3.2.1），低温加热溶解完全，冷却至室温，移入 1 000 mL 容量瓶中，用水稀释至刻度，混匀。此溶液 1 mL 含 1 mg 氧化镁。

3.3.2　氧化镁标准溶液：移取 10.00 mL 氧化镁标准贮存溶液（3.3.1）于 100 mL 容量瓶中，加入 5 mL 盐酸（3.2.1），用水稀释至刻度，混匀。此溶液 1 mL 含 100 μg 氧化镁。

4　仪器

原子吸收光谱仪，附镁空心阴极灯。

在仪器最佳工作条件下，凡能达到下列指标者均可使用。

——特征浓度：在与测量溶液的基体相一致的溶液中，镁的特征浓度应不大于 0.005 μg/mL。

——精密度：用最高浓度的标准溶液测量 10 次吸光度，其标准偏差应不超过平均吸光度的 1.0%；用最低浓度的标准溶液（不是“零”浓度标准溶液）测量 10 次吸光度，其标准偏差应不超过最高浓度标准溶液平均吸光度的 0.5%。

——工作曲线线性：将工作曲线按浓度等分成五段，最高段的吸光度差值与最低段的吸光度差值之比，应不小于 0.8。

原子吸收光谱仪的参考工作条件：

——波长 285.2 nm；

——灯电流 2.0 mA；

——贫燃火焰，在原子化区测定。

5 分析步骤

5.1 试料

按表1称取试样，精确至0.000 1 g。

表1

氧化镁的质量分数/%	试 料/g	分取试液体积/mL
0.50～1.00	0.200	20.00
>1.00～2.00	0.200	10.00
>2.00～3.00	0.100	10.00

5.2 空白试验

随同试料做空白试验。

5.3 测定

5.3.1 将试料(5.1)置于150 mL聚四氟乙烯烧杯中，盖上表皿，用少量水润湿，加入10 mL盐酸(3.1.1)，于电热板上加热溶解5 min。加入3 mL硝酸(3.1.2)、5 mL～10 mL氢氟酸(3.1.3)、5 mL高氯酸(3.1.4)，蒸发至高氯酸冒烟直至近干，取下冷却，加入5 mL盐酸(3.2.1)，用水吹洗表面皿及杯壁，加热溶解盐类，取下，冷却至室温，将溶液移入50 mL容量瓶中，用水稀释至刻度，混匀。

5.3.2 按表1分取试液于100 mL容量瓶中，加入5 mL盐酸(3.2.1)、10.0 mL氯化锶溶液(3.2.2)，用水稀释至刻度，混匀。

5.3.3 使用空气-乙炔火焰，于原子吸收光谱仪波长285.2 nm处，以水调零，测量镁的吸光度，减去试料空白溶液吸光度，从工作曲线上查出相应的氧化镁浓度。

5.4 工作曲线的绘制

5.4.1 移取0 mL、2.00 mL、4.00 mL、6.00 mL、8.00 mL、10.00 mL氧化镁标准溶液(3.3.2)，置于一组100 mL容量瓶中，加入5 mL盐酸(3.2.1)、10.0 mL氯化锶溶液(3.2.2)，用水稀释至刻度，混匀。

5.4.2 使用空气-乙炔火焰，于原子吸收光谱仪波长285.2 nm处，以水调零，测量标准系列溶液的吸光度，减去标准系列溶液中“零”浓度溶液的吸光度，以氧化镁的浓度为横坐标，吸光度为纵坐标绘制工作曲线。

6 分析结果的计算

按下式计算氧化镁的质量分数(%)：

$$w(\mathrm{MgO}) = \frac{c \cdot V_0 \cdot V_2 \times 10^{-6}}{m_0 \cdot V_1} \times 100$$

式中：

c——自工作曲线上查得的镁浓度，单位为微克每毫升(μg/mL)；

V_0——试液总体积，单位为毫升(mL)；

V_1——分取试液体积，单位为毫升(mL)；

V_2——测定试液体积，单位为毫升(mL)；

m_0——试料的质量，单位为克(g)。

所得结果表示至二位小数。

7 精密度

7.1 重复性

在重复性条件下获得的两次独立测试结果的测定值，在以下给出的平均值范围内，这两个测试结果的绝对差值不超过重复性限(r),超过重复性限(r)的情况不超过5%,重复性限(r)按表2数据采用线性内插法求得：

表2

氧化镁的质量分数/%	0.35	1.53	2.27	3.82
r/%	0.07	0.12	0.15	0.22

7.2 再现性

在再现性条件下获得的两次独立测试结果的绝对差值不大于再现性限(R),超过再现性限(R)的情况不超过5%,再现性限(R)按表3数据采用线性内插法求得：

表3

氧化镁的质量分数/%	0.35	1.53	2.27	3.82
R/%	0.08	0.15	0.20	0.25

注：重复性(r)为2.8 s_r,s_r 为重复性标准差。

再现性(R)为2.8 s_R,s_R 为再现性标准差。

8 质量保证和控制

应用国家级标准样品或行业级标准样品(当前两者没有时,也可用控制标样替代),每周或每两周校核一次本分析方法标准的有效性。当过程失控时,应找出原因,纠正错误后,重新进行校核。

ICS 73.060
D 42

中华人民共和国国家标准

GB/T 8152.10—2006/ISO 12740:1998(E)
代替 GB/T 8152.9～8152.10—1989

铅精矿化学分析方法 银量和金量的测定 铅析或灰吹火试金和火焰原子吸收光谱法

Methods for chemical analysis of lead concentrates—Determination of silver and gold content—Fire assay and flame atomic absorption spectrometric method using scorification or cupellation

(ISO 12740:1998E, Lead Sulfide concentrates—Determination of silver and gold content—Fire assay and flame atomic absorptionspectrometric method using scorification or cupellation, IDT)

2006-08-24 发布　　2007-02-01 实施

中华人民共和国国家质量监督检验检疫总局
中国国家标准化管理委员会　发布

前　言

GB/T 8152—2006《铅精矿化学分析方法》共有10个部分：

——GB/T 8152.1　铅精矿化学分析方法　铅量的测定　酸溶解　EDTA 滴定法；

——GB/T 8152.2　铅精矿化学分析方法　铅量的测定　硫酸铅沉淀　EDTA 返滴定法；

——GB/T 8152.3　铅精矿化学分析方法　三氧化二铝量的测定　铬天青S分光光度法；

——GB/T 8152.4　铅精矿化学分析方法　锌量的测定　EDTA 滴定法；

——GB/T 8152.5　铅精矿化学分析方法　砷量的测定　原子荧光光谱法；

——GB/T 8152.7　铅精矿化学分析方法　铜量的测定　火焰原子吸收光谱法；

——GB/T 8152.9　铅精矿化学分析方法　氧化镁量的测定　火焰原子吸收光谱法；

——GB/T 8152.10　铅精矿化学分析方法　银量和金量的测定　铅析或灰吹火试金和火焰原子吸收光谱法；

——GB/T 8152.11　铅精矿化学分析方法　汞量的测定　原子荧光光谱法；

——GB/T 8152.12　铅精矿化学分析方法　镉量的测定　火焰原子吸收光谱法。

其中 GB/T 8152.6—1987《铅精矿化学分析方法　极谱法测定铋量》和 GB/T 8152.8—1987《铅精矿化学分析方法　二硫代二安替比林甲烷分光光度法测定铋量》不变。

本部分为第1部分。

本部分等同采用 ISO 13545:2000(E)《硫化铅精矿-铅含量的测定-酸溶解　EDTA 滴定法》(英文版)。

本部分等同翻译 ISO 13545:2000(E)。

为便于使用，本部分做了下列编辑性修改：

a）用小数点“.”代替在国际标准中作为小数点的逗号“,”；

b）用“本部分”代替“本国际标准”；

c）按中文习惯改动了标准名称；

d）删除了国际标准中封面、目次、前言和引言。

本部分代替 GB/T 8152.1—1987《铅精矿化学分析方法　Na_2EDTA 容量法测定铅量》，因为国际分析技术的发展，原标准已过时。与 GB/T 8152.1—1987 相比，有如下变动：

a）本部分由原国家标准仅测定硫酸铅中铅量的基础上，增加了滤液和不溶渣中的铅量的测定，提高了方法的准确性。

b）本部分增加了“范围”、“规范性引用文件”等规范性一般要素，并增加了“精密度”、“试验报告”等规范性技术要素，使标准文本更加完善。

c）取消了原国家标准中的附录 A《钡量超过铅量十分之一时铅量的测定》。

d）增加了附录 A《预干燥试料的制备与质量测定方法》、附录 B《试样分析结果可接受性评价流程图》、附录 C《精密度公式的推导》。

本部分附录 A 和附录 B 为规范性附录，附录 C 为资料性附录。

本部分由中国有色金属工业协会提出。

本部分由全国有色金属标准化技术委员会归口。

本部分由株洲冶炼集团有限责任公司负责起草。

本部分主要起草人：向德磊、曾凌云。

本部分由全国有色金属标准化技术委员会负责解释。

本部分所代替标准的历次版本发布情况为：

——YB 495—1975；

——GB/T 8152.1—1987。

铅精矿化学分析方法 银量和金量的测定 铅析或灰吹火试金和火焰原子吸收光谱法

1 范围

本部分规定了火试金和火焰原子吸收光谱法测定硫化铅矿中的银量和金量的方法。

本部分适用于铅含量10%(质量分数)~80%(质量分数)的硫化铅矿中银量和金量的测定。

本部分测定范围:Ag:200 g/t~2000 g/t;Au:0.1 g/t~25 g/t 。

2 规范性引用文件

本部分引用下列标准的有关条款。本部分发布时,这些标准均为有效版本。所有标准都会被修订,因此,鼓励依据本部分达成协议的各方尽可能使用这些标准的最新版本。IEC 和 ISO 的成员均持有现行有效的国际标准。

ISO 385-1:1984 实验室玻璃器皿—滴定管—第一部分:一般要求

ISO 648:1977 实验室玻璃器皿—单刻度移液管

ISO 1042:1998 实验室玻璃器皿—单刻度容量瓶

ISO 3696:1987 实验室分析用水—规范和试验方法

ISO 4787:1984 实验室玻璃器皿—容量玻璃器皿—使用方法和容量的测试

ISO 9599:1991 硫化铜、铅、锌精矿—分析样品中水分的测定—重量法

3 原理

3.1 铅析法

试料通过火法熔融,造渣。产生的铅扣质量减小到 2 g 至 5 g 。

对初熔渣和造渣过程产生的渣进行重处理产生低银含量的铅扣,通过造渣,铅扣质量减少到 2 g 至 5 g。

两种铅扣用硝酸溶解,溶液过滤。溶解滤纸和金,用火焰原子吸收光谱法测定银和金。

3.2 灰吹法

试料通过火法熔融,灰吹,产生金银合粒 。

对初熔渣和灰吹灰皿进行重处理产生另一个金银合粒。

两个金银合粒用硝酸溶解,溶液过滤。溶解滤纸和金,用火焰原子吸收光谱法测定银和金。

4 试剂

分析过程中,仅使用经认可的分析纯试剂和符合 ISO 3696 二级水标准的水。用 25%的氨水溶液洗涤所有玻璃器皿。推荐在无氯环境下操作。

4.1 碳酸钠,无水。

4.2 氧化铅,分析纯,含 Ag<0.2 g/t,含 Au<0.01 g/t。

4.3 二氧化硅。

4.4 硝酸钾或硝酸钠。

4.5 面粉。

4.6　硝酸(ρ_{20} 1.42 g/mL，Cl<0.5 μg/mL)。

4.7　硝酸洗涤液(5 mL/L)。

往 995 mL 水中小心加入 5 mL 硝酸(4.6)。

4.8　硝酸(250 mL/L)

往 1 500 mL 水中小心加入 500 mL 硝酸(4.6),边加边搅拌,冷却。

4.9　盐酸(ρ_{20} 1.16 g/mL～1.19 g/mL)。

4.10　硼砂,熔融无水四硼酸钠。

4.11　金属银(Ag≥99.99%)。

4.12　金属金(Au≥99.99%)。

4.13　王水

将 3 份盐酸(4.9)和 1 份硝酸(4.6)混合;用时配制。

4.14　氨水溶液:将 500 mL 氨水(ρ_{20} 0.89 g/mL)加到 500 mL 水中。

4.15　氯化钠

4.16　标准溶液

注:配制标准溶液的环境温度应与实际测定时的环境温度一致。

4.16.1　银标准溶液

4.16.1.1　银标准溶液(1 000 μg/mL)。

称取 0.500 0 g 金属银(4.11)于 400 mL 烧杯中,加 100 mL 硝酸(4.8),加盖,微热溶解完全。继续加热除去氮的氧化物,冷却,转移到 500 mL 容量瓶中。用水稀释至刻度,混匀。溶液应储存于棕色瓶中。

4.16.1.2　银标准溶液(100 μg/mL)

移取 20.00 mL 银标准溶液(4.16.1.1)于 200 mL 容量瓶中,加 40 mL 硝酸(4.8),稀释至刻度,混匀。溶液应储存于棕色瓶中。

4.16.1.3　银标准溶液(10 μg/mL)

移取 20.00 mL 银标准溶液(4.16.1.2)于 200 mL 容量瓶中,加 40 mL 硝酸(4.8),稀释到刻度,混匀。溶液应现配现用。

4.16.2　金标准溶液

4.16.2.1　金标准溶液(1 000 μg/mL)

称取 0.100 g 金属金(4.12)于一 50 mL 烧杯中,加 5 mL 王水溶液(4.13),加盖,加热溶解完全。冲洗并移去表皿,加 0.1 g 氯化钠(4.15),蒸至近干(不能蒸干,否则金可能沉淀)。冷却,加 10 mL 盐酸(4.9),定量转移到 100 mL 容量瓶中。用水稀释至刻度,塞紧,混匀。溶液储存于棕色瓶中。

4.16.2.2　金标准溶液(100 μg/mL)

移取 10.00 mL 金标准溶液(4.16.2.1)于 100 mL 容量瓶中,加 5 mL 盐酸(4.9),用水稀释到刻度,塞紧,混匀。

4.16.2.3　金标准溶液(10 μg/mL)

移取 20.00 mL 金标准溶液(4.16.2.2)于 200 mL 容量瓶中,加 10 mL 盐酸(4.9),用水稀释到刻度,塞紧,混匀。溶液应现配现用。

4.17　校准溶液

注:配制校准溶液的环境温度应与实际测定时的环境温度一致。

4.17.1　银校准溶液

用滴定管(5.6)分别移取 0 mL、5.00 mL、10.00 mL、20.00 mL、30.00 mL、40.00 mL 银标准溶液(4.16.1.3)到 6 个 100 mL 容量瓶;分别加 20 mL、19 mL、18 mL、16 mL、14 mL、12 mL 硝酸(4.8),用水稀释到刻度,混匀。

这些标准溶液含银分别为:0 μg/mL、0.5 μg/mL、1.0 μg/mL、2.0 μg/mL、3.0 μg/mL、4.0 μg/mL,应现配现用。

4.17.2 金校准溶液 mL

用滴定管(5.6)分别移取 0 mL、10.00 mL、20.00 mL、30.00 mL、40.00 mL、50.00 mL 金标准溶液(4.16.2.3)到 6 个 100 mL 容量瓶;分别加 20 mL 王水溶液(4.13),用水稀释到刻度,混匀。

这些标准溶液含金分别为:0 μg/mL、1 μg/mL、2 μg/mL、3 μg/mL、4 μg/mL、5 μg/mL,应现配现用。

5 仪器

除普通的实验室设备,还应具备下列仪器设备。

5.1 容量玻璃器皿:符合 ISO 385-1、ISO 648、ISO 1042 的 A 级标准,按 ISO 4787 使用。

5.2 常规火试金分析设备

5.2.1 试金坩埚炉,最高操作温度 1 200℃。

5.2.2 马弗炉,最大操作温度 1 100℃,带温度显示,自动温度控制,空气流动控制。

5.2.3 坩埚,用耐火粘土制作,标称容量 300 mL～500 mL,应能经受 1 100℃时的样品和熔剂对坩埚的腐蚀。坩埚大小以内容物不超过坩埚深度的四分之三为准。

5.2.4 铅析坩埚,用耐火粘土制作,直径大约 75 mm,最好不要太浅。

5.2.5 灰皿,由氧化镁或骨灰制作,标称容量应能容纳 50 g 熔融铅,内部为凹面。

5.2.6 圆锥模,由铸铁制作,应能容纳所有的熔融铅和坩埚熔融渣。

5.2.7 粉磨机

5.3 天平

5.3.1 天平,感量为 1 mg。

5.3.2 分析天平,感量为 0.1 mg。

5.4 原子吸收光谱仪(AAS),带背景校正装置,使用带玻璃撞击球的雾化室而非扰流器。

5.5 过滤装置

5.5.1 薄膜过滤器-硝酸纤维素/乙酸纤维素,直径 25 mm,网眼大小 0.45 μm。

5.5.2 真空瓶,250 mL,宽颈布式过滤瓶。

5.5.3 薄膜过滤漏斗,适合 25 mm 薄膜过滤器使用。

5.6 滴定管,A 级,50 mL 容量,能读到 0.1 mL。

6 样品

6.1 试样

按 ISO 9599 标准制备一份空气平衡的试样。

注:如果使用预先干燥的试料,则不要求制备试样(见附录 A)。

6.2 试料

采用多点多次取样的方式,从试样中分取试料,保证其代表性。称取 10g 试料,精确到 0.1mg。在称取试料的同时,称取按 ISO 9599 测定水分用的试料。

也可选择附录 A 提供的方法直接从实验室试样中准备预先干燥试料。

7 过程

7.1 测定次数

在重复性试验条件下,每个样品至少重复测定两次。

注:重复性条件指对同一样品,用同一种方法,由同一个人在同一个实验室,使用同一种试剂和仪器,在较短的时间间隔内,进行独立操作得出的分析结果。

7.2 熔融试验

按附录B进行熔融试验以保证铅扣质量在28 g至35 g之间。

注：熔融试验是必须的。

7.3 空白试验

每批样品必须平行进行空白试验，加入的所有试剂量跟样品一致，但不加试料和硝酸钾，应加入足够的面粉(4.5)保证铅扣质量在28 g至35 g之间，按附录C进行空白试验。

注：如果空白溶液(附录C)金含量超过0.05 μg/mL，应检查试剂。否则从结果中扣除空白。

7.4 配料准备

根据熔融试验(附录B)得出需用硝酸钾的质量，并将其加入熔剂混合物中(见表1)。

按表1指定的熔剂组分和试料完全混合。

表1 熔剂组分推荐配比

熔剂组分	质量/g
碳酸钠(4.1)	30
氧化铅(4.2)	70
二氧化硅(4.3)	10
硼砂(4.10)	10
硝酸钾(4.4)	—

将混合物放入试金坩埚(5.2.3)

注1：将试料和熔剂混合物充分混合是非常重要的。所有熔剂混合物应当处于精细分离状态，粒度应小于0.5 mm。

注2：混合物中氧化剂的量依试样的还原能力而定。熔融试验(附录B)将决定产生28 g到35 g之间的铅扣所需硝酸钾的质量。氧化剂不应包含在混合熔剂中，应单独称量以保证铅扣质量的重现性，如果熔融条件一致性好，铅扣质量误差应在±1 g以内，因而减少了铅析或灰吹的完成次数的波动。

注3：如果铅扣质量不是预期值或者重现性不好，使用坩埚盖可能会有所帮助。

7.5 初熔

将坩埚放入预先加热到900℃左右的试金坩埚炉(5.2.1)中。

缓慢升温至1 100℃。维持该温度直至熔融物平静下来，稳定10 min以上。

将熔融物倒入干燥的圆锥模(5.2.6)中，小心防止铅或渣的损失。保留坩埚以备熔融物的重处理。

待熔融物冷却，小心将铅扣和渣分离。如有必要，锤击铅扣以便分离粘附着的小颗粒渣。保留渣待重处理。

称量铅扣质量，如果小于28g或者大于35g，弃去铅扣和渣，使用较少的氧化剂或者增加面粉重复上述过程(见附录B)。

注1：如果使用的是油炉或气炉，在炉门打开之前应该关闭燃料开关。

注2：为减小对坩埚的腐蚀和铅扣中杂质的累积，整个熔融时间不应超过40 min。

注3：铅扣质量小于28 g则回收率偏低，大于35 g说明杂质(如铜)含量太高，同时可能影响铅析后获得的铅量。

7.6 回收过程的选择

可以采用铅析法(见7.7)或者灰吹法(见7.8)回收铅扣中的银和金。分析员应根据实际情况选择合适的方法。不管采用什么方法，银和金的原子吸收测定过程是一样的。

7.7 铅析法

7.7.1 总则

加入约0.5 g二氧化硅(4.3)于铅析坩埚中，放入马弗炉(5.2.2)中预热至900℃，再把初熔铅扣(见7.5)放入坩埚中。

控制马弗炉温度约900℃，在稳定的空气流动中进行铅析，直至可见的铅熔体直径大约10 mm(时间因铅扣质量而异，大约30 min)。

铅析快完成时，将马弗炉温度提高到950℃，以降低粘度，便于铅熔体干净的倒出。要求铅的质量是2 g～5 g。

将熔体倒入干燥的圆锥模(5.2.6)中，冷却，分离铅扣并称重。保留渣以便重熔融处理。弃去铅析坩埚。

7.7.2 重熔

将初熔渣(见7.5)和铅析过程产生的渣(见7.7.1)放入粉磨机(5.2.7)中，粉碎约20 s。每磨完一个样品，需磨一个不含银和金的物料，以便完全清洁粉磨机。

将磨好的渣和下列组分的物料完全混合。

——氧化铅(4.2)50 g；

——碳酸钠(4.1)50 g；

——二氧化硅(4.3)50 g；

——硼砂(4.10)50 g；

——面粉(4.5)使用的量要保证足够产生28 g至35 g的铅扣(通常约4 g)。

将混合物放入初熔时用过的原坩埚(见7.5)中。

按7.5进行熔融处理。

将熔融物倒入干燥的圆锥模(5.2.6)中，小心不要损失铅。弃去坩埚和渣。

7.7.3 铅析

加入约0.5 g二氧化硅(4.3)于另一个铅析坩埚中，放入马弗炉(5.2.2)中预热至950℃，再把重熔铅扣(7.7.2)加到坩埚中。

按7.7.1操作。弃去渣和坩埚。

7.8 灰吹法

7.8.1 总则

将灰皿在马弗炉(5.2.2)中于900℃进行预热，再把初熔铅扣(见7.5)放入灰皿中。

控制马弗炉温度大约860℃，在稳定的空气流动中于较低温度处进行灰吹，直至可见的铅熔体直径大约10 mm(时间因铅扣质量而异，大约30 min)。

提高马弗炉温度至900℃完成灰吹。

移出灰皿，冷却，提取金银合粒，用刷子去掉附带的灰皿材料。保留灰皿以便重熔融。

7.8.2 重熔

将初熔渣(见7.5)和回收过程中的灰皿(7.8.1)放入粉磨机(5.2.7)中，粉碎20s，磨至小于150 μm，更长的磨样时间会导致物料结块。

每磨完一个样品，需磨一个不含银和金的物料，以便完全清洁粉磨机。

将磨好的渣和下列组分的物料完全混合。

——氧化铅(4.2)50 g；

——碳酸钠(4.1)50 g；

——二氧化硅(4.3)50 g；

——硼砂(4.10)50 g；

——面粉(4.5)使用的量要保证足够产生28 g至35 g的铅扣(通常用量约4 g)。

将混合物放入初熔时用过的原坩埚(见7.5)中。

按7.5进行熔融处理。

将熔融物倒入干燥的圆锥模(5.2.6)中，小心不要损失铅。弃去坩埚和渣。

7.8.3 灰吹

将另一个灰皿放入马弗炉(5.2.2)中预热至900℃，再把重熔铅扣(7.8.2)放入灰皿中。

按7.8.1操作。弃去灰皿。

7.9 铅扣或金银合粒的处理

将铅扣(见 7.7.1 和 7.7.3)或金银合粒(见 7.8.1 和 7.8.3)置于 250 mL 烧杯中。

加入 100 mL 硝酸(4.8),盖上表皿,加热,溶解所有的铅或合粒。微沸除去氮的氧化物。

注:铅或合粒溶解后的任何黑色残留物都是除银外的贵金属。

从电热板上取下烧杯,稍冷,洗涤,移去表皿,用 25 mm、0.45 μm 的过滤器(5.5.1)进行真空过滤,滤液进入 250 mL 布氏容量瓶(5.5.2)中。用约 50 mL 热的硝酸(4.7)洗涤烧杯和滤纸,用 10 mL 热氨水溶液(4.14)洗涤以溶解微量的氯化银,再用水洗涤一次。

取下过滤器的上半部分,仔细洗涤其底座,以便洗下可能粘附的金粒,洗液进入原 250 mL 烧杯中。

将滤纸移入原 250 mL 烧杯中,加 2 mL 硝酸(4.6),低温加热蒸至近干(不要烧干)。保留烧杯用于金的测定。

7.10 火焰原子吸收光谱法测定测试溶液中的银

使用硝酸(4.7)定量转移滤液(见 7.9)到 500 mL 容量瓶中。稀释到刻度并充分混匀。

移取 25 mL 上述溶液到 250 mL 容量瓶中,加 25 mL 硝酸(4.8)。用水稀释到刻度,充分混匀。

使用火焰原子吸收光谱法测定银浓度,校准溶液为 4.17.1。推荐使用下列条件,但应当优化仪器条件使灵敏度最高,且吸光度和浓度之间的线性关系好。

——火焰:空气-乙炔(氧化性);

——波长:328.1 nm;

——灯电流:5 mA;

——背景校正:无;

——雾化效率:优化到最大信号;

——积分时间:3 s;

——积分次数:5。

对每个标准溶液进行三次平行测定,计算平均值,吸光度的差值范围不超过 0.003 时,保留三位有效数值。如吸光度值的范围超过 0.003 时,重新进行校正。

在相同的条件下进行测试溶液的测定。绘制吸光度对浓度的校正曲线。

注:在所有的 FAAS 测定中,试样溶液和校准溶液应保持相同的温度和相同的酸度。

7.11 火焰原子吸收光谱法测定溶液中的金

往含金的烧杯(见 7.9)中加 5 mL 王水溶液(4.13),加盖,微热至金完全溶解。定量转移溶液到一 25 mL容量瓶中。用水稀释到刻度并充分混匀。

对含金量为 10 g/t~25 g/t 的样品,应加 10 mL 王水溶液(4.13),稀释到 50 mL 的体积。

使用火焰原子吸收光谱法测定金浓度,校准溶液为 4.17.2。推荐使用下列条件,但应当优化仪器条件使灵敏度最高,且吸光度和浓度之间的线性关系好。

——火焰:空气-乙炔(氧化性);

——波长:242.8 nm;

——灯电流:4 mA;

——背景校正:无;

——雾化效率:优化到最大信号;

——积分时间:3 s;

——积分次数:5。

对每个标准溶液进行三次平行测定,吸光度的差值范围不超过 0.003 时,计算平均值,保留三位有效数值。如吸光度值的范围超过 0.003 时,重新进行校正。

在相同的条件下进行测试溶液的测定。绘制吸光度对浓度的校正曲线。

注:在所有的 FAAS 测定中,试样溶液和校准溶液应保持相同的温度和相同的酸度。

8 结果的表示

8.1 银含量

用下式计算试料中的银含量 $w(\mathrm{Ag})$(g/t):

$$w(\mathrm{Ag})=\frac{(C_1-B_1)500\times 250}{m\times 25}\times\frac{100}{100-H} \quad \cdots\cdots(1)$$

式中:

C_1——分析溶液中的银含量,单位为微克每毫升(μg/mL);

B_1——空白溶液中的银含量,单位为微克每毫升(μg/mL);

m——试料质量,单位为克(g);

H——水分,单位为质量分数(%)(如果是预先干燥的试料,$H=0$)。

8.2 金含量

用下列公式计算试料中的金含量 $w(\mathrm{Au})$(g/t):

$$w(\mathrm{Au})=\frac{(C_2-B_2)V}{m}\times\frac{100}{100-H} \quad \cdots\cdots(2)$$

式中:

C_2——分析溶液中的金含量,单位为微克每毫升(μg/mL);

B_2——空白溶液中的金含量,单位为微克每毫升(μg/mL);

V——分析溶液的体积,单位为毫升(mL);

m——试料质量,单位为克(g);

H——水分,单位为质量分数(%)(如果是预先干燥的试料,$H=0$)。

9 精密度

9.1 精密度的表示

该分析方法的精密度用下列公式表示:

9.1.1 银

$$s_r=0.003\,6x+3.202\,4 \quad \cdots\cdots(3)$$

$$s_L=0.013\,4x+8.642\,1 \quad \cdots\cdots(4)$$

9.1.2 金

$$s_r=0.029\,6x+0.019\,1 \quad \cdots\cdots(5)$$

$$s_L=0.045\,6x+0.140\,9 \quad \cdots\cdots(6)$$

式中:

s_r——实验室内标准偏差,单位为克每吨(g/t);

s_L——实验室间标准偏差,单位为克每吨(g/t);

x——样品中金或银的平均含量,单位为克每吨(g/t);

见附录 E。

9.2 获得最终结果的方法

见附录 D。

按下列公式计算平均值并按附录 D 中的流程图进行处理。

$$\text{平均值}=(X_1+X_2)/2 \quad \cdots\cdots(7)$$

实验室内标准偏差:

$$\text{银的测定:}s_r=0.003\,6x+3.202\,4 \quad \cdots\cdots(3)$$

金的测定：$s_r = 0.0296x + 0.0191$ ……………………………(5)

重复性限：$r = 2.8s_r$ ……………………………(8)

9.3 实验室间精密度

实验室间精密度用来评定两个(或多个)实验室报出结果的一致性。这里假设所有的实验室遵循同样的分析过程。

按下列公式计算平均值：

最终结果平均值 $\mu_{1,2} = (\mu_1 + \mu_2)/2$ ……………………………(9)

实验室间标准偏差：

银的测定：$s_L = 0.0134x + 8.6421$ ……………………………(4)

金的测定：$s_L = 0.0456x + 0.1409$ ……………………………(6)

实验室内标准偏差：

银的测定：$s_r = 0.0036x + 3.2024$ ……………………………(3)

金的测定：$s_r = 0.0296x + 0.0191$ ……………………………(5)

允许差 $P = 2.8\sqrt{(s_L^2 + s_r^2/2)}$ ……………………………(10)

范围 $E = |\mu_1 - \mu_2|$ ……………………………(11)

式中：

μ_1——第一个实验室报出的结果，单位为克每吨(g/t)；

μ_2——第二个实验室报出的结果，单位为克每吨(g/t)；

只要 $E \leqslant P$，最终结果就是一致的。

9.4 准确度检查

用该方法分析经过认证的标准样品(CRM)，可以检验其准确度。分析过程按第7章进行。当精密度满足要求时，把最终分析结果和该样品的认证值 A_c 相比较。

存在下列两种可能：

$|\mu_c - A_c| \leqslant C$ ……………………………(12)

如果这个条件成立，报告的结果与认证值的差值可以忽略。

$|\mu_c - A_c| > C$ ……………………………(13)

如果这个条件成立，报告的结果与认证值的差值不能忽略。

式(12)和式(13)中，各符号代表的意义如下：

μ_c——最终分析结果，CRM标准样品中金、银含量，g/t；

A_c——认证值，CRM标准样品中金、银含量，g/t；

C——金或银的量，g/t，依据标准样品(CRM)的类型的不同而不同。

注：这里使用的标准样品应按ISO指南35的要求进行制备和认证。

在标准样品被多个实验室认证的情况下，C 值按下列公式确定，g/t：

$C = 2\sqrt{s_L^2 + (s_r^2/n) + s^2\{A_c\}}$ ……………………………(14)

式中：

$s^2\{A_c\}$——认证值的变动；

n——测定次数。

在标准样品被一个实验室认证的情况下，C 值按下列公式确定，g/t：

$C = 2\sqrt{2s_L^2 + (s_r^2/n)}$ ……………………………(15)

注：应避免推荐使用这种类型的认证标准样品，除非已知这种特殊的认证标准样品具有无偏差的认证值。

10 测试报告

测定报告应包含下列内容：

a) 试样的标识；

b) 该标准方法的编号；

c) 试样中的银含量，g/t；

d) 试样中的金含量，g/t；

e) 分析日期；

f) 在测定中发生的可能影响分析结果的现象。

附　录　A
(规范性附录)
预干燥试料的制备与质量测定方法

A.1　范围

本附录规定了硫化铅精矿分析中预先干燥试料的制备和质量测定方法。

本方法适用于不易氧化的且水份含量为0.05%～2%的硫化铅精矿。

A.2　原理

用于分析的试料在105℃±5℃的烘箱中，于空气中干燥，干燥的试料称重后用于分析，不需要校正水分含量。

A.3　试剂

干燥剂，变色硅胶或无水高氯酸镁。

警告——当处理失效的高氯酸镁时必须小心，一定要用流水冲下水池。

A.4　仪器

普通实验室仪器，还包括

A.4.1　分析天平，感量0.1 mg。

A.4.2　称量器皿，由玻璃制品、硅制品或耐腐蚀金属制成，有紧密的隔绝空气的密封盖。用于少量试样(小于3 g)的器皿，质量应尽可能小，例如小于20 g。

A.4.3　实验室烘箱，能在105℃±5℃恒温。

A.5　步骤

A.5.1　称量器皿的准备

将称量器皿及密封盖(A.4.2)放入实验室烘箱(A.4.3)中，于105℃±5℃烘1 h。将称量器皿及密封盖转移至一盛有适当的新鲜干燥剂(A.3.1)的干燥器中，冷却至室温。

A.5.2　试料

称取称量器皿及密封盖(A.4.2)，迅速地加入一定量用于分析的试样，这里，不需要精确的试料与密封盖的总量。

A.5.3　干试料质量的测定

将盛有试料的未加盖的称量器皿和密封盖放入实验室烘箱(A.4.3)中，于105℃±5℃干燥2 h，2 h后，将称量器皿和干燥试料移出烘箱，盖上密封盖，于干燥器中冷却至室温。将盛有干燥试样的称量器皿和密封盖移出干燥器，稍开启器皿盖，并迅速地盖上，称重，质量为m_1，精确至0.1 mg。将试料转移至合适的分析器皿中，立即称重空的称量器皿及密封盖，记录为m_2，精确至0.1 mg。

注：对于新的未知性质的精矿，建议在105℃±5℃重复干燥2 h，再称取包含试样的称量器皿及密封盖的质量(m'_1)，精确至0.1 mg。如果m_1与m'_1的差值小于或等于0.5 mg，则认为试料已恒重。如果达不到，则需重复干燥和称重步骤。

A.6　干试料质量的计算

干试料质量m_3(用g表示)，由下式给出：

$$m_3 = m_1 - m_2 \qquad \text{(A. 1)}$$

式中：

m_1—— 干燥试料和称重器皿及密封盖的质量，单位为克(g)；

m_2—— 空称量器皿及密封盖的质量，单位为克(g)。

干燥试料的质量用于干燥试料分析中的结果计算，不需要校正水分。

附　录　B
（规范性附录）
熔　融　试　验

B.1　前言

根据试料的还原能力确定氧化剂硝酸钾或硝酸钠(4.4)量。试验应保证熔融铅扣的质量在 28 g～35 g。

B.2　步骤

将 10 g 试料与表 1 的熔剂组分进行混合。

按照步骤 7.5 方法进行熔融试验。

称量熔融后铅扣的质量，若铅扣质量小于 28 g 或大于 35 g，则使用以下近似情况来调整熔剂组分的氧化/还原特性。

a）　补加 1 g 硝酸钾，可使铅扣质量减少 4 g。

b）　补加 1 g 面粉可以从氧化铅中产生将近 10 g 铅。

附 录 C
(规范性附录)
空 白 试 验

C.1 前言

利用空白试验来测定分析试剂(主要是氧化铅)中的金、银含量情况,建议分析时同时进行空白试验。

C.2 步骤

按照表1与足够面粉(4.5)(一般在2.5 g~3 g)一起充分混合熔剂组分,使还原剂生成质量为28 g~35 g的铅扣。此过程不加入硝酸钾(4.4)。

按照7.5~7.9方法重复进行空白试验。

按照7.10~7.11方法分别测定空白熔融体中的金、银含量。

附 录 D
（规范性附录）
试样分析结果可接受性评价流程图

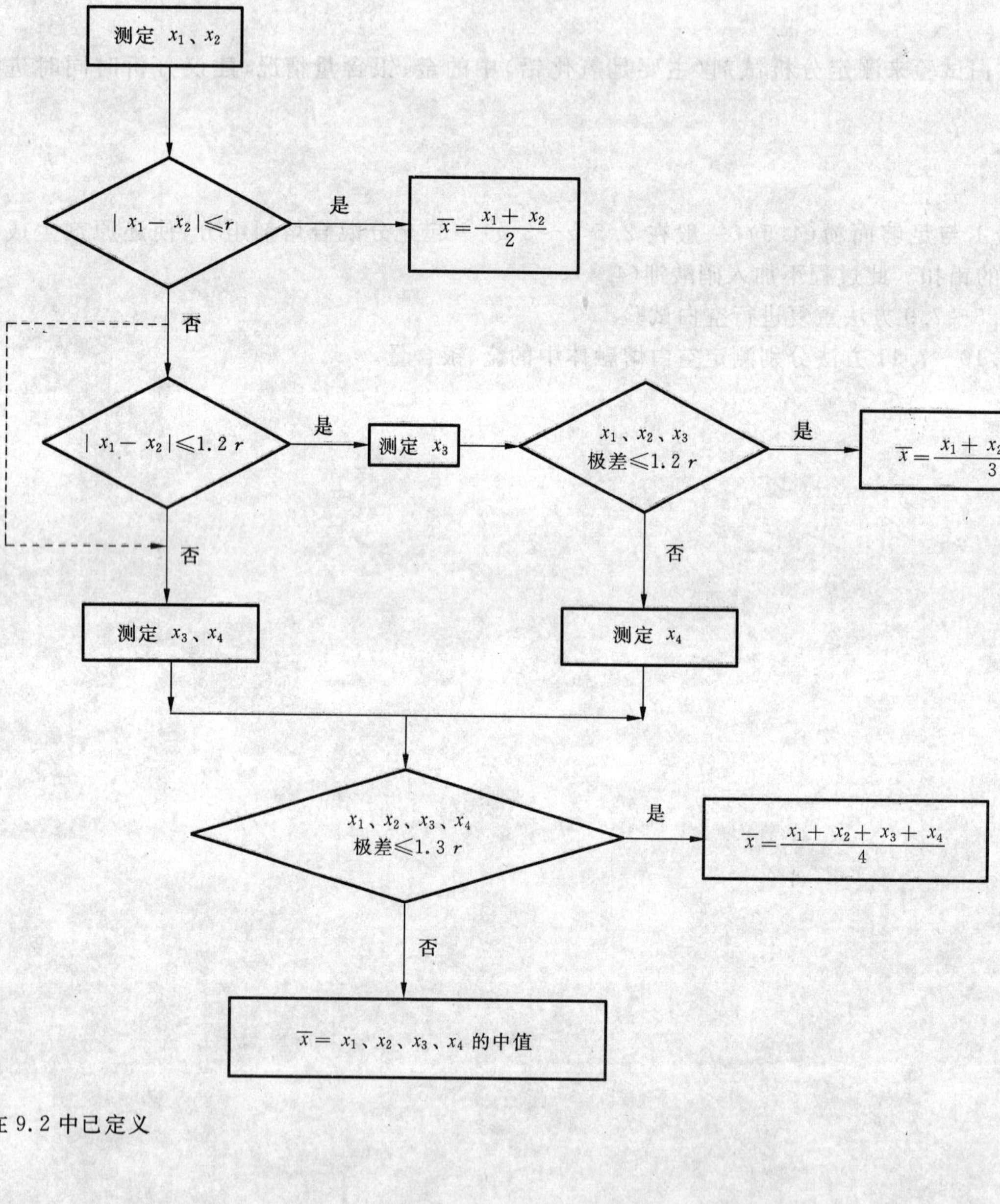

r:在 9.2 中已定义

附 录 E
（资料性附录）
精密度公式导出

E.1 前言

本部分经过了五个国家和七个实验室的试验，分别测定了六个铅含量为10%（质量分数）～80%（质量分数）之间的铅精矿样品中的金、银含量。本试验程序确定了一般情况下的重复性与实验室内部、实验室之间的分析结果再现性要求，执行标准为ISO 5725:1986

E.2 确定试验程序

以能提供最大信息量为目的进行本分析试验程序。每个精矿提供两个（两袋）样品给每个实验室，每个样品分别分析二次。

E.3 试验样品

本试验使用了六个铅精矿样品，其成分情况参见表E.1。

E.4 统计值的计算

统计值计算过程在图E.1中图解说明。统计值计算结果在表E.2中进行扼要概述。

与相关试样对应的精密度（s_r，s_L，r，P）评价参见图E.2。这些样品对应的回归方程式已计算出并在表E.2中列出。

表E.1 铅精矿样品成分

元素	试样数量					
	91/11	91/12	91/13	91/14	91/15	91/1[1)]
Cu%（质量分数）	2.39	0.89	0.25	0.79	1.82	0.49
Pb%（质量分数）	54.50	71.96	28.23	57.11	49.42	65.50
Zn%（质量分数）	9.78	4.19	7.58	8.60	6.37	3.81
Au g/t	16	1	7	0.2	0.15	22
Ag g/t	1 150	600	650	200	700	240
S%（质量分数）	21.82	17.26	14.41	21.14	23.60	16.68
Fe%（质量分数）	4.63	3.30	5.77	6.12	10.47	4.21
SiO_2%（质量分数）	1.45	2.23	10.52	3.59	3.83	5.05
Al_2O_3%（质量分数）	0.24	0.22	0.97	0.37	0.38	0.33
CaO%（质量分数）	0.00	0.00	1.84	0.00	0.00	0.00
K_2O%（质量分数）	0.03	0.00	0.17	0.03	0.10	0.00
MnO%（质量分数）	0.06	0.38	0.46	0.03	0.12	0.08
MgO%（质量分数）	1.09	0.92	1.22	1.59	1.45	1.19

1）Peak（澳大利亚）

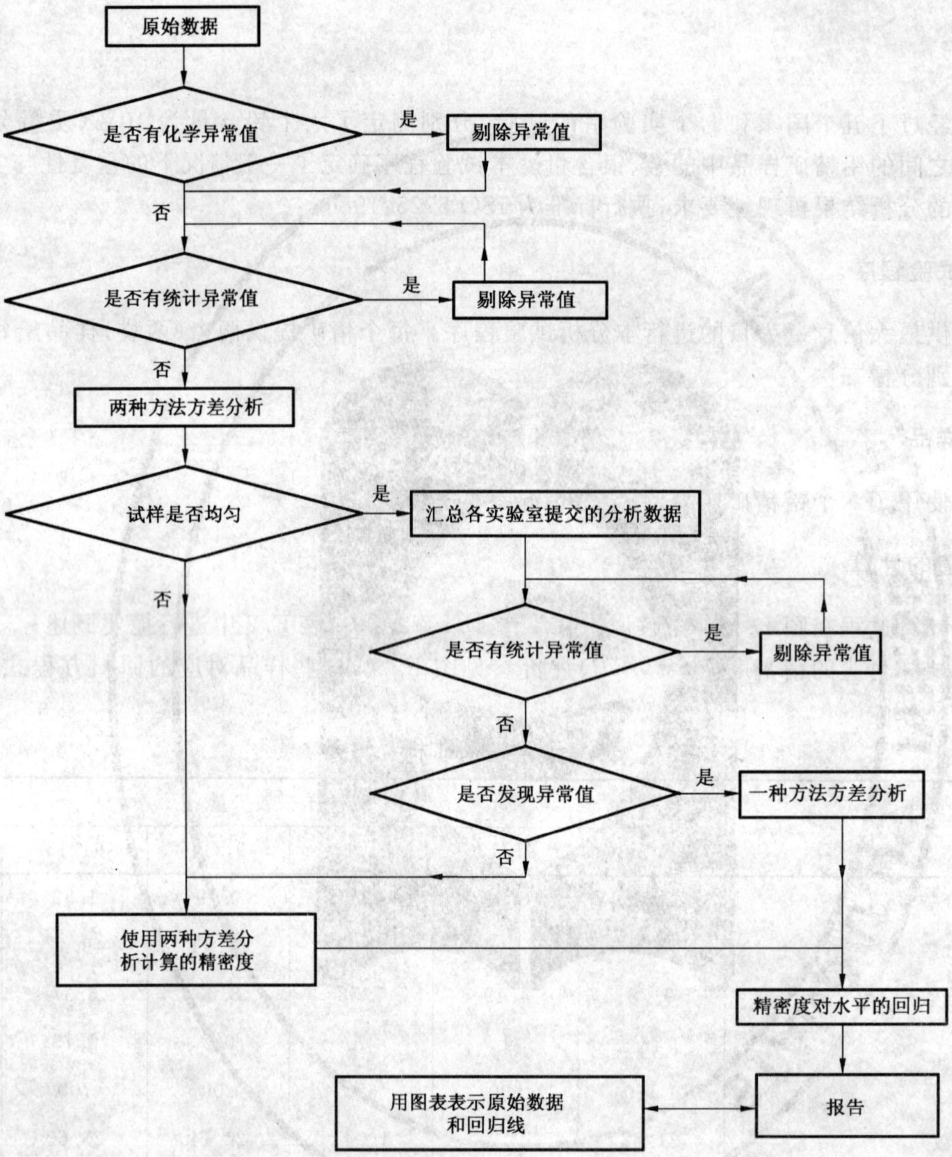

图 E.1　国际间试验分析结果数据统计计算流程图

表 E.2 所有试样银分析结果精密度小结

试样号码（见表 E.1）	K_0	K	N_0	N	$\bar{\bar{x}}$	r	P	s_r	s_L	s_r/s_L
91-11	10	10	40	40	1 156.583	25.383 0	66.848 7	8.969 3	23.621 4	2.63
91-12	10	9	40	35	621.915	12.902 9	49.713 4	4.559 3	17.566 6	3.85
91-13	10	10	40	39	647.770	14.918 2	58.029 4	5.271 4	20.505 1	3.89
91-14	10	10	40	40	197.447	10.877 9	29.496 3	3.843 8	10.422 7	2.71
91-15	10	8	40	31	694.235	9.650 5	43.629 9	3.410 1	15.416 9	4.52
92-1	10	10	40	49	238.068	16.785 9	33.534 2	5.931 4	11.849 5	2.00

回归方程式：	相关系数：
$r=0.010\ 2\bar{x}+9.062\ 9$	0.628
$P=0.037\ 8\bar{x}+24.457$	0.927
$s_r=0.003\ 6\bar{x}+3.202\ 4$	0.628
$s_L=0.013\ 4\bar{x}+8.642\ 1$	0.927

K_0：参与实验室的总个数

K：用于精密度计算的实验室个数

N_0：分析结果总个数

N：用于精密度计算的分析结果个数

$\bar{\bar{x}}$：所有银含量的平均值，g/t

r：实验室内部允许的绝对差(重复性)，g/t

P：实验室之间允许的绝对差，g/t

s_r：实验室内部的标准偏差，g/t

s_L：实验室之间的标准偏差，g/t

$\bar{x}$：银含量的平均值，g/t

表 E.3　所有试样金分析结果精密度小结

试样号码（见表 E.1）	K_0	K	N_0	N	$\bar{\bar{x}}$	r	P	s_r	s_L	s_r/s_L
91-11	10	10	40	62	16.220	1.740 5	3.142	0.615	1.110 3	1.81
91-12	10	10	40	40	0.855	0.195 7	0.385 4	0.069 2	0.136 2	1.97
91-13	10	10	40	64	6.697	0.449 8	1.629 3	0.158 9	0.575 7	3.62
91-14	10	10	40	40	0.189	0.065 2	0.288 4	0.023	0.101 9	4.43
91-15	10	10	40	38	0.143	0.037 7	0.255 8	0.013 3	0.090 4	6.80
92-1	10	8	40	61	21.529	1.663 2	2.580 6	0.587 7	0.911 9	1.55

回归方程式：	相关系数：
$r=0.083\,9\bar{x}+0.054\,2$	0.971
$P=0.129\,1\bar{x}+0.398\,7$	0.938
$s_r=0.029\,6\bar{x}+0.019\,1$	0.971
$s_L=0.045\,6\bar{x}+0.140\,9$	0.938

K_0：参与实验室的总个数

K：用于精密度计算的实验室个数

N_0：分析结果总个数

N：用于精密度计算的分析结果个数

$\bar{\bar{x}}$：所有金含量的平均值，g/t

r：实验室内部金含量允许的绝对差(重复性)，g/t

P：实验室之间金含量允许的绝对差，g/t

s_r：实验室内部金含量的标准偏差，g/t

s_L：实验室之间金含量的标准偏差，g/t

$\bar{x}$：金含量的平均值，g/t

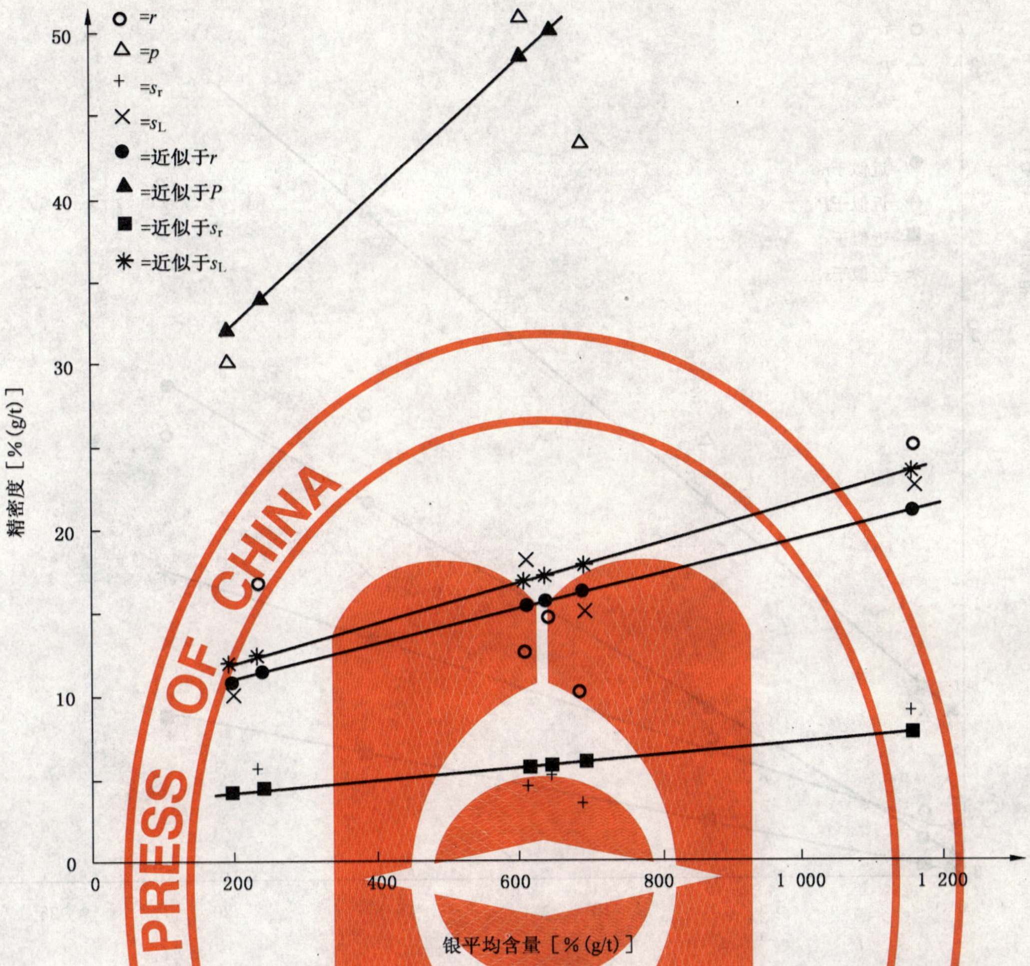

图 E.2 最小二乘方法得出的精密度与银平均含量的对应关系

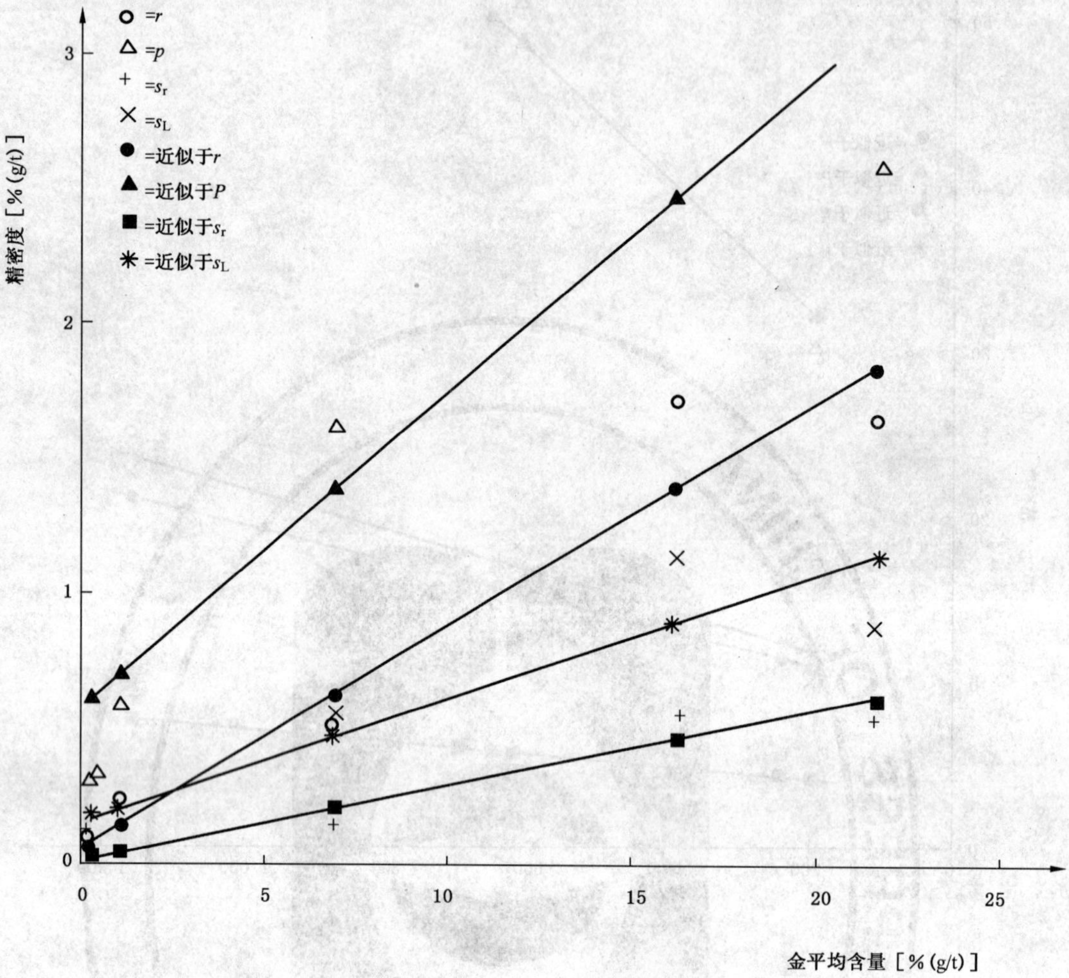

图 E.3 最小二乘方法得出的精密度与金平均含量的对应关系

参 考 文 献

[1] ISO 5725:1986 分析方法的精密度—通过实验室内部测试进行标准分析方法的重现性和再现性确定。

[2] ISO Guide 35:1989 辅助材料的校正——一般及统计学原理。

ICS 77.060
D 42

中华人民共和国国家标准

GB/T 8152.11—2006

铅精矿化学分析方法
汞量的测定 原子荧光光谱法

**Methods for chemical analysis of lead concentrates—
Determination of mercury content—
Atomic fluorescence spectrometer method**

2006-08-24 发布 2007-02-01 实施

中华人民共和国国家质量监督检验检疫总局
中国国家标准化管理委员会 发布

前　言

GB/T 8152—2006《铅精矿化学分析方法》共有10个部分：

——GB/T 8152.1　铅精矿化学分析方法　铅量的测定　酸溶解　EDTA滴定法；

——GB/T 8152.2　铅精矿化学分析方法　铅量的测定　硫酸铅沉淀　EDTA返滴定法；

——GB/T 8152.3　铅精矿化学分析方法　三氧化二铝量的测定　铬天青S分光光度法；

——GB/T 8152.4　铅精矿化学分析方法　锌量的测定　EDTA滴定法；

——GB/T 8152.5　铅精矿化学分析方法　砷量的测定　原子荧光光谱法；

——GB/T 8152.7　铅精矿化学分析方法　铜量的测定　火焰原子吸收光谱法；

——GB/T 8152.9　铅精矿化学分析方法　氧化镁量的测定　火焰原子吸收光谱法；

——GB/T 8152.10　铅精矿化学分析方法　银量和金量的测定　铅析或灰吹火试金和火焰原子吸收光谱法；

——GB/T 8152.11　铅精矿化学分析方法　汞量的测定　原子荧光光谱法；

——GB/T 8152.12　铅精矿化学分析方法　镉量的测定　火焰原子吸收光谱法。

其中GB/T 8152.6—1987《铅精矿化学分析方法　极谱法测定铋量》和GB/T 8152.8—1987《铅精矿化学分析方法　二硫代二安替比林甲烷分光光度法测定铋量》不变。

本部分为第1部分。

本部分等同采用ISO 13545:2000(E)《硫化铅精矿-铅含量的测定-酸溶解　EDTA滴定法》(英文版)。

本部分等同翻译ISO 13545:2000(E)。

为便于使用，本部分做了下列编辑性修改：

a) 用小数点“.”代替在国际标准中作为小数点的逗号“,”；

b) 用“本部分”代替“本国际标准”；

c) 按中文习惯改动了标准名称；

d) 删除了国际标准中封面、目次、前言和引言。

本部分代替GB/T 8152.1—1987《铅精矿化学分析方法　Na_2EDTA容量法测定铅量》，因为国际分析技术的发展，原标准已过时。与GB/T 8152.1—1987相比，有如下变动：

a) 本部分由原国家标准仅测定硫酸铅中铅量的基础上，增加了滤液和不溶渣中的铅量的测定，提高了方法的准确性。

b) 本部分增加了“范围”、“规范性引用文件”等规范性一般要素，并增加了“精密度”、“试验报告”等规范性技术要素，使标准文本更加完善。

c) 取消了原国家标准中的附录A《钡量超过铅量十分之一时铅量的测定》。

d) 增加了附录A《预干燥试料的制备与质量测定方法》、附录B《试样分析结果可接受性评价流程图》、附录C《精密度公式的推导》。

本部分附录A和附录B为规范性附录，附录C为资料性附录。

本部分由中国有色金属工业协会提出。

本部分由全国有色金属标准化技术委员会归口。

本部分由株洲冶炼集团有限责任公司负责起草。

本部分主要起草人：向德磊、曾凌云。

本部分由全国有色金属标准化技术委员会负责解释。

本部分所代替标准的历次版本发布情况为：

——YB 495—1975；

——GB/T 8152.1—1987。

铅精矿化学分析方法
汞量的测定　原子荧光光谱法

1　范围

本部分规定了铅精矿中汞含量的测定方法。

本部分适用于铅精矿中汞含量的测定。测定范围：0.000 1%～0.50%。

2　方法原理

试料用盐酸、硝酸溶解，在氢化物发生器中，汞被硼氢化钾还原成原子态，用氩气导入石英炉原子化器中，于原子荧光光谱仪上测量汞的荧光强度。

3　试剂

本试验所用水为高纯水(电导率大于 18 MΩ)。

3.1　市售试剂

3.1.1　硼氢化钾。

3.1.2　盐酸(ρ1.19 g/mL)。

3.1.3　硝酸(ρ1.42 g/mL)。

3.2　溶液

3.2.1　盐酸(1＋19)。

3.2.2　氢氧化钾溶液(50 g/L)。

3.2.3　硼氢化钾溶液：称取 0.5 g 硼氢化钾(3.1.1)溶解于 1 000 mL 氢氧化钾溶液(3.2.2)中，用时现配。

3.2.4　汞标准保护液：称取 0.5 g 优级纯重铬酸钾，用硝酸(1＋19)溶解并稀释至 1 000 mL。

3.3　标准溶液

3.3.1　汞标准贮存溶液：准确称取 0.135 4 g 二氯化汞($HgCl_2$)于 300 mL 烧杯中，用 200 mL 硝酸(1＋19)溶解完全，并用汞标准保护液(3.2.4)移入 1 000 mL 容量瓶中并稀释至刻度，混匀。此溶液 1 mL含 100 μg 汞。

3.3.2　汞标准溶液：移取 1.00 mL 汞标准贮存溶液(3.3.1)于 1 000 mL 容量瓶中，用硝酸(1＋19)稀释至刻度，混匀。此溶液 1 mL 含 0.1 μg 汞。

3.4　材料

氩气(≥99.99%)：屏蔽气和载气。

4　仪器

原子荧光光谱仪，附汞特种空心阴极灯。

在仪器最佳工作条件下，凡能达到下列指标者均可使用。

——检出限：不大于 1×10^{-9} g/mL。

——精密度：用 0.1 μg/mL 的汞标准溶液测量荧光强度 10 次，其标准偏差应不超过平均荧光强度的 5.0%。

——工作曲线线性：将工作曲线按浓度等分成五段，最高段的吸光度差值与最低段的吸光度差值之比，应不小于0.7。

原子荧光光谱仪的参考工作条件：

——灯电流30 mA；

——负高压300 V；

——载气流量1 000 mL/min；

——屏蔽气流量1 000 mL/min。

5 分析步骤

5.1 试料

称取0.100 g试样，精确至0.000 1 g。

5.2 空白试验

随同试料做空白试验。

5.3 测定

5.3.1 将试料(5.1)置于150 mL烧杯中，盖上表皿，加入10 mL盐酸(3.1.2)，于80℃～100℃水浴中加热数分钟除去硫化氢，再加入5 mL硝酸(3.1.3)，继续水浴加热至试料溶解完全，冷却后移入100 mL容量瓶中，用水稀释至刻度，混匀。按表1分取试液于相应的容量瓶中，按表1加入盐酸(3.1.2)，以水定容，混匀。

表 1

汞的质量分数/%	分取试液体积/mL	加入盐酸(3.1.2)量/mL	定容体积/mL
0.000 1～0.010	10.0	5	100
>0.010～0.020	5.0	5	100
>0.020～0.10	1.0	5	100
>0.10～0.50	1.0	10	200

5.3.2 在原子荧光光谱仪上，以盐酸(3.2.1)为载流剂，硼氢化钾溶液(3.2.3)为还原剂，以汞特种空心阴极灯为激发光源，测量试料溶液汞的荧光强度，减去试料空白溶液的荧光强度，从工作曲线上查出相应的汞的浓度。

5.4 工作曲线的绘制

5.4.1 移取0 mL、1.00 mL、2.50 mL、5.00 mL、7.50 mL、10.00 mL、15.00 mL、20.00 mL、25.00 mL汞标准溶液(3.3.2)于一组100 mL容量瓶中，分别加入5 mL盐酸(3.1.2)，用水稀释至刻度，混匀。用时现配。

5.4.2 在与试料测定相同条件下测量标准溶液的荧光强度，减去系列标准溶液中“零”浓度溶液的荧光强度。以汞浓度为横坐标，荧光强度值为纵坐标，绘制工作曲线。

6 分析结果的计算

按下式计算汞的质量分数(%)：

$$w(\mathrm{Hg}) = \frac{c \cdot V_0 \cdot V_2 \times 10^{-6}}{m_0 \cdot V_1} \times 100$$

式中：

c——自工作曲线上查得汞的浓度，单位为微克每毫升(μg/mL)；

V_0——试液总体积，单位为毫升(mL)；

V_1——分取试液体积，单位为毫升(mL)；

V_2——测定试液体积，单位为毫升(mL)；

m_0——试料的质量，单位为克(g)。

当0.000 1≤w(Hg)<0.001时，所得结果表示至五位小数；当0.001≤w(Hg)<0.01时，所得结果表示至四位小数；当0.01≤w(Hg)<0.50时，所得结果表示至三位小数。

7 精密度

7.1 重复性

在重复性条件下获得的两次独立测试结果的测定值，在以下给出的平均值范围内，这两个测试结果的绝对差值不超过重复性限(r)，超过重复性限(r)的情况不超过5%，重复性限(r)按表2数据采用线性内插法求得：

表2

汞的质量分数/%	0.000 57	0.005 9	0.010 5	0.050 7	0.253	0.448
r/%	0.000 03	0.001 0	0.002 0	0.005 0	0.015	0.025

7.2 再现性

在再现性条件下获得的两次独立测试结果的绝对差值不大于再现性限(R)，超过再现性限(R)的情况不超过5%，再现性限(R)按表3数据采用线性内插法求得：

表3

汞的质量分数/%	0.000 57	0.005 9	0.010 5	0.050 7	0.253	0.448
R/%	0.000 05	0.001 5	0.002 5	0.007 0	0.020	0.030

注：重复性(r)为$2.8s_r$，s_r为重复性标准差。
再现性(R)为$2.8s_R$，s_R为再现性标准差。

8 质量保证和控制

应用国家级标准样品或行业级标准样品(当前两者没有时，也可用控制标样替代)，每周或每两周校核一次本分析方法标准的有效性。当过程失控时，应找出原因，纠正错误后，重新进行校核。

ICS 77.060
D 42

中华人民共和国国家标准

GB/T 8152.12—2006

铅精矿化学分析方法
镉量的测定　火焰原子吸收光谱法

Methods for chemical analysis of lead concentrates—
Determination of cadmium content—
Flame atomic absorption spectrometric method

2006-08-24 发布　　　2007-02-01 实施

中华人民共和国国家质量监督检验检疫总局
中国国家标准化管理委员会　发布

前　言

GB/T 8152—2006《铅精矿化学分析方法》共有10个部分：

——GB/T 8152.1　铅精矿化学分析方法　铅量的测定　酸溶解　EDTA滴定法；

——GB/T 8152.2　铅精矿化学分析方法　铅量的测定　硫酸铅沉淀　EDTA返滴定法；

——GB/T 8152.3　铅精矿化学分析方法　三氧化二铝量的测定　铬天青S分光光度法；

——GB/T 8152.4　铅精矿化学分析方法　锌量的测定　EDTA滴定法；

——GB/T 8152.5　铅精矿化学分析方法　砷量的测定　原子荧光光谱法；

——GB/T 8152.7　铅精矿化学分析方法　铜量的测定　火焰原子吸收光谱法；

——GB/T 8152.9　铅精矿化学分析方法　氧化镁量的测定　火焰原子吸收光谱法；

——GB/T 8152.10　铅精矿化学分析方法　银量和金量的测定　铅析或灰吹火试金和火焰原子吸收光谱法；

——GB/T 8152.11　铅精矿化学分析方法　汞量的测定　原子荧光光谱法；

——GB/T 8152.12　铅精矿化学分析方法　镉量的测定　火焰原子吸收光谱法。

其中GB/T 8152.6—1987《铅精矿化学分析方法　极谱法测定铋量》和GB/T 8152.8—1987《铅精矿化学分析方法　二硫代二安替比林甲烷分光光度法测定铋量》不变。

本部分为第1部分。

本部分等同采用ISO 13545:2000(E)《硫化铅精矿-铅含量的测定-酸溶解　EDTA滴定法》(英文版)。

本部分等同翻译ISO 13545:2000(E)。

为便于使用，本部分做了下列编辑性修改：

a)　用小数点“.”代替在国际标准中作为小数点的逗号“,”；

b)　用“本部分”代替“本国际标准”；

c)　按中文习惯改动了标准名称；

d)　删除了国际标准中封面、目次、前言和引言。

本部分代替GB/T 8152.1—1987《铅精矿化学分析方法　Na_2EDTA容量法测定铅量》，因为国际分析技术的发展，原标准已过时。与GB/T 8152.1—1987相比，有如下变动：

a)　本部分由原国家标准仅测定硫酸铅中铅量的基础上，增加了滤液和不溶渣中的铅量的测定，提高了方法的准确性。

b)　本部分增加了“范围”、“规范性引用文件”等规范性一般要素，并增加了“精密度”、“试验报告”等规范性技术要素，使标准文本更加完善。

c)　取消了原国家标准中的附录A《钡量超过铅量十分之一时铅量的测定》。

d)　增加了附录A《预干燥试料的制备与质量测定方法》、附录B《试样分析结果可接受性评价流程图》、附录C《精密度公式的推导》。

本部分附录A和附录B为规范性附录，附录C为资料性附录。

本部分由中国有色金属工业协会提出。

本部分由全国有色金属标准化技术委员会归口。

本部分由株洲冶炼集团有限责任公司负责起草。

本部分主要起草人：向德磊、曾凌云。

本部分由全国有色金属标准化技术委员会负责解释。

本部分所代替标准的历次版本发布情况为：

——YB 495—1975；

——GB/T 8152.1—1987。

铅精矿化学分析方法
镉量的测定　火焰原子吸收光谱法

1　范围

本部分规定了铅精矿中镉含量的测定方法。

本部分适用于铅精矿中镉含量的测定。测定范围：0.03%～0.2%。

2　方法原理

试料用盐酸、硝酸分解，在稀盐酸介质中，于原子吸收光谱仪波长 228.8 nm 处，用空气-乙炔火焰测量镉的吸光度。

3　试剂

3.1　市售试剂

3.1.1　盐酸（ρ1.19 g/mL）。

3.1.2　硝酸（ρ1.42 g/mL）。

3.2　溶液

3.2.1　硝酸（1+1）。

3.2.2　盐酸（1+1）。

3.3　标准溶液

3.3.1　镉标准贮存溶液：称取 1.000 0 g 金属镉（≥99.99%）于 100 mL 烧杯中，加入 20 mL 硝酸（3.2.1），盖上表皿，加热至完全溶解，煮沸驱除氮的氧化物，取下冷却，移入 1 000 mL 容量瓶中，加 150 mL盐酸（3.1.1），用水稀释至刻度，混匀。此溶液 1 mL 含 1 000 μg 镉。

3.3.2　镉标准溶液：移取 10.00 mL 镉标准贮存溶液（3.3.1）于 100 mL 容量瓶中，加入 10 mL 盐酸（3.1.1）用水稀释至刻度，混匀。此溶液 1 mL 含 100 μg 镉。

4　仪器

原子吸收光谱仪，附镉空心阴极灯。

在仪器最佳工作条件下，凡能达到下列指标者均可使用。

——特征浓度：在与测量溶液的基体相一致的溶液中，镉的特征浓度应不大于 0.043 μg/mL。

——精密度：用最高浓度的标准溶液测量 10 次吸光度，其标准偏差应不超过平均吸光度的 1.0%；用最低浓度的标准溶液（不是“零”浓度标准溶液）测量 10 次吸光度，其标准偏差应不超过最高浓度标准溶液平均吸光度的 0.5%。

——工作曲线线性：将工作曲线按浓度等分成五段，最高段的吸光度差值与最低段的吸光度差值之比，应不小于 0.7。

原子吸收光谱仪的参考工作条件：

——波长 228.8 nm；

——灯电流 2.0 mA；

——贫燃火焰，在原子化区测定。

5　分析步骤

5.1　试料

称取 0.100 g 试样，精确至 0.000 1 g。

5.2　空白试验

随同试料做空白试验。

5.3　测定

5.3.1　将试料(5.1)置于 150 mL 烧杯中，盖上表皿，以少量水润湿，加入 10 mL 盐酸(3.1.1)，低温加热数分钟后，加入 5 mL 硝酸(3.1.2)，继续溶解完全，并蒸发至近干。取下冷却，加入5 mL～8 mL盐酸(3.1.1)，加热溶解盐类，取下，用水吹洗表面皿及杯壁，控制体积30 mL～40 mL，置于电热板上加热煮沸 2 min～3 min，取下，冷却至室温，移入 100 mL 容量瓶中，用水稀释至刻度，混匀。

5.3.2　使用空气-乙炔火焰于原子吸收光谱仪波长 228.8 nm 处，以水调零，测量试料溶液的吸光度，减去试料空白溶液的吸光度，从工作曲线上查出相应的镉浓度。

5.4　工作曲线的绘制

5.4.1　移取 0 mL、0.25 mL、0.50 mL、0.75 mL、1.00 mL、2.00 mL 镉标准溶液(3.3.2)于一组 100 mL容量瓶中，分别加入 10.00 mL 盐酸(3.2.2)，用水稀释至刻度，混匀。

5.4.2　在与试料溶液测定相同条件下，测量系列标准溶液的吸光度，减去系列标准溶液中“零”浓度溶液的吸光度，以镉浓度为横坐标，吸光度为纵坐标，绘制工作曲线。

6　分析结果的计算

按下式计算镉质量分数(%)：

$$w(\mathrm{Cd}) = \frac{c \cdot V \times 10^{-6}}{m} \times 100$$

式中：

c——自工作曲线上查得的镉浓度，单位为微克每毫升(μg/mL)；

V——试液总体积，单位为毫升(mL)；

m——试料的质量，单位为克(g)。

所得结果表示至三位小数。

7　精密度

7.1　重复性

在重复性条件下获得的两次独立测试结果的测定值，在以下给出的平均值范围内，这两个测试结果的绝对差值不超过重复性限(r)，超过重复性限(r)的情况不超过 5%，重复性限(r)按表 1 数据采用线性内插法求得：

表 1

镉的质量分数/%	0.030	0.060	0.120	0.200
r/%	0.005	0.007	0.009	0.020

7.2　再现性

在再现性条件下获得的两次独立测试结果的测定值，在以下给出的平均值范围内，这两个测试结果的绝对差值不超过重复性限(R)，超过再现性限(R)的情况不超过 5%，再现性限(R)按表 2 数据采用线性内插法求得：

表 2

镉的质量分数/%	0.030	0.060	0.120	0.200
R/%	0.006	0.009	0.015	0.030

注：重复性(r)为 2.8s_r，s_r 为重复性标准差。

再现性限(R)为 2.8s_R，s_R 为再现性标准差。

8 质量保证和控制

应用国家级标准样品或行业级标准样品(当前两者没有时，也可用控制标样替代)，每周或每两周校核一次本分析方法标准的有效性。当过程失控时，应找出原因，纠正错误后，重新进行校核。

ICS 13.040.50;27.020
J 90

中华人民共和国国家标准

GB/T 8190.6—2006/ISO 8178-6:2000

往复式内燃机 排放测量 第6部分:测量结果和试验报告

Reciprocating internal combustion engines—Exhaust emission measurement—Part 6:Report of measuring results and test

(ISO 8178-6:2000,IDT)

2006-12-28 发布 2007-07-01 实施

中华人民共和国国家质量监督检验检疫总局
中国国家标准化管理委员会 发布

前　　言

GB/T 8190 在《往复式内燃机　排放测量》的总标题下，由下列各部分组成：

第 1 部分：气体和颗粒排放物的试验台测量；

第 2 部分：气体和颗粒排放物的现场测量；

第 3 部分：稳态工况排气烟度的定义和测量方法；

第 4 部分：不同用途发动机的试验循环；

第 5 部分：试验燃料；

第 6 部分：测量结果和试验报告；

第 7 部分：发动机系族的确定；

第 8 部分：发动机系组的确定；

第 9 部分：压燃式发动机瞬态工况排气烟度试验台测量用试验循环和测试规程；

第 10 部分：压燃式发动机瞬态工况排气烟度现场测量用试验循环和测试规程。

本部分是 GB/T 8190 的第 6 部分。

本部分等同采用 ISO 8178-6:2000《往复式内燃机　排放测量　第 6 部分：测量结果和试验报告》。

本部分等同翻译 ISO 8178-6:2000。为便于使用，本部分做了如下编辑性修改：

——“ISO 8178 的本部分”改为“GB/T 8190 的本部分”；

——删除了国际标准前言。

本部分由中国机械工业联合会提出。

本部分由全国内燃机标准化技术委员会归口。

本部分起草单位：上海内燃机研究所、广西玉柴机器股份有限公司。

本部分主要起草人：陈云清、沈捷、谢正良、谢亚平、宋国婵、瞿俊鸣。

本部分为首次制定。

引　言

排放试验结果的表述应清晰无误，并应包括所有与排放试验结果有关的信息。试验室应对所用测试系统和受试发动机的准确度或不确定度进行分析。应记录所使用的测量设备、环境状况、发动机性能和所用燃料。推荐记录的数据均与所使用的燃料类型无关。

GB/T 8190 的本部分推荐使用的数据格式适用于按 GB/T 8190.1、GB/T 8190.2、ISO 8178-9 和 ISO 8178-10 进行的各种排放测量。但无意排斥或代替某些管理机构可能要求使用的一些现行数据格式。

正如在 GB/T 8190.1 和 GB/T 8190.2 中所表达的那样，排放试验结果应以"g/(kW·h)"(优先采用)或"g/m^3"表示。值得指出的是，有些管理机构要求试验结果用特殊的测量单位来表示，则应该在试验前预先确定。

往复式内燃机　排放测量
第6部分:测量结果和试验报告

1　范围

GB/T 8190的本部分规定了用以报告排放测量结果的标准数据格式,可适用于移动、运输和固定用途的往复式内燃机,但不包括主要为道路运输设计的车用发动机。GB/T 8190的本部分也可适用于土方机械、发电机组等其他用途的发动机。GB/T 8190的本部分适用于试验室和现场的排放测量。

对用于有其他附加要求(如职业卫生和安全条例、发电厂防尘规定等)机械上的发动机,可能需要补充另外的试验条件和专门的评定方法。

注:由于GB/T 8190的本部分所规定的标准报告格式适用于各种类型的往复式内燃机,因此在某些情况下,对特定用途的发动机和/或试验,有些条目可能并不需要,特别是在现场测量时;另一方面,根据试验用途的要求,则可能需要增加一些条目。取消或增加报告内的条目应由有关各方商定。

2　规范性引用文件

下列文件中的条款通过GB/T 8190的本部分的引用而成为本部分的条款。凡是注日期的引用文件,其随后所有的修改单(不包括勘误的内容)或修订版均不适用于本部分,然而,鼓励根据本部分达成协议的各方研究是否可使用这些文件的最新版本。凡是不注日期的引用文件,其最新版本适用于本部分。

GB/T 8190.1—1999　往复式内燃机　排放测量　第1部分:气体和颗粒排放物的试验台测量(idt ISO 8178-1:1996)

GB/T 8190.2—1999　往复式内燃机　排放测量　第2部分:气体和颗粒排放物的现场测量(idt ISO 8178-2:1996)

GB/T 8190.3—2003　往复式内燃机　排放测量　第3部分:稳态工况排气烟度的定义和测量方法(ISO 8178-3:1994,IDT)

GB/T 8190.4—1999　往复式内燃机　排放测量　第4部分:不同用途发动机的试验循环(idt ISO 8178-4:1996)

GB/T 8190.5—2005　往复式内燃机　排放测量　第5部分:试验燃料(ISO 8178-5:1997,IDT)

GB/T 8190.7—2003　往复式内燃机　排放测量　第7部分:发动机系族的确定(ISO 8178-7:1996,IDT)

GB/T 8190.8—2003　往复式内燃机　排放测量　第8部分:发动机系组的确定(ISO 8178-8:1996,IDT)

ISO 8178-9:2000　往复式内燃机　排放测量　第9部分:压燃式发动机瞬态工况排气烟度试验台测量用试验循环和测试规程

ISO 8178-10:2002　往复式内燃机　排放测量　第10部分:压燃式发动机瞬态工况排气烟度现场测量用试验循环和测试规程

3　术语和定义

GB/T 8190的本部分采用GB/T 8190.1～GB/T 8190.5、GB/T 8190.7、GB/T 8190.8、ISO 8178.9、

ISO 8178.10 所给出的定义。

4 符号和缩略语

4.1 基本符号

与表 1 所列相当，按联合国欧洲经济委员会(EEC-UNO)规定的符号见 GB/T 8190.1 所示。

表 1 基本符号

符号	术语	单位
D	稀释系数	1
F_h	从干基浓度计算湿基浓度用的燃料特定系数	1
p_{Rv}	雷德蒸气压	kPa
q^*_{mdx}	湿基当量稀释排气质量流量	kg/h
q_{mdx}	湿基稀释排气质量流量	kg/h
S_L	加载减速烟度值	m^{-1}
S_P	峰值烟度值	m^{-1}
S_S	稳态烟度值	m^{-1}
q^*_{vdx}	湿基当量稀释排气体积流量	m^3/h
q_{vdx}	湿基稀释排气体积流量	m^3/h
W_f	加权系数	1
W_{fe}	有效加权系数	1

4.2 化学组分符号和缩略语

CO	一氧化碳
CO_2	二氧化碳
HC	碳氢化合物
NO_x	氮氧化物
O_2	氧
PT	颗粒物
SO_2	二氧化硫

4.3 缩略语

CCAI	计算碳芳香族指数
CFPP	冷滤点
CFV	临界流量文丘里管
CNG	压缩天然气
CVS	定容取样
DPT	差压传感器
EGA	排气分析仪
EOPL	有效光通道长度
FBP	终馏点
IBP	初馏点
LHV	低热值
LPG	液化石油气
MON	马达法辛烷值

PDP　　　　容积泵
RME　　　　菜子油甲脂
RON　　　　研究法辛烷值

5 排放试验报告

5.1 引言

推荐的试验报告由11张数据表组成(见附录A),以极其简洁的方式涵盖了与试验有关的所有信息。试验报告作为一份单独文件,可以很容易地进行存储,以便管理机构、用户和制造厂日后查阅试验结果。报告编入了最终试验结果和由最终试验结果追溯至初始测量值所需的资料,以及有关试验发动机、试验室设备和试验燃料的信息。本报告格式适用于所有试验循环和燃料。

5.2 基本信息

表A.1包含了发动机鉴定所需的基本信息,诸如发动机标识、发动机用途、试验循环和试验标识等。如适用,排放试验结果可以按五种不同的试验循环列出。气体和颗粒物排放应尽可能用克每千瓦小时表示。如需使用其他单位,应根据范围中规定的条款予以说明。烟度试验结果应按相应于所示用途的烟度循环列出。烟度值应尽可能以每米表示。除非管理机构需要才可使用其他单位。

5.3 发动机信息

表A.2包含了受试发动机的基本特征。该信息足以为验证试验制造一台具有相同排放性能的发动机。如管理机构和用户需要更多的资料,则可以将这些资料补充到试验报告中。表A.3和表A.4分别包括了用以鉴别发动机系族和系组特征的其他信息。这些特征均来自GB/T 8190.7发动机系族和GB/T 8190.8发动机系组两项标准。如发动机系族和系组的概念不适用于受试发动机,则无需提供表A.3和表A.4。

5.4 环境和发动机试验数据

表A.5的上部包括了相关环境数据,下部则是按GB/T 8190.1的要求需要记录的有关发动机的数据。在大多数情况下最终结果都是用机械轴功率来计算,如果要用其他功率,比如电功率、热功率或者总功率,则应予以说明。燃油流量、空气流量及排气流量可以用体积或质量流量表示,并将所用单位填入表内。测量值应按每工况单独记录(最多为11工况),循环值按功率计算,并记录在 $\sum(C)\times W_{fe}$ 列中,式中 C 代表所考虑的排气组分。所用工况号按GB/T 8190.4的规定。

5.5 气体排放物数据

表A.6的上部包括了每单个工况在原排气或稀释排气中最初测得的气体排放物浓度(和计算的 SO_2 浓度)。所用工况号按GB/T 8190.4—1999中第8章的规定。测量方法(干基或湿基)应在第2列中标明。在稀释测量时,应在 B 列中报告(平均)本底浓度。第2部分包括了若干修正和计算系数,其值只有在适用时才记录。第3部分包含了工况和湿度修正(仅对 NO_x)及湿基修正下的平均循环($\sum(C)\times W_{fe}$)质量流量,式中 C 代表所考虑的排气组分。质量流量是计算其他单位,比如克每千瓦小时或克每立方米的基础。

5.6 颗粒物排放数据

表A.7的上面3部分包括了计算每单个工况颗粒物所需的测量值。如使用单对过滤纸法,应将相应的值填入"和"($\sum$)列下。所用工况号应按GB/T 8190.4—1999第8章的规定。应注明是采用部分流稀释系统还是全流稀释系统。对于稀释通道流量,应根据所使用的系统报告湿基当量稀释排气流量(q^*_{mdx} 或 q^*_{vdx})或湿基稀释排气流量(q_{mdx} 或 q_{vdx})。对某些系统而言有些值(如稀释比)并不需要。颗粒物质量是相当于一对滤纸的质量总和,不管是否是单独称重。如颗粒物质量按本底修正,则应循环测量颗粒物质量"b"。应报告每单个工况进行湿度修正前后的质量流量和平均循环值($\sum(C)\times W_{fe}$),式中 C 代表所考虑的排气组分。排放试验循环中的烟度值为任选报告项目。烟度测量值的单位取决于所采用的系统。在由烟度值计算碳烟浓度时,应报告所采用的相关函数。

5.7 烟度试验数据

表 A.8 包括了烟度试验循环的测量值。每次试验都应报告环境数据,以便确定是否应对烟度值进行修正。如有可能应采用环境密度修正,但也应报告未修正的烟度值。如有需要应根据表 A.8 报告各试验运行期间的平均值和最大差值。因为不同的烟度循环适用于不同用途的发动机,应在相应行中报告烟度值。对瞬态加载试验(C1 循环),应分别在运行 1、运行 2 和运行 3 的列下报告烟度值 S_{p3},S_{p6} 和 S_{p9}。

5.8 试验室信息

表 A.9 和表 A.10 包含了试验室和测量设备的信息。在 GB/T 8190.1 和 GB/T 8190.2 中所列的信息并不都是需要的,但是填入所有适用数据对验证试验和试验室之间的比对都是十分有用的。应报告所有分析仪所使用的测量范围和产生的最大偏差,并应在报告中增补校正曲线、转换器的检验结果、碳氢化合物响应系数和干涉结果。应将差压传感器、温度传感器和湿度传感器的值记录在表 A.10 中。稀释系统型式应是采用诸如容积泵(PDP)、临界流量文丘里管(CFV)、等动力取样、双文丘里管或排气分析仪(EGA)。称量室条件可以按平均值或循环范围记录。

5.9 燃料特性

表 A.11 包含了 GB/T 8190.5 所列的所有燃料特性。应标明燃料种类并报告各种燃料所需的值。为了方便使用本表起见,特将具有相似属性的不同燃料特性(如燃烧质量、柴油的十六烷值和汽油的辛烷值)归入一栏。

附 录 A
(规范性附录)
排放试验报告表

表 A.1 GB/T 8190 排放试验报告——基本信息

发动机	制造厂： 型式(型号)： 系族： 额定功率： 额定转速： 编号：					
用途[a]	用户：					
	最终装置：					
排放试验结果						
循环						单位
NO_x						g/(kW·h)[b]
HC						g/(kW·h)[b]
CO						g/(kW·h)[b]
SO_2						g/(kW·h)[b]
PT						g/(kW·h)[b]
烟度循环						
峰值烟度(S_P)[d]						m^{-1}[c]
加载减速烟度(S_L)[d]						m^{-1}[c]
稳态烟度(S_S)[d]						m^{-1}[c]
试验标识	日期/时间：					
	试验现场/台架：					
	试验编号：					
试验单位						
报告日期						
试验场地						
试验主管						
签名						
备注						

a 如有或已知。

b 单位如不是 g/(kW·h)应标明。

c 单位如不是 m^{-1}应标明。

d 按适用烟度循环的要求进行说明。

表 A.2 GB/T 8190 排放试验报告——试验发动机信息

制造厂	
发动机型式(型号)	
系族标识	
编号	
额定转速	min^{-1}
额定功率	kW
中间转速	min^{-1}
中间转速下最大扭矩	N·m
低怠速	min^{-1}
高怠速	min^{-1}
静态喷油/点火正时	°BTDC（上止点前）
喷油/点火正时控制	无　　有
缸径	mm
行程	mm
单缸排量	cm^3
气缸数和布置	
附件(见 GB/T 8190.1—1999,附录 B)	
最大进气真空度	kPa
最大排气背压	kPa
中冷器设定值[a]	K
冷却介质温度规格	K
燃料温度规格	K
润滑油	

a 如有。

表 A.3　GB/T 8190 排放试验报告——发动机系族信息

制造厂	
系族标识	
燃烧循环	
冷却介质	
单缸排量	cm^3
气缸数和布置	
进气方式	
燃料类型	
燃烧室型式	
气门和气道布置 尺寸和数量 气缸盖 气缸壁 曲轴箱	
燃油系统形式	
其他特征	
——排气再循环	无　　　　有
——喷水/乳化	无　　　　有
——空气喷射	无　　　　有
——增压空气冷却系统	无　　　　有
——排气后处理	无　　　　有(类型：　　)
——双燃料	无　　　　有
——点火方式	
注：如适用，见 GB/T 8190.7—2003 第 5 章。	

表 A.4　GB/T 8190 排放试验报告——发动机系组信息

制造厂	
系组标识	
缸径 行程	mm mm
增压方式	
增压空气冷却系统	
单缸最大标定功率/ 最高标定转速	kW
喷油正时范围	°BTDC (上死点前)
供油范围	mg/每次喷射
注：如适用，见 GB/T 8190.8。	

表 A.5　GB/T 8190 排放试验报告——环境和发动机试验数据

发动机＿＿＿＿＿＿＿＿＿＿＿＿＿＿＿＿　试验现场＿＿＿＿＿＿＿＿＿＿＿＿＿＿＿＿

额定转速＿＿＿＿＿＿＿＿＿＿＿＿＿＿min^{-1}　试验编号＿＿＿＿＿＿＿＿＿＿＿＿＿＿＿＿

中间转速＿＿＿＿＿＿＿＿＿＿＿＿＿＿min^{-1}　试验循环＿＿＿＿＿＿＿＿＿＿＿＿＿＿＿＿

备注＿＿＿＿＿＿＿＿＿＿＿＿＿＿＿＿＿＿＿＿＿＿＿＿＿＿＿＿＿＿＿＿＿＿＿＿＿＿

工　况	1	2	3	4	5	6	7	8	9	10	11	$\sum(C)\times W_{fe}$[a]
每工况开始时间												
环境数据												
大气压/kPa												—
进气温度/K												—
进气湿度/(g/kg)												—
大气系数												—
发动机数据												
转速/min^{-1}												—
辅助设备功率[b]/kW												
测功器设定值/kW												—
功率[c]/kW												
比燃油耗/[g/(kW·h)]												—
燃油流量[d]												—
空气流量[d]												—
排气流量[d]												—
排气温度/K												—
燃油温度/K												—
冷却液温度/K												—
中冷空气温度/K												—
润滑油温度/K												—
进气真空度/kPa												—
排气背压/kPa												—

a　如适用。

b　如适用；采用按 GB/T 8190.1—1999 中 5.3 的计算值。

c　如为非机械功率(如电功率、热功率、总功率)，应标明；不修正。

d　应标明单位。

表 A.6 GB/T 8190 排放试验报告——气体排放物数据

发动机 ________ 原排气__ ____ 稀释排气__________ 试验现场____________________

额定转速______________________ min^{-1} 试验编号____________________

中间转速______________________ min^{-1} 试验循环____________________

备注 ____

工　况	[a]	1	2	3	4	5	6	7	8	9	10	11	B^b
每工况开始时间													
NO_x 浓度/($\times 10^{-6}$)													
HC 浓度(C_1)/($\times 10^{-6}$)													
CO 浓度/($\times 10^{-6}$)													
CO_2 浓度/%[c]													
O_2 浓度/%[c]													
NO_x 湿度修正系数 k_h													—
燃料特定系数 F_h[b]													—
干/湿基修正系数 K_w[b]													—
稀释系数 D^b													—
													$\sum(C)\times W_{fe}$
NO_x 质量流量[d]/(g/h)													
NO_x 质量流量[e]/(g/h)													
HC 质量流量/(g/h)													
CO 质量流量[e]/(g/h)													
SO_2 质量流量[f]/(g/h)													
CO_2 质量流量[e]/(g/h)													

a 应标明干基(d)或湿基(w)。

b 如适用；B=本底。

c 如单位不是%，应标明。

d 湿度修正(K_h)和湿基修正(K_w)。

e 湿基修正(K_w)。

f 计算值。

表 A.7 GB/T 8190 排放试验报告——颗粒物排放数据

发动机＿＿＿＿＿＿ 部分流/全流＿＿＿＿＿＿ 试验现场＿＿＿＿＿＿

额定转速＿＿＿＿＿＿ min^{-1} 试验编号＿＿＿＿＿＿

中间转速＿＿＿＿＿＿ min^{-1} 试验循环＿＿＿＿＿＿

备注＿＿＿＿＿＿

工　况	1	2	3	4	5	6	7	8	9	10	11	$\sum$[a]
每工况开始时间												
取样时间/s												—
有效加权系统 W_{fe}[b]												—
通道流量[c,d]												b
稀释空气流量[c,d]												b
稀释比[a]												—
稀释空气温度/K												—
取样探头处排气温度[a]/K												—
通道温度/K												—
滤纸迎面温度/K												—
滤纸迎面速度/(cm/s)												—
滤纸压力降/kPa												b
颗粒物质量 b^{e}/mg												b
取样质量/kg												b
颗粒物浓度[d]												b
颗粒物湿度修正系数												b
												$\sum(C)\times W_{fe}$
颗粒物质量流量/(g/h)												
颗粒物质量流量[f]/(g/h)												
烟度[d]												—
光吸收系数/(L/m)												—

a　如适用。

b　采用单对过滤纸法时填写。

c　q^{*}_{mdx}/q^{*}_{vdx} 或 q_{mdx}/q_{vdx}。

d　应标明单位。

e　如为本底修正，应循环测量。

f　湿度修正。

表 A.8 GB/T 8190 排放试验报告——烟度试验数据

发动机 ____________________ 试验现场 ____________________

额定转速 ____________________ min^{-1} 中间转速 ____________________ min^{-1}

怠速 ____________________ min^{-1} 试验编号 ____________________

备注 ____

运行	1	2	3	4[a]	5[a]	偏差	平均
环境数据							
大气压/kPa						…	…
进气温度/K						…	…
进气湿度/(g/kg)						…	…
烟度修正系数						…	…
大气系数						…	…
自由加速试验[b]							
怠速时间/s						…	
自由加速时间/s						…	
峰值烟度 S_P[c]							
修正值 S_P[d,c]							
瞬态加载试验[b]							
怠速时间/s						…	
加速时间/s						…	
发动机的转速线性度/min^{-1}						…	
额定转速稳定时间/s						…	
额定转速运行时间/s						…	
加载减速时间/s						…	
返回怠速时间/s						…	
峰值烟度 S_P[e,c]						…	…
修正值 S_P[d,c]						…	…
加载减速烟度 S_L[c]						…	
修正值 S_l[d,c]						…	
发动机加载步骤[f]							

表 A.8(续)

运　　行	1	2	3	4[a]	5[a]	偏差	平均
稳态烟度 S_S[c]							
修正值 S_S[d,c]							
峰值烟度 S_P[c]							
修正值 S_P[d,c]							
瞬态加载试验[g]							
加速时间/s						…	…
峰值烟度 S_P[c]							
修正值 S_P[d,c]							

a　如检验标准需要。

b　非道路柴油动力车辆和非道路工业装备(GB/T 8190.4—1999 中 C1 循环)。

c　应标明单位。

d　如适用,环境密度修正(见 ISO 8178-9:2000 的 10.3.2)。

e　在运行 1,运行 2,运行 3 下分别为 S_{P3},S_{P6},S_{P9}。

f　非道路恒速发动机(GB/T 8190.4—1999 中 D2,G1 和 G2 循环)。

g　船舶推进和轨道牵引用发动机(GB/T 8190.4—1999 中 E1,E2,E3,E5 和 F 循环)。

表 A.9　GB/T 8190 排放试验报告——试验室信息

发动机 ____________________　　试验现场____________________

试验日期____________________

试验编号____________________

排气管	直径	长度	隔热长度		
	mm	mm	m		
	制造厂	型号	测量范围	校正日期	偏差[a]
NO_x 分析仪[b]			$\times10^{-6}$		%
HC 分析仪[b]			$\times10^{-6}$		%
CO 分析仪[b]			$\times10^{-6}$		%
CO_2 分析仪[b]			%		%
O_2 分析仪[b]			%		%

表 A.9(续)

					偏差[c]
转速					%
扭矩			N·m		%
燃油流量[d]					%
空气流量[d]					%
排气流量[d]					%
定容取样(CVS)流量[d]					%
丙烷检查	—	—	—		%
稀释空气流量[d]					%
稀释排气流量[d]					%
颗粒物取样流量[d]					%
烟度[d]					%
	型式	部分流/全流	布置	运行温度	有效光通道长度
	[e]		[e]	K	mm
稀释系统	部分流/全流	通道直径	混合长度	型式	热交换器
		mm	mm		有/无
二级稀释通道	直径	滞留时间	滤纸保持架距离		
	mm	s	mm		
输送管	长度	直径			
	mm	mm			
颗粒物输送管	mm	mm			
颗粒过滤器	制造厂	型式	直径	污染直径	
			mm	mm	
称量室	温度	相对湿度	绝对湿度		
	K	%	g/kg		

a 最大线性偏差见 GB/T 8190.1—1999 的 8.5.6。

b 见 GB/T 8190.1—1999 的 7.4。

c 实测偏差见 GB/T 8190.1—1999 的表 2 和表 3。

d 应标明单位。

e 型式:滤纸式或消光烟度计式;布置:内置式或外置式。

表 A.10　GB/T 8190 试验报告——试验室信息(温度和压力)

发动机 ____________________　　试验现场 ____________________

试验日期 ____________________

试验编号 ____________________

	制造厂	型号	测量范围	校正日期	偏差[a]
温度					
冷却液			K		K
润滑油			K		K
排气			K		K
进气			K		K
中冷空气			K		K
燃料			K		K
稀释空气			K		K
稀释通道			K		K
滤纸保持架			K		K
输送管			K		K
颗粒物输送管			K		K
稀释排气			K		K
称量室			K		K
压力					
排气			kPa		%
进气歧管			kPa		%
大气压			kPa		%
加压[b]			kPa		%
差压传感器[b]			Pa		%
稀释排气			kPa		%
颗粒过滤器			kPa		%
进气蒸气压			kPa		%
稀释空气蒸气压			kPa		%
湿度					
进气			%		%
稀释空气			%		%
称量室			%		%
			g/kg		g/kg

a　实测偏差见 GB/T 8190.1—1999 中表 2 和表 3。

b　如有。

表 A.11 GB/T 8190 排放试验报告——燃料特性

发动机 ________________　　试验现场 ________________

试验日期 ________________

试验编号 ________________

燃料类型　汽油 ________ 柴油 ________ 重油 ________ 压缩天然气 ________

液化石油气 ________ 菜子油 ________ 甲醇 ________ 其他 ________

特性	单位	方法[a]	结果	特性	单位	方法[a]	结果
密度	kg/L	ISO 3675		硫分	%质量	ISO 4260 ISO 8754	
浊点	℃	ISO 3015		铅含量	g/L	ISO 3830	
倾点	℃	ISO 3016		水分	%质量	ISO 3733	
闪点	℃	ISO 2719		灰分	%质量	ISO 6245	
冷滤点	℃	EN 116		残碳	%质量	ISO 6615	
黏度	mm^2/s	ISO 3104		沉淀物	%质量	ISO 3735	
雷德蒸气压 p_{Rv}	kPa	ISO 3007		实际胶质	mg/mL	ISO 6246	
馏程		ISO 3405	—	氧化安定性	min	ISO 7536	
初馏点	℃			铜腐蚀	—	ISO 2160	
10%体积	℃			氧化物	%体积		
50%体积	℃			铝/硅	mg/kg	ISO 10478	
90%体积	℃			铅	mg/kg	ISO 8691	
终馏点	℃			元素分析			—
残余物	%体积			碳	%质量		
70℃	%体积			氢	%质量		
100℃	%体积			氮	%质量		
180℃	%体积			氧	%质量		
250℃	%体积			低热值	MJ/kg		
350℃	%体积			甲烷	%mol		
十六烷数	—	ISO 5165		乙烷	%mol		
十六烷指数	—	ISO 4264		丙烷	%mol		
计算碳芳香族指数	—	ISO 8217		丁烷	%mol		
研究法辛烷值	—	ISO 5164		戊烷	%mol		
马达法辛烷值	—	ISO 5163		正己烷	%mol		
灵敏度	—	ISO 5164 ISO 5163		乙烯	%mol		
				丙烯	%mol		
烃类		ISO 3837		甲醇	%质量		
烯烃	%体积			酸值	mg/g	ISO 660	
芳烃	%体积			甘油酯	%质量		
烷烃	%体积			总甘油	%质量		
苯	%体积	EN 238					

a 如不采用本表所列方法，应标明。

参 考 文 献

[1] ISO 660:1996 动植物脂和油 酸值和酸度测定法
[2] ISO 2160:1998 石油产品 铜腐蚀 铜片试验法
[3] ISO 2719:2002 闪点的测定 彭-马氏闭口杯法
[4] ISO 3007:1999 石油产品和原油 蒸气压的测定 雷德法
[5] ISO 3015:1992 石油产品 浊点测定法
[6] ISO 3016:1994 石油产品 倾点测定法
[7] ISO 3104:1994 石油产品 透明和不透明液体 运动黏度测定法和动力黏度计算法
[8] ISO 3405:2000 石油产品 大气压下馏程测定法
[9] ISO 3675:1998 原油和液体石油产品 密度的实验室测定 石油密度计法
[10] ISO 3733:1999 石油产品和沥青材料 水分的测定 蒸馏法
[11] ISO 3735:1999 原油和燃料油 沉淀物的测定 抽提法
[12] ISO 3830:1993 石油产品 汽油铅含量的测定 一氯化碘法
[13] ISO 3837:1993 液体石油产品 烃类的测定 荧光指示剂吸附法
[14] ISO 4260:1987 石油产品和烃类 硫含量的测定 魏氏燃烧法
[15] ISO 4264:1995 石油产品 中间馏分燃料十六烷指数的四变量方程计算法
[16] ISO 5163:1990 汽车和航空用燃料 抗爆性的测定 马达法
[17] ISO 5164:1990 车用燃料 抗爆性的测定 研究法
[18] ISO 5165:1998 石油产品 柴油着火性能的测定 十六烷值法
[19] ISO 6245:2001 石油产品 灰分测定法
[20] ISO 6246:1995 石油产品 轻馏分和中间馏分燃料胶质含量的测定 喷射蒸发法
[21] ISO 6615:1993 石油产品 残炭的测定 康氏法
[22] ISO 7536:1994 石油产品 汽油氧化安定性的测定 诱导期法
[23] ISO 8217:1996 石油产品 燃料(F 类) 船用燃料油规范
[24] ISO 8691:1994 石油产品 液体燃料中微量钒的测定 灰化后无火焰原子吸收光谱法
[25] ISO 8754:1992 石油产品 硫含量的测定 能量分散 X 射线荧光法
[26] ISO 10478:1994 石油产品 燃料油中铝和硅的测定 电感耦合等离子发射和原子吸收光谱法
[27] EN 116:1997 柴油和家用取暖燃料 冷滤点测定法
[28] EN 238:1996 液体石油产品 汽油 苯含量的红外线光谱测定法

ICS 27.020
J 91

中华人民共和国国家标准

GB/T 8243.5—2006/ISO 4548-5:1990

内燃机全流式机油滤清器试验方法 第5部分:冷起动模拟和液压脉冲耐久试验

Methods of test for full-flow lubricating oil filters for internal combustion engines—Part 5: Cold start simulation and hydraulic pulse durability test

(ISO 4548-5:1990,IDT)

2006-02-07 发布　　　　2006-07-01 实施

中华人民共和国国家质量监督检验检疫总局
中国国家标准化管理委员会
发布

前　言

GB/T 8243《内燃机全流式机油滤清器试验方法》目前包括以下几个部分:

——第 1 部分:压差-流量特性;

——第 2 部分:滤芯旁通阀特性;

——第 3 部分:耐高压差和耐高温特性;

——第 4 部分:原始滤清效率、寿命和累积效率(重量法);

——第 5 部分:冷起动模拟和液压脉冲耐久试验;

——第 6 部分:静压耐破度试验;

——第 7 部分:振动疲劳试验;

——第 9 部分:进、出口止回阀试验;

——第 10 部分:机油含水时寿命和累积效率;

——第 11 部分:自净式滤清器;

——第 12 部分:采用颗粒计数法测定滤清效率和容灰量。

本部分是 GB/T 8243 的第 5 部分。等同采用 ISO 4548-5:1990《内燃机全流式机油滤清器试验方法　第 5 部分:冷起动模拟和液压脉冲耐久试验》(英文版)。

本部分是在 JB/T 5099—1991《内燃机纸质滤芯机油滤清器总成试验方法》中液压脉冲疲劳试验的基础上制定的。本部分与 JB/T 5099—1991 的主要区别是:

——增加了"引言";

——修改了"范围";

——完善了"规范性引用文件";

——增加了"定义和图形符号";

——修改了"受试工作特性";

——规定了试验台组成;

——明确了试验液规格;

——补充了"冷起动模拟试验"

——详述了"液压脉冲耐久试验"规程。

本部分的附录 A 是规范性附录。

本部分由中国机械工业联合会提出。

本部分由全国内燃机标准化技术委员会归口。

本部分起草单位:上海内燃机研究所、广西玉柴机器股份有限公司。

本部分起草人:陈云清、瞿俊鸣、邱瑞兴、谢正良、谢亚平、刘益军、邹强、宋国婵、陈林珊。

引　　言

本标准规定了测量内燃机全流式机油滤清器性能的标准试验规程。该标准由各个单独部分汇编而成,每一部分涉及某一工作特性。

整套试验可为评定滤清器特性提供必要的信息,但如果用户和厂商双方同意,亦可分开单独进行试验。

内燃机全流式机油滤清器试验方法 第5部分:冷起动模拟和液压脉冲耐久试验

1 范围

GB/T 8243 的本部分规定了内燃机全流式机油滤清器对诸如发动机在冷起动时产生的压力波动和在工作过程中出现的周期性压力变化承受能力的试验方法。

本试验规范适用于旋装式滤清器和最大流量为 100 L/min、采用一次性滤芯的可拆式滤清器。本试验规范亦可适用于滤清器制造厂与买方商定可以使用的其他滤清器。

注:本试验规范不能代替模拟环境试验(例如在超低温下)。如需进行这些试验,应经供应商和客户共同商定。

2 规范性引用文件

下列文件中的条款通过 GB/T 8243 的本部分的引用而成为本部分的条款。凡是注日期的引用文件,其随后所有的修改单(不包括勘误的内容)或修订版均不适用于本部分,然而,鼓励根据本部分达成协议的各方研究是否可使用这些文件的最新版本。凡是不注日期的引用文件,其最新版本适用于本部分。

GB/T 8243.1—2003 内燃机全流式机油滤清器试验方法 第1部分:压差-流量特性(ISO 4548-1:1997,IDT)

ISO 1219 流体传动系统和元件 图形符号和路图 第1部分:图形符号

3 定义和图形符号

3.1 定义

GB/T 8243 的本部分采用 GB/T 8243.1 所使用的定义。

3.2 图形符号

GB/T 8243 的本部分所使用的图形符号按照 ISO 1219[1] 的规定。

4 受试工作特性

滤清器在使用中须承受发动机在冷起动工况时所产生的压力波动。本试验规范第7章规定的试验可检验滤芯和密封装置在规定的起动工况次数下承受高压波动的能力。

滤清器还须承受发动机在正常工作过程中的周期性压力变化。本试验规范第8章规定的试验可检验滤芯和密封装置在规定的循环次数下承受这种压力变化的能力。

5 试验台

试验台应由下列零部件,以及必需的管道、接头和支撑所组成(见图1)。

a) 油箱;

b) 电动泵;

c) 受试滤清器;

d) 进油压力调节阀;

e) 电磁阀;

f) 出油压力调节阀；

g) 压力表；

h) 电磁顺序时间控制器和计数器；

i) 冷却盘管(热交换器)；

j) 恒温器(用以控制断路开关)。

注：亦可使用能产生图2所示压力脉冲波形的代用试验台。

6 试验液

试验时，试验液应为运动黏度为10 mm^2/s±5 mm^2/s(10 cst±5 cst)的机油[黏度等级为ISO VG22(63℃)或SAE 5W(68℃)](见参考文献[2]和[3])。

7 冷起动模拟试验(见图1)

7.1 将滤清器安装到适宜的试验滤座上，并按滤清器制造厂推荐的拧紧力矩或旋转角度拧紧受试滤清器。

7.2 将试验滤座连接到试验台的管道系统中。

7.3 启动电动泵，确保调节阀④和⑦及电磁阀⑤和⑥完全打开。

7.4 运转试验台，将系统中空气全部排尽。关闭电磁阀⑤和⑥，并调节阀门④，使压力达到与发动机制造厂商定的数值。如未商定，则应选用附录A中给出的数值。

接通电磁阀⑤和⑥，使压力波达到图2所示的形状。调节阀门⑦，将压差调至0.1 bar～0.2 bar[1)]，以避免出口压力产生负脉冲。试验时，在电磁阀⑤和⑥关闭期间，如有需要，还应再作进一步的调节。应采用示波器或代用装置监测压力波形和循环时间。

7.5 将计数器置零。

7.6 打开水冷却系统的进水阀和回水阀，调节冷却水流量，以稳定油箱中的油温，使机油保持所要求的黏度(见第6章)。

7.7 继续进行试验，用目测随时检查是否有故障迹象，直至出现故障或达到与发动机制造厂商定的循环次数。如未商定，则应选用附录A中给出的试验压力值。

7.8 至试验停止，将阀门④完全打开，并关闭电动泵和电磁阀调节开关。

7.9 检查并记录拧紧力矩(即按拧紧方向旋转)。

7.10 拆下滤清器，排干试验液，用目测检查滤清器，确定故障部位和故障模式。

8 液压脉冲耐久试验(见图1)

8.1 将新滤清器安装到适宜的试验滤座上，并按滤清器制造厂推荐的拧紧力矩或旋转角度拧紧受试滤清器。

8.2 将试验滤座连接到脉冲试验台的管道系统中。

8.3 启动电动泵，确保调节阀④和⑦及电磁阀⑤和⑥完全打开。

8.4 运转试验台，将系统中空气全部排尽，关闭电磁阀⑤和⑥，并调节阀门④，使压力达到与发动机制造厂商定的数值。如未商定，则应选用附录A中相应类别所给出的数值。

接通电磁阀⑤和⑥，使压力波达到图2所示的形状。调节阀门⑦，将压差调至0.1 bar～0.2 bar，以避免出口压力产生负脉冲。试验时在电磁阀⑤和⑥接通或关闭期间，如有需要，还应再作进一步的调节。应采用示波器或代用装置监测压力波形和循环时间。

8.5 将计数器置零。

1) 1 bar=100 kPa。

8.6 打开水冷却系统的进水阀和回水阀，调节冷却水流量，以稳定油箱中的油温，使机油保持所要求的黏度(见第6章)。

8.7 继续进行试验，用目测随时检查是否有故障迹象，直至出现故障或达到与发动机制造厂商定的循环次数。如未商定，则应选用附录A中相应类别的数值。

8.8 至试验停止，将阀门④完全打开，并关闭电动泵和电磁阀调节开关。

8.9 检查并记录拧紧扭矩(即按拧紧方向旋转)。

8.10 拆下滤清器，排干试验液，用目测检查滤清器，确定故障部位和故障模式。

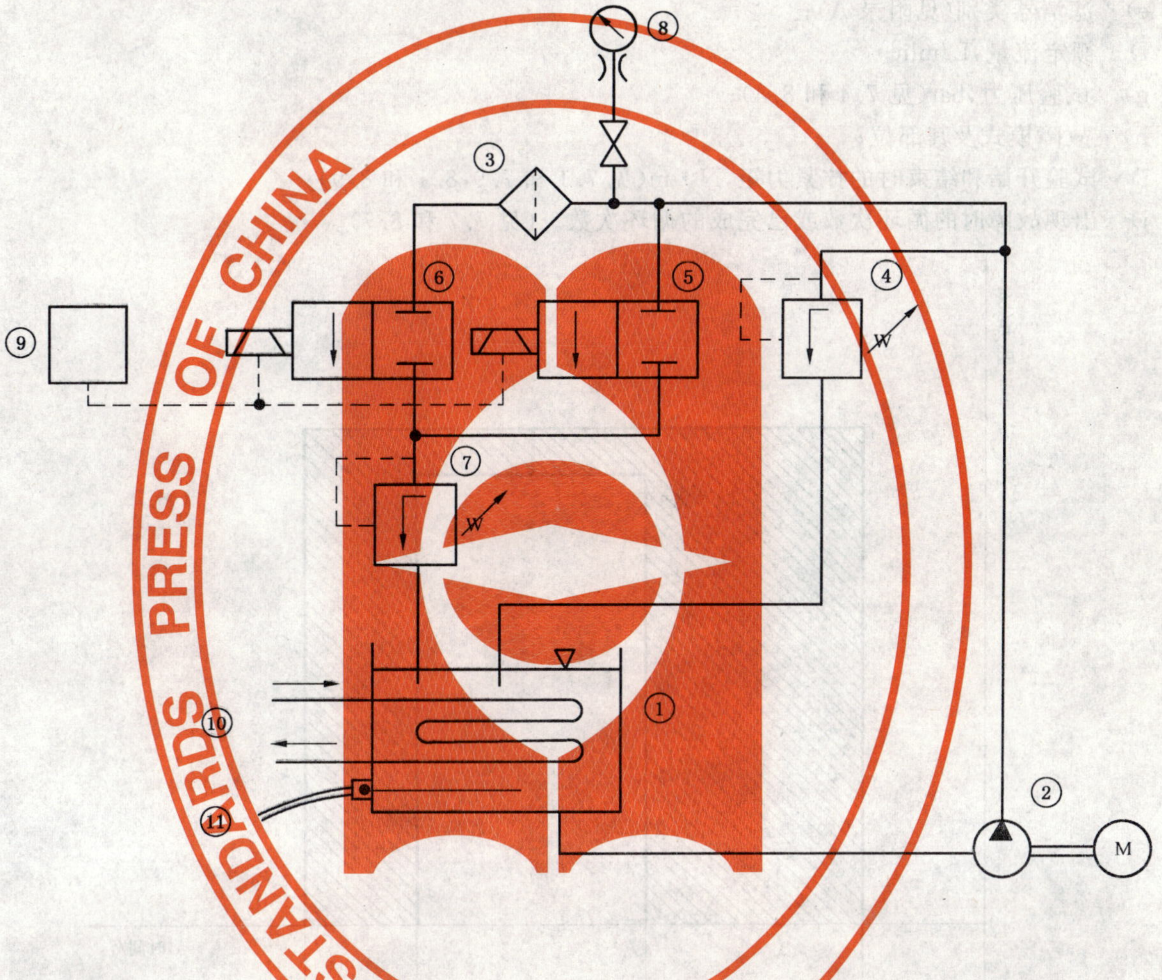

1——油箱；
2——电动泵；
3——受试滤清器；
4——进油压力调节阀；
5——电磁阀；
6——电磁阀；
7——出油压力调节阀；
8——压力表；
9——电磁顺序时间控制器和计数器(用以控制阀门⑤和⑥)；
10——冷却盘管(热交换器)；
11——恒温器(用以控制断路开关)。

图1 冷起动模拟和液压脉冲耐久试验试验台

9 试验报告

试验报告至少应包括以下内容：

a) 试验单位；

b) 滤清器型式(制造厂、型号和批号)；

c) 试验日期；

d) 滤清器说明，新的还是旧的，如已用过，应标明大致使用时间；

e) 滤清器类别(见附录 A)；

f) 额定流量，L/min；

g) 试验压力，bar(见 7.4 和 8.4)；

h) 故障模式及其部位；

i) 试验开始和结束时的拧紧力矩，N·m(见 7.1 和 7.9，8.1 和 8.9)；

j) 出现故障时的循环次数或已完成的循环次数。(见 7.7 和 8.7)。

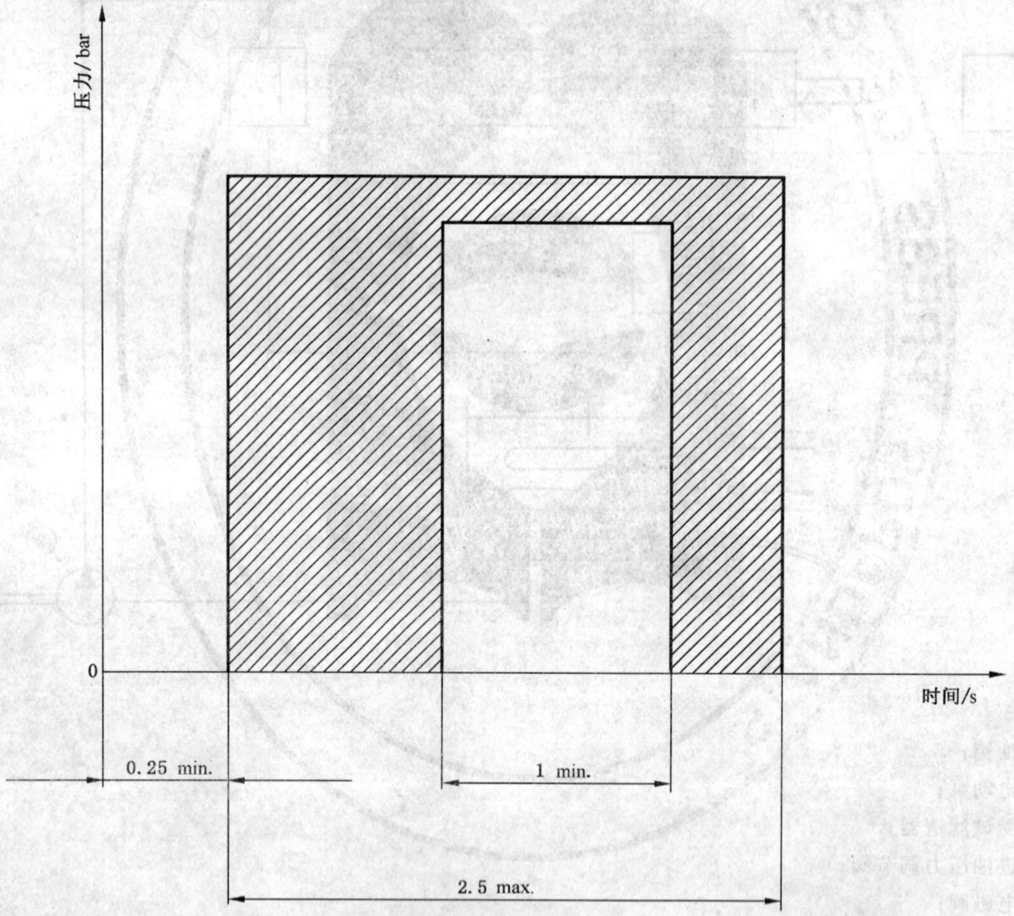

图 2 冷起动模拟和液压脉冲耐久试验压力脉冲波形图

附 录 A
（规范性附录）
未与发动机制造厂商定时的试验用参数

见表 A.1。

注：表 A.1 给出在冷起动模拟和液压脉冲耐久试验时，按所选滤清器类别采用的压力值和循环次数。

表 A.1

滤清器型式	类　别	冷起动模拟试验		液压脉冲耐久试验	
		压力/bar	循环次数	压力/bar	循环次数
旋装式	A	10±0.3	1 000	5±0.2	25 000
旋装式	B	13±0.3	3 000	7±0.2	50 000
一次性滤芯、可拆式	C	16±0.5	5 000	9±0.3	75 000

参 考 文 献

[1] ISO 1219:1976 液压传动系统和元件　图形符号.
[2] ISO 3448:1975 工业用液体润滑剂　ISO 黏度分类.
[3] SAE J300C 发动机机油黏度分类.

ICS 27.020
J 91

中华人民共和国国家标准

GB/T 8243.6—2006/ISO 4548-6:1985

内燃机全流式机油滤清器试验方法 第6部分:静压耐破度试验

Methods of test for full-flow lubricating oil filters for internal combustion engines—Part 6: Static burst pressure test

(ISO 4548-6:1985, IDT)

2006-02-07 发布　　　　2006-07-01 实施

中华人民共和国国家质量监督检验检疫总局
中国国家标准化管理委员会　发布

前　言

GB/T 8243《内燃机全流式机油滤清器试验方法》目前包括以下几个部分：

——第1部分：压差-流量特性；

——第2部分：滤芯旁通阀特性；

——第3部分：耐高压差和耐高温特性；

——第4部分：原始滤清效率、寿命和累积效率(重量法)；

——第5部分：冷起动模拟和液压脉冲耐久试验；

——第6部分：静压耐破度试验；

——第7部分：振动疲劳试验；

——第9部分：进、出口止回阀试验；

——第10部分：机油含水时寿命和累积效率；

——第11部分：自净式滤清器；

——第12部分：采用颗粒计数法测定滤清效率和容灰量。

本部分是GB/T 8243的第6部分。等同采用ISO 4548-6:1985《内燃机全流式机油滤清器试验方法　第6部分：静压耐破度试验》(英文版)。

本部分在对JB/T 5099—1991《内燃机纸质滤芯机油滤清器总成试验方法》中静压破坏试验的基础上制定的。本部分与JB/T 5099—1991的主要区别是：

——增加了“引言”；

——修改了“范围”；

——完善了“规范性引用文件”；

——规定了试验台组成；

——明确了试验液规格；

——详述了试验规程。

本部分由中国机械工业联合会提出。

本部分由全国内燃机标准化技术委员会归口。

本部分起草单位：上海内燃机研究所、中国船舶重工集团公司第七研究院第七一一研究所。

本部分起草人：陈云清、瞿俊鸣、洪敦麟、谢亚平、宋国婵、陈林珊。

引　言

本标准规定了测量内燃机全流式机油滤清器性能的标准试验规程。该标准由各个单独部分汇编而成,每一部分涉及某一工作特性。

整套试验可为评定滤清器特性提供必要的信息,但如果用户和厂商双方同意,亦可分开单独进行试验。

内燃机全流式机油滤清器试验方法
第6部分:静压耐破度试验

1 范围

GB/T 8243 的本部分规定了测定内燃机全流式机油滤清器静态耐压能力和测定其耐破度及故障模式的试验方法。

本部分不适用于航空发动机用滤清器。

2 规范性引用文件

下列文件中的条款通过 GB/T 8243 的本部分的引用而成为本部分的条款。凡是注日期的引用文件,其随后所有的修改单(不包括勘误的内容)或修订版均不适用于本部分,然而,鼓励根据本部分达成协议的各方研究是否可使用这些文件的最新版本。凡是不注日期的引用文件,其最新版本适用于本部分。

GB/T 8243.1—2003 内燃机全流式机油滤清器试验方法 第1部分 压差-流量特性(ISO 4548-1:1997,IDT)

3 术语和定义

GB/T 8243 的本部分采用 GB/T 8243.1 给出的术语和定义。

4 试验台

本试验台包括液压手动泵、高压管路、阀门、压力表[测量范围为 0～30 bar[1] 或更高,如静压试验需要(见 6.6)]、滤清器总成安装用滤座,同时需要加装透明防护罩。

5 试验液

在环境温度下应选用 SAE 5W 机油。

6 试验准备和试验程序

6.1 按照推荐的拧紧力矩安装滤清器总成。如规定有公差,应将力矩拧至下偏差。滤清器与滤座的连接应与生产厂的安装状况相同。

6.2 将液压泵与滤清器或滤座的进口相连接,并在滤清器或滤座的出口接一出油阀。出油阀的出口应置于整个系统的最高点。

6.3 操纵液压泵,将机油泵入系统,直至看到有机油从出油阀出口流出。这表明所有空气均已从系统中排出。

6.4 关闭阀门,在观察人员和滤清器之间装上防护罩。

6.5 逐渐升高油压到 2 bar,保持约 1 min,检查滤清器及所有管件是否渗漏或变形。

6.6 然后按照约 2 bar 的增量逐步升高油压,每次保持约 1 min,并检查滤清器是否渗漏或变形。继续升高油压,直至达到规定的压力值(或出现故障)。

---

1) 1 bar=100 kPa。

6.7 将油压降至零。检查滤清器的永久变形和拧紧力矩。注意剩余拧紧力矩，如有松动，应重新恢复至初始值。

6.8 再重新逐渐升高油压，直至达到上述规定的压力值，然后以 0.5 bar 的增量逐步升高油压，每次保持 10 s，继续升高油压，直至滤清器最终出现故障，亦即破裂或泄漏。

6.9 详细检查滤清器的故障模式。

7 试验结果报告

试验报告应至少包括以下内容：

a) GB/T 8243 本部分的编号；

b) 试验单位；

c) 滤清器型式(制造厂、型号和批号)；

d) 试验日期；

e) 滤清器说明，说明滤清器是新的还是旧的，如已用过，应标明大致使用时间；

f) 初始拧紧力矩(见 6.1)；

g) 规定的压力值及是否达到(见 6.6)；

h) 剩余拧紧力矩(见 6.7)；

i) 可见永久变形(见 6.7)；

j) 耐破度(见 6.8)；

k) 故障模式及其部位。

ICS 27.020
J 95

中华人民共和国国家标准

GB/T 8243.7—2006/ISO 4548-7:1990

内燃机全流式机油滤清器试验方法
第7部分:振动疲劳试验

Methods of test for full-flow lubricating oil filters for internal combustion engines—Part 7: Vibration fatigue test

(ISO 4548-7:1990,IDT)

2006-12-28 发布　　2007-07-01 实施

中华人民共和国国家质量监督检验检疫总局
中国国家标准化管理委员会　发布

前言

GB/T 8243《内燃机全流式机油滤清器试验方法》目前包括以下几个部分：

——第1部分：压差-流量特性；

——第2部分：滤芯旁通阀特性；

——第3部分：耐高压差和耐高温特性；

——第4部分：原始滤清效率、寿命和累积效率(重量法)；

——第5部分：冷起动模拟和液压脉冲耐久试验；

——第6部分：静压耐破度试验；

——第7部分：振动疲劳试验；

——第9部分：进、出口止回阀试验；

——第10部分：机油含水时的寿命和累积效率；

——第11部分：自净式滤清器；

——第12部分：采用颗粒计数法测定滤清效率和容灰量。

本部分是GB/T 8243的第7部分。

本部分等同采用ISO 4548-7:1990《内燃机全流式机油滤清器试验方法　第7部分：振动疲劳试验》(英文版)。

本部分等同翻译ISO 4548-7:1990。为便于使用，本部分做了如下编辑性修改：

——“ISO 4548的本部分”改为“GB/T 8243的本部分”；

——删除了国际标准前言。

本部分由中国机械工业联合会提出。

本部分由全国内燃机标准化技术委员会归口。

本部分起草单位：上海内燃机研究所，广西玉柴机器股份有限公司。

本部分起草人：陈云清、沈捷、谢正良、谢亚平、宋国婵、瞿俊鸣。

本部分为首次制定。

引　言

GB/T 8243 规定了测量内燃机全流式机油滤清器性能的标准试验规程。该标准由各个单独部分汇编而成，每一部分涉及某一工作特性。

整套试验可为评定滤清器特性提供必要的信息，但如果用户和厂商双方同意，亦可分开单独进行试验。

内燃机全流式机油滤清器试验方法
第7部分:振动疲劳试验

1 范围

GB/T 8243 的本部分规定了全流式机油滤清器制造完整性的试验方法,以承受发动机或装置的振动。

本试验适用于旋装式滤清器和最大流量为 100 L/min 采用可更换滤芯的可拆式滤清器。如制造厂和用户双方同意,本试验也可适用于其他滤清器。

2 规范性引用文件

下列文件中的条款通过 GB/T 8243 的本部分的引用而成为本部分的条款。凡是注日期的引用文件,其随后所有的修改单(不包括勘误的内容)或修订版均不适用于本部分,然而,鼓励根据本部分达成协议的各方研究是否可使用这些文件的最新版本。凡是不注日期的引用文件,其最新版本适用于本部分。

GB/T 8243.1 内燃机全流式机油滤清器试验方法 第 1 部分:压差-流量特性(GB/T 8243.1—2003,ISO 4548-1:1997,IDT)

3 定义和图形符号

3.1 定义

GB/T 8243 的本部分采用 GB/T 8243.1 所使用的定义。

3.2 图形符号

GB/T 8243 的本部分所用图形符号按照 ISO 1219-1:1991 的规定。

4 受试滤清器工作特性

整体安装的机油滤清器总成,包括滤座、适配器和安装支架等,需要承受发动机或装置因振动所产生的强迫振动频率。本试验用以确定滤清器总成在受压条件下预定循环次数时的耐振能力。

5 试验装置

试验装置应包括下列零部件,以及必需的管道、接头和支承等(见图 1):

a) 机电式振动器、正弦波振荡器、频率控制器、放大器及位移、速度和加速度显示装置;

b) 油压源,可以采用手动或机动操作;

c) 压力表,测量范围为 0~7 bar(0~700 kPa);

d) 加速度计两只,最小线性标定范围为 $-100\ m/s^2 \sim +100\ m/s^2$;

e) 受试滤清器及滤座或适配器。

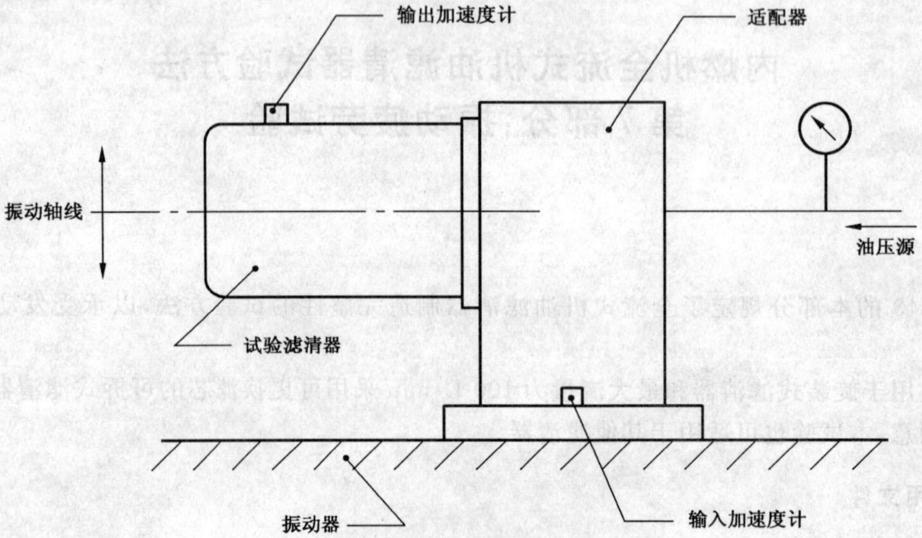

图1 试验装置(布置图1)

6 试验液

试验液应为在环境温度下运动黏度小于 10 mm^2/s(10 cSt)的机油(ISO VG22 或 SAE 5W)(见 ISO 3448:1992 和 SAE J300C)。

7 振动疲劳试验(见图1)

7.1 将滤清器安装到滤座或适配器上,按照推荐的扭矩或旋转角度拧紧受试滤清器。

7.2 将滤清器与滤座总成安装到刚性支架或具有高抗变形的适配器上,用适宜的密封垫片或密封胶确保接合面不致渗漏。

7.3 将支架或适配器/滤清器总成安装到振动台上,确保滤清器的极坐标轴线与振动轴线垂直。

7.4 在常温下将滤清器连接到压力表和油压源上,所用软管应确保不致妨碍滤清装置的振动。

7.5 将输入加速度计接在滤座/适配器上,输出加速度计接在滤清器上,输出加速度计的位置距密封圈顶面约 100 mm;或者当滤清器长度小于 120 mm 时,其距离相当于滤清器长度的 0.85 倍。两只加速度计的极坐标轴均应与振动轴线平行(见图1)。

在加速度计、振动控制装置和监测设备之间采用适宜的电气连接。

7.6 应确保受试滤清器注满试验液,并排出残留在总成中的空气。将压力升高至 5 bar(500 kPa),并使其在整个试验过程中均保持不变。

7.7 起动振动器,并在频率为 400 Hz 的范围内搜索共振区,使输入的峰值加速度在 10 m/s^2～60 m/s^2 的范围内保持恒定值。

如共振出现在某一频率时,则在此频率处进行下列试验;如共振出现在几个频率时,则在显示最大振幅的频率处进行下列试验;若无共振产生,则在 150 Hz 的频率处进行下列试验。

调整振动器的功率,使输入的峰值加速度达到滤清器制造厂与发动机制造厂的商定值,或者在无商定情况下达到 60 m/s^2 的加速度,并测定振动器的总振幅(峰-峰位移)。

注:振动的总振幅(峰-峰值)S,单位为米,可以按下式计算:

$$S = \frac{a}{2\pi^2 f^2}$$

式中:

a——峰值加速度,单位为米每二次方秒(m/s^2);

f——振动频率,单位为赫兹(Hz)。

7.8 对滤清器总成进行总计 10^7 次的循环试验,除非提前出现故障。首先根据 7.7 确定的频率和加速度或振幅开始进行试验。由于受试滤清器总成的共振频率在整个试验过程中可能会有变化，因此除非试验装置配备有能对共振频率进行自动控制和校正的装置，应每隔 5×10^5 次循环重复 7.7 所述的程序对各数值进行校正，然后继续进行试验。

7.9　试验结束时，测定拧紧力矩或旋转角度，与初始设定值进行比对。

7.10　如能顺利完成 10^7 次循环而无明显故障，则拆下试验滤清器，排尽试验油，仔细拆开滤清器，检查内部有无可见损坏迹象。

7.11　换上新的同一类型滤清器，并使加速度计的极坐标轴垂直于振动轴线，重复 7.1～7.10 的程序。加速度计的布置见图 2。

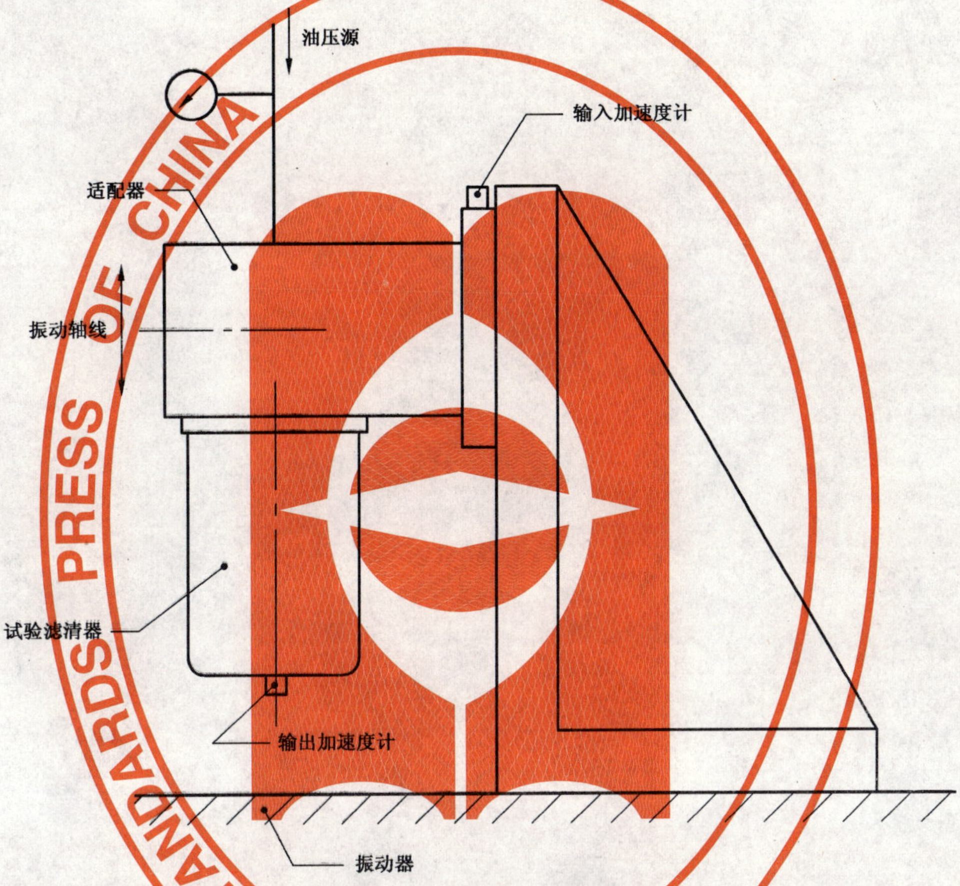

图 2　试验装置(布置图 2)

8　试验报告

试验报告至少应包括下列内容：

a)　试验单位；

b)　滤清器型式(制造厂、型号和批号)；

c)　试验日期；

d)　滤清器的描述，说明是新的还是旧的，如已用过应标明使用的大概时间；

e)　额定流量，单位为升每分钟(L/min)；

f)　试验压力，单位为巴(bar)；

g)　振幅和振动频率；

h)　故障模式及其部位；

i)　初始使用和试验结束时的扭矩，单位为牛米(N·m)；

j)　发生故障时的循环次数或试验完成时的循环次数。

参 考 文 献

[1] ISO 1219-1:1991 液压传动系统和元器件 图形符号和原理图 第1部分:图形符号

[2] ISO 3448:1992 工业用液体润滑剂 ISO 黏度分类

[3] SAE J300c 发动机机油黏度分类

ICS 27.020
J 95

中华人民共和国国家标准

GB/T 8243.9—2006/ISO 4548-9:1995

内燃机全流式机油滤清器试验方法
第9部分:进、出口止回阀试验

Methods of test for full-flow lubricating oil filters for internal combustion engines
—Part 9:Inlet and outlet anti-drain valve tests

(ISO 4548-9:1995,IDT)

2006-12-28 发布　　2007-07-01 实施

中华人民共和国国家质量监督检验检疫总局
中国国家标准化管理委员会　发布

前　言

GB/T 8243《内燃机全流式机油滤清器试验方法》目前包括以下几个部分：

——第 1 部分：压差-流量特性；

——第 2 部分：滤芯旁通阀特性；

——第 3 部分：耐高压差和耐高温特性；

——第 4 部分：原始滤清效率、寿命和累积效率(重量法)；

——第 5 部分：冷起动模拟和液压脉冲耐久试验；

——第 6 部分：静压耐破度试验；

——第 7 部分：振动疲劳试验；

——第 9 部分：进、出口止回阀试验；

——第 10 部分：机油含水时的寿命和累积效率；

——第 11 部分：自净式滤清器；

——第 12 部分：采用颗粒计数法测定滤清效率和容灰量。

本部分是 GB/T 8243 的第 9 部分。

本部分等同采用国际标准 ISO 4548-9:1995《内燃机全流式机油滤清器试验方法　第 9 部分：进、出口止回阀试验》(英文版)。

本部分等同翻译 ISO 4548-9:1995。为便于使用，本部分做了如下编辑性修改：

——"ISO 4548 的本部分"改为"GB/T 8243 的本部分"；

——删除了国际标准前言。

本部分由中国机械工业联合会提出。

本部分由全国内燃机标准化技术委员会归口。

本部分起草单位：上海内燃机研究所、广西玉柴机器股份有限公司。

本部分起草人：陈云清、沈捷、谢正良、谢亚平、宋国婵、瞿俊鸣。

本部分为首次制定。

引　言

GB/T 8243 规定了测量内燃机全流式机油滤清器性能的标准试验规程。该标准由各个单独部分汇编而成,每一部分涉及某一工作特性。

整套试验可为评定滤清器特性提供必要的信息,但如果用户和厂商双方同意,亦可分开单独进行试验。

内燃机全流式机油滤清器试验方法
第9部分:进、出口止回阀试验

1 范围

GB/T 8243 的本部分规定了内燃机旋装式或“可更换式”全流式机油滤清器进、出口止回阀有效性的试验方法。

2 规范性引用文件

下列文件中的条款通过 GB/T 8243 的本部分的引用而成为本部分的条款。凡是注日期的引用文件,其随后所有的修改单(不包括勘误的内容)或修订版均不适用于本部分,然而,鼓励根据本部分达成协议的各方研究是否可使用这些文件的最新版本。凡是不注日期的引用文件,其最新版本适用于本部分。

GB/T 8243.1 内燃机全流式机油滤清器试验方法 第1部分:压差-流量特性(GB/T 8243.1—2003,ISO 4548-1:1997,IDT)

3 定义

GB/T 8243 的本部分采用 GB/T 8243.1 所使用的定义。

4 测量原理

4.1 进口止回阀

评定进口止回阀在发动机停机时防止滤清器内机油从进油口流出的能力。

4.2 出口止回阀

评定出口止回阀在发动机停机时防止滤清器内机油从出油口流出的能力。

5 试验装置

推荐的试验装置如图1~图3所示。图1和图2是供基本试验用的简易试验装置。而图3是一种比较复杂的试验装置,可以在离试验台0~1 500 mm的油位高度内以0.5 m/min的固定速度升降高位油筒。该装置仅用于需要测量开启压力和流量/压差数据的场合。

注:图1~图3使用 ISO 1219-1:1991 规定的图形符号。

试验装置应由下列零部件以及必需的管道、接头和支承所组成。

a) 油箱;
b) 油泵(推荐采用叶片泵);
c) 网式滤清器;
d) 停油开关(见图1~图3);
e) 三通阀(见图1~图3);
f) 试验滤座;
g) 高位油筒(例如分液漏斗);
h) 量筒;
i) 秒表或时钟(未示出)。

如要进行本部分所规定的所有试验，则可采用集图1～图3所有特性于一身的单一试验装置。

6 试验液

试验液应为矿物油，20℃时的运动黏度为 8 mm^2/s±2 mm^2/s[1)]（黏度等级ISO VG 5，见ISO 3448:1992）。

7 试验程序

本部分阐述了进、出口止回阀的两种试验程序。试验A是按照止回阀功能而必须进行的基本性能试验。试验B是为确定某些辅助性能数据而推荐进行的基本试验和附加试验程序。

7.1 进口止回阀——试验A：基本性能试验

见图1。

注：如果滤清器还装有出口止回阀，则应在试验前采用适宜的方法将该阀锁定在开启状态，以便能从滤清器出口侧进油。

7.1.1 试验时环境温度为25℃±5℃。

7.1.2 将试验滤座倒置在试验台上（即与图1所示位置成180°）。

7.1.3 用合适的螺纹密封垫圈将待试滤清器安装在试验滤座上。

注：如试验目的仅是为评定止回阀的性能，而不是要检查滤清器总成的制造完整性，则应将螺纹安装板和密封垫片固定座之间可能出现的漏油处封死。

7.1.4 打开滤清器的进油开关4和高位油筒下的出油开关8。

7.1.5 将试验液泵入系统中，直至系统内所有空气都被排出，并使滤清器下部的油位高度达到600 mm±10 mm。然后，关闭进油开关4和高位油筒9下部的出油开关8。

注：滤清器安装在上述位置是为了将空气彻底排除干净。

7.1.6 拆开滤清器下部的进油管，将滤清器翻转180°至图1所示位置。

7.1.7 打开高位油筒9下部的出油开关8，拆下试验滤座上的放气螺钉。排出试验滤座内的剩余试验液，历时5 min。

7.1.8 重新拧上放气螺钉，在出口管下方放置一合适量筒10，并按下秒表开始计时。

7.1.9 历时3 h，测量在此时间内从滤清器中泄漏的试验液总量。

7.1.10 保持高位油筒中试验液液面高度为600 mm±10 mm。

7.1.11 记录试验结果（见第8章）。

7.2 进口止回阀——试验B：基本和辅助性能试验

见图3和7.1中注。

注1：如要测量流量/压差和开启压力，可采用本试验方法。

注2：必要时，可在下列条件下重复进行试验：

a) 滤清器安装位置不在垂直方向，该角度应由用户和厂商共同商定。

b) 滤清器根据GB/T 8243.3的规定，在垂直位置和倾斜位置对滤清器进行时效试验后。

7.2.1 在温度为25℃±5℃下进行试验。

7.2.2 将试验滤座8按相反位置安装在试验台上（即与图3所示试验位置成180°）。

7.2.3 用合适的螺纹密封垫圈将待试滤清器安装在试验滤座上。

7.2.4 打开进油开关4和出油开关11。调节三通阀5、三通阀6和三通阀10，使机油流经滤清器，并经高位油筒12流回。

7.2.5 启动油泵2，调节进油开关4，使机油以足够的流量流经滤清器将止回阀打开，并使机油继续流动，直至机油中没有气泡存在。见7.1.5中注。

1) 1 mm^2/s=1 cSt。

7.2.6 停止油泵 2,关闭进油开关 4 和出油开关 11,并调节三通阀 6,使滤座的进油口关闭。

7.2.7 调节高位油筒位置,使油位达到 600 mm±10 mm,或另行规定的高度。将滤清器翻转 180°至图 3所示位置。

调节三通阀 5,使其只对高位油筒供油,打开进油开关 4,并启动油泵使高位油筒中的油位保持不变。

7.2.8 打开出油开关 11 和放油开关 13。将进口止回阀下游的机油排放到一合适容器中(不是 15)。排出试验滤座内的剩余试验液,历时 5 min。

7.2.9 在放油开关 13 的油管下端放置量筒 15,同时按下秒表开始计时。

7.2.10 向量筒 15 放油 3 h,测量从进口止回阀泄漏的试验液总量。

7.2.11 关闭放油开关 13,记录试验结果(见第 8 章)。

7.2.12 降低高位油筒 12,使油位高度近似降为零。

7.2.13 调节三通阀 10 和三通阀 6,使高位油筒的机油改为流向滤座进口。

7.2.14 打开放油开关 14,使机油排入一合适容器中(不是 16),历时 5 min。

7.2.15 逐渐升高高位油筒直至看见机油从放油开关 14 中流出,这说明进口止回阀已经打开。注意此时的油位高度。重新降低油位高度,使进口止回阀关闭。在放油开关处放置一干净量筒 16。

7.2.16 以 0.5 m/min 的速度升高高位油筒,使油位高度增加到有机油从放油开关 14 中流出。这表明已经达到止回阀的开启压力。记录此时的油位高度。

7.2.17 以 0.5 m/min 的速度将高位油筒升高到下一个 100 mm 处,使机油稳定流动 2 min。在放油开关 14 下方放置一干净量筒 16,同时按下秒表测量机油流量。油位高度每增加 100 mm 重复上述程序,直至达到 1 500 mm 的高度。

7.2.18 画出机油流量与油位高度的关系曲线。由该曲线求出流量为 0.05 L/min 时止回阀的开启压力。

7.3 出口止回阀——试验 A:基本性能试验

见图 2。

注:如果滤清器还装有进口止回阀,则应在试验前采用适宜的方法将该止回阀锁定在开启状态,以便能从滤清器进口侧进油。

7.3.1 按 7.1.1~7.1.3 所述程序进行试验。

7.3.2 关闭出油开关 7,打开进油开关 4 和放油开关 10,并启动油泵 2。使机油流经滤清器直至所有空气都被排出。见 7.1.5 中注。

7.3.3 关闭放油开关 10,将滤清器翻转 180°至图 2 所示位置。

7.3.4 打开出油开关 7,向高位油筒 8 加注机油使油位达到 150 mm±10 mm,或另行规定的高度。

7.3.5 关闭进油开关 4,并停止油泵。

7.3.6 打开放油开关 10,排出试验滤座内的剩余试验液,历时 5 min。

7.3.7 在放油开关 10 下方放置一量筒 11,同时按下秒表开始计时。

7.3.8 历时 3 h,测量在此时间内从滤清器中泄漏的试验液总量。

7.3.9 保持高位油筒中试验液液面为 150 mm±10 mm,或另行规定的高度(见 7.3.4)。

7.3.10 记录试验结果(见第 8 章)。

7.4 出口止回阀——试验 B:基本和辅助性能试验

见图 3 和 7.2 中注 1、注 2 及 7.3 中注。

7.4.1 按 7.2.1~7.2.6 所述程序进行试验。

7.4.2 调节高位油筒位置,使油位达到 1 500 mm±10 mm,或另行规定的高度。将滤清器翻转 180°至图 3 所示位置。

7.4.3 调节三通阀 6 和三通阀 10,打开出油开关 11,使机油从高位油筒 12 直接流向滤清器进口。打开放油开关 14。

7.4.4　将出口止回阀下游的机油排放到一合适容器中(不是 16),排出试验滤座内的剩余试验液,历时 5 min。

7.4.5　在放油开关 14 的油管下方放置一量筒 16,同时按下秒表开始计时。

7.4.6　向量筒 16 放油 3 h,测量从出口止回阀泄漏的试验液总量。

7.4.7　关闭放油开关 14,记录试验结果(见第 8 章)。

7.4.8　降低高位油筒 12,使油位高度近似降为零。打开放油开关 14。

7.4.9　逐渐升高高位油筒直至看见机油从放油开关 14 中流出,这说明出口止回阀已经打开。重新降低油位高度,使止回阀关闭。在放油开关处放置一干净量筒 16。

7.4.10　以 0.5 m/min 的速度升高高位油筒,使油位高度增加到有机油从放油开关 14 中流出,这表明已经达到出口止回阀的开启压力。记录此时的油位高度。

7.4.11　以 0.5 m/min 的速度将高位油筒提高到下一个 100 mm 处。使机油稳定流动 2 min。在放油开关 14 下方放置一干净量筒 16,同时按下秒表测量机油流量。油位高度每增加 100 mm 重复上述程序,直至达到 1 500 mm 的高度。

7.4.12　画出机油流量与油位高度的关系曲线。由该曲线求出流量为 0.05 L/min 时止回阀的开启压力。

8　试验报告

试验报告应包括下列内容:

a)　GB/T 8243 的本部分的标准编号;

b)　试验单位名称;

c)　滤清器型式(制造厂、型号和批号);

d)　试验日期;

e)　试验温度;

f)　从滤清器泄漏的试验液总量,单位为 L,及相应的油位高度(见 7.1.9 和/或 7.3.8);

g)　求得的止回阀开启压力(如适用),单位为 bar(见 7.2.18 和/或 7.4.12);

h)　机油流量与油位高度的关系曲线(如适用)。

单位为毫米

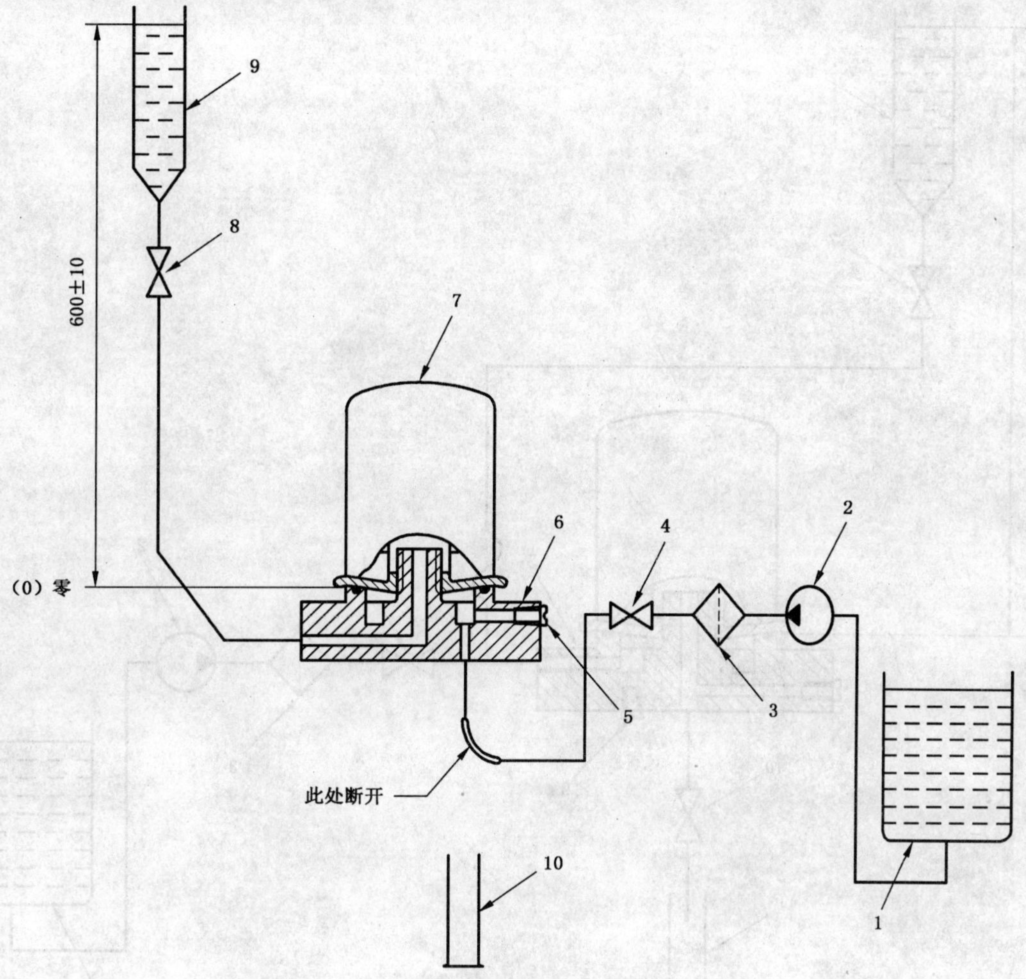

1——油箱；
2——油泵；
3——网式滤清器；
4——进油开关；
5——放气螺钉；
6——试验滤座；
7——受试滤清器；
8——出油开关；
9——高位油筒；
10——量筒。

图 1 进口止回阀试验装置

单位为毫米

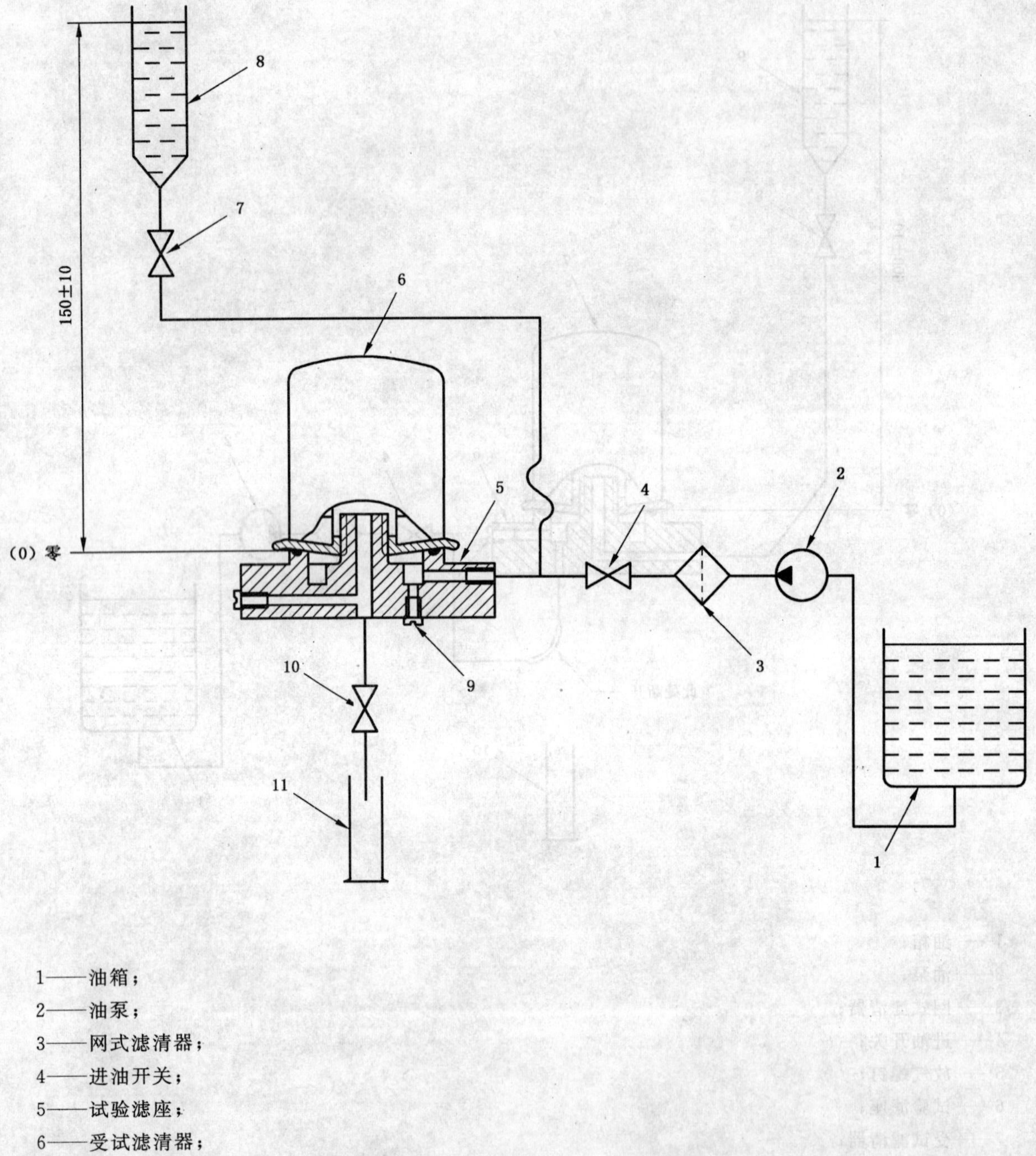

1——油箱；
2——油泵；
3——网式滤清器；
4——进油开关；
5——试验滤座；
6——受试滤清器；
7——出油开关；
8——高位油筒；
9——放气螺钉；
10——放油开关；
11——量筒。

图 2 出口止回阀试验装置

单位为毫米

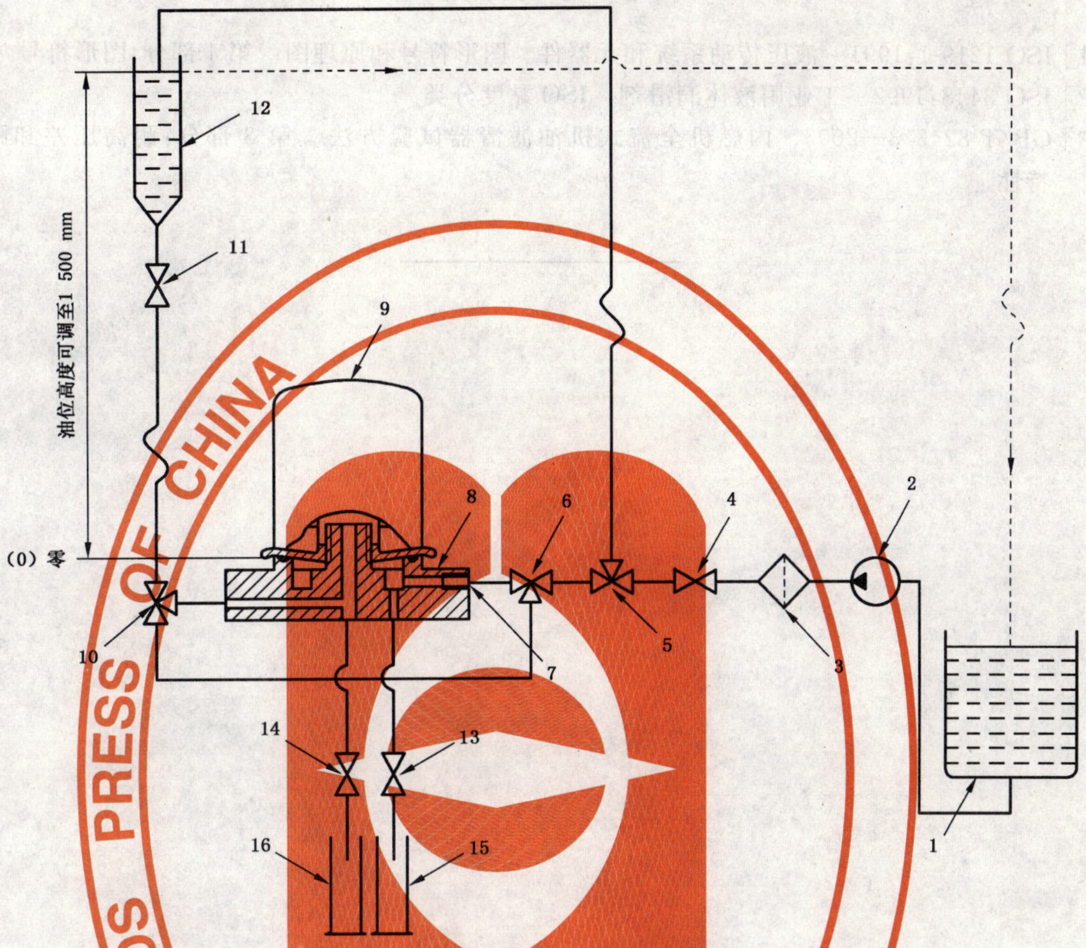

1——油箱；
2——油泵；
3——网式滤清器；
4——进油开关；
5——三通阀；
6——三通阀；
7——进油口；
8——试验滤座；
9——受试滤清器；
10——三通阀；
11——出油开关；
12——高位油筒；
13——放油开关；
14——放油开关；
15——量筒；
16——量筒。

图 3　进、出口止回阀试验装置

参 考 文 献

[1] ISO 1219-1:1991 液压传动系统和元器件 图形符号和原理图 第1部分:图形符号
[2] ISO 3448:1992 工业用液体润滑剂 ISO 黏度分类
[3] GB/T 8243.3—2003 内燃机全流式机油滤清器试验方法 第3部分:耐高压差和耐高温特性

ICS 67.220.10
X 69

中华人民共和国国家标准

GB/T 8269—2006
代替 GB/T 8269—1998

柠檬酸

Citric acid

2006-07-18 发布　　2006-12-01 实施

中华人民共和国国家质量监督检验检疫总局
中国国家标准化管理委员会　发布

前　言

本标准理化指标非等效采用《英国药典》(2003 年版)和《美国药典》(27 版)，其中柠檬酸含量、草酸盐、硫酸灰分、重金属指标严于《英国药典》(2003 年版)，砷盐指标严于《美国药典》(27 版)。

本标准试验方法参考采用了《英国药典》(2003 年版)、《美国药典》(27 版)、《中华人民共和国药典》(2000 年版)中的试验方法。

本标准代替 GB/T 8269—1998《柠檬酸》。

本标准与 GB/T 8269—1998 相比主要变化如下：

——增加了无水柠檬酸理化指标，并按质量分级分为优级和一级；

——调整了无水柠檬酸及一水柠檬酸含量范围；

——取消了钡盐、白度值、颗粒度三项指标；

——澄清度与样液色泽指标合并，以透光率(%)表示；

——机械杂质指标改为“水不溶物”；

——试验方法对应指标的改变做了相应的增减和修改。

本标准由中国轻工业联合会提出。

本标准由全国食品工业标准化技术委员会发酵分技术委员会归口。

本标准由安徽丰原生化股份有限公司、山东日照泰山洁晶生化有限公司、江苏宜兴协联生化有限公司、中国食品发酵工业研究院、黄石兴华生化有限公司、山东柠檬生化有限公司负责起草。

本标准主要起草人：徐仁方、常珠侠、赵洪波、陈景韩、张蔚、康永璞、冯家骏、刘海清。

本标准所代替标准的历次版本发布情况为：

——GB 8269—1987、GB/T 8269—1998。

柠 檬 酸

1 范围

本标准规定了柠檬酸的化学名称、分子式、结构式和相对分子质量、产品分类、要求、分析方法、检验规则、标志、包装、运输和贮存。

本标准适用于由淀粉质或糖质原料发酵制得的柠檬酸产品。

2 规范性引用文件

下列文件中的条款通过本标准的引用而成为本标准的条款。凡是注日期的引用文件，其随后所有的修改单(不包括勘误的内容)或修订版均不适用于本标准，然而，鼓励根据本标准达成协议的各方研究是否可使用这些文件的最新版本。凡是不注日期的引用文件，其最新版本适用于本标准。

GB/T 191 包装储运图示标志(GB/T 191—2000，eqv ISO 780:1997)

GB/T 601 化学试剂 标准滴定溶液的制备

GB/T 602 化学试剂 杂质测定用标准溶液的制备

GB/T 603 化学试剂 试验方法中所用制剂及制品的制备

GB/T 606 化学试剂 水分测定通用方法 卡尔·费休法

GB/T 5009.11—2003 食品中总砷及无机砷的测定方法

GB/T 6682—1992 分析实验室用水规格和试验方法(neq ISO 3696:1987)

GB 50073—2001 洁净厂房设计规范

3 化学名称、分子式、结构式和相对分子质量

3.1 化学名称

2-羟基丙烷-1,2,3-三羧酸。

3.2 无水柠檬酸

3.2.1 分子式：$C_6H_8O_7$。

3.2.2 相对分子质量：192.12。

3.2.3 结构式：

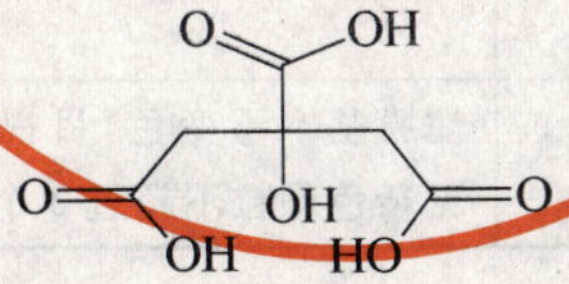

3.3 一水柠檬酸

3.3.1 分子式：$C_6H_8O_7 \cdot H_2O$。

3.3.2 相对分子量：210.14。

3.3.3 结构式：

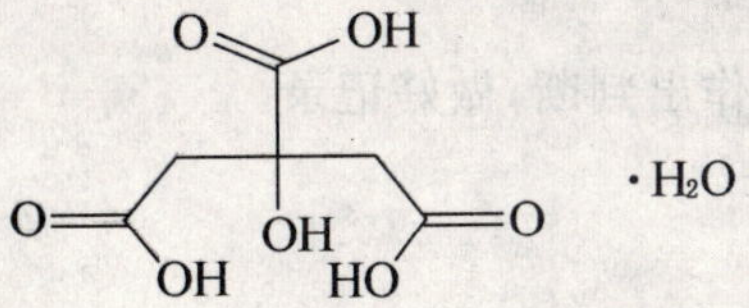

4 产品分类

按是否含结晶水分为以下两类。

4.1 无水柠檬酸。

4.2 一水柠檬酸。

5 要求

5.1 感官要求

本品为无色或白色结晶状颗粒或粉末(二级略显灰黄色);无臭,味极酸;易溶于水,溶于乙醇,微溶于乙醚;水溶液呈酸性反应,一水柠檬酸在干燥空气中略有风化。

5.2 理化要求

应符合表1的要求。

表1 柠檬酸理化要求

项目	无水柠檬酸		一水柠檬酸		
	优级	一级	优级	一级	二级
鉴别试验	符合试验		符合试验		
柠檬酸含量/(%)	99.5~100.5		99.5~100.5		≥99.0
透光率/(%) ≥	98.0	96.0	98.0	95.0	—
水分/(%)	≤0.5		7.5~9.0		—
易炭化物 ≤	1.0		1.0		—
硫酸灰分/(%) ≤	0.05		0.05		0.1
氯化物/(%) ≤	0.005		0.005		0.01
硫酸盐/(%) ≤	0.01		0.015		0.05
草酸盐/(%) ≤	0.01		0.01		—
钙盐/(%) ≤	0.02		0.02		—
铁/(mg/kg) ≤	5		5		—
砷盐/(mg/kg) ≤	1		1		—
重金属(以Pb计)/(mg/kg) ≤	5		5		—
水不溶物	滤膜基本不变色,目视可见杂色颗粒不超过3个		滤膜基本不变色,目视可见杂色颗粒不超过3个		—

6 分析方法

本标准中所用的水,在未注明其他要求时,均指符合GB/T 6682—1992中三级以上的水。

本标准中所用的试剂,在未注明规格时,均指分析纯(AR)。若有特殊要求须另作明确规定。

本标准中所用溶液在未注明用何种溶剂配制时,均指水溶液。

6.1 外观

称取试样10 g,肉眼观察、嗅闻作出判断,做好记录。

6.2 鉴别试验

6.2.1 仪器

6.2.1.1 坩埚:25 mL。

6.2.1.2　具塞比色管:25 mL。

6.2.2　试剂和溶液

6.2.2.1　硫酸溶液(体积分数为5%):按GB/T 603配制。

6.2.2.2　硫酸汞溶液:称取氧化汞5 g,先加水40 mL,然后缓缓加入浓硫酸20 mL,边加边搅拌,再加水40 mL搅拌使之溶解。

6.2.2.3　高锰酸钾溶液[$c(\frac{1}{5}KMnO_4)=0.1$ mol/L]:按GB/T 601配制。

6.2.2.4　氢氧化钠溶液(50 g/L):称取氢氧化钠5 g,用水溶解,加水稀释至100 mL。

6.2.2.5　吡啶-乙酸酐溶液:将吡啶和乙酸酐按3+1混合。

6.2.2.6　柠檬酸试样溶液:用水配制,每毫升含柠檬酸5 mg。

6.2.3　分析步骤

6.2.3.1　取少量试样于25 mL坩埚内,用直火炽灼,即缓缓分解,但不得发生焦糖臭。

6.2.3.2　吸取柠檬酸试样溶液2 mL于25 mL比色管中,用氢氧化钠溶液(6.2.2.4)调至中性,加硫酸溶液(6.2.2.1)1滴。加热至沸。再加高锰酸钾溶液(6.2.2.3)1滴,摇匀,紫色即消退。再加入硫酸汞溶液(6.2.2.2)1滴,产生白色沉淀。

6.2.3.3　称取试样5 mg于25 mL比色管中,加吡啶-乙酸酐溶液(6.2.2.5)约5 mL,即生成黄色到红色或紫红色的溶液。

6.3　含量

6.3.1　仪器

6.3.1.1　三角瓶:150 mL。

6.3.1.2　碱式滴定管。

6.3.2　试剂和溶液

6.3.2.1　氢氧化钠标准滴定溶液[$c(NaOH)=0.5$ mol/L]:按GB/T 601配制与标定。

6.3.2.2　酚酞指示液(10 g/L):按GB/T 603配制。

6.3.2.3　无二氧化碳的水:按GB/T 603配制。

6.3.3　分析步骤

称取试样1 g(精确至0.000 1 g)于三角瓶内,加入无二氧化碳的水(6.3.2.3)50 mL溶解,加酚酞指示液(6.3.2.2)3滴,用氢氧化钠标准滴定溶液(6.3.2.1)滴定至粉红色为终点。同时作空白试验。

6.3.4　计算

一水柠檬酸的质量分数(以无水计)按式(1)计算,其数值以%表示。无水柠檬酸的质量分数按式(2)计算,其数值以%表示。

$$X_1=\frac{(V_1-V_0)\times c\times 0.064\,04}{m_1\times(1-0.085\,66)}\times 100 \quad \cdots\cdots(1)$$

$$X_2=\frac{(V_1-V_0)\times c\times 0.064\,04}{m_1}\times 100 \quad \cdots\cdots(2)$$

式中:

X_1——一水柠檬酸的质量分数(以无水计),%;

V_1——试样滴定所耗氢氧化钠标准滴定溶液的体积,单位为毫升(mL);

V_0——空白滴定所耗氢氧化钠标准滴定溶液的体积,单位为毫升(mL);

c——氢氧化钠标准滴定溶液的浓度,单位为摩尔每升(mol/L);

0.064 04——与1.00 mL氢氧化钠[$c(NaOH)=1.000$ mol/L]相当的以克表示的无水柠檬酸的克数。

m_1——试样质量,单位为克(g);

0.085 66——一水柠檬酸中水的理论含量,即18/210.14=0.085 66;

X_2——无水柠檬酸的质量分数,%。

6.3.5 允许差

同一试样两次测试结果的绝对差值，不得超过算术平均值的 0.2%。

6.4 透光率

6.4.1 仪器

6.4.1.1 容量瓶：100 mL。

6.4.1.2 分光光度计。

6.4.2 试验步骤

称取 50 g 试样(精确至 0.01 g)，加水溶解，定容至 100 mL，摇匀；用 1 cm 比色皿，以水为空白对照，在波长 405 nm 下测定样液的透光率，记录读数。

6.4.3 允许差

同一试样两次测试结果的绝对差值，不得超过算术平均值的 0.2%。

6.5 水分

6.5.1 仪器

微量水分测定器(卡尔·费休水分测定仪)。

6.5.2 试剂和溶液

6.5.2.1 无水甲醇。

6.5.2.2 卡尔·费休试剂：按 GB/T 606 配制和滴定。

6.5.3 分析步骤

取无水甲醇 20 mL，在搅拌下用卡尔·费休试剂(6.5.2.2)滴定至终点，不记录读数。然后迅速加入适量的试样(一水柠檬酸取 0.1 g 或无水柠檬酸取 1 g)，继续滴定至终点。

6.5.4 计算

试样水分的质量分数按式(3)计算，其数值以%表示。

$$X_3 = \frac{V_2 \times T}{m_2} \times 100 \qquad \cdots\cdots\cdots\cdots (3)$$

式中：

X_3——试样水分的质量分数，%；

V_2——试样滴定时消耗卡尔·费休试剂的体积，单位为毫升(mL)；

T——卡尔·费休试剂对水的滴定度，单位为克每毫升(g/mL)；

m_2——试样质量，单位为克(g)。

6.5.5 允许差

同一试样两次测试结果的绝对差值，无水柠檬酸不得超过算术平均值的 5%；一水柠檬酸不得超过算术平均值的 2%。

6.6 易炭化物

6.6.1 仪器

6.6.1.1 具塞比色管：25 mL。

6.6.1.2 恒温水浴锅：精度±1℃。

6.6.2 试剂和溶液

6.6.2.1 盐酸溶液(体积分数为 1%)：吸取盐酸 24 mL，稀释至 1 000 mL。

6.6.2.2 碘化钾。

6.6.2.3 硫酸溶液[$c(\frac{1}{2}(H_2SO_4)=1$ mol/L]：按 GB/T 601 配制。

6.6.2.4 硫代硫酸钠标准滴定溶液[$c(Na_2S_2O_3)=0.1$ mol/L]：按 GB/T 601 配制和标定。

6.6.2.5 过氧化氢溶液(体积分数为 3%)：吸取 30% 过氧化氢 10 mL，加水稀释至 100 mL。

6.6.2.6 氢氧化钠溶液(300 g/L):称取氢氧化钠 30 g,用水溶解,加水稀释至 100 mL。

6.6.2.7 淀粉指示液(10 g/L):按 GB/T 603 配制。

6.6.2.8 三氯化铁。

6.6.2.9 氯化钴。

6.6.2.10 黄色原液:称取三氯化铁(6.6.2.8)46 g,溶于约 900 mL 盐酸溶液(6.6.2.1)中,再用此盐酸溶液稀释至 1 000 mL。标定时,用盐酸溶液(6.6.2.1)调整此黄色原液,使其每毫升含 46 mg $FeCl_3 \cdot 6H_2O$。溶液必须避光保存,现用现标定。

标定:吸取新配制的三氯化铁溶液 10 mL,加入水 15 mL、碘化钾(6.6.2.2)4 g、盐酸溶液(6.6.2.1)5 mL,立即塞上瓶盖避光静置 15 min,加入水 100 mL,析出的碘用硫代硫酸钠标准滴定溶液(6.6.2.4)滴定至浅黄色,加淀粉指示液(6.6.2.7)0.5 mL,继续滴定至终点。

注:每毫升 0.1 mol/L 硫代硫酸钠标准滴定溶液相当于 27.03 mg $FeCl_3 \cdot 6H_2O$。

6.6.2.11 红色原液:称取氯化钴(6.6.2.9)60 g,溶于约 900 mL 盐酸溶液(6.6.2.1)中,再用此盐酸溶液稀释至 1 000 mL。标定时用盐酸溶液(6.6.2.1)调整此红色原液,使其每毫升含 59.5 mg $CoCl_2 \cdot 6H_2O$。溶液必须避光保存,现用现标定。

标定:吸取新配制的氯化钴溶液 5.0 mL,加入过氧化氢溶液(6.6.2.5)5 mL 和氢氧化钠溶液(6.6.2.6)10 mL,缓缓煮沸 10 min,冷却。再加碘化钾(6.6.2.2)2 g、硫酸溶液(6.6.2.3)60 mL,立即塞上瓶盖,轻轻摇动,使沉淀溶解。析出的碘,用硫代硫酸钠标准滴定溶液(6.6.2.4)滴定至浅黄色,加淀粉指示液(6.6.2.7)0.5 mL,继续滴定至溶液呈粉红色时为终点。

注:每毫升 0.1 mol/L 硫代硫酸钠标准滴定溶液相当于 23.79 mg $CoCl_2 \cdot 6H_2O$。

6.6.2.12 色泽限度标准溶液:黄色原液和红色原液按 9+1 混合。

6.6.3 分析步骤

称取试样(优级 1.00 g,一级 0.75 g)于一支 25 mL 具塞比色管中,加入浓硫酸 10 mL,在(90±1)℃水浴中加热 1 min 后迅速振摇均匀,继续在(90±1)℃水浴中加热 1 h,取出,迅速冷却(天热时须用冰水冷却)。缓缓倒入 1 cm 比色皿中,以水为空白,用波长 500 nm 下测定吸光度为 A_1;同样操作测定色泽限度标准溶液(6.6.2.12)吸光度为 A_2。

6.6.4 计算

易炭化物测定溶液吸光度比值按式(4)计算。

$$K = \frac{A_1}{A_2} \quad \cdots\cdots(4)$$

式中:

K——易炭化物测定溶液吸光度比值;

A_1——样液的吸光度值;

A_2——标准溶液的吸光度值。

判定:$K \leqslant 1.0$ 时为合格。

6.6.5 允许差

同一试样两次测定结果的绝对差值,不得超过算术平均值的 5%。

6.7 硫酸灰分

6.7.1 仪器

6.7.1.1 坩埚:石英或铂坩埚。

6.7.1.2 干燥器(用变色硅胶作干燥剂)。

6.7.1.3 天平:感量 0.1 mg。

6.7.1.4 高温炉。

6.7.2 试剂

浓硫酸。

6.7.3 分析步骤

称取试样 2 g(精确至 0.000 2 g)于已恒重的石英或铂坩埚内,缓缓炽灼至完全炭化。放冷,加浓硫酸 0.5 mL～1.0 mL 使其湿润,于低温下加热至硫酸烟雾除尽后,在 700℃～800℃高温炉中灼烧至完全灰化。取出,置于干燥器内冷却,称量。再于 700℃～800℃灼烧,直至恒重。

6.7.4 计算

硫酸灰分的质量分数按式(5)计算,其数值以%表示。

$$X_4 = \frac{m_1 - m_0}{m - m_0} \times 100 \qquad \cdots\cdots(5)$$

式中:

X_4——硫酸灰分的质量分数,%;

m_1——炽灼后试样和坩埚的质量,单位为克(g);

m_0——坩埚的质量,单位为克(g);

m——炽灼前试样和坩埚的质量,单位为克(g)。

6.7.5 允许差

同一试样两次测定结果的绝对差值,不得超过限量的 10%。

6.8 氯化物

6.8.1 仪器

具塞比色管:25 mL。

6.8.2 试剂和溶液

6.8.2.1 硝酸溶液(体积分数为 13%):按 GB/T 603 配制。

6.8.2.2 硝酸银溶液[$c(AgNO_3)=0.1$ mol/L]:按 GB/T 603 配制。

6.8.2.3 氯化物标准溶液Ⅰ(含氯 0.1 g/L):按 GB/T 602 配制。

6.8.2.4 氯化物标准溶液Ⅱ(含氯 0.01 g/L):吸取氯化物标准溶液Ⅰ 10 mL,加水稀释至 100 mL。

6.8.2.5 氯化物标准溶液Ⅲ(含氯 0.005 g/L):吸取氯化物标准溶液Ⅰ 5 mL,加水稀释至 100 mL。

6.8.3 分析步骤

称取试样 1 g(精确至 0.000 1 g),加水溶解至 15 mL,再加硝酸溶液(6.8.2.1)1 mL 后,立即加入硝酸银溶液(6.8.2.2)1 mL,避光静置 2 min,在黑色背景下与标准管同时进行横向目视比浊,其乳白度不得超过按下列方法制备的标准管。

标准管的配制:测定优级、一级时,吸取氯化物标准溶液Ⅲ(6.8.2.5)10 mL;测定二级时,吸取氯化物标准溶液Ⅱ(6.8.2.4)10 mL,加水 5 mL,与上述试样管同时作同样处理。

6.9 硫酸盐

6.9.1 仪器

6.9.1.1 具塞比色管:50 mL。

6.9.1.2 烧杯:50 mL。

6.9.2 试剂和溶液

6.9.2.1 盐酸溶液(6 mol/L):按 GB/T 601 配制。

6.9.2.2 氯化钡溶液(250 g/L):称取氯化钡 25 g,用水溶解,加水稀释至 100 mL。

6.9.2.3 乙酸溶液(30%):按 GB/T 603 配制。

6.9.2.4 乙醇溶液(30%):量取乙醇(96%)313 mL,用水稀释至 1 000 mL。

6.9.2.5 硫酸盐标准溶液Ⅰ(0.1 g/L):称取硫酸钾 0.181 g,用乙醇溶液(6.9.2.4)稀释至 1 000 mL。

6.9.2.6 硫酸盐标准溶液Ⅱ(含硫酸根 0.01 g/L):吸取硫酸盐标准溶液Ⅰ(6.9.2.5)10.0 mL,用乙醇溶液(6.9.2.4)稀释至 100 mL。

6.9.2.7 硫酸盐标准溶液Ⅲ(含硫酸根 0.015 g/L):吸取硫酸盐标准溶液Ⅰ(6.9.2.5)15 mL,用乙醇溶液(6.9.2.4)稀释至 100 mL。

6.9.2.8 硫酸盐标准溶液Ⅳ(含硫酸根 0.05 g/L):吸取硫酸盐标准溶液Ⅰ(6.9.2.5)50 mL,用乙醇溶液(6.9.2.4)稀释至 100 mL。

6.9.3 分析步骤

称取试样 1 g(精确至 0.01 g)于 50 mL 具塞比色管中,加水 15 mL 溶解,此液为试样溶液。

取两支 50 mL 具塞比色管,分别加入氯化钡溶液(6.9.2.2)1 mL,再加硫酸盐标准溶液 1 mL,振摇,静置 1 min。于一支比色管中吸入试样溶液 15 mL,另一支比色管中吸入硫酸盐标准溶液 10 mL 和水 5 mL(标准管),再各加入盐酸溶液(6.9.2.1)1 mL 和乙酸溶液(6.9.2.4)0.5 mL,摇匀,5 min 后,试样管的乳白度不得深于标准管。

无水柠檬酸用硫酸盐标准溶液Ⅱ(6.9.2.6);一水柠檬酸的优级、一级产品用硫酸盐标准溶液Ⅲ,二级产品用硫酸盐标准溶液Ⅳ。

6.10 草酸盐

6.10.1 仪器

6.10.1.1 具塞比色管:25 mL。

6.10.1.2 试管:15 mm×180 mm。

6.10.2 试剂和溶液

6.10.2.1 盐酸。

6.10.2.2 盐酸苯肼溶液(10 g/L):按 GB/T 603 配制。

6.10.2.3 铁氰化钾溶液(50 g/L):称取铁氰化钾 5 g,用水溶解,加水稀释至 100 mL。

6.10.2.4 锌粒。

6.10.2.5 草酸标准溶液Ⅰ(0.25 g/L):称取草酸($C_2H_2O_4 \cdot 2H_2O$)0.175 g,用水溶解,加水稀释至 500 mL。

6.10.2.6 草酸标准溶液Ⅱ(0.01 g/L):吸取草酸标准溶液Ⅰ(6.10.2.5)4 mL,用水稀释至 100 mL。

6.10.3 分析步骤

称取试样 0.4 g(精确至 0.01 g)于试管中,加入水 4 mL,加入盐酸 3 mL 及锌粒 1 g,煮沸 1 min,放置 2 min。移入盛有 0.25 mL 盐酸苯肼溶液(6.10.2.2)的试管中,加热至沸,迅速冷却,倒入 25 mL 具塞比色管内,加入等体积的盐酸和铁氰化钾溶液(6.10.2.3)0.25 mL,振摇,放置 30 min,与按下述方法制备的标准管进行目视比色,试样管产生的粉红色不得深于标准管。

标准管的制备:吸取草酸溶液Ⅱ(6.10.2.6)4 mL 于具塞比色管中,与上述试样管同时同样处理。

6.11 钙盐

6.11.1 仪器

具塞比色管:25 mL。

6.11.2 试剂和溶液

6.11.2.1 96%(体积分数)乙醇。

6.11.2.2 乙酸溶液(2 mol/L):量取冰乙酸 118 mL,用水稀释至 1 000 mL。

6.11.2.3 乙酸溶液(6 mol/L):量取冰乙酸 350 mL,用水稀释至 1 000 mL。

6.11.2.4 草酸铵溶液(40 g/L):称取草酸铵 4 g,用水溶解,加水稀释至 100 mL。

6.11.2.5 钙标准溶液Ⅰ(含钙 1 g/L):称取于 105℃~110℃烘干的碳酸钙 2.5 g,加入 6 mol/L 乙酸 12 mL 溶解,加水稀释至 1 000 mL。

6.11.2.6 钙标准溶液Ⅱ(含钙 0.01 g/L):吸取钙标准溶液Ⅰ1 mL,加水稀释至 100 mL。

6.11.2.7 钙的乙醇标准溶液(含钙 0.1 g/L):吸取钙标准溶液Ⅰ10 mL,加 96%(体积分数)乙醇溶液稀释至 100 mL。

6.11.2.8　试样溶液：称取柠檬酸 0.50 g，加水溶解至 15 mL。

6.11.3　**分析步骤**

吸取钙的乙醇标准溶液(6.11.2.7)0.20 mL 和草酸铵溶液(6.11.2.4)1 mL 于比色管中，1 min 后加入乙酸溶液(6.11.2.2)1 mL 和试样溶液 15 mL，摇匀，放置 15 min 后与下述方法制备的标准管目视比浊，其乳白度不得超过标准管。

标准管的制备：吸取草酸铵溶液(6.11.2.4)1 mL 和钙标准溶液Ⅱ(6.11.2.6)10 mL，加入乙酸溶液(6.11.2.2)1 mL 和水 5 mL 摇匀。

6.12　**铁**

6.12.1　**仪器**

具塞比色管：50 mL。

6.12.2　**试剂和溶液**

6.12.2.1　盐酸溶液(6 mol/L)：按 GB/T 601 配制。

6.12.2.2　过硫酸铵溶液(10 g/L)：称取过硫酸铵 1 g，用水溶解，加水稀释至 100 mL。

6.12.2.3　硫氰酸铵溶液(80 g/L)：称取硫氰酸铵 8 g，用水溶解，加水稀释至 100 mL。

6.12.2.4　正丁醇。

6.12.2.5　铁标准溶液Ⅰ(含铁 0.1 g/L)：按 GB/T 602 配制。

6.12.2.6　铁标准溶液Ⅱ(含铁 0.01 g/L)：吸取铁标准溶液Ⅰ 10 mL，加水稀释至 100 mL。

6.12.3　**试验步骤**

称取试样 2 g(精确至 0.01 g)，加水 10 mL 溶解，再加盐酸溶液(6.12.2.1)3 mL、过硫酸铵(6.12.2.2)3 mL 和硫氰酸铵溶液(6.12.2.3)3 mL，然后加水稀释至 25 mL，摇匀，加入正丁醇(6.12.2.4)20 mL，振摇分层，与按下述方法制备的标准管进行目视比色，其样品管醇层颜色不得深于标准管。

标准管的制备：吸取铁标准溶液Ⅱ(6.12.2.6)1 mL，与试样管同时同样处理。

6.13　**砷盐**

按 GB/T 5009.11—2003 中的第二法测定。

6.14　**重金属**

6.14.1　**仪器**

具塞比色管：50 mL。

6.14.2　**试剂和溶液**

6.14.2.1　稀乙酸：吸取冰乙酸 6 mL，加水稀释至 100 mL。

6.14.2.2　氨水。

6.14.2.3　酚酞指示剂：按 GB/T 603 配制。

6.14.2.4　饱和硫化氢水溶液：按 GB/T 603 配制。

6.14.2.5　铅标准溶液Ⅰ(含铅 0.1 g/L)：按 GB/T 602 配制。

6.14.2.6　铅标准溶液Ⅱ(含铅 0.01 g/L)：吸取铅标准溶液Ⅰ10 mL，加水稀释至 100 mL。

6.14.3　**分析步骤**

称取试样 4 g(精确至 0.01 g)于一支 50 mL 具塞比色管中，用适量水溶解，加酚酞指示液 2 滴，以氨水(6.14.2.2)中和至微红色，加稀乙酸(6.14.2.1)2 mL，然后再加水稀释至 25 mL。此试样管和按下述方法制备的标准管同时加入饱和硫化氢水溶液(6.14.2.4)10 mL，摇匀，在暗处放置 10 min，进行目视比色，其试样管颜色不得深于标准管。

标准管的制备：吸取铅标准溶液Ⅱ(6.14.2.6)2.0 mL 于一支 50 mL 具塞比色管中，加入稀乙酸(6.14.2.1)2 mL，加水稀释至 25 mL，与试样管同时作同样处理。

6.15 水不溶物

6.15.1 仪器

6.15.1.1 锥形瓶:1 000 mL。

6.15.1.2 真空抽滤装置:ϕ50 mm 抽滤装置。

6.15.1.3 滤膜:孔径 0.2 μm。

6.15.1.4 滤膜:孔径 0.8 μm。

6.15.2 试剂和溶液

水:通过 0.2 μm 滤膜过滤的水。

6.15.3 试验步骤

称取试样(优级 250 g 样品,一级 50 g),搅拌溶解于 400 mL 水中,用直径 50 mm、孔径 0.8 μm 的滤膜真空抽滤,真空度不低于 0.09 MPa,用 100 mL 水冲洗抽滤杯内壁及容器,抽滤结束,观察滤膜颜色及杂质状况,记录结果,整个操作过程应在洁净环境中(空气洁净度为 10 万级以上,参照 GB 50073—2001)进行,过滤时间不得超过 1 min。

7 检验规则

7.1 组批

同工艺、在一定时间间隔内,连续生产的均质产品为一批。

7.2 取样

7.2.1 按表 2 抽取样本。

表 2 抽样表

批量范围/袋	样本大小/袋
≤25	3
26～150	8
151～500	13
>500	20

7.2.2 将取样钎插入每个样本 5/6 处,抽取不少于 100 g 样品,每批抽取总样品量不少于 1 kg。将抽取的样品迅速混匀,用四分法缩分后,分别装入两个干燥、洁净的容器中,贴上标签。一份进行理化分析,另一份留存备查。

7.3 出厂检验

7.3.1 产品出厂前,按本标准规定逐批进行检验。

7.3.2 出厂检验项目:含量、透光率、水分、易炭化物、氯化物、硫酸盐、草酸盐、钙盐、铁、水不溶物。

7.4 型式检验

7.4.1 型式检验项目:除出厂检验项目外,还有鉴别试验、硫酸灰分、砷盐、重金属。

7.4.2 产品一般情况下,型式检验每三个月一次,遇有下列情况之一时按本标准进行全项检验:

——正常生产时,至少每年对产品检验一次;

——正常生产时,如原料、配方或工艺有较大改变,可能影响产品质量时;

——产品长期停产,又恢复生产时;

——出厂检验结果与平常记录有较大差别时;

——国家质量监督部门提出要求时。

7.5 判定规则

7.5.1 当检验结果中,有一项检验项目不合格时,应重新自同批产品中抽取两倍量样本进行复验,以复验结果为准。如有一项不合格，则判整批为不合格品。

7.5.2 若复验结果不符合标签上标注的“优级”或“一级”理化指标要求，但符合下一级别要求时，则按下一级要求判定。

7.5.3 当供需双方对产品质量发生异议时，由双方协商选定仲裁单位，按本标准进行复验。

8 标志、包装、运输和贮存

8.1 标志

产品的外包装上应有明显的标志。标志内容应包括产品名称、厂名、厂址、等级、净含量、生产日期、批号、执行标准号等。

产品的外包装标志应符合 GB/T 191 要求。

8.2 包装

8.2.1 产品内包装材料应符合食品包装材料的卫生要求。

8.2.2 包装要求：内包装封口严密，不得透气，外包装不得受到污染。

8.3 运输和贮存

8.3.1 产品在运输过程中应轻拿轻放，严防污染、雨淋和曝晒。

8.3.2 运输工具必须清洁、无毒、无污染。严禁与有毒、有害、有腐蚀性的物质混装混运。

8.3.3 产品贮存在阴凉、干燥、通风无污染的环境下，不应露天堆放。最佳贮存温度 30℃、相对湿度 50％以下保存。

ICS 67.220.20
X 41

中华人民共和国国家标准

GB 8276—2006
代替 GB 8276—1987

食品添加剂　糖化酶制剂

Food additive—Glucoamylase preperation

2006-07-18 发布　　2007-05-01 实施

中华人民共和国国家质量监督检验检疫总局
中国国家标准化管理委员会　发布

前 言

本标准的5.3是强制性条款，其余为推荐性条款。

本标准是对GB 8276—1987《食品添加剂　糖化酶制剂》的修订。

本标准代替GB 8276—1987。

本标准由中国轻工业联合会提出。

本标准由全国食品发酵标准化中心归口。

本标准起草单位：山东沂水隆大生物工程有限责任公司、江阴市星达生化工程有限公司、湖南鸿鹰祥生物工程股份有限公司、中国食品发酵工业研究院。

本标准主要起草人：张蔚、郭庆文、王衍敏、李海清、吴炳炎、侯炳炎、田栖静。

本标准所代替标准的历次版本的发布情况为：

——GB 8276—1987。

引　言

本标准参考了联合国粮农组织/世界卫生组织食品添加剂联合专家委员会(JECFA)的《食品添加剂标准纲要》第一卷中关于“食品加工用酶制剂通用规范”的“卫生指标”以及美国《食品化学法典》第4版(FCC-Ⅳ)中的有关要求,同时根据我国国情增加了对菌落总数、重金属和砷的要求。

近年来,我国食品加工用糖化酶制剂得到了长足发展,特别是由于发酵水平和提纯技术的科技进步,促进了液体剂型糖化酶的快速增长与出口,所以,本标准以液体酶制剂为重点,将其放在固体剂型酶的前面加以要求。

食品添加剂　糖化酶制剂

1　范围

本标准规定了食品加工用糖化酶制剂的术语和定义、产品分类、要求、分析方法、检验规则和标志、包装、运输、贮存。

本标准适用于经鉴定过的黑曲霉（*A. niger*）及其变异株，通过深层培养、提纯精制，专门供食品加工生产过程中用的糖化酶制剂。

2　规范性引用文件

下列文件中的条款通过本标准的引用而成为本标准的条款。凡是注日期的引用文件，其随后所有的修改单（不包括勘误的内容）或修订版均不适用于本标准，然而，鼓励根据本标准达成协议的各方研究是否可使用这些文件的最新版本。凡是不注日期的引用文件，其最新版本适用于本标准。

GB/T 191　包装储运图示标志

GB/T 601　标准滴定溶液的制备

GB/T 4789.2　食品卫生微生物学检验　菌落总数测定

GB/T 4789.3　食品卫生微生物学检验　大肠菌群测定

GB/T 4789.4　食品卫生微生物学检验　沙门氏菌检测

GB/T 4789.6　食品卫生微生物学检验　致泻大肠埃希氏菌检验

GB/T 5009.74　食品添加剂中重金属限量试验

GB/T 5009.75　食品添加剂中铅的测定

GB/T 5009.76　食品添加剂中砷的测定

HG/T 2759　化学试剂可溶性淀粉

QB/T 1803　工业用酶制剂通用试验方法

JJF 1070　定量包装商品净含量计量检验规则

国家质量监督检验检疫总局[2005]第75号令　定量包装商品计量监督管理办法

3　术语和定义

下列术语和定义适用于本标准。

3.1

糖化酶　glucoamylase preperation

以淀粉为底物，在一定条件下从淀粉的非还原性末端开始依次水解 α-1,4 葡萄糖苷键产生葡萄糖的淀粉葡萄糖苷酶。

3.2

糖化酶活力单位　glucoamylase activity unit(GAU)

1 mL 酶液或 1 g 酶粉在 40℃、pH 4.6 的条件下，1 h 水解可溶性淀粉产生 1 mg 葡萄糖，即为一个酶活力单位，符号为：U/mL（或 U/g）。

4　产品分类

产品按形态，分为液体酶和固体酶两种剂型。

5 要求

5.1 感官要求

液体剂型:棕色至褐色液体,无异味,允许有少量凝聚物。

固体剂型:浅灰色、浅黄色粉状或颗粒。无结块,无异味。易溶于水,溶解时允许有少量沉淀物。

5.2 理化要求

应符合表1的要求。

表1 理化要求

项目		液体剂型	固体剂型
酶活力/[U/mL(或U/g)]	≥	100×10^3	150×10^3
pH值(25℃)		3.0~5.0	—
干燥失重/(%)	≤	—	8.0
细度(0.4 mm标准筛的通过率)/(%)	≥	—	80
容重/(g/mL)	≤	1.20	—

5.3 卫生要求

应符合表3的要求。

表2 卫生要求

项目		液体剂型	固体剂型
重金属[以铅(Pb)计]/(mg/kg)	≤	30	
铅/(mg/kg)	≤	5	
砷/(mg/kg)	≤	3	
菌落总数/[CFU/mL(或CFU/g)]	≤	50×10^3	
大肠菌群/[MPN/100 mL(或MPN/100 g)]	≤	3×10^3	
沙门氏菌(25 g样)		不得检出	
致泻大肠埃希氏菌(25 g样)		不得检出	

5.4 净含量

按国家质量监督检验检疫总局[2005]第75号令执行。

6 分析方法

除非另有说明,本方法中所用试剂均为分析纯;所用水均为蒸馏水或去离子水或相当纯度的水。

6.1 外观

按QB/T 1803执行。

6.2 酶活力测定

6.2.1 试剂和溶液

6.2.1.1 0.05 mol/L 乙酸-乙酸钠缓冲溶液(pH 4.6)

称取乙酸钠($CH_3COONa\cdot3H_2O$) 6.7 g,吸取冰乙酸2.6 mL,用水溶解并定容至1 000 mL。上述缓冲溶液的pH值,应使用酸度计加以校正。

6.2.1.2 0.05 mol/L 硫代硫酸钠标准滴定溶液

按GB/T 601配制与标定。

6.2.1.3 0.1 mol/L 碘标准溶液

按 GB/T 601 配制与标定。

6.2.1.4 0.1 mol/L 氢氧化钠溶液

按 GB/T 601 配制。

6.2.1.5 2 mol/L 硫酸溶液

吸取分析纯浓硫酸(相对密度 1.84) 5.6 mL 缓缓加入适量水中,冷却后,用水定容至 100 mL,摇匀。

6.2.1.6 200 g/L 氢氧化钠溶液

称取氢氧化钠 20 g,用水溶解,并定容至 100 mL。

6.2.1.7 20 g/L 可溶性淀粉[1)]溶液

称取可溶性淀粉(2±0.001)g,然后用少量水调匀,缓缓倾入已沸腾的水中,煮沸、搅拌直至透明,冷却,用水定容至 100 mL。此溶液需当天配制。

6.2.2 仪器

6.2.2.1 分析天平:精度 0.2 mg。

6.2.2.2 酸度计:精度 0.01 pH。

6.2.2.3 分析天平:精度 0.2 mg。

6.2.2.4 恒温水浴:(40±0.1)℃。

6.2.2.5 连续多档分配器(移液枪)。

6.2.2.6 磁力搅拌器。

6.2.3 测定程序

6.2.3.1 待测酶液的制备

a) 液体酶:使用连续多档分配器准确吸取适量酶样,移入容量瓶中,用缓冲溶液稀释至刻度,充分摇匀,待测。

b) 固体酶:用 50 mL 小烧杯准确称取适量酶样,精确至 1 mg,用少量乙酸-乙酸钠缓冲溶液(6.2.1.1)溶解,并用玻璃棒仔细捣研,将上层清液小心倾入适当的容量瓶中,在沉渣中再加入少量乙酸-乙酸钠缓冲溶液(6.2.1.1),如此反复捣研 3 次～4 次,取上清液,最后全部移入容量瓶中,用乙酸-乙酸钠缓冲溶液(6.2.1.1)定容,磁力搅拌 30 min 以充分混匀,取上清液测定。

注:制备待测酶液时,样液浓度应控制在滴定空白和样品时消耗 0.05 mol/L 硫代硫酸钠标准滴定溶液(6.2.1.2)的差值在 4.5 mL～5.5 mL 范围内(酶活力约为 120 U/mL～150 U/mL)。

6.2.3.2 酶活力测定

取 A、B 两支 50 mL 比色管,分别加入可溶性淀粉溶液(6.2.1.7) 25 mL 和乙酸-乙酸钠缓冲溶液(6.2.1.1) 5 mL,摇匀。于(40±0.2)℃的恒温水浴中预热 5 min～10 min。在 B 管中加入待测酶液(6.3.3.1) 2.0 mL,立即记时,摇匀。在此温度下准确反应 30 min 后,立即向 A、B 两管中各加氢氧化钠溶液(6.2.1.6) 0.2 mL,摇匀,同时将两管取出,迅速用水冷却,并于 A 管中补加待测酶液 2.0 mL(作为空白对照)。

吸取上述 A、B 两管中的反应液各 5.0 mL,分别于两个碘量瓶中,准确加入碘标准溶液(6.2.1.3) 10.0 mL,再加氢氧化钠溶液(6.2.1.4) 15 mL,边加边摇匀,并于暗处放置 15 min,取出。用水淋洗瓶盖,加入硫酸溶液(6.2.1.5) 2 mL,用硫代硫酸钠标准滴定溶液(6.2.1.2)滴定蓝紫色溶液,直至刚好无色为其终点,分别记录空白和样品消耗硫代硫酸钠标准滴定溶液的体积(V_A、V_B)。

6.2.3.3 结果计算

酶活力单位按式(1)计算:

$$X = (V_A - V_B) \times c \times 90.05 \times 32.2/5 \times 1/2 \times n \times 2 = 579.9 \times (V_A - V_B) c \times n \quad \cdots\cdots (1)$$

1) 可溶性淀粉应符合 HG/T 2759 的要求。

式中：

X——样品的酶活力单位，单位为酶活力单位每毫升(U/mL)或酶活力单位每克(U/g)；

V_A——滴定空白时，消耗硫代硫酸钠标准滴定溶液的体积，单位为毫升(mL)；

V_B——滴定样品时，消耗硫代硫酸钠标准滴定溶液的体积，单位为毫升(mL)；

c——硫代硫酸钠标准滴定溶液的准确浓度，单位为摩尔每升(mol/L)；

90.05——葡萄糖的摩尔质量，单位为克每摩尔(g/mol)；

32.2——反应液的总体积，单位为毫升(mL)；

5——吸取反应液的体积，单位为毫升(mL)；

1/2——折算成 1 mL 酶液的量；

n——稀释倍数；

2——反应 30 min，换算成 1 h 的酶活力系数。

以样品测定结果的算术平均值表示，修约至三位有效数字。

6.2.3.4 结果的允许差

在重复性条件下获得的两次独立测试结果的绝对差值不大于这两个测定值的算术平均值的 10%，以大于这两个测定值的算术平均值 10%的情况下不超过 5%为前提。

6.3 pH 值

按 QB/T 1803 执行。

6.4 干燥失重

按 QB/T 1803 执行。

6.5 细度

按 QB/T 1803 执行。

6.6 容重

按 QB/T 1803 执行。

6.7 重金属

按 GB/T 5009.74 执行。

6.8 铅

按 GB/T 5009.75 执行。

6.9 砷

按 GB/T 5009.76 执行。

6.10 菌落总数

按 GB/T 4789.2 执行。

6.11 大肠菌群

按 GB/T 4789.3 执行。

6.12 沙门氏菌

按 GB/T 4789.4 执行。

6.13 致泻大肠埃希氏菌

按 GB/T 4789.6 执行。

6.14 净含量的检验

按 JJF 1070 执行。

7 检验规则

7.1 组批

以每一个罐次生产且经包装出厂(或入库)的，具有同一产品名称、规格和同样质量证明书的产品为一批。

7.2 抽样

7.2.1 按表3抽取样本。批取样量不少于500 mL(或500 g),不足者应按比例适当加取。

表3 抽样

批量/桶(或箱)	样本大小/桶(或袋)
＜50	2
51～500	3
＞500	5

7.2.2 取样时,应采用适宜的方法以确保取样的代表性和取样器具的洁净。对用于微生物检验的取样,应采用无菌操作、器具及取样瓶。

7.2.3 取样后应立即贴上标签,注明:样品名称、规格、数量、生产厂厂名称、取样时间及地点、采样人。将样品分为两份,1/4样品封存,保留半个月备查;3/4样品立即送化验室,进行外观、理化和卫生等指标的检验。

7.3 出厂检验

7.3.1 产品出厂前,应由生产厂的质量监督检验部门按本标准规定逐批进行检验,检验合格并出具合格证明的产品方可出厂。

7.3.2 出厂检验项目包括外观、理化指标、菌落总数、净含量及包装标签。

7.4 型式检验

7.4.1 正常生产时,每半年进行一次。如有下列情况之一者,亦应进行型式检验:

——当原辅材料、配方或工艺有较大改变时;

——更换设备,或长期停产再恢复生产时;

——出厂检验结果与平常记录有较大差异时;

——国家质量监督机构提出抽检要求时。

7.4.2 型式检验项目为本标准技术要求的全部项目。

7.5 判定规则

7.5.1 出厂检验和(或)型式检验合格时,由质量检验部门出具产品合格证。

7.5.2 出厂检验和(或)型式检验不合格时,在原批次基础上加倍抽取样品进行复验。如复验仍不合格,则判该批产品为不合格。

8 标志、包装、运输、贮存

8.1 标志

8.1.1 产品的外包装应使用符合GB/T 191要求的标志。

8.1.2 产品的内包装上应贴有牢固的标签。标示内容应包括:产品名称、生产厂厂名、厂址、规格、净含量(及单位包装总数量)、批号、生产日期、保质期、执行标准号和卫生许可证号等,并在标志上明确标示"食品添加剂"字样。

8.2 包装

产品的内包装应使用国家批准的、并符合相应食品包装用标准的材料。包装容器及内涂料应使用国家批准的、并符合相应食品包装用标准的材料。

8.3 运输

本产品含有生物活性物质,在运输过程中应严防雨淋和曝晒。运输工具应清洁、无毒、无污染。严禁与有毒、有害、有腐蚀性的物质混装混运。

8.4 贮存

产品应贮存于阴凉、干燥的环境中。严禁与有毒、有害、有腐蚀性的物质混合贮存。

8.5 保质期

8.5.1 在25℃以下，液体酶制剂保质期不少于90天；固体酶制剂保质期不少于180天，企业应按上述要求具体标示。

8.5.2 在保质期内，实测酶活力不应低于标示酶活。

ICS 71.100.60
X 44

GB

中华人民共和国国家标准

GB 8317—2006
代替 GB 8317—1987

食品添加剂 乳酸乙酯

Food additive—Ethyl lactate

2006-09-01 发布 2007-04-01 实施

中华人民共和国国家质量监督检验检疫总局
中国国家标准化管理委员会 发布

前　言

本标准中 4.2、4.6、4.7、4.8 为强制性条款，其余为推荐性条款。

本标准是对 GB 8317—1987《食品添加剂　乳酸乙酯》的修订，主要是含量的测定用气相色谱法代替化学法。

本标准自实施之日起，代替 GB 8317—1987。

本标准技术指标与食品法典委员会(CAC)下属的食品添加剂联合专家委员会(JECFA)制定的《乳酸乙酯》(代号为 JECFA 931)一致，检验方法则采用香料通用试验方法，该通用试验方法绝大部分修改采用 ISO 相关标准。

本标准的附录 A 是资料性附录。

本标准由中国轻工业联合会提出。

本标准由全国香料香精化妆品标准化技术委员会归口。

本标准由上海香料研究所和吴江慈云香精香料有限公司负责起草。

本标准主要起草人：徐易、张新君、金其璋，吴梦海。

本标准于 1987 年 11 月首次发布，本次为第一次修订。

食品添加剂　乳酸乙酯

1　范围

本标准规定了食品添加剂乳酸乙酯的要求、试验方法、检验规则和标志、包装、运输、贮存等内容。

本标准适用于对以乳酸和乙醇为原料，经化学合成制得的乳酸乙酯的质量进行分析评价。

2　规范性引用文件

下列文件中的条款通过本标准的引用而成为本标准的条款。凡是注日期的引用文件，其随后所有的修改单(不包括勘误的内容)或修订版均不适用于本标准，然而，鼓励根据本标准达成协议的各方研究是否可使用这些文件的最新版本。凡是不注日期的引用文件，其最新版本适用于本标准。

GB 190　危险货物包装标志

GB/T 5009.74　食品添加剂中重金属限量试验

GB/T 5009.76　食品添加剂中砷的测定

GB/T 11539—1989　单离及合成香料填充柱气相色谱分析通用法

GB/T 11540　单离及合成香料相对密度的测定

GB/T 14454.2　香料　香气评定法

GB/T 14454.4　香料　折光指数的测定

GB/T 14457.4　单离及合成香料　酸值或含酸量的测定

3　产品化学名称、分子式、结构式、相对分子质量

化学名称：2-羟基丙酸乙酯。

分子式：$C_5H_{10}O_3$。

结构式：$CH_3CHOHCOOCH_2CH_3$。

相对分子质量：118.13(按 1987 年国际原子量)。

4　要求

4.1　色状：无色液体。

4.2　香气：具有淡的醚样、白脱样香气。

4.3　相对密度(25℃/25℃)：1.029～1.037。

4.4　折光指数(20℃)：1.408 0～1.422 0。

4.5　酸值：≤5.0。

4.6　含酯量(GC)：≥97.0%。

4.7　砷含量：≤3 mg/kg。

4.8　重金属含量[以铅(Pb)计]：≤10 mg/kg。

5　试验方法

5.1　色状的检定

将试样置于比色管内，用目测法观察。

5.2　香气的评定

按 GB/T 14454.2 规定执行。当国家主管部门无法提供标准样品时，应由企业技术、质检部门和

(或)顾客共同确定标样。

5.3 相对密度的测定

按 GB/T 11540 规定执行。

5.4 折光指数的测定

按 GB/T 14454.4 规定执行。

5.5 酸值的测定

按 GB/T 14457.4 规定执行。

5.6 含酯量的测定

5.6.1 仪器

5.6.1.1 色谱仪、记录仪和微处理机

按 GB/T 11539—1989 中第 5 章的规定执行。

5.6.1.2 柱

填充柱:长 2 m～3 m,内径 3 mm～4 mm。

固定相:PEG-20M,5%～10%涂于 Chromosorb W AW DMCS 60 目～80 目上。

5.6.1.3 检测器

氢火焰离子化检测器。

5.6.2 操作条件

5.6.2.1 温度

色谱炉:线性程序升温从 80℃至 160℃,速率 3℃/min。

进样口:170℃。

检测器:170℃。

5.6.2.2 载气流速

氮气:20 mL/min～30 mL/min。

5.6.2.3 测定方法

面积归一化法:按 GB/T 11539—1989 中 10.4 指定方法测定乳酸乙酯含量。

5.6.3 重复性及结果表示

按 GB/T 11539—1989 中 11.4 的规定进行,应符合要求。

乳酸乙酯典型气相色谱图(面积归一化法)参见附录 A。

5.7 砷含量的测定

按 GB/T 5009.76 规定执行。

5.8 重金属含量[以铅(Pb)计]的测定

按 GB/T 5009.74 规定执行。

6 检验规则

6.1 乳酸乙酯应由生产厂质量检验部门负责检验,生产厂应保证出厂产品都符合本标准的要求,每批出厂产品都应附有质量合格证书。色状、香气、相对密度、折光指数、酸值、含酯量为出厂检验项目,而砷含量、重金属含量[以铅(Pb)计]为型式检验项目,每半年检验一次。

6.2 验收单位有权按照本标准的各项规定检验所收到的产品质量是否符合本标准的要求,每一批号作一次验收,不同批号分别验收。

6.3 取样方法:每批的包装单位 1 个～2 个,全抽;3 个～100 个抽取 2 个;100 个以上增加部分再抽取 3%。用取样器从每个包装单位中均匀抽取试样 50 mL～100 mL,将所抽取的试样全部置于混样器内充分混匀,分别装入两个清洁干燥具塞的玻璃瓶中,瓶上贴标签,注明:生产厂厂名、产品名称、生产日期、批号、数量及取样日期,一瓶作检验用,另一瓶留存备查。

6.4 如验收结果中有一项指标不符合本标准要求时，可会同生产厂重新加倍抽取试样复验。如复验结果仍有指标不合格，则判该批产品不合格，不能验收。

6.5 当供需双方对产品质量发生异议时，可由双方协议解决或由法定检验机构进行仲裁。

7 标志、包装、运输、贮存

7.1 标志

产品包装外应注明："食品添加剂"字样、产品名称、生产厂厂名和地址、商标、批号、净含量、生产日期和保质期、卫生许可证号、生产许可证号、本标准编号及 GB 190 中规定的易燃品标志。订货单位如有特殊要求，可与生产厂另订协议。

7.2 包装

乳酸乙酯应装于清洁无杂味的镀锌铁桶、食品级塑料桶或玻璃瓶内，或按顾客要求包装。

7.3 运输

在运输过程中应轻装轻卸，防止日晒雨淋，不得与有毒、有害物质混装、混运，并应符合有关部门的规定。

7.4 贮存

本产品应贮存在阴凉、干燥、通风的仓库内，避免杂气污染，远离火源。

7.5 保质期

在符合规定的贮运条件、包装完整、未经启封的情况下，本产品保质期为一年。

附 录 A
（资料性附录）
乳酸乙酯典型气相色谱图
（面积归一化法）

图 A.1 乳酸乙酯典型气相色谱图（面积归一化法）

ICS 65.100
B 17

中华人民共和国国家标准

GB/T 8321.4—2006
代替 GB 8321.4—1993

农药合理使用准则(四)

Guideline for safety application of pesticides(Ⅳ)

2006-06-02 发布　　2006-12-01 实施

中华人民共和国国家质量监督检验检疫总局
中国国家标准化管理委员会　发布

前　言

为指导使用者合理、安全使用农药，有效防治农作物病、虫、草害，确保农产品中农药残留量不超过规定的限量标准，保护环境，保障人体健康而制定本标准。

GB/T 8321《农药合理使用准则》分为以下几部分：

——GB/T 8321.1　农药合理使用准则(一)；

——GB/T 8321.2　农药合理使用准则(二)；

——GB/T 8321.3　农药合理使用准则(三)；

——GB/T 8321.4　农药合理使用准则(四)；

——GB/T 8321.5　农药合理使用准则(五)；

——GB/T 8321.6　农药合理使用准则(六)；

——GB/T 8321.7　农药合理使用准则(七)；

……

本部分为 GB/T 8321 的第 4 部分。

本部分代替 GB 8321.4—1993《农药合理使用准则(四)》。

本部分以 GB 8321.4—1993 为基础，依照 GB 4839—1998《农药通用名称》，按照 2003 年《农药登记公告》中的施药量、施药方法等修订，其编制格式按照 GB/T 8321.7—2002 修订。

本部分由中华人民共和国农业部提出并归口。

本部分由农业部农药检定所起草。

本部分委托农业部农药检定所负责解释。

本部分主要起草人：刘光学、秦冬梅、龚勇、何艺兵、陶传江、朱光艳、李友顺、宋稳成。

本部分所代替标准的历次版本发布情况为：

——GB 8321.4—1993。

农药合理使用准则(四)

1 范围

本部分规定了 50 种农药在 17 种农作物上的合理使用准则。

本部分适用于农作物病、虫、草害的防治。

2 项目和技术指标

项目和技术指标见表 1、表 2 和表 3。

表 1 杀虫剂、杀螨剂

农药			适用作物	防治对象	每 667 m^2 每次制剂施用量或稀释倍数(有效成分浓度)	施药方法	每季作物最多使用次数	最后一次施药距收获的天数(安全间隔期)	实施要点说明	最高残留限量(MRL)参考值/(mg/kg)
通用名	商品名[a]	剂型及含量								
联苯菊酯 biphenthrin	天王星 Talstar	10%乳油	苹果	桃小食心虫、叶螨等	3 000 倍液～5 000 倍液(20 mg/L～33 mg/L)	喷雾	3	10	—	全果 1
克百威 carbofuran	呋喃丹 Furadan	3%颗粒剂	花生	根结线虫、花生蚜	4 000 g～5 000 g	沟施或条施	1	—	播种时沟施或条施	花生仁 0.1
	大扶农 Diafuran		甘蔗	蔗螟、金针虫、绵蚜、蓟马、线虫等	3 000 g～5 000 g	沟施		—	甘蔗苗期沟施	甘蔗 0.1
	呋喃丹 Furadan	35%种子处理剂	棉花	蚜虫	28 g/kg 种子	种子处理		—	用硫酸将棉籽脱绒后包衣	棉籽 0.1
氟啶脲 chlorfluazuron	抑太保 Atabron	5%乳油	棉花	棉铃虫、红铃虫	60 mL～140mL	喷雾	3	21	—	棉籽 0.1
			甘蓝	菜青虫、小菜蛾	40 mL～80 mL			7	—	0.5
氯氟氰菊酯 cyhalothrin	功夫 Kung Fu	2.5%乳油	棉花	棉蚜	10 mL～20 mL	喷雾	3	21	—	棉籽 0.1
				棉铃虫、红铃虫	20 mL～60 mL		2			
溴氰菊酯 deltamethrin	敌杀死 Decis	2.5%乳油	小麦	粘虫、蚜虫	10 mL～15 mL	喷雾	3	15	—	籽粒 1
			大豆	食心虫	15 mL～25 mL		2	7	—	籽粒 0.1

表 1（续）

农药			适用作物	防治对象	每 667 m^2 每次制剂施用量或稀释倍数（有效成分浓度）	施药方法	每季作物最多使用次数	最后一次施药距收获的天数（安全间隔期）	实施要点说明	最高残留限量(MRL)参考值/(mg/kg)
通用名	商品名[a]	剂型及含量								
S-氰戊菊酯 esfenvalerate	来福灵 Sumi-alpha	5%乳油	大豆	大豆蚜、大豆食心虫	10 mL～20 mL	喷雾	2	10	—	籽粒 0.1
醚菊酯 ethofenprox	多来宝 Trebon	5%可湿性粉剂	水稻	稻飞虱、稻纵卷叶螟	80 g～120 g	喷雾	3	14	—	糙米 0.5
		10%悬浮剂	水稻	稻象甲	40 mL～60 mL					
			甘蓝	菜青虫	30 mL～40 mL			7	—	2
甲氰菊酯 fenpropathrin	灭扫利 Meothrin	20%乳油	柑橘	红蜘蛛	2 000 倍液～3 000 倍液（67 mg/L～100 mg/L）	喷雾	3	30	不能与碱性物质混用	全果 5
				潜叶蛾	8 000 倍液～10 000 倍液（20 mg/L～25 mg/L）					
			茶叶	茶尺蠖、茶毛虫、茶小绿叶蝉	8 000 倍液～10 000 倍液（20 mg/L～25 mg/L）	喷雾	1	7		成茶 5
氰戊菊酯 fenvalerate	速灭杀丁 Sumicidin	20%乳油	大豆	蚜虫	10 mL～20 mL	喷雾	1	10	—	籽粒 0.1
				食心虫	20 mL～30 mL					
				豆荚螟	20 mL～40 mL					
地虫硫磷 fonofos	大风雷 Dyfonate	5%颗粒剂	甘蔗	蔗龟	4 000 g～6 000 g	沟施	—	—	甘蔗苗期沟施	0.1
噻螨酮 hexythiazox	尼索朗 Nissorun	5%可湿性粉剂	柑橘	红蜘蛛	2 000 倍液（25mg/L）	喷雾	2	30	—	全果 0.5
		5%乳油	柑橘							全果 0.5
			苹果		1 500 倍液～2 000 倍液（25 mg/L～33mg/L）					0.5

表 1（续）

农药			适用作物	防治对象	每 667 m^2 每次制剂施用量或稀释倍数（有效成分浓度）	施药方法	每季作物最多使用次数	最后一次施药距收获的天数（安全间隔期）	实施要点说明	最高残留限量(MRL)参考值/(mg/kg)
通用名	商品名[a]	剂型及含量								
杀扑磷 methidathion	速扑杀 Supracide	40%乳油	柑橘	褐园介、红蜡介	670 倍液～1 000 倍液（400 mg/L～600 mg/L）	喷雾	1	30	不能与碱性农药混用，预防中毒	全果 2
灭多威 methomyl	万灵 Lannate	24%水溶性液剂	烟草	烟青虫	50 mL～75 mL	喷雾	2	5	吸入毒性高，预防中毒	干烟 3
			甘蓝	菜青虫	80 mL～100 mL			7		2
久效磷 monocrotophos	纽瓦克 Nuvacron	36.7%水剂	棉花	棉蚜、红蜘蛛、红铃虫、棉铃虫	50 mL～110 mL	喷雾	4	21	防棉蚜、红蜘蛛时用低剂量	棉籽 0.1
抗蚜威 pirimicarb	辟蚜雾 Pirimor	50%可湿性粉剂	小麦	蚜虫	10 g～20 g	喷雾	2	14	—	籽粒 0.05
			油菜		12 g～20 g					油菜籽 0.2
氟苯脲 teflubenzuron	农梦特 Nomolt	5%乳油	柑橘	潜叶蛾	1 000 倍液～2 000 倍液（25 mg/L～50 mg/L）	喷雾	3	30	避免污染水栖生物生栖地	全果 0.5
			叶菜	菜青虫、小菜蛾	45 mL～60 mL		2	10		甘蓝 0.5
水胺硫磷 isocarbophos	水胺硫磷	40%乳油	柑橘	螨、锈壁虱、潜叶蛾	1 000 倍液～1 300 倍液（308 mg/L～400mg/L）	喷雾	3	14	不可与碱性农药混用	全果 0.3
多噻烷 polythialan	—	30%乳油	水稻	稻螟、稻纵卷叶螟、稻苞虫等	120 mL～170 mL	喷雾	3	14	—	糙米 0.1
甲基异柳磷 isofenphos-methyl	—	40%乳油	花生	蛴螬等地下害虫	250 mL	沟施	1	—	播种时沟施	花生 0.05

a 联苯菊酯等的商品名是适合的市售产品的多个实例。给出这一信息是为了方便本标准的使用者，并不表示对这些商品的认可。

表 2　杀菌剂、杀线虫剂

农药			适用作物	防治对象	每 667 m^2 每次制剂施用量或稀释倍数（有效成分浓度）	施药方法	每季作物最多使用次数	最后一次施药距收获的天数（安全间隔期）	实施要点说明	最高残留限量(MRL)参考值/(mg/kg)
通用名	商品名[a]	剂型及含量								
烯唑醇 diniconazole	速保利 Sumi-eight	2%可湿性粉剂	小麦	黑穗病	2 g/kg 种子～2.5 g/kg 种子	拌种	1	—	播种前拌种	籽粒 0.05
		12.5%可湿性粉剂	玉米	丝黑穗病	5 g/kg 种子～7 g/kg 种子					
			梨	梨黑星病	3 000 倍液～4 000 倍液（31 mg/L～42 mg/L）	喷雾	3	21	—	全果 0.1
氯苯嘧啶醇 fenarimol	乐必耕 Rubigan	6%可湿性粉剂	苹果	黑星病、炭疽病、白粉病	1 000 倍液～1 500 倍液（40 mg/L～60 mg/L）	喷雾	3	14	—	全果 0.1
			梨	黑星病						
异菌脲 iprodione	扑海因 Rovral	25%悬浮剂	香蕉	贮藏病害	167 倍液（1 500 mg/L）	浸果	1	4	浸蕉 2 min 后捞出凉干贮存	全果 10
			油菜	菌核病	140 mL～200 mL	喷雾	2	50	—	油菜籽 0.2
多氧霉素 polyoxin B	宝丽安 Poloxin	10%可湿性粉剂	苹果	轮斑病、斑点落叶病	1 000 倍液～1 500 倍液（67 mg/L～100 mg/L）	喷雾	3	7	不能与酸性农药混用	—
腐霉利 procymidone	速克灵 Sumilex	50%可湿性粉剂	黄瓜	灰霉病、菌核病	40 g～50 g	喷雾	3	1	—	2
硫线磷 sebufos	克线丹 Rugby	10%颗粒剂	甘蔗	线虫	2 000 g～4 000 g	沟施	1	—	苗期施毒土	0.1
噻菌灵 thiabendazole	特克多 Tecto	45%悬乳剂	香蕉	贮存病害	600 倍液～900 倍液（500 mg/L～750 mg/L）	浸果	1	10	浸蕉 1 min 后捞出凉干贮存	果肉 0.4
甲基硫菌灵 thiophanate-methyl	甲基托布津 Topsin-M	50%悬乳剂	水稻	稻瘟病、纹枯病	100 mL～150 mL	喷雾	3	30	不能与铜制剂混用	糙米 0.1
			小麦	赤霉病			1			籽粒 0.1
氟菌唑 triflunizole	特富灵 Trifmine	30%可湿性粉剂	黄瓜	白粉病	15 g～20 g	喷雾	2	2	—	2

表 2（续）

农药			适用作物	防治对象	每 667 m^2 每次制剂施用量或稀释倍数（有效成分浓度）	施药方法	每季作物最多使用次数	最后一次施药距收获的天数（安全间隔期）	实施要点说明	最高残留限量(MRL)参考值/(mg/kg)
通用名	商品名[a]	剂型及含量								
丁、戊、己二酸铜 ① copper guccinate+ ② copper glutarte+ ③ copper adioate	琥胶肥酸铜（二元酸铜）	30%悬浮剂（有效铜）	水稻	稻曲病	100 mL～150 mL	喷雾	2	—	稻穗破口前喷施	糙米中铜含量 20
① 春雷霉素 kasugamycin + ② 氧氯化铜 copper oxychloride	加瑞农 Kasumin-Bordeaux	50%可湿性粉剂 ① 5% ② 45%	柑橘	溃疡病	500 倍液～800 倍液（625 mg/L～1 000 mg/L）	喷雾	5	21	—	全果 0.5

a 烯唑醇等的商品名是适合的市售产品的多个实例。给出这一信息是为了方便本标准的使用者，并不表示对这些商品的认可。

表 3 除草剂、植物生长调节剂

农药			适用作物	防治对象	每 667 m^2 每次制剂施用量或稀释倍数（有效成分浓度）	施药方法	每季作物最多使用次数	最后一次施药距收获的天数（安全间隔期）	实施要点说明	最高残留限量(MRL)参考值/(mg/kg)
通用名	商品名[a]	剂型及含量								
三氟酸草醚 acifluorfen-sodium	达克尔 Tackle	24%水剂	大豆	阔叶杂草	60 mL～100 mL	喷雾	1	—	大豆播后，杂草 1 叶～4 叶期喷施	籽粒 0.1
双酰草胺 carbetamide	雷克拉 Leggurame	70%可湿性粉剂	油菜	一年生禾本科杂草及阔叶杂草	200 g～270 g	喷雾	1	—	开春油菜转青初期至开盘前施	油菜籽 0.05
苄嘧磺隆 bensulfuron-methyl	农得时 Londax	10%可湿性粉剂	水稻	阔叶杂草及莎草	13 g～25 g	毒土或喷雾	1	—	插秧后 5 天～7 天施，保水一周	糙米 0.02
禾草丹 benthiocarb	高杀草丹 Saturn 104	90%乳油	水稻	稗草等一年生杂草	150 mL～220 mL	喷雾或毒土	1	—	施后保水一周	糙米 0.2

表 3（续）

农药			适用作物	防治对象	每 667 m^2 每次制剂施用量或稀释倍数（有效成分浓度）	施药方法	每季作物最多使用次数	最后一次施药距收获的天数（安全间隔期）	实施要点说明	最高残留限量(MRL)参考值/(mg/kg)
通用名	商品名[a]	剂型及含量								
溴苯腈 bromoxynil	伴地农 Pardner	22.5%乳油	小麦	阔叶杂草	100 mL～170 mL	喷雾	1	—	小麦 3 叶～5 叶期杂草 4 叶前喷施	籽粒 0.1
			玉米	阔叶杂草	80 mL～135 mL			—	玉米 3 叶～8 叶期杂草 4 叶期喷施	
烯草酮 clethodim	赛乐特 Select	24%乳油	大豆	一年生禾本科杂草	25 mL～50 mL	喷雾	1	—	大豆 2 片～4 片复叶时喷施	籽粒 10
麦草畏 dicamba	百草敌 Baanvel	48%水剂	玉米	阔叶杂草	25 mL～40 mL	喷雾	1	—	玉米 4 叶～6 叶期喷施	籽粒 0.5
精吡氟禾草灵 fluazifop-*p*-butyl	精稳杀得 Onecide-p	15%乳油	油菜	一年生禾本科杂草	40 mL～66 mL	喷雾	1	—	油菜苗期杂草 1 叶～4 叶期喷施	油菜籽 0.1
氟节胺 flumetralin	抑芽敏 Prime	25%乳油	烟草	抑制烟芽	60 mL～70 mL 或 0.04 mL/株	喷雾或杯淋	1	—	烟草打顶后随即施药，不可与其他农药混用	干烟 20
氟草烟 fluroxypyr	使它隆 Starane	20%乳油	小麦	阔叶杂草	50 mL～70 mL	喷雾	1	—	冬小麦返青期，春小麦 2 叶～4 叶期施	籽粒 0.2
异丙甲草胺 metolachlor	都尔 Dual	72%乳油	花生	一年生禾本科及部分阔叶杂草	100 mL～150 mL	土壤处理	1	—	播前或播后苗前土壤喷雾	花生仁 0.5
禾草特 molinte	杀克尔 Sakkimol	70%乳油	水稻	稗草、牦草等	130 mL～260 mL	喷雾或毒土	1	—	播前或插秧后 3 天～5 天喷雾或撒毒土，保水一周	糙米 0.1
萘氧丙草胺 napropamide	大惠利 Devrinol	50%可湿性粉剂	烟草	一年生禾本科及部分阔叶杂草	100 mL～266 mL	土壤处理	1	—	烟草移栽后，杂草出土前喷施	干烟 0.1

表 3（续）

农药			适用作物	防治对象	每 667 m^2 每次制剂施用量或稀释倍数（有效成分浓度）	施药方法	每季作物最多使用次数	最后一次施药距收获的天数（安全间隔期）	实施要点说明	最高残留限量(MRL)参考值/(mg/kg)
通用名	商品名[a]	剂型及含量								
二甲戊乐灵 pendimethalin	施田补 Stomp	33%乳油	玉米	一年生阔叶及禾本科杂草	150 mL～303 mL	土壤处理	1	—	播后或苗前5天土壤喷雾	籽粒 0.1
			叶菜		100 mL～150 mL				移栽前土壤喷雾喷后耙匀	叶菜 0.2
甜菜宁 phenmedipham	凯米丰 Kemifam	16%乳油	甜菜	阔叶杂草	400 mL～600 mL	喷雾	1	—	杂草 2 叶～4 叶期甜菜苗期喷施	0.1
酚硫杀 phenothiol	芳米大 Herbit	20%乳油	小麦	阔叶杂草	130 mL～200 mL	喷雾	1	—	小麦分蘖末期喷施	籽粒 0.01
丙草胺 pretilachlor	扫弗特 Sofit	30%乳油	水稻	一年生杂草	100 mL～115 mL	喷雾或毒土	1	—	水直播或秧田播后 1 天～4 天喷雾或毒土	糙米：丙草胺 0.1 安全剂 0.05
烯禾啶 sethoxydim	拿扑净 Nabu	20%乳油	棉花	一年生禾本科杂草	100 mL～120 mL	喷雾	1	—	杂草 3 叶～5 叶期作物苗期喷施	棉籽 5
			花生		70 mL～100 mL					籽粒 2
			油菜		65 mL～120 mL					油菜籽 1
			亚麻							1
① 禾草丹 benthiocarb+② 西草净 simetryn	杀草丹 Saturn-s	57.5%乳油 ① 50% ② 7.5%	水稻	稗草眼子菜等杂草	200 mL～270 mL	喷雾或毒土	1	—	施后保水一周，防眼子菜用高剂量	糙米：① 0.2 ② 0.02
复硝酚钠 sodium nitrophenolate ① sodium orthonitro-phenolate+② sodium paranitrophe-nolate+③ sodium 5-nitroguaia-colate	爱多收 Atonic	1.8%水剂 ① 0.6% ② 0.9% ③ 0.3%	番茄	调节生长	6 000 倍液～8 000 倍液（2.3 mg/L～3.0 mg/L）	喷雾	2	7	—	① 0.1 ② 0.05 ③ 0.02

a 三氟酸草醚等的商品名是适合的市售产品的多个实例。给出这一信息是为了方便本标准的使用者，并不表示对这些商品的认可。

ICS 65.100
B 17

GB

中华人民共和国国家标准

GB/T 8321.5—2006
代替 GB/T 8321.5—1997

农药合理使用准则(五)

Guideline for safety application of pesticides(V)

2006-06-02 发布　　2006-12-01 实施

中华人民共和国国家质量监督检验检疫总局
中国国家标准化管理委员会　发布

前　言

为指导使用者合理、安全使用农药，有效防治农作物病、虫、草害，确保农产中农药残留量不超过规定的限量标准，保护环境，保障人体健康而制定本标准。

GB/T 8321《农药合理使用准则》分为以下几部分：

——GB/T 8321.1　农药合理使用准则(一)；

——GB/T 8321.2　农药合理使用准则(二)；

——GB/T 8321.3　农药合理使用准则(三)；

——GB/T 8321.4　农药合理使用准则(四)；

——GB/T 8321.5　农药合理使用准则(五)；

——GB/T 8321.6　农药合理使用准则(六)；

——GB/T 8321.7　农药合理使用准则(七)；

……

本部分为GB/T 8321的第5部分。

本部分代替GB/T 8321.5—1997《农药合理使用准则(五)》。

本部分以GB/T 8321.5—1997为基础，依照GB 4839—1998《农药通用名称》，按照2003年《农药登记公告》中的施药量、施药方法等修订，其编制格式与GB/T 8321.7—2002一致。

本部分由中华人民共和国农业部提出并归口。

本部分由农业部农药检定所负责起草。

本部分委托农业部农药检定所负责解释。

本部分主要起草人：刘光学、秦冬梅、龚勇、何艺兵、陶传江、朱光艳、李友顺、宋稳成。

本部分所代替标准的历次版本发布情况为：

——GB/T 8321.5—1997。

农药合理使用准则(五)

1 范围

本部分规定了43种农药在14种农作物及蘑菇上的61项合理使用准则。

本部分适用于农作物病、虫、草害的防治。

2 项目和技术指标

项目和技术指标见表1、表2、表3。

表1 杀虫剂、杀螨剂

农药			适用作物	防治对象	每667 m² 每次制剂施用量或稀释倍数(有效成分浓度)	施药方法	每季作物最多使用次数	最后一次施药距收获的天数(安全间隔期)	实施要点说明	最高残留限量(MRL)参考值/(mg/kg)
通用名	商品名[a]	剂型及含量								
阿维菌素 abamectin	害极灭 Agrimec 爱福丁	1.8%乳油	棉花	红蜘蛛	30 mL～40 mL	喷雾	2	21	—	棉籽 0.01
			叶菜	小菜蛾	33 mL ～50 mL		1	7		0.05
双甲脒 amitraz	螨克 Mitac	20%乳油	苹果	红蜘蛛	1 000倍液～1 500倍液(133 mg/L～200 mg/L)	喷雾	3	20	—	全果 0.5
三唑锡 azocyclotin	倍乐霸 Peropal	25%可湿性粉剂	柑橘	红蜘蛛	1 500倍液～2 000倍液(125 mg/L～166.7 mg/L)	喷雾	2	30	—	全果 2
	三唑锡	20%悬浮剂			1 000倍液～2 000倍液(100 mg/L～200 mg/L)					
苯螨特 benzoximate	西斗星 Citrastar	10%乳油	柑橘	红蜘蛛	1 500倍液～2 000倍液(50 mg/L～66.7 mg/L)	喷雾	2	21	—	全果 5
噻嗪酮 buprofezin	优乐得 Applaud (扑虱灵、稻虱净)	25%可湿性粉剂	柑橘	矢尖蚧	1 000倍液～2000倍液(125 mg/L～250 mg/L)	喷雾	2	35	—	全果 0.3

表 1（续）

农药			适用作物	防治对象	每 667 m^2 每次制剂施用量或稀释倍数（有效成分浓度）	施药方法	每季作物最多使用次数	最后一次施药距收获的天数（安全间隔期）	实施要点说明	最高残留限量(MRL)参考值/(mg/kg)
通用名	商品名[a]	剂型及含量								
克百威 carbofuran	大扶农 Diafuran	3%颗粒剂	甜菜	苗期害虫	1 500 g～2 000 g	沟施或条施	1	—	播种前沟施或条施	—
	呋喃丹 Furadan	35%种子处理剂		地下害虫	20 g/kg 种子～28 g/kg 种子	种子处理			播种时拌种	块根 0.1
	大扶农 Diafuran									
丁硫克百威 carbosulfan	好年冬 Marshal	20%乳油	水稻	稻飞虱、三化螟	200 mL～250 mL	喷雾	1	30	—	糙米 0.05
			柑橘	锈壁虱、潜叶蛾、蚜虫	1 000 倍液～2 000 倍液(100 mg/L～200 mg/L)		2	15		全果 2
杀螟丹 cartap	巴丹 Padan	98%可溶性粉剂	柑橘	潜叶蛾	1 800 倍液～2 000 倍液(500 mg/L～550 mg/L)	喷雾	3	21	—	全果 1
四螨嗪 clofentezine	阿波罗 Apollo	50%悬浮剂	苹果	红蜘蛛	5 000 倍液～6 000 倍液(83 mg/L～100 mg/L)	喷雾	2	30	—	全果 0.5
氯氟氰菊酯 cyhalothrin	功夫 Kung Fu	2.5%乳油	苹果	桃小食心虫	4 000 倍液～5 000 倍液(5.0 mg/L～6.2 mg/L)	喷雾	2	21	—	全果 0.2
氟氯氰菊酯 cyfluthrin	百树得 Baythroid	5%乳油	棉花	棉铃虫、红铃虫	32 mL～50 mL	喷雾	2	21	—	棉籽 0.05
除虫脲 diflubenzuron	除虫脲	20%悬浮剂	茶叶	茶毛虫	2 500 倍液～3 200 倍液(63 mg/L～80 mg/L)	喷雾	1	7	—	20
				茶尺蠖	1 600 倍液～2 500 倍液(80 mg/L～125 mg/L)					

表 1（续）

农药			适用作物	防治对象	每 667 m^2 每次制剂施用量或稀释倍数（有效成分浓度）	施药方法	每季作物最多使用次数	最后一次施药距收获的天数（安全间隔期）	实施要点说明	最高残留限量(MRL)参考值/(mg/kg)
通用名	商品名[a]	剂型及含量								
S-氰戊菊酯 esfenvalerate	来福灵 Sumi-alpha	5%乳油	小麦	麦蚜、粘虫	12 mL～15 mL	喷雾	2	21	—	籽粒 0.2
			烟草	烟青虫	10 mL～15 mL		2	10		10
			甜菜	甘蓝夜蛾	10 mL～20 mL		2	60		块根 0.05
醚菊酯 ethofenprox	多来宝 Trebon	4%油剂	水稻	稻象甲	200 mL～250 mL	喷雾或滴施	3	14	滴施时滴于稻田灌溉水中	糙米 0.5
苯硫威 fenothiocarb	排螨净 Panocon	35%乳油	柑橘	全爪螨	800 倍液～1 000 倍液(350 mg/L～438mg/L)	喷雾	2	7	—	橘肉 0.5
唑螨酯 fenproximate	霸螨灵 Danitron	5%悬浮剂	苹果	红蜘蛛	2 000 倍液～3 000 倍液(17 mg/L～25 mg/L)	喷雾	2	15	—	全果 1
				锈壁虱	1 000 倍液～2 000 倍液(25 mg/L～50 mg/L)					
			柑橘	红蜘蛛	1 000 倍液～2 000 倍液(25 mg/L～50 mg/L)	喷雾	2	15	—	全果 2
氟虫脲 flufenoxuron	卡死克 Cascade	5%乳油	苹果	红蜘蛛	667 倍液～1 000 倍液(50 mg/L～75 mg/L)	喷雾	2	30	—	全果 0.2
			柑橘	全爪螨、锈螨	667 倍液～1 000 倍液(50 mg/L～75 mg/L)					全果 0.3
				潜叶蛾	1 000 倍液～2 000 倍液(25 mg/L～50mg/L)					

表 1（续）

农　药			适用作物	防治对象	每 667 m^2 每次制剂施用量或稀释倍数（有效成分浓度）	施药方法	每季作物最多使用次数	最后一次施药距收获的天数（安全间隔期）	实施要点说明	最高残留限量(MRL)参考值/(mg/kg)
通用名	商品名[a]	剂型及含量								
噻螨酮 hexythiazox	尼索朗 Nissorun	5%乳油	棉花	红蜘蛛	50 mL～66 mL	喷雾	2	30	—	棉籽 0.5
氯唑磷 isazofos	米乐尔 Miral	3%颗粒剂	水稻	稻瘿蚊、稻飞虱、三化螟	1 000 g	撒施	3	28	拌毒土撒施	糙米 0.05
			甘蔗	蔗龟、蔗螟	2 000 g～3 000 g	沟施	1	60	—	0.05
灭多威 methomyl	万灵 Lannate	24%水溶性剂	柑橘	柑橘蚜虫	1 000 倍液～2 000 倍液（120 mg/L～240 mg/L）	喷雾	3	15	吸入毒性高，预防中毒	全果 1
				潜叶蛾	800 倍液～1 200 倍液（200 mg/L～300 mg/L）					
		90%可湿性粉剂	甘蓝	菜青虫	15 g～20 g		1	7		5
甲拌磷 phorate	三九一一	3%颗粒剂	甘蔗	蔗龟	5 000 g	沟施	1	210	高毒，注意安全	0.1
				蔗螟	5 000 g～6 667 g					
喹硫磷 quinalphos	爱卡士 Ekalux	25%乳油	棉花	蚜虫、棉铃虫	80 mL～100 mL	喷雾	3	25	—	棉籽 0.5
吡螨胺 tebufenpyrad	必螨立克 Pyranica MK-239	10%可湿性粉剂	苹果	红蜘蛛	2 000 倍液～3 000 倍液（33 mg/L～50 mg/L）	喷雾	3	30	—	全果 1
			柑橘				2	14	—	
① 丙溴磷 profenofos＋② 氯氰菊酯 cypermethrin	多虫清 Polytrin	44%乳油	棉花	棉蚜	30 mL～60 mL	喷雾	3	40	—	棉籽中：丙溴磷 3 氯氰菊酯 0.2
				棉铃虫、红铃虫	66 mL～100 mL					

a　阿维菌素等的商品名是适合的市售产品的多个实例。给出这一信息是为了方便本标准的使用者，并不表示对这些商品的认可。

表 2　杀菌剂、杀线虫剂

农药			适用作物	防治对象	每 667 m² 每次制剂施用量或稀释倍数（有效成分浓度）	施药方法	每季作物最多使用次数	最后一次施药距收获的天数（安全间隔期）	实施要点说明	最高残留限量（MRL）参考值/（mg/kg）
通用名	商品名[a]	剂型及含量								
百菌清 chlorothalonil	百菌清 Danconil	45%烟剂	黄瓜	霜霉病	110 g～180 g	烟熏	4	3	适用于大棚和温室	1
氢氧化铜 coper hydroxide	可杀得 Kocide 101	77% 可湿性粉剂	番茄	早疫病	134 g～200 g	喷雾	3	3	—	20
			柑橘	溃疡病	400 倍液～600 倍液（1 283 mg/L～1 925 mg/L）		5	30		
硫线磷 sebufos	克线丹 Rugby	10%颗粒剂	柑橘	根结线虫	4 000 g～6 000 g	沟施	2	120	于树根周围根施（冬前冬后各一次）	0.005
噻菌灵 thiabendazole	特克多 Tecto	60% 可湿性粉剂	蘑菇	真菌病害	200 mg/kg～400mg/kg 木屑（木屑包栽培法）	拌施	1	65	制包前将药均匀拌于木屑中	2
					400 倍液～667 倍液（900 mg/L～1 500 mg/L）（段木剖面栽培法）	喷雾	3	55	菌丝生长期喷施于段木剖面上（施药间隔 30 天）	
乙烯菌核利 vinclozolin	农利灵 Ronilan	50% 可湿性粉剂	黄瓜	灰霉病	75 g～100 g	喷雾	2	4	—	5
① 甲霜灵 metalaxyl+ ② 代森锰锌 mancozeb	雷多米尔·锰锌 RidomilMZ	58% 可湿性粉剂 ① 10% ② 48%	葡萄	霜霉病	500 倍液～800 倍液（725 mL/L～1 160 mL/L）	喷雾	3	21	—	甲霜灵 1
① 辛硫磷 phoxim+ ② 甲拌磷 phorate	辛拌磷	10%粉粒剂 ① 6% ② 4%	柑橘	根结线虫	4 000 g～5 000 g	沟施	1	120	于柑橘树周围沟施	全果： 辛硫磷 0.05 甲拌磷不得检出

表 2（续）

农药			适用作物	防治对象	每 667 m^2 每次制剂施用量或稀释倍数（有效成分浓度）	施药方法	每季作物最多使用次数	最后一次施药距收获的天数（安全间隔期）	实施要点说明	最高残留限量(MRL)参考值/(mg/kg)
通用名	商品名[a]	剂型及含量								
络氨铜·锌 ① 柠檬酸铜＋ ② 硫酸四氨络合铜＋ ③ 硫酸四氨络合锌	抗枯灵	25.9%水剂	西瓜	枯萎病	500 倍液～600 倍液（200 mL/株）	灌根	3	40	—	铜 20 锌 50
					100 mL	喷雾				

a　百菌清等的商品名是适合的市售产品的多个实例。给出这一信息是为了方便本标准的使用者，并不表示对这些商品的认可。

表 3　除草剂、植物生长调节剂

农药			适用作物	防治对象	每 667 m^2 每次制剂施用量或稀释倍数（有效成分浓度）	施药方法	每季作物最多使用次数	最后一次施药距收获的天数（安全间隔期）	实施要点说明	最高残留限量(MRL)参考值/(mg/kg)
通用名	商品名[a]	剂型及含量								
异噁草松 clomazone	广灭灵 Command	48%乳油	大豆	一年生禾本科杂草	140 mL～170 mL	喷雾	1	—	大豆播后芽前喷施	籽粒 0.05
氟吡甲禾灵 haloxyfop	盖草能 Gallant	12.5%乳油	油菜	一年生禾本科杂草	30 mL～50 mL	喷雾	1	—	苗期，杂草 3 叶～5 叶期，兑水 50 L 喷施	油菜籽 1
咪唑乙烟酸 imazethapyr	普杀特 Pursuit	5%水剂	大豆	一年生杂草	100 mL～134 mL	土壤处理	1	—	大豆苗前土壤喷雾。后茬避免种植对咪唑乙烟酸敏感作物（如甜菜、蔬菜、水稻等）	籽粒 0.1
异丙甲草胺 metolachlor	都尔 Dual	72%乳油	甘蔗	一年生杂草	100 mL～150 mL	喷雾	1	—	甘蔗苗前喷施	0.1

表 3（续）

农药			适用作物	防治对象	每 667 m^2 每次制剂施用量或稀释倍数（有效成分浓度）	施药方法	每季作物最多使用次数	最后一次施药距收获的天数（安全间隔期）	实施要点说明	最高残留限量(MRL)参考值/(mg/kg)
通用名	商品名[a]	剂型及含量								
二甲戊乐灵 pendimethalin	除芽通 Accotab	33%乳油	烟草	抑制腋芽	100 倍液 (3 300 mg/L) 20 mL(倍液)/株～25 mL(倍液)/株	杯淋	1	10	—	5
吡嘧磺隆 pyrazosulfuron-ethyl	草克星 NC-311	10% 可湿性粉剂	水稻	阔叶杂草、莎草、稗草	10 g～20 g (移栽田) 10 g～17 g (直播田)	喷雾	1	—	移栽后 1 周喷施 直播水稻 1 叶～3 叶期喷施	糙米 0.1
二氯喹啉酸 quinclorac	快杀稗 Facet	50% 可湿性粉剂	水稻	稗草等	26 g～55 g	喷雾	1	—	水稻移栽后 5 天～20 天喷施	糙米 0.5
精喹禾灵 quizalofop-*p*-ethyl	精禾草克 NC-302D	5%乳油	棉花 花生 油菜 大豆	一年生禾本科杂草	50 mL～80 mL	喷雾	1	—	杂草 3 叶～6 叶期喷施	棉籽 0.2 花生仁 0.2 油菜籽 0.2 籽粒 0.2
烯禾啶 sethoxydim	拿扑净 Nabu	12.5% 乳油	棉花 油菜 甜菜	一年生禾本科杂草	66 mL～100 mL	喷雾	1	—	杂草 3 叶～5 叶期，作物苗期喷施	棉籽 5 油菜籽 1 块根 0.5
苯磺隆 tribenuron-methyl	巨星 Express	75% 可湿性粉剂 75%干悬剂	小麦	阔叶杂草	0.9 g～1.7 g	喷雾	1	—	小麦拔节期喷施	籽粒 0.05
① 甜菜安 desmedipham+ ② 甜菜宁 phenmedipham	甜安宁 Betanal AM11 凯米双 Kemifams	16%乳油 ① 8% ② 8%	甜菜	一年生阔叶杂草	330 mL～400 mL	喷雾	1	—	甜菜苗期，杂草 2 叶～4 叶期喷施	块根： 甜菜安 0.1 甜菜宁 0.1

[a] 异噁草松等的商品名是适合的市售产品的多个实例。给出这一信息是为了方便本标准的使用者，并不表示对这些商品的认可。

ICS 77.040.10
H 22

中华人民共和国国家标准

GB/T 8358—2006
代替 GB/T 8358—1987

钢丝绳破断拉伸试验方法

Method of breaking tensile test for steel wire ropes

(ISO 3108:1974 Steel wire ropes for general purposes—
Determination of actual breaking load,NEQ)

2006-03-01 发布 2006-09-01 实施

中华人民共和国国家质量监督检验检疫总局
中国国家标准化管理委员会 发布

前　言

本标准与 ISO 3108:1974《一般用途钢丝绳—实际破断荷载的测定》一致性程度为非等效。

本标准代替 GB/T 8358—1987《钢丝绳破断拉伸试验方法》,本标准与 GB/T 8358—1987 相比做了如下修改:

——增加了已使用过钢丝绳样截取方法;

——增加了"试验原理"一章;

——增加了套压法、缠绕法、直接夹持法三种方法;

——增加了初次断丝等检测项目;

——钢丝绳最小破断拉力计算公式符号有所改变;

——增加了附录 A"铝合金套管材料及尺寸";

——增加了附录 B"缠绕轮直径、槽径与钢丝绳关系";

——增加了附录 C"试验方法选择的推荐"。

本标准附录 A、附录 B、附录 C 为资料性附录。

本标准由中国钢铁工业协会提出。

本标准由全国钢标准化技术委员会归口。

本标准起草单位:郑州金属制品研究院、冶金工业信息标准研究院、湖北福星科技股份有限公司、贵州钢绳股份有限公司、南通市巨力钢绳有限公司。

本标准主要起草人:聂瑞华、董莉、夏木阳、杨红英、施聪。

本标准 1987 年首次发布。

钢丝绳破断拉伸试验方法

1 范围

本标准规定了钢丝绳破断拉伸试验方法的术语和定义、试验原理、试样制备、试验仪器、试验程序及试验报告等内容。

本标准适用于各种类型钢丝绳、钢绞线产品破断拉伸的测定。如有关产品标准另有规定，应按其规定执行。

2 规范性引用文件

下列文件中的条款通过本标准的引用而成为本标准的条款。凡是注日期的引用文件，其随后所有的修改单(不包括勘误的内容)或修订版均不适用于本标准，然而，鼓励根据本标准达成协议的各方研究是否可使用这些文件的最新版本。凡是不注日期的引用文件，其最新版本适用于本标准。

GB/T 6946　钢丝绳铝合金压制接头

GB/T 3191　铝及铝合金挤压棒材

GB/T 16825.1　静力单轴试验机的检验　第1部分：拉力和(或)压力试验机测力系统的检验与校准(idt ISO 7500-1:1999)

3 术语和定义

下列术语和定义适用于本标准。

3.1

最小破断拉力　minimum breaking force

F_{min}

根据规定方法测得的破断拉力(F_m)不得低于最小破断拉力的规定值 F_{min}，最小破断拉力是钢丝绳公称直径(d)的平方、公称强度及破断拉力系数的乘积，单位为千牛(kN)。

$$F_{min} = d^2 \cdot R_r \cdot K/1\,000 \quad \cdots\cdots(1)$$

式中：

F_{min}——钢丝绳最小破断拉力，单位为千牛(kN)；

d——钢丝绳公称直径，单位为毫米(mm)；

R_r——钢丝绳公称抗拉强度，单位为牛顿每平方毫米(N/mm²)；

K——一定结构钢丝绳的最小破断拉力换算系数。

3.2

实测破断拉力　measured breaking force

F_m

用规定的方法测得的破断拉力，单位为 kN。

3.3

浇铸法　method of casting

将试样散头用熔融金属浇铸，冷却到常温后，夹持在试验机钳口座内进行拉伸试验的方法。

3.4

套压法　method of prssing pipe

将试样头用套管压紧，再夹持在试验机钳口内进行拉伸试验的方法。

3.5

缠绕法　method of winding on drum

将试样直接缠绕在卷轮上进行拉伸试验的方法。

3.6

直接夹持法　method of directly gripping

将试样直接夹持在试验机钳口内进行拉伸试验的方法。

4　试验原理

在常温下，对试样施加拉力，一般拉至出现断丝、断股或断绳，测定钢丝绳破断拉力或其他力学性能。

5　试样制备

5.1　通用要求

5.1.1　未经使用的钢丝绳，试样应从外观检查合格处截取。

5.1.2　在用或已用过的钢丝绳，试样应从被相关各方认可处截取。

5.1.3　试样两端应用软铁丝或其他材料牢固捆扎。

5.1.4　试样最小有效长度(夹头间的距离)应符合表1的规定。

表 1　试样最小有效长度　　单位为毫米

钢丝绳公称直径 d	试样最小有效长度 L
$d \leqslant 6$	300
$6 < d \leqslant 20$	600
$d > 20$	$30d$(一般不超过 2 000)
注：试样长度＝试样最小有效长度 L＋夹持长度，特殊情况应在报告中说明。	

5.2　浇铸法试样制备

5.2.1　在距试样两端一个夹持长度处用软铁丝等材料牢固捆扎，去掉端头捆扎丝，制成帚头状，在任何情况下不得对裸露的钢丝进行校直，但允许弯曲成钩型。

5.2.2　制成帚头状的钢丝绳试样应将纤维芯切至捆扎处。为了浇铸牢固，应清除帚头钢丝表面油污，可沾浸少量助镀剂，但不得损伤钢丝表面。

5.2.3　浸渍后的钢丝用铅锡合金或其他合金浇铸成圆锥体，但不得改变钢丝性能。加工后的钢丝绳试样如图1所示。

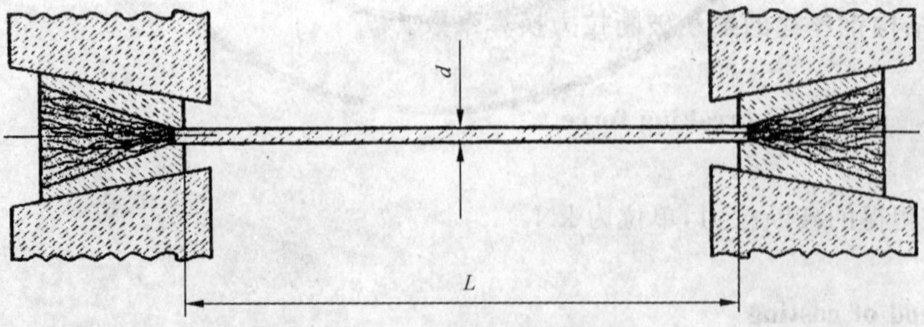

图 1

5.3　套压法试样制备

5.3.1　先将试样段两端用铁丝捆扎再从钢丝绳上截取。

5.3.2　去掉捆扎丝将试样两端穿入用低碳钢、铝合金或相关材料制成的套管中，套管头内壁应倒角，再在压力机上压紧。铝合金材料套管相关技术要求可参见附录A。低碳钢可选用抗拉强度 $R_m \geqslant 520$ MPa、断面收缩率 $Z \geqslant 40\%$、断后伸长率 $A \geqslant 25\%$ 的奥氏体不锈钢、低碳合金钢、低碳结构钢等材料。

5.3.3　压紧过程中应避免压伤钢丝。

5.4　直接夹持法试样制备

5.4.1　先将试验段两端用铁丝捆扎再截取试样。

5.4.2　对于单股钢丝绳或钢绞线，端头钢丝可焊结在一起。

5.5　缠绕法试样制备

5.5.1　将试样直接从钢丝绳上截取，必要时两端用铁丝捆扎。

5.5.2　缠绕轮直径、槽径与绳径关系可参见附录B。

6　试验仪器

6.1　本试验可在任何一种拉力试验机上进行。

6.2　试验机应按照GB/T 16825.1进行检定，应为一级或优于一级。

6.3　试验机夹头间距离应符合表1的规定。

7　试验程序

7.1　一般情况下，试验应在10℃～35℃的室温下进行。如有特殊要求，试验温度应为23℃±5℃。

7.2　试验时应平稳拉伸，当施加的拉力不大于钢丝绳最小破断拉力的80%时，试验力可快速施加，而后应缓慢增加，其施加的应力速率约为10 MPa/s。

7.3　对于浇铸法，将浇铸好的试样置于钳口座中，即可进行拉伸试验。对于立式拉力试验机，让下钳口悬空，调整试样，使之与钳口座轴线重合，调整试验机零点后，再实施拉伸试验。

7.4　对于套压法，将压好套管的试样，直接夹于钳口中，即可实施拉伸试验。

7.5　对于直接夹持法，将试样两端直接夹持于钳口中，即可实施拉伸试验。

7.6　对于缠绕法，先将试样一端夹紧，再将试样绕于试验轮上，拉紧试样，最后夹紧另一端，即可实施拉伸试验。

7.7　在测定钢丝绳的破断拉力时，如需测定伸长率，建议采用浇铸法，根据协议也可测定初次断丝拉力或断股拉力、断裂特征等项目。

7.8　若试样在距夹头或切点 $1d$(30 mm)内破断，则该试验无效，当其实测破断拉力符合有关标准规定时，则该试验有效，否则该试验无效。

7.9　判定结果：试样断股(单股绳断丝)时的拉力，作为实测破断拉力。

7.10　对于仲裁试验，若产品标准中没有规定，则试验方法由争议各方确定。

8　试验报告

试验报告包括下列内容：

a)　本标准号及具体方法；

b)　试样标记；

c)　钢丝绳公称直径；

d)　试样状况(如已使用、未使用等)；

e)　试验条件(如试样长度、速度、温度等)；

f)　试验结果(如实测破断拉力、初次断丝拉力或断股数、断裂特征及伸长率等项目)；

g)　试验机名称及型号编号；

h)　试验条件、结果异常说明。

附 录 A
（资料性附录）
铝合金套管材料及尺寸

A.1 铝合金材料套管推荐采用GB/T 6946、GB/T 3191 中 LF2、LF21 铝合金材料制造。机械性能要求：抗拉强度大于 170 MPa，断后伸长率不小于 20%。

A.2 套管尺寸参数见表 A.1。

表 A.1 套管尺寸、压制力 单位为毫米

钢丝绳公称直径	套管内径	套管壁厚	套管长度	压制力/kN
6	6.6	2.5	25	300
7	7.8	2.9	30	350
8	8.8	3.3	34	400
9	9.9	3.7	38	450
10	10.9	4.1	42	500
11	12.1	4.5	47	600
12	13.2	4.9	50	700
13	14.2	5.4	55	800
14	15.3	5.8	59	1 000
16	17.5	6.7	67	1 200
18	19.6	7.6	76	1 400
20	21.7	8.4	84	1 600
22	24.3	9.2	92	1 800
24	26.4	10.0	101	2 000
26	28.5	10.9	109	2 250
28	31.0	11.7	118	2 550
30	33.1	12.5	126	2 950
32	35.2	13.4	134	3 400
34	37.8	14.2	143	3 800
36	39.8	15.0	152	4 300
38	41.9	15.8	160	4 800
40	44.0	16.6	168	5 300
44	48.6	18.2	184	6 200
48	52.2	19.8	200	7 300
52	57.3	21.4	216	8 600
56	61.5	23.0	232	10 000
60	66.0	24.6	248	12 000

附 录 B
（资料性附录）
缠绕轮直径、槽径与钢丝绳直径关系

B.1 缠绕轮直径与钢丝绳直径的比值按公式(B.1)计算

$$h = D_0/d_f + 1 \quad \cdots\cdots\cdots\cdots(B.1)$$

式中：

h——直径比值；

D_0——缠绕轮直径，单位为毫米(mm)；

d_f——钢丝绳公称直径，单位为毫米(mm)。

B.2 *h* 推荐值

h 值应不小于表 B.1 的推荐值。

表 B.1 *h* 推荐值

钢丝绳最小破断拉力/kN	<125	≥125
h	20	16

B.3 钢丝绳公称直径与绳槽半径应满足公式(B.2)的要求

$$d_f \leqslant (2R - 0.5) \quad \cdots\cdots\cdots\cdots(B.2)$$

式中：

R——绳槽半径，单位为毫米(mm)；

0.5——常数，单位为毫米(mm)。

附 录 C
（资料性附录）
试验方法选择的推荐

本标准四种方法都是等效的方法，为了更有效地使用本标准，特对试验方法做如下推荐：

——浇铸法：本方法一般适用于绳径大于 6 mm 或丝径大于 0.5 mm 的钢丝绳；

——套压法：本方法适用于金属芯类钢丝绳的破断拉伸，对于纤维芯钢丝绳，若用套压法，建议在套压处先去掉纤维芯，并以同股径的钢芯充实此段，再套压；

——缠绕法：本方法一般适用于绳径小于 30 mm 的钢丝绳，对于直径大于 30 mm 的钢丝绳，建议采用浇铸法；

——直接夹持法：本方法最适用于 1×3、1×7、1×19 等结构钢丝绳的检验。

ICS 13.220.40
T 09

中华人民共和国国家标准

GB 8410—2006
代替 GB 8410—1994

汽车内饰材料的燃烧特性

Flammability of automotive interior materials

2006-01-18 发布　　　　2006-07-01 实施

中华人民共和国国家质量监督检验检疫总局
中国国家标准化管理委员会　发布

前　言

本标准的第3章、第4章为强制性的，其余为推荐性的。

本标准对应于美国联邦机动车辆安全标准FMVSS 571.302《汽车内饰材料的燃烧特性》，本标准与FMVSS 571.302《汽车内饰材料的燃烧特性》一致性程度为非等效。

本标准代替GB 8410—1994《汽车内饰材料的燃烧特性》。

本标准与GB 8410—1994标准相比，主要变化如下：

——根据GB 3730.1—2001标准的要求，修改了第1章中汽车分类方法；

——按照GB/T 1.1—2000标准的要求，修改了第2章中术语部分的编排方式，并增加了英文内容；

——修改了层积复合材料定义，见2.2条；

——完善了内饰材料的定义，加宽了内饰材料的定义范围，见2.5条；

——修改了第3章的技术要求，取消了原标准技术要求中的3.1条及3.3条，将其内容体现在4.6条中；

——修改了试验用热源的要求，见4.2.4条；

——增加了零件弯曲无法制得平整试样时的试验要求，见4.3.2条；

——增加了零件形状和尺寸不符合取样要求时如何制备试样的要求，见第4.3.2条；

——增加了零件厚度不均时的取样要求，见第4.3.2条；

——增加了取样示例并附图示，见第4.3.2条；

——修改了试验程序中表面起毛试样试验前梳理的方向，见第4.4.1条；

——增加了试样慢燃时的试验方法，见第4.4.9条；

——增加了结果表示的内容，见第4.6条。

本标准由国家发展和改革委员会提出。

本标准由全国汽车标准化技术委员会归口。

本标准由中国第一汽车集团公司技术中心负责起草。

本标准主要起草人：王清国、李菁华。

本标准所代替标准的历次版本发布情况为：

——GB 8410—1987、GB 8410—1994。

汽车内饰材料的燃烧特性

1 范围

本标准规定了汽车内饰材料水平燃烧特性的技术要求及试验方法。

本标准适用于汽车内饰材料水平燃烧特性的评定。

鉴于各种汽车内饰零件实际情况(零件应用部位、布置方法、使用条件、引火源等)和本标准中规定的试验条件之间有许多差别,本标准不适用于评价汽车内饰材料所有真实的车内燃烧特性。

2 术语和定义

2.1

燃烧速度 burning rate

按本标准规定测得的燃烧距离与燃烧此距离所用时间的比值,单位为毫米每分钟(mm/min)。

2.2

层积复合材料 composite material

若干层相似或不同材料,其表面之间由熔接、粘接、焊接等不同方法使全面紧密结合在一起的材料。

2.3

单一材料 exclusive material

由同种材料构成的均匀的整体材料。

若不同材料断续连接在一起(例如缝纫、高频焊接、铆接),这种材料应认为不是层积复合材料,每种材料均属单一材料。

2.4

暴露面 exposed side

零件装配在车内面向乘员的那一面。

2.5

内饰材料 interior materials

汽车内饰零件所用的单一材料或层积复合材料,如座垫、座椅靠背、座椅套、安全带、头枕、扶手、活动式折叠车顶、所有装饰性衬板(包括门内护板、侧围护板、后围护板、车顶棚衬里)、仪表板、杂物箱、室内货架板或后窗台板、窗帘、地板覆盖层、遮阳板、轮罩覆盖物、发动机罩覆盖物和其他任何室内有机材料,包括撞车时吸收碰撞能量的填料、缓冲装置等材料。

3 技术要求

内饰材料的燃烧特性必须满足以下技术要求:

燃烧速度不大于100 mm/min。

4 试验方法

4.1 原理

将试样水平地夹持在U形支架上,在燃烧箱中用规定高度火焰点燃试样的自由端15 s后,确定试样上火焰是否熄灭,或何时熄灭,以及试样燃烧的距离和燃烧该距离所用时间。

4.2 试验装置及器具

4.2.1 燃烧箱

燃烧箱用钢板制成,结构示意图见图1,尺寸见图2。

燃烧箱的前部设有一个耐热玻璃观察窗,该窗可整块盖住前面,也可做成小型观察窗。

燃烧箱底部设10个直径为19 mm的通风孔,四壁靠近顶部四周有宽13 mm的通风槽。整个燃烧箱由4只高10 mm的支脚支承着。在燃烧箱顶部设有安插温度计的孔,此孔设在顶部靠后中央部位,中心距后面板内侧20 mm。

燃烧箱一端设有可封闭的开孔,此处可放入装有试样的支架,另一端则设一个小门,门上有通燃气管用的小孔,支撑燃气灯的支座及火焰高度标志板。

燃烧箱底部设有一只用于收集熔融滴落物的收集盘(见图3)。此盘放置在两排通风孔之间而又不影响通风孔的通风。

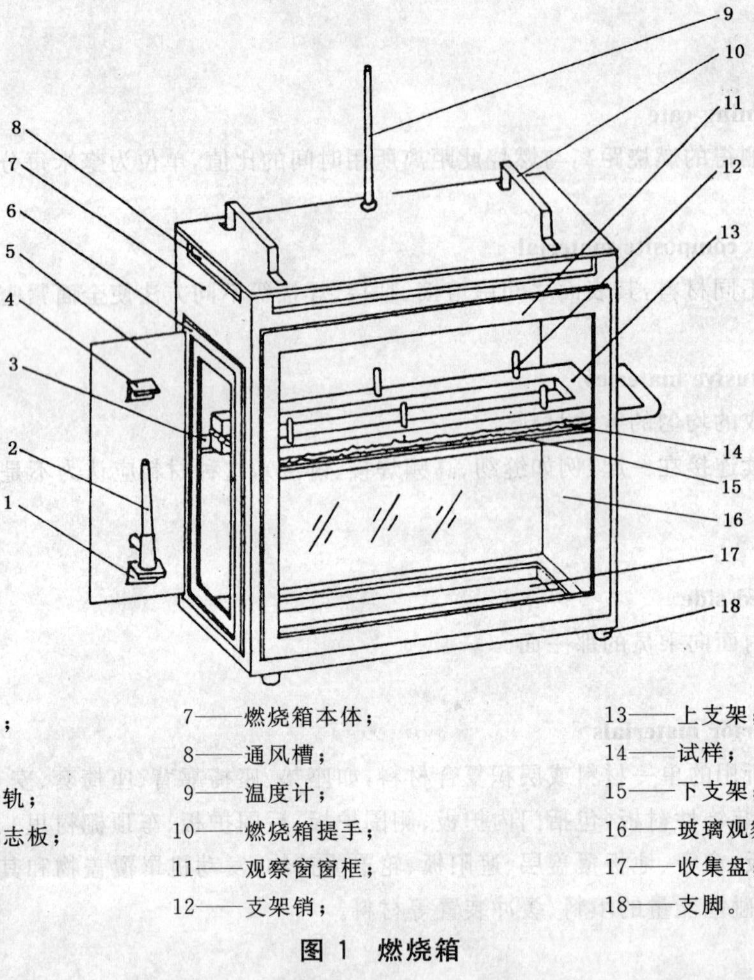

1——燃气灯底座;
2——燃气灯;
3——试样支架导轨;
4——火焰高度标志板;
5——门;
6——门框;
7——燃烧箱本体;
8——通风槽;
9——温度计;
10——燃烧箱提手;
11——观察窗窗框;
12——支架销;
13——上支架;
14——试样;
15——下支架;
16——玻璃观察窗;
17——收集盘;
18——支脚。

图1 燃烧箱

4.2.2 试样支架

试样支架由两块U形耐腐蚀金属板制成的框架组成,尺寸见图4。

支架下板装有6只销子,上板相应设有销孔,以保证均匀夹持试样,同时销子也作为燃烧距离的起点(第一标线)和终点(第二标线)的标记。

另一种支架的下板不仅设有6只销子,而且支架下板布有距离为25 mm的耐热金属支承线,线径0.25 mm(见图5),该种支架在特定情况下使用。

安装后的试样底面应在燃烧箱底板之上178 mm。试样支架前端距燃烧箱的内表面距离应为22 mm,试验支架两纵外侧离燃烧箱内表面距离为50 mm(见图2和图4)。

4.2.3 **燃气灯**

燃气灯是试验用火源，燃气灯喷嘴内径为 9.5 mm，其阀门结构应易于控制火焰高度，并易于调整火焰高度。

当燃气灯置于燃烧箱内时，其喷嘴口部中心处于试样自由端中心以下 19 mm 处（见图 2）。

4.2.4 **燃气**

为保证试验结果的可比性，供给燃气灯试验用可燃性气体最好使用液化气，也可采用燃烧后热值约为 35 MJ/m^3～38 MJ/m^3 的其他可燃气体，例如天然气、城市煤气等。

当进行仲裁试验时，推荐使用液化气。

4.2.5 **金属梳**

金属梳的长度至少为 110 mm，每 25 mm 内有 7～8 个光滑圆齿。

4.2.6 **秒表**

测量时间所用秒表准确度不低于 0.5 s。

4.2.7 **温度计**

温度计量程应为 150℃以上，准确度为 1℃。

单位为毫米

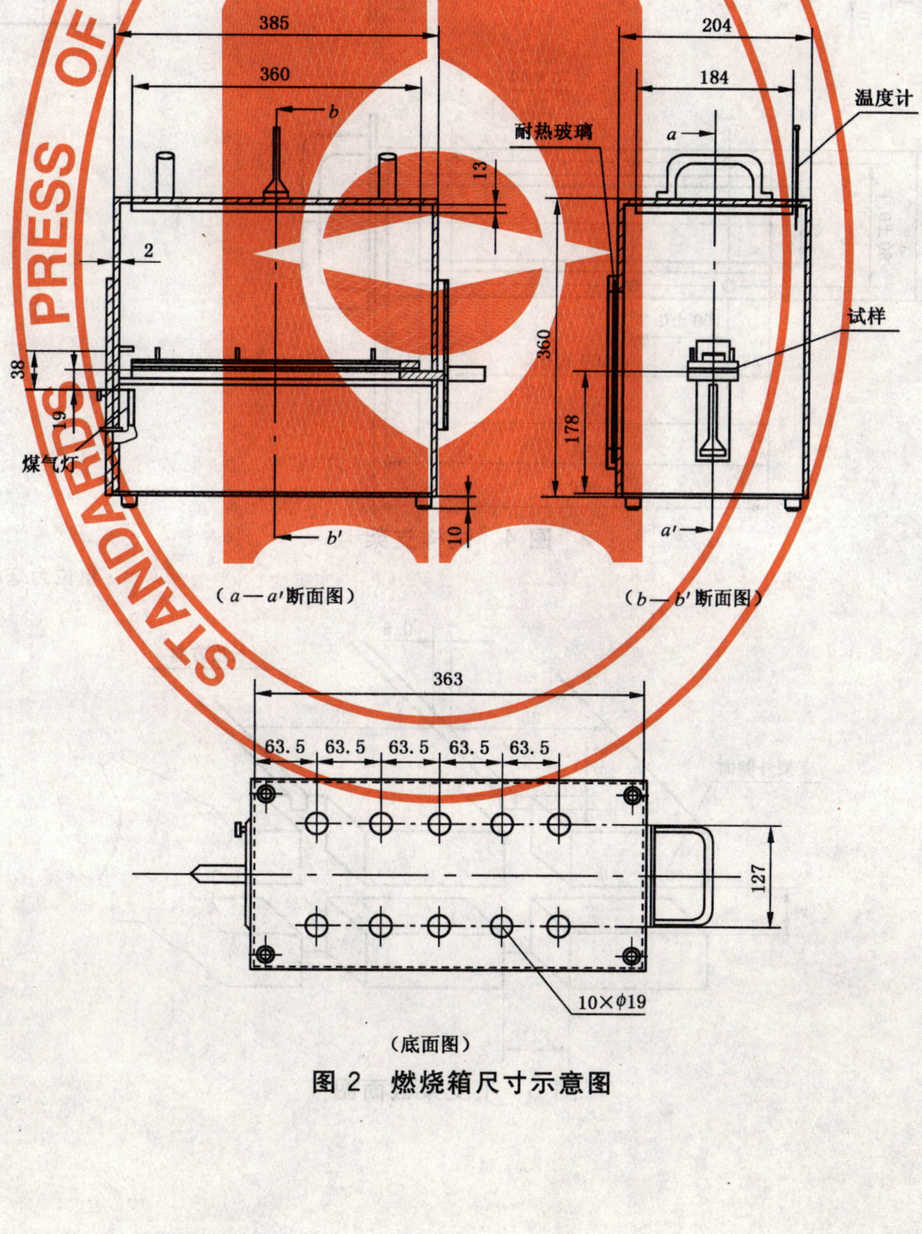

（底面图）

图 2 燃烧箱尺寸示意图

单位为毫米

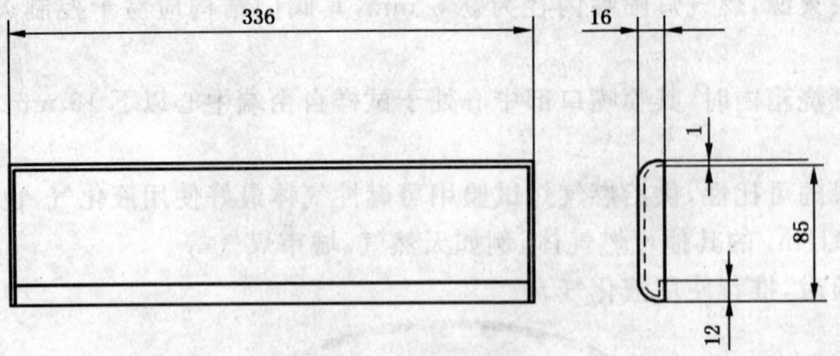

图 3 收集盘

单位为毫米

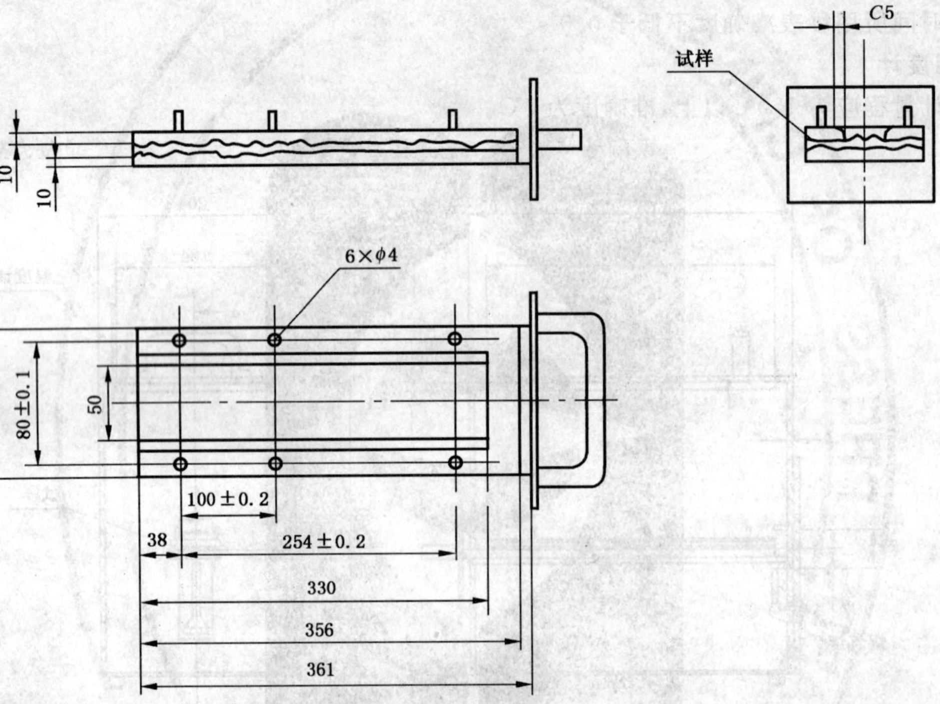

图 4 试样支架

单位为毫米

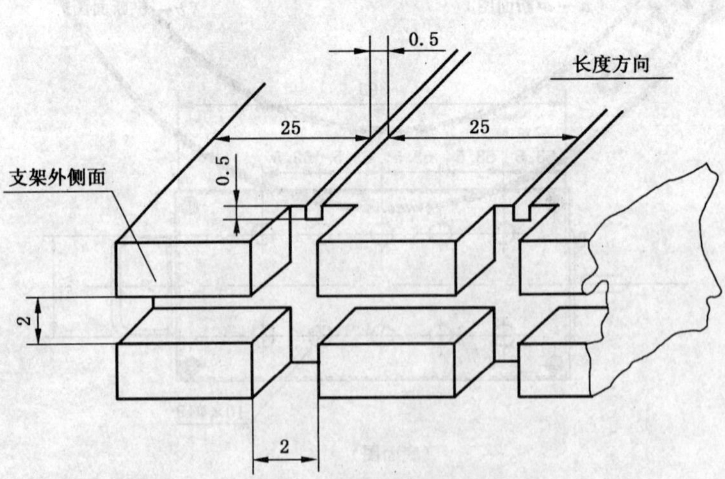

图 5 下支架截面图

4.2.8 **钢板尺**

钢板尺量程 400 mm 以上，准确度 1 mm。

4.2.9 **通风橱**

燃烧箱应放在通风橱中，通风橱内部容积为燃烧箱体积的 20 倍～110 倍，而且通风橱的长、宽、高的任一尺寸不得超过另外两尺寸中任一尺寸的 2.5 倍。

在燃烧箱最终确定位置的前后各 100 mm 处测量空气流过通风橱的垂直速度，该速度应在 0.10 m/s～0.30 m/s 之间。

4.3 **试样**

4.3.1 **形状和尺寸**

标准试样形状和尺寸见图 6。试样的厚度为零件厚度，但不超过 13 mm。

单位为毫米

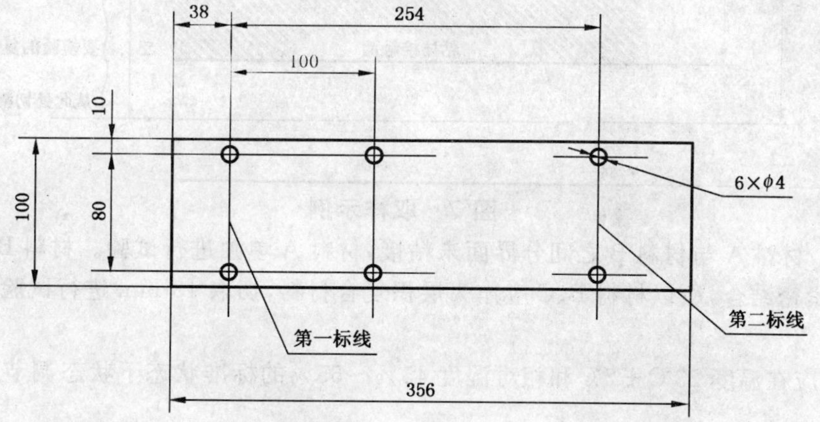

图 6 试样

以不同种类材料进行燃烧性能比较时，试样必须具有相同尺寸（长、宽、厚）。通常取样时必须使试样沿全长有相同的横截面。

当零件的形状和尺寸不足以制成规定尺寸的标准试样时，则应保证下列最小尺寸试样，但要记录：

a) 如果零件宽度介于 3 mm～60 mm，长度应至少为 356 mm。在这种情况下试样要尽量做成接近零件的宽度。

b) 如果零件宽度大于 60 mm，长度应至少为138 mm。此时，可能的燃烧距离相当于从第一标线到火焰熄灭时的距离或从第一条标线开始至试样末端的距离。

c) 如果零件宽度介于 3 mm～60 mm，且长度小于 356 mm 或零件宽度大于 60 mm，长度小于 138 mm，则不能按本标准试验；宽度小于 3 mm 的试样也不能按本标准进行试验。

4.3.2 **取样**

应从被试零件上取下至少 5 块试样。如果沿不同方向有不同燃烧速度的材料，则应在不同方向截取试样，并且要将 5 块（或更多）试样在燃烧箱中分别试验。取样方法如下：

a) 当材料按整幅宽度供应时，应截取包含全宽并且长度至少为 500 mm 的样品，并将距边缘 100 mm的材料切掉，然后在其余部分上彼此等距、均匀取样。

b) 若零件的形状和尺寸符合取样要求，试样应从零件上截取。

c) 若零件的形状和尺寸不符合取样要求，又必须按本标准进行试验，可用同材料同工艺制作结构与零件一致的标准试样（356 mm×100 mm），厚度取零件的最小厚度且不得超过 13 mm 进行试验。此试验结果不能用于鉴定、认证等情况，且必须在试验报告中注明制样情况。

d) 若零件的厚度大于 13 mm，应用机械方法从非暴露面切削，使包括暴露面在内的试样厚度为 13 mm。

e) 若零件厚度不均匀一致，应用机械方法从非暴露面切削，使零件厚度统一为最小部分厚度。

f) 若零件弯曲无法制得平整试样时，应尽可能取平整部分，且试样拱高不超过 13 mm；若试样拱高超过 13 mm，则需用同材料同工艺制作结构与零件一致的标准试样（356 mm×100 mm），厚度取零件的最小厚度且不得超过 13 mm 进行试验。

g) 层积复合材料应视为单一材料进行试验，取样方法同上。

h) 若材料是由若干层叠合而成，但又不属于层积复合材料，则应由暴露面起 13 mm 厚之内所有各层单一材料分别取样进行试验，取样示例见图 7。

单位为毫米

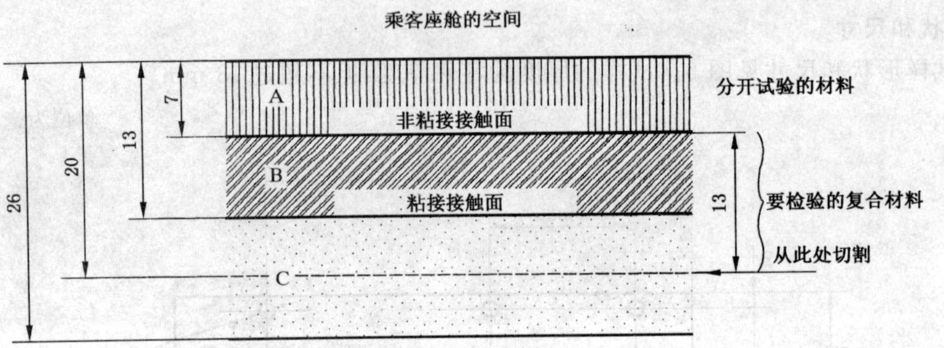

图 7 取样示例

如图 7 所示，材料 A 与材料 B 之间分界面未粘接，材料 A 单独进行试验。材料 B 在厚度 13 mm 以内，且与材料 C 紧密结合，所以材料 B、C 应作为层积复合材料，切取 13 mm 进行试验。

4.3.3 预处理

试验前试样应在温度 23℃±2℃和相对湿度 45%～55%的标准状态下状态调节至少 24 h，但不超过 168 h。

4.4 试验步骤

4.4.1 将预处理过的试样取出，把表面起毛或簇绒的试样平放在平整的台面上，用符合 4.2.5 规定的金属梳在起毛面上沿绒毛相反方向梳两次。

4.4.2 在燃气灯的空气进口关闭状态下点燃燃气灯，将火焰按火焰高度标志板调整，使火焰高度为 38 mm。在开始第一次试验前，火焰应在此状态下至少稳定地燃烧 1 min，然后熄灭。

4.4.3 将试样暴露面朝下装入试样支架。安装试样使其两边和一端被 U 形支架夹住，自由端与 U 形支架开口对齐。当试样宽度不足，U 形支架不能夹住试样，或试样自由端柔软和易弯曲会造成不稳定燃烧时，才将试样放在带耐热金属线的试样支架上进行燃烧试验。

4.4.4 将试样支架推进燃烧箱，试样放在燃烧箱中央，置于水平位置。在燃气灯空气进口关闭状态下点燃燃气灯，并使火焰高度为 38 mm，使试样自由端处于火焰中引燃 15 s，然后熄掉火焰（关闭燃气灯阀门）。

4.4.5 火焰从试样自由端起向前燃烧，在传播火焰根部通过第一标线的瞬间开始计时。注意观察燃烧较快一面的火焰传播情况，计时以火焰传播较快的一面为准。

4.4.6 当火焰达到第二标线或者火焰达到第二标线前熄灭时，同时停止计时，计时也以火焰传播较快的一面为准。若火焰在达到第二标线之前熄灭，则测量从第一标线起到火焰熄灭时的燃烧距离。燃烧距离是指试样表面或内部已经烧损部分的长度。

4.4.7 如果试样的非暴露面经过切割，则应以暴露面的火焰传播速度为准进行计时。

4.4.8 燃烧速度的要求不适用于切割试样所形成的表面。

4.4.9 如果从计时开始，试样长时间缓慢燃烧，则可以在试验计时 20 min 时中止试验，并记录燃烧时间及燃烧距离。

4.4.10 当进行一系列试验或重复试验时，下一次试验前燃烧箱内和试样支架最高温度不应超过 30℃。

4.5 计算

燃烧速度(V)按下式计算：

$$V = 60 \times (L/T)$$

式中：

V——燃烧速度，单位为毫米每分钟(mm/min)；

L——燃烧距离，单位为毫米(mm)；

T——燃烧距离 L 所用的时间，单位为秒(s)。

燃烧速度以所测 5 块或更多样品的燃烧速度最大值为试验结果。

4.6 结果表示

4.6.1 如果试样暴露在火焰中 15 s，熄灭火源试样仍未燃烧，或试样能燃烧，但火焰达到第一测量标线之前熄灭，无燃烧距离可计，则被认为满足燃烧速度要求，结果均记为 A-0 mm/min。

4.6.2 如果从试验计时开始，火焰在 60 s 内自行熄灭，且燃烧距离不大于 50 mm，也被认为满足燃烧速度要求，结果记为 B。

4.6.3 如果从试验计时开始，火焰在两个测量标线之间熄灭，为自熄试样，且不满足 4.6.2 项要求，则按 4.5 项要求进行燃烧速度的计算，结果记为 C-燃烧速度实测值 mm/min。

4.6.4 如果从试验计时开始，火焰燃烧到达第二标线，或者存在 4.4.9 项情况(主动结束试验)，则按 4.5 项要求进行燃烧速度的计算，结果记为 D-燃烧速度实测值 mm/min。

4.6.5 如果出现试样在火焰引燃 15 s 内已经燃烧并到达第一标线，则认为试样不能满足燃烧速度的要求，结果记为 E。

5 试验报告

试验报告应包括下列内容：

a) 材料种类、零件名称、来源、试验日期、试验者；

b) 样品颜色、编号；

c) 材料组成；

d) 试样尺寸、层积复合材料各层厚度，试样在产品中的方向；

e) 试样数量；

f) 试验结果：燃烧距离、燃烧时间、燃烧速度。燃烧特性值是否符合标准要求；

g) 是否用支撑线；

h) 与本标准规定不同的试验条件的记载。

ICS 81.060.20
Q 32

中华人民共和国国家标准

GB/T 8489—2006
代替 GB/T 8489—1987

精细陶瓷压缩强度试验方法

Test method for compressive strength of fine ceramics (advanced ceramics, advanced technical ceramics)

2006-02-22 发布

2006-09-01 实施

中华人民共和国国家质量监督检验检疫总局
中国国家标准化管理委员会 发布

前　言

本标准修改采用日本标准 JIS R 1608—2003(高性能陶瓷压缩强度试验方法)。

本标准是对 GB/T 8489—1987《工程陶瓷压缩强度试验方法》进行的修订。

本标准与 JIS R 1608—2003 的主要差异如下：

——修改“高性能陶瓷”为“精细陶瓷”；增加适用范围“功能陶瓷”(见 1)。

——删除名词术语中的加压板(见 3)。

——增加试样断裂时试验机载荷范围规定(见 4.1)。

——增加上下压头尺寸、粗糙度、硬度、平行度的规定(见 4.2)。

——增加有关接触块尺寸、粗糙度、硬度、平行度以及使用规定(见 4.3)。

——增加有关垫片厚度、材质的规定(见 4.4)。

——增加量具精度规定(见 4.5)。

——增加取样规定，修改每组试样个数为 10 个(见 5.1)。

——增加压电陶瓷试样制作说明(见 5.2)。

——增加方棱柱形试样的示意图(见图 1)。

——增加圆弧形下压头的示意图(见图 2)。

——横梁位移速率改为 0.2 mm/min(见 6.3)。

——增加压电陶瓷试验方法，删除加压板的再使用(见 6.4)。

——增加平均值计算公式(见 7.2)。

——删除原有试验报告内容，重新编写(见 8)。

——删除原附录，增加异常数据取舍(见附录 A)。

本标准代替 GB/T 8489—1987，与之相比主要变化如下：

——标题“工程陶瓷”修改为“精细陶瓷”。

——删除 SG 187 聚四氟乙烯薄膜，更新 GB 1031 为 GB/T 1031 表面粗糙度参数及其数值(87 版的 2，本版的 2)。

——修改方法提要为术语和定义，修改压缩强度定义，增加压缩破坏定义(1987 版的 3，本版的 3)。

——对试样加工参数作出新的规定和说明以方便试验，并增加了样品和加载方式示意图(1987 版的 5，本版的 5)。

——参照日本国家标准 JIS R 1608—2003 以及我国陶瓷压缩试验的实际情况，对试样尺寸作出新的规定使用比原标准更小的样品，便于在普通万能材料实验机上进行试验(1987 版的 5.2，本版的 5.2)。

——试验步骤改为试验方法(1987 版的 6，本版的 6)，增加了两条说明(本版的 6.5、6.6)。

——增加了平均值的计算公式(本版 7.2)。

——修改了计算标准差的公式(1987 版的 7.3，本版的 7.3)。

——增加了统计数据分析的样品数量基本要求(见 7.4)。

——在试验报告小节中增加了关于试样形状，材质，尺寸，表面粗糙度和加工条件(1987 版的 8，本版的 8)。

本标准附录 A 为规范性附录。

本标准由中国建筑材料工业协会提出。

本标准由全国工业陶瓷标准化技术委员会归口。

本标准起草单位：中国建筑材料科学研究院、深圳新三思计量技术有限公司。

本标准起草人：包亦望、曹增辰、马眷荣、仇沱、雷庆安、周丽玮。

本标准所代替标准的历次版本发布情况为：

——GB/T 8489—1987。

精细陶瓷压缩强度试验方法

1 范围

本标准规定了测定精细陶瓷压缩强度试验的设备、试样、测试步骤和结果处理。

本标准适用于精细陶瓷室温下的压缩强度的测定,也适用于功能陶瓷室温下压缩强度的测定。

2 规范性引用文件

下列标准中的条文,通过本部分的引用而构成本部分的条文。凡是注日期的引用文件,其随后所有的修改单(不包括勘误的内容)或修订版均不适用于本部分,然而,使用本部分的各方应探讨使用下列标准最新版本的可能性。凡是不注日期的引用文件,其最新版本适用于本部分。

GB/T 1031—1995 表面粗糙度参数及其数值(neq ISO 468:1982)

3 术语和定义

下列术语和定义适用于本标准。

3.1

压缩强度 compressive strength

试样在均匀单向压缩载荷作用下发生破裂时刻的最大压应力。

3.2

压缩破坏 compressive failure

试样在压缩试验中,破裂为两块或两块以上的碎块,或压缩载荷大幅下降。

4 试验设备

4.1 试验机:能提供均匀可调的位移速率,载荷示值相对误差不大于±1%的材料试验机。试样压碎时的最大压力应在试验机载荷使用量程的20%~90%之间。

4.2 采用无球面支承的上压头,和可通过球面调节表面平行度的下压头。上下压头的中心线应与机架中心线相重合,下压头上应有定位标志。

4.2.1 上下压头表面应平整,表面粗糙度 Ra 不应大于0.80 μm,硬度不应低于HRC 60。

4.2.2 压头直径应大于60 mm,厚度应大于30 mm,上下压头应相互平行,其平行度误差不应大于0.02 mm。

4.3 接触块:采用硬质合金块,用于压板与试样之间。接触块的厚度大于20 mm,直径大于25 mm(也可采用尺寸相当的方形)。接触块上下表面应平整并相互平行,平行度误差不大于0.015 mm,表面粗糙度 Ra 按GB/T 1031规定不大于0.80 μm。

4.4 垫片:使用厚度为35 μm的聚四氟乙烯薄膜,或者厚度在60 μm~100 μm的石墨纸。每一个试样应使用一对新的垫片。

4.5 量具:精度为0.02 mm的游标卡尺。

5 试样

5.1 取样：试样应从待测制品中切取或直接按待测制品的制造工艺制备，不应有可见破损或裂纹。每组试样数量不少于10个。

5.2 试样形状及尺寸：如图1所示，试样形状为圆柱形或横截面为正方形的方棱柱。圆柱形试样底面直径为5 mm±0.1 mm，高度为12.5 mm±0.1 mm横截面为正方形的方棱柱试样截面边长为5 mm±0.1 mm，高度为12.5 mm±0.1 mm。对于压电陶瓷，其长度应沿极化方向取12.5 mm±0.1 mm，不去除电极面。

5.3 试样处理：上下表面应研磨成平面并相互平行，平行度误差0.01 mm，与轴心垂直度误差不大于0.01 mm。上下表面的边缘作45°的倒角或圆弧倒角，深度为0.1 mm～0.2 mm。试样表面粗糙度 *Rz* 按GB/T 1031规定不大于3.2 μm。

6 试验方法

6.1 测量试样的直径或截面尺寸，精确至0.02 mm。

6.2 小心地将试样、接触块中心对准试验机压板的中心，在试样与接触块之间垫以垫片。在试样周围放置防护罩以防止试验时试样碎片飞出（见图2）。

6.3 对试样连续施加试验力，横梁位移速率为0.2 mm/min，记录试样压缩破坏时的临界载荷。

6.4 对于压电陶瓷，应在极化十天后按6.1～6.3条方法进行试验。

6.5 对于准脆性陶瓷和可加工陶瓷样品，破坏后的样品可能发生剪切破坏而不是粉碎性破坏，宜保留样品做断口分析。

6.6 每个压缩试验完成后应仔细清扫接触块以及压板，以免碎片影响到下一个试样的试验。

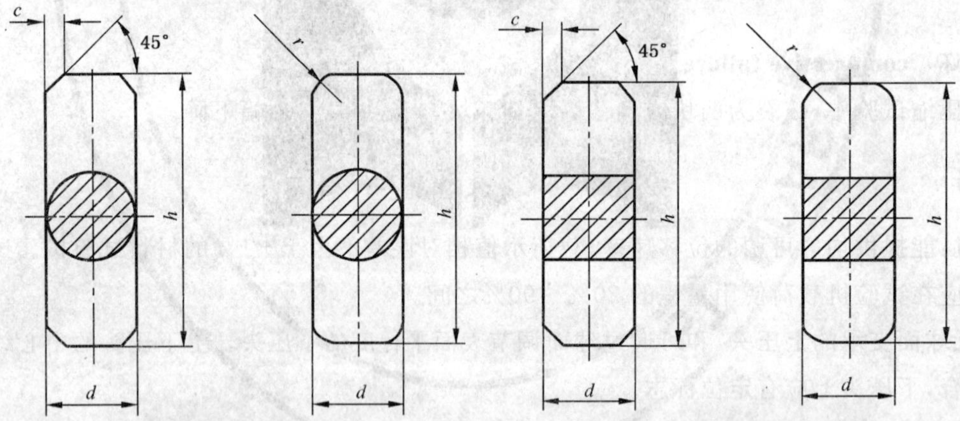

（a） 圆柱形试样　　　　（b） 方棱柱形试样

c——倒角深度0.1 mm～0.2 mm；

r——倒角半径；

h——试样高度；

d——试样截面直径或边长。

图1 试验样品形状和尺寸示意图

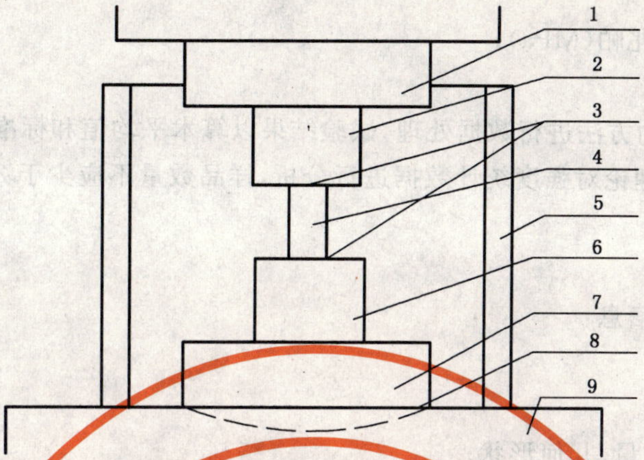

1——上压头；
2——接触块；
3——垫片；
4——试验样品；
5——防护罩；
6——接触块；
7——下压头；
8——球缺接触面；
9——试验机底座。

图 2 陶瓷压缩试验的样品和加载示意图

7 结果计算

7.1 单个试样的压缩强度按式(1)计算：

$$\sigma_c = \frac{P}{A} \qquad \cdots\cdots(1)$$

式中：

σ_c——压缩强度，单位兆帕(MPa)；

P——临界载荷，单位牛顿(N)；

A——试样横截面积，(对圆柱试样 $A=\pi d^2/4$；对于正方截面试样 $A=d^2$)，单位平方毫米(mm^2)压缩强度计算有效数字修约到整数位，当测定值小于 100 MPa 时，有效数字修约到三位。

7.2 平均值的计算：

$$\overline{\sigma_c} = \frac{\sum_1^n \sigma_{c,i}}{n} \qquad \cdots\cdots(2)$$

式中：

$\overline{\sigma_c}$——压缩强度的平均值，单位兆帕(MPa)；

n——被测试样数量；

$\sigma_{c,i}$——第 i 个试样的压缩强度，单位兆帕(MPa)。

7.3 按试(2)算出标准偏差，有效数字修约到三位：

$$S = \left[\frac{\sum_1^n (\sigma_{c,i} - \overline{\sigma_c})^2}{n-1}\right]^{1/2} \qquad \cdots\cdots(3)$$

式中：

S——标准偏差，单位兆帕(MPa)；

其他同式(1)。

7.4 计算结果按附录A的方法进行数据处理，试验结果以算术平均值和标准偏差表示。

若按照Weibull统计理论对强度统计数据进行分析，样品数量不应少于30个。

8 试验报告

试验报告应包含下列信息：

a) 试验部门；

b) 试验设备；

c) 试验日期，样品数量、几何形状；

d) 试验人员；

e) 试验细节记录；

f) 试验结果(单值，平均值，标准偏差)；

g) 其他有关信息。

附 录 A
（规范性附录）

A.1 把测得的压缩强度数据按其数值从小到大排列成：

$\sigma_{c(1)}, \sigma_{c(2)}, \cdots\cdots, \sigma_{c(n-1)}, \sigma_{c(n)}$。

A.2 规定显著性水平 $\alpha=0.05$，根据 n 查表 A.1 得 $T_{(n,0.05)}$ 值。

A.3 计算 T 值

当最小值 $\sigma_{c(1)}$ 或最大值 $\sigma_{c(n)}$ 是可疑数据时，分别按式(A.1)、(A.2)计算：

$$T_{(1)} = \frac{\bar{\sigma}_c - \sigma_{c(1)}}{S} \qquad \cdots\cdots\cdots(A.1)$$

$$T_{(2)} = \frac{\sigma_{c(n)} - \bar{\sigma}_c}{S} \qquad \cdots\cdots\cdots(A.2)$$

式中：

$T_{(1)}$——最小值 $\sigma_{c(1)}$ 的计算值；

$T_{(2)}$——最大值 $\sigma_{c(n)}$ 的计算值；

$\bar{\sigma}_c$——各试样压缩强度算术平均值 $\bar{\sigma}_c=\frac{1}{n}\sum_{i=1}^{n}\sigma_{c(i)}$，单位兆帕(MPa)；

S——标准偏差按 7.3 中式(3)计算，单位兆帕(MPa)；

σ_c——试样压缩强度，单位兆帕(MPa)；

n——被测试样总数。

A.4 将 T 与 $T_{(n,0.05)}$ 值进行比较，当 $T \geqslant T_{(n,0.05)}$，则所怀疑的数据是异常的，应予舍去。当 $T < T_{(n,0.05)}$，该数据不能舍去。

表 A.1

n	3	4	5	6	7	8	9	10	11	12
T	1.15	1.46	1.67	1.82	1.94	2.03	2.11	2.18	2.23	2.29
n	13	14	15	16	17	18	19	20	50	100
T	2.33	2.37	2.41	2.44	2.47	2.50	2.53	2.56	2.96	3.21

ICS 77.150.50
H 64

GB

中华人民共和国国家标准

GB/T 8547—2006
代替 GB/T 8547—1987

STANDARDS PRESS OF CHINA

钛-钢复合板

Titanium clad steel plate

2006-07-18 发布　　　　2006-11-01 实施

中华人民共和国国家质量监督检验检疫总局
中国国家标准化管理委员会　发布

前　言

本标准是对 GB/T 8547—1987《钛钢复合板》的修订。

本标准与 GB/T 8547—1987 相比，主要有以下变动：

——在原标准两种生产方法的基础上增加轧制法，并对轧制法生产的复合板各项指标作了规定；

——提高了复材厚度精度；

——适用材料一章增加了锻制基材(JB 4726 和 JB 4727)，删除了 GB 6655(已作废)；

——删除了 Ti-0.3Mo-0.8Ni 和 Ti-0.2Pd 化学成分表；

——复合板规格中，增加了厚度 4 mm～<8 mm 和>64 mm～100 mm；

——长度偏差表 4 中对长度>2 800 mm～4 500 mm 的复合板的偏差规定了具体值；

——对复合板的力学性能进行了修改；

——对表面质量要求中部分条款进行了补充；

——增加了焊接修复的相关要求；

——对除 0 类复合板外的其他类复合板的剪切强度值进行了调整，改为≥140 MPa，与日本 JIS G3603 保持一致；

——对复材拼焊及复合板剪切长度作了修改；

——复合板复层厚度应允许由多层组成；

——将原附录 A 的内容移到标准正文中，并对复合材热处理制度进行了调整，包括保温时间、加热和冷却速度。

本标准的附录 A 为规范性附录。

本标准由中国有色金属工业协会提出。

本标准由全国有色金属标准化技术委员会归口。

本标准由宝鸡有色金属加工厂(宝鸡钛业股份有限公司)、西研稀有金属新材料公司、中国有色金属工业标准计量质量研究所负责起草。

本标准主要起草人：黄永光、闫静亚、李选明、张平辉、王韦琪、张宪铭。

本标准由全国有色金属标准化技术委员会负责解释。

本标准所代替标准的历次版本发布情况为：

——GB/T 8547—1987。

钛-钢复合板

1 范围

本标准规定了钛-钢复合板的产品分类、技术要求、试验方法、检验规则和标志、包装、运输、贮存及订单内容等。

本标准适用于耐蚀压力容器、贮槽及其他用途的钛-钢轧制复合板、钛-钢爆炸复合板或爆炸-轧制复合板。

2 规范性引用文件

下列文件中的条款通过本标准的引用而成为本标准的条款。凡是注日期的引用文件，其随后所有的修改单(不包括勘误的内容)或修订版均不适用于本标准，然而，鼓励根据本标准达成协议的各方研究是否可使用这些文件的最新版本。凡是不注日期的引用文件，其最新版本适用于本标准。

GB/T 223　钢铁及合金化学分析方法

GB/T 700　碳素结构钢

GB/T 709　热轧钢板和钢带的尺寸、外形、重量及允许偏差

GB/T 711　优质碳素结构钢热轧厚钢板和宽钢带

GB 712　船体用结构钢

GB 713　锅炉用钢板

GB/T 3274　碳素结构钢和低合金结构钢　热轧厚钢板和钢带

GB 3531　低温压力容器用低合金钢板

GB/T 3620(所有部分)　钛及钛合金牌号和化学成分及成分允许偏差

GB/T 3621　钛及钛合金板材

GB/T 4698(所有部分)　海绵钛、钛及钛合金化学分析方法

GB/T 6396　复合钢板力学及工艺性能试验方法

GB 6654　压力容器用钢板

JB 4726　压力容器用碳素钢和低合金钢锻件

JB 4727　低温压力容器用碳素钢和低合金钢锻件

JB/T 10061　A 型脉冲反射式超声波探伤仪通用技术条件

3 术语、定义

GB/T 6396 确立的以及下列术语、定义适用于本标准。

钛-钢复合板　Titanium clad steel plate

用轧制、爆炸或爆炸-轧制方法使钛(复材)与钢(基材)达到冶金结合的金属复合板。

4 要求

4.1 产品分类

4.1.1 分类和代号

钛-钢复合板的分类和各类代号应符合表 1 的规定。

4.1.2 适用材料

复合板复材和基材应符合表 2 的规定，表中所列的复材与基材可以自由结合。对于管板用复合板，

基材可以使用锻制材。经供需双方协商也可提供其他复材和基材的复合板。

4.1.3 供货状态

复合板以轧制(R)、爆炸(B)或爆炸-轧制(BR)状态供货。爆炸复合板以消除应力(m)状态供应,其热处理制度为:温度540℃±25℃,保温时间1 h~5 h,加热和冷却速度为50℃/h~200℃/h。

表1 钛-钢复合板分类和代号

生产种类			代号	用途分类
轧制复合板	轧制复合板	1类	R1	0类:用于过渡接头、法兰等高结合强度,且不允许不结合区存在的复合板 1类:将钛材作为强度设计材料或特殊用途的复合板,如管板等 2类:将钛作为耐蚀设计,而不考虑其强度的复合板,或代替衬里使用
		2类	R2	
	爆炸-轧制复合板	1类	BR1	
		2类	BR2	
爆炸复合板		0类	B0	
		1类	B1	
		2类	B2	

表2 材料

复材	基材
GB/T 3621 钛及钛合金板材中的TA0、TA1、TA2、TA9、TA10	GB/T 700 碳素结构钢 GB/T 711 优质碳素结构钢热轧厚钢板和宽钢带 GB 712 船体用结构钢 GB 713 锅炉用钢板 GB/T 3274 碳素结构钢和低合金结构钢热轧厚钢板和钢带 GB 3531 低温压力容器用低合金钢板 GB 6654 压力容器用钢板 JB 4726 压力容器用碳素钢和低合金钢锻件 JB 4727 低温压力容器用碳素钢和低合金钢锻件
注:经供需双方协商,也可提供其他复材和基材的复合板。	

4.1.4 标记示例

示例1:

复材厚度为6 mm的TA2、基材厚度为30 mm的Q235B钢生产的宽度为1 000 mm、长度为3 000 mm、消除应力状态的1类爆炸复合板标记为:

TA2/Q235B B1 m 6/30×1 000×3 000 GB/T 8547—2006

示例2:

复材厚度为2 mm的TA1、基材厚度10 mm的Q235B钢生产的宽度为1 100 mm、长度为3 500 mm、2类爆炸-轧制复合板标记为:

TA1/ Q235B BR2 2/10×1 100×3 500 GB/T 8547—2006

4.2 化学成分

4.2.1 基材的化学成分应符合相应钢材标准的规定。

4.2.2 复材的化学成分应符合GB/T 3620的规定,需方有特殊要求时由双方协商。

4.3 外形尺寸及允许偏差

4.3.1 复合板的厚度和宽度(或直径)允许偏差应符合表3的规定。

4.3.2 复合板的长度偏差应符合表4的规定。

4.3.3 宽度大于1 100 mm或长度大于3 000 mm的复合板允许复材拼焊。

4.3.4 复合板复材的厚度一般为1.5 mm～10 mm，复合板的复层可由多层复合构成。爆炸复合板复材厚度的允许偏差不大于复材名义厚度的±10%；爆炸-轧制复合板和轧制复合板复材厚度的允许偏差不大于复材名义厚度的$^{+20}_{-10}$%。

4.3.5 复合板基材的厚度间隔按GB/T 709的规定执行。

4.3.6 复合板的不平直度应符合表5的规定。需方有特殊要求时，可由供需双方协商确定。

表3 厚度和宽度允许偏差

单位为毫米

复合板厚度	复合板厚度允许偏差	复合板宽度(或直径)及允许偏差		
		宽度≤1 100	宽度>1 100～1 600	宽度>1 600～2 200
4～8	±0.8	$^{+15}_{0}$	$^{+15}_{0}$	$^{+30}_{0}$
>8～18	±0.8	$^{+15}_{0}$	$^{+15}_{0}$	$^{+30}_{0}$
>18～28	±1.0	$^{+50}_{0}$	$^{+50}_{0}$	$^{+50}_{0}$
>28～46	±1.2	$^{+50}_{0}$	$^{+50}_{0}$	$^{+50}_{0}$
>46～64	±1.5	$^{+50}_{0}$	$^{+50}_{0}$	$^{+50}_{0}$
>64～100	±2.0	$^{+50}_{0}$	$^{+50}_{0}$	$^{+50}_{0}$
注：经供需双方协商，也可提供其他规格或尺寸偏差有特殊要求的复合板。				

表4 复合板的长度偏差

单位为毫米

复合板厚度	复合板长度及其允许偏差			
	长度≤1 100	长度>1 100～1 600	长度>1 600～2 800	长度>2 800～4 500
4～8	$^{+15}_{0}$	$^{+15}_{0}$	$^{+25}_{0}$	$^{+50}_{0}$
>8～18	$^{+15}_{0}$	$^{+15}_{0}$	$^{+25}_{0}$	$^{+50}_{0}$
>18～64	$^{+50}_{0}$	$^{+50}_{0}$	$^{+50}_{0}$	$^{+50}_{0}$
>64～100	$^{+50}_{0}$	$^{+50}_{0}$	$^{+50}_{0}$	$^{+50}_{0}$

表5 复合板的不平直度

复合板分类	0类、1类		2类
	厚度≤30 mm	厚度>30 mm	
复合板不平直度，mm/m	≤8	≤6	≤15
注：基材是锻钢的复合材，可由双方协商确定。			

4.3.7 复合板四角应切成直角，切斜应不大于其长度或宽度的允许偏差。厚度大于18 mm或长度大于4 000 mm的复合板允许用其他切割方法切边。需方同意时，可不切边交货。

4.4 力学性能和工艺性能

4.4.1 复合板的力学性能

4.4.1.1 当复材金属不作为设计强度部分，即对于复合板厚度大于38.1 mm时，只做基材抗拉强度试验，并符合相应基材的标准要求。

4.4.1.2 当复材金属作为设计强度部分时，复合板的拉伸性能应符合表6的规定。复合板的抗拉强度理论下限标准值按下列公式计算：

$$R_{mj}=\frac{t_1R_{m1}+t_2R_{m2}}{t_1+t_2} \quad \cdots\cdots(1)$$

式中：

R_{m1}——基材抗拉强度下限标准值，单位为兆帕(MPa)；

R_{m2}——复材抗拉强度下限标准值，单位为兆帕(MPa)；

t_1——基材厚度，单位为毫米(mm)；

t_2——复材厚度，单位为毫米(mm)。

4.4.2 复合板的剪切强度和工艺性能应符合表6的规定。弯曲试验中试样至规定的角度后，在弯曲部分的外侧不允许产生裂纹，复合界面不允许分层。

表6 复合板的性能

拉伸试验		剪切试验		弯曲试验	
抗拉强度(R_m)/MPa	伸长率(A)/%	剪切强度(τ)/MPa		弯曲角(α)/度	弯曲直径(D)/mm
		0类复合板	其他类复合板		
$>R_{mj}$	≥基材或复材标准中较低一方的规定值	≥196	≥140	内弯180°，外弯由复材标准决定	内弯时按基材标准规定，不够2倍时取2倍；外弯时为复合板厚度的3倍
注1：复合板的抗拉强度理论下限标准值 R_{mj} 按4.4.1.2计算。 注2：爆炸-轧制复合板的伸长率可以由供需双方协商确定。 注3：剪切强度适用于复层厚度1.5 mm及其以上的复合材。 注4：基材为锻制品时不做弯曲试验。					

4.5 结合面积

复合板的结合状态、结合面积应符合表7的规定。

表7 复合板的结合面积

0类	1类	2类
面积结合率为100%	面积结合率大于98%；单个不结合区的长度不大于75 mm，其面积不大于45 cm^2	面积结合率大于95%；单个不结合区面积不大于60 cm^2

4.6 焊接

4.6.1 拼焊质量

复材的拼焊焊缝应满足以下条件：

4.6.1.1 复材焊缝应经无损检验，其判定标准及焊缝要求由供需双方协商确定。

4.6.1.2 拼板最小宽度不小于300 mm。

4.6.2 焊接修复

除非另有规定，对于复板和基板的非穿透性缺陷可采用焊接方法修复，并确保满足以下要求：

4.6.2.1 缺陷区应清除，准备再处理的区域应采用磁粉或液体渗透检验，以保证整个缺陷区被清除干净。

4.6.2.2 复层金属的焊接应采用合适的方法进行，以使表面状态与相邻复层的耐蚀性相近。

4.6.2.3 经再处理的区域应进行渗透检验，并进行超声检验。

4.6.2.4 焊接再处理的位置和范围与再处理程序及检验结果一起作为质量证明书的一部分一并交付。

4.7 表面质量

4.7.1 复合板以喷砂、酸洗或抛光表面交货，需方对表面有特殊要求时，可由双方协商确定。

4.7.2 复合板复材的表面不允许有裂纹、起皮、压折、金属或非金属夹杂物等宏观缺陷，允许有不超出复材厚度偏差之半的划伤、凹坑、压痕等缺陷。

4.7.3 允许顺加工方向清除复材表面的局部缺陷，但清理后复材的厚度不得小于其最小允许值。

5 试验方法

5.1 化学成分仲裁分析方法

5.1.1 复材化学成分的仲裁分析方法按 GB/T 4698 的规定进行。

5.1.2 基材化学成分的仲裁分析方法按 GB/T 223 的规定进行。

5.2 外形尺寸检验方法

5.2.1 复合板的厚度在距顶角不小于 100 mm，距边部不小于 20 mm 处测量。

5.2.2 复合板的厚度可用千分尺、卡尺测量，也可用超声波测厚仪测量。用超声波测厚仪测量时，每张板材取任意 10 点的平均值。

5.2.3 复合板复材的厚度按 GB/T 6396 的规定进行。

5.2.4 其他尺寸采用相应精度的量具检测。

5.3 力学性能检验方法

复合板的剪切强度和室温拉力试验按 GB/T 6396 进行。

5.4 工艺性能检验方法

复合板的弯曲试验按 GB/T 6396 进行。

5.5 结合面积检验方法

复合板的结合状态和结合面积用超声波探伤法检验，按本标准附录 A 进行。超出附录 A 时双方协商。

5.6 表面质量检查方法

复合板的表面质量用目视检验。

6 检验规则

6.1 检查和验收

6.1.1 产品应由供方质量检验部门进行检验，并保证产品质量符合本标准的要求。

6.1.2 需方应对收到的产品按本标准的规定进行复验。复验结果与本标准及订货合同的规定不符时，应以书面形式向供方提出；由供需双方协商解决。属于表面质量及尺寸偏差的异议，应在收到产品之日起 1 个月内提出；属于其他性能的异议，应在收到产品之日起 3 个月内提出。如需仲裁，仲裁试验应由供需双方共同进行。

6.2 组批

复合板应成批提交验收，每批应由同一牌号(复材/基材)、类别、规格(复材/基材)、状态、加工工艺的产品组成。对于大批量供货时，组批方式可由供需双方协商确定。

6.3 检验项目

每批产品的检验项目应符合表 8 的规定。

表 8 产品检验项目

检验项目	复合板种类						
	B0	B1	B2	BR1	BR2	R1	R2
拉伸试验	○	△	△	○	△	○	△
剪切试验	○	○	○	○	○	○	△
内弯试验	○	○	△	△	△	△	△
外弯试验	△	△	×	△	×	△	×
超声波探伤	○	○	○	○	○	○	○
外形尺寸	○	○	○	○	○	○	○
表面质量	○	○	○	○	○	○	○
注：表中符号表示： ○：表示必做的检验项目； △：表示需由供需双方协商确定的检验项目； ×：表示不必做的检验项目。							

6.4 **取样位置与取样数量**

6.4.1 复材的化学成分以原铸锭的化学成分或按原板材合格证报出，基材的化学成分按原合格证报出。

6.4.2 复合板的外形尺寸应逐张进行检查，复材厚度的测量允许每批取一张板材进行。

6.4.3 复合板的力学性能检验从每批产品中任取一张，按测试项目各取一个横向试样（剪切试样不做规定）。允许从同一生产周期、同一工艺的试板或余料中切取试样。

6.4.4 复合板的工艺性能检验从每批产品中任取一张，取一个横向试样。允许从同一生产周期、同一工艺的试板或余料中切取试样。

6.4.5 复合板的结合面积应逐张进行检验，其检验项目应符合表 9 的规定。

表 9 复合板的结合面积

0 类和 1 类复合板	2 类复合板
全面探伤	周边按 50 mm 宽的范围内连续探伤，其余沿 200 mm 距离的网格探伤，但起爆点须进行探伤

6.4.6 复合板的表面质量应逐张进行检查。

6.5 **检验结果的判定**

6.5.1 化学成分不合格时，判该批产品不合格。

6.5.2 产品外形尺寸偏差、表面质量不合格时，判该件产品不合格。

6.5.3 当力学性能和工艺性能试验结果中有试样不合格时，应从该批产品（包括原检验不合格的产品）中另取双倍数量的试样对不合格项进行重复试验。重复试验结果全部合格，则判整批产品合格。若重复试验结果仍有试样不合格，则判该批产品不合格。或逐张对不合格项目进行复验，合格者重新组批交货。或进行重新热处理，重新取样检验。

7 交货重量

当合同中没有特别注明时，复合板均按理论重量交货。复合板的理论重量按复材和基材的厚度、复合板的长度和宽度计算。1 mm 厚的钛板和钢板的理论重量分别为 4.51 kg/m^2 和 7.85 kg/m^2。

8 包装、标志、运输和贮存

8.1 标志

产品除附有检查标志外，成捆或散装的产品上均应系(粘)有标签或标牌，其上注明：

a) 供方名称或代号；

b) 产品牌号、规格和状态；

c) 产品批号。

8.2 包装、运输和贮存

8.2.1 复合板采用裸装。复材面两两相对，中间衬以防潮纸，外部用金属丝捆紧。对包装有特殊要求时由供需双方协商。

8.2.2 产品在运输和贮存时要防止碰撞、受潮和活性化学物品的侵蚀。

8.3 质量证明书

每批产品应附有与本批产品相符的质量证明书，其上注明：

a) 供方名称或代号；

b) 产品名称或代号；

c) 产品牌号(复材/基材)、规格和状态；

d) 产品的批号及基材批号、复材炉号；

e) 批重和件数；

f) 各项分析检验结果及检验部门的印记；

g) 本标准编号；

h) 包装日期。

9 订货单(或合同)内容

订购本标准所列材料的订货单(或合同)应包括下列内容：

a) 产品名称；

b) 牌号；

c) 状态；

d) 尺寸规格；

e) 重量或张数；

f) 本标准编号；

g) 增加本标准以外内容时的协商结果。

附 录 A
（规范性附录）
钛-钢复合板的超声波探伤方法

A.1 范围

本方法是以钢为基材，以钛为复材，总厚度大于 4 mm，多层复合的轧制、爆炸及爆炸-轧制复合板的超声波探伤方法。

A.2 一般要求

A.2.1 目的

主要用于探测复合板的复材与基材之间的贴合程度。

A.2.2 方法类别

本标准规定采用纵波脉冲反射法（或多次脉冲反射法）进行超声波探伤。接触法或水浸法均可使用。

A.2.3 对探伤人员的要求

探伤操作人员应达到部级或与此相当的学会Ⅰ级及以上无损检测人员水平；签发及解释检验报告人员应达到部级或与此相当的学会Ⅱ级及以上无损检测人员水平。

A.2.4 探伤表面

A.2.4.1 复合板表面不得有影响探伤的氧化皮、油污及锈蚀等其他污物。

A.2.4.2 探伤表面粗糙度 Ra 应不大于 5 μm。

A.2.4.3 在规定的探伤灵敏度下，材料的噪声电平不大于 5%。

A.3 探伤设备

A.3.1 探伤仪器

使用脉冲反射式超声波探伤仪。探伤仪应符合 JB/T 10061《A 型脉冲反射式超声波探伤仪通用技术条件》中规定的技术性能指标。

A.3.2 探头

A.3.2.1 使用晶片为圆柱形或矩形的直探头。也可使用双晶探头。

A.3.2.2 圆柱形晶片尺寸一般为 ϕ10 mm～ϕ30 mm，矩形晶片尺寸可选用长（15～30）mm×宽（10～20）mm，频率为 2 MHz～5 MHz。

A.3.3 耦合剂

接触法探伤时，可采用清洁的自来水作耦合剂，也可使用机油、溶性油等其他物质。

A.3.4 对比试块

A.3.4.1 对比试块应采用与被探复合板的材料厚度、声学性能和表面状态相同或相似的复合板材料制成。

A.3.4.2 对比试块 A 及试块 B 的形式及尺寸如图 A.1 所示。

A.4 探伤

A.4.1 探伤面的选择

根据被探板材表面状态、复材厚度、声阻抗及外观形状，应从复材面或从基材面进行探测。

A.4.2 探伤灵敏度

A.4.2.1 探伤灵敏度根据被探板材的复层厚度调节。

A.4.2.2 复层厚度较大时，利用对比试块调节探伤灵敏度。

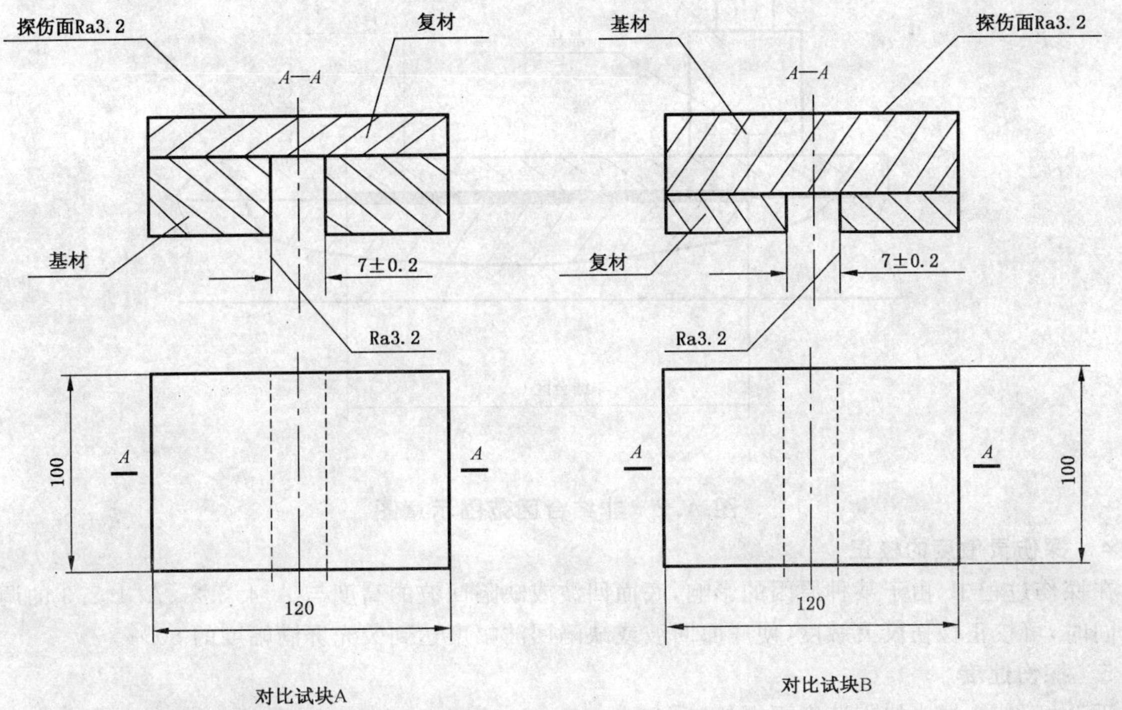

图 A.1 对比试块的形式

A.4.2.2.1 从复合面探测时，将探头置于对比试块 A 的缺陷部位，缺陷反射波出现在荧光屏上，将其幅度调至荧光屏满刻度的 80％。

A.4.2.2.2 从基材面探测时，将探头置于对比试块 B 的缺陷中心部位，使缺陷反射波出现在荧光屏上，将其幅度调至荧光屏满刻度的 80％。

A.4.2.3 复层厚度较小时，利用底波采用多次脉冲反射法调节探伤灵敏度。将探头置于被检板材的完全结合部位，使探伤仪荧光屏水平基线出现至少三次底面回波，将三次底面回波的幅度调至荧光屏满刻度的 80％。

A.4.3 非贴合区的确定

A.4.3.1 非贴合区的定义

在探测过程中，若出现始脉冲信号增宽底脉冲消失或缺陷脉冲的增宽增高前移时，则该区域为非贴合区。

A.4.3.2 非贴合区的判定

当从复材面探测时，若来自基材底面的反射回波完全消失，并伴随有来自复材与基材交界面的重复反射信号时，则该部位可以认为是非贴合区。

当从基材面探测时，若来自复材底面的反射回波完全消失，并伴随有来自基材与复材交界面的反射信号(即缺陷波)时，则该部位可以认为是非贴合区。

A.4.3.3 非贴合区的范围

将一次底面回波或一次缺陷回波波高调至荧光屏满刻度的 80％ ，随着探头任意移动方位，底面反射波或缺陷波下降至 40％时，就是非贴合区的范围。

非贴合区的宽度和长度如图 A.2 所示。

测定探头移动的距离，晶片中心移动距离 L 即为非贴合区的长度或宽度。

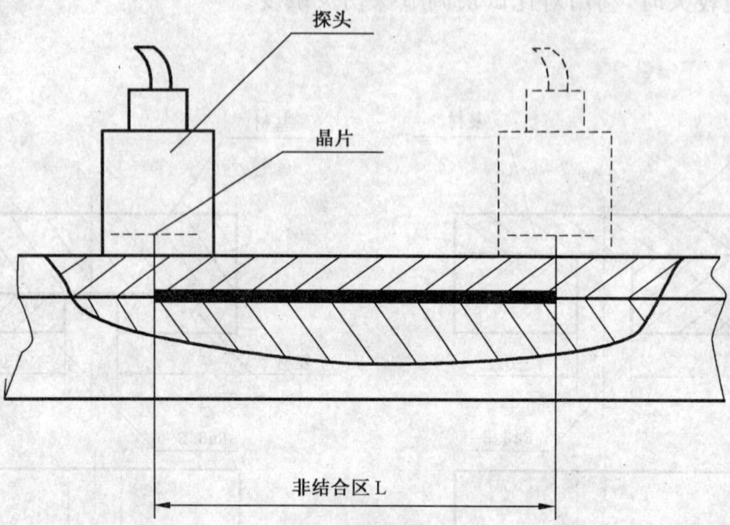

图 A.2 非结合区范围示意图

A.4.4 探伤灵敏度的校正

在探伤过程中，由于某种原因的影响，底面回波或缺陷回波的高度与 A.4.2.2、A.4.2.3 的调试状态不同时，可校正探伤仪灵敏度，使底面回波或缺陷回波幅度达到荧光屏满幅度的 80%。

A.4.5 探伤速度

手动探测时，探头扫查速度不得超过 100 mm/s。

A.4.6 缺陷记录

A.4.6.1 对于扫查中发现的底面回波低于 50%（不包括因表面状态所造成的接触不良所引起的降低）的连续或不连续点进行记录，并以相应的几何图形在板面上表示，并计算其面积。对于基材或复材因其内部缺陷造成的底面回波的降低应不予考虑。

A.4.6.2 非贴合区面积的计算采用近似计算。

A.4.6.3 贴合率的计算公式

$$t = \frac{S - S_F}{S} \times 100\% \qquad \cdots\cdots\cdots\cdots (A.1)$$

式中：

t——贴合率；

S——复合板总面积，单位为平方厘米（cm^2）；

S_F——非贴合区总面积，单位为平方厘米（cm^2）。

A.4.6.4 非贴合率的计算公式

$$f = \frac{S_F}{S} \times 100\% \qquad \cdots\cdots\cdots\cdots (A.2)$$

式中：

f——非贴合率；

S——复合板总面积，单位为平方厘米（cm^2）；

S_F——非贴合区总面积，单位为平方厘米（cm^2）。

A.4.7 探测报告

A.4.7.1 对探伤情况作好详细记录，并填写探伤报告。

A.4.7.2 探伤报告包括：

a) 委托单位、委托日期、委托编号、合同号、材料名称、规格、状态、类别及探伤条件；

b） 非贴合区的大小及位置；

c） 未探测的区域；

d） 必须说明的各种情况；

e） 探伤日期；

f） 探伤人员签名。